WUJIN GONGJU SHOUCE

五金工具

手册

张能武　主编

中国电力出版社
CHINA ELECTRIC POWER PRESS

内 容 提 要

　　本手册主要内容包括：基础资料、金属材料的基础知识、手工工具、测量工具、钳工工具、电动工具、气动工具和液压工具、土木工具和管工工具、焊接工具与器材、刃具和磨具、常用仪表、仪器及称量工具、物流工具及起重器材、园林工具、消防工具与器材、连接件和紧固件、建筑装潢工具等。书中全面介绍了国内常用五金工具的品种、规格、性能、用途及最新的数据资料和有关标准。

　　本书具有内容丰富、取材实用、资料新颖和使用方便等特点。本手册从行业应用出发，以科学、先进、实用性为编写原则，力求内容新颖、准确、实用，结构层次分明，叙述简明扼要，形式以图表为主，广泛收集工程中常用的各种五金工具的品种、规格、性能数据、应用范围，以及应用实例等。

　　本书可供从事五金工具经营、采购、生产、设计、咨询等方面的人员作为常备工具书参考与使用，也是广大五金工具消费者的必读之书。

图书在版编目(CIP)数据

五金工具手册/张能武主编．—北京：中国电力出版社，2019.8
ISBN 978-7-5198-2087-9

Ⅰ.①五…　Ⅱ.①张…　Ⅲ.①五金制品-工具-手册　Ⅳ.①TS914.5-62

中国版本图书馆 CIP 数据核字(2018)第 108225 号

出版发行：中国电力出版社
地　　址：北京市东城区北京站西街 19 号（邮政编码 100005）
网　　址：http://www.cepp.sgcc.com.cn
责任编辑：刘　炽（liuchi1030@163.com）
责任校对：黄　蓓　李　楠　郝军燕
装帧设计：赵姗姗
责任印制：杨晓东

印　　刷：三河市万龙印装有限公司
版　　次：2019 年 8 月第一版
印　　次：2019 年 8 月北京第一次印刷
开　　本：880 毫米×1230 毫米　32 开本
印　　张：32
字　　数：950 千字
印　　数：0001—3000 册
定　　价：128.00 元

前言

　　五金工具种类繁多，品种多样，性能用途各异，在国民经济的发展和人民生活的改善中起着十分重要的作用，而且已成为国计民生、进出口贸易和人民生活不可缺少的产品。近年来，随着高新技术在五金设计与制造中的应用，新型五金工具不断涌现，加之国家标准更新速度加快，与之相应的标准也日趋完善，故而编写一本能够全面反映新标准、新规范、门类齐全的五金工具手册，已成迫在眉睫之事。

　　本手册主要内容包括：基础资料、金属材料的基础知识、手工工具、测量工具、钳工工具、电动工具、气动工具和液压工具、土木工具和管工工具、焊接工具与器材、刃具和磨具、常用仪表、仪器及称量工具、物流工具及起重器材、园林工具、消防工具与器材、连接件和紧固件、建筑装潢工具等。书中全面介绍了国内常用五金工具的品种、规格、性能、用途及最新的数据资料和有关标准。

　　本书具有内容丰富、取材实用、资料新颖和使用方便等特点。本手册从行业应用出发，以科学、先进、实用性为编写原则，力求内容新颖、准确、实用，结构层次分明，叙述简明扼要，形式以图表为主，广泛收集工程中常用的各种五金工具的品种、规格、性能数据，应用范围，以及应用实例等。

　　本书由张能武主编，参加编写的人员还有周文军、卢庆生、刘文花、刘文军、陶荣伟、陈伟、张道霞、邓杨、唐艳玲、唐雄辉、邵健萍、许君辉、周斌兴、蒋超、王首中、张云龙、冯立正、龚庆华、王中华、祝海钦、薛国祥、刘振阳、钱瑜、宋志斌、魏金营、莫益栋、陈思、朱立芹、林诚也、黄波、杨杰、陈超、陆逸洲、杨飚、仇学谦、陈妙、胡欣、钟建跃、李恺、顾超、张文佳、黄宇驰、李丽华、施文君、翁学明、徐之萱。在编写过程中参考了相关出版物，并得到江南大学机械工程学院、江苏省机械工程学会等单位的大力支持和帮助，在此表示感谢。

　　本书可供从事五金工具经营、采购、生产、设计、咨询等方面的人员作为常备工具书参考与使用，也是广大五金工具消费者的必读之书。

　　由于时间仓促，编者水平有限，书中不妥之处在所难免，敬请广大读者批评指正。

编　者

目录

第十六章 | 建筑装潢工具

第一章　基础资料

一、常用符号及字母

1. 常用数学符号

常用数学符号（摘自 GB 3102.11—1993《物理科学和技术中使用的数学符号》）见表 1-1。

表 1-1　　　　　　　　　　　常用数学符号

符　号	意　　义	符　号	意　　义
$+$	加，正号	$\sim$	相似
$-$	减，负号	$\cong$	全等
$\times$ 或 $\cdot$	乘	$\odot$	圆
$a \div b$ 或 $\dfrac{a}{b}$	a 除以 b 或 b 除 a	$\perp$	垂直
		$\angle$	平面角，如 $\angle A$
$=$	等于	$\triangle$	三角形，如 $\triangle ABC$
$\neq$	不等于	$\square$	平行四边形，如 $\square ABCD$
$\equiv$	恒等于	max	最大
$<$	小于	min	最小
$>$	大于	$\sin x$	x 的正弦
$\leqslant$	小于或等于	$\cos x$	x 的余弦
$\geqslant$	大于或等于	$\tan x$	x 的正切
∞	成正比	$\cot x$	x 的余切
$\pm$	正或负	sec	正割
$\mp$	负或正	csc 或 cosec	余割
$\sum$	总和	$\arcsin x$	x 的反正弦函数
$\%$	百分比	$\arccos x$	x 的反余弦函数
$a : b$	a 比 b	$\arctan x$	x 的反正切函数
a^c	a 的 c 次方	$\operatorname{arccot} x$	x 的反余切函数
$\sqrt{a}$	a 开平方	$\log_a x$	以 a 为底 x 的对数
$\sqrt[n]{a}$	a 开 n 次方	$\lg x$	以 10 为底 x 的对数，称常用对数
∞	无穷大	$\ln x$	以 e 为底 x 的对数，称自然对数
$^\circ$	度	L 或 l	长
$'$	［角］分	B 或 b	宽
$''$	［角］秒	H 或 h	高
π	圆周率（≈ 3.1415926）	d 或 δ	厚
e	自然对数的底（≈ 2.7183）	R 或 r	半径
$//$	平行	D、d 或 ϕ	直径

2. 罗马数字

罗马数字见表 1-2。

表 1-2　　　　　　　　　　罗马数字

罗马数字	表示意义	罗马数字	表示意义	罗马数字	表示意义
Ⅰ	1	Ⅶ	7	L	50
Ⅱ	2	Ⅷ	8	C	100
Ⅲ	3	Ⅸ	9	D	500
Ⅳ	4	Ⅹ	10	M	1000
Ⅴ	5	Ⅺ	11	$\overline{X}$	10000
Ⅵ	6	Ⅻ	12	$\overline{C}$	100000

3. 汉语拼音字母

汉语拼音字母见表 1-3。

表 1-3　　　　　　　　　　汉语拼音字母

大写	小写	名称	大写	小写	名称	大写	小写	名称
A	a	啊	J	j	基	S	s	思
B	b	玻	K	k	科	T	t	特
C	c	雌	L	l	勒	U	u	乌
D	d	得	M	m	摸	V	v	维
E	e	鹅	N	n	讷	W	w	娃
F	f	佛	O	o	喔	X	x	希
G	g	哥	P	p	坡	Y	y	呀
H	h	喝	Q	q	欺	Z	z	资
I	i	衣	R	r	日			

4. 英语字母

英语字母见表 1-4。

表 1-4 英语字母

大写	小写	大写	小写	大写	小写
A	a	J	j	S	s
B	b	K	k	T	t
C	c	L	l	U	u
D	d	M	m	V	v
E	e	N	n	W	w
F	f	O	o	X	x
G	g	P	p	Y	y
H	h	Q	q	Z	z
I	i	R	r		

5. 希腊字母

希腊字母见表 1-5。

表 1-5 希腊字母

大写	小写	名称	大写	小写	名称	大写	小写	名称
A	α	阿尔法	E	ε	艾普西隆	P	ρ	柔
B	β	贝塔	K	κ	卡帕	Σ	σ	西格马
Γ	γ	伽马	Λ	λ	拉姆达	T	τ	陶
Δ	δ	德尔塔	M	μ	谬	Υ	υ	宇普西隆
Z	ζ	泽塔	N	ν	纽	Φ	φ	斐
H	η	伊塔	Ξ	ξ	克西	X	χ	希
Θ	θ	西塔	O	o	奥米克戎	Ψ	ψ	普西
I	ι	约塔	Π	π	派	Ω	ω	奥米伽

二、标准及行业标准代号

1. 我国国家标准及行业标准代号

我国国家标准及行业标准代号见表 1-6。

表 1-6 我国国家标准及行业标准代号

代　号		标准名称
国家标准	GB	国家标准（强制性标准）
	GB/T	国家标准（推荐性标准）
	GBn	国家内部标准
	GJB	国家军用标准
	GBJ	国家工程建设标准

代　号		标准名称
	××	××行业标准（强制性标准）
	××/T	××行业标准（推荐性标准）
	BB	包装行业标准
	CB	船舶行业标准
	CECS	工程建设行业标准
	CJ	城镇建设行业标准
	DL	电力行业标准
	EJ	核工业行业标准
	FZ	纺织行业标准
	GA	公共安全行业标准
	HB	航空行业标准
	HG	化工行业标准
	HJ	环境保护行业标准
	JB	机械行业标准（含机械、电工、仪器仪表等）
	JC	建材行业标准
	JG	建筑工业行业标准
	JT	交通行业标准
行业标准	LY	林业行业标准
	MT	煤炭行业标准
	NY	农业行业标准
	QB	轻工行业标准
	QC	汽车行业标准
	QJ	航天行业标准
	SH	石油化工行业标准
	SJ	电子行业标准
	SN	商检行业标准
	SY	石油天然气行业标准
	TB	铁路运输行业标准
	WB	物资行业标准
	WJ	兵工民品行业标准
	XB	稀土行业标准
	YB	黑色冶金行业标准
	YD	通信行业标准
	YS	有色冶金行业标准
	YY	医药行业

2. 常见国际标准及外国标准代号

常见国际标准及行业标准代号见表1-7。

表 1-7   **常见国际标准及外国标准代号**

代	号	标准名称
	ISO	国际标准
	SIA	国际标准协会标准
	IEC	国际电子委员会标准
	IIW	国际焊接学会标准
	OIML	国际法制计量组织标准
	BIPM	国际计量局标准
	SEMJ	国际半导体设备和材料组织标准
国际标准	IDO	联合国工业发展组织标准
	WIPO/OMPI	世界知识产权组织标准
	ABC	英、美、加联合标准
	CEN	欧洲标准化委员会标准
	EEC	欧洲经济共同体标准
	EURO NORM	欧洲煤钢联盟标准
	CENELEC	欧洲电工标准化委员会标准
	ASAC	亚洲标准委员会标准
	ANSI	美国国家标准
	AISI	美国钢铁学会标准
	ASME	美国机械工程师协会标准
	ASTM	美国材料与试验协会标准
	BHMA	美国建筑小五金制造商协会标准
外国标准	MIL	美国军用标准与规格
	SAE	美国机动车工程师协会标准
	AGMA	美国齿轮制造者协会标准
	FS	美国联邦规格与标准
	IFI	美国紧固件协会标准
	NEMA	美国电气制造商协会标准

代　号		标准名称
外国标准	NBS	美国国家标准局标准
	ASA	美国标准协会标准
	APJ	美国石油学会标准
	SAE	美国汽车协会标准
	AS	澳大利亚标准
	BS	英国标准
	CSA	加拿大国家标准
	DIN	德国标准
	JIS	日本工业标准
	NF	法国标准
	SIS	瑞典标准
	SN	瑞士标准
	UNI	意大利标准
	ГОСТ	俄罗斯国家标准

三、常用计量单位与换算

(一) 法定计量单位

法定计量单位见表 1-8～表 1-12。

表 1-8　　　　　　　　　　国际单位制的基本单位

量的名称	单位名称	单位符号	量的名称	单位名称	单位符号
长度	米	m	热力学温度	开 [尔文]	K
质量	千克(公斤)	kg	物质的量	摩 [尔]	mol
时间	秒	s	发光强度	坎 [德拉]	cd
电流	安 [培]	A			

表 1-9　　　　　　　　　　国际单位制的辅助单位

量的名称	单位名称	单位符号
平面角	弧度	rad
立体角	球面度	sr

表 1-10　　　　　　国际单位制中具有专门名称的导出单位

量的名称	单位名称	单位符号	其他表示式例
频率	赫[兹]	Hz	s^{-1}
力	牛[顿]	N	$kg \cdot m/s^2$
压力，压强，应力	帕[斯卡]	Pa	N/m^2
能[量]，功，热量	焦[耳]	J	$N \cdot m$
功率，辐[射能]射通量	瓦[特]	W	J/s
电荷[量]	库[伦]	C	$A \cdot s$
电压，电动势，电位(电势)	伏[特]	V	W/A
电容	法[拉]	F	C/V
电阻	欧[姆]	Ω	V/A
电导	西[门子]	S	Ω^{-1}
磁通[量]	韦[伯]	Wb	$V \cdot s$
磁通[量]密度，磁感应强度	特[斯拉]	T	Wb/m^2
电感	亨[利]	H	Wb/A
温度	摄氏度	℃	K
光通量	流[明]	lm	$cd \cdot sr$
[光]照度	勒[克斯]	lx	$1m/m^2$
[放射性]活度	贝可[勒尔]	Bq	s^{-1}
吸收剂量	戈[瑞]	Gy	J/kg
剂量当量	希[沃特]	Sv	J/kg

表 1-11　　　　可与国际单位制单位并用的我国法定计量单位

量的名称	单位名称	单位符号	换算关系和说明
时间	分	min	1min＝60s
	[小]时	h	1h＝60min＝3600s
	日，（天）	d	1d＝24h＝86400s
[平面]角	[角]秒	″	$1'' = (\pi/648000)rad$(π 为圆周率)
	[角]分	′	$1' = 60'' = (\pi/10800)rad$
	度	°	$1° = 60' = (\pi/180)rad$
旋转速度	转每分	r/min	$1r/min = (1/60)s^{-1}$

量的名称	单位名称	单位符号	换算关系和说明
长度	海里	n mile	1 n mile＝1852m(只用于航程)
速度	节	kn	1kn＝1n mile/h＝(1852/3600)m/s(只用于航行)
质量	吨	t	$1t＝10^3$ kg
	原子质量单位	u	$1u≈1.660540×10^{-27}$ kg
体积	升	l，L	$1L＝1dm^3＝10^{-3}m^3$
能	电子伏	eV	$1eV≈1.602177×10^{-19}J$
级差	分贝	dB	
线密度	特[克斯]	tex	1 tex＝1g/km
面积	公顷	hm^2	$1hm^2＝10^4m^2$

注　1. 周、月、年(年的符号为 a)为一般常用的时间单位。

　　2. 角度单位度、分、秒的符号，在组合单位中需加括号。

　　3. 升的两个单位属同等地位，可任意选用。

　　4. 公顷的国际符号为 ha。

表 1-12　　　　　用于构成十进制倍数和分数单位的词头

所表示的因数	词头名称	词头符号	所表示的因数	词头名称	词头符号
10^{24}*	尧[它]	Y	10^{-1}	分	d
10^{21}*	泽[它]	Z	10^{-2}	厘	c
10^{18}	艾[可萨]	E	10^{-3}	毫	m
10^{15}	拍[它]	P	10^{-6}	微	μ
10^{12}	太[拉]	T	10^{-9}	纳[诺]	n
10^9	吉[咖]	G	10^{-12}	皮[可]	p
10^6	兆	M	10^{-15}	飞[母托]	f
10^3	千	k	10^{-18}	阿[托]	a
10^2	百	h	10^{-21}*	仄[普托]	z
10^1	十	da	10^{-24}*	幺[科托]	y

注　1. 带＊符号的词头为 GB 3100—1993《国际单位制及其应用》中新增加的词头。

　　2. 据《中华人民共和国法定计量单位使用方法》：万（10^4）、亿（10^8）、万亿（10^{12}）等是我国习惯用的数词仍可使用，但不是词头，不应与词头混淆。如习惯使用的统计单位，万公里可记为"万千米"或"10^4 km"；亿吨公里可记为"亿吨·千米"或"10^8 吨·千米"。

(二）常用计量单位的换算

1. 长度单位换算

长度单位换算表见表 1-13。

表 1-13   长度单位的换算表

米（m）	厘米（cm）	毫米（mm）	[市]尺	英尺（ft）	英寸（in）
1	100	1000	3	3.281	39.3701
0.01	1	10	0.03	0.032808	0.393701
0.001	0.1	1	0.003	0.003281	0.03937
0.333333	33.3333	333.333	1	1.09361	13.1234
0.3048	30.48	304.8	0.9144	1	12
0.0254	2.54	25.4	0.0762	0.083333	1

2. 面积单位换算

面积单位换算见表 1-14。

表 1-14   面积单位换算

平方米（m^2）	平方厘米（cm^2）	平方毫米（mm^2）	平方[市]尺	平方英尺（ft^2）	平方英寸（in^2）
1	10000	1000000	9	10.7639	1550
0.0001	1	100	0.0009	0.001076	0.155
0.000001	0.01	1	0.000009	0.000011	0.00155
0.111111	1111.11	111111	1	1.19599	172.223
0.092903	929.03	92903	0.836127	1	144
0.000645	6.4516	645.16	0.005806	0.006944	1

公顷（hm^2）	公亩（a）	[市]亩	英亩（acre）
1	100	15	2.47105
0.01	1	0.15	0.024711
0.066667	6.66667	1	0.164737
0.404686	40.4686	6.07029	1

3. 速度单位换算

速度单位换算见表 1-15。

表 1-15   速度单位换算

千米/时 （kg/h）	米/分 （m/min）	米/秒 （m/s）	英里/时 （mile/h）	英尺/分 （f$_t$/min）	英寸/秒 （in/s）
1	16.667	0.2778	0.6214	54.681	10.936
0.06	1	$1.667×10^{-2}$	$3.729×10^{-2}$	3.281	0.656
3.6	60	1	2.237	$1.969×10^2$	39.37
1.609	26.82	0.447	1	88	17.6
$1.829×10^{-2}$	0.3048	$5.08×10^{-3}$	$1.136×10^{-2}$	1	0.2
$9.144×10^{-2}$	1.524	$2.54×10^{-2}$	$5.682×10^{-2}$	5	1

4. 角速度单位换算

角速度单位换算见表 1-16。

表 1-16   角速度单位换算

弧度/分 （rad/min）	米/分 （rad/s）	转/分 （r/min）	转/秒 （r/s）	度/分 ［(°) t/min]	度/秒 ［(°) /s]
1	$1.667×10^{-2}$	0.1592	$2.653×10^{-3}$	57.296	0.9549
60	1	9.549	0.1592	$3.438×10^3$	57.296
6.283	0.1047	1	$1.667×10^{-2}$	$3.6×10^2$	6
$3.770×10^2$	6.283	60	1	$2.16×10^4$	$3.6×10^2$
$1.745×10^{-2}$	$2.909×10^{-4}$	$2.778×10^{-3}$	$4.630×10^{-5}$	1	$1.667×10^{-2}$
1.047	$1.745×10^{-2}$	0.1667	$2.778×10^{-3}$	60	1

5. 质量单位换算

质量单位换算见表 1-17。

表 1-17   质量单位换算

吨 （t）	千克(公斤) （kg）	克 （g）	磅 （lb）	盎司 （oz）	英吨(长吨) （UK ton）	美吨(短吨) （sh ton）
1	10^3	10^6	$2.205×10^3$	$3.527×10^{-8}$	0.9842	1.1023
10^{-3}	1	10^3	2.205	$3.527×10^{-5}$	$9.842×10^{-4}$	$1.1023×10^{-3}$
10^{-6}	10^{-3}	1	$2.205×10^{-3}$	$3.527×10^{-2}$	$9.842×10^{-7}$	$1.1023×10^{-6}$
$4.536×10^{-4}$	0.4536	$4.536×10^2$	1	16	$4.464×10^{-4}$	$5×10^{-4}$

吨 （t）	千克(公斤) （kg）	克 （g）	磅 （lb）	盎司 （oz）	英吨(长吨) （UK ton）	美吨(短吨) （sh ton）
2.835×10^{-5}	2.835×10^{-2}	28.35	6.25×10^{-2}	1	2.79×10^{-5}	3.125×10^{-5}
1.016	1.016×10^{3}	1.016×10^{6}	2.24×10^{3}	3.58×10^{4}	1	1.12
0.9072	9.072×10^{2}	9.072×10^{5}	2×10^{3}	3.2×10^{4}	0.8929	1

6. 密度单位换算

密度单位换算见表 1-18。

表 1-18　　　　　　　　　密度单位换算

千克/米³ （克/升） [kg/m³ (g/L)]	克/厘米³ （吨/米³） [g/cm³ (t/m³)]	磅/英寸³ (lb/in³)	磅/英尺³ (lb/ft³)	磅/英加仑 (lb/UKgal)	磅/美加仑 (lb/USgal)	英吨/码³ (UKton/yd³)
1	10^{-3}	3.613×10^{-5}	6.243×10^{-2}	1.002×10^{-2}	8.345×10^{-3}	7.525×10^{-4}
10^{3}	1	3.613×10^{-2}	62.43	10.02	8.345	0.7525
2.768×10^{4}	27.68	1	1.728×10^{3}	2.774×10^{2}	2.31×10^{2}	20.83
16.02	1.602×10^{-2}	5.787×10^{-4}	1	0.1605	0.1337	1.205×10^{-2}
99.78	9.978×10^{-2}	3.605×10^{-3}	6.229	1	0.833	7.508×10^{-2}
1.198×10^{2}	0.1198	4.329×10^{-3}	7.481	1.201	1	9.017×10^{-2}
1.329×10^{3}	1.329	4.801×10^{-2}	82.96	13.32	11.09	1

7. 力单位换算

力单位换算见表 1-19。

表 1-19　　　　　　　　　力单位换算

牛[顿] （N）	千克力 （kgf）	磅达 （pdl）	磅力 （lbf）	磅吨力 （tonf）	盎司力 （ozf）
1	0.102	7.233	0.225	1.004×10^{-4}	3.597
9.807	1	70.932	2.205	9.842×10^{-4}	35.274
0.138	1.410×10^{-2}	1	3.018×10^{-2}	1.388×10^{-5}	0.497
4.448	0.454	32.174	1	4.464×10^{-4}	16
9.964×10^{3}	1.016×10^{3}	7.207×10^{4}	2.24×10^{3}	1	3.584×10^{4}
0.278×10^{3}	2.835×10^{-2}	2.011	6.25×10^{-2}	2.790×10^{-5}	1

8. 力矩单位换算

力矩单位换算见表 1-20。

表 1-20   力矩单位换算

牛[顿]米 （N·m）	千克力米 （kgf·m）	磅达英尺 （pdl·ft）	磅力英尺 （lbf·ft）	磅吨力英尺 （tonf·ft）	盎司力英寸 （ozf·in）
1	0.102	23.73	0.738	3.293×10^{-4}	1.416×10^{2}
9.807	1	2.327×10^{2}	7.238	3.229×10^{-3}	1.389×10^{3}
4.214×10^{-2}	4.279×10^{-3}	1	3.108×10^{-2}	1.388×10^{-5}	5.968
1.356	0.138	32.174	1	4.464×10^{-4}	1.92×10^{2}
3.037×10^{3}	3.097×10^{2}	7.207×10^{4}	2.24×10^{3}	1	4.301×10^{5}
7.062×10^{-3}	7.201×10^{-4}	0.168	5.208×10^{-3}	2.325×10^{-6}	1

9. 压力与应力单位换算

压力与应力单位换算见表 1-21。

表 1-21   压力与应力单位换算

帕(牛/米²) [Pa(N/m²)]	巴 （bar）	千克力/厘米² （kgf/cm²）	毫米汞柱 （mmHg）	标准大气压 （atm）	磅力/英寸² （lbf/in²）
1	1×10^{-5}	1.0197×10^{-5}	7.501×10^{-3}	9.869×10^{-6}	1.450×10^{-4}
10^{5}	1	1.0197	7.501×10^{2}	0.9869	14.504
9.807×10^{4}	0.9807	1	7.356×10^{2}	0.9678	14.223
1.333×10^{2}	1.333×10^{-3}	1.360×10^{-3}	1	1.316×10^{-3}	1.934×10^{-2}
1.013×10^{5}	1.013	1.033	7.599×10^{2}	1	14.70
6.895×10^{3}	6.895×10^{-2}	7.031×10^{-2}	51.71	6.805×10^{-2}	1

10. 功、能和热量单位换算

功、能和热量单位换算见表 1-22。

表 1-22   功、能和热量单位换算

焦[耳] （J）	千瓦时 （kW·h）	千克力米 （kgf·m）	千卡 （kcal）	英尺磅力 （ft·lbf）	英热单位 （Btu）
1	2.778×10^{-7}	0.102	2.388×10^{-4}	0.738	9.478×10^{-4}

焦[耳] （J）	千瓦时 （kW·h）	千克力米 （kgf·m）	千卡 （kcal）	英尺磅力 （ft·lbf）	英热单位 （Btu）
3.6×10^5	1	3.671×10^5	8.598×10^2	2.655×10^6	3.412×10^3
9.807	2.724×10^{-6}	1	2.342×10^{-3}	7.233	9.295×10^{-3}
4.1868×10^3	1.163×10^{-3}	4.271×10^2	1	3.088×10^3	3.968
1.356	3.766×10^{-7}	0.138	3.238×10^{-4}	1	1.285×10^{-3}
1.055×10^3	2.931×10^{-4}	1.076×10^2	0.2520	7.782×10^2	1

11. 功率单位换算

功率单位换算见表1-23。

表1-23 **功率单位换算**

瓦（焦/秒） [W(J/s)]	千克力米/秒 （kgf·m/s）	千卡/时 （kcal/h）	英尺磅力/秒 （ft·lbf/s）	英马力 （hp）	英热单位/时 （Btu/h）
1	0.102	0.860	0.738	1.341×10^{-3}	3.412
9.807	1	8.432	7.233	1.315×10^{-2}	33.462
1.163	0.119	1	0.858	1.560×10^{-3}	3.968
1.356	0.138	1.166	1	1.818×10^{-3}	4.626
7.457×10^2	76.04	6.412×10^2	5.5×10^2	1	2.544×10^3
0.293	2.988×10^{-2}	0.252	0.216	3.930×10^{-4}	1

12. 英寸和毫米换算

英寸和毫米换算，见表1-24。

$1in = 25.4mm$；英寸数 $= \dfrac{毫米数}{25.4}$；毫米数 $=$ 英寸 $\times 25.4$。

表1-24 **英寸和毫米换算表**

英寸	英寸(in)										
	0	1	2	3	4	5	6	7	8	9	10
	毫米(mm)										
0	—	25.400	50.800	76.200	101.60	127.00	152.40	177.80	200.20	228.60	254.00
1/16	1.588	25.988	52.388	77.788	103.19	128.59	153.99	179.39	204.79	230.59	255.59

英寸	英寸(in)										
---	0	1	2	3	4	5	6	7	8	9	10
	毫米(mm)										
1/8	3.175	28.575	53.975	79.375	104.78	130.18	155.58	180.98	206.38	231.78	257.18
3/16	4.763	30.167	55.563	80.963	106.30	131.76	157.16	182.56	207.96	233.36	258.76
1/4	6.350	31.750	57.150	82.550	107.95	133.35	158.75	184.15	209.55	234.95	260.35
5/16	7.938	33.338	58.738	84.138	109.54	134.94	160.34	185.74	211.14	236.54	261.94
3/8	9.525	34.925	60.325	85.725	111.13	136.53	161.93	187.33	212.73	238.13	263.53
7/16	11.113	36.513	61.913	87.313	112.71	138.11	163.51	188.91	214.31	239.71	265.11
1/2	12.700	38.100	63.500	88.900	114.30	139.70	165.10	190.50	215.90	241.80	266.70
9/16	14.288	39.688	65.088	90.488	115.89	141.29	166.69	192.09	217.49	242.89	268.29
5/8	15.875	41.275	66.675	92.075	117.48	142.88	168.28	193.68	219.08	244.48	269.88
11/16	17.463	42.863	68.263	93.663	119.06	144.46	169.86	195.26	220.66	246.06	271.46
3/4	19.050	44.450	69.850	95.250	120.65	146.05	171.45	196.85	222.25	247.65	273.05
13/16	20.038	46.038	71.438	96.838	122.24	147.64	173.04	198.44	223.84	249.24	274.64
7/8	22.225	47.625	73.025	98.425	123.83	149.23	174.63	200.03	225.43	250.83	276.23
15/16	23.813	49.213	74.613	100.013	125.41	150.81	176.21	201.61	227.01	252.41	277.81

四、常用图形的计算公式

(1)常用图形面积计算公式，见表 1-25。表中：A—面积；P—半周长；L—圆周长度；R—外接圆半径；r—内切圆半径；l—弧长。

表 1-25　　　　　　　常用图形面积计算公式

名称	简　图	计算公式
正方形		$A = a^2$；$a = 0.707d\sqrt{A}$；$d = 1.414a$

名称	简　图	计算公式
长方形		$A = ab = a\sqrt{d^2 - a^2} = b\sqrt{d^2 - b^2}$; $d = \sqrt{a^2 + b^2}$; $a = \sqrt{d^2 - b^2} = \dfrac{A}{b}$; $b = \sqrt{d^2 - a^2} = \dfrac{A}{a}$
平行四边形		$A = bh$; $h = \dfrac{A}{b}$; $b = \dfrac{A}{h}$
三角形		$A = \dfrac{bh}{2} = \dfrac{b}{2}\sqrt{a^2 - \left(\dfrac{a^2 + b^2 - c^2}{2b}\right)^2}$; $P = \dfrac{1}{2}(a + b + c)$; $A = \sqrt{P(P-a)(P-b)(P-c)}$
梯形		$A = \dfrac{(a+b)h}{2}$; $h = \dfrac{2A}{a+b}$; $a = \dfrac{2A}{h} - b$; $b = \dfrac{2A}{h} - a$
正六边形		$A = 2.5981a^2 = 2.5981R^2 = 3.4641r^2$; $R = a = 1.1547r$; $r = 0.86603a = 0.86603R$
圆形		$A = \pi r^2 = 3.1416r^2 = 0.7854d^2$; $L = 2\pi r = 6.2832r = 3.1416d$; $r = \dfrac{L}{2\pi} = 0.15915L = 0.56419\sqrt{A}$; $d = \dfrac{L}{\pi} = 0.31831L = 1.1284\sqrt{A}$

名称	简　图	计算公式
椭圆形		$A = \pi ab = 3.1416ab$ ； 周长的近似值： $2P = \pi \sqrt{2(a^2 + b^2)}$ ； 比较精确的值： $2P = \pi[1.5(a+b) - \sqrt{ab}]$
扇　形		$A = \dfrac{1}{2}rl = 0.0087266\alpha \cdot r^2$ ； $l = \dfrac{2A}{r} = 0.017453\alpha \cdot r$ ； $r = \dfrac{2A}{l} = 57.296\dfrac{l}{\alpha}$ ； $\alpha = \dfrac{180l}{\pi r} = \dfrac{57.296l}{r}$
弓　形		$A = \dfrac{1}{2}\big[rl - c(r-h)\big]$ ；$r = \dfrac{c^2 + 4h^2}{8h}$ ； $l = 0.017453\alpha \cdot r$ ；$c = 2\sqrt{h(2r-h)}$ ； $h = r - \dfrac{\sqrt{4r^2 - c^2}}{2}$ ；$\alpha = \dfrac{57.296l}{r}$
圆　环		$A = \pi(R^2 - r^2) = 3.1416(R^2 - r^2)$ $\quad = 0.7854(D^2 - d^2) = 3.1416(D-S)S$ $\quad = 3.1416(d+S)S$ ； $S = R - r = (D-d)/2$
部分圆环 （环式扇形）		$A = \dfrac{\alpha\pi}{360}(R^2 - r^2)$ $\quad = 0.008727\alpha(R^2 - r^2)$ $\quad = \dfrac{\alpha\pi}{4 \times 360}(D^2 - d^2)$ $\quad = 0.002182\alpha(D^2 - d^2)$

（2）常用几何体的计算公式，见表 1-26。

表 1-26　　　　　　　　　　常用几何体的计算公式

图　　形	各符号意义	计　算　公　式
立方体	a—边长； d—对角线； S—重心位置	体积 $V = a^3$； 全面积 $A = 6a^2$； S 在两对角线的交点上
正六角柱	a—边长； h—高； S—重心位置； O—底面对角线交点	底面积 $F = \dfrac{3\sqrt{3}}{2}a^2$； 体积 $V = \dfrac{3\sqrt{3}}{2}a^2 h$； $SO = \dfrac{1}{2}h$
棱锥	n—侧面组合三角形数； f—每一组合三角形面积； F—底面积； h—高； S—重心位置	体积 $V = \dfrac{1}{3}hF$； 总面积 $A = nf + F$； 重心 $SP = \dfrac{1}{4}h$
棱台	F_1，F_2—棱台两平行底面的面积； h—底面间的距离； f—每一组合梯形的面积； n—组合梯形数； S—重心位置	体积 $V = \dfrac{1}{3}h(F_1 + F_2 + \sqrt{F_1 + F_2})$； 总面积 $A = nf + F_1 + F_2$； 重心 $SP = \dfrac{1}{4}h$ $\times \dfrac{F_1 + 2\sqrt{F_1 F_2} + 3F_2}{F_1 + \sqrt{F_1 F_2} + F_2}$

图　形	各符号意义	计　算　公　式
圆环胎 	D—胎平均直径； R—胎平均半径； d—环截面直径； r—环截面半径	体积 $V = 2\pi^2 Rr^2 = \dfrac{\pi^2}{4}Dd^2$； 总面积 $A = 4\pi^2 Rr$； 重心 S 在环中心
圆柱体 	r—半径； h—高； S—重心位置	体积 $V = \pi r^2 h$； 总面积 $A = 2\pi r(r+h)$； $SO = \dfrac{1}{2}h$
空间圆柱 	R—外半径； r—内半径； h—高； t—柱壁厚度	体积 $V = \pi h(R^2 - r^2)$； 总面积 $A = 2\pi h(R+r) + 2\pi(R^2 - r^2) = 2\pi(R+r)(h+t)$； $SO = \dfrac{1}{2}h$
截头圆锥 	r—上底半径； R—下底半径； h—高； S—重心位置	面积 $V = \dfrac{1}{3}\pi h(R^2 + r^2 + Rr)$； 总面积 $A = \pi(R^2 + r^2) + \pi(R+r)\times\sqrt{(R-r)^2 + h^2}$； $SP = \dfrac{1}{4}h\dfrac{R^2 + 2Rr + 3r^2}{R^2 + Rr + r^2}$
斜截直圆柱 	h_1—最大高度； h_2—最小高度； r—底面半径； α—斜截面与底面之夹角； S—重心位置	体积 $V = \pi r^2 \dfrac{h_1 + h_2}{2}$； 总面积 $A = \pi r(h_1 + h_2) + \pi r^2\left(1 + \dfrac{1}{\cos\alpha}\right)$； $SP = \dfrac{1}{4}(h_1 + h_2) + \dfrac{1}{4}\times\dfrac{r^2}{h_1 - h_2}\tan^2\alpha$； $SK = \dfrac{1}{2}\times\dfrac{r^2}{h_1 + h_2}\tan\alpha$

图 形	各符号意义	计 算 公 式
圆锥体	r—底面半径； h—高； l—母线； S—重心位置	面积 $V = \dfrac{1}{3}\pi r^2 h$； $l = \sqrt{r^2 + h^2}$； 总面积 $A = \pi r \sqrt{r^2 + h^2} + \pi r^2$ $= \pi r(\sqrt{r^2 + h^2} + r)$； $SP = \dfrac{1}{4}h$
球体	r—半径	体积 $V = \dfrac{3}{4}\pi r^3$； 面积 $A = 4\pi r^2$； 重心在球心上
球截体	r—球半径； h—截体高； S—重心位置	体积 $V = \pi h^2\left(r - \dfrac{h}{3}\right)$； 总面积 $A = \pi h(2r - h) + 2\pi rh$ $= \pi h(4r - h)$； $SO = \dfrac{3}{4} \times \dfrac{(2r - h)^2}{3r - h}$
椭圆球	a—长轴之半； b—短轴之半	体积 $V = \dfrac{3}{4}\pi ab^2$； 重心在长轴与短轴的交点上

五、竖固件标记方法

1. 紧固件产品的完整标记

紧固件产品的完整标记如下：

紧固件产品的完整标记如下(从右至左看)：

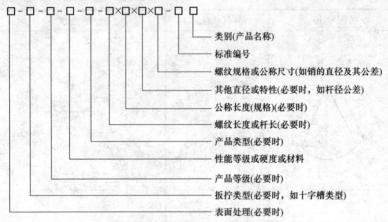

2. 紧固件标记的简化原则

(1)类别(产品名称)、标准编号及其前面的"-"，允许全部或部分省略。省略编号的标准应以现行标准为准。

(2)标记中的"-"允许全部或部分省略。标记中"其他直径或特性"前面的"×"允许省略，但省略后不应导致对标记的误解，一般以空格代替。

(3)当产品标准中只规定一种产品类型、性能等级或硬度或材料、产品等级、扳拧类型及表面处理时，允许全部或部分省略。

(4)当产品标准中规定两种及其以上的产品类型、性能等级硬度或材料、产品等级、扳拧类型及表面处理时，应规定可以省略其中的一种，并在产品标准的标记中给出省略后的简化标记。

3. 紧固件的标记(GB/T 1237—2000《紧固件标记方法》)

紧固件的标记见表1-27。

表 1-27 紧固件的标记

紧固件名称	完整标记	简化标记
螺栓	螺纹规格 d = M12、公称长度 l = 80mm、性能等级为 10.9 级、表面氧化、产品等级为 A 级的六角头螺栓的标记如下： 螺栓 GB/T 5782—2000−M12×80−10.9−A−O	螺纹规格 d = M12、公称长度 l = 80mm、性能等级为 8.8 级、表面氧化、产品等级为 A 级的入角头螺栓的标记如下： 螺栓 GB/T 5782 M12×80

紧固件名称	完整标记	简化标记
螺钉	螺纹规格 $d=$ M6、公称长度 $l=$ 6mm、长度 $z=$ 4mm、性能等级为33H级、表面氧化的开槽盘头定位螺钉的标记如下： 螺钉 GB/T 828—1988—M6×6×4—33H—O	螺纹规格 $d=$ M6、公称长度 $l=$ 6mm、长度 $z=$ 4mm、性能等级为14H级、不经表面处理的开槽盘头定位螺钉的标记如下： 螺钉 GB/T 828 M6×6×4
螺母	螺纹规格 $D=$ M12、性能等级为10级、表面氧化、产品等级为A级的I型六角螺母的标记如下： 螺母 GB/T 6170—2000—M12—10—A—O	螺纹规格 $D=$ M12、性能等级为8级、不经表面处理、产品等级为A级的I型六角螺母的标记如下： 螺母 GB/T 6170 M12
垫圈	标准系列、规格 8mm、性能等级为300HV、表面氧化、产品等级为A级的平垫圈的标记如下： 垫圈 GB/T 9718—2002 — 8 —300HV—A—O	标准系列、规格 8mm、性能等级为140HV、不经表面处理、产品等级为A级的平垫圈的标记如下： 垫圈 GB/T 9718
自攻螺钉	螺纹规格 ST3.5、公称长度 $l=$ 16mm、Z型槽、表面氧化的F型十字槽盘头自攻螺钉的标记如下： 自攻螺钉 GB/T 845—1985—ST3.5 ×16—F—Z—O	螺纹规格 ST3.5、公称长度 $l=$ 16mm、H型槽、镀锌钝化的C型十字槽盘头自攻螺钉的标记如下： 自攻螺钉 GB/T 845 ST3.5×16
销	公称直径 $d=$ 6mm、公差为m6、公称长度 $l=$ 30mm、材料为C1组马氏体不锈钢、表面简单处理的圆柱销的标记如下： 销 GB/T 119.2—2000—6 m6×30—C1—简单处理	公称直径 $d=$ 6mm、公差为m6、公称长度 $l=$ 30mm、材料为钢、普通淬火（A型）、表面氧化的圆柱销的标记如下： 销 GB/T 119.2 6×30

紧固件名称	完整标记	简化标记
铆钉	公称直径 $d=5$ mm、公称长度 $l=$ 10mm、性能等级为 10 级的开口型扁圆头抽芯铆钉的标记如下： 抽芯铆钉 GB/T 12618.1—2006—5×10—08	公称直径 $d=5$ mm、公称长度 $l=$ 10mm、性能等级为 10 级的开口型扁圆头抽芯铆钉的标记如下： 抽芯铆钉 GB/T 12618.1 5×10
挡圈	公称直径 $d=30$ mm、外径 $D=$ 40mm、材料为 35 钢、热处理硬度 25～35HRC、表面氧化的轴肩挡圈的标记如下： 挡圈 GB/T 886—1986—30×40—35 钢、热处理 25～35HRC—O	公称直径 $d=30$ mm、外径 $D=$ 40mm、材料为 35 钢、不经热处理及表面处理的轴肩挡圈的标记如下： 挡圈 GB/T 886 30×40

六、普通螺纹

(一) 螺纹的分类

在各种机械产品中，带有螺纹的零件应用广泛。车削螺纹是常用的方法，也是车工的基本技能之一。螺纹的种类很多，如图 1-1 所示，具体分类如下：

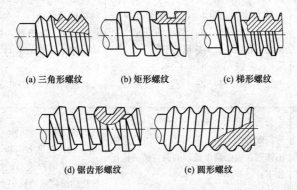

(a) 三角形螺纹   (b) 矩形螺纹   (c) 梯形螺纹

(d) 锯齿形螺纹   (e) 圆形螺纹

图 1-1 螺纹的分类

(1) 按用途分，可分为紧固螺纹、传动螺纹和紧密螺纹，如车床上用来装夹刀具的螺纹称为紧固螺纹，车床长丝杠上螺纹为传动螺纹，车床冷却管道管接螺纹为紧密螺纹。

（2）按牙型分，可分为三角形螺纹、矩形螺纹、梯形螺纹、锯齿形螺纹和圆形螺纹（见图1-1）。

（3）按螺旋线方向分，可分为左旋螺纹和右旋螺纹。

（4）按螺线数分，可分为单线螺纹和多线螺纹。圆柱体上只有一条螺旋槽的螺纹叫单线螺纹，有两条或两条以上螺旋槽的螺纹叫多线螺纹（见图1-2）。

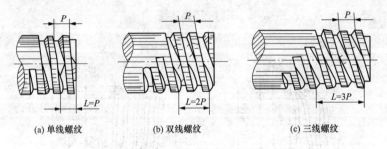

(a) 单线螺纹　　　　　(b) 双线螺纹　　　　　(c) 三线螺纹

图1-2　单线螺纹和多线螺纹

（5）按螺纹母体形状分，可分为圆柱螺纹和圆锥螺纹。

（二）普通螺纹术语、各部分名称及尺寸计算

螺纹要素由牙型、公称直径、螺距（或导程）、线数、旋向和精度等组成。螺纹的形成、尺寸和配合性能取决于螺纹要素，只有当内、外螺纹的各要素相同时，才能互相配合。

1. 普通螺纹术语、各部分名称

普通螺纹的各部分名称如图1-4所示。

（1）螺旋线：沿着圆柱或圆锥表面运动的点的轨迹，该点的轴向位移和相应的角位移成定比，如图1-3所示。

（2）螺纹：在圆柱或圆锥表面上，沿着螺旋线所形成的具有规定牙型的连接凸起称为螺纹，如图1-4所示。

（3）单线螺纹：沿一定螺旋线所形成的螺纹。

（4）多线螺纹：沿两条或两条以上的螺旋线所形成的螺纹，该螺旋线在轴向等距分布。

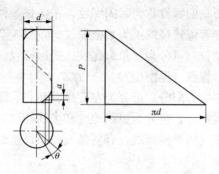

图 1-3　螺旋线

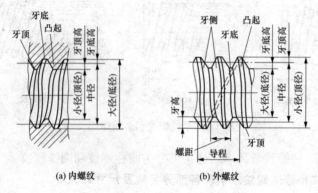

(a) 内螺纹　　　　　　　(b) 外螺纹

图 1-4　内螺纹与外螺纹

（5）牙型角（α）：在螺纹牙型上，两相邻牙侧间的夹角（见图
1-5）。

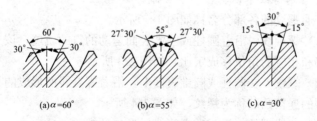

(a)$\alpha=60°$　　　　　(b)$\alpha=55°$　　　　　(c)$\alpha=30°$

图 1-5　螺纹的牙型

（6）螺纹升角（ψ）：在中径圆柱或中径圆锥上，螺旋线的切

线与垂直于螺纹轴线的平面的夹角（如图 1-6 所示）。螺纹升角可按下式计算

$$\tan\psi = \frac{nP}{\pi d_2} = \frac{L}{\pi d_2}$$

式中　n——螺旋线数；

　　　P——螺距，mm；

　　　d_2——中径，mm；

　　　L——导程，mm。

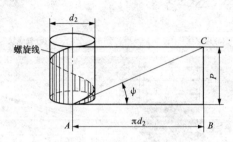

图 1-6　螺纹升角的原理

（7）螺距（P）：相邻两牙在中径线上对应两点间的轴向距离。

（8）导程（L）：在同一条螺旋线上，相邻两牙在中径线上对应两点间的轴向距离。

当螺纹为单线螺纹时，导程与螺距相等（$L=P$）；当螺纹为多线螺纹时，导程等于螺旋线数（n）与螺距（P）的乘积，即 $L=nP$（见图 1-3）。

（9）螺纹小径（d、D）：指与外螺纹牙顶或内螺纹牙底相切的假想圆柱或圆锥的直径。外螺纹大径用 d 表示，内螺纹大径用 D 表示。国家标准规定，螺纹大径的基本尺寸称为螺纹的公称直径，它代表螺纹尺寸的直径。

（10）螺纹中径（d_2、D_2）：中径是一个假想圆柱或圆锥的直径，该假想圆柱或圆锥称为中径圆柱或中径圆锥。外螺纹中径用 d_2 表示，内螺纹中径用 D_2 表示。外螺纹的中径和内螺纹的中径相等，即 $d_2=D_2$（见图 1-7）。

（11）螺纹小径（d_1、D_1）：与外螺纹牙底或内螺纹牙顶相切

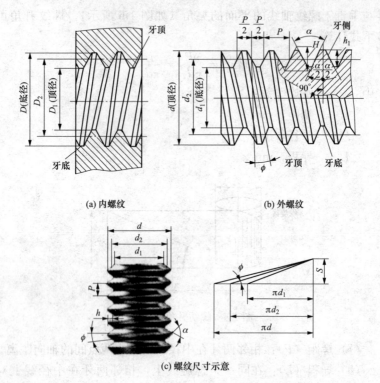

(a) 内螺纹

(b) 外螺纹

(c) 螺纹尺寸示意

图 1-7 普通螺纹的各部分名称

的假想圆柱或圆锥的直径。外螺纹小径用 d_1 表示，内螺纹小径用 D_1 表示。

（12）顶径：与外螺纹或内螺纹牙顶相切的假想圆柱或圆锥的直径，即外螺纹的大径或内螺纹的小径。

（13）底径：与外螺纹或内螺纹牙底相切的假想圆柱或圆锥的直径，即外螺纹的小径或内螺纹的大径。

（14）原始三角形高度（H）：指由原始三角形顶点沿垂直于螺纹轴线方向到其底边的距离（如图 1-8 所示），可按下式计算

$$H = \sqrt{\frac{3}{2}}P = 0.866025404P$$

$$\frac{5}{8}H = 0.541265877P$$

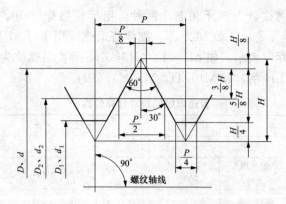

图 1-8　普通三角形螺纹的基本牙型

$$\frac{3}{8}H = 0.324759526P$$

$$\frac{1}{4}H = 0.216506351P$$

$$\frac{1}{8}H = 0.108253175P$$

2. 普通螺纹基本尺寸计算公式

普通螺纹是应用最广泛的一种三角螺纹，牙型角为 60°。

M6～M24 螺纹的螺距见表 1-28。普通螺纹的基本牙型（如图 1-8 所示）及基本要素的尺寸计算公式见表 1-29。

表 1-28　　　　　　　　　M6～M24 螺纹的螺距

公称直径	螺距（P）	公称直径	螺距（P）
6	1	16	2
8	1.25	18	2
10	1.5	20	2.5
12	1.75	22	2.5
14	2	24	3

（三）普通螺纹的标记

完整的螺纹标记由螺纹代号、公差带号和旋合长度代号（或数值）组成。各代号间用"-"隔开。

普通螺纹分为粗牙和细牙两种。粗牙普通螺纹用字母 M 及"公称直径"表示，如 M20 等。细牙普通螺纹用字母 M 及"公称直径×螺距"表示，如 M8×1、M16×1.5 等。当螺纹为左旋时，在后面加 LH 字，如 M10LH，M16×1.5LH 等。

表 1-29　　　　　　普通螺纹的尺寸计算公式

名　称		代　号	计　算　公　式
外螺纹	牙型角	α	$\alpha=60°$
	原始三角形高度	H	$H=0.866P$
	牙型高度	h	$h=\dfrac{5}{8}H=\dfrac{5}{8}\times0.866P=0.5413P$
	中径	d_2	$d_2=d-2\times\dfrac{3}{8}H=d-0.6495P$
	小径	d_1	$d_1=d-2h=d-1.0825P$
内螺纹	大径	D	$D=d=$公称直径
	中径	D_2	$D_2=d_2$
	小径	D_1	$D_1=d_1$
螺纹升角		ψ	$\tan\psi=\dfrac{nP}{\pi d_2}$

螺纹公差带代号包括中径公差带代号和顶径公差带代号。若两者相同，则合并标注一个即可；若两者不同，则应分别标出，前者为中径，后者为顶径。

旋合长度代号除 N 不标外，对于短或长旋合长度，应标出代号 S 或 L，也可注明旋合长度的数值。示例如下：

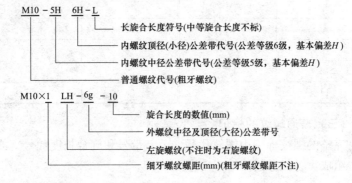

M20×2 6H / 5g6g

外螺纹中径公差带代号为5g，顶径公差带代号为6g

内螺纹中径和顶径公差带代号

（四）普通螺纹的公差与配合（GB/T 197—2003《普通螺纹　公差》）

1. 普通螺纹公差带

螺纹公差带由公差带的位置和公差带的大小组成（如图1-9所示）。公差带的位置是指公差带的起始点到基本牙型的距离，也称为基本偏差。国家标准规定外螺纹的上偏差（es）和内螺纹的下偏差（EI）为基本偏差。对内螺纹规定了 G 和 H 两种位置（如图1-10所示），对外螺纹规定了 e、f、g 和 h 四种位置（如图1-11所示）。H、h 的基本偏差为 0，G 的基本偏差为正值，e、f、g 的基本偏差为负值。

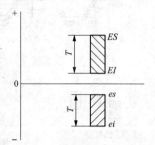

图1-9　螺纹公差带及基本偏差

T—公差；ES—内螺纹上偏差；EI—内螺纹下偏差；es—外螺纹上偏差；ei—外螺纹下偏差

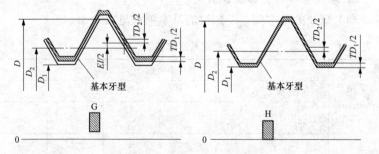

图1-10　内螺纹公差带位置

TD_1—内螺纹小径公差；TD_2—内螺纹中径公差

2. 公差带的大小及公差等级的划分

公差带的大小由公差值 T 所决定，将 T 划分为若干等级称为公差等级，以代表公差带的大小。

标准中对内、外螺纹直径规定的公差等级见表1-30。

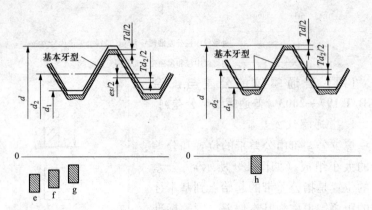

图 1-11 外螺纹公差带位置

Td—外螺纹大径公差；Td_2—外螺纹中径公差

表 1-30 内、外螺纹直径的公差等级

螺纹直径	公差等级	螺纹直径	公差等级
内螺纹小径 D_1	4、5、6、7、8	外螺纹大径 d	4、6、8
内螺纹中径 D_2	4、5、6、7、8	外螺纹中径 d_2	3、4、5、6、7、8、9

3. 螺纹基本偏差和旋合长度

(1) 螺纹的基本偏差。螺纹的基本偏差见表 1-31。

表 1-31 螺纹基本偏差

螺距 P (mm)	基 本 偏 差					
	内螺纹 D_2、D_1		外螺纹 d、d_2			
	G	H	e	f	g	h
	EI	EI	es	es	es	es
0.2	+17	0	—	—	−17	0
0.25	+18	0	—	—	−18	0
0.3	+18	0	—	—	−18	0
0.35	+19	0	—	−34	−19	0
0.4	+19	0	—	−34	−19	0
0.45	+20	0	—	−35	−20	0
0.5	+20	0	−50	−36	−20	0
0.6	+21	0	−53	−36	−21	0
0.7	+22	0	−56	−38	−22	0

螺距	基 本 偏 差					
P (mm)	内螺纹 D_2、D_1		外螺纹 d、d_2			
	G	H	e	f	g	h
	EI	EI	es	es	es	es
0.75	+22	0	−56	−38	−22	0
0.8	+24	0	−60	−38	−24	0
1	+26	0	−60	−40	−26	0
1.25	+28	0	−63	−42	−28	0
1.5	+32	0	−67	−45	−32	0
1.75	+34	0	−71	−48	−34	0
2	+38	0	−71	−52	−38	0
2.5	+42	0	−80	−58	−42	0
3	+48	0	−85	−63	−48	0
3.5	+53	0	−90	−70	−53	0
4	+60	0	−95	−75	−60	0
4.5	+63	0	−100	−80	−63	0
5	+71	0	−106	−85	−71	0
5.5	+75	0	−112	−90	−75	0
6	+80	0	−118	−95	−80	0

（2）螺纹旋合长度。标准中将螺纹的旋合长度分为三组，即短旋合长度、中等旋合长度和长旋合长度，其代号分别为 S、N、L，其中常使用中等旋合长度。普通螺纹旋合长度见表1-32。

表 1-32　　　　　　　　普通螺纹旋合长度

公称直径 D、d (mm)		螺距 P (mm)	旋合长度 (mm)			
>	≤		S	N		L
			≤	>	≤	>
0.99	1.4	0.2	0.5	0.5	1.4	1.4
		0.25	0.6	0.6	1.7	1.7
		0.3	0.7	0.7	2	2
1.4	2.8	0.2	0.5	0.5	1.5	1.5
		0.25	0.6	0.6	1.9	1.9
		0.35	0.8	0.8	2.6	2.6
		0.4	1	1	3	3
		0.45	1.3	1.3	3.8	3.8

公称直径 D、d (mm)		螺距 P (mm)	旋合长度 (mm)			
			S	N		L
>	≤		≤	>	≤	>
2.8	5.6	0.35	1	1	3	3
		0.5	1.5	1.5	4.5	4.5
		0.6	1.7	1.7	5	5
		0.7	2	2	6	6
		0.75	2.2	2.2	6.7	6.7
		0.8	2.5	2.5	7.5	7.5
5.6	11.2	0.5	1.6	1.6	4.7	4.7
		0.75	2.4	2.4	7.1	7.1
		1	3	3	9	9
		1.25	4	4	12	12
		1.5	5	5	15	15
11.2	22.4	0.5	1.8	1.8	5.4	5.4
		0.75	2.7	2.7	8.1	8.1
		11	3.8	3.8	11	11
		1.25	4.5	4.5	13	13
		1.5	5.6	5.6	16	16
		1.75	6	6	18	18
		2	8	8	24	24
		2.5	10	10	30	30
22.4	45	0.75	3.1	3.1	9.4	9.4
		1	4.8	4	12	12
		1.5	6.3	6.3	19	19
		2	8.5	8.5	25	25
		3	12	12	36	36
		3.5	15	15	45	45
		4	18	18	53	53
		4.5	21	21	63	63
45	90	1	4	4.8	14	14
		1.5	7.5	7.5	22	22
		2	9.5	9.5	28	28
		3	15	5	45	45
		4	19	19	56	56
		5	24	24	71	71
		5.5	28	28	85	85
		6	32	32	95	95

4. 螺纹精度及公差带的选用

螺纹精度是由螺纹公差带和旋合长度两个因素所决定的。它是螺纹质量的综合指标，直接影响螺纹的配合质量和使用性能。

螺纹精度分为精密、中等和粗糙三种级别，其选用原则是：

精密——用于精密螺纹，要求配合性质变动较小；

中等——用于一般用途螺纹；

粗糙——用于制造精度不高或制造比较困难的螺纹。

根据螺纹配合的要求，将公差等级和公差位置组合，可得到多种公差带，标准中规定了一般选用的公差带。

螺纹公差的选用见表1-33。

表 1-33　　　　　　　　　内、外螺纹的推荐公差带

	精度	公差带位置 G			公差带位置 H		
		S	N	L	S	N	L
内螺纹	精密	—	—	—	4H	5H	6H
	中等	(5G)	6G*	(7G)	5H*	6H*	7H*
	粗糙	—	(7C)	(8G)	—	7H	8H

	精度	公差带位置 e			公差带位置 f			公差带位置 g			公差带位置 h		
		S	N	L	S	N	L	S	N	L	S	N	L
外螺纹	精密	—	—	—	—	—	—	—	(4g)	(5g4g)	(3h4h)	4h*	(5h4h)
	中等	—	6e*	(7e6e)	—	6f*	—	(5g6g)	6g*	(7g6g)	(5h6h)	6h	(7h6h)
	粗糙	—	(8e)	(9e8e)	—	—	—	—	8g	(9g8g)	—	—	—

注　1. 大量生产的螺纹紧固件采用下划线的粗字体公差带。

　　2. 优先选用加"＊"字体的公差带，其次选择一般字体的公差带，尽可能不用括号内的公差带。

　　3. 如无特殊说明，推荐公差带适用于涂镀前螺纹。涂镀后，螺纹实际轮廓上任何点的螺纹不应超越按公差位置 H 或 h 所确定的最大实体牙型。

5. 普通螺纹的极限偏差

内、外螺纹各个公差带的基本偏差和公差的计算公式为：

内螺纹中径的下偏差（基本偏差）为 EI；

内螺纹中径的上偏差为 $ES = EI + TD_2$；

内螺纹小径的下偏差为 EI；

内螺纹小径的上偏差为 $ES=EI+TD_1$；

外螺纹中径的上偏差（基本偏差）为 es；

外螺纹中径的下偏差 $ei=es-Td_2$；

外螺纹大径的上偏差为 es；

外螺纹大径的下偏差 $ei=es-Td$。

普通螺纹的极限偏差尺寸见表1-34。

表 1-34　普通螺纹公差带的极限偏差（GB/T 2516—2003
《普通螺纹　极限偏差》）　　　　　　　　　　（μm）

直径分段 D、d(mm)		螺距 P	内螺纹					外螺纹				
>	≤	(mm)	公差带	中径 D_2		小径 D_1		公差带	中径 d_2		大径 d	
				ES	EI	ES	EI		es	ei	es	ei
5.6	11.2	1	4H	+95	0	+150	0	3h4h	0	−56	0	−112
			4H5H	+95	0	+190	0	4h	0	−71	0	−112
			5G	+144	+26	+216	+26	5g6g	−26	−116	−26	−206
			5H	+118	0	+190	0	5h4h	0	−90	0	−112
			5H6H	+118	0	+236	0	5h6h	0	−90	0	−180
			6C	+176	+26	+262	+26	6e	−60	−172	−60	240
			6H	+150	0	+236	0	6f	−40	−152	−40	−220
			7C	+216	+26	+326	+26	6g	−26	−138	−26	−206
			7H	+190	0	+300	0	6h	0	−112	0	−180
			—	—	—	—	—	7g6g	−26	−166	−26	−206
			—	—	—	—	—	7h6h	0	−140	0	−180
			—	—	—	—	—	8g	−26	−206	−26	−306
			—	—	—	—	—	8h	0	−180	0	−280
5.6	11.2	1.25	4H	+100	0	+170	0	3h4h	0	60	0	−132
			4H5H	+100	0	+212	0	4 h	0	75	0	−132
			5G	+188	+28	+240	+28	5g6g	−28	123	−28	−240
			5H	+125	0	+212	0	5h4h	0	95	0	−132
			5H6H	+125	0	+265	0	5h6h	0	95	0	−212
			6C	+188	+28	+293	+28	6e	−63	−181	−63	−275
			6H	+160	0	+265	0	6f	−42	−160	−42	−254
			7G	+228	+28	+363	+28	6g	−28	−146	−28	−240
			7H	+200	0	+335	0	6h	0	−118	0	−212
			—	—	—	—	—	7g6g	28	−178	−28	240
			—	—	—	—	—	7h6h	0	−150	0	−212
			—	—	—	—	—	8g	−28	−218	−28	−363
			—	—	—	—	—	8h	0	−190	0	−335

続表

直径分段 D、d(mm) >	≤	螺距 P (mm)	内螺纹 公差带	中径 D_2 ES	EI	小径 D_1 ES	EI	外螺纹 公差带	中径 d_2 es	ei	大径 d es	ei
5.6	11.2	1.5	4H	+112	0	+190	0	3h4h	0	−67	0	−150
			4H5H	+112	0	+236	0	4h	0	−85	0	−150
			5G	+172	+32	+268	+32	5g6g	−32	−138	−32	−268
			5H	+140	0	+236	0	5h4h	0	−106	0	−150
			5H6H	+140	0	+300	0	5h6h	0	−106	0	−236
			6G	+212	+32	+332	+32	6e	−67	−199	−67	−303
			6H	+180	0	+300	0	6f	−45	−177	−45	−281
			7G	+256	+32	+407	+32	6g	−32	−164	−32	−268
			7H	+224	0	+375	0	6h	0	−132	0	−236
			—	—	—	—	—	7g6g	−32	−202	−32	−268
			—	—	—	—	—	7h6h	1	−170	0	−236
			—	—	—	—	—	8g	−32	−244	−32	−407
			—	—	—	—	—	8h	0	−212	0	−375
11.2	22.4	0.5	4H	+75	0	+90	0	3h4h	0	−45	0	−67
			4H5H	+75	0	+112	0	4h	0	−56	0	−67
			5G	+1 15	+20	+132	+20	5g6g	−20	−91	−20	−126
			5H	+95	0	+112	0	5h4h	0	−71	0	−67
			5H6H	+95	0	+140	0	5h6h	0	−71	0	−106
			6G	+138	+20	+160	+20	6e	−50	−140	−50	−156
			6H	+118	0	+140	0	6f	−36	−126	−36	−142
			7G	+170	+20	+200	+20	6g	−20	−110	−20	−126
			7H	+150	0	+180	0	6h	0	−90	0	−106
11.2	22.4	0.75	4H	+90	0	+118	0	3h4h	0	−53	0	−90
			4H5H	+90	0	+150	0	4h	0	−67	0	−90
			5G	+134	+22	+172	+22	5g6g	−22	−107	−22	−162
			5H	+112	0	+150	0	5h4h	0	−85	0	−90
			5H6H	+112	0	+190	0	5h6h	0	−85	0	−140
			6G	+162	+22	+212	+22	6e	−56	−162	−56	−196
			6H	+140	0	+190	0	6f	−38	−144	−38	−178
			7G	+202	+22	+258	+22	6g	−22	−128	−22	−162
			7H	+180	0	+236	0	6h	0	−106	0	−140
			—	—	—	—	—	7g6g	−22	−154	−22	−162
			—	—	—	—	—	7h6h	0	−132	0	−140

直径分段 D、d(mm)		螺距 P (mm)	内螺纹				外螺纹				
			公差带	中径 D_2		小径 D_1		公差带	中径 d_2		大径 d	
$>$	$\leqslant$			ES	EI	ES	EI		es	ei	es	ei
11.2	22.4	1	4H	+100	0	+150	0	3h4h	0	−60	0	−112
			4H5H	+100	0	+190	0	4h	0	−75	0	−112
			5G	+151	+26	+216	+26	5g6g	−26	−121	−26	−206
			5H	+125	0	+190	0	5h4h	0	−95	0	−112
			5H6H	+125	0	+236	0	5h6h	0	−95	0	−180
			6G	+186	+26	+262	+26	6e	−60	−178	−60	−240
			6H	+160	0	+236	0	6f	−40	−158	−40	−220
			7G	+226	+26	+326	+26	6g	−25	−144	−26	−206
			7H	+200	0	+300	0	6h	0	−118	0	−180
			—	—	—	—	—	7g6g	−26	−176	−26	−206
			—	—	—	—	—	7h6h	0	−150	0	−180
			—	—	—	—	—	8g	−26	−216	−26	−306
			—	—	—	—	—	8h	0	−190	0	−280
11.2	22.4	1.25	4H	+112	0	+170	0	3h4h	0	−67	0	−132
			4H5H	+112	0	+212	0	4h	0	−85	0	−132
			5G	+168	+28	+240	+28	5g6g	−28	−134	−28	−240
			5H	+140	0	+212	0	5h4h	0	−106	0	−132
			5H6H	+140	0	+265	0	5h6h	0	−106	0	−212
			6G	+208	+28	+293	+28	6e	−63	−195	−63	−275
			6H	+180	0	+265	0	6f	−42	−174	−42	−254
			7G	+252	+28	+363	+28	6g	−28	−160	−28	−240
			7H	+224	0	+335	0	6h	0	−132	0	−212
			—	—	—	—	—	7g6g	−28	−198	−28	−240
			—	—	—	—	—	7h6h	0	−170	0	−212
			—	—	—	—	—	8g	−28	−240	−28	−363
			—	—	—	—	—	8h	0	−212	0	−335
11.2	22.4	1.5	4H	+118	0	+190	0	3h4h	0	−71	0	−150
			4H5H	+118	0	+236	0	4h	0	−90	0	−150
			5G	+182	+32	+268	+32	5g6g	−32	−144	−32	−268
			5H	+150	0	+236	0	5h4h	0	−112	0	−150
			5H6H	+150	0	+300	0	5h6h	0	−112	0	−236
			6G	+222	+32	+332	+32	6e	−67	−207	−67	−303
			6H	+190	0	+300	0	6f	−45	−185	−45	−281
			7G	+268	+32	+407	+32	6g	−32	−172	−32	−268
			7H	+236	0	+375	0	6h	0	−140	0	−236
			—	—	—	—	—	7g6g	−32	−212	−32	−268

直径分段 D、d(mm)		螺距 P (mm)	内螺纹					外螺纹				
>	≤		公差带	中径 D_2		小径 D_1		公差带	中径 d_2		大径 d	
				ES	EI	ES	EI		es*	ei	es	ei
11.2	22.4	1.5	—	—	—	—	—	7h6h	0	−180	0	−236
			—	—	—	—	—	8g	−32	−256	−32	−407
			—	—	—	—	—	8h	0	−224	0	−375
11.2	22.4	1.75	4H	+125	0	+212	0	3h4h	0	−75	0	−170
			4H5H	+125	0	+265	0	4h	0	−95	0	−170
			5G	+194	+34	+299	+34	5g6g	−34	−152	−34	−299
			5H	+160	0	+265	0	5h4h	0	−118	0	−170
			5H6H	+160	0	+335	0	5h6h	0	−118	0	−265
			6G	+234	+34	+369	+34	6e	−71	−221	−71	−336
			6H	+200	0	+335	0	6f	−48	−198	−48	−313
			7G	+284	+34	+459	+34	6g	−34	−184	−34	−299
			7H	+250	0	+425	0	6h	0	−150	0	−265
			—	—	—	—	—	7g6g	−34	−224	−34	−299
			—	—	—	—	—	7h6h	0	190	0	265
			—	—	—	—	—	8g	−34	−270	−34	−459
			—	—	—	—	—	8h	0	−236	0	−425
11.2	22.4	2	4H	+132	0	+236	0	3h4h	0	−80	0	−180
			4H5H	+132	0	+300	0	4h	0	−100	0	−180
			5G	+208	+38	+338	+38	5g6g	−38	−163	−38	−318
			5H	+170	0	+300	0	5h4h	0	−125	0	−180
			5H6H	+170	0	+375	0	5h6h	0	−125	0	−280
			6G	+250	+38	+413	+38	6e	−71	−231	−71	−351
			6H	+212	0	+375	0	6f	−52	−212	−52	−332
			7G	+303	+38	+513	+38	6g	−38	−198	−38	−318
			7H	+265	0	+475	0	6h	0	−160	0	−280
			—	—	—	—	—	7g6g	−38	−238	−38	−318
			—	—	—	—	—	7h6h	0	−200	0	−280
			—	—	—	—	—	8g	−38	−288	−38	−488
			—	—	—	—	—	8h	0	−250	0	−450
11.2	22.4	2.5	4H	+140	0	+280	0	3h4h	0	−85	0	−212
			4H5H	+140	0	+355	0	4h	0	−106	0	−212
			5G	+222	+42	+397	+42	5g6g	−42	−174	−42	−377
			5H	+180	0	+355	0	5h4h	0	−132	0	−212
			5H6H	+180	0	+450	0	5h6h	0	−132	0	−335
			6G	+266	+42	+492	+42	6e	−80	−250	−80	−415
			6H	+224	0	+450	0	6f	−58	−228	−58	−393

直径分段 D、d(mm)		螺距 P	内螺纹					外螺纹				
			公差带	中径 D_2		小径 D_1		公差带	中径 d_2		大径 d	
>	≤	(mm)		ES	EI	ES	EI		es	ei	es	ei
11.2	22.4	2.5	7G	+322	+42	+602	+42	6g	−42	−212	−42	−377
			7H	+280	0	+560	0	6h	0	−170	0	−335
			—	—	—	—	—	7g6g	−42	−254	−42	−377
			—	—	—	—	—	7h6h	0	−212	0	−335
			—	—	—	—	—	8g	−42	−307	−42	−572
			—	—	—	—	—	8h	0	−265	0	−530
22.4	45	1	4H	+106	0	+150	0	3h4h	0	−63	0	−112
			4H5H	+106	0	+190	0	4h	0	−80	0	−112
			5G	+158	+26	+216	+26	5g6g	−26	−126	−26	−206
			5H	+132	0	+190	0	5h4h	0	−100	0	−112
			5H6H	+132	0	+236	0	5h6h	0	−100	0	−180
			6G	+196	+26	+262	+26	6e	−60	−185	−60	−240
			6H	+170	0	+236	0	6f	−40	−165	−40	−220
			7G	+238	+26	+326	+26	6g	−26	−15l	−26	−206
			7H	+212	0	+300	0	6h	0	−125	0	−180
			—	—	—	—	—	796g	−26	−186	−26	−206
			—	—	—	—	—	7h6h	0	−160	0	−180
			—	—	—	—	—	8g	−26	−226	−26	−306
			—	—	—	—	—	8h	0	−200	0	−280
22.4	45	1.5	4H	+125	0	+190	0	3h4h	0	−75	0	−150
			4H5H	+125	0	+236	0	4h	0	−95	0	−150
			5G	+192	+32	+268	+32	596g	−32	−150	−32	−268
			5H	+160	0	+236	0	5h4h	0	−118	0	−150
			5H6H	+160	0	+300	0	5h6h	0	−118	0	−236
			6G	+232	+32	+332	+32	6e	−67	−217	−67	−303
			6H	+200	0	+300	0	6f	−45	−195	−45	−281
			7G	+282	+32	+407	+32	6g	−32	−182	−32	−268
			7H	+250	0	+375	0	6h	0	−150	0	−236
			—	—	—	—	—	796g	−32	−222	−32	−268
			—	—	—	—	—	7h6h	0	−190	0	−236
			—	—	—	—	—	8g	−32	−268	−32	−407
			—	—	—	—	—	8h	0	−236	0	−375

直径分段 D、d(mm)		螺距 P (mm)	内螺纹					外螺纹				
			公差带	中径 D_2		小径 D_1		公差带	中径 d_2		大径 d	
>	≤			ES	EI	ES	EI		es	ei	es	ei
22.4	45	2	4H	+140	0	+236	0	3h4h	0	−85	0	−180
			4H5H	+140	0	+300	0	4h	0	−106	0	−180
			5G	+218	+38	+338	+38	5g6g	−38	−170	−38	−318
			5H	+180	0	+300	0	5h4h	0	−132	0	−180
			5H6H	+180	0	+375	0	5h6h	0	−132	0	−280
			6G	+262	+38	+413	+38	6e	−71	−241	−71	−351
			6H	+224	0	+375	0	6f	−52	−222	−52	−332
			7G	+318	+38	+513	+38	6g	−38	−208	−38	−318
			7H	+280	0	+475	0	6h	0	−170	0	−280
			—	—	—	—	—	796g	−38	−250	−38	−318
			—	—	—	—	—	7h6h	0	−221	0	−280
			—	—	—	—	—	8g	−38	−303	−38	−488
			—	—	—	—	—	8h	0	−265	0	−450
22.4	45	3	4H	+170	0	+315	0	3h4h	0	−100	0	−236
			4H5H	+170	0	+400	0	4h	0	−125	0	−236
			5G	+260	+48	+448	+48	5g6g	−48	−208	−48	−423
			5H	+212	0	+400	0	5h4h	0	−160	0	−236
			5H6H	+212	0	+500	0	5h6h	0	−160	0	−375
			6G	+313	+48	+548	+48	6e	−85	−285	−85	−460
			6H	+265	0	+500	0	6f	−63	−263	−63	−438
			7G	+383	+48	+678	+48	6g	−48	−248	−48	−423
			7H	+335	0	+630	0	6h	0	−200	0	−375
			—	—	—	—	—	796g	−48	−298	−48	−423
			—	—	—	—	—	7h6h	0	−250	0	−375
			—	—	—	—	—	8g	−48	−363	−48	−648
			—	—	—	—	—	8h	0	−315	0	−600
22.4	45	3.5	4H	+180	0	+355	0	3h4h	0	−106	0	−265
			4H5H	+180	0	+450	0	4h	0	−132	0	−265
			5G	+277	+53	+503	+53	5g6g	−53	−223	−53	−478
			5H	+224	0	+450	0	5h4h	0	−170	0	−265
			5H6H	+224	0	+560	0	5h6h	0	−170	0	−425
			6G	+333	+53	+613	+53	6e	−90	−302	−90	−515
			6H	+280	0	+560	0	6f	−70	−282	−70	−495
			7G	+408	+53	+763	+53	6g	−53	−265	−53	−478
			7H	+355	0	+710	0	6h	0	−212	0	−425
			—	—	—	—	—	7g6g	−53	−318	−53	−478

直径分段 D、d(mm)		螺距 P (mm)	内螺纹					外螺纹				
			公差带	中径 D_2		小径 D_1		公差带	中径 d_2		大径 d	
>	≤			ES	EI	ES	EI		es	ei	es	ei
22.4	45	3.5	—	—	—	—	—	7h6h	0	−265	0	−425
			—	—	—	—	—	8g	−53	−388	−53	−723
			—	—	—	—	—	8h	0	−335	0	−670
22.4	45	4	4H	+190	0	+375	0	3h4h	0	−112	0	−300
			4H5H	+190	0	+475	0	4h	0	−140	0	−300
			5G	+296	+60	+535	+60	5g6g	−60	−140	−60	−535
			5H	+236	0	+475	0	5h4h	0	−180	0	−300
			5H6H	+236	0	+600	0	5h6h	0	−180	0	−475
			6G	+360	+60	+660	+60	6e	−95	−319	−95	−570
			6H	+300	0	+600	0	6f	−75	−299	−75	−550
			7G	+435	+60	+810	+60	6g	−60	−284	−60	−535
			7H	+375	0	+750	0	6h	0	−224	0	−475
			—	—	—	—	—	7g6g	−60	−340	−60	−535
			—	—	—	—	—	7h6h	0	−280	0	−475
			—	—	—	—	—	8g	−60	−415	−60	−810
			—	—	—	—	—	8h	0	−355	0	−750
22.4	45	4.5	4H	+200	0	+425	0	3h4h	0	−118	0	−315
			4H5H	+200	0	+530	0	4h	0	−150	0	−315
			5G	+313	+63	+593	+63	5g6g	−63	−253	−63	−563
			5H	+250	0	+530	0	5h4h	0	−190	0	−315
			5H6H	+250	0	+670	0	5h6h	0	−190	0	−500
			6G	+378	+63	+733	+63	6e	−100	−336	−100	−600
			6H	+315	0	+670	0	6f	−80	−311	−80	−580
			7G	+463	+63	+913	+63	6g	−63	−299	−63	−563
			7H	+400	0	+850	0	6h	0	−236	0	−500
			—	—	—	—	—	7g6g	−63	−363	−63	−563
			—	—	—	—	—	7h6h	0	−300	0	−500
			—	—	—	—	—	8g	−63	−438	−63	−863
			—	—	—	—	—	8h	0	−375	0	−800

（五）普通螺纹基本尺寸

普通螺纹基本尺寸见表1-35。

表 1-35　　　　普通螺纹基本尺寸（GB/T 196—2003
《普通螺纹　基本尺寸》）

公称直径D、d			螺距 P	中径 D_2或d_2	小径 D_1或d_1
第一系列	第二系列	第三系列			
1	—	—	0.25 *	0.838	0.729
			0.2	0.870	0.783
—	1.1	—	0.25 *	0.938	0.829
			0.2	0.970	0.883
1.2	—	—	0.25 *	1.038	0.929
			0.2	1.070	0.983
—	1.4	—	0.3 *	1.205	1.075
			0.2	1.270	1.183
1.6	—	—	0.35 *	1.373	1.221
			0.2	1.470	1.383
—	1.8	—	0.35 *	1.573	1.421
			0.2	1.670	1.583
2	—	—	0.4 *	1.740	1.567
			0.25	1.838	1.729
—	2.2	—	0.45 *	1.908	1.713
			0.25	2.038	1.929
2.5	—	—	0.45 *	2.208	2.013
			0.35	2.273	2.121
3	—	—	0.5 *	2.675	2.459
			0.35	2.773	2.621
—	3.5	—	(0.6 *)	3.1 10	2.850
			0.35	3.273	3.121
4	—	—	0.7 *	3.545	3.242
			0.5	3.675	3.459

公称直径 D、d			螺距 P	中径 D_2或d_2	小径 D_1或d_1
第一系列	第二系列	第三系列			
—	4.5	—	(0.75*)	4.013	3.688
			0.5	4.175	3.959
5	—	5.5	0.8*	4.480	4.134
			0.5	4.675	4.459
			0.5	5.175	4.959
6		—	1*	5.350	4.917
			0.75	5.513	5.188
—	—	7	1*	6.350	5.917
			0.75	6.513	6.188
8	—	—	(1.25*)	7.188	6.647
			1	7.350	6.917
			0.75	7.513	7.188
—	—	9	1.25*	8.188	7.647
			1	8.350	7.917
			0.75	8.513	8.188
10			1.5*	9.026	8.376
			1.25	9.188	8.647
			1	9.350	8.917
			0.75	9.513	9.188
—	—	11	(1.5*)	10.026	9.376
			1	10.350	9.917
			0.75	10.513	10.188
12	—	—	1.75*	10.863	10.106
			1.5	11.026	10.376
			1.25	11.188	10.647
			1	11.350	10.917
			(0.75)	11.513	11.188

公称直径 D、d			螺距 P	中径 D_2 或 d_2	小径 D_1 或 d_1
第一系列	第二系列	第三系列			
—	14①	—	2*	12.701	11.835
			1.5	13.026	12.376
			(1.25)	13.188	12.647
			1	13.350	12.917
			(0.75)	13.513	13.188
—	—	15	1.5	14.026	13.376
			(1)	14.350	13.917
16	—	—	2*	14.701	13.835
			1.5	15.026	14.376
			1	15.350	14.917
			(0.75)	15.513	15.188
—	—	17	1.5	16.026	15.376
			(1)	16.350	15.917
—	18	—	2.5*	16.376	15.294
			2	16.701	15.835
			1.5	17.026	16.376
			1	17.350	16.917
			(0.75)	17.513	17.188
20	—	—	2.5*	18.376	17.294
			2	18.701	17.835
			1.5	19.026	18.376
			1	19.350	18.917
			(0.75)	19.513	19.188
—	22	—	2.5*	20.376	19.294
			2	20.701	19.835
			1.5	21.026	20.376
			1	21.350	20.917
			(0.75)	21.513	21.188

公称直径 D、d			螺距 P	中径 D_2 或 d_2	小径 D_1 或 d_1
第一系列	第二系列	第三系列			
			3*	22.051	20.752
			2	22.701	21.835
24	—	—	1.5	23.026	22.376
			1	23.350	22.917
			(0.75)	23.513	23.188
			2	23.701	22.835
—	—	25	1.5	24.026	23.376
			(1)	24.350	23.917
—	—	26	1.5	25.026	24.376
			3*	25.051	23.752
			2	25.701	24.835
—	27	—	1.5	26.026	25.376
			1	26.350	25.917
			(0.75)	26.513	26.188
			2	26.701	25.835
—	—	28	1.5	27.026	26.376
			1	27.350	26.917
			3.5*	27.727	26.211
			3	28.051	26.752
			2	28.701	27.835
30	—	—	1.5	29.026	28.376
			1	29.350	28.917
			(0.75)	29.513	29.188
			2	30.701	29.835
—	—	32	1.5	31.026	30.376
—	33		3.5*	30.727	29.211
			3	31.051	29.752

公称直径 D、d			螺距 P	中径 D_2 或 d_2	小径 D_1 或 d_1
第一系列	第二系列	第三系列			
—	33	—	2	31.701	30.835
			1.5	32.026	31.376
			(1)	32.350	31.917
			(0.75)	32.513	32.188
—	—	35[②]	1.5	34.026	33.376
36	—	—	4*	33.402	31.670
			3	34.051	32.752
			2	34.701	33.835
			1.5	35.026	34.376
			(1)	35.530	34.917
—	—	38	1.5	37.026	36.376
—	39		4*	36.402	34.670
			3	37.051	35.752
			2	37.701	36.835
			1.5	38.026	37.376
			(1)	38.350	37.917
—		40	(3)	38.051	36.752
			(2)	38.701	37.835
			1.5	39.026	38.376
42			4.5*	39.077	37.129
			(4)	39.402	37.670
			3	40.051	38.752
			2	40.701	39.835
			1.5	41.026	40.376
			(1)	41.350	40.917
—	45	—	4.5*	42.077	40.129
			(4)	42.402	40.670

公称直径 D、d			螺距 P	中径 D_2 或 d_2	小径 D_1 或 d_1
第一系列	第二系列	第三系列			
—	45	—	3	43.051	41.752
			2	43.701	42.835
			1.5	44.026	43.376
			(1)	44.350	43.917
48	—	—	5*	44.752	42.587
			4	45.402	43.670
			3	46.051	44.752
			2	46.701	45.835
			1.5	47.026	46.376
			(1)	47.350	46.917
—	—	50	(3)	48.051	46.752
			(2)	48.701	47.835
			1.5	49.026	48.376
—	52	—	5*	48.752	46.587
			(4)	49.402	47.670
			3	50.051	48.752
			2	50.701	49.835
			1.5	51.026	50.376
			(1)	51.350	50.917
—	—	55	(4)	52.402	50.670
			(3)	53.051	51.752
			2	53.701	52.835
			1.5	54.026	53.376
56	—	—	5.5*	52.428	50.046
			4	53.402	51.670
			3	54.051	52.752
			2	54.701	53.835
			1.5	55.026	54.376
			(1)	55.350	54.917

公称直径D、d			螺距	中径	小径
第一系列	第二系列	第三系列	P	D_2或d_2	D_1或d_1
—	—	58	(4)	55.402	53.670
			(3)	56.051	54.752
			2	56.701	55.835
			1.5	57.026	56.376
—	60	—	(5.5)	56.428	54.046
			4	57.402	55.670
			3	58.051	56.752
			2	58.701	57.835
			1.5	59.026	58.376
			(1)	59.350	58.917
—	—	62	(4)	59.402	57.670
			(3)	60.051	58.752
			2	60.701	59.835
			1.5	61.026	60.376
64	—	—	6*	60.103	57.505
			4	61.402	59.670
			3	62.051	60.752
			2	62.701	61.835
			1.5	63.026	62.376
			(1)	63.350	62.917
—	—	65	(4)	62.402	60.670
			(3)	63.051	61.752
			2	63.701	62.835
			1.5	64.026	63.376
—	68	—	6*	64.103	61.505
			4	65.402	63.670
			3	66.051	64.752

| 公称直径 D、d | | | 螺距 | 中径 | 小径 |
第一系列	第二系列	第三系列	P	D_2 或 d_2	D_1 或 d_1
			2	66.701	65.835
—	68	—	1.5	67.026	66.376
			(1)	67.350	66.917
			(6)	66.103	63.505
			(4)	67.402	65.670
		70	(3)	68.051	66.752
			2	68.701	67.835
			1.5	69.026	68.376
			6	68.103	65.505
			4	69.402	67.670
			3	70.051	68.752
72			2	70.701	69.835
			1.5	71.026	70.376
			(1)	71.350	70.917
			(4)	72.402	70.670
			(3)	73.051	71.752
—	—	75	2	73.701	72.835
			1.5	74.026	73.376
			6	72.103	69.505
			4	73.402	71.670
			3	74.051	72.752
—	76	—	2	74.701	73.835
			1.5	75.026	74.376
			(1)	75.350	74.917
—	—	78	2	76.701	75.835
80			6	76.103	73.505
			4	77.402	75.670

公 称 直 径 D、d			螺距 P	中径 D_2或d_2	小径 D_1或d_1
第一系列	第二系列	第三系列			
80	—	—	3	78.051	76.752
			2	78.701	77.835
			1.5	79.026	78.376
			(1)	79.350	78.917
—	—	82	2	80.701	79.835
—	85		6	81.103	78.505
			4	82.402	80.670
			3	83.051	81.752
			2	83.701	82.835
			(1.5)	84.026	83.376
90	—	—	6	86.103	83.505
			4	87.402	85.670
			3	88.051	86.752
			2	88.701	87.835
			(1.5)	89.026	88.376

注 1. 直径优先选用第一系列，其次第二系列，尽可能不用第三系列。

2. 尽可能不用括号内的螺距。

3. 用"＊"表示的螺距为粗牙。

①表示 M14×1.25 仅用于火花塞。

②表示 M35×1.5 仅用于滚动轴承锁紧螺母。

第二章 金属材料的基础知识

一、金属材料的分类

（一）钢铁材料的分类

1. 铸铁的分类

铸铁的分类见表 2-1。

表 2-1　　　　　　　　　　　铸铁的分类

分类方法	分类名称	说　　明
按化学成分分类	普通铸铁	普通铸铁是指不含任何合金元素的铸铁，一般常用的灰铸铁、可锻铸铁和球墨铸铁等都属于这一类铸铁
	合金铸铁	在普通铸铁内有意识地加入一些合金元素，以提高铸铁某些特殊性能而配制成的一种高级铸铁，如各种耐蚀、耐热、耐磨的特殊性能铸铁，都属于这一类铸铁
按断口颜色分类	灰铸铁	（1）这种铸铁中的碳大部分或全部以自由状态的片状石墨形式存在，其断口呈暗灰色，故称为灰铸铁。 （2）有一定的力学性能和良好的可加工性，是工业上应用最普遍的一种铸铁
	白口铸铁	（1）白口铸铁是组织中完全没有或几乎完全没有石墨的一种铁碳合金，其中碳全部以渗碳体形式存在，断口呈白亮色。 （2）硬而且脆，不能进行切削加工，工业上很少直接应用其来制造机械零件。在机械制造中，只能用来制造对耐磨性要求较高的机件。 （3）可以用激冷的办法制造内部为灰铸铁组织、表层为白口铸铁组织的耐磨零件，如火车轮圈、轧辊、犁铧等。这种铸铁具有很高的硬度和耐磨性，通常又称为激冷铸铁或冷硬铸铁
	麻口铸铁	这是介于白口铸铁和灰铸铁之间的一种铸铁，其组织为珠光体＋渗碳体＋石墨，断口呈灰白相间的麻点状，故称麻口铸铁，这种铸铁性能不好，极少应用

分类方法	分类名称	说　明
按生产方法和组织性能分类	普通灰铸铁	普通灰铸铁具有一定的强度、硬度，良好的减振性和耐磨性，高的导热性，好的抗热疲劳能力，同时还具有良好的铸造工艺性能及可加工性，生产简便，成本低，在工业和民用生活中得到了广泛的应用
	孕育铸铁	(1) 孕育铸铁又称变质铸铁，是在普通灰铸铁的基础上，采用"变质处理"，即是在铁液中加入少量的变质剂（硅铁或硅钙合金）造成人工晶核，使能获得细晶粒的珠光体和细片状石墨组织的一种高级铸铁。 　　(2) 这种铸铁的强度、塑性和韧性均比一般灰铸铁要好得多，组织也较均匀一致，主要用来制造力学性能要求较高而截面尺寸变化较大的大型铸铁件
	可锻铸铁	(1) 由一定成分的白口铸铁经石墨化退火后而成，其中碳大部或全部呈团絮状石墨的形式存在，由于其对基体的破坏作用较之片状石墨大大减轻，因而比灰铸铁具有较高的韧性，故又称韧性铸铁。 　　(2) 可锻铸铁实际并不可以锻造，只不过具有一定的塑性而已，通常多用来制造承受冲击载荷的铸件
	球墨铸铁	(1) 球墨铸铁，是通过在浇铸前往铁液中加入一定量的球化剂（如纯镁或其合金）和墨化剂（硅铁或硅钙合金），以促进碳呈球状石墨结晶而获得的。 　　(2) 由于石墨呈球形，应力大为减轻，其主要减小金属基体的有效截面积，因而这种铸铁的力学性能比普通灰铸铁高得多，也比可锻铸铁好。 　　(3) 具有比灰铸铁好的焊接性和热处理工艺性。 　　(4) 和钢相比，除塑性、韧性稍低外，其他性能均接近，是一种同时兼有钢和铸铁优点的优良材料，因此在机械工程上获得了广泛的应用
	特殊性能铸铁	这是一种具有某些特性的铸铁，根据用途的不同，可分为耐磨铸铁、耐热铸铁、耐蚀铸铁等。这类铸铁大部分都属合金铸铁，在机械制造上应用也较为广泛

2. 生铁的分类

生铁的分类见表 2-2。

表 2-2 生铁的分类

分类方法	分类名称		说　明
按用途分类	铸造生铁		指用于铸造各种铸件的生铁，俗称翻砂铁。一般含硅量较高（硅的质量分数达 3.75%），含硫量稍低（硫的质量分数小于 0.06%）。它在生铁产量中约占 10%，是钢铁厂中的主要商品铁，其断口为灰色，所以也叫灰口铁
	炼钢生铁		指用于平炉、转炉炼钢用的生铁，一般含硅量较低（硅的质量分数不大于 1.75%），含硫量较高（硫的质量分数不大于 0.07%）。其是炼钢用的主要原料，在生铁产量中占 80%～90%。炼钢生铁质硬而脆，断口呈白色，所以也叫白口铁
按化学成分分类	普通生铁		指不含其他合金元素的生铁，如炼钢生铁、铸造生铁等
	特种生铁	天然合金生铁	指用含有共生金属（如铜、钒、镍等）的铁矿石或精矿，或用还原剂还原而炼成的一种特种生铁，它含有一定量的合金元素（一种或多种，由矿石的成分来决定），可用来炼钢，也可用于铸造
		铁合金	铁合金和天然合金生铁的不同之处，是在炼铁时特意加入其他成分，炼成含有多种合金元素的特种生铁。铁合金是炼钢的原料之一，也可用于铸造生产。在炼钢时作钢的脱氧剂和合金元素添加剂，用以改善钢的性能。铁合金的品种很多，如按所含的元素来分，可分为硅铁、锰铁、铬铁、钨铁、钼铁、钛铁、钒铁、磷铁、硼铁、镍铁、铌铁、硅锰合金及稀土合金等，其中用量最大的是锰铁、硅铁和铬铁；按照生产方法的不同，可分为高炉铁合金、电炉铁合金、真空碳还原铁合金等

3. 钢的分类

钢的分类见表 2-3。

表 2-3 钢的分类

分类名称			说　明
1. 按用途分类	结构钢	建筑及工程用结构钢	(1) 用于建筑、桥梁、船舶、锅炉或其他工程上制造金属结构件的钢，多为低碳钢。由于大多要经过焊接施工，故其含碳量不宜过高，一般都是在热轧供应状态或正火状态下使用。 (2) 主要类型如下。 　1) 普通碳素结构钢：按用途又分为一般用途的普碳钢和专用普碳钢。 　2) 低合金钢：按用途又分为低合金结构钢、耐腐蚀用钢、低温用钢、钢筋钢、钢轨钢、耐磨钢和特殊用途专用钢
		机械制造用结构钢	(1) 用于制造机械设备上的结构零件。 (2) 这类钢基本上都是优质钢或高级优质钢，需要经过热处理、冷塑性成形和机械切削加工后才能使用。 (3) 主要类型有优质碳素结构钢、合金结构钢、易切结构钢、弹簧钢、滚动轴承钢
	工具钢		指用于制造各种工具的钢。这类钢按其化学成分分为碳素工具钢、合金工具钢、高速钢；按照用途可分为刃具钢（或称刀具钢）、模具钢（包括冷作模具钢、热作模具钢和塑料模具钢）、量具钢
	特殊钢		(1) 指用特殊方法生产，具有特殊物理性能、化学性能和力学性能的钢。 (2) 主要包括不锈耐酸钢、耐热不起皮钢、高电阻合金钢、低温用钢、耐磨钢、磁钢（包括硬磁钢和软磁钢）、抗磁钢和超高强度钢（指 $R_m \geqslant 1400\text{N/mm}^2$ 的钢）
	专业用钢		指各工业部门专业用途的钢，例如，农机用钢、机床用钢、重型机械用钢、汽车用钢、航空用钢、宇航用钢、石油机械用钢、化工机械用钢、锅炉用钢、电工用钢、焊条用钢等

分类名称			说　明
2. 按化学成分分类		碳素钢	（1）指碳的质量分数不大于 2%，并含有少量锰、硅、硫、磷和氧等杂质元素的铁碳合金。 （2）按其含碳量的不同可分为： 工业纯铁：碳的质量分数不大于 0.04% 的铁碳合金； 低碳钢：碳的质量分数不大于 0.25% 的钢； 中碳钢：碳的质量分数为 0.25%～0.60% 的钢； 高碳钢：碳的质量分数大于 0.60% 的钢。 （3）按钢的质量和用途的不同，分为普通碳素结构钢、优质碳素结构钢和碳素工具钢 3 大类
		合金钢	（1）在碳素钢基础上，为改善钢的性能，在冶炼时加入一些合金元素（如铬、镍、硅、钼、钨、钒、钛、硼等）而炼成的钢。 （2）按其合金元素的总含量，可分为： 低合金钢：这类钢的合金元素总质量分数不大于 5%； 中合金钢：这类钢的合金元素总质量分数为 5%～10%； 高合金钢：这类钢的合金元素总质量分数大于 10%。 （3）按钢中主要合金元素的种类，又可分为： 三元合金：指除铁、碳以外，还含有另一种合金元素的钢，如锰钢、铬钢、硼钢、钼钢、硅钢、镍钢等； 四元合金钢：指除铁、碳以外，还含有另外两种合金元素的钢，如硅锰钢、锰硼钢、铬锰钢、铬镍钢等； 多元合金钢：指除铁、碳以外，还含有另外 3 种或 3 种以上合金元素的钢，如铬锰钛钢、硅锰钼钒钢等
3. 按冶炼方法分类	按冶炼设备分类	平炉钢	（1）指用平炉炼钢法炼制出来的钢。 （2）按炉衬材料不同，分酸性和碱性两种，一般平炉都是碱性的，只有特殊情况下才在酸性平炉内炼制。 （3）平炉炼钢法具有原料来源广、设备容量大、品种多、质量好等优点。平炉钢曾在世界钢总产量中占绝对优势，现在世界各国有停建平炉的趋势。 （4）平炉钢的主要品种是普碳钢、低合金钢和优质碳素钢

分类名称		说　明
3. 按冶炼方法分类	按冶炼设备分类	转炉钢 |（1）指用转炉炼钢法炼制出来的钢。 （2）除分为酸性和碱性转炉钢外，还可分为底吹、侧吹、顶吹和空气吹炼、纯氧吹炼等转炉钢，常可混合使用。 （3）我国现在大量生产的为侧吹碱性转炉钢和氧气顶吹转炉钢。氧气顶吹转炉钢有生产速度快、质量高、成本低、投资少、基建快等优点，是当代炼钢的主要方法。 （4）转炉钢的主要品种是普通碳素钢，氧气顶吹转炉也生产优质碳素钢和合金钢

分类名称	分类名称	说　明
3. 按冶炼方法分类	按冶炼设备分类 —— 转炉钢	（1）指用转炉炼钢法炼制出来的钢。 （2）除分为酸性和碱性转炉钢外，还可分为底吹、侧吹、顶吹和空气吹炼、纯氧吹炼等转炉钢，常可混合使用。 （3）我国现在大量生产的为侧吹碱性转炉钢和氧气顶吹转炉钢。氧气顶吹转炉钢有生产速度快、质量高、成本低、投资少、基建快等优点，是当代炼钢的主要方法。 （4）转炉钢的主要品种是普通碳素钢，氧气顶吹转炉也生产优质碳素钢和合金钢
	按冶炼设备分类 —— 电炉钢	（1）指用电炉炼钢法炼制出来的钢。 （2）可分为电弧炉钢、感应电炉钢、真空感应电炉钢、电渣炉钢、真空自耗炉钢、电子束炉钢等。 （3）工业上大量生产的主要是碱性电弧炉钢，生产的品种是优质碳素钢和合金钢
	按脱氧程度和浇注制度分类 —— 沸腾钢	（1）脱氧不完全的钢，浇注时在钢模里产生沸腾，所以称沸腾钢。 （2）其特点是收缩率高、成本低、表面质量及深冲性能好。 （3）成分偏析大，质量不均匀，耐蚀性和机械强度较差。 （4）大量用于轧制普通碳素钢的型钢和钢板
	按脱氧程度和浇注制度分类 —— 镇静钢	（1）脱氧完全的钢，浇注时钢液镇静，没有沸腾现象，所以称镇静钢。 （2）成分偏析少，质量均匀，但金属的收缩率低（缩孔多），成本较高。 （3）通常情况下合金钢和优质碳素钢都是镇静钢
	按脱氧程度和浇注制度分类 —— 半镇静钢	（1）脱氧程度介于沸腾钢和镇静钢之间的钢，浇注时沸腾现象较沸腾钢弱。 （2）钢的质量、成本和收缩率也介于沸腾钢和镇静钢之间。生产较难控制，故目前在钢产量中占比重不大

分类名称		说　明
4. 按品质分类	普通钢	(1) 含杂质元素较多，其中磷、硫的质量分数均不大于 0.07%。 (2) 主要用作建筑结构和要求不太高的机械零件。 (3) 主要类型有普通碳素钢、低合金结构钢等
	优质钢	(1) 含杂质元素较少，质量较好，其中硫、磷的质量分数均不大于 0.04%，主要用于机械结构零件和工具。 (2) 主要类型有优质碳素结构钢、合金结构钢、碳素工具钢、合金工具钢、弹簧钢、轴承钢等
	高级优质钢	(1) 含杂质元素极少，其中硫、磷的质量分数均不大于 0.03%，主要用于重要机械结构零件和工具。 (2) 属于这一类的钢大多是合金结构钢和工具钢，为了区别于一般优质钢，这类钢的钢号后面，通常加符号"A"或汉字"高"以便识别
5. 按金相组织分类	按退火后的金相组织分类	亚共析钢　碳的质量分数小于 0.80%，组织为游离铁素体＋珠光体
		共析钢　碳的质量分数为 0.80%，组织全部为珠光体
		过共析钢　碳的质量分数大于 0.80%，组织为游离碳化物＋珠光体
		莱氏体钢　实际上也是过共析钢，但其组织为碳化物和珠光体的共晶体
	按正火后的金相组织分类	珠光体钢、贝氏体钢　当合金元素含量较少，在空气中冷却如得到珠光体或托氏体的，就属于珠光体钢；如得到贝氏体的，就属于贝氏体钢
		马氏体钢　当合金元素含量较高，在空气中冷却就可得到马氏体的，称为马氏体钢
		奥氏体钢　当合金元素含量较高，在空气中冷却，直到室温仍不转变的，称为奥氏体钢
		碳化物钢　当含碳量较高并含有大量碳化物组成元素时，在空气中冷却，如得到由碳化物及其基体组织（珠光体或马氏体、奥氏体）所构成的混合物组织的，称为碳化物钢。最典型的碳化物钢是高速钢

分类名称		说　明
5.按金相组织分类	按加热、冷却时有无相变和室温时的金相组织分类	**铁素体钢** 含碳量很低并含有大量的形成或稳定铁素体的元素，如铬、硅等，故在加热或冷却时，始终保持铁素体组织
		半铁素体钢 含碳量较低并含有较多的形成或稳定铁素体的元素，如铬、硅等，在加热或冷却时，只有部分发生 $\alpha \Longleftrightarrow \gamma$ 相变，其他部分始终保持 α 相的铁素体组织
		半奥氏体钢 含有一定的形成或稳定奥氏体的元素，如镍、锰等，故在加热或冷却时，只有部分发生 $\alpha \Longleftrightarrow \gamma$ 相变，其他部分始终保持 γ 相的奥氏体组织
		奥氏体钢 含有大量的形成或稳定奥氏体的元素，如锰、镍等，故在加热或冷却时，始终保持奥氏体组织
6.按制造加工形式分类	**铸钢**	(1) 指采用铸造方法而生产出来的一种钢铸件，其碳的质量分数一般为 $0.15\% \sim 0.60\%$。 (2) 铸造性能差，往往需要用热处理和合金化等方法来改善其组织和性能，主要用于制造一些形状复杂、难于进行锻造或切削加工成形，而又要求较高的强度和塑性的零件。 (3) 按化学成分分为铸造碳钢和铸造合金钢；按用途分为铸造结构钢、铸造特殊钢和铸造工具钢
	锻钢	(1) 采用锻造方法生产出来的各种锻材和锻件，其质量比铸钢件高，能承受大冲击力。 (2) 塑性、韧性和其他方面的力学性能也都比铸钢件高，用于制造一些重要的机器零件。 (3) 冶金工厂中某些截面较大的型钢也采用锻造方法来生产和供应一定规格的锻材，如锻制圆钢、方钢和扁钢等
	热轧钢	(1) 指用热轧方法生产出的各种钢材。大部分钢材都是采用热轧轧成的。 (2) 热轧常用于生产型钢、钢管、钢板等大型钢材，也用于轧制线材
	冷轧钢	(1) 指用冷轧方法生产出的各种钢材。 (2) 与热轧钢相比，冷轧钢的特点是表面光洁、尺寸精确、力学性能好。 (3) 冷轧常用来轧制薄板、钢带和钢管
	冷拔钢	(1) 指用冷拔方法生产出的各种钢材。 (2) 特点是精度高，表面质量好。 (3) 冷拔主要用于生产钢丝，也用于生产直径在 50mm 以下的圆钢和六角钢，以及直径在 76mm 以下的钢管

4. 钢产品分类

钢产品分类见表2-4。

表 2-4 　　　　　　　　　　　　**钢产品分类**

分类		钢 产 品
初产品	液态钢	通过冶炼获得待浇注的液体状态钢和直接熔化原料而获得的液体状态钢，用于铸锭或连续浇注或铸造铸钢件的液体状态钢液
	钢锭	将液态钢浇注到具有一定形状的锭模中得到的产品。钢锭模的形状（钢锭的形状）应与经热轧或锻造加工成材的形状近似。按横截面，可把钢锭分为用于轧制型材的钢锭和用于轧制板材的扁锭，不改变钢锭原来的分类，还可以做的处理有： （1）用研磨工具或喷枪等全部清理表面缺陷； （2）剪切头尾或剪切成便于进一步加工的长度； （3）表面清理后剪切用于轧制型材的钢锭的横截面可以是方形、矩形（宽度小于厚度的2倍）、多边形、圆形、椭圆形以及各种异形、用于轧制板材的扁钢锭的横截面是宽度不小于厚度2倍的矩形
半成品		由轧制或锻造钢锭获得的，或者由连铸获得的半成品，半成品通常是供进一步轧制或锻造加工成成品用的。 　这些半成品的横截面可以有各种形状（方形横截面半成品、矩形横截面半成品、扁平横截面半成品、异形横截面半成品）；横截面的尺寸沿长度方向是不变的；其公差相对于成品更大一些，棱角更圆钝一些。半成品的侧面允许有轻微的凹入或凸出以及轧制（或锻制）的痕迹，并且可以用研磨工具、喷枪或修磨方法进行局部或全部的清理。半成品是按形状、横截面尺寸以及用途进行分类的（各种半成品取自轧机的类型以及轧制产品的横截面。目前在开坯机上可生产初轧坯，在板坯机上也可开坯）
	方形横截面半成品	按边长，这些半成品通常分为： （1）大方坯：边长大于120mm； （2）方坯：边长为40～120mm
	矩形横截面半成品（不包括扁平横截面半成品、异形横截面半成品，供无缝钢管用半成品）	按横截面尺寸，矩形横截面半成品通常分为： （1）大矩形坯：大矩形坯的横截面积大于14400mm^2，其宽厚比大于1且小于2； （2）矩形坯：矩形坯的横截面积为1600～14400mm^2，其宽厚比大于1且小于2

分类		钢 产 品
半成品	扁平横截面半成品	板坯：板坯的厚度不小于 50mm，宽厚比不小于 2。宽厚比大于 4 称为扁平板坯。 薄板坯：薄板坯宽度不小于 150mm，厚度大于 6mm 且小于 50mm
	异形横截面半成品（异形坯）	异形半成品横截面积通常大于 2500mm²，用于生产型钢以及经预加工成形的半成品
	供无缝钢管用半成品（简称管坯）	管坯的横截面可以是圆形、方形、矩形或多边形
轧制成品和最终产品的一般规定	轧制成品和最终产品	通常是用轧制方法生产的产品，并且在钢厂内一般不再进行热加工。横截面沿长度方向是不变的或有周期性的变化。产品的公称尺寸范围、外形、尺寸允许偏差通常是由标准规定的。光面通常是光滑的，但可以有规则的凸凹花纹（如钢筋或扁豆形花纹板）
	按外形和尺寸分类	按外形和尺寸，分类如下：条钢、盘条、扁平产品、钢管
	按生产阶段分	按生产阶段分为： （1）热轧成品和最终产品：大多由半成品热轧而成，也有一些是由初产品热轧得到的； （2）冷轧（拔）成品和最终产品：通常是热轧成品经冷轧（拔）而成的
	按表面状态分	按表面状态分为： （1）未经表面处理的产品：为了在装运或储存过程中防止腐蚀或机械损伤，可以涂一层（由下列任一方法获得的）简单的防护层； （2）钝化层（用铬酸或磷酸）：采用电化学或化学方法在产品上得到一层铬酸盐或磷酸盐，这与铬酸盐或磷酸盐表面处理不同，钝化层是很薄的，用肉眼几乎辨别不清（单面 $7\sim10$mg/m²）； （3）有机涂层：本身不具备防腐蚀作用，只是为了进一步涂层打底，并构成抗腐蚀系统的一部分； （4）保护膜，如清漆等； （5）油脂涂层、油、焦油、沥青、石灰或任一可溶物质； （6）经其他表面处理的产品

注 本表摘自 GB/T 15574—2016《钢产品分类》。

(二) 有色金属材料的分类

1. 有色金属材料的分类

有色金属材料的分类方法见表 2-5。

表 2-5　　　　　　　　有色金属材料的分类方法

分类方法	分类名称	说　明
按密度、储量和分布情况分	有色轻金属	指密度小于 4.5 g/cm³ 的有色金属，如铝、镁、钙等
	有色重金属	指密度大于 4.5 g/cm³ 的有色金属，如铜、镍、铅、锌、锡等
	贵金属	指矿源少、开采和提取比较困难、价格比一般金属贵的金属，如金、银和铂族元素及其合金
	稀有金属	指在自然界中含量很少、分布稀散或难以提取的金属，如钛、钨、钼、铌等
按化学成分分	铜及铜合金	包括纯铜（紫铜）、铜锌合金（黄铜）、铜锡合金（锡青铜等）、无锡青铜（铝青铜）、铜镍合金（白铜）
	轻金属及轻合金	包括铝及铝合金、镁及镁合金、钛及钛合金
	其他有色金属及其合金	包括铅及其合金、锡及其合金、锌镉及其合金、镍钴及其合金、贵金属及其合金、稀有金属及其合金等
按生产方法及用途分	有色冶炼合金产品	包括纯金属或合金产品，纯金属可分为工业纯度和高纯度
	铸造有色合金	指直接以铸造方式生产的各种形状有色金属材料及机械零件
	有色加工产品	指以压力加工方法生产的各种管、线、棒、型、板、箔、条、带等
	硬质合金材料	指以难熔硬质合金化合物为基体，以铁、钴、镍作粘结剂，采用粉末冶金法制作而成的一种硬质工具材料
	中间合金	指在熔炼过程中为使合金元素能准确而均匀地加入到合金中去而配制的一种过渡性合金
	轴承合金	指制作滑动轴承、轴瓦的有色金属材料
	印刷合金	指印刷工业专用铅字合金，均属于铅、锑、锡系合金

2. 工业上常见的有色金属

工业上常见的有色金属见表 2-6。

表 2-6　　　　　　　　　　　　　　工业上常见的有色金属

纯金属	铜（纯铜）、镍、铝、镁、钛、锌、铅、锡等			
合金	铜合金	黄铜	压力加工用、铸造用	普通黄铜（铜锌合金）
				特殊黄铜（含有其他合金元素的黄铜）：铝黄铜、铅黄铜、锡黄铜、硅黄铜、锰黄铜、铁黄铜、镍黄铜等
		青铜		锡青铜（铜锡合金，一般还含有磷或锌、铅等合金元素）
				特殊青铜（铜与除锌、锡、镍以外的其他合金元素的合金）：铝青铜、硅青铜、锰青铜、铍青铜、锆青铜、铬青铜、镉青铜、镁青铜等
		白铜	压力加工用	普通白铜（铜镍合金）
				特殊白铜（含有其他合金元素的白铜）：锰白铜、铁白铜、锌铜、铝白铜等
	铝合金	压力加工用（变形用）		不可热处理强化的铝合金：防锈铝
				可热处理强化的铝合金：硬铝、锻铝、超硬铝等
		铸造用		铝硅合金、铝铜合金、铝镁合金、铝锌合金等
	镍合金	压力加工用：镍硅合金、镍锰合金、镍铬合金、镍铜合金、镍钨合金等		
	锌合金	压力加工用：锌铜合金、锌铝合金；铸造用：锌铝合金		
	铅合金	压力加工用：铅锑合金等		
	镁合金	压力加工用：镁铝合金、镁锰合金、镁锌合金等；铸造用：镁铝合金、镁锌合金、镁稀土合金等		
	钛合金	压力加工用：钛与铝、钼等合金元素的合金；铸造用：钛与铝、钼等合金元素的合金		
	轴承合金	铅基轴承合金、锡基轴承合金、铜基轴承合金、铝基轴承合金		
	印刷合金	铅基印刷合金		

二、常用金属材料的主要性能

（一）常用金属材料力学性能术语

常用金属材料力学性能术语见表2-7。

表2-7　　　　　　　　　常用金属材料力学性能术语

术　语	符号	释　义
弹性模量	E	低于比例极限的应力与相应应变的比值，杨氏模量为正应力和线性应变下的弹性模量特例
泊松比	μ	低于材料比例极限的轴向应力所产生的横向应变与相应轴向应变的负比值
伸长率	A	原始标距（或参考长度）的伸长与原始标距（或参考长度）之比的百分率
断面收缩率	Z	断裂后试样横截面积的最大缩减量与原始横截面积之比的百分率
抗拉强度	R_m	与最大力 F_m 相对应的应力
屈服强度	—	当金属材料呈现屈服现象时，在试验期间发生塑性变形而力不增加时的应力。应区分上屈服强度和下屈服强度
上屈服强度	R_{eH}	试样发生屈服而力首次下降前的最高应力值
下屈服强度	R_{eL}	在屈服期间不计初始瞬时效应时的最低应力值
规定非比例延伸强度	$R_{p0.2}$	非比例延伸率等于引伸计标距规定百分率时的应力。使用的符号应附以下脚注说明所规定的百分率，例如 $R_{p0.2}$
规定非比例压缩强度	$R_{pc0.2}$	试样标距段的非比例压缩变形达到规定的原始标距百分比时的压缩应力。使用的符号应附以下脚注说明所规定的百分率，例如 $R_{pc0.2}$
规定残余延伸强度	$R_{r0.2}$	卸除应力后残余延伸率等于规定的引伸计标距百分率时对应的应力。使用的符号应附以下脚注说明所规定的百分率，例如 $R_{r0.2}$
布氏硬度	HBW	材料抵抗通过硬质合金球压头施加试验力所产生永久压痕变形的度量单位

术语	符号	释　义
努氏硬度	HK	材料抵抗通过金刚石菱形锥体（正四棱锥体或正三棱锥体）压头施加试验力所产生塑性变形和弹性变形的度量单位
马氏硬度	HM	材料抵抗通过金刚石棱锥体（正四棱锥体或正三棱锥体）压头施加试验力所产生塑性变形和弹性变形的度量单位
洛氏硬度	HR	材料抵抗通过硬质合金或钢球压头，或对应某一标尺的金刚石圆锥体压头施加试验力所产生永久压痕变形的度量单位
维氏硬度	HV	材料抵抗通过金刚石四棱锥体压头施加试验力所产生永久压痕变形的度量单位
里氏硬度	HL	用规定质量的冲击体在弹性力作用下以一定速度冲击试样表面，用冲头在距试样表面 1mm 处的回弹速度与冲击速度的比值计算硬度值

注　本表摘自 GB/T 10623—2008《金属材料　力学性能试验术语》。

（二）常用钢材材料的主要性能

1. 铸造性

金属材料的铸造性是指金属熔化成液态后，再铸造成型时所具有的一种特性。通常衡量金属材料铸造性的指标有流动性、收缩率和偏析，见表 2-8。

表 2-8　　　　衡量金属材料铸造性能的主要指标名称、含义和表示方法

指标名称	计算单位	含义解释	表示方法	有关说明
流动性	cm	液态金属充满铸型的能力，称为流动性	流动性通常用浇注法来确定，其大小以螺旋长度来表示。方法是用砂土制成一个螺旋形浇道的试样，它的截面为梯形或半圆形，根据液态金属在浇道中所填充的螺旋长度，就可以确定其流动性	液态金属流动性的大小，主要与浇注温度和化学成分有关。流动性不好，铸型就不容易被金属充满，逐渐由于形状不全而变成废品。在浇注复杂的薄壁铸件时，流动性的好坏，尤其显得重要

指标名称	计算单位	含义解释	表示方法	有关说明
收缩率线收缩率体积收缩率	%	铸件从浇注温度冷却至常温的过程中，铸件体积的缩小，叫体积收缩。铸件线体积的缩小，叫线收缩	线收缩率以浇注和冷却前后长度尺寸差所得尺寸的百分比（%）来表示。体积收缩率以浇注时的体积和冷却后所得的体积之差与所得体积的百分比（%）来表示	收缩是金属铸造时的有害性能，一般希望收缩率越小越好。体积收缩影响着铸件形成缩孔、缩松倾向的大小。线收缩影响着铸件内应力的大小、产生裂纹的倾向和铸件的最后尺寸
偏析	—	铸件内部呈现化学成分和组织上不均匀的现象，叫作偏析	—	偏析的结果，导致铸件各处力学性能不一致，从而降低铸件的质量。偏析小，各部位成分较均匀，就可使铸件质量提高。一般来说，合金钢偏析倾向较大，高碳钢偏析倾向比低碳钢大，因此这类钢需铸后热处理（扩散退火）来消除偏析

2. 锻造性

锻造性是指金属材料在锻造过程中承受塑性变形的性能。如果金属材料的塑性好，易于锻造成形而不发生破裂，就认为其锻造性好。铜、铝的合金在冷态下就具有很好的锻造性；碳钢在加热状态下，锻造性也很好；而青铜的可锻性就差些。至于脆性材料的锻造性就更差，如铸铁几乎就不能锻造。为了保证热压加工能获得好的成品质量，必须制订科学的加热规范和冷却规范，其内容、含义和使用说明见表2-9。

表 2-9　　　　　　　　　　锻件加热和冷却规范的内容、
　　　　　　　　　　　　　　　　含义和使用说明

名　　称		计算单位	含义解释	使用说明
加热规范	始锻温度	℃	始锻温度就是开始锻造时的加热最高温度	加热时要防止过热和过烧
	终锻温度	℃	终锻温度是指热锻结束时的温度	终锻温度过低，锻件易于破裂；终锻温度过高，会出现粗大晶粒组织，所以终锻温度应选择某一最合适的温度
冷却规范	（1）在空气中冷却；（2）堆在空气中冷却；（3）在密闭的箱子中冷却；（4）在密封的箱子中，埋在砂子或炉渣里冷却；（5）在炉中冷却	—	—	锻件过分迅速冷却的结果，会产生热应力所引起的裂纹。钢的热导率越小，工件的尺寸越大，冷却必须越慢。因此在确定冷却规范时，应根据材料的成分、热导率以及其他具体情况来决定

3. 焊接性

用焊接方法将金属材料焊合在一起的性能，称为金属材料的焊接性。用接头强度与母材强度相比来衡量焊接性，如接头强度接近母材强度则焊接性好。一般来说，低碳钢具有良好的焊接性，中碳钢中等，高碳钢、高合金钢、铸铁和铝合金的焊接性较差。各种金属材料的焊接难易程度见表 2-10。

表 2-10　各种金属材料的焊接难易程度

金属及其合金		焊条电弧焊	埋弧焊	CO_2气体保护焊	惰性气体保护焊	电渣焊	电子束焊	气焊	气压焊	点缝焊	闪光对焊	铝热焊	钎焊
铸铁	灰铸铁	★	●	●	★	★	○	☆	●	●	●	★	○
	可锻铸铁	★	●	●	★	★	○	☆	●	●	●	★	○
	合金铸铁	★	●	●	★	★	○	☆	●	●	●	A	○
铸钢	碳素钢	☆	☆	☆	★	☆	★	☆	★	★	A	A	★
	高锰钢	★	★	★	★	☆	★	☆	●	★	●	★	A
	纯铁	A	☆	☆	○	☆	☆	☆	☆	☆	☆	A	A
不锈钢	铬钢（马氏体）	☆	☆	★	☆	○	☆	☆	★	○	★	●	○
	铬钢（铁素体）	☆	☆	★	☆	○	☆	☆	★	☆	A	●	○
	铬镍钢（奥氏体）	☆	☆	☆	☆	○	☆	☆	☆	☆	A	●	★
	耐热合金	A	☆	☆	☆	●	☆	☆	★	☆	☆	●	★
	高镍合金	A	●	●	☆	●	☆	☆	★	☆	☆	●	★
轻金属	纯铝	★	●	●	☆	●	☆	☆	○	☆	A	●	★
	非热处理铝合金	★	●	●	☆	●	☆	☆	○	☆	A	●	★
	热处理铝合金	★	●	●	★	●	☆	☆	●	☆	A	●	○
	纯镁	●	●	●	☆	●	★	●	●	☆	A	●	★
	镁合金	●	●	●	☆	●	★	○	☆	☆	A	●	○
	纯钛	●	●	●	☆	●	☆	☆	☆	☆	A	●	★
	钛合金（a 相）	●	●	●	☆	●	☆	★	●	☆	●	●	●
	钛合金（其他相）	●	●	●	★	●	☆	☆	●	★	●	●	●

金属及其合金		焊条电弧焊	埋弧焊	CO₂气体保护焊	惰性气体保护焊	电渣焊	电子束焊	气焊	气压焊	点缝焊	闪光对焊	铝热焊	钎焊
碳素钢	低碳钢	☆	☆	☆	★	☆	☆	☆	☆	☆	☆	☆	☆
	中碳钢	☆	☆	☆	★	★	☆	☆	☆	☆	☆	☆	★
	高碳钢	☆	★	★	★	★	☆	☆	☆	●	☆	☆	★
	工具钢	★	★	★	★	—	☆	☆	☆	●	★	★	★
	含铜钢	☆	☆	☆	★	—	☆	☆	☆	☆	☆	★	★
低合金钢	镍钢	☆	☆	☆	★	★	☆	★	☆	☆	☆	★	★
	镍铜钢	☆	☆	☆	—	★	☆	★	★	☆	☆	★	★
	锰钼钢	☆	☆	☆	—	★	☆	★	★	☆	☆	★	★
	碳素钼钢	☆	☆	☆	★	★	★	★	☆	—	★	★	★
	镍铬钢	☆	☆	☆	★	★	★	★	☆	●	☆	★	★
	铬钼钢	★	★	★	☆	★	★	★	☆	●	☆	★	★
	镍铬钼钢	★	★	☆	★	★	★	★	★	●	☆	★	★
	铬钼钢	☆	☆	☆	☆	★	★	★	☆	●	☆	★	★
	铬钒钢	☆	☆	☆	☆	★	★	★	☆	●	☆	★	★
	锰钢	☆	☆	★	☆	★	★	★	☆	●	☆	★	★
铜合金	纯铜	★	○	★	☆	●	★	★	★	○	○	●	★
	黄铜	★	●	○	☆	●	★	★	○	○	○	●	★
	磷青铜	★	○	●	☆	●	★	★	○	○	○	●	○
	铝青铜	★	●	○	☆	●	★	★	○	○	○	●	★
	镍青铜	★	●	●	☆	●	★	★	○	★	●	●	○
	铝、镁	●	●	●	★	●	★	★	●	★	●	●	○

注 ☆—通常采用;★—有时采用;○—很少采用;●—不采用。

4. 钢铁材料的铸造收缩率

钢铁材料的铸造收缩率见表 2-11。

表 2-11 钢铁材料的铸造收缩率

种 类			自由收缩（%）	受阻收缩（%）
灰铸铁	中小型铸铁		1.0	0.9
	中大型铸铁		0.9	0.8
	特大型铸铁		0.8	0.7
	筒形铸件	长度方向	0.9	0.8
		直径方向	0.7	0.5
孕育铸铁	HT250		1.0	0.8
	HT300		1.0	0.8
	HT350		1.5	1.40
黑心可锻铸铁	白口铸铁		1.75	1.5
	壁厚>25mm		0.75	0.5
	壁厚<25mm		1.0	0.75
铸钢	白心可锻铸铁		1.75	1.5
	球墨铸铁		1.0	0.8
	碳钢和低合金钢		1.6～2.0	1.3～1.7
	含铬高合金钢		1.3～1.7	1.0～1.4
	铁素体—奥氏体钢		1.8～2.2	1.5～1.9
	奥氏体钢		2.0～2.3	1.7～2.0

注 1. 此表适合于砂型铸造。

　　2. 通常简单厚实件的收缩可视为自由收缩，除此之外均视为受阻收缩。

　　3. 湿砂型、水玻璃砂型的铸造收缩率应比干砂型大些。油砂芯的收缩率介于湿型和干型之间。

5. 常用钢铁材料熔点、热导率及比热容

常用钢铁材料熔点、热导率及比热容见表 2-12。

表 2-12 常用钢铁材料熔点、热导率及比热容

名 称	熔点（℃）	热导率 $\lambda[W/(m \cdot K)]$	比热容 $c[kJ/(kg \cdot K)]$
灰铸铁	1200	58	0.532
碳钢	1460	47～58	0.49
不锈钢	1450	14	0.51
硬质合金	2000	81	0.80

注 表中的热导率及比热容数值指在 0～100℃ 范围内。

6. 常用钢铁材料的弹性模量与泊松比

常用钢铁材料的弹性模量与泊松比见表 2-13。

表 2-13   常用钢铁材料的弹性模量与泊松比

名 称	弹性模量 E (GPa)	切变模量 G (GPa)	泊松比 μ
镍铬钢、合金钢	206	79.38	0.25～0.30
碳钢	196～206	79	0.24～0.28
铸钢	172～202	—	0.3
球墨铸铁	140～154	73～76	—
灰铸铁、白口铸铁	113～157	44	0.23～0.27
可锻铸铁	152	—	—

7. 常用钢铁材料的密度

常用钢铁材料的密度见表 2-14。

表 2-14   常用钢铁材料的密度

材料名称	密度(g/cm^3)	材料名称	密度(g/cm^3)
灰铸铁(≤HT200)	7.2	铸钢	7.8
灰铸铁(≥HT350)	7.35	钢材	7.85
可锻铸铁	7.35	高速钢[$\omega(W)=18\%$]	8.7
球墨铸铁	7.0～7.4	高速钢[$\omega(W)=12\%$]	8.3～8.5
白口铸铁	7.4～7.7	高速钢[$\omega(W)=9\%$]	8.3
工业纯铁	7.87	高速钢[$\omega(W)=6\%$]	8.16～8.34

8. 铁合金的密度及堆密度

铁合金的密度及堆密度见表 2-15。

表 2-15   铁合金的密度及堆密度

铁合金名称	密度 (g/cm^3)	堆密度 (g/cm^3)	备 注
硅铁	3.5	1.4～1.6	$\omega(Si)=75\%$
	5.15	2.2～2.9	$\omega(Si)=45\%$
高碳锰铁	7.10	3.5～3.7	$\omega(Mn)=76\%$
中碳锰铁	7.0	—	$\omega(Mn)=92\%$

铁合金名称	密度（g/cm³）	堆密度（g/cm³）	备　注
电解锰	7.2	3.5～3.7	—
硅锰合金	6.3	3～3.5	ω（Si）＝20％，ω（Mn）＝65％
高碳铬铁	6.94	3.8～4.0	ω（Cr）＝60％
中碳铬铁	7.28		ω（Cr）＝60％
低碳铬铁	7.29	2.7～3.0	ω（Cr）＝60％
金属铬	7.19	3.3（块重 15kg 以下）	—
硅钙	2.55	—	ω（Ca）＝31％，ω（Si）＝59％
镍板	8.7	2.2	ω（Ni）＝99％
镍豆	—	3.3～3.9	ω（Ni）＝99.7％
钒铁	7.0	3.4～3.9	ω（V）＝40％
钼铁	9.0	4.7	ω（Mo）＝60％
铌铁	7.4	3.2	ω（Nb）＝50％
钨铁	16.4	7.2	ω（W）＝70％～80％
钛铁	6.0	2.7～3.5	ω（Ti）＝20％
磷铁	6.34	—	ω（P）＝25％
硼铁	7.2	3.1	ω（B）＝15％
铝铁	4.9	—	ω（Al）＝50％
铝锭	—	1.5	—
钴	8.8		—
铜	8.89		—
铈镧稀土			—
硅铁稀土	4.57～4.8		—

9. 常用钢材的线胀系数

常用钢材的线胀系数见表 2-16。

表 2-16　　　常用钢材的线胀系数　　（$\times 10^{-6}$℃$^{-1}$）

材料	温度范围（℃）								
	20	20～100	20～200	20～300	20～400	20～600	20～700	20～900	20～1000
碳钢	—	10.6～12.2	11.3～13	12.1～13.5	12.9～13.9	13.5～14.3	14.7～15	—	
铬钢	—	11.2	11.8	12.4	13	13.6	—	—	
40CrSi	—	11.7	—	—	—	—	—	—	
铸铁	—	8.7～11.1	8.5～11.6	10.1～12.2	11.5～12.7	12.9～13.2	—	—	17.6

10. 结构钢的线胀系数

结构钢的线胀系数见表 2-17。

表 2-17 　　　　　　　 结构钢的线胀系数 　　　　　　 （$\times 10^{-6}$℃$^{-1}$）

材料牌号	温度范围（℃）						
	20～100	20～200	20～300	20～400	20～500	20～600	20～700
10	11.53	12.61	13.0	13.0	14.18	14.6	—
15	11.75	12.41	13.45	13.60	13.85	13.90	—
20	11.16	12.12	12.78	13.38	13.93	14.38	14.81
25	11.18	12.66	13.08	13.47	13.93	14.41	14.88
35	11.7	11.9	12.7	13.4	14.02	14.42	14.88
45	11.59	12.32	13.09	13.71	14.18	14.67	15.08
50	12.0	12.4	—	13.3	14.1	14.1	—
65	11.8	12.6	—	13.3	14.0	14.0	—
20Cr	11.3	11.6	12.5	13.2	13.7	14.2	—
40Cr	11.0	12.0	12.2	12.9	13.5	—	—
12Cr2Ni3A	11.8	13.0	—	14.7	—	15.6	—
12Cr2Ni4A	11.8	13.0	—	14.7	15.0	15.6	—
25CrNiWA	11.0	—	13.0	—	—	14.0	—
37CrNi3A	11.6	13.2	—	13.4	—	13.5	—
40CrNiMoA	11.7	—	12.7	—	—	—	—
35CrMoVA	11.8	12.5	12.7	13.0	13.4	13.7	14.0
38CrMoAlA	11.0	13.1	13.0	13.5	13.5	14.5	—
30CrMnSiA	11.0	11.72	12.92	13.13	13.92	14.23	14.59
30CrMnSiNi2A	11.37	11.67	12.68	12.90	13.53	13.84	13.97
40CrMnSiMoA	12.5	13.0	13.3	—	—	—	—
18CrMn2MoBA	12.37	12.73	13.17	13.60			

11. 不锈钢和工具钢的线胀系数

不锈钢和工具钢的线胀系数见表 2-18。

表 2-18　　　　　　　不锈钢和工具钢的线胀系数　　　　（×10⁻⁶℃⁻¹）

材料牌号	温度范围（℃）							
	20~100	20~200	20~300	20~400	20~500	20~600	20~700	20~900
12Cr13 (1Cr13)	11.2	12.6	—	14.1	—	14.3	—	
20Cr13 (2Cr13)	10.5	11.0	11.5	12.0	12.0	—	—	
30Cr13 (3Cr13)	10.2	11.1	11.6	11.9		12.3	12.8	
12Cr18Ni9 (1Cr18Ni9)	16.6	17.0	17.2	17.5	17.8	18.2	18.6	19.3
14Cr17Ni2 (1Cr17Ni2)	10.3	10.3	11.2	11.8	12.4	—	—	
17Cr18Ni9 (2Cr18Ni9)	16.0				18.5			
13Cr11Ni2W2MoVA (1Cr11Ni2W2MoVA)	9.3	10.3	10.8	11.3	11.7	12.2	—	
13Cr14Ni3W2VBA (1Cr14Ni3W2VBA)	10.0	10.3	10.6	10.9	11.1	11.2		
40Cr10Si2Mo (4Cr10Si2Mo)	10.0							
45Cr14Ni14Wr2Mo (4Cr14Ni14W2Mo)	—	—	17.0	—	18.0	—	18.0	19.0
12Cr18Mn9Ni5N (1Cr18Mn8Ni5N)	15.5	16.5	17.0	17.5	18.8			
Cr12MoV	10.9	—		11.4		12.2	—	
6C14Mo3Ni2WV	11.1	11.2	11.9	12.5	13.	13.1	13.3	
GCr9	13	13.9	—	15	—	15.2	—	—
GCr15	14	15.1		15.6	—	15.8	—	—

注　括号中的牌号为旧牌号。

(三)有色金属硬度与强度的换算关系

有色金属硬度(HBW)与抗拉强度 R_m(N/mm²)的关系可按关系式 $R_m = K\mathrm{HBW}$ 计算,其中强度－硬度系数 K 值按表2-19取值。

表2-19　　　　　　　有色金属强度－硬度系数 K 值

材　料	K 值	材　料	K 值
铝	2.7	铝黄铜	4.8
铅	2.9	铸铝 ZL103	2.12
锡	2.9	铸铝 ZL101	2.66
铜	5.5	硬铝	3.6
单相黄铜	3.5	锌合金铸件	0.9
H62	4.3～4.6	—	—

(四)各种硬度间的换算关系

各种硬度间的换算关系见表2-20。

表2-20　　　　　　　　各种硬度间的换算关系

洛氏硬度 HRC	肖氏硬度 HS	维氏硬度 HV	布氏硬度 HBW	洛氏硬度 HRC	肖氏硬度 HS	维氏硬度 HV	布氏硬度 HBW	洛氏硬度 HRC	肖氏硬度 HS	维氏硬度 HV	布氏硬度 HBW
70	—	1037	—	52	69.1	543	—	34	46.6	320	314
69	—	997	—	51	67.7	525	501	33	45.6	312	306
68	96.6	959	—	50	66.3	509	488	32	44.5	304	298
67	94.6	923	—	49	65	493	474	31	43.5	296	291
66	92.6	889	—	48	63.7	478	461	30	42.5	289	283
65	90.5	856	—	47	62.3	463	449	29	41.6	281	276
64	88.4	825	—	46	61	449	436	28	40.6	274	269
63	86.6	795	—	45	59.7	436	424	27	39.7	268	263
62	84.8	766	—	44	58.4	423	413	26	38.8	261	257
61	83.1	739	—	43	57.1	411	401	25	37.9	255	251
60	81.4	713	—	42	55.9	399	391	24	37	249	245
59	79.7	688	—	41	54.7	388	380	23	36.3	243	240
58	78.1	664	—	40	53.5	377	370	22	35.5	237	234
57	76.5	642	—	39	52.3	367	360	21	34.7	231	229
56	74.9	620	—	38	51.1	357	350	20	34	226	225
55	73.5	599	—	37	50	347	341	19	33.2	221	220
54	71.9	579	—	36	48.8	338	332	18	32.6	216	216
53	70.5	561	—	35	47.8	329	323	17	31.9	211	211

(五)钢铁材料硬度与强度的换算关系

钢铁材料硬度与强度的换算关系见表2-21。

表2-21　　　　钢铁材料硬度与强度的换算关系

硬　　度								抗拉强度 R_m（N/mm²）								
洛氏		表面洛氏			维氏	布氏										
HRC	HRA	HR15N	HR30N	HR45N	HV	HBS① (0.012F/D²=30)	HBW②	碳钢	铬钢	铬钒钢	铬镍钢	铬钼钢	铬镍钼钢	铬锰硅钢	超高强度钢	不锈钢
20.0	60.2	68.8	40.7	19.2	226	225	—	774	742	736	782	747	—	781	—	740
20.5	60.4	69.0	41.2	19.8	228	227	—	784	751	744	787	753	—	788	—	749
21.0	60.7	69.3	41.7	20.4	230	229	—	793	760	753	792	760	—	794	—	758
21.5	61.0	69.5	42.2	21.0	233	232	—	803	769	761	797	767	—	801	—	767
22.0	61.2	69.8	42.6	21.5	235	234	—	813	779	770	803	774	—	809	—	777
22.5	61.5	70.0	43.1	22.1	238	237	—	823	788	779	809	781	—	816	—	786
23.0	61.7	70.3	43.6	22.7	241	240	—	833	798	788	815	789	—	824	—	796
23.5	62.0	70.6	44.0	23.3	244	242	—	843	808	797	822	797	—	832	—	806
24.0	62.2	70.8	44.5	23.9	247	245	—	854	818	807	829	805	—	840	—	816
24.5	62.5	71.1	45.0	24.5	250	248	—	864	828	816	836	813	—	848	—	826
25.0	62.8	71.4	45.5	25.1	253	251	—	875	838	826	843	822	—	856	—	837
25.5	63.0	71.6	45.9	25.7	256	254	—	886	848	837	851	831	850	865	—	847
26.0	63.3	71.9	46.4	26.3	259	257	—	897	859	847	859	840	859	874	—	858
26.5	63.5	72.2	46.9	26.9	262	260	—	908	870	858	867	850	869	883	—	868

硬度								抗拉强度 R_m (N/mm²)								
洛氏		表面洛氏			维氏	布氏 (0.012F/D²=30)		碳钢	铬钢	铬钒钢	铬镍钢	铬钼钢	铬镍钼钢	铬锰硅钢	超高强度钢	不锈钢
HRC	HRA	HR15N	HR30N	HR45N	HV	HBS①	HBW②									
27.0	63.8	72.4	47.3	27.5	266	263	—	919	880	869	876	860	879	893	—	879
27.5	64.0	72.7	47.8	28.1	269	266	—	930	891	880	885	870	890	902	—	890
28.0	64.3	73.0	48.3	28.7	273	269	—	942	902	892	894	880	901	912	—	901
28.5	64.6	73.3	48.7	29.3	276	273	—	954	914	903	904	891	912	922	—	913
29.0	64.8	73.5	49.2	29.9	280	276	—	965	925	915	914	902	923	933	—	924
29.5	65.1	73.8	49.7	30.5	284	280	—	977	937	928	924	913	935	943	—	936
30.0	65.3	74.1	50.2	31.1	288	283	—	989	948	940	935	924	947	954	—	947
30.5	65.6	74.4	50.6	31.7	292	287	—	1002	960	953	946	936	959	965	—	959
31.0	65.8	74.7	51.1	32.3	296	291	—	1014	972	966	957	948	972	977	—	971
31.5	66.1	74.9	51.6	32.9	300	294	—	1027	984	980	969	961	985	989	—	983
32.0	66.4	75.2	52.0	33.5	304	298	—	1039	996	993	981	974	999	1001	—	996
32.5	66.6	75.5	52.5	34.1	308	302	—	1052	1009	1007	994	987	1012	1013	—	1008
33.0	66.9	75.8	53.0	34.7	313	306	—	1065	1022	1022	1007	1001	1027	1026	—	1021
33.5	67.1	76.1	53.4	35.3	317	310	—	1078	1034	1036	1020	1015	1041	1039	—	1034

硬 度								抗拉强度 R_m（N/mm²）								
洛氏		表面洛氏			维氏	布氏 (0.012F/D²=30)		碳钢	铬钢	铬钒钢	铬镍钢	铬钼钢	铬镍钼钢	铬锰硅钢	超高强度钢	不锈钢
HRC	HRA	HR15N	HR30N	HR45N	HV	HBS①	HBW②									
34.0	67.4	76.4	53.9	35.9	321	314	—	1092	1048	1051	1034	1029	1056	1052	—	1047
34.5	67.7	76.7	54.4	36.5	326	318	—	1105	1061	1067	1048	1043	1071	1066	—	1060
35.0	67.9	77.0	54.8	37.0	331	323	—	1119	1074	1082	1063	1058	1087	1079	—	1074
35.5	68.2	77.2	55.3	37.6	335	327	—	1133	1088	1098	1078	1074	1103	1094	—	1087
26.0	68.4	77.5	55.8	38.2	340	332	—	1147	1102	1114	1093	1090	1119	1108	—	1101
36.5	68.7	77.8	56.2	38.8	345	336	—	1162	1116	1131	1109	1106	1136	1123	—	1116
37.0	69.0	78.1	56.7	39.4	350	341	—	1177	1131	1148	1125	1122	1153	1139	—	1130
37.5	69.2	78.4	57.2	40.0	355	345	—	1192	1146	1165	1142	1139	1171	1155	—	1145
38 0	69.5	78.7	57.6	40.6	360	350	—	1207	1161	1183	1159	1157	1189	1171	—	1161
38.5	69.7	79.0	58.1	41.2	365	355	—	1222	1176	1201	1177	1174	1207	1187	1170	1176
39.0	70.0	79.3	58.6	41.8	371	360	—	1238	1192	1219	1195	1192	1226	1204	1195	1193
39.5	70.3	79.6	59.0	42.4	376	365	—	1254	1208	1238	1214	1211	1245	1222	1219	1209
40.0	70.5	79.9	59.5	43.0	381	370	370	1271	1225	1257	1233	1230	1265	1240	1243	1226
40.5	70.8	80.2	60.0	43.6	387	375	375	1288	1242	1276	1252	1249	1285	1258	1267	1244

| 硬度 | | | | | | | | 抗拉强度 R_m （N/mm²） | | | | | | | | |
| 洛氏 | | 表面洛氏 | | | 维氏 | 布氏 (0.012F/D²=30) | | | | | | | | | | | |
HRC	HRA	HR15N	HR30N	HR45N	HV	HBS①	HBW②	碳钢	铬钢	铬钒钢	铬镍钢	铬钼钢	铬镍钼钢	铬锰硅钢	超高强度钢	不锈钢
41.0	71.1	80.5	60.4	44.2	393	380	381	1305	1260	1296	1273	1269	1306	1277	1290	1262
41.5	71.3	80.8	60.9	44.8	398	385	386	1322	1278	1317	1293	1289	1327	1296	1313	1280
42.0	71.6	81.1	61.3	45.4	404	391	392	1340	1296	1337	1314	1310	1348	1316	1336	1299
42.5	71.8	81.4	61.8	45.9	410	396	397	1359	1315	1358	1336	1331	1370	1336	1359	1319
43.0	72.1	81.7	62.3	46.5	416	401	403	1378	1335	1380	1358	1353	1392	1357	1381	1339
43.5	72.4	82.0	62.7	47.1	422	407	409	1397	1355	1401	1380	1375	1415	1378	1404	1361
44.0	72.6	82.3	63.2	47.7	428	413	415	1417	1376	1424	1404	1397	1439	1400	1427	1383
44.5	72.9	82.6	63.6	48.3	435	418	422	1438	1398	1446	1427	1420	1462	1422	1450	1405
45.0	73.2	82.9	64.1	48.9	441	424	428	1459	1420	1469	1451	1444	1487	1445	1473	1429
45.5	73.4	83.2	64.6	49.5	448	430	435	1481	1444	1493	1476	1468	1512	1469	1496	1453
46.0	73.7	83.5	65.0	50.1	454	436	441	1503	1468	1517	1502	1492	1537	1493	1520	1479
46.5	73.9	83.7	65.5	50.7	461	442	448	1526	1493	1541	1527	1517	1563	1517	1544	1505
47.0	74.2	84.0	65.9	51.2	468	449	455	1550	1519	1566	1554	1542	1589	1543	1569	1533
47.5	74.5	84.3	66.4	51.8	475	—	463	1575	1546	1591	1581	1568	1616	1569	1594	1562
48.0	74.7	84.6	66.8	52.4	482	—	470	1600	1574	1617	1608	1595	1643	1595	1620	1592

洛氏 HRC	洛氏 HRA	表面洛氏 HR15N	表面洛氏 HR30N	表面洛氏 HR45N	维氏 HV	布氏 (0.012F/D²=30) HBS①	布氏 HBW②	碳钢	铬钢	铬钒钢	铬镍钢	铬钼钢	铬镍钼钢	铬锰硅钢	超高强度钢	不锈钢
48.5	75.0	84.9	67.3	53.0	489	—	478	1626	1603	1643	1636	1622	1671	1623	1646	1623
49.0	75.3	85.2	67.7	53.6	497	—	486	1653	1633	1670	1665	1649	1699	1651	1674	1655
49.5	75.5	85.5	68.2	54.2	504	—	494	1681	1665	1697	1695	1677	1728	1679	1702	1689
50.0	75.8	85.7	68.6	54.7	512	—	502	1710	1698	1724	1724	1706	1758	1709	1731	1725
50.5	76.1	86.0	69.1	55.3	520	—	510	—	1732	1752	1755	1735	1788	1739	1761	—
51.0	76.3	86.3	69.5	55.9	527	—	518	—	1768	1780	1786	1764	1819	1770	1792	—
51.5	76.6	86.6	70.0	56.5	535	—	527	—	1806	1809	1818	1794	1850	1801	1824	—
52.0	76.9	86.8	70.4	57.1	544	—	535	—	1845	1839	1850	1825	1881	1834	1857	—
52.5	77.1	87.1	70.9	57.6	522	—	544	—	—	1869	1883	1856	1914	1867	1892	—
53.0	77.4	87.4	71.3	58.2	561	—	552	—	—	1899	1917	1888	1947	1901	1929	—
53.5	77.7	87.6	71.8	58.8	569	—	561	—	—	1930	1951	—	—	1936	1966	—
54.0	77.9	87.9	72.2	59.4	578	—	569	—	—	1961	1986	—	—	1971	2006	—
54.5	78.2	88.1	72.6	59.9	587	—	577	—	—	1993	2022	—	—	—	2047	—
55.0	78.5	88.4	73.1	60.5	596	—	585	—	—	2026	2058	—	—	—	2090	—

硬度								抗拉强度 R_m（N/mm²）								
洛氏		表面洛氏			维氏	布氏 (0.012F/D^2=30)		碳钢	铬钢	铬钒钢	铬镍钢	铬钼钢	铬镍钼钢	铬锰硅钢	超高强度钢	不锈钢
HRC	HRA	HR15N	HR30N	HR45N	HV	HBS①	HBW②									
55.5	78.7	88.6	73.5	61.1	606	—	593	—	—	—	—	—	—	—	2135	—
56.0	79.0	88.9	73.9	61.7	615	—	601	—	—	—	—	—	—	—	2181	—
56.5	79.3	89.1	74.4	62.2	625	—	608	—	—	—	—	—	—	—	2230	—
57.0	79.5	89.4	74.8	62.8	635	—	616	—	—	—	—	—	—	—	2281	—
57.5	79.8	89.6	75.2	63.4	645	—	622	—	—	—	—	—	—	—	2334	—
58.0	80.1	89.8	75.6	63.9	655	—	628	—	—	—	—	—	—	—	2390	—
58.5	80.3	90.0	76.1	64.5	666	—	634	—	—	—	—	—	—	—	2448	—
59.0	80.6	90.2	76.5	65.1	676	—	639	—	—	—	—	—	—	—	2509	—
59.5	80.9	90.4	76.9	65.6	687	—	643	—	—	—	—	—	—	—	2572	—
60.0	81.2	90.6	77.3	66.2	698	—	647	—	—	—	—	—	—	—	2639	—
60.5	81.4	90.8	77.7	66.8	710	—	650	—	—	—	—	—	—	—	—	—
61.0	81.7	91.0	78.1	67.3	721	—	—	—	—	—	—	—	—	—	—	—
61.5	82.0	91.2	78.6	67.9	733	—	—	—	—	—	—	—	—	—	—	—
62.0	82.2	91.4	79.0	68.4	745	—	—	—	—	—	—	—	—	—	—	—

| 硬　　度 | | | | | | | | | 抗拉强度 R_m （N/mm²） | | | | | | | | |
| 洛氏 | | 表面洛氏 | | | 维氏 | 布氏 (0.012F/D²=30) | | 碳钢 | 铬钢 | 铬钒钢 | 铬镍钢 | 铬钼钢 | 铬镍钼钢 | 铬锰硅钢 | 超高强度钢 | 不锈钢 |
HRC	HRA	HR15N	HR30N	HR45N	HV	HBS①	HBW②									
62.5	82.5	91.5	79.4	69.0	757	—	—	—	—	—	—	—	—	—	—	—
63.0	82.8	91.7	79.8	69.5	770	—	—	—	—	—	—	—	—	—	—	—
63.5	83.1	91.8	80.2	70.1	782	—	—	—	—	—	—	—	—	—	—	—
64.0	83.3	91.9	80.6	70.6	795	—	—	—	—	—	—	—	—	—	—	—
64.5	83.6	92.1	81.0	71.2	809	—	—	—	—	—	—	—	—	—	—	—
65.0	83.9	92.2	81.3	71.7	822	—	—	—	—	—	—	—	—	—	—	—
65.5	84.1	—	—	—	836	—	—	—	—	—	—	—	—	—	—	—
66.0	84.4	—	—	—	850	—	—	—	—	—	—	—	—	—	—	—
66.5	84.7	—	—	—	865	—	—	—	—	—	—	—	—	—	—	—
67.0	85.0	—	—	—	879	—	—	—	—	—	—	—	—	—	—	—
67.5	85.2	—	—	—	894	—	—	—	—	—	—	—	—	—	—	—
68.0	85.5	—	—	—	909	—	—	—	—	—	—	—	—	—	—	—

注　本表摘自 GB/T 1172—1999 《黑色金属硬度及强度换算值》。

① HBS 为采用钢球压头所测布氏硬度值，在 GB/T 231.1—2009 《金属材料　布氏硬度试验　第 1 部分：试验方法》中已取消了钢球压头。

② HBW 为采用硬质合金球压头所测布氏硬度值。

（六）新旧标准拉伸性能指标名称和符号对照

新旧标准拉伸性能指标名称和符号对照见表2-22。

表2-22　　新旧标准拉伸性能指标名称和符号对照

新标准		旧标准	
性能名称	符　号	性能名称	符　号
断面收缩率	Z	断面收缩率	ψ
断后伸长率	A $A_{11.3}$ A_{xmm}	断后伸长率	δ_5 δ_{10} δ_{xmm}
断裂总伸长率	A_t	—	
最大力总伸长率	A_{gt}	最大力下的总伸长率	δ_{gt}
最大力非比例伸长率	A_g	最大力下的非比例伸长率	δ_g
屈服点延伸率	A_e	屈服点伸长率	δ_s
屈服强度	—	屈服点	σ_s
上屈服强度	R_{eH}	上屈服点	σ_{sU}
下屈服强度	R_{eL}	下屈服点	σ_{sL}
规定非比例延伸强度	R_P 例如 $R_{P0.2}$	规定非比例伸长应力	σ_P 例如 $\sigma_{P0.2}$
规定总延伸强度	R_t 例如 $R_{t0.5}$	规定总伸长应力	σ_t 例如 $\sigma_{t0.2}$
规定残余延伸强度	R_r 例如 $R_{r0.2}$	规定残余伸长应力	σ_r 例如 $\sigma_{r0.2}$
抗拉强度	R_m	抗拉强度	σ_b

三、金属材料牌号的表示方法

（一）钢铁材料牌号的表示方法

1. 生铁牌号表示方法

生铁产品牌号通常由两部分组成，见表2-23。生铁牌号的含义和表示方法见表2-24。

表 2-23   生铁产品牌号的构成

构成要素	表　示　内　容
第一部分	表示产品用途、特性及工艺方法的大写汉语拼音字母
第二部分	表示主要元素平均含量（以千分之几计）的阿拉伯数字。炼钢用生铁、铸造用生铁、球墨铸铁用生铁、耐磨生铁为硅元素平均含量（质量分数）。脱碳低磷粒铁为碳元素平均含量（质量分数），含钒生铁为钒元素平均含量（质量分数）

表 2-24   生铁牌号的含义和表示方法

产品名称	第一部分			第二部分	牌号示例
	采用汉字	汉语拼音	采用字母		
炼钢用生铁	炼	LIAN	L	含硅量为 0.85%～1.25% 的炼钢用生铁，阿拉伯数字为 10	L10
铸造用生铁	铸	ZHU	Z	含硅量为 2.80%～3.20% 的铸造用生铁，阿拉伯数字为 30	Z30
球墨铸铁用生铁	球	QIU	Q	含硅量为 1.00%～1.40% 的球墨铸铁用生铁，阿拉伯数字为 12	Q12
耐磨生铁	耐磨	NAI MO	NM	含硅量为 1.60%～2.00% 的耐磨生铁，阿拉伯数字为 18	NM18
脱碳低磷粒铁	脱粒	.TUO LI	TL	含碳量为 1.20%～1.60% 的炼钢用脱碳低磷粒铁，阿拉伯数字为 14	TL14
含钒生铁	钒	FAN	F	含钒量不小于 0.40% 的含钒生铁，阿拉伯数字为 04	F04

注　各元素含量均指质量分数。

2. 铸铁牌号表示方法

铸铁基本代号由表示该铸铁特征的汉语拼音字母的第一个大写正体字母组成，当两种铸铁名称的代号字母相同时，可在该大写正体字母后面加小写字母来区别。当要表示铸铁组织特征或特殊性能时，代表铸铁组织特征或特殊性能的汉语拼音字的第一个大写正体字母排在基本代号的后面。

合金化元素符号用国际化学元素符号表示，混合稀土元素用符号"RE"表示。名义含量及力学性能用阿拉伯数字表示。

当以化学成分表示铸铁的牌号时，合金元素符号及名义含量（质量分数）排列在铸铁代号之后。在牌号中常规碳、硅、锰、硫、磷元素一般不标注，有特殊作用时，才标注其元素符号及含量。合金化元素的含量大于或等于1%时，在牌号中用整数标注，数值的修约按GB/T 8170《数值修约规则与极限数值的表示和判定》执行，小于1%时，一般不标注，只有对该合金特性有较大影响时，才标注其合金化元素符号。合金化元素按其含量递减次序排列，含量相等时按元素符号的字母顺序排列。

当以力学性能表示铸铁的牌号时，力学性能值排列在铸铁代号之后。当牌号中有合金元素符号时，抗拉强度值排列于元素符号及含量之后，之间用"-"隔开。牌号中代号后面有一组数字时，该组数字表示抗拉强度值，单位为MPa；当有两组数字时，第一组表示抗拉强度值，单位为MPa，第二组表示伸长率值，单位为%，两组数字用"-"隔开。

例：

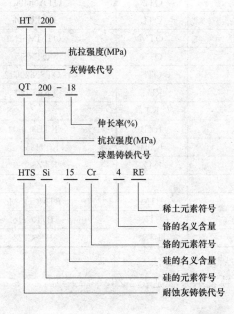

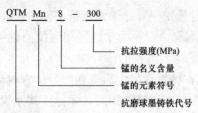

QTM Mn 8 - 300

抗拉强度(MPa)
锰的名义含量
锰的元素符号
抗磨球墨铸铁代号

各种铸铁牌号表示方法见表 2-25。

表 2-25 铸铁牌号表示方法

铸铁名称	代号	牌号表示方法实例
灰铸铁	HT	
灰铸铁	HT	HT250, HTCr-300
奥氏体灰铸铁	HTA	HTA Ni20Cr2
冷硬灰铸铁	HTL	HTLCr1Ni1Mo
耐磨灰铸铁	HTM	HTMCu1CrMo
耐热灰铸铁	HTR	HTRCr
耐蚀灰铸铁	HTS	HTSNi2Cr
球墨铸铁	QT	
球墨铸铁	QT	QT400-18
奥氏体球墨铸铁	QTA	QTANi30Cr3
冷硬球墨铸铁	QTL	QTLCrMo
抗磨球墨铸铁	QTM	QTMMn8-30
耐热球墨铸铁	QTR	QTRSi5
耐蚀球墨铸铁	QTS	QTSNi20Cr2
蠕墨铸铁	RUT	RuT420
可锻铸铁	KT	
白心可锻铸铁	KTB	KTB350-04
黑心可锻铸铁	KTH	KTH350-10
珠光体可锻铸铁	KTZ	KTZ650-02
白口铸铁	BT	
抗磨白口铸铁	BTM	BTMCr15Mo
耐热白口铸铁	BTR	BTRCr16
耐蚀白口铸铁	BTS	BTSCr28

3. 铁合金产品牌号表示方法

铁合金产品牌号表示方法见表 2-26。

表 2-26　　　　　　　　　　铁合金产品牌号表示方法

产品名称	第一部分	第二部分	第三部分	第四部分	牌号表示示例
硅铁	—	Fe	Si75	Al1.5-A	FeSi75Al1.5-A
金属锰	J	—	Mn97	A	JMn97-A
	JC	—	Mn98	—	JCMn98
金属铬	J	—	Cr99	A	JCr99-A
钛铁	—	Fe	Ti30	A	FeTi30-A
钨铁	—	Fe	W78	A	FeW78-A
钼铁	—	Fe	Mo60	—	FeMo60-A
锰铁	—	Fe	Mn68	C7.0	FeMn68C7.0
钒铁	—	Fe	V40	A	FeV40-A
硼铁	—	Fe	B23	C0.1	FeB23C0.1
铬铁	—	Fe	Cr65	C1.0	FeCr65C1.0
	ZK	Fe	Cr65	C0.010	ZKFeCr65C0.010
铌铁	—	Fe	Nb60	B	FeNb60-B
锰硅合金	—	Fe	Mn64Si27	—	FeMn64Si27
硅铬合金	—	Fe	Cr30Si40	A	FeCr30Si40-A
稀土硅铁合金	—	Fe	SiRE23	—	FeSiRE23
稀土镁硅铁合金	—	Fe	SiMg8RE5	—	FeSiMg8RE5
硅钡合金	—	Fe	Ba30Si35	—	FeBa30Si35
硅铝合金	—	Fe	Al52Si5	—	FeAl52Si5
硅钡铝合金	—	Fe	Al34Ba6Si20	—	FeAl34Ba6Si20
硅钙钡铝合金	—	Fe	Al16Ba9Ca12Si30	—	FeAl16Ba9Ca12Si30
硅钙合金	—	—	Ca31Si60	—	Ca31Si60
磷铁	—	Fe	P24	—	FeP24
五氧化二钒	—	—	$V_2O_5$98	—	$V_2O_5$98
钒氮合金	—	—	VN12	—	VN12
电解金属锰	DJ	—	Mn	A	DJMn-A
钒渣	FZ	—	—	1	FZ1
氧化钼块	Y	—	Mo55.0	A	YMo55.0-A
氮化金属锰	J	—	MnN	A	JMnN-A
氮化锰铁	—	Fe	MnN	A	FeMnN-A
氮化铬铁	—	Fe	NCr3	A	FeNCr3-A

4. 各种钢、纯铁牌号表示法

各种钢、纯铁牌号表示法见表 2-27。

表2-27 各种钢、纯铁牌号表示法

产品名称	第一部分			第二部分	第三部分	第四部分	牌号示例
	汉字	汉语拼音	采用字母				
车辆车轴用钢	辆轴	LIANG ZHOU	LZ	碳含量: 0.40%~0.48%	—	—	LZ45
机车车辆用钢	机轴	JI ZHOU	JZ	碳含量: 0.40%~0.48%	—	—	JZ45
非调质机械结构钢	非	FEI	F	碳含量: 0.32%~0.39%	钒含量: 0.06%~0.13%	硫含量: 0.035%~0.075%	F35VS
碳素工具钢	碳	TAN	T	碳含量: 0.80%~0.90%	锰含量: 0.40%~0.60%	高级优质钢	T8MnA
合金工具钢	碳含量: 0.85%~0.95%			硅含量: 1.20%~1.60%; 铬含量: 0.95%~1.25%	—	—	9SiCr
高速工具钢	碳含量: 0.80%~0.90%			钨含量: 5.50%~6.75%; 钼含量: 4.50%~5.50%; 铬含量: 3.80%~4.40%; 钒含量: 1.75%~2.20%	—	—	W6Mo5Cr4V2
高速工具钢	碳含量: 0.86%~0.94%			钨含量: 5.90%~6.70%; 钼含量: 4.70%~5.20%; 铬含量: 3.80%~4.50%; 钒含量: 1.75%~2.10%	—	—	CW6Mo5Cr4V2

产品名称	第一部分			第二部分	第三部分	第四部分	牌号示例
	汉字	汉语拼音	采用字母				
高碳铬轴承钢	滚	GUN	G	铬含量：1.40%～1.65%	硅含量：0.45%～0.75% 锰含量：0.95%～1.25%	—	GCr15SiMn
钢轨钢	轨	GUI	U	碳含量：0.66%～0.74%	硅含量：0.85%～1.15%锰含量：0.85%～1.15%	—	U70MnSi
冷镦钢	铆螺	MAO LUO	ML	碳含量：0.26%～0.34%	铬含量：0.80%～1.10% 钼含量：0.15%～0.25%	—	ML30CrMo
焊接用钢	焊	HAN	H	碳含量：≤0.10%的高级优质碳素结构钢	—	—	H08A
焊接用钢	焊	HAN	H	碳含量：≤0.10% 铬含量：0.80%～1.10% 钼含量：0.40%～0.60%的高级优质合金结构钢	—	—	H08CrMoA
电磁纯铁	电铁	DIAN TIE	DT	顺序号4	磁性能 A 级	—	DT4A
原料纯铁	原铁	YUAN TIE	YT	顺序号1	—	—	YT1

5. 碳素结构钢和低合金结构钢牌号表示方法

（1）碳素结构钢和低合金结构钢牌号通常由四部分组成，其构成要素见表 2-28。

表 2-28　　　碳素结构钢和低合金结构钢牌号构成要素

构成要素	表 示 内 容
第一部分	前缀符号＋强度值（以 N/mm² 或 MPa 为单位），其中通用结构钢前缀符号为代表屈服强度的拼音字母"Q"，专用结构钢的前缀符号见表 2-29
第二部分（必要时）	钢的质量等级，用英文字母 A、B、C、D、E、F……表示
第三部分（必要时）	脱氧方式表示符号，即沸腾钢、半镇静钢、镇静钢、特殊镇静钢分别以"F""b""Z""TZ"表示。镇静钢、特殊镇静钢表示符号通常可以省略
第四部分（必要时）	产品用途、特性和工艺方法表示符号，见表 2-30

注　根据需要，低合金高强度结构钢的牌号也可以采用两位阿拉伯数字（表示平均含碳量，以万分之几计）加"常用化学元素符号"规定的元素符号及必要时加代表产品用途、特性和工艺方法的表示符号，按顺序表示。

表 2-29　　　　　　专用结构钢的前缀符号

产品名称	采用的汉字及汉语拼音或英文单词			采用字母	位置
	汉字	汉语拼音	英文单词		
热轧光圆钢筋	热轧光圆钢筋	—	Hot Rolled Plain Bars	HPB	牌号头
热轧带肋钢筋	热轧带肋钢筋	—	Hot Rolled Ribbed Bars	HRB	牌号头
晶粒热轧带肋钢筋	热轧带肋钢筋＋细	—	Hot Rolled Ribbed Bars＋Fine	HRBF	牌号头
冷轧带肋钢筋	冷轧带肋钢筋	—	Cold Rolled Ribbed Bars	CRB	牌号头
预应力混凝土用螺纹钢筋	预应力、螺纹、钢筋	—	Prestressing、Screw、Bars	PSB	牌号头
焊接气瓶用钢	焊瓶	HAN PING	—	HP	牌号头

产品名称	采用的汉字及汉语拼音或英文单词			采用字母	位置
	汉字	汉语拼音	英文单词		
管线用钢	管线	—	Line	L	牌号头
船用锚链钢	船锚	CHUAN MAO	—	CM	牌号头
煤机用钢	煤	MEI	—	M	牌号头

表 2-30　　　　　碳素结构钢和低合金结构钢产品用途、
特性和工艺方法表示符号

产品名称	采用的汉字及汉语拼音或英文单词			采用字母	位置
	汉字	汉语拼音	英文单词		
锅炉和压力容器用钢	容	RONG	—	R	牌号尾
锅炉用钢（管）	锅	GUO	—	G	牌号尾
低温压力容器用钢	低容	DIRONG	—	DR	牌号尾
桥梁用钢	桥	QIAO	—	Q	牌号尾
耐候钢	耐候	NAIHOU	—	NH	牌号尾
高耐候钢	高耐候	GAO NAI HOU	—	GNH	牌号尾
汽车大梁用钢	梁	LIANG	—	L	牌号尾
高性能建筑结构用钢	高建	GAOJIAN	—	GJ	牌号尾
低焊接裂纹敏感性钢	低焊接裂纹敏感性	—	Crack Free	CF	牌号尾
保证淬透性钢	淬透性	—	Hardenability	H	牌号尾
矿用钢	矿	KUANG	—	K	牌号尾
船用钢	采用国际符号				

（2）碳素结构钢和低合金结构钢的牌号示例见表 2-31。

表 2-31　　　　　　　碳素结构钢和低合金结构钢的牌号示例

产品名称	第一部分	第二部分	第三部分	第四部分	牌号示例
碳素结构钢	最小屈服强度 235N/mm²	A 级	沸腾钢	—	Q235AF
低合金高强度结构钢	最小屈服强度 345N/mm²	D 级	特殊镇静钢	—	Q345D
热轧光圆钢筋	屈服强度特征值 235N/mm²	—	—	—	HPB235
热轧带肋钢筋	屈服强度特征值 335N/mm²	—	—	—	HRB335
细晶粒热轧带肋钢筋	屈服强度特征值 335N/mm²	—	—	—	HBRBF335
冷轧带肋钢筋	最小抗拉强度 550N/mm²	—	—	—	CRB550
预应力混凝土用螺纹钢筋	最小屈服强度 830N/mm²	—	—	—	PSB830
焊接气瓶用钢	最小屈服强度 345N/mm²	—	—	—	HP345
管线用钢	最小规定总延伸强度 415N/mm²	—	—	—	L415
船用锚链钢	最小抗拉强度 370N/mm²	—	—	—	CM370
煤机用钢	最小抗拉强度 510N/mm²	—	—	—	M510
钢炉和压力容器用钢	最小屈服强度 345N/mm²	—	特殊镇静钢	压力容器"容"的汉语拼音首位字母"R"	Q345R

6. 优质碳素结构钢和优质碳素弹簧钢

（1）优质碳素结构钢牌号通常由五部分组成，见表 2-32。

表 2-32　　　　　　　　　　　**优质碳素结构钢牌号构成要素**

构成要素	表 示 内 容
第一部分	以两位阿拉伯数字表示平均含碳量（以万分之几计）
第二部分（必要时）	较高含锰量的优质碳素结构钢，加锰元素符号 Mn
第三部分（必要时）	钢材冶金质量，即高级优质钢、特级优质钢分别以 A、E 表示，优质钢不用字母表示
第四部分（必要时）	脱氧方法表示符号，即沸腾钢、半镇静钢、镇静钢分别以 "F" "b" "Z" 表示，但镇静钢表示符号通常可以省略
第五部分（必要时）	产品用途、特性或工艺方法表示符号，见表 2-30

（2）优质碳素弹簧钢的牌号表示方法与优质碳素结构钢相同，见表 2-33。

表 2-33　　**优质碳素结构钢和优质碳素弹簧钢的牌号表示方法**

产品名称	第一部分	第二部分	第三部分	第四部分	第五部分	牌号示例
优质碳素结构钢	碳含量：0.05%～0.11%	锰含量：0.25%～0.50%	优质钢	沸腾钢	—	08F
优质碳素结构钢	碳含量：0.47%～0.55%	锰含量：0.50%～0.80%	高级优质钢	镇静钢	—	50A
优质碳素结构钢	碳含量：0.48%～0.56%	锰含量：0.70%～1.00%	特级优质钢	镇静钢	—	50MnF
保证淬透性用钢	碳含量：0.42%～0.50%	锰含量：0.50%～0.85%	高级优质钢	镇静钢	保证淬透性钢表示符号 "H"	45AH
优质碳素弹簧钢	碳含量：0.62%～0.70%	锰含量：0.90%～1.20%	优质钢	镇静钢	—	65Mn

7. 合金结构钢和合金弹簧钢

(1) 合金结构钢牌号通常由四部分组成，见表2-34。

表 2-34　　　　　　　　合金结构钢牌号构成要素

构成要素	表 示 内 容
第一部分	以两位阿拉伯数字表示平均含碳量（以万分之几计）
第二部分	合金元素含量，以化学元素及阿拉伯数字表示。具体表示方法为：平均合金含量小于1.5%时，牌号中只标明元素，一般不标明含量；平均合金含量为1.50%～2.49%、2.50%～3.49%、3.50%～4.49%、4.50%～5.49%……时，在合金元素后相应写成2、3、4、5…… 化学元素符号的排列顺序推荐按含量值递减排列。如果两个或多个元素的含量相同，则相应符号位置按英文字母的顺序排列
第三部分	钢材冶金质量，即高级优质钢、特级优质钢分别以A、E表示，优质钢不用字母表示
第四部分（必要时）	产品用途、特性或工艺方法表示符号，见表2-30

(2) 合金弹簧钢的牌号表示方法与合金结构钢相同，见表2-35。

表 2-35　　　　合金结构钢和合金弹簧钢的牌号表示方法

产品名称	第一部分	第二部分	第三部分	第四部分	牌号示例
合金结构钢	碳含量：0.22%～0.29%	铬含量：1.50%～1.80% 钼含量：0.25%～0.35% 钒含量：0.15%～0.30%	高级优质钢		25Cr2MoVA
锅炉和压力容器用钢	碳含量：≤0.22%	锰含量：1.20%～1.60% 钼含量：0.45%～0.65% 铌含量：0.025%～0.050%	特级优质钢	锅炉和压力容器用钢	18MnMoNbER
优质弹簧钢	碳含量：0.56%～0.64%	硅含量：1.60%～2.00% 锰含量：0.70%～1.00%	优质钢		60Si2Mn

8. 易切削钢

（1）易切削钢牌号通常由三部分组成，见表 2-36。

表 2-36　　　　　　　　易切削钢牌号构成要素

构成要素	表　示　内　容
第一部分	易切削钢表示符号"Y"
第二部分	以两位阿拉伯数字表示平均含碳量（以万分之几计）
第三部分	易切削元素符号，如含钙、铅、锡等易切削元素的易切削钢分别以 Ca、Pb、Sn 表示。加硫加硫磷易切削钢，通常不加易切削元素符号 S、P。较高含锰量的加硫或加硫磷易切削钢，本部分为锰元素符号"Mn"。为区分牌号，对较高硫含量的易切削钢，在牌号尾部加硫元素符号 S

（2）易切削钢牌号示例见表 2-37。

表 2-37　　　　　　　　易切削钢牌号示例

元　素　及　含　量	牌　号
碳含量为 0.40%～0.50%、钙含量为 0.002%～0.006%的易切削钢	Y45Ca
碳含量为 0.42%～0.48%、锰含量为 1.35%～1.65%、硫含量为 0.16%～0.24%的易切削钢	Y45Mn
碳含量为 0.42%～0.48%、锰含量为 1.35～1.65%、硫含量为 0.24%～0.32%的易切削钢	Y45MnS

9. 车辆车轴及机车车辆用钢

（1）车辆车轴及机车车辆用钢牌号通常由两部分组成，见表 2-38。

表 2-38　　　　车辆车轴及机车车辆用钢牌号构成要素

构成要素	表　示　内　容
第一部分	车辆车轴用钢表示符号"LZ"或机车车辆用钢表示符号"JZ"
第二部分	以两位阿拉伯数字表示平均含碳量（以万分之几计）

（2）车辆车轴及机车车辆用钢牌号表示方法见表 2-27。

10. 工具钢

（1）碳素工具钢。碳素工具钢牌号通常由四部分组成，见表 2-39。

表 2-39　　　　　　　　碳素工具钢牌号构成要素

构成要素	表　示　内　容
第一部分	碳素工具钢表示符号"T"
第二部分	阿拉伯数字表示平均含碳量（以千分之几计）
第三部分（必要时）	较高含锰量碳素工具钢，加锰元素符号"Mn"
第四部分（必要时）	钢材冶金质量，即高级优质碳素工具钢以 A 表示，优质钢不用字母表示

（2）合金工具钢。合金工具钢牌号通常由两部分组成，见表 2-40。

表 2-40　　　　　　　　合金工具钢牌号构成要素

构成要素	表　示　内　容
第一部分	平均含碳量小于 1.00% 时，采用一位数字表示含碳量（以千分之几计）。平均含碳量不小于 1.00% 时，不标明含碳量数字
第二部分	合金元素含量，以化学元素及阿拉伯数字表示，表示方法同合金结构钢第二部分。低铬（平均含铬量小于 1%）合金工具钢在铬含量（以千分之几计）前加数字"0"

（3）高速工具钢。高速工具钢牌号表示方法与合金结构钢相同，但在牌号头部一般不标明表示碳含量的阿拉伯数字。为了区别牌号，在牌号头部可以加"C"表示高碳高速工具钢。工具钢牌号表示方法见表 2-27。

11. 非调质机械结构钢

（1）非调质机械结构钢牌号通常由四部分组成，见表 2-41。

表 2-41 　　　　　　　　非调质机械结构钢牌号构成要素

构成要素	表 示 内 容
第一部分	非调质机械结构钢表示符号"F"
第二部分	以两位阿拉伯数字表示平均含碳量（以万分之几计）
第三部分	合金元素含量，以化学元素符号和阿拉伯数字表示，表示方法同合金结构钢第二部分
第四部分（必要时）	改善切削性能的非调质机械结构钢加硫元素符号 S

（2）非调质机械结构钢牌号表示方法见表 2-27。

12. 轴承钢

（1）高碳铬轴承钢。高碳铬轴承钢牌号通常由两部分组成，见表 2-42。

表 2-42 　　　　　　　　高碳铬轴承钢牌号构成要素

构成要素	表 示 内 容
第一部分	（滚珠）轴承钢表示符号"G"，但不标明含碳量
第二部分	合金元素"Cr"符号及其含量（以千分之几计）。其他元素含量，以化学元素符号及阿拉伯数字表示，表示方法同合金结构钢第二部分

（2）渗碳轴承钢。在牌号头部加符号"G"，采用合金结构钢牌号表示方法。高级优质渗碳轴承钢在牌号尾部加"A"。

（3）高碳铬不锈轴承钢和高温轴承钢。在牌号头部加符号"G"，采用不锈钢和耐热钢牌号表示方法。轴承钢牌号表示方法见表 2-27。

13. 钢轨钢、冷镦钢

（1）钢轨钢、冷镦钢牌号通常由三部分组成，见表 2-43。

表 2-43 　　　　　　　　钢轨钢、冷镦钢牌号构成要素

构成要素	表 示 内 容
第一部分	钢轨钢表示符号"U"，冷镦钢（铆螺钢）表示符号"ML"

构成要素	表 示 内 容
第二部分	阿拉伯数字表示平均含碳量，钢轨钢同优质碳素结构钢第一部分，冷镦钢（铆螺钢）同合金结构钢第一部分
第三部分	合金元素含量，以化学元素符号和阿拉伯数字表示，表示方法同合金结构钢第二部分

（2）钢轨钢、冷镦钢牌号表示方法见表 2-27。

14. 焊接用钢

（1）焊接用钢包括焊接用碳素钢、焊接用合金钢、焊接用不锈钢等。焊接用钢牌号通常由两部分组成，见表 2-44。

表 2-44　　　　　　　　　　焊接用钢牌号构成要素

构成要素	表 示 内 容
第一部分	焊接用钢表示符号"H"
第二部分	各类焊接用钢牌号表示方法。其中优质结构碳素钢、合金结构钢和不锈钢等应分别符合各自钢号的规定

（2）焊接用钢牌号表示方法见表 2-27。

15. 不锈钢和耐热钢

不锈钢和耐热钢牌号构成要素见表 2-45。

16. 冷轧电工钢

（1）冷轧电工钢分为取向电工钢和无取向电工钢。冷轧电工钢牌号通常由三部分组成，见表 2-46。

表 2-45　　　　　　　　　不锈钢和耐热钢牌号构成要素

构成要素	表 示 内 容 与 表 示 方 法
含碳量	用两位或三位阿拉伯数字表示碳含量最佳控制值（以万分之几或十万分之几计）；只规定碳含量上限者，当碳含量上限不大于 0.10% 时，以其上限的 3/4 表示碳含量；当碳含量上限大于 0.10% 时，以其上限的 4/5 表示碳含量。对超低碳不锈钢（即碳含量不大于 0.030%）用三位阿拉伯数字表示碳含量最佳控制值（十万分之几计）

构 成 要 素	表 示 内 容 与 表 示 方 法
合金元素含量	合金元素含量以化学符号及阿拉伯数字表示，表示方法同合金结构钢第二部分。钢中有意加入的铌、钛、锆、氮等合金元素，虽然含量很低，也应在牌号中标出。 例如：碳含量不大于 0.08%、铬含量为 18.00%～20.00%、镍含量为 8.00%～11.00%的不锈钢，牌号为 06Cr19Ni10； 碳含量不大于 0.030%、铬含量为 16.00%～19.00%、钛含量为 0.10%～1.00%的不锈钢，牌号为 022Cr18Ti； 碳含量为 0.15%～0.25%、铬含量为 14.00%～16.00%、锰含量为 14.00%～16.00%、镍含量为 1.50%～3.00%、氮含量为 0.15%～0.30%的不锈钢，牌号为 20Cr15Mnl5Ni2N； 碳含量不大于 0.25%、铬含量为 24.00%～26.00%、镍含量为 19.00%～22.00%的耐热钢，牌号为 20Cr25Ni20

表 2-46   **冷轧电工钢牌号构成要素**

构成要素	表 示 内 容
第一部分	材料公称厚度（单位：mm）100 倍的数字
第二部分	普通级取向电工钢表示符号"Q"，高磁导率级取向电工钢表示符号"QG"或无取向电工钢表示符号"W"
第三部分	取向电工钢，磁极化强度在 1.7T 和频率 50Hz 时，以 W/kg 为单位，其相应厚度产品的最大比总损耗值的 100 倍；无取向电工钢，磁极化强度在 1.5T 和频率 50Hz 时，以 W/kg 为单位，其相应厚度产品的最大比总损耗值的 100 倍

（2）冷轧电工钢牌号示例见表 2-47。

表 2-47   **冷轧电工钢牌号示例**

元 素 及 含 量	牌 号
公称厚度为 0.30mm，比总损耗 P1.7/50 为 1.30W/kg 的普通级取向电工钢	30Q130
公称厚度为 0.30mm，比总损耗 P1.7/50 为 1.10W/kg 的高磁导率级取向电工钢	30QG110
公称厚度为 0.50mm，比总损耗 P1.5/50 为 4.0W/kg 的无取向电工钢	50W400

（二）有色金属材料牌号的表示方法

1. 有色金属及其合金牌号的表示方法

根据国家标准的规定（GB/T 18035—2000《贵金属及其合金牌号表示方法》），有色金属及其合金牌号的表示方法如下：

（1）产品牌号的命名，以代号字头或元素符号后的成分数字或顺序号结合产品类别或组别名称表示。

（2）产品代号，采用标准规定的汉语拼音字母、化学元素符号及阿拉伯数字相结合的方法表示，见表 2-48 和表 2-49。

表 2-48　　常用有色金属、合金名称及其汉语拼音字母的代号

名　称	采用汉字	采用符号	名　称	采用汉字	采用符号
铜	铜	T	黄铜	黄	H
铝	铝	L	青铜	青	Q
镁	镁	M	白铜	白	B
镍	镍	N	钛及钛合金	钛	T

表 2-49　　专用金属、合金名称及其汉语拼音字母的代号

名　称	采用符号	采用汉字	名　称	采用符号	采用汉字
防锈铝	LF	铝、防	铝镁粉	FLM	粉、铝、镁
锻铝	LD	铝、锻	镁合金（变形加工用）	MB	镁、变
硬铝	LY	铝、硬	焊料合金	HI	焊、料
超硬铝	LC	铝、超	阳极镍	NY	镍、阳
特殊铝	LT	铝、特	电池锌板	XD	锌、电
硬钎焊铝	LQ	铝、钎	印刷合金	I	印
无氧铜	TU	铜、无	印刷锌板	XI	锌、印
金属粉末	F	粉	稀土	Xt[①]	稀土
喷铝粉	FLP	粉、铝、喷	钨钴硬质合金	YG	硬、钴
涂料铝粉	FLU	粉、铝、涂	钨钛钴硬质合金	YT	硬、钛
细铝粉	FLX	粉、铝、细	铸造碳化钨	YZ	硬、铸
特细铝粉	FLT	粉、铝、特	碳化钛一（铁）镍钼硬质合金	YN	硬、镍
炼钢、化工用铝粉	FLG	粉、铝、钢	多用途（万能）硬质合金	YW	硬、万
镁粉	FM	粉、镁	钢结硬质合金	YE	硬、结

① 稀土代号 Xt 于 1987 年 6 月 1 日起正式改用 RE 表示（单一稀土金属仍用化学元素符号表示）。

（3）产品的统称（如铜材、铝材）、类别（如黄铜、青铜）以及产品标记中的品种（如板、管、带、线、箔）等，均用汉字表示。

（4）产品的状态、加工方法、特性的代号，采用标准规定的汉语拼音字母表示，见表 2-50。

表 2-50　　有色产品状态名称、特性及其汉语拼音字母的代号

名　称		采用代号	名　称		采用代号
（1）产品状态代号			硬质合金	添加碳化铌	N
热加工（如热轧、热挤）		R		细颗粒	X
退火		M		粗颗粒	C
淬火		C		超细颗料	H
淬火后冷轧（冷作硬化）		CY	（3）产品状态、特性代号组合举例		
淬火（自然时效）		CZ	不包铝（热轧）		BR
淬火（人工时效）		CS	不包铝（退火）		BM
硬		Y	不包铝（淬火、冷作硬化）		BCY
3/4 硬、1/2 硬		Y_1、Y_2	不包铝（淬火、优质表面）		BCO
1/3 硬		Y_3	不包铝（淬火、冷作硬化、优质表面）		BCYO
1/4 硬		Y_4			
特硬		T	优质表面（退火）		MO
（2）产品特性代号			优质表面淬火、自然时效		CZO
优质表面		O	优质表面淬火、人工时效		CSO
涂漆蒙皮板		Q	淬火后冷轧、人工时效		CYS
加厚包铝的		J	热加工、人工时效		RS
不包铝的		B	淬火、自然时效、冷作硬化、优质表面		CZYO
硬质合金	表面涂层	U			
	添加碳化钽	A			

2. 常用有色金属及其合金产品的牌号表示方法

常用有色金属及其合金产品的牌号表示方法见表 2-51。

表 2-51　　　　　常用有色金属及其合金产品的牌号表示方法

产品类型及牌号	表　示　方　法
铜及铜合金 （纯铜、黄铜、青铜、白铜） T1、T2-M、Tul、H62、 HSn90-1、QSn4-3、 QSn4-4-2.5、 QAl10-3-1.5、 B25、BMn3-12	以 QAl10-3-1.5 为例： Q——分类代号。T—纯铜（TU—无氧铜，TK—真空铜）；H—黄铜；Q—青铜；B—白铜。 Al——主添加元素符号。纯铜、一般黄铜、白铜不标。三元以上黄铜、白铜为第二主添加元素（第一主添加元素分别为 Zn、Ni，青铜为第一主添加元素）。 10——主添加元素，以百分之几表示。纯铜中为金属顺序号、黄铜中为铜含量（Zn 为余数）、白铜为 Ni 或（Ni+Co）含量，青铜为第一主添加元素含量。 -3-1.5——添加元素量，以百分之几表示。纯铜、一般黄铜、白铜无此数字。三元以上黄铜、白铜为第二添加元素合金，青铜为第二主添加元素含量。 M——状态。符号含义见表 2-50
铝及铝合金 （纯铝、铝合金） 1A99、2A50、3A21	第一位： <table><tr><td>组别</td><td>牌号系列</td></tr><tr><td>纯铝（铝含量不小于 99.00%）</td><td>1×××</td></tr><tr><td>以铜为主要合金元素的铝合金</td><td>2×××</td></tr><tr><td>以锰为主要合金元素的铝合金</td><td>3×××</td></tr><tr><td>以硅为主要合金元素的铝合金</td><td>4×××</td></tr><tr><td>以镁为主要合金元素的铝合金</td><td>5×××</td></tr><tr><td>以镁和硅为主要合金元素并以 Mg2Si 相为强化相的铝合金</td><td>6×××</td></tr><tr><td>以锌为主要合金元素的铝合金</td><td>7×××</td></tr><tr><td>以其他合金元素为主要合金元素的铝合金</td><td>8×××</td></tr><tr><td>备用合金组</td><td>9×××</td></tr></table>A——原始纯铝。 B～Y 的其他英文字母——铝合金的改型情况。 99- ①×× 系列（纯铝）——最低铝百分含量。 ②××～8××× 系列——用来区分同一组中不同的铝合金
钛及钛合金 TA1-M、TA4、TB2、 TC1、TC4、TC9	以 TAl-M 为例： TA——分类代号。表示金属或合金组织类型〔TA—α型 Ti 及合金、TB—β 型 Ti 合金、TC—（α+β）型 Ti 合金〕。 1——顺序号。金属或合金的顺序号。 -M——状态。符号含义见表 2-50

产品类型及牌号	表 示 方 法
镁合金 MB1，MB8-M	以 MB8-M 为例： MB——分类代号（M—纯镁，MB—变形镁合金）。 8——顺序号。金属或合金的顺序号。 -M——状态。符号含义见表 2-50
镍及镍合金 N4NY1，NSi0.19， NMn2-2-1， NCu28-2.5-1.5，NCr10	以 NCu28-2.5-1.5 为例： N——分类代号（N—纯镍或镍合金，NY—阳极镍）。 Cu——主添加元素，用国际化学符号表示。 28——序号或主添加元素含量（纯镍中为顺序号，以百分之几表示主添元素符号）。 —2.5——添加元素含量，以百分之几表示
专用合金 （焊料 HICuZn64、 HISbPb39， 印刷合金 IPbSP14-4， 轴承合金 ChSnSb8-4、 ChPbSb2-0.2-0.15， 硬质合金 YG6、YT5、 YZ2，喷铝粉 FLP2、 FLXI、FMI）	以 HIAgCu20-15 为例： HI——分类代号（HI—焊接合金，I—印刷合金，Ch—轴承合金，YG—钨钴合金，YT—钨钛合金，YZ—铸造碳化钨，F—金属粉末，FLP—喷铝粉，FLX—细铝粉，FLM—铝镁粉，FM—纯镁粉）。 Ag——第一基体元素，用国际化学元素符号表示。 Cu——第二基体元素，用国际化学元素符号表示。 20——含量或等级数（合金中第二基体元素含量，以百分之几表示，硬质合金中决定其特性的主元素成分，金属粉末中纯度等级）。 —15——含量或规格（合金中其他添加元素含量，以百分之几表示，金属粉末的粒度规格）

3. 铸造有色金属及其合金牌号的表示方法

（1）铸造有色纯金属的牌号表示方法。铸造有色纯金属的牌号由"Z"和相应纯金属的化学元素符号及表明产品纯度百分含量的数字或用一短横加顺序号组成。

（2）铸造有色合金的牌号表示方法。

1) 铸造有色合金牌号由"Z"和基体金属的化学元素符号、主要合金化学元素符号（其中混合稀土元素符号统一用 RE 表示）以及表明合金化元素名义百分含量的数字组成。

2) 当合金化元素多于两个时，合金牌号中应列出足以表明合金主要特性的元素符号及其名义百分含量的数字。

3) 合金化元素符号按其名义百分含量递减的次序排列。当名义百分含量相等时，则按元素符号字母顺序排列。当需要表明决定合金类别的合金化元素首先列出时，不论其含量多少，该元素符号均应紧置于基体元素符号之后。

4) 除基体元素的名义百分含量不标注外，其他合金化元素的名义百分含量均标注于该元素符号之后。当合金化元素含量规定为大于或等于1%的某个范围时，采用其平均含量的修约化整值。必要时也可用带一位小数的数字标注。合金化元素含量小于1%时，一般不标注，只有对合金性能起重大影响的合金化元素，才允许用一位小数标注其平均含量。

5) 对具有相同主成分，需要控制低间隙元素的合金，在牌号后的圆括弧内标注 ELI。

6) 对杂质限量要求严、性能高的优质合金，在牌号后面标注大写字母"A"表示优质。

铸造有色金属及其合金牌号的表示方法见表 2-52。

表 2-52   铸造有色金属及其合金牌号表示方法

产品类型及牌号	表 示 方 法
铸造铜合金 (10-1 青铜 ZCuSn10Pb1， 15-8 铅青铜 ZCuPb15Sn8， 9-2 铅青铜 ZCuA19Mv2， 38 黄铜 ZCuZn38， 16-4 硅青铜 ZCuZn16Si4， 31-2 铅黄铜 ZCZn33Pb2， 40-2 锰黄铜 ZCuZn40Mn2)	Z——铸造代号； Cu——基体金属铜的元素符号； Sn——锡的元素符号； 3——锡的名义百分含量； Zn——锌的元素符号； 11——锌的名义百分含量； Pb——铅的元素符号； 4——铅的名义百分含量

产品类型及牌号	表 示 方 法
铸造铝合金 （ZAlSi7Mg，AlSi12， ZAlSi7Cu4，ZAlCu5MnA， ZAlCu10，ZAlR5Cu3Si2， ZAlg10，ZAlMg5Si1， ZAlMg5Sil，ZAlZn6Mg）	Z——铸造代号； Al——基体金属铝的元素符号； Si——硅的元素符号； 5——名义百分含量； Cu——铜的元素符号； 2——铜的名义百分含量； Mg——镁的元素符号； Mn——锰的元素符号； Fe——铁杂质含量高
铸造钛合金 （ZTA1，ZTA2，ZTA3， ZTA5，ZTA7，ZAC4， ZTB32）	Z——铸造代号； TA——钛合金类型（A—α 型，B—β 型号， C—α＋β 型）； 1——顺序号（分 1、2、3、4、5、7、 32）
铸造镁合金 （ZMgAl18Zn，AMgR3Zn， ZMgZn5）	Z——铸造代号； Mg——基体金属镁的元素符号； Al——铝的元素符号； 8——铝的名义百分含量； Zn——锌的元素符号
铸造锌合金 （ZZnAl10Cu5，代号 105， ZZnAl14Cu，ZZnAl4 代号 040）	Z——铸造代号； Zn——基体金属锌的元素符号； Al——铝的元素符号； 4——铝的名义百分含量； Cu——铜的元素符号； 1——铜的名义百分含量

4. 变形铝及铝合金牌号的表示方法

（1）牌号命名的基本原则。变形铝及铝合金牌号有两种。

1）国际四位数字体系牌号，可直接引用。

2）四位字符体系牌号：未命名为国际四位数字体系牌号的变形铝及铝合金，应采用四位字符牌号（但试验铝及铝合金采用前缀×

加四位字符牌号）命名，并按"四位字符体系牌号的变形铝及铝合金化学成分注册要求"中规定的要求注册化学成分。

（2）四位字符体系牌号命名方法。

1）牌号命名方法。四位字符体系牌号的第一、第三、第四位为阿拉伯数字，第二位为英文大写字母（C、I、L、N、O、P、Q、Z字母除外）。牌号的第一位数字表示铝及铝合金的组别，如下所示。除改型合金外，铝合金组别按主要合金元素（6×××系按 Mg2Si）来确定。主要合金元素指极限含量算术平均值为最大的合金元素。当有一个以上的合金元素极限含量算术平均值同为最大时，应按 Cu、Mn、Si、Mg、Mg2Si、Zn、其他元素的顺序来确定合金组别。牌号的第二位字母表示原始纯铝或铝合金的改型情况。最后两位数字用以标识同一组中不同的铝合金或表示铝的纯度。

组　别	牌号系统
纯铝（铝含量不小于 99.00％）	1×××
以铜为主要合金元素的铝合金	2×××
以锰为主要合金元素的铝合金	3×××
以硅为主要合金元素的铝合金	4×××
以镁为主要合金元素的铝合金	5×××
以镁和硅为主要合金元素，并以 Mg2Si 相为强化相的铝合金	6×××
以锌为主要元素的铝合金	7×××
以其他合金元素为主要合金元素的铝合金	8×××
备用合金组	9×××

2）纯铝的牌号命名方法。铝含量不低于 99.00％时为纯铝，其牌号用 1××× 系列表示。牌号的最后两位数字表示最低铝百分含量。当最低铝百分含量精确到 0.01％时，牌号的最后两位数字就是最低铝百分含量中小数点后面的两位。牌号第二位的字母表示原始纯铝的改型情况。如果第二位的字母为 A，则表示为原始纯铝；如果是 B～Y 的其他字母（按国际规定用字母表的次序选用），则表示为原始纯铝的改型，与原始纯铝相比，其他元素含量略有改变。

3）铝合金的牌号命名方法。铝合金的牌号用2×××～8×××系列表示。牌号的最后两位数字没有特殊意义，仅用来区分同一组中不同的铝合金。牌号的第二位字母表示原始合金的改型情况。如果牌号第二位的字母是A，则表示为原始合金；如果是B～Y的其他字母（按国际规定用字母表的次序选用），则表示为原始合金的改型合金。改型合金与原始合金相比，化学成分的变化，仅限于下列任何一种或几种情况。

a. 一个合金元素或一组组合元素形式的合金元素。极限含量算术平均值的变化量符合表2-53的规定。

表2-53　　　　　　　　极限含量算术平均值的变化量

原始合金中的极限含量算术平均值范围（%）	极限含量算术平均值的变化量（≤,%）
≤1.0	0.15
>1.0～2.0	0.20
>2.0～3.0	0.25
>3.0～4.0	0.30
>4.0～5.0	0.35
>5.0～6.0	0.40
>6.0	0.50

b. 增加或删除了极限含量算术平均值不超过0.30‰的一个合金元素；增加或删除了极限含量算术平均值不超过0.40%的一组组合元素形式的合金元素。

c. 为了同一目的，同一个合金元素代替了另一个合金元素。

d. 改变了杂质的极限含量。

e. 细化晶粒的元素含量有变化。

（3）四位字符体系牌号的变形铝及铝合金化学成分注册要求。

1）化学成分明显不同于其他已经注册的变形铝及铝合金。

2）各元素含量的极限值表示到如下位数。

<0.001%　　　　　　　　0.000×

0.001%～<0.01%　　　　0.00×

$0.01\% \sim <0.1\%$

用精炼法制得的纯铝　　　　　　　　$0.0\times\times$

用非精炼法制得的纯铝和铝合金　$0.0\times$

$0.1\% \sim 0.55\%$　　　　　　　　$0.\times\times$

（通常表示在 $0.30\% \sim 0.55\%$ 范围的极限值为 $0.\times0$ 或 $0.\times5$）

$>0.55\%$　　　$0.\times$，$\times.\times$，$\times\times.\times$

（但在 $1\times\times\times$ 牌号中，组合元素 Fe＋Si 的含量必须表示为 $0.\times\times$ 或 $1.\times\times$）

3）规定各元素含量的极限值按以下顺序排列，Si、Fe、Cu、Mn、Mg、Cr、Ni、Zn、Ti、Zr、其他元素的单个和总量、Al。当还要规定其他的有含量范围限制的元素时，应按化学符号字母表的顺序，将这些元素依次插到 Zn 和 Ti 之间，或在脚注中注明。

4）纯铝的最低铝含量应有明确规定。对于用精炼法制取的纯铝，其铝含量为 100.00% 与全部其他金属元素及硅（每种元素含量 $\geqslant 0.0010\%$）的总量之差值。在确定总量之前，每种元素要精确到小数点后面第三位，做减法运算前应先将其总量修约到小数点后面第二位。对于非精炼法制取的纯铝，其铝含量为 100.00% 与全部其他金属元素及硅（每种元素含量 $\geqslant 0.010\%$）的总量之差值。在确定总量之前，每种元素要精确到小数点后面第二位。

5）铝合金的铝含量要规定为余量。

（4）国际四位数字体系牌号简介。

1）国际四位数字体系牌号组别的划分。国际四位数字体系牌号的第 1 位数字表示组别，如下所示。

a. 纯铝（铝含量不小于 99.00%）　　　$1\times\times\times$

b. 组别按下列主要合金元素划分：

Cu	$2\times\times\times$
Mn	$3\times\times\times$
Si	$4\times\times\times$
Mg	$5\times\times\times$
Mg＋Si	$6\times\times\times$
Zn	$7\times\times\times$

| 其他元素 | 8×× |
| 备用组 | 9××× |

2) 国际四位数字体系 1××× 牌号系列。1××× 组表示纯铝（其铝含量≥99.00％），其最后两位数字表示最低铝百分含量中小数点后面的两位。

牌号的第 2 位数字表示合金元素或杂质极限含量的控制情况。如果第 2 位是 0，则表示杂质极限含量无特殊控制。如果是 1～9，则表示对一项或一项以上的单个杂质或合金元素极限含量有特殊控制。

3) 国际四位数字体系 2×××～8××× 牌号系列。2×××～8××× 牌号中的最后两位数字没有特殊意义，仅用来识别同一组中的不同合金，其第 2 位表示改型情况。如果第 2 位是 0，则表示为原始合金；如果是 1～9，则表示为改型合金。

4) 国际四位数字体系国家间相似铝及铝合金牌号。国家间相似铝及铝合金，表示某一国家新注册的与已注册的某牌号成分相似的纯铝或铝合金。国家间相似铝及铝合金采用与其成分相似的四位数字牌号后缀一个英文大写字母（按国际字母表的顺序，由 A 开始依次选用，但 I、O、Q 除外）来命名。

5. 贵金属及其合金牌号的表示方法

（1）牌号分类。按照生产过程，并顾及某种产品的特定用途，贵金属及其合金牌号分为冶炼产品、加工产品、复合材料、粉末产品、钎焊料五类。

（2）牌号表示方法。

冶炼产品牌号：

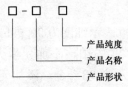

产品形状：分别用英文的第一个字母大写或其字母组合形式表示，其中 IC 表示铸锭状金属，SM 表示海绵状金属。

产品名称：用化学元素符号表示。

产品纯度：用百分含量的阿拉伯数字表示，不含百分号。

示例：IC-Au99.99 表示纯度为 99.99％的金锭。

SM-Pt99.999 表示纯度为 99.999％的海绵铂。

加工产品牌号：

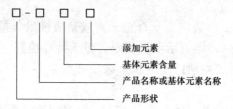

产品形状：分别用英文的第一个字母大写形式或英文第一个字母大写和第二个字母小写形式表示，其中：Pl 表示板材、Sh 表示片材、St 表示带材、F 表示箔材、T 表示管材、R 表示棒材、W 表示线材、Th 表示丝材。

产品名称：若产品为纯金属，则用其化学元素符号表示名称；若为合金，则用该合金的基体化学元素符号表示名称。

产品含量：若产品为纯金属，则用百分含量表示其含量；若为合金，则用该合金基体元素的百分含量表示其含量，均不含百分号。

添加元素：用化学元素符号表示添加元素。若产品为三元或三元以上的合金，则依据添加元素在合金中含量的多少，依次用化学元素符号表示。若产品为纯金属加工材，则无此项。

若产品的基体元素为贱金属，添加元素为贵金属，则仍将贵金属作为基体元素放在第二项，第三项表示该贵金属元素的含量，贱金属元素放在第四项。

示例：Pl-Au99.999 表示纯度为 99.999％的纯金板材；

W-Pt90Rh 表示含 90％铂，添加元素为铑的铂铑合金线材；

W-Au93NiFeZr 表示含 93％金，添加元素为镍、铁和锆的金镍铁锆合金线材；

ST-Au75Pd 表示含 75％金，添加元素为钯的金钯合金带材；

St-Ag30Cu 表示含 30％银，添加元素为铜的银铜合金带材。

复合材料牌号：

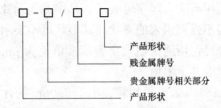

产品的形状、构成复合材料的贵金属牌号的相关部分，其表示方法同"加工产品牌号"。

构成复合材料的贱金属牌号，其表示方法参见现行相关国家标准。

产品状态分为软态（M）、半硬态（Y₂）和硬态（Y）。此项可根据需要选定或省略。

三层及三层以上复合材料，在第三项后面依次插入表示后面层的相关牌号，并以"/"相隔开。

示例：St-Ag99.95/QSn6.5-0.1：表示由含银 99.95％银带材和含锡 6.5％、含磷 0.1％的锡磷青铜带复合成的复合带材；

St-Ag90Ni/H62Y₂：表示由含银 90％的银镍合金和含铜 62％的黄铜复合成的半硬态的复合带材；

St-Ag99.95/T₂/Ag99.95：表示第一层为含银 99.95％银带、第二层为 2 号纯铜带、第三层为含银 99.95％银带复合成的三层复合带材。

粉末产品牌号：

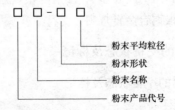

粉末产品代号：用英文大写字母 P 表示。

粉末名称：若粉末是纯金属，则用其化学元素符号表示；若是金属氧化物，则用其分子式表示；若是合金，则用其基体元素符号、基体元素含量、添加元素符号依次表示。

粉末形状：用英文大写字母表示，其中 S 表示片状粉末、G 表示球状粉末。若不强调粉末的形状，其形状可不表示。

粉末平均粒径：用阿拉伯数字表示，单位为 μm。若平均粒径是一个范围，则取其上限值。

示例：PAg-S6.0 表示平均粒径小于 $6.0μm$ 的片状银粉；

PPd-G0.15 表示平均粒径小于 $0.15μm$ 的球状钯粉。

钎料牌号：

钎料代号：用英文大写字母 B 表示。

钎料用途：用英文大写字母表示，其中 V 表示电真空焊料。若不强调钎料的用途，此项可不用字母表示。

钎料合金的基体元素及其含量、添加元素，其表示方法同复合材料牌号。

钎料熔化温度：共晶合金为共晶点温度，其余合金为固相线温度/液相线温度。

示例：BVAg72Cu-780 表示含 72% 的银，熔化温度为 780℃，用于电真空器件的银铜合金钎焊料。

四、金属材料的交货状态及标记

（一）钢铁材料的净化状态及标记

1. 生铁的涂色标记

生铁的涂色标记见表 2-54。

表 2-54　　　　　　　　　　　生铁的涂色标记

类　别	牌号或级别	涂色标记
铸造用生铁	Z34 Z30 Z26 Z22 Z18 Z14	绿色一条 绿色二条 红色一条 红色二条 红色三条 蓝色一条
炼钢用生铁	L04 L08 L10	白色一条 黄色一条 黄色二条
球墨铸铁用生铁	Q10 Q12 Q16	灰色一条 灰色二条 灰色三条

2. 钢材的交货状态

钢材的交货状态类型及说明见表 2-55。

表 2-55　　　　　　　　　　钢材的交货状态类型及说明

类　型	说　明
热轧（锻）状态	（1）钢材在热轧或锻造后不再对其进行专门的热处理，冷却后直接交货，称为热轧或热锻状态。 （2）热轧（锻）的终止温度一般为 800～900℃，之后一般在空气中自然冷却，因而热轧（锻）状态相当于正火处理。所不同的是因为热轧（锻）终止温度有高有低，不像正火加热温度严格控制，因而钢材组织和性能波动比正火大。 （3）热轧（锻）状态交货的钢材，由于表面覆盖一层氧化铁皮，因而具有一定的耐蚀性，储运保管的要求不像冷拉（轧）状态的钢材那样严格，大中型型钢、中厚钢板可以在露天货场或经苫盖后存放
冷拉（轧）状态	（1）经冷拉、冷轧等冷加工成形的钢材，不经任何热处理而直接交货的状态，称为冷拉（轧）状态。与热轧（锻）状态相比，冷拉（轧）状态的钢材尺寸精度高、表面质量好、表面粗糙度低，并有较高的力学性能。 （2）由于冷拉（轧）状态交货的钢材表面没有氧化皮覆盖，并且存在很大的内应力，极易遭受腐蚀或生锈，因而冷拉（轧）状态的钢材，其包装、储运均有较严格的要求，一般均需在库房内保管，并注意在库房内的温度控制

类　型	说　明
正火状态	钢材出厂前经正火热处理，这种状态称正火状态。由于正火加热温度〔亚共析钢为 A_{c3} ＋（30～50℃），过共析钢为 A_{cm}＋（30～50℃）〕，比热轧终止温度控制严格，因而钢材组织、性能均匀。与退火状态的钢材相比，由于冷却速度较快，钢的组织中珠光体数量增多，珠光体层片及钢的晶粒细化，因而有较高的综合力学性能，并有利于改善低碳钢的魏氏组织和过共析钢的渗碳体网状，可为成品进一步热处理做好组织准备
退火状态	钢材出厂前经退火热处理，这种交货状态称为退火状态。退火的主要目的是消除和改善前道工序遗留的组织缺陷和内应力，并为后道工序做好组织和性能上的准备
高温回火状态	钢材出厂前经高温回火热处理，这种交货状态称为高温回火状态。高温回火的回火温度高，有利于彻底消除内应力，提高塑性和韧性，碳素结构钢、合金结构钢、保证淬透性结构钢材均可用高温回火状态交货。某些马氏体型高强度不锈钢、高速工具钢和高强度合金钢，由于有很高的淬透性以及合金元素的强化作用，常在淬火（或正火）后进行一次高温回火，使钢中碳化物聚集，得到碳化物颗粒较粗大的回火索氏体组织（与球化退火组织相似），因而，这种交货状态的钢材有好的加工切削性能
固溶处理状态	钢材出厂前经固溶处理，这种交货状态称为固溶处理状态，这种状态主要适用于奥氏体型不锈钢材出厂前的处理。通过固溶处理，得到单相奥氏体组织，以提高钢的韧性和塑性，为进一步冷加工（冷轧或冷拉）创造条件，也可为进一步沉淀硬化做好组织准备

3. 钢材的标记代号

钢材的标记代号见表 2-56。

表 2-56　　　　　　　　钢材的标记代号

类　别	细　类	标记代号
加工状态	（1）热轧（含热扩、热挤、热锻）； （2）冷轧（含冷挤压）； （3）冷拉（拔）	

类　别	细　类	标记代号
尺寸精度	(1) 普通精度；	PA
	(2) 较高精度；	PB
	(3) 高级精度；	PC
	(4) 厚度较高精度；	PT
	(5) 宽度较高精度；	PW
	(6) 厚度、宽度较高精度	PTW
边缘状态	(1) 切边；	EC
	(2) 不切边；	EM
	(3) 磨边	ER
表面质量	(1) 普通级；	FA
	(2) 较高级；	FB
	(3) 高级	FC
表面种类	(1) 酸洗（喷丸）；	SA
	(2) 剥皮；	SF
	(3) 光亮；	SL
	(4) 磨光；	SP
	(5) 抛光；	SB
	(6) 麻面；	SG
	(7) 发蓝；	SBL
	(8) 热镀锌；	SZH
	(9) 电镀锌；	SZE
	(10) 热镀锡；	SSH
	(11) 电镀锡	SSE
表面化学处理	(1) 钝化（铬酸）；	STC
	(2) 磷化；	STP
	(3) 锌合金化	STZ
软化程度	(1) 半软；	S1/2
	(2) 软；	S
	(3) 特软	S2

类　别	细　类	标记代号
硬化程度	(1) 低冷硬； (2) 半冷硬； (3) 冷硬； (4) 特硬	H1/4 H1/2 H H2
热处理	(1) 退火； (2) 球化退火； (3) 光亮退火； (4) 正火； (5) 回火； (6) 淬火＋回火； (7) 正火＋回火； (8) 固溶	TA TG TL TN TT TQT TNT TS
力学性能	(1) 低强度； (2) 普通强度； (3) 较高强度； (4) 高强度； (5) 超高强度	MA MB MC MD ME
冲压性能	(1) 普通冲压； (2) 深冲压； (3) 超深冲压	CQ DQ DDQ
用　途	(1) 一般用途； (2) 重要用途； (3) 特殊用途； (4) 其他用途； (5) 压力加工用； (6) 切削加工用； (7) 顶锻用； (8) 热加工用； (9) 冷加工用	UG UM US UO UP UC UF UH UC

注　1. 本标准适用于钢丝、钢板、型钢、钢管等的标记代号。

　　2. 钢材标记代号采用与类别名称相应的英文名称首位字母（大写）和阿拉伯数字组合表示。

　　3. 其他用途可以指某种专门用途，在"U"后面加专用代号。

4. 钢材的涂色标记

钢材的涂色标记见表2-57。

表 2-57   **钢材的涂色标记**

类　别	牌号或级别	涂色标记
优质碳素 结构钢	05～15	白色
	20～25	棕色＋绿色
	30～40	白色＋蓝色
	45～85	白色＋棕色
	15Mn～40Mn	白色二条
	15Mn～70Mn	绿色三条
高速工具钢	W12Cr4V4Mo	棕色一条＋黄色一条
	W18Cr4V2	棕色一条＋蓝色一条
	W9Cr4V2	棕色二条
	W9Cr4V	棕色一条
铬轴承钢	GCr6	绿色一条＋白色一条
	GCr9	白色一条＋黄色一条
	GCr9SiMn	绿色二条
	GCr15	蓝色一条
	GCr15SiMn	绿色一条＋蓝色一条
不锈耐酸钢	铬钢	铝色＋黑色
	铬钛钢	铝色＋黄色
	铬锰钢	铝色＋绿色
	铬钼钢	铝色＋白色
合金结构钢	锰钢	黄色＋蓝色
	硅锰钢	红色＋黑色
	锰钒钢	蓝色＋绿色
	铬钢	绿色＋黄色
	铬硅钢	蓝色＋红色
	铬锰钢	蓝色＋黑色
	铬锰硅钢	红色＋紫色
	铬钒钢	绿色＋黑色
	铬锰钛钢	黄色＋黑色
	铬钨钒钢	棕色＋黑色
	钼钢	紫色
	铬钼钢	绿色＋紫色
	铬锰钼钢	绿色＋白色
	铬钼钒钢	紫色＋棕色
	铬硅钼钒钢	紫色＋棕色
	铬铝钢	铝白色
	铬钼铝钢	黄色＋紫色
	铬钨钒铝钢	黄色＋红色
	硼钢	紫色＋蓝色
	铬钼钨钒钢	紫色＋黑色

类　　别	牌号或级别	涂色标记
不锈耐酸钢	铬镍钢 铬锰镍钢 铬镍钛钢 铬镍铌钢 铬钼钛钢 铬钼钒钢 铬镍钼钛钢 铬钼钒钴钢 铬镍铜钛钢 铬镍钼铜钛钢 铬镍钼铜铌钢	铝色＋红色 铝色＋棕色 铝色＋蓝色 铝色＋蓝色 铝色＋白色＋黄色 铝色＋红色＋黄色 铝色＋紫色 铝色＋紫色 铝色＋蓝色＋白色 铝色＋黄色＋绿色 铝色＋黄色＋绿色 （铝色为宽色条，余为窄色条）
耐热钢	铬硅钢 铬钼钢 铬硅钼钢 铬钢 铬钼钒钢 铬镍钛钢 铬铝硅钢 铬硅钛钢 铬硅钼钛钢 铬硅钼钒钢 铬铝钢 铬镍钨钼钛钢 铬镍钨钼钢 铬镍钨钛钢	红色＋白色 红色＋绿色 红色＋蓝色 铝色＋黑色 铝色＋紫色 铝色＋蓝色 红色＋黑色 红色＋黄色 红色＋紫色 红色＋紫色 红色＋铝色 红色＋棕色 红色＋棕色 铝色＋白色＋红色 （前为宽色条，后为窄色条）

(二) 有色金属材料的交货状态和涂色标记

1. 有色金属材料的交货状态

有色金属材料交货状态及说明见表 2-58。

表 2-58 　　　　　　　　有色金属材料的交货状态及说明

交货状态		说　明
名称	代号	
软状态	M	表示材料在冷加工后，经过退火。这种状态的材料，具有塑性高、面强度和硬度都低的特点
硬状态	Y	表示材料是在冷加工后未经退火软化的。它具有强度、硬度高而塑性、韧性低的特点。有些材料还具有特硬状态，代号为 T
半硬状态	Y_1、Y_2、Y_3、Y_4	介于软状态和硬状态之间，表示材料经冷加工后有一定程度的退火。半硬状态按加工变形程度和退火温度的不同，又可分为 3/4 硬、1/2 硬、1/3 硬、1/4 硬等几种，其代号依次为 Y1、Y2、Y3、Y4
热作状态	R	表示材料为热挤压状态。热轧和热挤是在高温下进行的，因此，在加工过程中不会发生加工硬化。这种状态下的材料，其特性与软状态下相似，但尺寸允许偏差和表面精度要求比软状态低

2. 有色金属材料的涂色标记

有色金属材料的交货状态及说明见表 2-59。

表 2-59 　　　　　　　　有色金属材料的交货状态及说明

名称及标准号	牌号或级别	标记涂色	名称及标准号	牌号或级别	标记涂色
锌锭 GB/T 470	Zn-01	红色二条	重熔用铝锭 GB/T 1196	Al-00(特一号)	白色一条
	Zn-1	红色一条		Al-0(特二号)	白色二条
	Zn-2	黑色二条		Al-1	红色一条
	Zn-3	黑色一条		Al-2	红色二条
	Zn-4	绿色二条		A1-3	红色三条
	Zn-5	绿色一条		Ni-01	红色
铅锭 GB/T 469	Pb-1	红色二条	GB/T 2056 《电镀用铜、锌、镉、镍、锡阳极板》	Ni-1	蓝色
	Pb-2	红色一条		Ni-2	黄色
	Pb-3	黑色二条		二号	绿色
	Pb-4	黑色一条	铸造碳化钨粉 GB/T 2967	三号	黄色
	Pb-5	绿色二条		四号	白色
	Pb-6	绿色一条		六号	浅蓝色

五、金属材料的理论质量计算公式

(一) 钢铁材料的理论质量计算公式

钢铁材料的理论质量计算公式见表 2-60。

表 2-60　　　　　钢铁材料的理论质量计算公式

钢材类别	理论质量 m（kg/m）	备　注
圆钢、线材、钢丝	$m=0.00617\times$直径^2	（1）角钢、工字钢和槽钢的准确计算公式很繁，表列简式用于计算近似值。
方钢	$m=0.00785\times$边长^2	
六角钢	$m=0.0068\times$对边距离^2	（2）f 值：一般型号及带 a 的为 3.34，带 b 的为 2.65，带 c 的为 2.26。
八角钢	$m=0.0065\times$对边距离^2	
等边角钢	$m=0.00785\times$边厚（2×边宽－边厚）	（3）e 值：一般型号及带 a 的为 3.26，带 b 的为 2.44，带 c 的为 2.24。
不等边角钢	$m=0.00785\times$边厚（长边宽＋短边宽－边厚）	
工字钢	$m=0.00785\times$腰厚［高＋f（腿宽－腰厚）］	
槽钢	$m=0.00785\times$腰厚［高＋e（腿宽－腰厚）］	
扁钢、钢板、钢带	$m=0.00785\times$宽×厚	（4）各长度单位均为 mm
钢管	$m=0.02466\times$壁厚（外径－壁厚）	

注　腰高相同的工字钢，如有几种不同的腿宽和腰厚，需在型号右边加 a、b、c 予以区别，如 32a 号、32b 号、32c 号等。腰高相同的槽钢，如有几种不同的腿宽和腰厚，也需在型号右边加 a、b、c 予以区别，如 25a 号、25b 号、25c 号等。

(二) 有色金属材料的理论质量计算公式

有色金属材料的理论质量计算公式见表 2-61。

表 2-61　　　　　有色金属材料的理论质量计算公式

名称	理论质量 m(kg/m)		计算举例
纯铜棒	$m=0.00698d^2$	d——直径(mm)	直径 100mm 的纯铜棒，求每 1m 质量。 每 1m 质量 $=0.00698\times100^2$ kg $=69.8$kg

名称	理论质量 m(kg/m)		计算举例
六角纯铜棒	$m=0.0077d^2$	d——对边距离(mm)	对边距离为 10mm 的六角纯铜棒，求每 1m 质量。 每 1m 质量 $=0.0077\times10^2$ kg$=0.77$kg
纯铜板[①]	$m=8.89t$	t——厚度(mm)	厚度 5mm 的纯铜板，求每 1m² 质量。 每 1m² 质量$=8.89\times5$kg$=44.45$kg
纯铜管	$m=0.02794$ $t(D-t)$	D——外径(mm)； t——壁厚(mm)	外径 60mm、壁厚 4mm 的纯铜管，求每 1m 质量。 每 1m 质量 $=0.02794\times4\times(60-4)kg=6.26$kg
黄铜棒	$m=0.00668d^2$	d——直径(mm)	直径为 100mm 的黄铜棒，求每 1m 质量。 每 1m 质量 $=0.00668\times100^2$ kg$=66.8$kg
六角黄铜棒	$m=0.00736d^2$	d——对边距离(mm)	对边距离为 10mm 的六角黄铜棒，求每 1m 质量。 每 1m 质量 $=0.00736\times10^2$ kg$=0.736$kg
黄铜板[①]	$m=8.5t$	t——厚度(mm)	厚 5mm 的黄铜板，求每 1m² 质量。 每 1m² 质量$=8.5\times5$kg$=42.5$kg
黄铜管	$m=0.0267$ $t(D-t)$	D——外径(mm)； t——壁厚(mm)	外径 60mm、壁厚 4mm 的黄铜管，求每 1m 质量。 每 1m 质量 $=0.0267\times4\times(60-4)kg=5.98$kg
铝棒	$m=0.0022d^2$	d——直径(mm)	直径为 10mm 的铝棒，求每 1m 质量。 每 1m 质量 $=0.0022\times10^2$ kg$=0.22$kg

名称	理论质量 m(kg/m)		计算举例
铝板[①]	$m=2.71t$	t——厚度(mm)	厚度为 10mm 的铝板,求每 1m² 质量。 每 1m² 质量=2.71×10kg=27.1kg
铝管	$m=0.008509$ $t(D-t)$	D——外径(mm); t——壁厚(mm)	外径 30mm、壁厚 5mm 的铝管,求每1m 质量。 每 1m 质量=0.008509×5×(30-5)kg=1.06kg
铅板[①]	$m=11.37t$	t——厚度(mm)	厚度 5mm 的铅板,求每 1m² 质量。 每 1m² 质量=11.37×5kg=56.85kg
铅管	$m=0.355$ $t(D-t)$	D——外径(mm); t——壁厚	外径 60mm、壁厚 4mm 的铅管,求每 1m 质量。 每 1m 质量=0.355× 4×(60-4)kg=7.95kg

① 板类材料理论质量 m 的单位为 kg/m²。

第三章 手工工具

一、旋具类

1. 一字形螺钉旋具（QB/T 2564.4—2012《螺钉旋具 一字槽螺钉旋具》）

一字形螺钉旋具如图 3-1 所示。

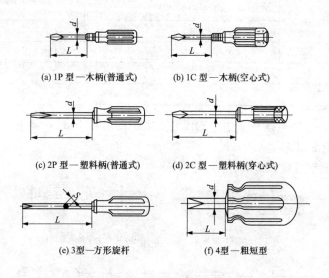

(a) 1P 型—木柄(普通式) (b) 1C 型—木柄(空心式)

(c) 2P 型—塑料柄(普通式) (d) 2C 型—塑料柄(穿心式)

(e) 3型—方形旋杆 (f) 4型—粗短型

图 3-1 一字形螺钉旋具

用途：用于紧固或拆卸一字槽螺钉。木柄和塑料柄螺钉旋具分普通式和穿心式两种。穿心式能承受较大的扭矩，并可在尾部用手锤敲击。方形旋杆螺钉旋具能用相应的扳手夹住旋杆扳动，以增大扭矩。

规格：一字形螺钉旋具的规格类型见表 3-1。

类 型	规格 $L \times a \times b$ （旋杆长度×口厚×口宽， $mm \times mm \times mm$）	旋杆长度 L（mm）	圆形旋 杆直径 d（mm）	方形旋杆 对边宽度 s（mm）
	$50 \times 0.4 \times 2.5$	50	3	5
	$75 \times 0.6 \times 4$	75	4	5
	$100 \times 0.6 \times 4$	100	5	5
1 型—木柄型 2 型—塑料柄型 3 型—方形旋杆型	$125 \times 0.8 \times 5.5$	125	6	6
	$150 \times 1 \times 6.5$	150	7	6
	$200 \times 1.2 \times 8$	200	7	7
	$250 \times 1.6 \times 10$	250	9	7
	$300 \times 2 \times 13$	300	9	8
	$350 \times 2.5 \times 16$	350	11	8
4 型—粗短型	$25 \times 0.8 \times 5.5$	25	6	6
	$40 \times 1.2 \times 8$	40	8	7

2. 十字形螺钉旋具（QB/T 2564.5—2012《螺钉旋具 十字槽螺钉旋具》）

十字形螺钉旋具如图 3-2 所示。

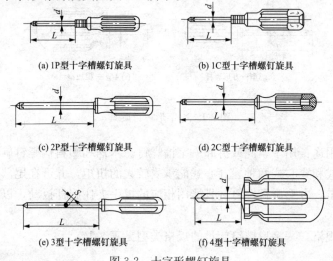

(a) 1P型十字槽螺钉旋具   (b) 1C型十字槽螺钉旋具

(c) 2P型十字槽螺钉旋具   (d) 2C型十字槽螺钉旋具

(e) 3型十字槽螺钉旋具   (f) 4型十字槽螺钉旋具

图 3-2 十字形螺钉旋具

用途：用于紧固或拆卸十字槽螺钉。木柄和塑料柄螺钉旋具分普通式和穿心式两种。穿心式能承受较大的扭矩，可在尾部用手锤敲击。方形旋杆螺钉旋具能用相应的扳手夹住旋杆扳动，以增大扭矩。

规格：十字形螺钉旋具的规格类型见表 3-2。

表 3-2　　　　　　　　　十字形螺钉旋具的规格类型

类　型	槽　号	旋杆长度 L（mm）		圆形旋杆直径 d（mm）	方形旋杆对边宽度 s（mm）	适用螺钉规格
		A 系列	B 系列			
1 型—木柄型 2 型—塑料柄型 3 型—方形旋杆型	0	—	60	3	4	≤M2
	1	25（35）	75（80）	4	5	M2.5，M3
	2	25（35）	100	6	6	M4，M5
	3		150	8	7	M6
	4		200	9	8	M8，M10
4 型—粗短型	1	25		4.5	5	M2.5，M3
	2	40		6.0	6	M4，M5

3. 夹柄螺钉旋具

夹柄螺钉旋具如图 3-3 所示。

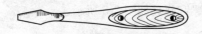

图 3-3　夹柄螺钉旋具

用途：用于紧固或拆卸一字槽螺钉，并可在尾部敲击，但禁止用于有电的场合。

规格：长度（连柄）为 150、200、250、300mm。

4. 多用螺钉旋具

多用螺钉旋具如图 3-4 所示。

用途：紧固或拆卸带槽螺钉、木螺钉，钻木螺钉孔眼，可做测电笔用。

规格：全长（手柄加旋杆）为 230mm，并分 6、8、12 件三种。其规格见表 3-3。

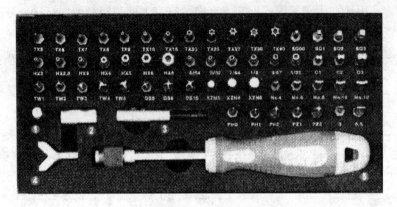

图 3-4　多用螺钉旋具

表 3-3　　　　　　　　　多用螺钉旋具的规格

件数	一字形旋杆头宽（mm）	十字形旋杆（十字槽号）	钢锥（把）	刀片（片）	小锤（只）	木工钻（mm）	套筒（mm）
6	3，4，6	1，2	1	—	—	—	—
8	3，4，5，6	1，2	1	1	—	—	—
12	3，4，5，6	1，2	1	1	1	6	6.8

5. 快速多用途螺钉旋具

快速多用途螺钉旋具如图 3-5 所示。

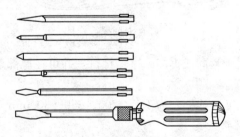

图 3-5　快速多用途螺钉旋具

用途：有棘轮装置，旋杆可单向相对转动并有转向调整开关。配有多种不同规格的螺钉刀头和尖锥，放置于尾部后盖内。使用时选出适用的刀头放入头部磁性套筒内，并调整好转向开关，即可快速旋动螺钉。

规格：配有 3 只一字螺钉刀头，直径（mm）为 $\phi3$、$\phi4$、$\phi5$；配有 3 只十字螺钉刀头，直径（mm）为 $\phi3$（1 号）、$\phi4$、$\phi5$（2号）；另配有一只尖锥。

6. 内六角花形螺钉旋具

内六角花形螺钉旋具如图 3-6 所示。

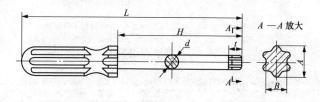

图 3-6　内六角花形螺钉旋具

用途：用于扳拧性能等级为 4.8 级的内六角花形螺钉。

内六角花形螺钉旋具的规格见表 3-4。

表 3-4　　　　内六角花形螺钉旋具的规格

代　号	L	d	A	B	t（参考）
T6	75	3	1.65	1.21	1.52
T7	75	3	1.97	1.42	4.52
T8	75	4	2.30	1.65	1.52
T9	75	4	2.48	1.79	1.52
T10	75	5	2.78	2.01	2.03
T15	75	5	3.26	2.34	2.16
T20	100	6	3.94	2.79	2.29
T25	125	6	4.48	3.20	2.54
T27	150	6	4.96	3.55	2.79
T30	150	6	5.58	3.99	3.18
T40	200	8	6.71	4.79	3.30
T45	250	8	7.77	5.54	3.81
T50	300	9	8.89	6.39	4.57

注　旋杆长度（L）尺寸可根据用户需要由供需双方商定。

二、扳手类

1. 管活两用扳手

管活两用扳手如图 3-7 所示。

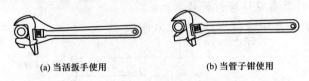

(a) 当活扳手使用   (b) 当管子钳使用

图 3-7　管活两用扳手

用途：该扳手的结构特点是固定钳口制成带有细齿的平钳口；活动钳口一端制成平钳口，另一端制成带有细齿的凹钳口。向下按动蜗杆，活动钳口可迅速取下，调换钳口位置。如利用活动钳口的平钳口，即当活扳手使用，装拆六角头或方头螺栓、螺母；利用凹钳口，可当管子钳使用，装拆管子或圆柱形零件。

规格：管活两用扳手的规格见表 3-5。

表 3-5　　　　　　　　管活两用扳手的规格

类　型	Ⅰ　型		Ⅱ　型			
长度（mm）	250	300	200	250	300	375
夹持六角对边宽度（≤，mm）	30	36	24	30	36	46
夹持管子外径（≤，mm）	30	36	25	32	40	50

2. 呆扳手、梅花扳手

呆扳手型式如图 3-8 所示。

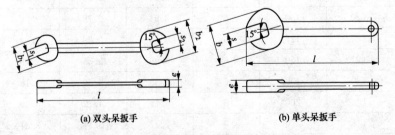

(a) 双头呆扳手   (b) 单头呆扳手

图 3-8　呆扳手型式

（1）矮颈型和高颈型双头梅花扳手如图 3-9 所示，其规格尺寸见表 3-6。

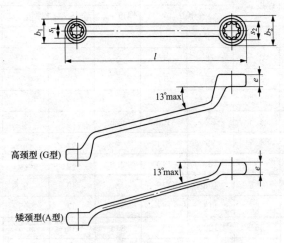

图 3-9　矮颈型和高颈型双头梅花扳手示意图

（2）直颈型和弯颈型双头梅花扳手如图 3-10 所示，其规格尺寸见表 3-6。

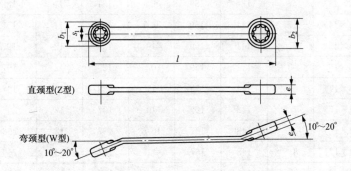

图 3-10　直颈型和弯颈型双头梅花扳手示意图

（3）双头呆扳手和双头梅花扳手的对边尺寸组配及基本尺寸见表 3-6。

表 3-6　双头呆扳手和双头梅花扳手的对边尺寸组配及基本尺寸

规格[①](mm× mm) (对边尺寸组配) $s_1 \times s_2$	双头呆扳手(mm)			双头梅花扳手(mm)			
	厚度 e_{max}	短型	长型	直颈、弯颈		矮颈、高颈	
		全长 l_{min}		厚度 e_{max}	全长 l_{min}	厚度 e_{max}	全长 l_{min}
3.2×4	3	72	81	—	—	—	—
4×5	3.5	78	87	—	—	—	—
5×5.5	3.5	85	95	—	—	—	—
5.5×7	4.5	89	99	—	—	—	—
(6×7)	4.5	92	103	6.5	73	7	134
7×8	4.5	99	111	7	81	7.5	143
(8×9)	5	106	119	7.5	89	8.5	152
8×10	5.5	106	119	8	89	9	152
(9×11)	6	113	127	8.5	97	9.5	161
10×11	6	120	135	8.5	105	9.5	170
(10×12)	6.5	120	135	9	105	10	170
10×13	7	120	135	9.5	105	11	170
11×13	7	127	143	9.5	113	11	179
(12×13)	7	134	151	9.5	121	11	188
(12×14)	7	134	159	9.5	121	11	188
(13×14)	7	141	159	9.5	129	11	197
13×15	7.5	141	159	10	129	12	197
13×16	8	141	159	10.5	129	12	197
(13×17)	8.5	141	159	11	129	13	197
(14×15)	7.5	148	167	10	137	12	206
(14×16)	8	148	167	10.5	137	12	206
(14×17)	8.5	148	167	11	137	13	206
15×16	8	155	175	10.5	145	12	215
(15×18)	8.5	155	175	11.5	145	13	215
(16×17)	8.5	162	183	11	153	13	224
16×18	8.5	162	183	11.5	153	13	224

规格①（mm× mm）（对边尺寸组配）$s_1 \times s_2$	双头呆扳手（mm）			双头梅花扳手（mm）			
	厚度 e_{max}	短型	长型	直颈、弯颈		矮颈、高颈	
		全长 l_{min}		厚度 e_{max}	全长 l_{min}	厚度 e_{max}	全长 l_{min}
(17×19)	9	169	191	11.5	166	14	233
(18×19)	9	176	199	11.5	174	14	242
18×21	10	176	199	12.5	174	14	242
(19×22)	10.5	183	207	13	182	15	251
(19×24)	11	183	207	13.5	182	16	251
(20×22)	10	190	215	13	190	15	260
(21×22)	10	202	223	13	198	15	269
(21×23)	10.5	202	223	13	198	15	269
21×24	11	202	223	13.5	198	16	269
(22×24)	11	209	231	13.5	206	16	278
(24×26)	11.5	223	247	15.5	222	16.5	296
24×27	12	223	247	14.5	222	17	296
(24×30)	13	223	247	15.5	222	18	296
(25×28)	12	230	255	15	230	17.5	305
(27×29)	12.5	244	271	15	246	18	323
27×30	13	244	271	15.5	246	18	323
(27×32)	13.5	244	271	16	246	19	323
(30×32)	13.5	265	295	16	275	19	330
30×34	14	265	295	16.5	275	20	330
(30×36)	14.5	265	295	17	275	21	330
(32×34)	14	284	311	16.5	291	20	348
(32×36)	14.5	284	311	17	291	21	348
34×36	14.5	298	327	17	307	21	366
36×41	16	312	343	18.5	323	22	384
41×46	17.5	357	383	20	363	24	429
46×50	19	392	423	21	403	25	474

规格①(mm×mm)（对边尺寸组配）$s_1 \times s_2$	双头呆扳手(mm)			双头梅花扳手(mm)			
	厚度 e_{max}	短型	长型	直颈、弯颈		矮颈、高颈	
		全长 l_{min}	全长 l_{min}	厚度 e_{max}	全长 l_{min}	厚度 e_{max}	全长 l_{min}
50×55	20.5	420	455	22	435	27	510
55×60	22	455	495	23.5	475	28.5	555
60×65	23	490	—	—	—	—	—
65×70	24	525	—	—	—	—	—
70×75	25.5	560	—	—	—	—	—
75×80	27	600	—	—	—	—	—

① 括号内的对边尺寸组配为非优先组配。

（4）矮颈型和高颈型单头梅花扳手如图 3-11 所示。

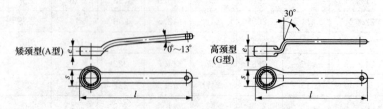

图 3-11　矮颈型和高颈型单头梅花扳手示意图

（5）单头呆扳手、单头梅花扳手的规格及其基本尺寸见表 3-7。

表 3-7　　单头呆扳手、单头梅花扳手的规格及其基本尺寸

规格 s（mm）	单头呆扳手（mm）		单头梅花扳手（mm）	
	厚度 e_{max}	全长 l_{min}	厚度 e_{max}	全长 l_{min}
3.2	—	—	—	—
4	—	—	—	—
5	—	—	—	—
5.5	4.5	80	—	—
6	4.5	85	—	—
7	5	90	—	—
8	5	95	—	—

规格 s（mm）	单头呆扳手（mm）		单头梅花扳手（mm）	
	厚度 e_{max}	全长 l_{min}	厚度 e_{max}	全长 l_{min}
9	5.5	100	—	—
10	6	105	9	105
11	6.5	110	9.5	110
12	7	115	10.5	115
13	7	120	11	120
14	7.5	125	11.5	125
15	8	130	12	130
16	8	135	12.5	135
17	8.5	140	13	140
18	9	150	14	150
19	9	155	14.5	155
20	9.5	160	15	160
21	10	170	15.5	170
22	10.5	180	16	180
23	10.5	190	16.5	190
24	11	200	17.5	200
25	11.5	205	18	205
26	12	215	18.5	215
27	12.5	225	19	225
28	12.5	235	19.5	235
29	13	245	20	245
30	13.5	255	20	255
31	14	265	20.5	265
32	14.5	275	21	275
34	15	285	22.5	285
36	15.5	300	23.5	300
41	17.5	330	26.5	330

规格 s（mm）	单头呆扳手（mm）		单头梅花扳手（mm）	
	厚度 e_{max}	全长 l_{min}	厚度 e_{max}	全长 l_{min}
46	19.5	350	28.5	350
50	21	370	32	370
55	22	390	33.5	390
60	24	420	36.5	420
65	26	450	39.5	450
70	28	480	42.5	480
75	30	510	46	510
80	32	540	49	540

3. 两用扳手

两用扳手的型式及尺寸如图 3-12 所示，其规格及其基本尺寸见表 3-8。

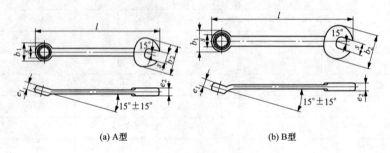

(a) A型　　　　　　　(b) B型

图 3-12　两用扳手的型式及尺寸

表 3-8　　　　　　　两用扳手的规格及其基本尺寸

规格 s（mm）	两用扳手（mm）		
	厚度 e_{max}	厚度 e_{max}	全长 l_{min}
3.2	5	3.3	55
4	5.5	3.5	55
5	6	4	65
5.5	6.3	4.2	70
6	6.5	4.5	75

规格 s（mm）	两用扳手（mm）		
	厚度 e_{max}	厚度 e_{max}	全长 l_{min}
7	7	5	80
8	8	5	90
9	8.5	5.5	100
10	9	6	110
11	9.5	6.5	115
12	10	7	125
13	11	7	135
14	11.5	7.5	145
15	12	8	150
16	12.5	8	160
17	13	8.5	170
18	14	9	180
19	14.5	9	185
20	15	9.5	200
21	15.5	10	205
22	16	10.5	215
23	16.5	10.5	220
24	17.5	11	230
25	18	11.5	240
26	18.5	12	245
27	19	12.5	255
28	19.5	12.5	270
29	20	13	280
30	20	13.5	285
31	20.5	14	290
32	21	14.5	300
34	22.5	15	320

规格 s (mm)	两用扳手（mm）		
	厚度 e_{max}	厚度 e_{max}	全长 l_{min}
36	23.5	15.5	335
41	26.5	17.5	380
46	29.5	19.5	425
50	32	21	460

4. 活扳手

活扳手的型式及尺寸如图 3-13 所示，其规格尺寸见表 3-9。

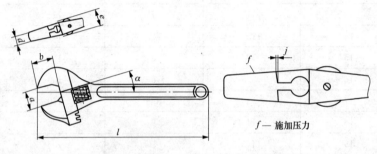

(a) 活扳手的型式 　　　 (b) 活动扳口与扳体之间的小肩离缝 j

图 3-13　活扳手的型式及尺寸

表 3-9　　　　　　　　　　　　　活扳手的规格尺寸

长度 l (mm)		开口尺寸 a ($\geqslant$, mm)	开口深度 b_{min} (mm)	扳口前端厚度 d_{max} (mm)	头部厚度 e_{max} (mm)	夹角 α (°)		小肩离缝 j_{max} (mm)
规格	公差					A 型	B 型	
100		13	12	6	10			0.25
150	$^{+15}_{\ \ 0}$	19	17.5	7	13			0.25
200		24	22	8.5	15			0.28
250		28	26	11	17			0.28
300	$^{+30}_{\ \ 0}$	34	31	13.5	20	15	22.5	0.30
375		43	40	16	26			0.30
450	$^{+45}_{\ \ 0}$	52	48	19	32			0.36
600		62	57	28	36			0.50

5. 敲击呆扳手

敲击呆扳手如图 3-14 所示。

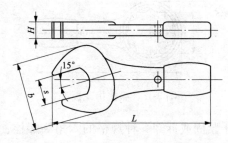

图 3-14　敲击呆扳手

用途：用于紧固或拆卸一种规格的六角头及方头螺栓、螺母和螺钉，其松紧力可以通过锤子敲击。

规格：规格以开口宽度（s）表示。敲击呆扳手的规格见表 3-10。

表 3-10　　　　　　　　　　　　敲击呆扳手的规格

规格 s (mm)	头部宽度 (mm)	头部厚度 (mm)	全长 (mm)	规格 s (mm)	头部宽度 (mm)	头部厚度 (mm)	全长 (mm)
	b（最大）	H（最大）	L（最小）		b（最大）	H（最大）	L（最小）
50	110.0	20	300	120	248.0	48	600
55	120.5	22	300	130	268.0	52	600
60	131.0	24	350	135	278.0	54	600
65	141.5	26	350	145	298.0	58	600
70	152.0	48	375	150	308.0	60	700
75	162.5	52	375	155	318.0	62	700
80	173.0	54	400	165	338.0	66	700
85	183.5	58	400	170	345.0	68	700
90	188.0	36	450	180	368.0	72	800
95	198.0	38	450	185	378.0	74	800
100	208.0	40	500	190	388.0	76	800
105	218.0	42	500	200	408.0	80	800
110	228.0	44	500	210	425.0	84	800
115	238.0	46	500	—	—	—	—

6. 敲击梅花扳手

敲击梅花扳手如图 3-15 所示。

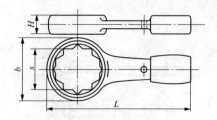

图 3-15　敲击梅花扳手

用途：用于紧固或拆卸一种规格的六角头螺栓、螺母和螺钉，其松紧力可以通过锤子敲击。

规格：规格以六角头头部对边距离(s)来表示。敲击梅花扳手的规格见表 3-11。

表 3-11　　　　　　　敲击梅花扳手的规格

规格 s(mm)	头部宽度 (mm) b(最大)	头部厚度 (mm) H(最大)	全长 (mm) L(最小)	规格 s(mm)	头部宽度 (mm) b(最大)	头部厚度 (mm) H(最大)	全长 (mm) L(最小)
50	83.5	25.0	300	120	188.5	51.0	600
55	91.0	27.0	300	130	203.5	55.0	600
60	98.5	29.0	350	135	211.0	57.0	600
65	106.0	30.6	350	145	226.0	60.6	600
70	113.5	32.5	375	150	233.5	62.5	700
75	121.0	34.0	375	155	241.0	64.5	700
80	128.5	36.5	400	165	256.0	68.0	700
85	136.0	38	400	170	263.5	70.0	700
90	143.5	40.0	450	180	278.5	74.0	800
95	151.0	42.0	450	185	286.0	75.6	800
100	158.5	44.0	500	190	293.5	77.5	800
105	166.0	45.6	500	200	308.5	81.0	800
110	173.5	47.5	500	210	323.5	85.0	800
115	181.0	49.0	500	—	—	—	—

五金工具手册

7. 调节扳手

调节扳手如图 3-16 所示。

用途：功用与活扳手相似，但其开口宽度在扳动时可自动适应相应尺寸的六角头或方头螺栓、螺钉和螺母。

规格：长度为 250、300mm。

8. 钩形扳手

钩形扳手如图 3-17 所示。

图 3-16　调节扳手　　　　　图 3-17　钩形扳手

用途：专供紧固或拆卸机床、车辆、机械设备上的圆螺母用。

规格：钩形扳手规格见表 3-12。

表 3-12　　　　　　　　　　　钩形扳手规格

螺母外径 （mm）	长度 （mm）	螺母外径 （mm）	长度 （mm）	螺母外径 （mm）	长度 （mm）	螺母外径 （mm）	长度 （mm）
12～14	100	40～42	150	110～115	280	260～270	460
16～18	100	45～50	180	120～130	280	280～300	460
16～20	100	52～55	180	135～145	320	300～320	550
20～22	100	58～62	210	155～165	320	320～345	550
25～28	120	68～75	210	180～195	380	350～375	585
30～32	120	80～90	240	205～220	380	380～400	620
34～36	150	95～100	240	230～245	460	480～500	800

9. 十字柄套筒扳手

十字柄套筒扳手如图 3-18 所示。

用途：用于装配汽车等车辆轮胎上的六角头螺栓（螺母）。每一型号套筒扳手上有 4 个不同规格套筒，也可用一个传动方榫代替其中一个套筒。

规格：规格 s 指适用螺栓六角头对边尺寸。其规格见表 3-13。

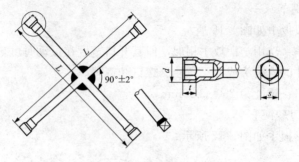

图 3-18　十字柄套筒扳手

表 3-13　　　　　　　　　十字柄套筒扳手规格

型号	最大套筒的对边尺寸 s（最大）(mm)	方榫系列（mm）	最大外径 d(mm)	最小柄长 L(mm)	套筒的最小深度 t(mm)
1	24	12.5	38	355	
2	27	12.5	42.5	450	
3	34	20	55	630	$0.8 s$
4	41	20	63	700	

10. 手用扭力扳手

手用扭力扳手如图 3-19 所示。

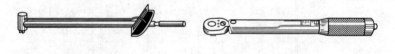

(a) 指示式 (指针型)　　　　　　　　(b) 预置式 (带刻度可调型)

图 3-19　手用扭力扳手

用途：配合套筒扳手套筒紧固六角头螺栓、螺母用，在扭紧时可表示出扭矩数值。凡是对螺栓、螺母的扭矩有明确规定的装配工作(如汽车、拖拉机等的气缸装配)，都要使用这种扳手。预置式扭力扳手可事先设定(预置)扭矩值，操作时，施加扭矩超过设定值，扳手即产生打滑现象，保证螺栓(母)上承受的扭矩不超过设定值。

规格：手用扭力扳手的规格见表 3-14。

表 3-14　　　　　　　　　手用扭力扳手的规格

指示式	扭矩(≤, N·m)	100, 200, 300			500
	方榫边长(mm)	12.5			20
预置式	扭矩范围(N·m)	0~10	20~100, 80~300	280~760	750~2000
	方榫边长(mm)	6.3	12.5	20	25

11. 双向棘轮扭力扳手

双向棘轮扭力扳手如图 3-20 所示。

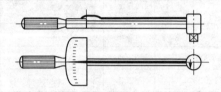

图 3-20　双向棘轮扭力扳手

用途：双向棘轮扭力扳手头部为棘轮，拨动旋向板可选择正向或反向操作，力矩值由指针指示。扭力扳手是检测紧固件拧紧力矩的手动工具。

规格：双向棘轮扭力扳手的规格见表 3-15。

表 3-15　　　　　　　　　双向棘轮扭力扳手的规格

力　矩（N·m）	精　度（%）	方榫（mm×mm）	总　长（mm）
0~300	±5	12.7×12.7，14×14	400~478

12. 增力扳手

增力扳手如图 3-21 所示。

用途：配合扭力扳手、棘轮扳手或套筒扳手套筒，紧固或拆卸六角头螺栓、螺母。施加正常的力，通过减速机构可输出数倍到数十倍的力矩。在缺乏动力源的情况下，汽车、船舶、铁路、桥梁、石油、化工、电力等工程中，常用于手工安装和拆卸大型螺栓、螺母。

图 3-21　增力扳手

规格：增力扳手的规格见表 3-16。

表 3-16 增力扳手的规格

型 号	输出扭矩(≤,N·m)	减速比	输入端方孔(mm)	输出端方榫(mm)
Z-120	1200	5.1	12.5	20
Z-135	1350	4.0	12.5	20
Z-180	1800	6.0	12.5	25
Z-300	3000	12.4	12.5	25
Z-400	4000	16.0	12.5	六方 32
Z-500	5000	18.4	12.5	六方 32
Z-750	7500	68.6	12.5	六方 36
Z-1200	12000	82.3	12.5	六方 46

13. 套筒扳手

套筒扳手如图 3-22 所示。

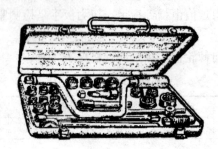

图 3-22 套筒扳手

用途：分手动和机动（电动、气动）两种，手动套筒扳手应用较广。由各种套筒（头）、传动附件和连接件组成，除具有一般扳手紧固或拆卸六角头螺栓、螺母的功能外，特别适用于工作空间狭小或深凹的场合。

规格：一般以成套（盒）形式供应，也可以单件形式供应。传动方孔（方榫）的公称尺寸及基本尺寸见表 3-17，套筒扳手规格见表 3-18。

表 3-17　　　　传动方孔（方榫）的公称尺寸及基本尺寸　　　　　（mm）

公称尺寸			6.3	10	12.5	20	25
基本尺寸	方榫	max	6.35	9.53	12.70	19.05	25.40
		min	6.25	9.44	12.59	18.92	25.27
	方孔	max	6.63	9.80	13.03	19.44	25.79
		min	6.41	9.58	12.76	19.11	25.46

注　本表引自 GB/T 3390.2—2013《手动套筒扳手　传动方榫和方孔》。

表 3-18　　　　　　　　　　套筒扳手规格

传动方孔（榫）尺寸（mm）	每盒件数	每盒具体规格（mm）	
		套　筒	附　件
小　型　套　筒　扳　手			
6.3×10	20	4，4.5，5，5.5，6，7，8（以上 6.3 方孔），10，11，12，13，14，17，19 和 20（13/16in）火花塞套筒（以上 10 方孔）	200 棘轮扳手，75 旋柄，75、100 接杆（以上 10 方孔、方榫），10×6.3 接头
10	10	10，11，12，13，14，17，19 和 20（13/16in）火花塞套筒	200 棘轮扳手，75 接杆
12.5	9	10，11，12，14，17，19，22，24	225 弯柄
12.5	13	10，11，12，14，17，19，22，24，27	250 棘轮扳手，直接头，250 转向手柄，257 通用手柄
12.5	17	10，11，12，14，17，19，22，24，27，30，32	250 棘轮扳手，直接头，250 滑行头手柄，420 快速摇柄，125、250 接杆
12.5	24	10，11，12，13，14，15，16，17，18，19，20，21，22，23，24，27，30，32	250 棘轮扳手，250 滑行头手柄，420 快速摇柄，125、250 接杆，75 万向接头

传动方孔（榫）尺寸（mm）	每盒件数	每盒具体规格（mm）	
		套 筒	附 件
12.5	28	10，11，12，13，14，15，16，17，18，19，20，21，22，23，24，26，27，28，30，32	250 棘轮扳手，直接头，250 滑行头手柄，420 快速摇柄，125、250 接杆，75 万向接头，52 旋具接头
12.5	32	8，9，10，11，12，13，14，15，16，17，18，19，20，21，22，23，24，26，27，28，30，32 和 20 (13/16in) 火花塞套筒	50 棘轮扳手，250 滑行头手柄，420 快速摇柄，230、300 弯柄，75 万向接头，52 旋具接头，125、250 接杆
重 型 套 筒 扳 手			
20×25	26	21，22，23，24，26，27，28，29，30，31，32，34，36，38，41，46，50（以上 20 方孔、方榫），55，60，65（以上 25 方孔）	125 棘轮扳头，525 滑行头手柄，525 加力杆，200 接杆（以上 20 方孔、方榫），83 大滑行头（20×25 方榫），万向接头
25	21	30，31，32，34，36，38，41，46，50，55，60，65，70，75，80	125 棘轮扳头，525 滑行头手柄，220 接杆，135 万向接头，525 加力杆，滑行头

注 本表引自 GB/T 3390.1—2013《手动套筒扳手 套筒》。1in＝2.54cm。

14. 手动套筒扳手附件

用途：手动套筒扳手附件按用途分为传动附件和连接附件两类。根据传动方榫对边尺寸分为 6.3、10、12.5、20、25mm 五个系列，代号分别为 6.3、10、12.5、20 和 25。

规格：传动附件的规格、特点及用途见表 3-19。连接附件的规格见表 3-20。

表 3-19		传动附件的规格、特点及用途			
类型	名称	示意图	规格（mm） （方榫系列）	特点及用途	
H	滑动头 手柄		6.3 10 12.5 20 25	滑行头的位置可以移动，以便根据需要调整旋动时力臂的大小。特别适用于180°范围内的操作场合	
K	快速 摇柄		10 6.3 12.5	操作时利用弓形柄部可以快速、连续旋转	
J₁	普通式棘 轮扳手		6.3 10 12.5 20 25	利用棘轮机构可在旋转角度较小的工作场合进行操作。普通式须与方榫尺寸相应的直接头配合使用	
J₂	可逆式棘 轮扳手		6.3 10 12.5 20 25	利用棘轮机构可在旋转角度较小的工作场合进行操作。旋转方向可正向或反向	
X	旋柄		6.3 10	适用于旋动位于深凹部位的螺栓、螺母	
Z	转向 手柄		6.3 10 12.5 20 25	手柄可围绕方榫轴线旋转，以便在不同角度范围内旋动螺栓、螺母	
WB	弯柄		6.3 10 12.5 20 25	配用于件数较少的套筒扳手	

注 本表引自 GB/T 3390.3—2013《手动套筒扳手 传动附件》。

表 3-20　　　　　　　　　　　　连接附件的规格

名 称	示 意 图	规格(方榫系列)(mm)		基本尺寸(mm)	
接头		方榫	方孔	l_{max}	d_{max}
		6.3	10	32	20
		10	12.5	44	25
		12.5	20	58	38
		20	25	85	52
		方榫	方孔	l_{max}	d_{max}
		10	6.3	27	16
		12.5	10	38	23
		20	12.5	50	40
		25	20	68	40
接杆		方榫和方孔		l	d_{max}
		6.3		55±3	12.5
				100±5	
				150±8	
		10		75±4	20
				125±6	
				250±12	
		12.5		75±4	25
				125±6	
				250±12	
		20		100±6	38
				200±6	
				400±20	
		25		200±10	52
				400±20	
万向接头		方榫和方孔		l_{max}	d_{max}
		6.3		45	14
		10		68	23
		12.5		80	28
		20		110	42
方榫传动杆(用于螺旋棘轮驱动)		方榫和方孔		l_{max}	d
		6.3		50	5.5 7 8
		10		55	7 8

注 本表引自 GB/T 3390.4—2013《手动套筒扳手　连接附件》。

15. 手动套筒扳手套筒

手动套筒扳手套筒如图 3-23 所示。

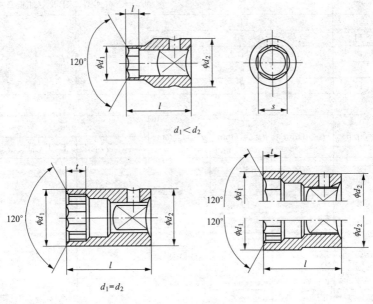

图 3-23　手动套筒扳手套筒

用途：用于紧固或拆卸螺栓、螺母。

规格：手动套筒扳手套筒的尺寸见表 3-21。

表 3-21　　　　　　　　　手动套筒扳手套筒的尺寸

6.3 系列					
s (mm)	t_{min} (mm)	d_{1max} (mm)	d_{2max} (mm)	l (mm)	
				A 型（普通型）	B 型（加长型）
3.2	1.6	5.9	12.5	25	45
4	2	6.9			
5	2.5	8.2			
5.5	3	8.8			
6	3.5	9.4			
7	4	11			
8	5	12.2			
9		13.5	13.5		

s (mm)	t_{min} (mm)	$d_{1\,max}$ (mm)	$d_{2\,max}$ (mm)	l (mm)	
				A 型（普通型）	B 型（加长型）
10	6	14.7	14.7		
11	7	16	16		
12	8	17.2	17.2	25	45
13		18.5	18.5		
14	10	19.7	19.7		

10 系列

s (mm)	t_{min} (mm)	$d_{1\,max}$ (mm)	$d_{2\,max}$ (mm)	l (mm)	
				A 型（普通型）	B 型（加长型）
6	3.5	9.6			
7	4	11			
8	5	12.2			
9		13.5	20		
10	6	14.7		32	45
11	7	16			
12	8	17.2			
13		18.5			
14	10	19.7			
15		21			
16		22.2	24		
17		23.5		35	
18	12	24.7	24.7		60
19		26	26		
21	14	28.5	28.5	38	
22		29.7	29.7		

12.5 系列

s (mm)	t_{min} (mm)	$d_{1\,max}$ (mm)	$d_{2\,max}$ (mm)	l (mm)	
				A 型（普通型）	B 型（加长型）
8	5	13			
9	5.5	14.4			
10	6	15.5	24	40	75
11	7	16.7			

12.5 系列

s (mm)	t_{min} (mm)	$d_{1\,max}$ (mm)	$d_{2\,max}$ (mm)	l (mm) A 型 (普通型)	B 型 (加长型)
12	8	18	24	40	75
13		19.2			
14	10	20.5			
15		21.7			
16		23			
17		24.2	25.5		
18	12	25.5		42	
19		26.7	26.7		
21	14	29.2	29.2	44	
22		30.5	30.5		
24	16	33	33	46	
27	18	36.7	36.7	48	
30	20	40.5	40.5	50	
32	22	43	43		

20 系列

s (mm)	t_{min} (mm)	$d_{1\,max}$ (mm)	$d_{2\,max}$ (mm)	l (mm) A 型 (普通型)	B 型 (加长型)
19	12	30	38	50	85
21	14	32.1	40	55	
22		33.3			
24	16	35.8			
27	18	39.6		60	
30	20	43.3	43.3		
32	22	45.8	45.8		
34	24	48.3	48.3	65	
36		50.8	50.8		
41	27	57.1	57.1	70	
46	30	63.3	63.3	75	
50	33	68.3	68.3	80	100
55	36	74.6	74.6	85	

25 系列

s（mm）	t_{min}（mm）	$d_{1\,max}$（mm）	$d_{2\,max}$（mm）	l（mm）
				普通型
27	18	42.7	50	65
30	20	47		
32	22	49.4		
34	23	51.9	52	70
36	24	54.2		
41	27	60.3		75
46	30	66.4	55	80
50	33	71.4		85
55	36	77.6	57	90
60	39	83.9	61	95
65	40	90.3	65	100
70	42	96.9	68	105
75		104.0	72	110
80	48	111.4	75	115

16. 冲击式机动四方传动套筒

冲击式机动四方传动套筒如图 3-24 所示。

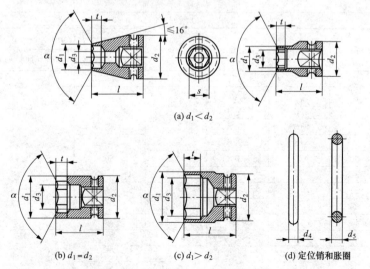

(a) $d_1 < d_2$

(b) $d_1 = d_2$

(c) $d_1 > d_2$

(d) 定位销和胀圈

图 3-24　冲击式机动四方传动套筒

用途：用于紧固或拆卸螺栓、螺母。

规格：机动四方传动套筒的尺寸见表 3-22。

表 3-22　　　　　　　　机动四方传动套筒的尺寸

方孔为 6.3mm 的套筒						
s（mm）	$t^{①}_{min}$ （mm）	$d_{1 max}$ （mm）	$d_{2 max}$ （mm）	$d_{3 max}$ （mm）	l（mm）	
					max A 型（普通）	min B 型（加长）
3.2	1.8	6.8	14	1.9	25	45
4	2.1	7.8	14	2.4	25	45
5	2.5	9.1	14	3	25	45
5.5	2.9	9.7	14	3.6	25	45
7	3.7	11.6	14	4.8	25	45
8	5.2	12.8	14	6	25	45
10	5.7	15.3	16	7.2	25	45
11	6.6	16.6	16 6	8.4	25	45
13	7.3	19.1	19.1	9.6	25	45
15	8.3	21.6	22	11.3	30	45
16	8.9	22	22	12.3	35	45
方孔为 10mm 的套筒						
s（mm）	$t^{①}_{min}$ （mm）	$d_{1 max}$ （mm）	$d_{2 max}$ （mm）	$d_{3 max}$ （mm）	l（mm）	
					max A 型（普通）	min B 型（加长）
7	3.7	12.8	20	4.8	34	44
8	5.2	14.1	20	6	34	44
10	5.7	16.6	20	7.2	34	44
11	6.6	17.8	20	8.4	34	44
13	7.3	20.3	28	9.6	34	44
15	8.3	22.8	28	11.3	34	45
16	8.9	24.1	28	12.3	34	50
18	11.3	26.6	28	14.4	34	54
21	13.3	30.6	34	16.8	34	54
24	15.3	34.4	34	19.2	34	54

方孔为 12.5mm 的套筒

s（mm）	$t_{min}^{①}$（mm）	$d_{1\,max}$（mm）	$d_{2\,max}$（mm）	$d_{3\,max}$（mm）	l（mm）	
					max A 型（普通）	min B 型（加长）
8	5.2	15.5	28	6	40	75
10	5.7	17.8	28	7.2	40	75
11	6.6	19	28	8.4	40	75
13	7.3	21.5	28	9.6	40	75
15	8.3	24	37	11.3	40	75
16	8.9	25.3	37	12.3	40	75
18	11.3	27.8	37	14.4	40	75
21	13.3	31.5	37	16.8	40	75
24	15.3	36	37	19.2	45	75
27	17.1	39	39	21.6	50	75
30	18.5	44.6	44.6	24	50	75
34	20.2	49.5	49.5	26.4	50	75

方孔为 16mm 的套筒

s（mm）	$t_{min}^{①}$（mm）	$d_{1\,max}$（mm）	$d_{2\,max}$（mm）	$d_{3\,max}$（mm）	l（mm）	
					max A 型（普通）	min B 型（加长）
15	8.3	26.3	35	11.3	48	85
16	8.9	27.5	35	12.3	48	85
18	11.3	30	35	14.4	48	85
21	13.3	33.8	35	16.8	48	85
24	15.3	37.5	37.5	19.2	51	85
27	17.1	41.3	41.3	21.6	51	85
30	18.5	45	45	24	51	85
34	20.2	50	50	26.4	55	85
36	22	52.5	52.5	28.8	55	85

方孔为 20mm 的套筒

s（mm）	$t_{min}^{①}$ (mm)	$d_{1\,max}$ (mm)	$d_{2\,max}$ (mm)	$d_{3\,max}$ (mm)	l（mm） max A 型（普通）	min B 型（加长）
18	11.3	32.4	48	14.4	51	85
21	13.3	36.1	48	16.8	51	85
24	15.3	39.9	48	19.2	51	85
27	17.1	43.6	48	21.6	54	85
30	18.5	47.4	48	24	54	85
34	20.2	52.4	58	26.4	58	85
36	22	54.9	58	28.8	58	85
41	24.7	61.1	61.1	32.4	63	85
46	26.1	67.4	67.4	36	63	100
50	28.6	74	74	39.6	89	100
55	31.5	80	80	43.2	95	100
60	33.9	86	86	45.6	100	100

方孔为 25mm 的套筒

s（mm）	$t_{min}^{①}$ (mm)	$d_{1\,max}$ (mm)	$d_{2\,max}$ (mm)	$d_{3\,max}$ (mm)	l（mm） max A 型（普通）	min B 型（加长）
27	17.1	46.7	58	21.6	60	
30	18.5	50.4	58	24	62	
34	20.2	55.4	58	26.4	63	
36	22	57.9	58	28.8	67	
41	24.7	64.2	68	32.4	70	
46	26.1	70.4	68	36	76	—
50	28.6	75.4	68	39.6	82	
55	31.5	81.7	68	43.2	87	
60	33.9	87.9	68	45.6	91	
65	34.5	95.9	70.6	50.4	110	
70	36.5	98	70.6	55.2	116	

			方孔为40mm的套筒			
s（mm）	$t_{min}^{①}$（mm）	$d_{1\,max}$（mm）	$d_{2\,max}$（mm）	$d_{3\,max}$（mm）	$l_{\,max}$（mm） A 型（普通）
36	22	64.2	86	28.8	84
41	24.7	70.4	86	32.4	84
46	26.1	76.7	86	36	87
50	28.6	81.7	86	39.6	90
55	31.5	87.9	86	43.2	90
60	33.9	94.2	86	45.6	95

	定位销和胀圈		
传动四方（mm）	d_4（mm）		d_5（mm）
	min	max	
6.3	1.4	2.0	2.5
10	2.4	2.9	3.5
12.5	2.9	4	4
16	2.9	4	4.5
20	3.8	4.8	5
25	4.8	6.0	7
40	5.8	7.0	10

① $t_{min}=k_{max}+0.5$（k_{max} 为 GB/T 5782《六角头螺栓》规定的六角头高度）。

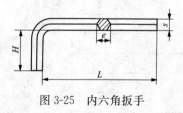

图 3-25 内六角扳手

17. 内六角扳手

内六角扳手如图 3-25 所示。

用途：用于紧固或拆卸内六角螺钉，扳拧性能等级为 8.8 级和 12.9 级的内六角螺钉。扳手按性能等级分为普通级和增强级（增强级代号为 R）。其规格以六角对边距离（s）表示。

规格：内六角扳手的尺寸和规格见表 3-23 和表 3-24。

表 3-23 内六角扳手的尺寸

对边尺寸 s (mm)			对角宽度 e (mm)		长度 L_1 (mm)				长度 H (mm)	
标准	max	min	max	min	标准	长型 M	加型 L	偏差	长度	偏差
0.7	0.71	0.70	0.79	0.76	33	—	—		7	
0.9	0.89	0.88	0.99	0.96	33	—	—		11	
1.3	1.27	1.24	1.42	1.37	41	63.5	81	0 −2	13	0 −2
1.5	1.50	1.48	1.68	1.63	46.5	63.5	91.5		15.5	
2	2.00	1.96	2.25	2.18	52	77	102		18	
2.5	2.50	2.46	2.82	2.75	58.5	87.5	114.5		20.5	
3	3.00	2.96	3.39	3.31	66	93	129		23	
3.5	3.50	3.45	3.96	3.91	69.5	98.5	140		25.5	
4	4.00	3.95	4.53	4.44	74	104	144	0 −4	29	
4.5	4.50	4.45	5.10	5.04	80	114.5	156		30.5	
5	5.00	4.95	5.67	5.58	85	120	165		33	
6	6.00	5.95	6.81	6.71	96	141	186		38	0 −2
7	7.00	6.94	7.94	7.85	102	147	197		41	
8	8.00	7.94	9.09	8.97	108	158	208		44	
9	9.00	8.94	10.23	10.10	114	169	219	0 −6	47	
10	10.00	9.94	11.37	11.23	122	180	234		50	
11	11.00	10.89	12.51	12.31	129	191	247		53	
12	12.00	11.89	13.65	13.44	137	202	262		57	
13	13.00	12.89	14.79	14.56	145	213	277		63	
14	14.00	13.89	15.93	15.70	154	229	294		70	
15	15.00	14.89	17.07	16.83	161	240	307		73	
16	16.00	15.89	18.21	17.97	168	240	307	0 −7	76	0 −3
17	17.00	16.89	19.35	19.09	177	262	337		80	
18	18.00	17.89	20.49	20.21	188	262	358		84	
19	19.00	18.87	21.63	21.32	199	—	—		89	

对边尺寸 s (mm)			对角宽度 e (mm)		长度 L_1 (mm)				长度 H (mm)	
标准	max	min	max	min	标准	长型 M	加型 L	偏差	长度	偏差
21	21.00	20.87	23.91	23.58	211	—	—		96	
22	22.00	21.87	25.05	24.71	222	—	—		102	
23	23.00	22.87	26.16	25.86	233	—	—		108	
24	24.00	23.87	27.33	26.97	248	—	—		114	
27	27.00	26.87	30.75	30.36	277	—	—	$\begin{matrix}0\\-12\end{matrix}$	127	$\begin{matrix}0\\-5\end{matrix}$
29	29.00	28.87	33.03	32.59	311	—	—		141	
30	30.00	29.87	34.17	33.75	315	—	—		142	
32	32.00	31.84	36.45	35.98	347	—	—		157	
36	36.00	35.84	41.01	40.50	391	—	—		176	

表 3-24　　　　　　　　　内六角扳手的规格

规格 s (mm)	长脚长度 L (mm)	短脚长度 H (mm)	试验扭矩 (N·m)		规格 s (mm)	长脚长度 L (mm)	短脚长度 H (mm)	试验扭矩 (N·m)	
			普通级	增强级				普通级	增强级
2.5	56	18	3.0	3.8	14	140	56	480	590
3	63	20	5.2	6.6	17	160	63	830	980
4	70	25	12.0	16.0	19	180	70	1140	1360
5	80	28	24.0	30.0	22	200	80	1750	2110
6	90	32	41.0	52.0	24	224	90	2200	2750
8	100	36	95.0	120	27	250	100	3000	3910
10	112	40	180	220	32	315	125	4850	6510
12	125	45	305	370	36	355	140	6700	9260

18. 内六角花形扳手

内六角花形扳手如图 3-26 所示。

用途：用途与内六角扳手相似。用于扳拧性能等级为 8.8 级和 10.9 级的内六角花形螺钉。

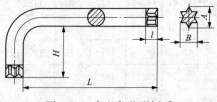

图 3-26　内六角花形扳手

规格：内六角花形扳手规格见表 3-25。

代　号	适应的螺钉	L（mm）	H（mm）	l（mm）	A（mm）	B（mm）
T30	M6	70	24	3.30	5.575	3.990
T40	M8	76	26	4.57	6.705	4.798
T50	M10	96	32	6.05	8.890	6.398
T55	M12～14	108	35	7.65	11.277	7.962
T60	M16	120	38	9.07	13.360	9.547
T80	M20	145	46	10.62	17.678	12.705

19. 丁字形内六角扳手（一）

丁字形内六角扳手如图 3-27 所示。

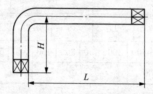

图 3-27　丁字形内六角扳手

用途：用于紧固或拆卸内方形螺钉。

规格：丁字形内六角扳手规格见表 3-26。

表 3-26　　　　　　　　丁字形内六角扳手规格

四方头对边距离 （mm）	2	2.5	3	4	5	6	8	10	12	14
长臂长度 L（mm）		56	63	70	80	90	100	112	115	140
短臂长度 H（mm）		8		12		15		18		

20. 丁字形内六角扳手（二）

丁字形内六角扳手如图 3-28 所示。

用途：用于紧固或拆卸内六角螺钉。

规格：丁字形内六角扳手规格见表 3-27。

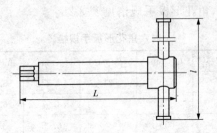

图 3-28　丁字形内六角扳手

表 3-27　　　　　　　　丁字形内六角扳手规格

六角对边距离（mm）	3		4		5		6		8		10		12	
全长 L（mm）	100	150	100	200	200	300	200	300	250	350	250	350	300	400
手柄长 l（mm）	60				100				120		120		120	
六角对边距离（mm）	14		17		19		22		24		17			
全长 L（mm）	300	400	300	450	300	450	350	500	350	500	350	500		
手柄长 l（mm）	160		200				250							

21. 端面孔活扳手

端面孔活扳手如图 3-29 所示。

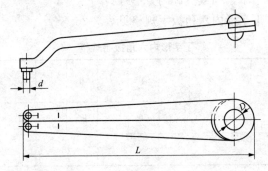

图 3-29　端面孔活扳手

用途：用于端面孔。

规格：端面孔活扳手规格见表 3-28。

表 3-28 端面孔活扳手规格

d (mm)	$L\approx$ (mm)	D (mm)
2.4	125	22
3.8	160	22
5.3	220	25

22. 侧面孔钩扳手

侧面孔钩扳手如图 3-30 所示。

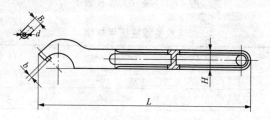

图 3-30 侧面孔钩扳手

用途：用于装卸 GB/T 816《侧面带孔圆螺母》、JB/T 8004.4《机床夹具零件及部件 调节螺母》及 JB/T 8004.5《机床夹具零件及部件 带滚孔花螺母》等各种圆螺母的专用工具。

规格：侧面孔钩扳手规格见表 3-29。

表 3-29 侧面孔钩扳手规格

d (mm)	L (mm)	H (mm)	B (mm)	b (mm)	螺母外径 (mm)
2.5	140	12	5	2	14~20
3.0	160	15	6	3	22~35
5.0	180	18	8	4	35~60

23. 装双头螺柱扳手

装双头螺柱扳手如图 3-31 所示。

用途：用于装双头螺柱。

规格：装双头螺柱扳手规格见表 3-30。

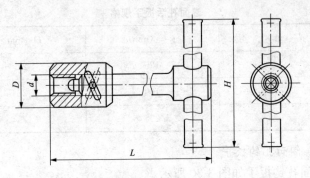

图 3-31　装双头螺柱扳手

表 3-30　　　　　　　　**装双头螺柱扳手规格**

d（mm）	D（mm）	$L\approx$（mm）	H（mm）
M5	14	82	80
M6	14	102	100
M8	16	125	120
M10	20	136	160
M12	22	165	160
M16	25	201	200
M20	30	226	250
M24	35	256	320

24. 省力扳手

省力扳手如图 3-32 所示。

图 3-32　省力扳手

用途：省力扳手是装有行星齿轮减速器的新颖工具，它可以较小的输入力矩通过减速机构获得很大的输出力矩。省力扳手特别适用于铁路、桥梁、造船等大型建筑工程，在无动力源的情况下拆装一般工具无法拧紧或拆卸的螺栓、螺母等。

规格：省力扳手的规格见表 3-31。

表 3-31 省力扳手的规格

| 名称 | 额定输出力矩（N·m） | 减速比 | 效率（%） | 主要尺寸（mm） | | 质量（kg） | 生产厂 |
				外径	长度		
二级省力扳手	4000	15.4	95	94	165	5.9	青岛工具二厂
	5000	17.3	95	108	203	7.5	
三级省力扳手	7500	62.5	91	112	273	11.5	

25. 指示表式力矩扳手

指示表式力矩扳手如图 3-33 所示。

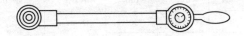

图 3-33　指示表式力矩扳手

用途：用于拧紧有力矩要求的螺母，也可以作力矩值的检测校准用，力矩数值可以直接从指示表上读出。

规格：指示表式力矩扳手的规格见表 3-32。

表 3-32 指示表式力矩扳手的规格

型号	力矩范围（N·m）	每格读数值（N·cm）	精度（%）	尺寸（mm×mm）（长度×直径）	生产厂
Z64417-48	0～10	5	5	278×40	航空航天部首都机械厂
Z64417-42	10～50	50	5	301×40	
Z6447-38	30～100	50	5	382×46	
Z6447-46	50～200	100	5	488×54	
Z6447-45	100～300	100	5	570×60	

26. 电子定扭矩扳手

电子定扭矩扳手如图 3-34 所示。

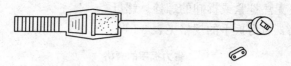

图 3-34 电子定扭矩扳手

用途：DDB500 系列电子定扭矩扳手设有五挡定扭矩预选开关，当扭矩达到预选值时，有发光指示及电子音响，可以准确控制扭矩，主要用于对螺栓紧固扭矩有明确规定的场所或压力容器螺栓的紧固。

规格：电子定扭矩扳手的规格见表 3-33。

表 3-33　　　　　　　电子定扭矩扳手的规格

型号	定扭矩范围 (N·m)	方榫 (mm)	总长 (mm)	消耗功率 (W)	精度 (N·m)	生产厂
DDB503	8～30	6.3/10	300			
DDB510	30～100	10/12.5	450	静态≤0.045 动态≤0.12	±（1+2%） M	上海东海刃具厂
DDB515	50～150	12.5	500			
DDB520	70～200	12.5	550			
DDB530	100～300	12.5	65			

注　M 为在扳手扭矩范围内所施加的力矩。

27. 仪表扳手

仪表扳手如图 3-35 所示。

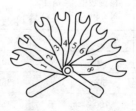

图 3-35　仪表扳手

用途：用于维修、装配仪表时紧固或拆卸小规格的螺栓、螺母。

规格：仪表扳手的规格见表 3-34。

表 3-34　　　　　　　　　　仪表扳手的规格

扳手号	1	2	3	4	5	6	7	8
开口宽度（mm）	4	4.5	5	5.5	6	6.5	7	7.5

三、手钳类

1. 钢丝钳

钢丝钳如图 3-36 所示。

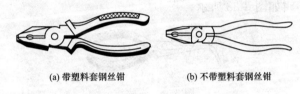

(a) 带塑料套钢丝钳　　　　　　(b) 不带塑料套钢丝钳

图 3-36　钢丝钳

用途：用于夹持或弯折薄片形、圆柱形金属零件及切断金属丝，其旁刃口也可用于切断细金属丝。

规格：柄部不带塑料套（表面发黑或镀铬）和带塑料套两种钢丝钳的规格见表 3-35。

表 3-35　　　　　　柄部不带塑料套（表面发黑或镀铬）
和带塑料套两种钢丝钳的规格

全　长（mm）		160	180	200
加载距离（mm）		80	90	100
可承载荷（N）	甲级	1200	1260	1400
	乙级	950	1170	1340
剪切力（N）	甲级	580	580	580
	乙级	630	630	630

2. 圆嘴钳

圆嘴钳如图 3-37 所示。

用途：用于将金属薄片或细丝弯曲成圆形，为仪表、电信器

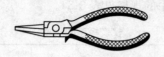

图 3-37　圆嘴钳

材、家用电器等装配、维修工作中常用的工具。

规格：分柄部不带塑料套和带塑料套两种。长度（mm）为 125、140、160、180、200。

3. 弯嘴钳

弯嘴钳如图 3-38 所示。

图 3-38　弯嘴钳

用途：与尖嘴钳相似，主要用于在狭窄或凹下的工作空间中夹持零件。

规格：分柄部不带塑料套和带塑料套两种。长度（mm）为 140、160、180、200。

4. 斜嘴钳

斜嘴钳如图 3-39 所示。

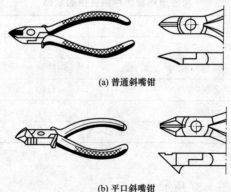

(a) 普通斜嘴钳

(b) 平口斜嘴钳

图 3-39　斜嘴钳

用途：用于切断金属丝，平口斜嘴钳适宜在凹下的工作空间中使用。

规格：分柄部不带塑料套和带塑料套两种。长度（mm）为125、140、160、180、200。

5. 扁嘴钳

扁嘴钳如图 3-40 所示。

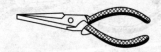

图 3-40　扁嘴钳

用途：能弯曲金属薄片及细丝成为所需形状，在检修中，用来装拔销子、弹簧等。

规格：按嘴的长短分为长嘴钳和短嘴钳两种。按全长（mm）分为短嘴：125、140、160；长嘴：120、140、160、180、200。

6. 修口钳

修口钳如图 3-41 所示。

图 3-41　修口钳

用途：钳的头部比鸭嘴钳狭而薄，钳口内制有齿纹。

规格：长度为 160mm。

7. 挡圈钳

挡圈钳如图 3-42 所示。

用途：专供装拆弹性挡圈用。由于挡圈有孔用、轴用之分以及安装部位的不同，可根据需要，分别选用直嘴式或弯嘴式、孔用或轴用挡圈钳。

规格：挡圈钳的规格见表 3-36。

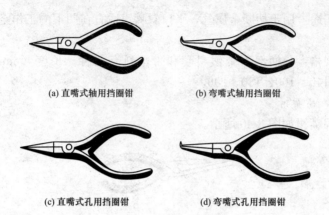

(a) 直嘴式轴用挡圈钳   (b) 弯嘴式轴用挡圈钳

(c) 直嘴式孔用挡圈钳   (d) 弯嘴式孔用挡圈钳

图 3-42　挡圈钳

表 3-36　　　　　　　　　　　　挡圈钳的规格

名　称	孔用弯嘴		孔用直嘴		轴用弯嘴		轴用直嘴	
规格（mm）	150	175	150	175	150	175	150	175
总长（mm）	146	175	150	183	150	183	146	175

8. 鲤鱼钳

鲤鱼钳如图 3-43 所示。

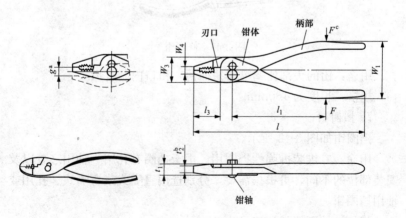

图 3-43　鲤鱼钳

用途：用于夹持扁形或圆柱形金属零件，其特点是钳口的开口宽有两挡调节位置，可以夹持尺寸较大的零件，刃口可用于切断金属丝。

规格：鲤鱼钳的规格见表3-37。

表 3-37 **鲤鱼钳的规格**

公称长度 l（mm）	W_1（mm）	W_3（mm）	W_4（mm）	t_{1max}（mm）	l_1（mm）	l_3（mm）	g（mm）	抗弯强度 载荷 F（N）	抗弯强度 永久变形量 s_{max}（mm）
125 ± 8	40^{+5}_{-5}	23	8	9	70	25 ± 5	7	900	1
160 ± 8	48^{+5}_{-5}	32	8	10	80	30 ± 5	7	1000	1
180 ± 9	49^{+5}_{-5}	35	10	11	90	35 ± 5	8	1120	1
200 ± 10	50^{+5}_{-5}	40	12	12	100	35 ± 5	9	1250	1
250 ± 10	50^{+5}_{-5}	45	12	12	125	40 ± 5	10	1400	15

$s=W_1-W_2$，见 GB/T 6291《夹扭钳和剪切钳　试验方法》。

图 3-44　尖嘴钳

9. 尖嘴钳

尖嘴钳如图 3-44 所示。

用途：用于在比较狭小的工作空间中夹持零件，带刃尖嘴钳还可用于切断细金属丝，为仪表、电信器材、家用电器等的装配、维修工作中常用的工具。

规格：分柄部不带塑料套和带塑料套两种，规格见表3-38、表3-39。

表 3-38 **普通尖嘴钳的规格**

全长（mm）		125	140	160	180	200
加载距离（mm）		56	63	71	80	90
可承载荷（N）	甲级	560	630	710	800	900
	乙级	400	460	550	640	740

表 3-39　　　　　　　　　带刃尖嘴钳的规格

全长（mm）		125	140	160	180	200
加载距离（mm）		56	63	71	80	90
剪切力 （N）	甲级	570	570	570	570	570
	乙级	620	620	620	620	620

10. 鸭嘴钳

鸭嘴钳如图 3-45 所示。

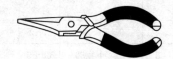

图 3-45　鸭嘴钳

用途：与扁嘴钳相似，但钳口内常无棱形齿纹，故最适用于纺织厂修理钢筘。

规格：柄部分有不带塑料管（表面发黑或镀铬）和带塑料管两种，规格见表 3-40。

表 3-40　　　　　　　　　鸭嘴钳的类型和规格

类　型	规格(全长) （mm）	加载距离 （mm）	载荷（N）		最大变形 （mm）
			甲　级	乙　级	
短　嘴	125	63	630	460	0.5
	140	71	710	550	1.0
	160	80	800	640	1.0
长　嘴	125	56	560	400	0.5
	140	63	630	460	1.0
	160	71	710	550	1.0
	180	80	800	640	1.0
	200	90	900	740	1.0

11. 大力钳

大力钳如图 3-46 所示。

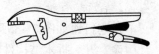

图 3-46 大力钳

用途：用以夹紧零件进行铆接、焊接、磨削等加工。钳口可以锁紧，并产生很大的夹紧力，使被夹紧零件不会松脱；钳口有多挡调节位置，供夹紧不同厚度零件使用；可作扳手使用。

规格：大力钳的规格见表 3-41。

表 3-41　　　　　　　　　　大力钳的规格

品　　种	直形钳口	圆形钳口	曲线形钳口	尖嘴型钳口
全长 （mm）	140、180、 220	130、180、230、 255、290	100、140、 180、220	135、165、 220

12. 断线钳

断线钳如图 3-47 所示。

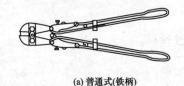

(a) 普通式(铁柄)　　　　　　　　　　(b) 管柄式

图 3-47　断线钳

用途：用于切断较粗的、硬度不大于 HRC30 的金属线材及电线等。

规格：有双连臂、单连臂、无连臂三种形式。钳柄分为管柄式、可锻铸铁柄式和绝缘柄式等。断线钳的规格见表 3-42。

表 3-42　　　　　　　　　　断线钳的规格

规格（mm）		300	350	450	600	750	900	1050
长度（mm）		305	365	460	620	765	910	1070
剪切直径 （mm）	黑色金属	≤4	≤5	≤6	≤8	≤10	≤12	≤14
	有色金属 （参考）	2~6	2~7	2~8	2~10	2~12	2~14	2~16

13. 羊角起钉钳

羊角起钉钳如图 3-48 所示。

用途：开、拆木结构件时起拔钢钉子。

规格：250mm（长度）×16mm（直径）。

14. 开箱钳

开箱钳如图 3-49 所示。

 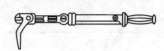

图 3-48　羊角起钉钳　　　　图 3-49　开箱钳

用途：开、拆木结构件时起拔钢钉子。

规格：总长为 450mm。

15. 多用钳

多用钳如图 3-50 所示。

用途：切割、剪、轧金属薄板或丝材。

规格：长度为 200mm。

16. 铅印钳

铅印钳如图 3-51 所示。

 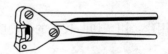

图 3-50　多用钳　　　　图 3-51　铅印钳

用途：用于在仪表、包裹、文件、设备等物件上轧封铅印。

规格：长度（mm）为 150、175、200、250、240（拖板式），轧封铅印直径（mm）为 9、10、11、12、15。

17. 顶切钳

顶切钳如图 3-52 所示。

用途：它是剪切金属丝的工具，常用于机械、电器的装配及维修。

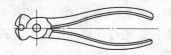

图 3-52 顶切钳

规格：长度（mm）为 100、125、140、160、180、200。

18. 鹰嘴断线钳

鹰嘴断线钳如图 3-53 所示。

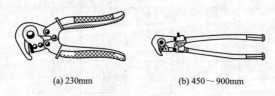

(a) 230mm   (b) 450～900mm

图 3-53 鹰嘴断线钳

用途：用于切断较粗的、硬度不小于 HRC30 的金属线材等，特别适用于高空等露天作业。

规格：YQ 型。鹰嘴断线钳的规格见表 3-43。

表 3-43 鹰嘴断线钳的规格

长度（mm）		230	450	600	750	900
剪切直径（mm）	黑色金属	≤4 或≤2.5	2～5	2～6	2～8	2～10
	有色金属	≤5	2～6	2～8	2～10	2～12

注 长度 230mm 的剪切黑色金属直径，≤4mm 为剪切抗拉强度不大于 490MPa 的低碳钢丝值，≤2.5mm 为剪切抗拉强度不大于 1265MPa 的碳素弹簧钢丝值。

19. 水泵钳

水泵钳如图 3-54 所示。

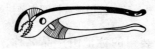

图 3-54 水泵钳

用途：水泵钳的类型有滑动销轴式、榫槽叠置式和钳腮套入式三种，水泵钳用于夹持、旋拧扁形或圆柱形金属零件，其特点是钳口的开口宽度有多挡（3～10 挡）调节位置，以适应夹持不同尺寸的零件的需要，为室内管道等安装、维修工作中常用的工具。水泵钳的规格见表 3-44。

表 3-44　　　　　　　　　　　水泵钳的规格

长度（mm）	100	120	140	160	180	200	225	250	300	350	400	500
最大开口宽度（mm）	12	12	12	16	22	22	25	28	35	45	80	125
可载距（mm）	3	3	3	3	4	4	4	4	4	6	8	10
可承载荷（N）	400	500	560	630	735	800	900	1000	1250	1400	1600	2000

20. 轴用弹性挡圈安装钳

轴用弹性挡圈安装钳如图 3-55 所示。

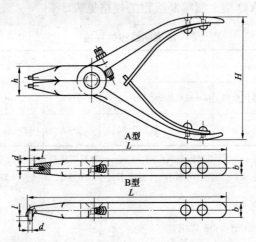

图 3-55　轴用弹性挡圈安装钳

轴用弹性挡圈安装钳的标记由产品名称、规格、标准编号组成。例如，$d = 2.5$mm 的 A 型轴用弹性挡圈安装钳子的标记为：

钳子 A2.5 JB/T 3411.47—1999。

弹性挡圈安装钳的基本尺寸见表 3-45。

表 3-45 　　　　　　　轴用弹性挡圈安装钳的基本尺寸 　　　　　　（mm）

d	L	l	$H\approx$	b	h	弹性挡圈规格
1.0						3～9
1.5	125	3	72	8	18	10～18
2.0						19～30
2.5	175	4	100	10	20	32～40
3.0						42～105
4.0	250	5	122	12	24	110～200

21. 孔用弹性挡圈安装钳

孔用弹性挡圈安装钳如图 3-56 所示。

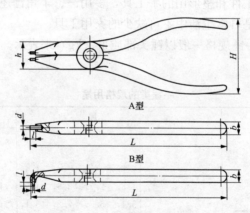

图 3-56　孔用弹性挡圈安装钳

孔用弹性挡圈安装钳的标记由产品名称、规格、标准编号组成。例如，$d=2.5$mm 的 A 型孔用弹性挡圈安装钳子的标记为：钳子 A2.5 JB/T 3411.48—1999。

孔用弹性挡圈安装钳的基本尺寸见表 3-46。

表 3-46

表 3-46			孔用弹性挡圈安装钳的基本尺寸			(mm)	
d	L	l	$H\approx$	b	h	弹性挡圈规格	
1.0						8～9	
1.5	125	3	52	8	18	10～18	
2.0						19～30	
2.5	175	4	54	10	20	32～40	
3.0						42～100	
4.0	250	5	60	12	24	105～200	

四、手锤、斧头、冲子类

1. 手锤类

用途：手锤是钳工、锻工、冷作工、建筑工、安装工和钣金工等用于敲击工件和整形用的手工具，多用锤、羊角锤还有起钉或其他功能，也是日常生活中不可缺少的家用工具。

规格：手锤规格一般以锤头部质量（kg）来表示。其规格用途见表 3-47。

表 3-47		手锤类的规格用途		
简　图	名　称	规　格		特点及用途
	八角锤 （QB/T 1290.1—2010）	锤重（kg）：0.9，1.4，1.8，2.7，3.6，4.5，5.4，6.3，7.2，8.1，9.0，10.0，11.0。 锤高（mm）：105，115，130，152，165，180，190，198，208，216，224，230，236		用于锤锻钢件，敲击工件，安装机器以及开山、筑路时凿岩、碎石等敲击力较大的场合

简 图	名 称	规 格			特点及用途
		锤重 (kg)	锤高 (mm)	全长 (mm)	
	圆头锤 (QB/T 1290.2— 2010)	0.11	66	260	用于钳工、冷 作工、装配工、 维修工等工种 (市场供应分连柄 和不连柄两种)
		0.22	80	285	
		0.34	90	315	
		0.45	101	335	
		0.68	106	355	
		0.91	127	375	
		1.13	137	400	
		1.36	147	400	
	钳工锤 (QB/T 1290.3— 2010)	锤重(kg):0.1,0.2, 0.3,0.4,0.5,0.6, 0.8,1.0,1.5,2.0			供钳工、锻工、 安装工、冷作工、 维修装配工作敲 击或整形用
	检查锤 (QB/T 1290.5— 2010)	锤重(不连柄,kg):0.25 锤全高(mm):120 锤端直径(mm):φ18			用于避免因操 作中产生机械火 花而引爆爆炸性 气体的场所(分 为尖头锤和扁头 锤两种)
		锤重 (kg)	锤高 (mm)	全长 (mm)	
	敲锈锤 (QB/T 1290.8— 2010)	0.2	115	285	用于加工中除 锈、除焊渣
		0.3	126	300	
		0.4	134	310	
		0.5	140	320	

简　图	名　称	规　格			特点及用途
	焊工锤 （QB/T 1290.7—2010)	锤重（kg）：0.25，0.3，0.5，0.75			用于电焊加工中除锈、除焊渣（分为 A 型、B 型和 C 型 3 种）
A型　B型 E型 C型　D型	羊角锤 （QB/T 1290.8—2010)		锤重 (kg)	锤高 (mm)	全长 (mm)	按锤击端的截面形状分为 A、B、C、D、E 型五种
		圆柱形	0.25 0.35 0.45	105 120 130	305 320 340	锤头部为圆柱形
		圆锥形	0.50 0.55 0.65	130 135 140	340 340 350	锤头部为圆锥形，有钢柄、玻璃钢柄
		正棱形	0.75	140	350	锤头部有正四棱柱形和正八棱柱形
	木工锤 （QB/T 1290.9—2010)	锤重 (kg)	锤高 (mm)	全长 (mm)	木工使用之锤，有钢柄及木柄
		0.2 0.25 0.33 0.42 0.50	90 97 104 111 118	280 285 295 308 320	

简　图	名　称	规　格			特点及用途
		锤重 （kg）	锤高 （mm）	全长 （mm）	
	石工锤 （QB/T 1290.10— 1991）	0.8 1.0 1.25 1.50 2.0	90 95 100 110 120	240 260 260 280 300	石工使用之锤，用于采石、敲碎小石块等
	安装锤	锤直径（mm）：20，25，30，35，40，45，50。 锤重（kg）：0.11，0.19，0.31，0.45，0.65，0.80，1.05			锤头两端用塑料或橡胶制成，被敲击面不留痕迹、伤疤。适用于薄板的敲击、整形
	什锦锤 （QB/T 2209— 1996）	全长（mm）：162。 附件：螺钉旋具 　　　木凿 　　　锥子 　　　三角锉			除作锤击或起钉使用外，如将锤头取下，换上装在手柄内的一项附件，即可分别作三角锉、锥子、木凿或螺钉旋具使用。主要用于仪器、仪表、量具等检修工作中，也可供实验室或家庭使用
	橡胶锤	锤重（kg）：0.22，0.45，0.67，0.9			用于精密零件的装配作业
	电工锤	锤重（不连柄，kg）：0.5			供电工安装和维修线路时用

2. 斧头类

用途：斧刃用于砍剁，斧背用于敲击，多用斧还具有起钉、开箱、旋具等功能。

规格：斧头类的规格见表 3-48。

表 3-48 斧头类的规格

简 图	名 称	用 途	斧头质量（kg）	全长（mm）
	采伐斧 （QB/T 2565.2— 2002）	采伐树木、木材加工	0.7，0.9，1.1，1.3，1.6，1.8，2.0，2.2，2.4	380，430，510，710～910
	劈柴斧 （QB/T 2565.3— 2002）	劈木材	5.5，7.0	810～910
	厨房斧 （QB/T 2565.4— 2002）	厨房砍、剁	0.6，0.8，1.0，1.2，1.4，1.6，1.8，2.0	360，380，400，610～810，710～901
	木工斧 （QB/T 2565.5— 2002）	木工作业，敲击、砍劈木材。分为偏刃（单刃）和中刃（双刃）两种	1.0，1.25，1.5	（斧体长）120，135，160
	多用斧 （QB/T 2565.6— 2002）	锤击、砍削、起钉、开箱		260，280，300，340
	消防斧 （GA138—2010）	消防破拆作业用（斧把绝缘），分平斧和尖斧两种	≤1.8，≤3.5，≤2.0，≤3.5	610，710，810，910，715，815

3. 冲子类

用途：尖冲子用于在金属材料上冲凹坑；圆冲子在装配中使用；半圆头铆钉冲子用于冲击铆钉头；四方冲子、六方冲子用于冲内四方孔及内六方孔；皮带冲是在非金属材料（如皮革、纸、橡胶板、石棉板等）上冲制圆形孔的工具。

规格：冲子类的规格见表 3-49。

表 3-49　　　　　　　　　　冲子类的规格

名称	简图	用途	规格		
尖冲子 (JB/T 3411.29— 1999)		用于在金属材料上冲凹坑	冲头直径 (mm)	外径 (mm)	全长 (mm)
			2	8	80
			3	8	80
			4	10	80
			6	14	100
圆冲子 (JB/T 3411.30— 1999)		用作装配中的冲击工具	圆冲直径 (mm)	外径 (mm)	全长 (mm)
			3	8	80
			4	10	80
			5	12	100
			6	14	100
			8	16	125
			10	18	125
半圆头铆钉冲子 (JB/T 3411.31— 1999)		用于冲击铆钉头	铆钉直径 (mm)	凹球半径 (mm)	外径 (mm)　全长 (mm)
			2.0	1.9	10　　80
			2.5	2.5	12　　100
			3.0	2.9	14　　100
			4.0	3.8	16　　125
			5.0	4.7	18　　125
			6.0	6.0	20　　140
			8.0	8.0	22　　140

名称	简图	用途	规格		
四方冲子（JB/T 3411.33—1999）		用于冲内四方孔	四方对边距（mm）	外径（mm）	全长（mm）
			2.0，2.24，2.50，2.80	8	80
			3.0，3.15，3.55	14	
			4.0，4.5，5.0	16	100
			5.6，6.0，6.3	16	
			7.1，8.0	18	
			9.0，10.0，11.2，12.0	20	125
			12.5，14.0，16.0	25	
			17.0，18.0，20.0	30	
			22.0，22.4	35	150
			25.0	40	
六方冲子（JB/T 3411.34—1999）		用于冲内六方孔	六方对边距（mm）	外径（mm）	全长（mm）
			3，4	14	80
			5，6	16	100
			8，10	18	100
			12，14	20	125
			17，19	25	125
			22，24	30	150
			27	35	150
皮带冲		用于在皮革及其他非金属材料（如纸、橡胶板、石板制品等）上冲制圆形孔	单支冲头直径：1.5，2.5，3，4，5，5.5，6.5，8，9.5，11，12.5，14，16，19，21，22，24，25，28，32，35，38。组套：8支套，10支套，12支套，15支套，16支套		

五、刀、剪类

1. 菜刀
菜刀如图 3-57 所示。

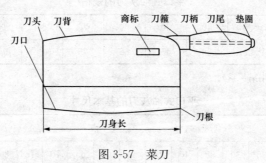

图 3-57　菜刀

菜刀的基本尺寸见表 3-50。

<table>
<tr><td>表 3-50</td><td colspan="8" align="center">菜刀的基本尺寸</td><td>（mm）</td></tr>
</table>

类别	规　格							
	1 号	2 号	3 号	4 号	5 号	6 号	7 号	8 号
	尺　寸							
A	220±2	210±2	200±2	190±2	180±2	170±2	160±2	150±2
B	215±2	205±2	195±2	185±2	175±2	165±2	155±2	145±2

2. 平口式油灰刀
平口式油灰刀如图 3-58 所示。

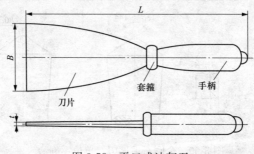

图 3-58　平口式油灰刀

刀口宽度为 25mm 的平口式油灰刀的标记为：平口油灰刀 25GB/T 2083—1995。

平口式油灰刀的规格及基本尺寸见表 3-51 及表 3-52。

表 3-51   **平口式油灰刀的规格**   （mm）

第一系列	30	40	50	60	70	80	90	100
第二系列	25	38	45	65	75			

注　优先选用第一系列。

表 3-52   **平口式油灰刀的基本尺寸**   （mm）

代号	偏差	规格											
		25	30	38	40	45	50	60	65	70	75	80	90	100
L	±2.00	185			190		195	205		210	215		225	230
B	±1.00	25	30	38	40	45	50	60	65	70	75	80	90	100
t	±0.10	0.4												

3. 金刚石玻璃刀

金刚石玻璃刀如图 3-59 所示。

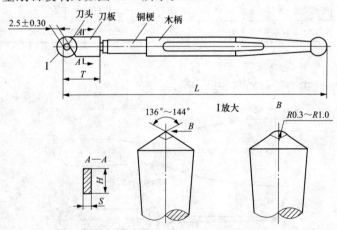

图 3-59　金刚石玻璃刀（单位：mm）

金刚石玻璃刀的基本尺寸见表 3-53。

表 3-53　　　　　　　**金刚石玻璃刀的基本尺寸**　　　　　　（mm）

规格代号	全长 L	刀板长 T	刀板宽 H	刀板厚 S
1～3	182	25	13	5
4～6	184	27	16	6

4. 切纸上下圆刀

（1）A 型切纸上圆刀如图 3-60 所示，其基本尺寸见表 3-54。

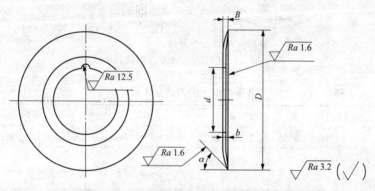

图 3-60　A 型切纸上圆刀（单位：mm）

表 3-54　　　　　　　**A 型切纸上圆刀的基本尺寸**　　　　　　（mm）

外径 D		内径 d		厚度 b		高度 B	α（°）	
基本尺寸	极限偏差	基本尺寸	极限偏差	基本尺寸	极限偏差		基本角度	角度偏差
φ125		φ30	+0.039 0				45	
φ130	+0.20 −0.50	φ60	+0.046 0	3	±0.125	5		±2
φ150		φ90	+0.054 0	2			60	

（2）B 型切纸上圆刀如图 3-61 所示，其基本尺寸见表 3-55。

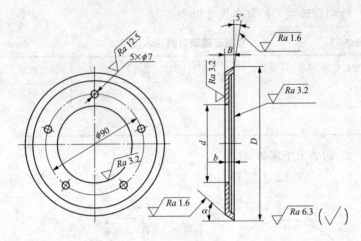

图 3-61　B 型切纸上圆刀（单位：mm）

表 3-55　　　　　　　B 型切纸上圆刀的基本尺寸　　　　　　　（mm）

外径 D		内径 d		厚度 b		高度	α (°)	
基本尺寸	极限偏差	基本尺寸	极限偏差	基本尺寸	极限偏差	B	基本角度	角度偏差
φ135	+0.20	φ75	+0.046	2.5	±0.125	5	35	±2
φ150	−0.50		0					

（3）C 型切纸下圆刀如图 3-62 所示，其基本尺寸见表 3-56。

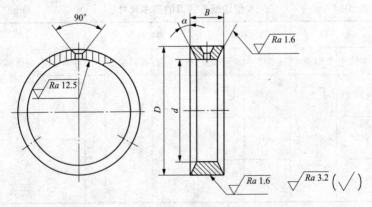

图 3-62　C 型切纸下圆刀（单位：mm）

外径 *D*		内径 *d*		高度 *B*		α（°）	
基本尺寸	极限偏差	基本尺寸	极限偏差	基本尺寸	极限偏差	基本角度	角度偏差
φ114	±0.20	φ100	+0.054 0	40	±0.5	30	±2
φ136		φ120		50			
φ152		φ140	+0.063 0	50			
φ200		φ180		55	±0.6		

5. 切纸多刃底刀

D 型和 E 型切纸多刃底刀如图 3-63 所示，其基本尺寸见表 3-57。

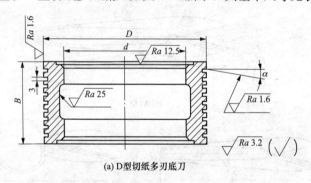

(a) D 型切纸多刃底刀

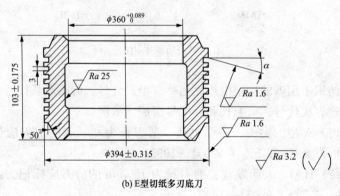

(b) E 型切纸多刃底刀

图 3-63 切纸多刃底刀（单位：mm）

表 3-57　　　　　D 型和 E 型切纸多刃底刀的基本尺寸　　　　　（mm）

外径 D		内径 d		高度 B		槽宽	齿数	槽数	α（°）
基本尺寸	极限偏差	基本尺寸	极限偏差	基本尺寸	极限偏差				
φ200	±0.23	φ165	+0.0630 0	92	±0.175	3	10	11	≥7
φ409	±0.315	φ374	+0.089 0	88			9	10	

6. 纺织手用剪

纺织手用剪如图 3-64 所示。

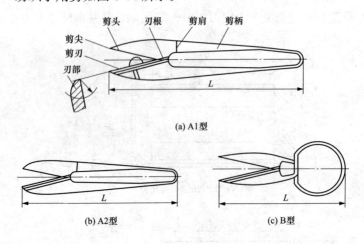

剪头　刃根　剪肩　剪柄
剪尖
剪刃
刃部
L

(a) A1型

L

(b) A2型

L

(c) B型

图 3-64　纺织手用剪

纺织手用剪的标记由产品名称、型式代号、剪头形状代号、表面处理方法代号、剪刀长和标准号组成。示例如下：

（1）A 型、尖头、表面电镀、剪刀长为 92mm 的剪刀应标记为：剪刀 A1D 92 FZ/T 92051—1995。

（2）B 型、表面发蓝、剪刀长为 105mm 的剪刀应标记为：剪刀 BF105 FZ/T 92051—1995。

纺织手用剪的基本尺寸见表 3-58。

表 3-58 纺织手用剪的基本尺寸 （mm）

表 3-58 　　　　　　纺织手用剪的基本尺寸　　　　　　（mm）

型　式	剪刀长 L	极限偏差
A 型	92	±2.7
	100	±2.7
	125	±3.2
B 型	105	±2.7

7. 民用剪

民用剪如图 3-65 所示。

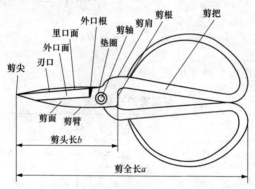

图 3-65　民用剪

民用剪的基本尺寸见表 3-59。

表 3-59 　　　　　　民用剪的基本尺寸　　　　　　（mm）

代　号		剪全长 a		剪头长 b	
		公称尺寸	偏差	公称尺寸	偏　差
1	A	198		95	
	B	215		120	
2	A	174		83	
	B	200		110	
3	A	153	±4	73	±3
	B	185		95	
4	A	123		52	
	B	160		75	
5	A	104		42	
	B	145		70	

8. 稀果剪

稀果剪如图 3-66 所示。

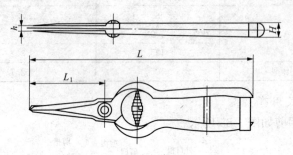

图 3-66 稀果剪

稀果剪的基本尺寸见表 3-60。

表 3-60 稀果剪的基本尺寸 （mm）

L		L_1		H		h	
基本尺寸	偏差	基本尺寸	偏差	基本尺寸	偏差	基本尺寸	偏差
190	±1.5	65	±1	8	±0.7	4	±0.35

9. 桑剪

桑剪如图 3-67 所示。

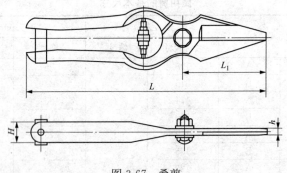

图 3-67 桑剪

桑剪的基本尺寸见表 3-61。

L		L₁		H		h	
基本尺寸	偏差	基本尺寸	偏差	基本尺寸	偏差	基本尺寸	偏差
203	±1.5	72	±1	8	±0.7	4	±0.35

10. 高枝剪

高枝剪如图 3-68 所示。

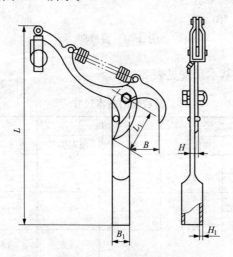

图 3-68   高枝剪

高枝剪的基本尺寸见表 3-62。

表 3-62   高枝剪的基本尺寸   （mm）

L		L₁		B		B₁		H		H₁	
基本尺寸	偏差	基本尺寸	偏差	基本尺寸	偏差	基本尺寸	偏差	基本尺寸	偏差	基本尺寸	偏差
290	±5	60	±2	43	±2	ϕ30	±5	8	±0.5	2	0 −0.5

11. 剪枝剪

剪枝剪如图 3-69 所示。

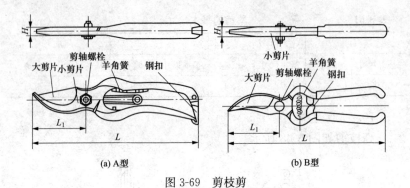

(a) A型   (b) B型

图 3-69　剪枝剪

剪枝剪的基本尺寸见表 3-63。

表 **3-63**　　　　　　　剪枝剪的基本尺寸　　　　　　（mm）

规格	L		L_1		H	
	基本尺寸	极限偏差	基本尺寸	极限偏差	基本尺寸	极限偏差
150	150	±5	45	±4	8	0 −2
180	180		60			
200	200	±10	68	±5	12	+1 −5
230	230		72			
250	250		75	±8	13	+1 −3

12. 整篱剪

整篱剪如图 3-70 所示。

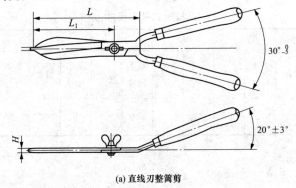

$30°^{\,0}_{-5}$

$20°±3°$

(a) 直线刃整篱剪

图 3-70　整篱剪（一）

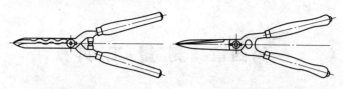

(b) 曲线刃整篱剪(B型)　　　　　(c) 锯齿刃整篱剪(C型)

图 3-70　整篱剪（二）

整篱剪的基本尺寸见表 3-64。

表 3-64　　　　　　　　　　整篱剪的基本尺寸　　　　　　　　（mm）

规格尺寸	$L\leqslant$	$L_1\leqslant$	$H\leqslant$	
			钢板制	锻制
230	235	170	8	10
250	255	190		11
300	310	240	10	13

第四章 测量工具

一、量尺类

1. 纤维卷尺

纤维卷尺如图 4-1 所示。

图 4-1 纤维卷尺

用途：用于测量较长的距离，其准确度比钢卷尺低。

规格：标称长度（m）为 5，10，15，20，30，50。

2. 钢卷尺

钢卷尺如图 4-2 所示。

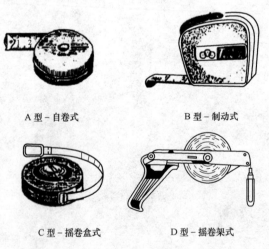

A 型 - 自卷式　　　　　　B 型 - 制动式

C 型 - 摇卷盒式　　　　　D 型 - 摇卷架式

图 4-2 钢卷尺

用途：用于测量较长工件的尺寸或丈量距离。

规格：钢卷尺的规格见表 4-1。

表 4-1　　　　　　　　　　**钢卷尺的规格**

型　式	自卷式、制动式	摇卷盒式、摇卷架式
标称长度（m）	1，2，3，3.5，5，10	5，10，15，20，30，50，100

3. 直尺

直尺如图 4-3 所示，其基本尺寸见表 4-2。

图 4-3　直尺

表 4-2　　　　　　　　　　**直尺的基本尺寸**　　　　　　　　　　（mm）

尺寸分段范围	厘米线长	毫米线长	线纹宽度		宽度差	
			00 级	0 级	00 级	0 级
100～300	5～10	3～6	0.10～0.30	0.10～0.40	≤0.10	≤0.12
>300～600						
>600～900	6～12	4～10				
>900～1200						

4. 钢直尺

钢直尺如图 4-4 所示。

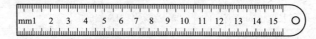

图 4-4　钢直尺

用途：用于测量一般工件的尺寸。

规格：标称长度（mm）为150，300，500，600，1000，1500，2000。

5. 直角尺

直角尺如图 4-5 所示。

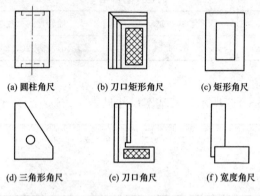

(a) 圆柱角尺　　(b) 刀口矩形角尺　　(c) 矩形角尺

(d) 三角形角尺　　(e) 刀口角尺　　(f) 宽度角尺

图 4-5　直角尺

用途：用于精确地检验零件、部件的垂直误差，也可对工件进行垂直划线。

规格：直角尺的规格见表 4-3。

表 4-3　　　　　　　　　　直角尺的规格

圆柱角尺 [图 4-5(a)]	精度等级	00 级，0 级					
	高度（mm）	200	315	500	800	1250	
	直径（mm）	80	100	125	160	200	
刀口矩形 角尺 [图 4-5(b)]	精度等级	00 级，0 级					
	高度（mm）	63	125	200			
	长度（mm）	40	80	125			
矩形角尺 [图 4-5(c)]	精度等级	00 级，0 级，1 级					
	高度（mm）	125	200	315	500	800	
	长度（mm）	80	125	200	315	500	
三角形角尺 [图 4-5(d)]	精度等级	00 级，0 级					
	高度（mm）	125	200	315	500	800	1250
	长度（mm）	80	125	500	315	500	800

刀口角尺 [图 4-5(e)]	精度等级	0 级，1 级							
	高度（mm）	63	125	200					
	长度（mm）	40	80	125					
宽度角尺 [图 4-5(f)]	精度等级	0 级，1 级，2 级							
	长边（mm）	63	125	200	315	500	800	1250	1600
	短边（mm）	40	80	125	200	315	500	800	1000
平面形 直角尺	精度等级	0 级，1 级，2 级							
	长边（mm）	50	75	100	150	200	250	300	500	750	1000
	短边（mm）	40	50	70	100	130	165	200	300	400	550

6. 方形角尺

方形角尺如图 4-6 所示。

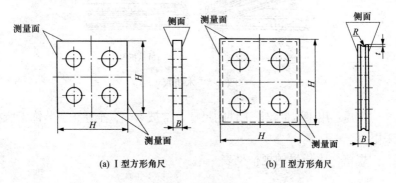

(a) Ⅰ型方形角尺   (b) Ⅱ型方形角尺

图 4-6　方形角尺

用途：用于检验金属切削机床及其他机械的位置误差和形状误差。

规格：基本参数见表 4-4。

表 4-4　　　　　　　　方形角尺的基本参数

H（mm）	B（mm）	R（mm）	t（mm）	精度等级
100	16	3	2	00 级、0 级、 1 级
150	30	4	2	
160	30	4	2	
200	35	5	3	

H (mm)	B (mm)	R (mm)	t (mm)	精度等级
250	35	6	4	
300	40	6	4	
315	40	6	4	00级、0级、
400	45	8	4	1级
500	55	10	5	
630	65	10	5	

7. 木折尺（JJG 2—1999）

木折尺如图 4-7 所示。

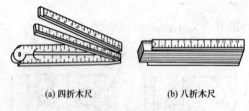

(a) 四折木尺   (b) 八折木尺

图 4-7　木折尺

用途：用于测量较长工件的尺寸，常被木工、土建工、装饰工所采用。

规格：木折尺的规格见表 4-5。

表 4-5　　　　　　　　　　　　**木折尺的规格**

品　种	四 折 木 尺	六 折 木 尺	八 拆 木 尺
标称长度（mm）	50	100	100

8. 塞尺

塞尺如图 4-8 所示。

图 4-8　塞尺

用途：用于测量或检验工件两平行面间的空隙大小。

规格：塞尺的规格型号见表 4-6。

表 4-6   **塞尺的规格型号**

单片塞尺厚度系列（mm）	
A 型 B 型	0.02，0.03，0.04，0.05，0.06，0.07，0.08，0.09，0.10，0.11，0.12，0.13，0.14，0.15，0.20，0.25，0.30，0.35，0.40，0.45，0.50，0.55，0.60，0.65，0.70，0.75，0.80，0.85，0.90，0.95，1.00

成 组 塞 尺 常 用 规 格				
A 型	B 型	塞尺片长度 （mm）	片数	塞尺片厚度（mm）
级别标记				
75A13 100A13 150A13 200A13 300A13	75B13 100B13 150B13 200B13 300B13	75 100 150 200 300	13	0.10，0.02，0.02，0.03，0.03，0.04，0.04，0.05，0.05，0.06，0.07，0.08，0.09
75A14 100A14 150A14 200A14 300A14	75B14 100B14 150B14 200B14 300B14	75 100 150 200 300	14	1.00，0.05，0.06，0.07，0.08，0.09，0.10，0.15，0.20，0.25，0.30，0.40，0.50，0.75
75A17 100A17 150A17 200A17 300A17	75B17 100B17 150B17 200B17 300B17	75 100 150 200 300	17	0.50，0.02，0.03，0.04，0.05，0.06，0.07，0.08，0.09，0.10，0.15，0.20，0.25，0.30，0.35，0.40，0.45
75A20 100A20 150A20 200A20 300A20	75B20 100B20 150B20 200B20 300B20	75 100 150 200 300	20	1.00，0.05，0.10，0.15，0.20，0.25，0.30，0.35，0.40，0.45，0.50，0.55，0.60，0.65，0.70，0.75，0.80，0.85，0.90，0.95
75A21 100A21 150A21 200A21 300A21	75B21 100B21 150B21 200B21 300B21	75 100 150 200 300	21	0.50，0.02，0.02，0.03，0.03，0.04，0.04，0.05，0.05，0.06，0.07，0.08，0.09，0.10，0.15，0.20，0.25，0.30，0.35，0.40，0.45

注 1. A 型塞尺片端头为半圆形；B 型塞尺片前端为梯形，端头为弧形。
    2. 塞尺片按厚度偏差及弯曲度，分特级和普通级。

9. 钢平尺和岩石平尺

平尺如图 4-9 所示。

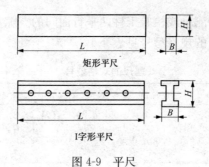

矩形平尺

I字形平尺

图 4-9　平尺

用途：用于测量工件的直线度和平面度。

规格：钢平尺和岩石平尺的规格见表 4-7。

表 4-7　　　　　　　　钢平尺和岩石平尺的规格

规格 （mm）	L （mm）	岩石平尺（mm）		钢平尺（mm）			
		000，00，0 和 1 级		00 和 0 级		1 和 2 级	
		H	B	H	B	H	B
400	400	60	25	45	8	40	6
500	500	80	30	50	10	45	8
630	630	100	35	60	10	50	10
800	800	120	40	70	10	60	10
1000	1000	160	50	75	10	70	10
1250	1250	200	60	85	10	75	10
1600	1600	250	80	100	12	80	10
2000	2000	300	100	125	12	100	12
2500	2500	360	120	150	14	120	12

10. 铸铁平板

铸铁平板如图 4-10 所示。

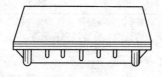

图 4-10　铸铁平板

用途：用于工件的检验和划线。

规格：铸铁平板的长度规格见表 4-8。

表 4-8 铸铁平板的长度规格

工作面尺寸（长×宽）(mm×mm)				精度等级
160×100	400×250	800×800	1600×1000	000 级，00 级，
160×160	400×400	1000×630	1600×1600	0 级，1 级，
250×160	630×400	1000×1000	2500×1600	2 级，3 级
250×250	630×630	1250×1250	4000×2500	

11. 铸铁平尺

铸铁平尺如图 4-11 所示。

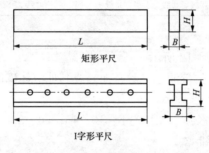

矩形平尺

I字形平尺

图 4-11　铸铁平尺

用途：用于测量工件的直线度和平面度。

规格：铸铁平尺的规格见表 4-9。

表 4-9 铸铁平尺的规格

规格 (mm)	I 字形和 II I 字形平尺（mm）				桥形平尺（mm）			
	L	B	C	H	L	B	C	H
400	400	30	—	75	—	—	—	—
500	500	30	—	75	—	—	—	—
630	630	35	≥10	80	—	—	—	—
800	800	35	≥10	80	—	—	—	—
1000	1000	40	≥12	100	1000	50	≥16	180
1250	1250	40	≥12	100	1250	50	≥16	180

规格	I字形和II字形平尺（mm）				桥形平尺（mm）			
（mm）	L	B	C	H	L	B	C	H
1600	1600	45	≥14	150	1600	60	≥24	300
2000	2000	45	≥14	150	2000	80	≥26	350
2500	2500	50	≥16	200	2500	90	≥32	400
3000	3000	55	≥20	250	3000	100	≥32	400
4000	4000	60	≥20	280	4000	100	≥38	500
5000	—	—	—	—	5000	110	≥40	550
6300	—	—	—	—	6300	120	≥40	600
精度等级	00级，0级，1级，2级				00级，0级，1级，2级			

12. 量油尺

量油尺如图 4-12 所示。

用途：用于测量油库（舱、池）或其他液体库的浓度，从而推算储存量。

规格：标称长度（m）为 5、10、15、20、30、50、100。

13. 弹簧卡钳

弹簧卡钳如图 4-13 所示。

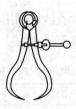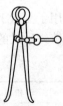

弹簧外卡钳　　　弹簧内卡钳

图 4-12　量油尺　　　图 4-13　弹簧卡钳

用途：与普通内、外卡钳相同，但便于调节，测得的尺寸不易走动，尤其适用于连续生产中。

规格：全长（mm）为 100、125、150、200、250、300、350、400、450、500、600。

14. 内、外卡钳

外卡钳和内卡钳如图 4-14 所示。

用途：与钢直尺配合使用，内卡钳测量工件的内尺寸（如内径、槽宽），外卡钳测量工件的外尺寸（如外径、厚度）。

规格：全长（mm）为 100、125、150、200、250、300、350、400、450、500、600。

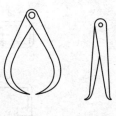

外卡钳　　　　内卡钳

图 4-14　外卡钳和
内卡钳

15. 对刀圆柱塞尺

对刀圆柱塞尺如图 4-15 所示。

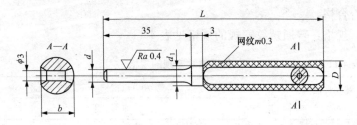

图 4-15　对刀圆柱塞尺

对刀圆柱塞尺的规格见表 4-10。

表 4-10　　　　　　　　　对刀圆柱塞尺的规格　　　　　　　　　（mm）

| d | | D（滚花前） | L | d_1 | b |
基本尺寸	极限偏差 h8				
3	0 −0.014	7	90	5	6
5	0 −0.018	10	100	8	9

二、量规

1. 普通螺纹塞规

普通螺纹塞规如图 4-16 所示。

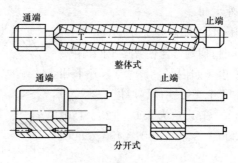

图 4-16 普通螺纹塞规

用途：用于测量内螺纹的精确性，检查、判定工件内螺纹尺寸是否合格。

规格：普通螺纹塞规的规格见表 4-11。

表 4-11　　　　　　　　普通螺纹塞规的规格

螺纹直径 (mm)	螺 距（mm）					
	粗牙	细　　牙				
1，1.2	0.25	0.2	—	—	—	—
1.4	0.3	0.2	—	—	—	—
1.6，1.8	0.35	0.2	—	—	—	—
2	0.4	0.25	—	—	—	—
2.2	0.45	0.25	—	—	—	—
2.5	0.45	0.35	—	—	—	—
3	0.5	0.35	—	—	—	—
3.5	0.6	0.35	—	—	—	—
4	0.7	0.5	—	—	—	—
5	0.8	0.5	—	—	—	—
6	1	0.75	0.5	—	—	—
8	1.25	1	0.75	0.5	—	—
10	1.5	1.25	1	0.75	0.5	—
12	1.75	1.5	1.25	1	0.75	0.5
14	2	1.5	1.25	1	0.75	0.5

螺纹直径（mm）	螺距（mm）					
	粗牙	细牙				
16	2	1.5	1	0.75	0.5	—
18，20，22	2.5	2	1.5	1	0.75	0.5
24，27	3	2	1.5	1	0.75	—
30，33	3.5	3	2	1.5	1	0.75
36，39	4	3	2	1.5	1	
42，45	4.5	4	3	2	1.5	1
48，52	5	4	3	2	1.5	1
56，60	5.5	4	3	2	1.5	1
64，68，72	6	4	3	2	1.5	1
76，80，85	6	4	3	2	1.5	—
90，95，100	6	4	3	2	1.5	—
105，110，115	6	4	3	2	1.5	—
120，125，130	6	4	3	2	1.5	—
135～140	6	4	3	2	1.5	—

2. 统一螺纹量规

统一螺纹量规如图 4-17 所示。

图 4-17 统一螺纹量规

统一螺纹量规的名称、代号和使用规则见表 4-12。统一螺纹量规螺纹牙型基本参数见表 4-13。

表 4-12　　　　　　　统一螺纹量规的名称、代号和使用规则

名　称	代号	使用规则
通端螺纹塞规	T	应与工件内螺纹旋合通过
止端螺纹塞规	Z	允许与工件内螺纹两端的螺纹部分旋合，旋合量不应超过三个螺距（退出量时测定）。若工件内螺纹的螺距少于或等于三个，则不应完全旋合通过
通端螺纹环规	T	应与工件外螺纹旋合通过
止端螺纹环规	Z	允许与工件外螺纹两端的螺纹部分旋合，旋合量不应超过三个螺距（退出量时测定）。若工件外螺纹的螺距少于或等于三个，则不应完全旋合通过
"校通—通"螺纹塞规	TT	应与通端螺纹环规旋合通过
"校通—止"螺纹塞规	TZ	允许与通端螺纹环规两端的螺纹部分旋合，旋合量不应超过一个螺距（退出量规时测定）
"校通—损"螺纹塞规	TS	
"校止—通"螺纹塞规	ZT	应与止端螺纹环规旋合通过
"校止—止"螺纹塞规	ZZ	允许与止端螺纹环规两端的螺纹部分旋合，旋合量不应超过一个螺距（退出量规时测定）
"校止—损"螺纹塞规	ZS	

表 4-13　　　　　　　统一螺纹量规螺纹牙型基本参数　　　　　　　（mm）

螺纹牙数	b_3		h_3		最大差值
	尺寸	偏差	尺寸	偏差	
80			0.10	±0.03	0.03
72			0.11		
64			0.13		0.05
56			0.15	±0.04	
48	止端螺纹量规推荐		0.17		
44	采用圆弧半径 r_1		0.19	±0.05	0.07
40	或 r_2 连续		0.21	±0.05	0.07
36			0.23		
32			0.26	±0.08	0.10
28			0.29	±0.09	0.12
24			0.34		

螺纹牙数	b_3		h_3		最大差值
	尺寸	偏差	尺寸	偏差	
20	0.32	±0.04	0.41	±0.104	0.14
18	0.35		0.46		
16	0.40		0.52		
14	0.45	±0.05	0.59	±0.13	0.17
13	0.49		0.64		
12	0.53		0.69		
11	0.58		0.75		
10	0.64		0.83		
9	0.71	±0.08	0.92	±0.208	0.28
8	0.79		1.03		
7	0.91		1.18		
6	1.06	±0.10	1.38	±0.26	0.35
5	1.27		1.65		
4.5	1.41		1.83		
4	1.59		2.06		

注 1. b_3 为内螺纹截短牙型大径处的间隙槽宽度和外螺纹截短牙型小径处的间隙槽宽度，$b_3 = P/4$。

2. h_3 为止端螺纹环规的牙型高度，h_3 及其偏差是根据 b_3 及其偏差和间隙槽允许偏移量的相关关系推导的。

3. 梯形螺纹量规

梯形螺纹量规如图 4-18 所示。

图 4-18　梯形螺纹量规

（1）螺纹量规的螺距偏差见表 4-14。

表 4-14　　　　　　　　　　　螺纹量规的螺距偏差

螺纹量规的螺纹长度 l	螺纹量规的螺距偏差 T_p（μm）
$l \leqslant 32$	± 5
$32 < l \leqslant 50$	± 6
$50 < l \leqslant 80$	± 7
$80 < l \leqslant 120$	± 8
$l > 120$	± 10

（2）完整螺纹牙型槽底的曲率半径见表 4-15。

表 4-15　　　　　完整螺纹牙型槽底的曲率半径　　　　　（mm）

P	R
1.5	0.15
2，3，4，5	0.25
6，7，8，9，10，12	0.50
14，16，18，20，22，24，28，32，36，40，44	1.00

注　P 表示工件内外螺纹的螺距；R 表示完整螺纹牙型槽底的曲率半径。

（3）截短螺纹牙型的基本参数见表 4-16。

表 4-16　　　　　　　截短螺纹牙型的基本参数　　　　　　（mm）

P	b		S	F_1	F_2	
	尺寸	偏差			最大值	最小值
1.5	0.60	± 0.04	0.04	0.15	0.429	0.131
2	0.85	± 0.05	0.05	0.20	0.448	0.075
3	1.25	± 0.08	0.08	0.30	0.784	
4	1.70			0.40	0.933	0.187
5	2.20			0.50		
6	2.65			0.60	1.045	0.298
7	3.10			0.70	1.082	0.373
8	3.60	± 0.10	0.10	0.80	1.120	
9	4.05			0.90	1.232	0.485
10	4.50			1.00	1.306	0.560
12	5.40			1.20	1.493	0.746

P	b		S	F_1	F_2	
	尺寸	偏差			最大值	最小值
14	6.35			1.40	1.418	0.672
16	7.25			1.60	1.941	0.821
18	8.20			1.80	2.053	0.933
20	9.15	±0.15	0.15	2.00	2.164	1.045
22	10.10			2.20	2.239	1.120
24	11.05			2.40	2.314	1.194
28	12.90			2.80	2.612	1.493
32	14.90			3.20	2.799	1.306
36	16.85	±0.20	0.20	3.60	2.911	1.418
40	18.70			4.00	3.172	1.679
44	20.60			4.40	3.359	1.866

注　P 表示工件内外螺纹的螺距；b 表示截短螺纹牙型的间隙槽宽度；S 表示短螺纹牙型的间隙槽的对称度公差；F_1 表示在截短螺纹牙型的轴向剖面内，由中径线和牙侧直线部分顶端（向牙顶一侧）之间的径向距离；F_2 表示在截短螺纹牙型的轴向剖面内，由中径线和牙侧直线部分末端（向牙底一侧）之间的径向距离。

4. 带表卡规

带表卡规如图 4-19 所示。

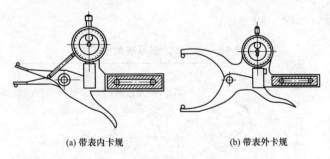

(a) 带表内卡规　　　　　　　(b) 带表外卡规

图 4-19　带表卡规

用途：带表内卡规用于测量内尺寸，带表外卡规用于测量外尺寸。

带表卡规测量范围见表 4-17。

表 4-17 带表卡规测量范围

名　　称	分度值 （mm）	测量范围 （mm）			测量深度 （mm）
带表内 卡规	0.01	10～30 30～50	15～30 35～55	20～40 40～60	50，80，100
	0.01	50～70 70～90	55～75 75～95	60～80 80～100	80，100，150
带表外 卡规	0.01	0～20，20～40，40～60， 60～80，80～100			—
	0.02	0～20			
	0.05	0～50			
	0.10	0～100			

5. 测厚规

用途：用于测量工件厚度。

测厚规测量范围见表 4-18。

6. 量针

量针如图 4-20 所示。

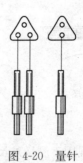

图 4-20　量针

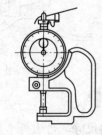

表 4-18 测厚规测量范围

测量范围 （mm）	分度值 （mm）	测量深度 （mm）
0～10	0.01	30，120，150

用途：与千分尺、比较仪等联合使用，用于测量外螺纹的中径。

规格：型式有Ⅰ、Ⅱ、Ⅲ型三种。量针的长度规格见表4-19。

表 4-19　　　　　　　　　量针的长度规格

型式	量针直径（mm）	适用螺纹螺距（mm）		适用英制螺纹每 25.4mm 牙数	
		普通	梯形	55°	60°
Ⅰ型	0.118	0.2	—	—	—
		0.225	—	—	—
	0.142	0.25	—	—	—
	0.185	0.3	—	—	—
		—	—	—	80
		0.35	—	—	72
	0.25	0.4	—	—	64
		0.45	—	—	56
	0.291	0.5	—	—	48
	0.343	0.6	—	—	—
		—	—	—	44
		—	—	—	40
	0.433	0.7	—	—	—
		0.75	—	—	36
		0.8	—	—	32
	0.511	—	—	—	28
	0.572	1.0	—	—	27
		—	—	—	26
		—	—	—	24
Ⅱ型	0.724	1.25	—	20	20
	0.796		—	18	18
	0.866	1.5	—	16	16

型式	量针直径（mm）	适用螺纹螺距（mm）		适用英制螺纹每 25.4mm 牙数	
		普通	梯形	55°	60°
Ⅱ型	1.008	1.71	—	14	14
		—	2	—	—
	1.157	2.0	—	12	13
		—	—	—	12
	1.302	—	—	11	$11\frac{1}{2}$
		—	—	—	11
	1.441	2.5	—	10	10
	1.553	—	3	9	9
Ⅲ型	1.732	3.0	3	—	—
	1.833	—	—	8	8
	2.05	3.5	4	7	$7\frac{1}{2}$
		—	—	—	7
	2.311	4.0	4	6	6
	2.595	4.5	5	—	$5\frac{1}{2}$
	2.886	5.0	5	5	5
	3.106	—	6	—	—
	3.177	5.5	6	$4\frac{1}{2}$	$4\frac{1}{2}$
	3.55	6.0	—	4	4
	4.12	—	8	$3\frac{1}{2}$	—
	4.4	—	8	$3\frac{1}{4}$	—
	4.773	—	—	3	—
	5.15	—	10	—	—
	6.212	—	12	—	—

注 JB/T 3326—1999 已于 2010 年 1 月废止，仅供参考。此内容已被 GB/T 22522—2008《螺纹测量用三针》涵盖，读者可查阅此标准。

7. 正弦规

正弦规如图 4-21 所示。

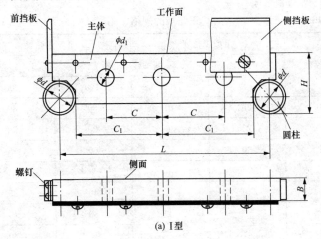

(a) Ⅰ型

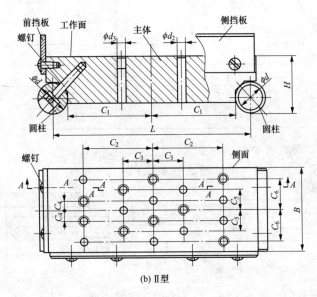

(b) Ⅱ型

图 4-21　正弦规

用途：用于测量或检验精密工件、量规、样板等内、外锥体的锥
度、角度、孔中心线与平面之间的夹角以及检定水平仪的水泡精度等，

也可用作机床上加工带角度（或锥度）工件的精密定位。

规格：正弦规的规格见表 4-20。

表 4-20　　　　　　　　　　　　　正弦规的规格　　　　　　　　　　　（mm）

基本参数	I 型正弦规		II 型正弦规	
	两圆柱中心距 L			
	100	200	100	200
B	25	40	80	80
d	20	30	20	30
H	30	55	40	55
C	20	40	—	
C_1	40	85	40	85
C_2			30	70
C_3			15	30
C_4	—		10	10
C_5			20	20
C_6			30	30
d_1	12	20	—	—
d_2			7B12	7B12
d_3			M6	M6

8. 莫氏与公制圆锥量规

莫氏与公制圆锥量规如图 4-22 所示。

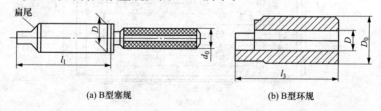

　(a) B型塞规　　　　　　　　　　(b) B型环规

图 4-22　莫氏与公制圆锥量规

用途：用于机床和精密仪器主轴与孔的锥度检查及工件、工具和莫氏与公制圆锥尺寸和圆锥锥角检验。

规格：莫氏与公制圆锥量规的规格见表 4-21。

表 4-21 莫氏与公制圆锥量规的规格

圆锥规格		锥 度	锥角	主要尺寸（mm）		
				D	l_1	l_3
公制圆锥	4	1：20＝0.05	2°51′51.1″	4	23	—
	6			6	32	—
莫氏圆锥	0	0.6246：12＝ 1：19.212＝0.05205	2°58′53.8″	9.045	50	56.5
	1	0.59858：12＝ 1：20.047＝0.04988	2°51′26.7″	12.065	53.5	62
	2	0.59941：12＝ 1：20.020＝0.04995	2°51′41.0″	17.780	64	75
	3	0.60235：12＝ 1：19.922＝0.05020	2°52′31.5″	23.825	81	94
	4	0.62326：12＝ 1：19.254＝0.05194	2°58′30.6″	31.267	102.5	117.5
	5	0.63151：12＝ 1：19.002＝0.05263	3°0′52.4″	44.399	129.5	149.5
	6	0.62565：12＝ 1：19.180＝0.05214	2°59′11.7″	63.380	182	210
公制圆锥	80	1：20＝0.05	2°51′51.1″	80	196	220
	100			100	232	260
	120			120	268	300
	160			160	340	380
	200			200	412	460

9. 角度量块及其附件

角度量块及其附件如图 4-23 所示。

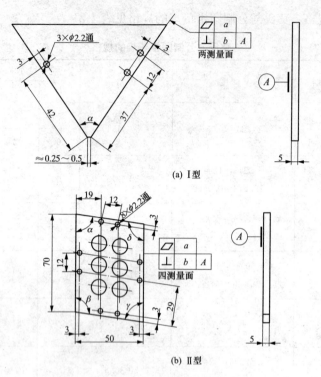

图 4-23　角度量块及其附件

用途：角度量块及其附件（持具、直尺、插销）用于对万能角度尺和角度样板的检定，也可用于检查零件的内、外角以及精密机床在加工过程中或机械设备在安装中的角度调整。

规格：角度量块的分组与配套规格见表 4-22。

表 4-22　　　　　　　角度量块的分组与配套规格

组别	角度量块型式	工作角度递增值	工作角度标称值	块数	准确度等级
第 1 组 （7 块）	Ⅰ型	15°10′	15°10′，30°20′，45°30′，60°40′，75°50′	5	1 级和 2 级
		—	50°	1	
	Ⅱ型		90°−90°−90°−90°	1	

组别	角度量块型式	工作角度递增值	工作角度标称值	块数	准确度等级
第2组 (36块)	Ⅰ型	1°	10°, 11°, …, 19°, 20°	11	0级和 1级
		1′	15°1′, 15°2′, …, 15°8′, 15°9′	9	
		10′	15°10′, 15°20′, 15°30′, 15°40′, 15°50′	5	
		10°	30°, 40°, 50°, 60°, 70°	5	
		—	45°	1	
		—	75°50′	1	
	Ⅱ型	—	80°−99°81°−100° 90°−90°−90°−90° 89°10′−90°40′−89°20′−90°50′ 89°30′−90°20′−89°40′−90°30′		
第3组 (94块)	Ⅰ型	1°	10°, 11°, …, 78°, 79°	70	0级和 1级
		—	10°0′30″	1	
		1′	15°1′, 15°2′, …, 15°8′, 15°9′	9	
		10′	15°10′, 15°20′, 15°30′, 15°40′, 15°50′	5	
	Ⅱ型	—	80°−99°−81°−100°, 82°−97° −83°−98°, 84°−95°−85°−96°, 86°−93°−87°−94°, 88°−91°−89° −92°, 90°−90°−90°−90°, 89°10′ −90°40′−89°20′−90°50′, 89°30′ −90°20′−89°40′−90°30′, 89°50′ −90°0′30″−89°59′30″−90°10′	9	
第4组 (7块)	Ⅰ型	15″	15°, 15°0′15″, 15°0′30″, 15°0′45″, 15°1′	5	0级
	Ⅱ型	—	89°59′30″−90°0′15″−89°59′45″ −90°0′30″, 90°−90°−90°−90°	2	

10. 半径样板

半径样板如图 4-24 所示。

图 4-24　半径样板

用途：用于与被测圆弧作比较来确定被测圆弧的半径。凸形样板用于检测凹表面圆弧，凹形样板用于检测凸表面圆弧。

规格：半径样板的尺寸规格见表 4-23。

表 4-23　　　　　　　　　　半径样板的尺寸规格

半径尺寸 范围（mm）	半径尺寸系列 （mm）	样板宽度 （mm）	样板厚度 （mm）	样板数	
				凸形	凹形
1～6.5	1, 1.25, 1.5, 1.75, 2, 2.25, 2.5, 2.75, 3, 3.5, 4, 4.5, 5, 5.5, 6, 6.5	13.5			
7～14.5	7, 7.5, 8, 8.5, 9, 9.5, 10, 10.5, 11, 11.5, 12, 12.5, 13, 13.5, 14, 14.5	20.5	0.5	16	16
15～25	15, 15.5, 16, 16.5, 17, 17.5, 18, 18.5, 19, 19.5, 20, 21, 22, 23, 24, 25				

11. 螺纹样板

螺纹样板如图 4-25 所示。

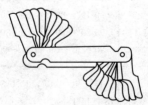

图 4-25　螺纹样板

用途：用于与被测螺纹作比较来确定被测螺纹的螺距（或英制 55°螺纹的每 25.4mm 牙数）。

规格：螺纹样板的规格见表 4-24。

表 4-24　　　　　　　　　　　螺纹样板的规格

螺距种类	普通螺纹螺距（mm）	英制螺纹螺距（牙/25.4mm）
螺距尺寸系列	0.40，0.45，0.50，0.60，0.70，0.75，0.80，1.00，1.25，1.50，1.75，2.00，2.50，3.00，3.50，4.00，4.50，5.00，5.50，6.00	28，24，22，20，19，18，16，14，12，11，10，9，8，7，6，5，4.5，4
样板数	20	18
厚度（mm）	0.5	

12. 框式与条式水平仪

框式与条式水平仪如图 4-26 所示。

(a) 框式水平仪　　　　　　　　　　(b) 条式水平仪

图 4-26　框式与条式水平仪

用途：主要用来检验被测平面的平直度，也用于检验机床上各平面相互之间的平行度和垂直度，以及设备安装时的水平位置和垂直位置。

规格：框式与条式水平仪的规格见表 4-25，其基本参数见表 4-26。

表 4-25　　　　　　　　　　框式与条式水平仪的规格

组　别	Ⅰ	Ⅱ	Ⅲ
分度值（mm/m）	0.02	0.05	0.10
平面度（mm）	0.003	0.005	0.005
位置公差（mm）	0.01	0.02	0.02

表 4-26 框式与条式水平仪的基本参数

品 种	代 号	外形尺寸（mm）			V 形工作面角度
		长度 L	高度 H	宽度 W	
框式水平仪	SK	100	100	25～35	120°～140°
		150	150	30～40	
		200	200	35～45	
		250	250	40～50	
		300	300	40～50	
条式水平仪	ST	100	30～40	30～35	120°～140°
		150	35～40	35～40	
		200	40～50	40～45	
		250	40～50	40～45	
		300	40～50	40～45	

13. 表面粗糙度比较样块

表面粗糙度比较样块如图 4-27 所示。

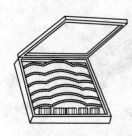

图 4-27 表面粗糙度
比较样块

用途：以样块工作面的表面粗糙度为标准，通过视觉和触觉与待测工件表面进行比较，从而判断其表面粗糙度值。比较时，所用样块须与被测件的加工方法相同。

规格：表面粗糙度比较样块的规格见表 4-27。

表 4-27 表面粗糙度比较样块的规格

铸造表面比较样块的粗糙度参数公称值			
加工表面方式及标准号	每套数量	表面粗糙度参数公称值（µm）	
		Ra	Rz
铸造表面 (GB/T 6060.1—1997)	12	0.2, 0.4, 0.8, 1.6, 3.2, 6.3, 12.5, 25, 50, 100, 200, 400	800, 1600

电火花、研磨、锉和抛光表面比较样块的分类及表面粗糙度

（GB/T 6060.3—2008）

比较样块的分类	研磨	抛光	锉	电火花
	金属或非金属			
表面粗糙度参数 Rz 公称值（μm）	0.012	0.012	—	—
	0.025	0.025	—	—
	0.05	0.05	—	—
	0.1	0.1	—	—
	—	0.2	—	—
	—	0.4	—	0.4
	—	—	0.8	0.8
	—	—	1.6	1.6
	—	—	3.2	3.2
	—	—	6.3	6.3
	—	—	—	12.5

抛（喷）丸、喷砂表面比较样块的分类及表面粗糙度参数公称值

（GB/T 6060.3—2008）

表面粗糙度参数 Ra 公称值（μm）	抛（喷）丸表面比较样块的分类			喷砂表面比较样块的分类			覆盖率
	钢、铁	铜	铝、镁锌	钢、铁	铜	铝、镁锌	
0.2	☆	☆	☆	—	—	—	
0.4							
0.8							98%
1.6							
3.2							
6.3	★	★	★	★	★	★	
12.5							
25							
50							
100				—	—	—	

磨、车、镗、铣、插、刨样块的分类及对应的表面粗糙度参数（以表面轮廓算术平均偏差 Ra 表示）公称值（GB/T 6060.2—2008）

样块加工方法	磨	车、镗	铣	插、刨
表面粗糙度参数 Ra 公称值（μm）	0.025	—	—	—
	0.05	—	—	—
	0.1	—	—	—
	0.2	—	—	—
	0.4	0.4	0.4	—
	0.8	0.8	0.8	0.8
	1.6	1.6	1.6	1.6
	3.2	3.2	3.2	3.2
	—	6.3	6.3	6.3
	—	12.5	12.5	12.5
	—	—	—	25.0

注 "☆"表示采取特殊措施方能达到的表面粗糙度；"★"表示采取一般工艺措施可以达到的表面粗糙度。

三、卡尺

1. 卡尺通用技术条件

（1）外观要求。卡尺表面不应有影响外观和使用性能的裂痕、划伤、碰伤、锈蚀、毛刺等缺陷；卡尺表面的镀、涂层不应有脱落和影响外观的色泽不均等缺陷；标尺标记不应有目力可见的断线、粗细不均及影响读数的其他缺陷；指示装置的显示屏应透明、清洁，无划痕、气泡等影响读数的缺陷。

（2）标尺标记。游标卡尺的主标尺和游标尺的标记宽度及标记宽度差应符合表 4-28 的规定。带表卡尺主标尺的标记宽度及其标记宽度差、圆标尺的标记宽度及标尺间距应符合表 4-29 的规定。

表 4-28　游标卡尺的主标尺和游标尺的标记宽度及标记宽度差　　（mm）

分度值	标记宽度	标记宽度差≤
0.02		0.02
0.05	0.08~0.18	0.03
0.10		0.05

表 4-29　　　　带表卡尺主标尺的标记宽度及其标记宽度差、
　　　　　　　　圆标尺的标记宽度及标尺间距　　　　　（mm）

标尺名称	标记宽度	标记宽度差≤	标尺间距≥
主标尺	0.10~0.25	0.05	—
圆标尺	0.10~0.20	—	0.8

（3）指示装置及各部分相对位置。卡尺的游标尺标记表面棱边至主标尺标记表面的距离应不大于 0.30mm；微视差卡尺的游标尺标记表面棱边至主标记表面间的距离 h，游标尺标记端面与主标尺标记端面的距离 s（如图 4-28 所示）应不超过表 4-30 的规定。带表卡尺的指针端应盖住圆标尺上短标尺标记长度的 30%~80%；指针末端与圆标尺标记表面的间隙应不大于表 4-31 的规定。

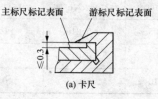

(a) 卡尺

(b) 微视差卡尺

图 4-28　游标尺与主标尺间的相对位置

表 4-30 指示装置及各部分相对位置 （mm）

分度值	游标尺标记表面棱边至主标尺标记表面间的距离 h（测量范围上限）		游标尺标记端面与主标尺标记端面的距离 s
	≤500	＞500	
0.02	±0.06	±0.08	0.08
0.05	±0.08	±0.10	0.08
0.10	±0.10	±0.12	0.08

表 4-31 指针末端与圆标尺标记表面的间隙 （mm）

分度值	指针末端与圆标尺标记表面的间隙
0.01, 0.02	0.7
0.05	1.0

（4）重合度。卡尺两外测量面手感接触时，游标尺上的"零""尾"标尺标记与主标尺相应标尺标记应相互重合，其重合度不应超过表 4-32 的规定。

表 4-32 重 合 度

分度值	"零"标尺标记重合度		"尾"标尺标记重合度	
	游标尺（可调）	游标尺（不可调）	游标尺（可调）	游标尺（不可调）
0.02	±0.005	±0.010	±0.01	±0.015
0.05	±0.005	±0.010	±0.02	±0.025
0.10	±0.010	±0.015	±0.03	±0.035

（5）重复性。带表卡尺和数显卡尺的重复性见表 4-33。

表 4-33 重 复 性

分度值/分辨力	重复性	
	带表卡尺	数显卡尺
0.01	0.005	0.010
0.02, 0.05	0.010	—

2. 电子数显深度卡尺

电子数显深度卡尺如图 4-29 所示。

用途：用于测量工件上阶梯形、沟槽和盲孔的深度。

规格：测量范围为 0～300、0～500mm；分辨率为 0.01mm。

3. 电子数显高度卡尺

电子数显高度卡尺如图 4-30 所示。

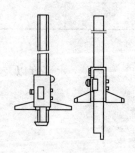 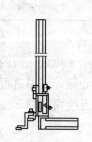

图 4-29　电子数显
深度卡尺

图 4-30　电子数显
高度卡尺

用途：用于测量工件的高度及精密划线。

规格：测量范围为 0～200、0～300、0～500mm；分辨率为
0.01mm。

4. 电子数显卡尺

电子数显卡尺如图 4-31 所示。

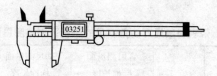

图 4-31　电子数显卡尺

用途：测量精度比一般游标卡尺更高，且具有读数清晰、准
确、直观、迅速、使用方便的优点。

规格：电子数显卡尺的规格见表 4-34。

表 4-34 电子数显卡尺的规格

形 式	名 称	测量范围（mm）	分辨率（mm）
Ⅰ型	三角数显卡尺	0～150，0～200	0.01
Ⅱ型	两用数显卡尺	0～200，0～300	
Ⅲ型	双面卡脚数显卡尺	0～200，0～300	
Ⅳ型	单面卡脚数显卡尺	0～500	

5. 万能角尺

用途：用于测量一般的角度、长度、深度、水平度以及在圆形工件上定中心等，也可进行角度划线。

规格：万能角尺的规格见表 4-35。

表 4-35 万能角尺的规格

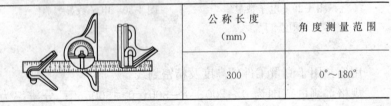

	公称长度（mm）	角度测量范围
	300	0°～180°

6. 游标、带表和数显万能角度尺

游标、带表和数显万能角度尺如图 4-32 所示。

游标、带表和数显万能角度尺的测量范围与测量面标称长度见表 4-36。

表 4-36 游标、带表和数显万能角度尺的测量范围与测量面标称长度

形 式	测量范围	直尺测量面标称长度（mm）	基尺测量面标称长度（mm）	附加量尺测量面标称长度（mm）
Ⅰ型游标万能角度尺	0°～320°	≥150	≥50	—
Ⅱ型游标万能角度尺	0°～360°	150 或 200 或 300		≥70
带表万能角度尺				
数显万能角度尺				

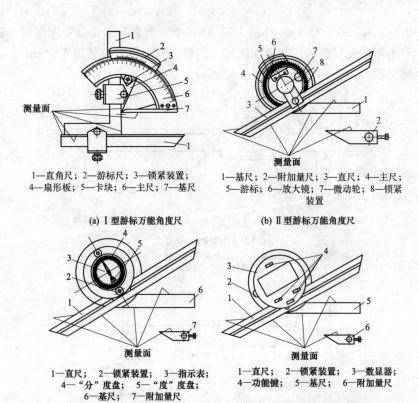

1—直角尺；2—游标尺；3—锁紧装置；
4—扇形板；5—卡块；6—主尺；7—基尺

(a) Ⅰ型游标万能角度尺

1—基尺；2—附加量尺；3—直尺；4—主尺；
5—游标；6—放大镜；7—微动轮；8—锁紧
装置

(b) Ⅱ型游标万能角度尺

1—直尺；2—锁紧装置；3—指示表；
4—"分"度盘；5—"度"度盘；
6—基尺；7—附加量尺

(c) 带表万能角度尺

1—直尺；2—锁紧装置；3—数显器；
4—功能键；5—基尺；6—附加量尺

(d) 数显万能角度尺

图 4-32　游标、带表和数显万能角度尺

7. 游标、带表和数显卡尺

用途：游标卡尺用于测量工件的内径和外径尺寸，带深度尺的还可以用于测量工件的深度尺寸。利用游标可以读出毫米小数值，测量精度比钢直尺高，使用也方便。带表卡尺的用途与普通游标卡尺相同，但用表盘指针直接读数代替游标读数，零位可任意调整，使用方便醒目。显示卡尺的测量精度比一般游标卡尺更高，且具有读数清晰、准确、直观、迅速、使用方便的优点。

形式与基本参数：卡尺的型式如图 4-33（a）～（d）所示，指示装置如图 4-33（e）所示；卡尺的测量范围及基本参数推荐值见表 4-37。卡尺的分度值/分辨力为 0.01、0.02、0.05mm 和

0.10mm，图 4-33（a）和图 4-33（b）中Ⅰ型和Ⅱ卡尺分带深度尺和不带深度尺两种。如带深度尺，测量范围上限不宜超过 300mm。测量范围为 0～70mm 和 0～4000mm。

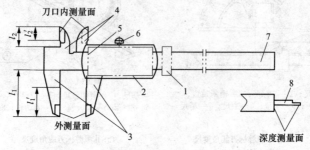

(a) Ⅰ型卡尺(不带台阶测量面)

1—微动装置；　2—指示装置；　3—外测量爪；　4—刀口内测量爪；
5—尺框；　6—制动螺钉；　7—尺身；　8—深度尺

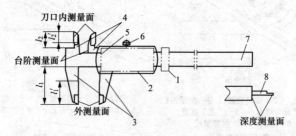

(b) Ⅱ型卡尺(带台阶测量面)

1—微动装置；　2—指示装置；　3—外测量爪；　4—刀口内测量爪；
5—尺框；　6—制动螺钉；　7—尺身；　8—深度尺

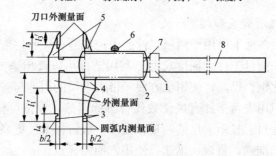

(c) Ⅲ型卡尺

1—微动装置；　2—指示装置；　3—圆弧内测量爪；　4—外测量爪；
5—刀口外测量爪；　6—制动螺钉；　7—尺框；　8—尺身

图 4-33　卡尺的型式与指示装置示意图（一）

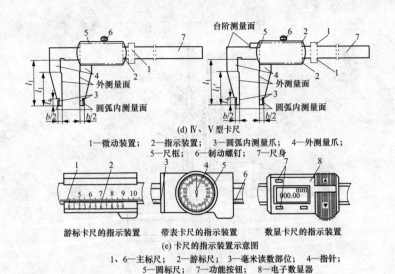

(d) Ⅳ、Ⅴ型卡尺

1—微动装置； 2—指示装置； 3—圆弧内测量爪； 4—外测量爪；
5—尺框； 6—制动螺钉； 7—尺身

游标卡尺的指示装置　　带表卡尺的指示装置　　数显卡尺的指示装置

(e) 卡尺的指示装置示意图

1、6—主标尺； 2—游标尺； 3—毫米读数部位； 4—指针；
5—圆标尺； 7—功能按钮； 8—电子数显器

图 4-33　卡尺的型式与指示装置示意图（二）

表 4-37　　　　　　　卡尺的测量范围及基本参数推荐值

测量范围 （mm）	基本参数（推荐值）(mm)							
	$l_1'^{①}$	l_1	l_2	l_2'	$l_3'^{①}$	l_3	l_4	$b^{②}$
0～70	25	15	10	6	—	—	—	—
0～150	40	24	16	10	20	12	6	
0～200	50	30	18	12	28	18	8	10
0～300	65	40	22	14	36	22	10	
0～500	100	60	40	24	54	32	12（15）	10（20）
0～1000	130	80	48	30	64	38	18	
0～1500	150	90	56	34	74	45	20	20（30）
0～2000	200	120						
0～2500	250	150						
0～3000								
0～3500	260		—	—	—	—	35	40
0～4000								

注 表中各字母所代表的基本参数如图 4-33 所示。
① 当外测量爪的伸出长度 l_1、l_3 大于表中推荐值时，其技术指标由供需双方技术协议确定。
② 当 $b=20mm$ 时，$l_4=15mm$。

8. 游标、带表和数显高度卡尺

用途：用于测量工件的高度及精密划线。

型式与基本参数：高度卡尺的型式如图 4-34 所示。测量范围及

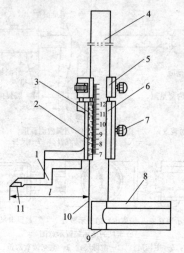

(a) 游标高度卡尺

1—划线量爪；2—游标尺；3—主标尺；4—尺身；5—微动装置；6—尺框；7—制动螺钉；
8—底座；9—底座工作面；10—尺身基面；11—划线量爪工作面

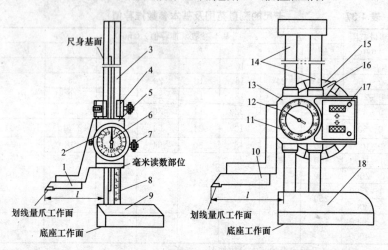

I型带表高度卡尺(由主标尺读毫米读数)   II型带表高度卡尺(由计数器读毫米读数)

(b) 带表高度卡尺

1、10—划线量爪；2、11—圆标尺；3—尺身；4—微动装置；5、13—尺框；6、12—指针；
7—制动螺钉；8—主标尺；9、18—底座；14—尺身(立柱)；15—手轮；16—锁紧手柄；17—计数器

图 4-34　高度卡尺的型式（一）

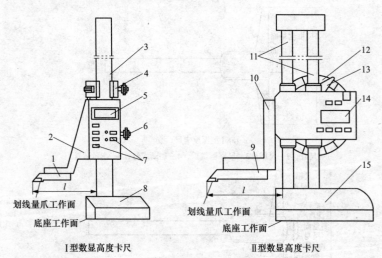

I型数显高度卡尺　　　　　　　　Ⅱ型数显高度卡尺

(c) 数显高度卡尺

1、9—划线量爪；2、10—尺框；3—尺身；4—微动装置；5、14—电子数显器；
6—制动螺钉；7—功能按钮；8、15—底座；11—尺身(立柱)；12—手轮；13—锁紧手环

图 4-34　高度卡尺的型式（二）

基本参数推荐值见表 4-38。分度值/分辨力为 0.01、0.02、0.05mm 和 0.10mm，测量范围为 0～150mm 和 0～1000mm。

表 4-38　　　　高度卡尺的测量范围及基本参数推荐值　　　　（mm）

测量范围上限	基本参数 l[①]（推荐值）	测量范围上限	基本参数 l[①]（推荐值）
～150	45	＞400～600	100
＞150～400	65	＞600～1000	130

① 当 l 的长度超过表中推荐值时，其技术指标由供需双方技术协议确定。

9. 游标、带表和数显深度卡尺

用途：用于测量工件上阶梯形、沟槽和不通孔的深度。

型式与基本参数：深度卡尺的型式如图 4-35（a）～（c）所示，图 4-35（d）为深度卡尺的指示装置示意图。分度值/分辨力

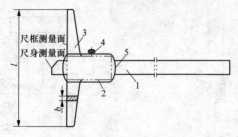

(a) Ⅰ型深度卡尺

1—尺身；2—尺框；3—尺框测量爪；4—制动螺钉；5—指示装置

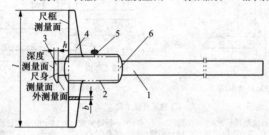

(b) Ⅱ型深度卡尺(单钩型)

本型式测量爪和尺身可做成一体式、拆卸式和可旋转式

1—尺身；2—尺框；3—测量爪；4—尺框测量爪；5—制动螺钉；6—指示装置

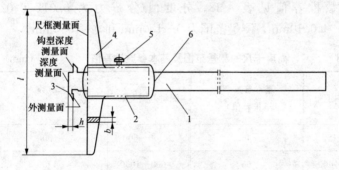

(c) Ⅲ型深度卡尺(双钩型)

本型式测量爪和尺身做成一体

1—尺身；2—尺框；3—测量爪；4—尺框测量爪；5—制动螺钉；6—指示装置

图 4-35 深度卡尺的型式和指示装置示意图（一）

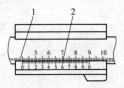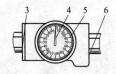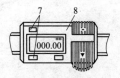

游标深度卡尺的指示装置　　　带表深度卡尺的指示装置　　　数显深度卡尺的指示装置

(d) 深度卡尺的指示装置示意图

1—主标尺；2—游标尺；3—毫米读数部位；4—指针；5—圆标尺；
6—主标尺；7—功能按钮；8—电子数显器

图 4-35　深度卡尺的型式和指示装置示意图（二）

为 0.01、0.02、0.05mm 和 0.10mm，测量范围为 0～100mm 和 0～1000mm。深度卡尺的测量范围及基本参数的推荐值见表 4-39。

表 4-39　　　　深度卡尺的测量范围及基本参数的推荐值

测量范围	基本参数（推荐值）	
	尺框测量面长度 l （mm，≥）	尺框测量面宽度 b （mm，≥）
0～100、0～150	80	5
0～200、0～300	100	6
0～500	120	6
0～1000	150	7

注　表中各字母所代表的基本参数如图 4-35（a）～（c）所示。

10. 游标齿厚卡尺

（1）齿厚卡尺的型式如图 4-36（a）所示，齿厚卡尺的指示装置如图 4-36（b）所示。

（2）测量范围：测量齿轮模数范围为 1～16、1～26、5～32、15～55mm。分度值/分辨率为 0.01mm 和 0.02mm。

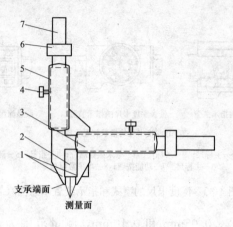

(a) 齿厚卡尺的型式示意图

1—测量爪；2—齿高尺；3—齿厚尺尺框；4—紧固螺钉；
5—齿高尺尺框；6—微动装置；7—主尺

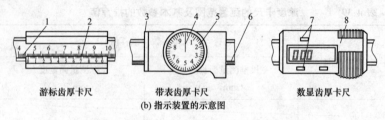

游标齿厚卡尺　　　带表齿厚卡尺　　　数显齿厚卡尺

(b) 指示装置的示意图

1—主标尺；2—游标尺；3—毫米读数部位；4—指针；
5—圆标尺；6—主标尺；7—功能按钮；8—电子数显器

图 4-36　齿厚卡尺的型式和指示装置示意图

四、千分尺

1. 外径千分尺

外径千分尺如图 4-37 所示。

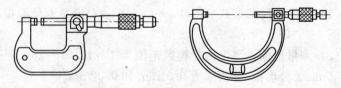

图 4-37　外径千分尺

用途：用于测量较大工件的外径、厚度、长度、形状偏差等，测量精度较高。

规格：外径千分尺的规格见表 4-40。

表 4-40　　　　　　　　　　外径千分尺的规格

测量范围（mm）	测量范围间隔	分度值（mm）
0~25，25~50，50~75，75~100，100~125，125~150，150~175，175~200，200~225，225~250，250~275，275~300，400~325，325~350，350~375，375~400，400~425，425~450，450~475，475~500	25	0.01
500~600，600~700，700~800，800~900，900~1000	100	0.01

2. 三爪内径千分尺

三爪内径千分尺如图 4-38 所示。

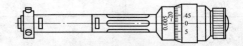

图 4-38　三爪内径千分尺

用途：用于测量精度较高的内孔，尤其适于测量深孔的直径。

规格：三爪内径千分尺的规格见表 4-41。

表 4-41　　　　　　　　　　三爪内径千分尺的规格

测量范围（内径）（mm）	测量范围间隔	分度值（mm）
6~8，8~10，10~12	2	0.010，0.005
11~14，4~17，17~20	3	
20~25，25~30，30~35，35~40	5	
40~50，50~60，60~70，70~80，80~90，90~100	10	

3. 内径千分尺

内径千分尺如图 4-39 所示。

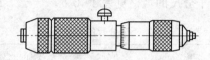

图 4-39　内径千分尺

用途：用于测量工件的孔径、槽宽、卡规等的内尺寸和两个内表面之间的距离，其测量精度较高。

规格：内径千分尺的规格见表 4-42。

表 4-42　　　　　　　　内径千分尺的规格　　　　　　（mm）

测量范围	分度值	测量范围	分度值
50~250，50~600	0.01	250～2000，250～4000，250～5000	0.01
100～1225，100～1500，100~5000			
150～1250，150～1400，150～2000，150～3000，150~4000，150~5000		1000~3000，1000~4000，1000~5000	

4. 尖头千分尺

用途：用于测量螺纹的中径。

规格：尖头千分尺的规格见表 4-43。

表 4-43　　　　　　　　尖头千分尺的规格

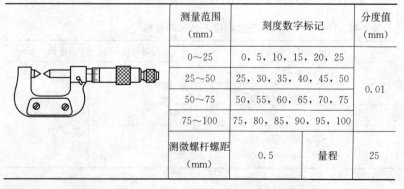

测量范围（mm）	刻度数字标记		分度值（mm）
0~25	0，5，10，15，20，25		0.01
25~50	25，30，35，40，45，50		
50~75	50，55，60，65，70，75		
75~100	75，80，85，90，95，100		
测微螺杆螺距（mm）	0.5	量程	25

5. 公法线千分尺

用途：用于测量模数大于 1mm 的外啮合圆柱齿轮的公法线长，也可用于测量某些难测部位的长度尺寸。

规格：公法线千分尺的规格见表 4-44。

表 4-44　　　　　　　　　　公法线千分尺的规格　　　　　　　　（mm）

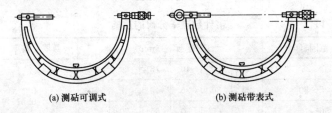

	测量范围	分度值	测微螺杆螺距	量程	测量模数
	0～25，25～50，50～75，75～100，100～125，125～150，150～175，175～200	0.01 0.001 0.002	0.5 1	25	≥1

6. 大外径千分尺

大外径千分尺如图 4-40 所示。

(a) 测砧可调式　　　　　　　　　(b) 测砧带表式

图 4-40　大外径千分尺

用途：用于测量较大工件（大于 1000mm）的外部尺寸。

规格：大外径千分尺的规格见表 4-45。

表 4-45　　　　　　　　　　大外径千分尺的规格

型　式	测量范围（mm）	测量范围间隔	分度值（mm）
测砧可调式	1000～1200，1200～1400，1400～1600，1600～1800，1800～2000，2000～2200，2200～2400，2400～2600，2600～2800，2800～3000	200	0.01
测砧带表式	1000～1500，1500～2000，2000～2500，2500～3000	500	0.01

7. 电子数显外径千分尺

电子数显外径千分尺如图 4-41 所示。

用途：用于测量精密外尺寸。

规格：测量范围为 0～25mm；分辨率为 0.001mm。

8. 带计数器千分尺

带计数器千分尺如图 4-42 所示。

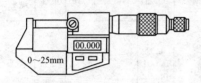 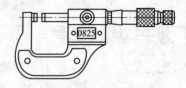

图 4-41　电子数显外径千分尺　　　　图 4-42　带计数器千分尺

用途：用于测量工件的外形尺寸。

规格：带计数器千分尺的规格见表 4-46。

表 4-46　　　　　　　　带计数器千分尺的规格

测量范围（mm）	刻度数字（mm）						计数器分辨率（mm）
0～25	0	5	10	15	20	25	
25～50	25	30	35	40	45	50	0.01
50～75	50	55	60	65	70	75	
75～100	75	80	85	90	95	100	
测微头分度值	0.002	测微螺杆和测量端直径（mm）					6.5

9. 螺纹千分尺

螺纹千分尺如图 4-43 所示。

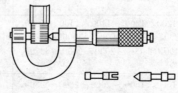

图 4-43　螺纹千分尺

用途：用于测量螺纹的中径和螺距。

规格：螺纹千分尺的规格见表 4-47。

表 4-47　　　　　　　　　　螺纹千分尺的规格

测量范围 （mm）	测头数量 （副）	测头测量螺距的范围 （mm）	分度值 （mm）
0～25	5	0.4～0.5，0.6～0.8，1～1.25， 1.5～2，2.5～3.5	0.01
25～50	5	0.6～0.8，1～1.25，1.5～2， 2.5～3.5，4～6	
50～75、75～100	4	1～1.25，1.5～2，2.5～3.5，4～6	
100～125、125～150	3	1.5～2，2.5～3.5，4～6	

注　按用户要求，可供应平测头、球形测头和其他型式测头。

10. 深度千分尺

用途：用于测量精密工件的孔、沟槽的深度和台阶的高度，以及工件两平行面间的距离等，其测量精度较高。

规格：深度千分尺的规格见表 4-48。

表 4-48　　　　　　　　　　深度千分尺的规格

	测 量 范 围 （mm）	分 度 值 （mm）
	0～25，0～100，0～150	0.01

11. 杠杆千分尺

用途：用于测量工件的精密外形尺寸（如外径、长度、厚度等），或校对一般量具的精度。

规格：杠杆千分尺的规格见表 4-49。

表 4-49	杠杆千分尺的规格	
	测量范围（mm）	分度值（mm）
	0～25，25～50，50～75，75～100	0.001，0.002

12. 壁厚千分尺

用途：用于测量管子的壁厚。

规格：壁厚千分尺的规格见表 4-50。

表 4-50	壁厚千分尺的规格	
	测量范围 （mm）	分度值 （mm）
Ⅱ型壁厚千分尺	0～25，25～50	0.01

13. 板厚千分尺

板厚千分尺如图 4-44 所示。

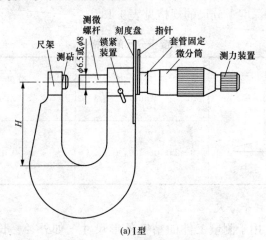

(a) Ⅰ型

图 4-44　板厚千分尺（一）

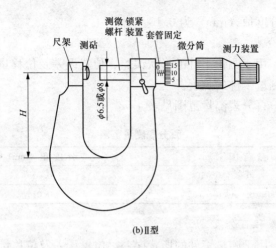

(b)Ⅱ型

图 4-44　板厚千分尺（二）

　　板厚千分尺的示值误差、两侧面的平行度见表 4-51，板厚千分尺的测量范围和尺架凹入深度 H 见表 4-52。

表 4-51　　　　**板厚千分尺的示值误差、两侧面的平行度**　　　（mm）

测量范围	示值误差		两测量面的平行度公差	
	1 级	2 级	1 级	2 级
0～10	±0.004	±0.008	0.002	0.004
0～15	±0.004	±0.008	0.002	0.004
0～25	±0.004	±0.008	0.002	0.004

表 4-52　　　**板厚千分尺的测量范围和尺架凹入深度 H**　　　（mm）

型式	测量范围	尺架凹入深度 H
Ⅰ型	0～10，0～20，0～25	40，80，150
Ⅱ型	0～25	40，80，150

五、指示表

1. 十分表

用途：同百分表，精度比百分表低。

规格：测量范围（mm）为 0～10、0～20、0～30、0～50、

0～100；分度值（mm）为 0.10。

2. 百分表

用途：用于测量工件的形状误差、位置误差及位移量，也可以用比较法测量工件的长度。

规格：百分表测量范围见表 4-53。

表 4-53　　　　　　　　　百分表测量范围

测 量 范 围（mm）	分 度 值（mm）
0～3，0～5，0～10	0.01
0～30，0～50，0～100	0.01

3. 大量程百分表

用途：用于测量工件的形状误差、位置误差及位移量，也可以用比较法测量工件的长度。

规格：大量程百分表测量范围见表 4-54。

表 4-54　　　　　　　　大量程百分表测量范围

测量范围 （mm）	分度值 （mm）	最大测力 （N）	示值总误差 （μm）
0～30		2.2	30
0～50	0.01	2.5	40
0～100		3.2	50

4. 千分表

用途：用于测量精密工件的形状误差、位置误差及位移量，也可以用比较法测量工件的长度。

规格：千分表测量范围见表 4-55。

表 4-55　　　　　　　　　千分表测量范围

测 量 范 围（mm）	分 度 值（mm）
0～1，0～3，0～5	0.001
0～1，0～3，0～5，0～10	0.002

5. 胀簧式内径百分表

用途：用于内尺寸测量。

规格：胀簧式内径百分表测量范围见表 4-56。

表 4-56　　　　　　　　胀簧式内径百分表测量范围

	胀簧测头标称尺寸 (mm)	2.00，2.25，2.50，2.75，3.00，3.25，3.50，3.75，4.0，4.5，5.0，5.5，6.0，6.5，7.0，7.5，8.0，8.5，9.0，9.5，10，11，12，13，14，15，16，17，18，19，20			
	测量范围（mm）	2～20			
	胀簧测头标称尺寸 (mm)	2.00～2.25	2.50～3.75	4.0～5.5	6.0～9.5	10～20
	测孔深度（mm）	≥16	≥20	≥30	≥40	≥50
	胀簧测头工作行程 (mm)	0.3		0.6		1.2

6. 内径百分表和千分表

内径百分表和千分表如图 4-45 所示。

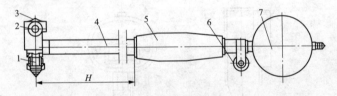

图 4-45　内径百分表和千分表

1—可换测头；2—定位护桥；3—活动测头；4—直管；5—手柄；
6—锁紧装置；7—指示表

用途：用比较法测量工件圆柱形内孔和深孔的尺寸及其形状误差。

规格：内径百分表和千分表的测量范围见表 4-57。

表 4-57　　　　　　　内径百分表和千分表的测量范围

品　　种	测量范围（mm）	分度值（mm）
内径百分表	6～10，10～18，18～35，35～50，50～100，100～160，100～250，250～450	0.01
内径千分表	6～10，18～35，35～50，50～100，100～160，160～250，250～450	0.001

7. 杠杆百分表和千分表

杠杆百分表和千分表如图 4-46 所示。

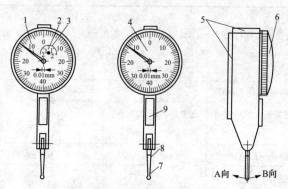

(a) 指针杠杆指示表的型式示意图

1—指针； 2—转数指针； 3—转数指示盘； 4—度盘； 5、9—燕尾；
6—表蒙； 7—杠杆测头； 8—测杆

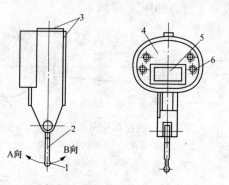

(b)电子数显杠杆指示表的型式示意图

1—杠杆测头； 2—测杆； 3—燕尾； 4—电子显示器； 5—显示屏； 6—功能键

图 4-46　杠杆百分表和千分表

用途：用于测量工件的形状误差和位置误差，并可用比较法测量长度，尤其适宜测量受空间限制而使用百分表难以测量的小孔、凹槽、键槽、孔距及坐标尺寸等。

规格：标尺排列示意如图 4-47 所示，其测量范围见表 4-58。

图 4-47　标尺排列的示意图

表 4-58　　　　　　　　　**杠杆百分表和千分表测量范围**

品　　　种	测量范围（mm）	分度值（mm）
杠杆百分表	0～0.8、0～1.6	0.01
杠杆千分表	0～0.2	0.002
	0.12	0.001

8. 扭簧比较仪

用途：用于测量高精度的工件尺寸及形位误差，尤其适用于检验工件的跳动量。

规格：扭簧比较仪示值范围见表 4-59。

表 4-59　　　　　　　　　**扭簧比较仪示值范围**

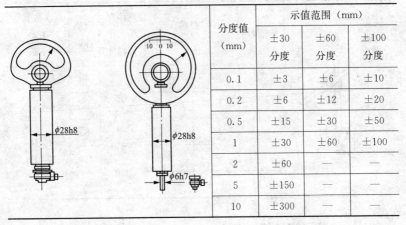

分度值 (mm)	示值范围（mm）		
	±30 分度	±60 分度	±100 分度
0.1	±3	±6	±10
0.2	±6	±12	±20
0.5	±15	±30	±50
1	±30	±60	±100
2	±60	—	—
5	±150	—	—
10	±300	—	—

9. 万能表座

用途：用于支持百分表、千分表，并使其处于任意位置，从而测量工件尺寸、形状误差及位置误差。

规格：万能表座的规格见表 4-60。

表 4-60　　　　　　　　　万能表座的规格

	型　号	底座长度 (mm)	表杆最大升高量 (mm)	表杆最大回转半径 (mm)	表夹孔直径 (mm)	微调量 (mm)
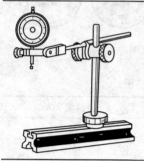	WZ-22	220	230	220	ϕ8H8、ϕ4H8、ϕ6H8、ϕ10H8	—
	WWZ-15	150	350	320		
	WWZ-22	220	350	320		≥2
	WWZ-22A	220	230	220		

10. 磁性表座

用途：支持百分表、千分表，利用磁性使其处于任何空间位置的平面及圆柱体上做任意方向的转换，来适应各种不同用途和性质的测量。

规格：磁性表座的规格见表 4-61。

表 4-61　　　　　　　　　磁性表座的规格

	表座规格	立柱高度 (mm)	横杆长度 (mm)	座体V形工作面角度	规格 (kg)	夹表孔直径 (mm)
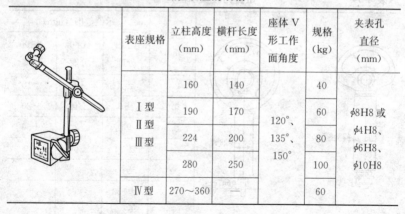	Ⅰ型 Ⅱ型 Ⅲ型	160	140	120°、135°、150°	40	ϕ8H8 或 ϕ4H8、ϕ6H8、ϕ10H8
		190	170		60	
		224	200		80	
		280	250		100	
	Ⅳ型	270～360	—		60	

六、建筑用测量仪

1. 建筑用电子水平尺

建筑用电子水平尺如图 4-48 所示。

图 4-48　建筑用电子水平尺

用途：建筑用电子水平尺是利用数字式倾角传感器和单片机技术测量建筑工程倾角或斜度的仪器。

规格：建筑用电子水平尺的规格见表 4-62。

表 4-62　　　　　　　　　　建筑用电子水平尺的规格

参数名称			数值	
分辨率（mm）			0.01	
测量范围			$-99.9°\sim99.99°$	
温度范围			$-25\sim60℃$	
工作面长度（mm）			400、1000、2000、3000	
工作电源额定电压			DC 12V	
使用寿命			6年/8万次	
尺寸（长×宽×高，mm×mm×mm）	型号	JYC-400/1—0.01	$400\times26\times62$	
		JYC-1000/1—0.01	$1000\times30\times80$	
		JYC-2000/1—0.01	$2000\times40\times80$	
		JYC-3000/1—0.01	$3000\times50\times80$	
准确度等级			0.01	0.02
基本误差极限（用满量程的百分数表示）（%）			±0.01	±0.02

2. 水准仪

水准仪如图 4-49 所示。

图 4-49　水准仪

用途：适用于气泡式水准仪、自动安平水准仪和电子水准仪。

规格：水准仪的规格见表 4-63。

表 4-63　　　　　　　　水准仪的规格

参数名称		高精密	精密	普通
望远镜	放大率（倍）	38～42	32～38	20～32
	物镜有效孔径（mm）	45～55	40～45	30～40
	最短视距（m）	≤2.0		
水准泡角值 [(″)/2mm]	符合式管状	10		20
	直交型管状	120		—
	圆形	240		480
自动安平补偿性能	补偿范围（′）	±8		
	安平时间（s）	2		
测微器	测微范围（mm）	10、5		
	分格值（mm）	0.1、0.05		
主要用途		国家一等水准测量及地震水准测量	国家二等水准测量及其他精密水准测量	国家三、四等水准测量及一般工程水准测量

3. 光电测距仪

图 4-50　光电测距仪

光电测距仪如图 4-50 所示。

用途：光电测距仪是采用光电技术直接测量发射处与照准点之间距离的仪器。手持式激光测距仪是采用激光光源制成的无协作目标的手持式光电测距仪。全站仪、电子速测仪是兼有测距、测角、计算和数据记录及传输功能的测量仪器。

规格：光电测距仪的规格见表 4-64。

表 4-64 光电测距仪的规格

序号	参数名称	仪器等级			
		I	II	III	IV
1	分辨率（mm）	0.1	0.5	1.0	1.0
2	测程	最短测程及最长测程满足标称值			
3	相位均匀性误差（mm）	$\leqslant 1/2a$			
4	幅相误差（mm）	$\leqslant 1/2\,a$			
5	鉴别力（率）（mm）	$\leqslant 1/4\,a$			
6	周期误差振幅 A（相位式）（mm）	$\leqslant 3/5\,a$			
7	常温下频率偏移（Hz）	$\leqslant 1/2b$			
8	开机频率稳定性（10^{-6}）	$\leqslant 1/2\,b$			
9	频率随环境温度变化（Hz）	$\leqslant 2/3b$			
10	距离测量的重复性标准差（mm）	$\leqslant 1/2a$			
11	测距标准差（mm）	m'_d			
12	加常数剩余值（mm）	—			
13	加常数检验标准差（mm）	$\leqslant 1/2\,a$			
14	乘常数（mm/km）	具有剩常数预置功能			
15	乘常数检验标准差（mm/km）	$\leqslant 1/2\,b$			
16	激光光源发光功率	III级激光以内，且$<1.2P_0$[①]			
17	工作温度范围（℃）	$-20\sim50$			
	存储温度范围（℃）	$-30\sim65$			
18	振动	振动后工作正常			
19	温度改正	温度预置至 0.1℃			
	大气改正	气压预置至 1kPa			
20	单次测量时间（s）	$\leqslant 3$			
21	求取差值 Δ_i 中的最大值与最小值之差 ΔD[②]	出厂检验：$\Delta D\leqslant 1.5a$			

注 a 为标称标准差固定部分（mm）；b 为标称标准差比例系数（mm/km）。

① P_0 为激光光源发光功率的标称值；

② 计算距离已知值和观测值之间的差值 Δ_i（mm）时，取差值 Δ_i 中的最大值与最小值之差的绝对值 ΔD（mm）作为结果，即 $\Delta D=|\Delta_{max}-\Delta_{min}|$。

4. 平板仪

用途：用以测定点位和直接绘制地形图。适用于大地测量仪器中固定视差角形的 DP3、DP5 和 DP10 级平板仪。

规格：平板仪的规格见表 4-65。

表 4-65　　　　　　　　　　　平板仪的规格

参 数 名 称		等　级		
		DP3	DP5	DP10
仪器精确度	归算到 100m 测距全标准偏差（中误差）（dm/100m，≤）	±3	±5	±10
望远镜	放大倍数（倍）	≥24	≥15	≥8
	物镜有效孔径（mm）	≥35	≥25	≥14
望远镜	视场角（°）	≥1.3	≥1.6	≥2
	最短视距（m）	≤4.0	≤3.0	≤2.5
水准泡角值 [(′)/2mm]	横轴	1	—	—
	竖直度盘指标	0.5	1	1
	基尺圆形	—	8	8
	独立圆形	8	8	8
划线尺	工作长度（mm）	≥250		
	平行尺平移范围（mm）	≥30	≥20	
照准仪质量（kg）		≤3.5	≤1.5	≤1.2
竖直度盘读数最小格值（′）		10（估读1）	5	10
视距乘常效		100	100	100
视距加常数		0	0	150～200
平板尺寸（mm×mm）		600×600	600×500	600×500
主要用途		测量大比例尺地形图	测量小比例尺地形图及查勘图	绘制农田水利、规划用图及地质、勘查草图

5. 垂准仪

用途：利用光学准直原理定铅垂线。它可以用于测量相对铅垂线的微小水平偏差以及对铅垂线进行点位传递。

规格：垂准仪的规格见表 4-66。

表 4-66　　　　　　　　　　　垂准仪的规格

参数名称		精密型	普通型	简易型
一测回垂准测量标准偏差①		1/100000	1/30000	1/5000
放大率（倍）		24	10	2
有效孔径（mm）		30	13	6
水准泡角值 [（′）/2mm]	圆形	240	480	480
	管状	10	20	30
最短视距（m）		2.0	1.5	0.6
最大使用范围（m）		200	100	10
光斑最短聚焦距离（m）		2.5		

注　表中放大率、有效孔径、最短视距、最大使用范围、光斑最短聚焦距离均为下限值。

①　点位标准偏差与垂准测量的高度之比。

6. 罗盘仪

用途：罗盘仪是以磁针的指示值（或通过换算）作为最终测量值的仪器。适用于地质普查、勘探、森林、矿山和大地测量。

规格：罗盘仪的规格见表 4-67。

表 4-67　　　　　　　　　　　罗盘仪的规格

参数名称	规　格				
	DQL40	DQL50	DQL63	DQL80	DQL100
磁针长度（mm）	40(44)	50	63(67)	80(71) (76)	100(94)

参 数 名 称		规　格				
		DQL40	DQL50	DQL63	DQL80	DQL100
望远镜	放大率（倍）	≥8		≥12		≥16
	有效孔径（mm）	≥14		≥18		≥20
	视场角（°）	≥2.0		≥1.6		≥2.0
	最短视距（m）	≤2.5		≤3.0		≤2.0
	视距乘常数	100				
水准泡角值 [（′)/2mm]	圆形	30				
	管状	0.25				

注　1. 磁针长度栏括号内的数字为老产品的尺寸，设计新产品时不准采用。

　　2. 望远镜参数只适用于有望远镜的罗盘仪。

第五章 钳 工 工 具

一、划线工具类

1. 划规

划规如图 5-1 所示。

用途：用于在工件上划圆或圆弧、分角度、排眼子等。

规格：分普通式和弹簧式两种，其规格见表 5-1。

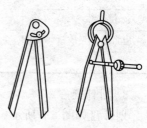

图 5-1 划规

表 5-1   划规规格

品种	规格（脚杆长度）（mm）							
普通式	100	150	200	250	300	350	400	450
弹簧式	—	150	200	250	300	350	—	—

2. 划针

划针如图 5-2 所示。

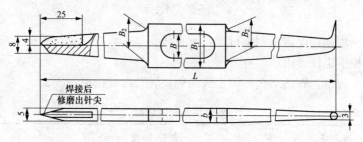

图 5-2 划针

用途：用于在工件上划线。

规格：划针的基本尺寸见表 5-2。

表 5-2   **划针的基本尺寸**   （mm）

L	B	B_1	B_2	b	展开长 ≈
320	11	20	15	8	330
450					460
500	13	25	20	10	510
700		30	25		710
800	17	38	33	12	860
1200		45	37		1210
1500			40		1510

3. 划针盘

划针盘如图 5-3 所示。

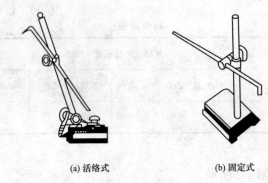

(a) 活络式   (b) 固定式

图 5-3　划针盘

用途：供钳工划平行线、垂直线、水平线，以及在平板上定位和校准工件等用。

规格：有活络式和固定式两种，其长度规格见表 5-3。

表 5-3   **划针盘的长度规格**

型　式	主杆长度（mm）				
活络式	200	250	300	400	450
固定式	355	450	560	710	900

4. 钩头划规

钩头划规如图 5-4 所示。

用途：用于在工件上划圆或圆弧，并可用来找工件外圆端面的圆心。

规格：钩头划规的代号长度见表 5-4。

表 5-4　　　　　　　　　　钩头划规的代号长度　　　　　　　（mm）

代　号	总长	头部直径	销轴直径
JB/ZQ7001. P5. 42. 1. 00	100	16	8
JB/ZQT001. P5. 42. 2. 00	200	20	10
JB/ZQ7001. P5. 42. 3. 00	300	30	15
JB/ZQ7001. P5. 42. 4. 00	400	35	15

5. 长划规

长划规如图 5-5 所示。

图 5-4　钩头划规

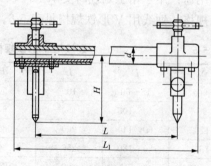

图 5-5　长划规

用途：用于划圆、分度的工具，其划针可在横梁上任意移动、调节，适应于尺寸较大的工件，可划最大半径为 $800 \sim 2000$ mm 的圆。

规格：长划规的规格见表 5-5。

表 5-5　　　　　　　　　　　　长划规的规格　　　　　　　　　　　（mm）

两划脚中心距 L	总长度 L_1	栋梁直径 d	脚 深 $H\approx$
800	850	20	70
1250	1315	32	90
2000	2065		

6. 划线用 V 形铁

划线用 V 形铁如图 5-6 所示。

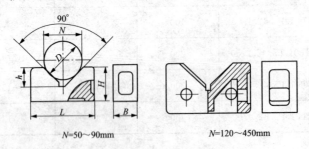

$N=50\sim90\text{mm}$　　　　　　$N=120\sim450\text{mm}$

图 5-6　划线用 V 形铁

用途：用于钳工划线时支承工件。

规格：划线用 V 形铁规格见表 5-6。

表 5-6　　　　　　　　　　划线用 V 形铁规格　　　　　　　　（mm）

N	D	L	B	H	h
50	15～60	100	50	50	26
90	40～100	150	60	80	46
120	60～140	200	80	120	61
150	80～180	250	90	130	75
200	100～240	300	120	180	100
300	120～350	400	160	250	150
350	150～450	500	200	300	175
450	180～550	500	250	400	200

7. 划线尺架

划线尺架如图 5-7 所示。

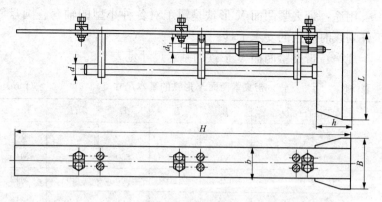

图 5-7　划线尺架

划线尺架的基本尺寸见表 5-7。

表 5-7 　　　　　　　　　　划线尺架的基本尺寸　　　　　　　　　（mm）

H	L	B	h	b	d	d_1
500	130	80	60	50	15	M10
800	150	95	65		20	
1250	200	140	100	55	25	M16
2000	250	160	120	60		

8. 带夹紧两面 V 形铁

带夹紧两面 V 形铁如图 5-8 所示。

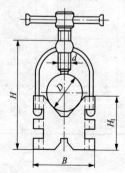

图 5-8　带夹紧两面 V 形铁

用途：带夹紧两面 V 形铁是钳工对各种小型的轴套、圆盘等工件划线时使用的支承工具。

规格：带夹紧两面 V 形铁的基本尺寸见表 5-8。

表 5-8　　　　　　　带夹紧两面 V 形铁的基本尺寸　　　　　（mm）

夹持工件直径 D	B	B_1	H	H_1	d
8～35	50	50	85	40	M8
10～60	80	80	130	60	M10
15～100	125	120	200	90	M12
20～135	160	150	260	120	M16
30～175	200	160	325	150	M16

注　B_1 为夹持工件长度。

9. 带夹紧四面 V 形铁

用途：带夹紧四面 V 形铁，四面有 V 形槽，是钳工划线时用于支承工件的工具。

规格：带夹紧四面 V 形铁的基本尺寸见表 5-9。

表 5-9　　　　　　　带夹紧四面 V 形铁的基本尺寸　　　　　（mm）

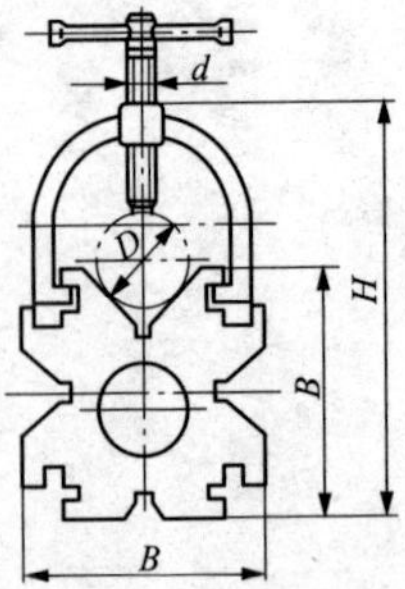

夹持工件直径 D	H	B	B_1	d
12～80	230	140	150	M12
24～120	310	180	200	M16
45～170	410	230	250	M16

10. 方箱

用途：方箱适用于各种小型件的立体划线。

规格：方箱的基本尺寸见表 5-10。

表 5-10　　　　　　方箱的基本尺寸　　　　　（mm）

B	H	d	d_1
160	320	20	M10
200	400	20	M12
250	500	25	M16
320	600	25	M16
400	750	30	M20
500	900	30	M20

二、锉刀类

1. 锯锉

锯锉如图 5-9 所示。

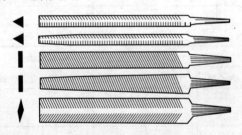

图 5-9　锯锉

用途：用于锉修各种木工锯和手用锯的锯齿。

规格：锯锉的长度规格见表 5-11。

表 5-11　　　　　　　　锯锉的长度规格　　　　　　　（mm）

规格 （锉身长度）	三角锯锉 （尖头、齐头）			扁锯锉 （尖头、齐头）		菱形锯锉		
	普通型	窄型	特窄型					
	宽	宽	宽	宽	厚	宽	厚	刃厚
60	—	—	—	—	—	16	2.1	0.40

规格 (锉身长度)	三角锯锉 （尖头、齐头）			扁锯锉 （尖头、齐头）		菱形锯锉		
	普通型	窄型	特窄型					
	宽	宽	宽	宽	厚	宽	厚	刃厚
80	6.0	5.0	4.0	—	—	19	2.3	0.45
100	8.0	6.0	5.0	12	1.8	22	3.2	0.50
125	9.5	7.0	6.0	14	2.0	25	3.5 (4.0)	0.55 (0.70)
150	11.0	8.5	7.0	16	2，5	28	—	—
175	12.0	10.0	8.5	18	3.0		4.0 (5.0)	0.70 (1.00)
200	13.0	12.0	10.0	20	3.5	32	5.0	1.00
250	16.0	14.0	—	24	4.5	—	—	—
300	—	—	—	28	5.0	—		
350	—	—	—	32	6.0	—		

规格 (锉身长度)	每10mm轴向长度内的锉纹条数					
	三角锯锉			扁锯锉		菱形锯锉
	普通型	窄型	特窄型	1号锉纹	2号锉纹	
60	—	—	—	—	—	32
80	22	25	28	—	—	28
100	22	25	28	25	28	25
125	20	22	25	22	25	22＊
150	18	20	22	20	22	20＊(18)＊
175	18	20	22	20	22	
200	16	18	20	18	20	18
250	14	16	18	16	18	
300	—	—	—	14	16	
350	—	—	—	12	14	

注 1. 三角锯锉按断面三角形边长尺寸分普通型、窄型和特窄型三种。

2. 菱形锯锉的厚度，一般同普通型三角锯锉，带＊符号的规格还有厚型。括号内的锉纹条数适用于厚型菱形锯锉。

3. 各种锯锉的锉纹均为单锉纹，但三角锯锉也可制成双锉纹。

2. 钳工锉

钳工锉如图 5-10 所示。

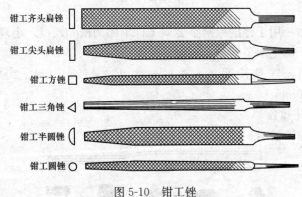

钳工齐头扁锉

钳工尖头扁锉

钳工方锉

钳工三角锉

钳工半圆锉

钳工圆锉

图 5-10　钳工锉

用途：用于锉削或修整金属工件的表面、凹槽及内孔。

规格：钳工锉的规格见表 5-12。

表 5-12　　　　　　　钳工锉的规格　　　　　　　（mm）

锉身长度	扁锉（齐头、尖头）		半圆锉			三角锉	方锉	圆锉
	宽	厚	宽	厚（薄型）	厚（厚型）	宽	宽	直径
100	12	2.5	12	3.5	4.0	8.0	3.5	3.5
125	14	3	14	4.0	4.5	9.5	4.5	4.5
150	16	3.5	16	5.0	5.5	11.0	5.5	5.5
200	20	4.5	20	5.5	6.5	13.0	7.0	7.0
250	24	5.5	24	7.0	8.0	16.0	9.0	9.0
300	28	6.5	28	8.0	9.0	19.0	11.0	11.0
350	32	7.5	32	9.0	10.0	22.0	14.0	14.0
400	36	8.5	36	10.0	11.5	26.0	18.0	18.0
450	40	9.5	—	—	—	—	22.0	

3. 刀锉

刀锉如图 5-11 所示。

图 5-11　刀锉

用途：用于锉削或修整金属工件上的凹槽和缺口，小规格锉刀也可用于修整木工锯条、横锯等的锯齿。

规格：锉身长度（不连柄）为 100、125、150、200、250、300、350mm。

4. 什锦锉

什锦锉如图 5-12 所示。

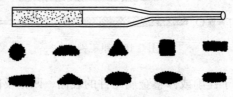

图 5-12　什锦锉

用途：用于锉削或修整硬度较高的金属等硬脆材料，如硬质合金、经过淬火或渗氮的工具钢、合金钢刀具、模具和工夹具等。

规格：电镀金刚石整形锉的规格见表 5-13。

表 5-13　　　　　　　　　　电镀金刚石整形锉的规格

组别	平头扁锉	尖头半圆锉	尖头方锉	尖头等边三角锉三角锉	尖头圆锉	尖头双边圆扁锉圆扁锉	尖头刀形锉	尖头三角锉	尖头双圆锉	尖头椭圆锉
140mm10 支组	O	O	O	O	O	O	O	O	O	O
180mm5 支组	O	O	O	O	O					
全长×柄部直径（mm×mm）	140×3				160×4			180×5		
工作面长度（mm）	50，70									
磨料 种类	人造金刚石：RVD，MBD；天然金刚石									
磨料 常见粒度	120/140（粗），140/170（中），170/200（细）									

注　"O" 为市场上供应的规格。

5. 异形锉

异形锉如图 5-13 所示。

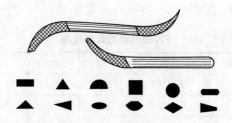

图 5-13　异形锉

用途：用于机械、电器、仪表等行业中修整、加工普通形锉刀难以锉削且其几何形状又较复杂的金属表面。

规格：异形锉的长度规格见表 5-14。

表 5-14　　　　　　　　　　异形锉的长度规格

规格（mm）（全长）	齐头扁锉		尖头扁锉		半圆锉		三角锉	方锉	圆锉
	宽	厚	宽	厚	宽	厚	宽	宽	直径
170	5.4	1.2	5.2	1.1	4.9	1.6	3.3	2.4	3.0

规格（mm）（全长）	单面三角锉		刀形锉		双半圆锉		椭圆锉	
	宽	厚	宽	厚	刃厚	宽	厚	宽	厚
170	5.2	1.9	5.0	1.6	0.5	4.7	1.6	3.3	2.3

6. 整形锉

整形锉如图 5-14 所示。

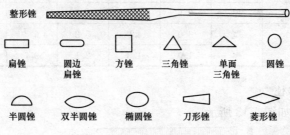

图 5-14　整形锉

用途：用于锉削小而精细的金属零件，为制造模具、电器、仪表等的必需工具。

规格：各种整形锉的长度规格见表 5-15。

表 5-15　　　　　　　各种整形锉的长度规格　　　　　（mm）

全　　　长		100	120	140	160	180
扁锉	宽	2.8	3.4	5.4	7.3	9.2
（齐头，尖头）	厚	0.6	0.8	1.2	1.6	2.0
半圆锉	宽	2.9	3.8	5.2	6.9	8.5
	厚	0.9	1.2	1.7	2.2	2.9
三角锉	宽	1.9	2.4	3.6	4.8	6.0
方锉	宽	1.2	1.6	2.6	3.4	4.2
圆锉	直径	1.4	1.9	2.9	3.9	4.9
单面三角锉	宽	3.4	3.8	5.5	7.1	8.7
	厚	1.0	1.4	1.9	2.7	3.4
刀形锉	宽	3.0	3.4	5.4	7.0	8.7
	厚	0.9	1.1	1.7	2.3	3.0
	刃厚	0.3	0.4	0.6	0.8	1.0
双半圆锉	宽	2.6	3.2	5	6.3	7.8
	厚	1.0	1.2	1.8	2.5	3.4
椭圆锉	宽	1.8	2.2	3.4	4.4	5.4
	厚	1.2	1.5	2.4	3.4	4.3
四边扁锉	宽	2.8	3.4	5.4	7.3	9.2
	厚	0.6	0.8	1.2	1.6	2.1
菱形锉	宽	3.0	4.0	5.2	6.8	8.6
	厚	1.0	1.3	2.1	2.7	3.5

7. 铝锉

铝锉如图 5-15 所示。

图 5-15　铝锉

用途：用于锉削、修整铝、铜等软性金属制品或塑料制品的表面。

规格：铝锉的长度规格见表 5-16。

表 5-16　　　　　　　　　　　铝锉的长度规格

规格（锉身长度）(mm)		200	250	300	350	400
宽（mm）		20	24	28	32	36
厚（mm）		4.5	5.5	6.5	7.5	8.5
齿距 (mm)	I	2	2.5	3	3	3
	II	1.5	2	2.5	2.5	2.5

8. 锡锉

锡锉如图 5-16 所示。

图 5-16　锡锉

用途：用于锉削或修整锡制品或其他软性金属制品的表面。

规格：锡锉的长度规格见表 5-17。

表 5-17　　　　　　　　　　　锡锉的长度规格

品　种	扁　锉	半　圆　锉
规格（锉身长度）(mm)	200，250，300，350	200，250，300，350

9. 电镀超硬磨料制品整形锉

电镀超硬磨料制品整形锉及其各种断面形状如图 5-17 所示。

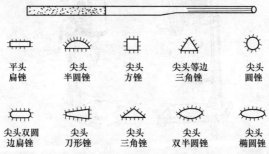

图 5-17　电镀超硬磨料制品整形锉及其各种断面形状

用途：用于锉削硬度较高的金属，如硬质合金、经过淬火或渗氮的工具钢、合金钢刀具、模具和工夹具等，工作效率较高。

规格：电镀超硬磨料制品整形锉的基本规格见表 5-18。

表 5-18　　　　　电镀超硬磨料制品整形锉的基本规格　　　　　（mm）

类型	名　称	代号	全长×柄部直径	工作面长度
尖头型	尖头扁锉	NF1	140×3，160×4，180×5	50，70
	尖头半圆锉	NF2		
	尖头方锉	NF3		
	尖头等边三角锉	NF4		
	尖头圆锉	NF5		
	尖头双圆边扁锉	NF6		
	尖头刀形锉	NF7		
	尖头三角锉	NF8		
	尖头双半圆锉	NF9		
	尖头椭圆锉	NF10		
平头型	平头扁锉	PF1	140×3，160×4，180×5	50，70
	平头等边三角锉	PF2	50×2，60×3，100×4	15，25
	平头圆锉	PF3	50×2，60×3，100×4	15，25

三、手钻类

1. 手摇台钻

手摇台钻如图 5-18 所示。

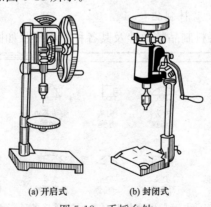

(a) 开启式　　　　　(b) 封闭式

图 5-18　手摇台钻

用途：用于在金属工件或其他材料上手摇钻孔，适用于无电源或缺乏电动设备的机械工场、修配场所及工地等。

规格：分开启式和封闭式两种，规格见表 5-19。

表 5-19 手摇台钻的规格

型 式	钻孔直径（mm）	钻孔深度（mm）	转速比
开启式	1～12	80	1：1，1：2.5
封闭式	1.5～13	50	1：2.6，1：7

2. 手摇钻

手摇钻如图 5-19 所示。

用途：手摇钻装夹于圆柱柄钻头后，用于在金属或其他材料上手摇钻孔。

规格：手摇钻按使用方式分为手持式（用 S 表示）和胸压式（用 X 表示），并根据其结构分为 A 型和 B 型。其规格见表 5-20。

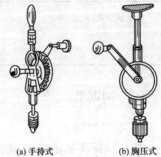

(a) 手持式　　(b) 胸压式

图 5-19　手摇钻

表 5-20 手摇的规格 （mm）

型 式		规格	L_{max}	L_{1max}	L_{2max}	d_{max}	夹持直径（max）
手持式	A 型	6	200	140	45	28	6
		9	250	170	55	34	9
	B 型	6	150	85	45	28	6
胸压式	A 型	9	250	170	55	34	9
		12	270	180	65	38	12
	B 型	9	250	170	55	34	9

图 5-20　手板钻

3. 手板钻

手板钻如图 5-20 所示。

用途：在各种大型钢铁工程上，当无法使用钻床或电钻时，就用手板钻来进行钻孔或攻制内螺纹或铰制圆（锥）孔。

规格：手板钻的规格见表 5-21。

表 5-21　　　　　　　　　手板钻的规格

手柄长度（mm）	250	300	350	400	450	500	550	600
最大钻孔直径（mm）	25				40			

四、钢锯类

1. 手用钢锯条

手用钢锯条如图 5-21 所示。

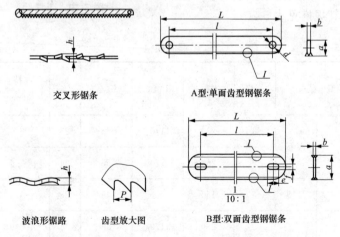

交叉形锯条　　　　A 型：单面齿型钢锯条

波浪形锯路　　齿型放大图　　B 型：双面齿型钢锯条

图 5-21　手用钢锯条

用途：装在钢锯架上，用于手工锯割金属等材料。双面齿型钢锯条，一面锯齿出现磨损情况后，可用另一面锯齿继续工作。挠性型钢锯在工作中不易折断。小齿距（细齿）钢锯条上多采用波浪形锯路。

规格：手用钢锯条的长度规格见表5-22。

表 5-22　　　　　　**手用钢锯条的长度规格**　　　　　　（mm）

类 型	长度 l	宽度 a	厚度 b	齿距/锯路宽 p/h	销孔 d $(e \times f)$	全长 $L \leqslant$
A 型	300 250	12.7 10.7	0.65	(0.8,1.0) /0.90； 1.2/0.95；(1.4,1.5, 1.8)/1.00	3.8	315 265
B 型	296 292	2 25	0.65	0.8，1.0/，0.90； 1.4/1.00	8×5 12×6	315
分 类	1. 按锯条型式分单面齿型（A型，普通齿型）和双面齿型（B型） 2. 按锯路特性分全硬型（代号 H）和挠性型（代号 F） 3. 按锯路（锯齿排列）形状分交叉形锯路和波浪形锯路 4. 按锯条材质分优质碳素结构钢（代号 D）、碳素（合金）工具钢（代号 T）、高速钢或双金属复合钢（代号 G）三种，锯条齿部最小硬度值分别为 HRA76、HRA81、HRA82					

2. 钢锯架

用途：安装手用锯条后，用于手工锯割金属等材料。

规格：钢锯架的长度规格见表5-23。

钢锯架如图5-22所示。

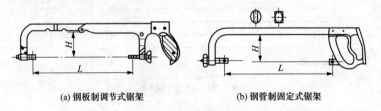

(a) 钢板制调节式锯架　　　　　　(b) 钢管制固定式锯架

图5-22　钢锯架

表 5-23		钢锯架的长度规格			（mm）
类　型		规格 L（可装锯条长度）	长　度	高　度	最大锯切深度 H
钢板制	调节式	200，250，300	324～328	60～80	64
	固定式	300	325～329	65～85	
钢管制	调节式	250，300	330	≥80	74
	固定式	300	324	≥85	

3. 小钢锯架

小钢锯架如图 5-23 所示。

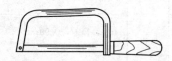

图 5-23　小钢锯架

用途：装上小锯条，用于手工锯切金属或非金属小工件。

规格：小钢锯架的长度规格见表 5-24。

表 5-24	小钢锯架的长度规格	（mm）
装用小锯条长度	锯架长度	锯架高度
146～150	132～153	51～70

4. 机用钢锯条

机用钢锯条如图 5-24 所示。

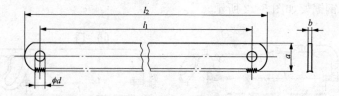

图 5-24　机用钢锯条

用途：装在机锯床上，用于锯割金属等材料。

规格：机用钢锯条的规格见表 5-25。

表 5-25　　　　　　　　　　机用钢锯条的规格　　　　　　　　　（mm）

公称长度	宽度 a	厚度 b	齿距 P	齿数 N	总长度 l_{2max}	销孔直径 d
300	25	1.25	1.8	14	330	
			2.5	10		
		1.5	1.8	14		
			2.5	10		
			4	6		
350	25	1.25	1.8	14	380	8.4
			2.5	10		
		1.5	1.8	14		
			2.5	10		
			4	6		
	30	1.5	1.8	14		
			2.5	10		
			4	6		
		2	1.8	14		
			2.5	10		
			4	6		
400	25	1.5	1.8	14	430	
			2.5	10		
			4	6		
	30	1.5	1.8	14		
			2.5	10		
			4	6		
		2	2.5	10		
			4	6		
			6.3	4		
	40	2	4	6	440	10.4
			6.3	4		

公称长度	宽度 a	厚度 b	齿距 P	齿数 N	总长度 l_{2max}	销孔直径 d
450	30	1.5	2.5	10	490	8.4
			4	6		
	40	2	2.5	10		8.4, 10.4
			4	6		
			6.3	4		
500	40	2	2.5	10	540	10.4
			4	6		
			6.3	4		
575	50	2.5	4	6	640	
			6.3	4		
			8.5	3		
600			4	6	745	10.4, 12.9
			6.3	4		
700			4	6		
			6.3	4		
			8.5	3		

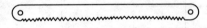

图 5-25　小锯条

5. 小锯条

小锯条如图 5-25 所示。

用途：装于木柄锯架或固定式小钢锯架上，依靠手工锯切小型金属件或非金属件。

规格：小锯条的基本规格见表 5-26。

表 5-26　　　　　　小锯条的基本规格　　　　　（mm）

锯架型式	两孔中心距	宽度	厚度	齿距
木柄式	146	6.35	0.45	0.8
圆钢柄式	147	6	0.65	1.0, 1.4

6. 曲线锯条

曲线锯条如图 5-26 所示。

图 5-26　曲线锯条

用途：装到气动或电动曲线锯上，用于在金属件上锯切直线或任意圆弧。

规格：曲线锯条的基本规格见表 5-27。

表 5-27　　　　　　　　　曲线锯条的基本规格　　　　　　　　（mm）

型式	工作部分长度	宽度/厚度	齿距	柄部尺寸
A	60，80	8/1	1，1.4，1.8，2.5	20×6
B				
C	130，150	18/18	1，1.4，1.8，2.5，3	

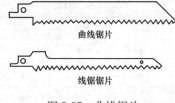

曲线锯片

线锯锯片

图 5-27　曲线锯片

7. 曲线锯片

曲线锯片如图 5-27 所示。

用途：装于曲线锯上，用于在钢板、铝板材或木塑板材上按划线要求切割出所需工件。普通曲线锯片切割厚度较大，切割曲率半径较大。线锯锯片切割厚度较小，切割曲率半径也较小。

规格：曲线锯片的基本规格见表 5-28。

表 5-28　　　　　　　　　曲线锯片的基本规格

工作长度 （mm）	锯齿间距 （mm）	切割深度 （mm）	适用于加工		
			木材	塑料	金属
（1）曲线锯片					
75	2.5	<30	—	★	—
50	1.35	<25	★	★	
75	4	<60	★	★	
75	3	<60	★	★	
50	2	<30	★	★	

工作长度 (mm)	锯齿间距 (mm)	切割深度 (mm)	适用于加工		
			木材	塑料	金属
50	2	<20	★	★	—
75	2	<10	★	—	★
50	0.7	<2	—	—	★
50	2	—	—	—	★
75	3	—	—	★	★
50	1.2	1.5~4	—	—	★
50	1.06	1.5~4	—	—	★

(2) 线锯锯片

工作长度 (mm)	锯齿齿距 (mm)	切割深度 (mm)	适用加工材料		
			木材	塑料	金属
75	3	<60	★	★	—
50	1.2	1.5~4	—	—	★
50	2	3~6	—	—	★
75	4	—	—	—	—
60	3	<50	★	★	—
55	1.2	1.5~4	★	★	—
55	2	3~6	—	—	★
55	2.5	<6	★	★	★

8. 割铝锯片

割铝锯片如图 5-28 所示。

用途：装于手用圆锯或台式斜口锯上，用来切削薄铝板门窗用型材。普通密齿割铝锯片用于切削薄铝板；镶硬质合金齿割铝锯片，多用于切割铝制门窗型材和胶合板、硬质板材及型材等。

图 5-28　割铝锯片

规格：割铝锯片的基本规格见表 5-29。

表 5-29　　　　　　　割铝锯片的基本规格

外径 [mm (in)]	孔径 [mm (in)]	齿数（个）
（1）普通密齿割铝锯片		
160（6¼）	19（3/4）	80
180（7¼）	19（3/4）	80
（2）镶硬质合金割铝锯片		
165（6½）	16，20，30	14
170（6⅝）	30，16	14
185（7¼）	19	40
190（7½）	30	16
210（8¼）	30	16
235（9¼）	30	16

五、虎钳类

1. 普通台虎钳

普通台虎钳如图 5-29 所示。

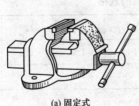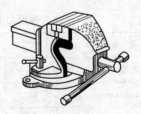

(a) 固定式　　　　　　　　　(b) 转盘式

图 5-29　普通台虎钳

用途：安装在工作台上，用于夹持工件，使钳工便于进行各种操作。回转式的钳体可以旋转，使工件旋转到合适的工作位置。

规格：普通台虎钳的规格见表 5-30。

表 5-30 　　　　　　　　　　普通台虎钳的规格

规　　格	75	90	100	115	125	150	200
钳口宽度（mm）	75	90	100	115	125	150	200
开口度（mm）	75	90	100	115	125	150	200
外形尺寸 （mm） 长度	300	340	370	400	430	510	610
宽度	200	220	230	260	280	330	390
高度	160	180	200	220	230	260	310
夹紧力 （kN） 轻级	7.5	9.0	10.0	11.0	12.0	15.0	20.0
重级	15.0	18.0	20.0	22.0	25.0	30.0	40.0

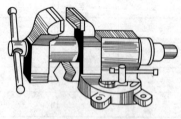

图 5-30　多用台虎钳

2. 多用台虎钳

多用台虎钳如图 5-30 所示。

用途：与普通台虎钳相同，但其平钳口下部设有一对带圆弧装置的管钳口及 V 形钳口，专用来夹持小直径的钢管、水管等圆柱形工件，以使加工时工件不转动；并在其固定钳体上端铸有铁砧面，便于对小工件进行锤击加工。

规格：多用台虎钳的规格见表 5-31。

表 5-31 　　　　　　　　　多用台虎钳的规格

规　　格	75	100	120	125	150
钳口宽度（mm）	75	100	120	125	150
开口度（mm）	60	80	100		120
管钳口夹持范围（mm）	7～40	10～50	15～60		15～65
夹紧力 （kN） 轻级	15	20	25		30
重级	9	20	16		18

3. 手虎钳

手虎钳如图 5-31 所示。

用途：是一种手持工具，用于夹持轻巧小型工件。

规格：手虎钳的规格见表 5-32。

表 5-32 手虎钳的规格

规格（钳口宽度）（mm）	25	30	40	50
钳口弹开尺寸（mm）	15	20	30	36

4. 方孔桌虎钳

方孔桌虎钳如图 5-32 所示。

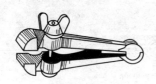 

图 5-31　手虎钳　　　　图 5-32　方孔桌虎钳

用途：与台虎钳相似，但钳体安装方便，只适用于夹持小型工件。

规格：方孔桌虎钳的规格见表 5-33。

表 5-33 方孔桌虎钳的规格

规　格	40	50	60	65
钳口宽度（mm）	40	50	60	65
开口度（mm）	35	45	55	55
最小紧固范围（mm）	15～45			
最小夹紧力（kN）	4.0	5.0	6.0	6.0

六、攻螺纹工具与套螺纹工具

1. 铰杠

铰杠如图 5-33 所示。

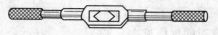

图 5-33　铰杠

用途：装夹丝锥或手用铰刀，用于手工铰制工件上的内螺纹或圆孔。

规格：铰杠的规格见表 5-34。

表 5-34　　　　　　　　　　　　　铰杠的规格

扳手长度（mm）	130	180	230	280	380	480	600
适用丝锥公称直径（mm）	2～4	3～6	3～10	6～14	8～18	12～24	16～27

2. 圆板牙架

圆板牙架如图 5-34 所示。

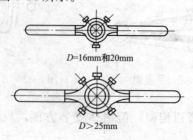

D=16mm和20mm

D>25mm

图 5-34　圆板牙架

用途：装夹圆板牙，用于手工铰制工件上的外螺纹。

规格：圆板牙架的规格见表 5-35。

表 5-35　　　　　　　　　　　　圆板牙架的规格

适用圆板牙尺寸	外径 D	16	20	25	30	38	45
	厚度 b	5	5，7	9	11	10，14	14，18
相应螺纹直径（mm）		1～2.5	3～6	7～9	10～11	12～15	16～20
适用圆板牙尺寸	外径 D	55	65	75	90	105	120
	厚度 b	16，22	18.25	20，30	22，36	22，36	22，36
相应螺纹直径（mm）		22～25	27～36	39～42	45～52	55～60	64～68

七、其他钳工工具

1. 錾子

錾子如图 5-35 所示。

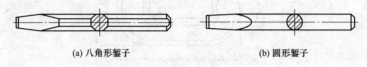

(a) 八角形錾子　　　　　　　　(b) 圆形錾子

图 5-35　錾子

用途：用于錾切、凿、铲等作业，常用于錾切薄金属板材或其他硬脆性的材料。

规格：有八角形和圆形两种。錾子的规格见表 5-36。

表 5-36　　　　　　　　　　錾子的规格

规格（mm×mm）	16×180	18×180	20×200	27×200	27×250
錾口宽度（mm）	16	18	20	27	27
全长（mm）	180	180	200	200	250

2. 刮刀

刮刀如图 5-36 所示。

(a) 半圆刮刀　　　　　(b) 平角刮刀　　　　　(c) 三角刮刀

图 5-36　刮刀

用途：刮刀是进行修整与刮光用的一种钳工刃具。半圆刮刀用于刮削圆孔和弧形面的工件（如轴瓦和衬套）；三角刮刀用于刮工件上的油槽与孔的边沿；平角刮刀用于刮削工件的平面或铲花纹等。

规格：长度（不连柄）为 50、75、100、125、150、175、200、250、300、350、400mm。

3. 弓形夹

弓形夹如图 5-37 所示。

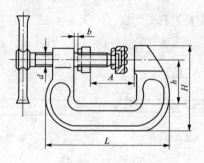

图 5-37　弓形夹

用途：弓形夹是钳工、钣金工在加工过程中使用的紧固器材，它可将几个工件夹在一起以便进行加工，其最大夹装厚度为 32～320mm。

规格：弓形夹的规格见表 5-37。

表 5-37 　　　　　　　　　　弓形夹的规格　　　　　　　　（mm）

d	最大夹装厚度 A	L	h	H	b
M12	32	130	50	95	14
M16	50	165	60	120	18
M20	80	215	70	140	22
	125	285	85	170	28
M24	200	360	100	190	32
	320	505	120	215	36

4. 拔销器

拔销器如图 5-38 所示。

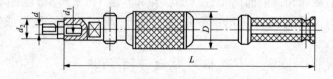

图 5-38　拔销器

用途：用于从销孔中拔出螺纹销。

规格：拔销器的规格见表 5-38。

表 5-38 拔销器的规格 （mm）

适用拔头 d	d_1	d_2	D	L
M4～M10	M16	22	52	430
M12～M20	M120	28	62	550

5. 顶拔器

顶拔器如图 5-39 所示。

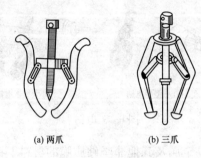

(a) 两爪　　　　　(b) 三爪

图 5-39　顶拔器

用途：顶拔器又称拉马，顶拔器通常有两爪及三爪两种。三爪顶拔器是适用于拆卸轴承、更换带轮及拆卸各种齿轮、连接器等机械零件的一种工具。两爪顶拔器还可以拆卸非圆形的零件。

规格：顶拔器的规格见表 5-39。

表 5-39 顶拔器的规格

规格（最佳受力处直径）(mm)	100	150	200	250	300	350
两爪顶拔器最大拉力（kN）	10	18	28	40	54	72
三爪顶拔器最大拉力（kN）	15	27	42	60	81	108

第六章　电动工具

一、金属切削电动工具

1. 电钻

电钻如图 6-1 所示。

(a) 小型手电钻　　　　(b) 大型手电钻

图 6-1　电钻

用途：用于在金属及其他非坚硬质脆的材料上钻孔。

规格：电钻的型号规格见表 6-1。

表 6-1　　　　　　　　　　　电钻的型号规格

型　号	规格 （mm）	类型	额定输出功率 （W）	额定转矩 （N·m）	质量 （kg）
J1Z-4A	4	A 型	≥80	≥0.35	—
J1Z-6C	6	C 型	≥90	≥0.50	1.4
J1Z-6A		A 型	≥120	≥0.85	1.8
J1Z-6B		B 型	≥160	≥1.20	—
J1Z-8C	8	C 型	≥120	≥1.00	1.5
J1Z-8A		A 型	≥160	≥1.60	—
JIZ-8B		B 型	≥200	≥2.20	—
J1Z-10C	10	C 型	≥140	≥1.50	—
JIZ-10A		A 型	≥180	≥2.20	2.3
JIZ-10B		B 型	≥230	≥3.00	—

型　号	规格 (mm)	类　型	额定输出功率 (W)	额定转矩 (N·m)	质量 (kg)
JlZ-13C		C型	≥200	≥2.5	—
J1Z-13A	13	A型	≥230	≥4.0	2.7
JlZ-13B		B型	≥320	≥6.0	2.8
JlZ-16A	16	A型	≥320	≥7.0	—
J1Z-16B	16	B型	≥400	≥9.0	—
J1Z-19A	19	A型	≥400	≥12.0	5
J1Z-23A	23	A型	≥400	≥16.0	5
J1Z-32A	32	A型	≥500	≥32.0	—

注 1. 电钻规格指电钻钻削 45 钢时允许使用的最大钻头直径。

2. 单相串励电动机驱动，电源电压为 220V，频率为 50Hz，软电缆长度为 2.5m。

3. 按基本参数和用途分，A 型为普通型电钻，B 型为重型电钻，C 型为轻型电钻。

2. 磁座钻

磁座钻如图 6-2 所示。

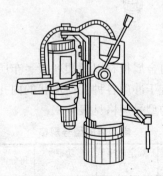

图 6-2　磁座钻

用途：应用于大型工程现场施工及高处作业。

规格：磁座钻的型号规格见表 6-2。

表 6-2　　　　　　　　　　　　磁座钻的型号规格

| 型号 | 钻孔直径 (mm) | 额定电压 (V) | 电　钻 | | 磁座钻架 | | 导板架 | 断电保护器 | | 电磁铁吸力 (kN) |
			主轴额定输出功率 (W)	主轴额定转矩 (N·m)	回转角度 (°)	水平位移 (mm)	最大行程 (mm)	保护吸力 (kN)	保护时间 (min)	
J1C-13	13	220	≥320	≥6.00	≥300	≥20	≥140	≥7	≥10	≥8.5
J1C-19	19	220	≥400	≥12.00	≥300	≥20	≥180	≥8	≥8	≥10
J3C-19		380	≥400							
J1C-23	23	220	≥400	≥16.00	≥60	≥20	≥180	≥8	≥8	≥11
J3C-23		380	≥500							
J1C-32	32	220	≥1000	≥25.00	≥60	≥20	≥200	≥9	≥6	≥13.5
J3C-32		380	≥1250							

3. 电冲剪

电冲剪如图 6-3 所示。

图 6-3　电冲剪

用途：用于冲剪金属板材以及塑料板、布层压板、纤维板等非金属板材，尤其适宜于冲剪各种几何形状的内孔。

规格：电冲剪的型号规格见表 6-3。

表 6-3　　　　　　　　　　　　电冲剪的型号规格

型　号	规格 (mm)	额定电压 (V)	功率 (W)	每分钟冲切次数	质量 (kg)
J1H-1.3	1.3	220	230	1260	2.2
J1H-1.5	1.5	220	370	1500	2.5
J1H-2.5	2.5	220	430	700	4
J1H-3.2	3.2	220	650	900	5.5

注　电冲剪的规格是指冲切抗拉强度为 390MPa 热轧钢板的最大厚度。

4. 手持式电剪刀

手持式电剪刀如图 6-4 所示。

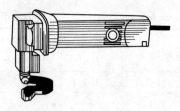

用途：用于剪切薄钢板、钢带、有色金属板材、带材及橡胶板、塑料板等。尤其适宜修剪工件边角，切边平整。

图 6-4　手持式电剪刀

规格：手持式电剪刀的型号规格见表 6-4。

表 6-4　　　　　　　　手持式电剪刀的型号规格

型　号	规格 （mm）	额定输出功率 （W）	刀杆额定每分钟往复次数	剪切进给速度 （m/min）	剪切余料宽度 （mm）	每次剪切长度 （mm）
J1J-1.6	1.6	≥120	≥2000	2～2.5	45±3	560±10
J1J-2	2	≥140	≥1100			
J1J-2.5	2.5	≥180	≥800	1.5～2	40±3	470±10
J1J-3.2	3.2	≥250	≥650	1～1.5	35±3	500±10
J1J-4.5	4.5	≥540	≥400	0.5～1	30±3	400±10

注　规格是指电剪刀剪切抗拉强度为 390MPa 热轧钢板的最大厚度。

5. 双刃电剪刀

双刃电剪刀如图 6-5 所示。

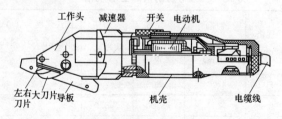

图 6-5　双刃电剪刀

用途：用于剪切各种薄壁金属异型材。

规格：双刃电剪刀的型号规格见表 6-5。

表 6-5　　　　　　　　　　双刃电剪刀的型号规格

型　号	规格 （mm）	最大剪切厚度 （mm）	额定输出功率 （W）	每分钟额定往复次数
J1R-1.5	1.5	1.5	≥130	≥1850
J1R-2	2	2	≥180	≥1500

6. 型材切割机

型材切割机如图 6-6 所示。

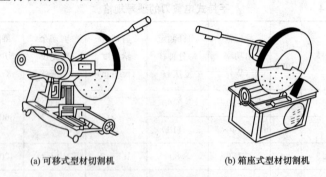

(a) 可移式型材切割机　　　　　　(b) 箱座式型材切割机

图 6-6　型材切割机

用途：用于切割圆形或异型钢管、铸铁管、圆钢、角钢、槽钢、扁钢等型材。

规格：型材切割机的型号规格见表 6-6。

表 6-6　　　　　　　　　　型材切割机的型号规格

型　号	规格 （mm）	薄片砂 轮外径 （mm）	额定输 出功率 （W）	额定转矩 （N·m）	抗拉强度为 390MPa 圆钢最大切割直径 （mm）	质量 （kg）
J1G-200	200	200	≥600	≥2.3	20	—
J1G-250	250	250	≥700	≥3.0	25	—
J1G-300	300	300	≥800	≥3.5	30	15
J1G-350	350	350	≥900	≥4.2	35	16.5
J1G-400	400	400	≥1100	≥5.5	50	20
J3G-400			≥2000	≥6.7	50	80

7. 电动自爬式锯管机

电动自爬式锯管机如图 6-7 所示。

图 6-7　电动自爬式锯管机

用途：用于锯割大口径钢管、铸铁管等金属管材。

规格：电动自爬式锯管机的规格见表 6-7。

表 6-7　　　　　　　　　电动自爬式锯管机的规格

型号	切割管径 (mm)	切割壁厚 (mm)	额定电压 (V)	输出功率 (W)	铣刀轴转速 (r/min)	爬行进给速度 (mm/min)	质量 (kg)
J3UP-35	133～1000	≤35	380	1500	35	40	80
J3UP-70	200～1000	≤20	380	1000	70	85	60

8. 电动焊缝坡口机

电动焊缝坡口机的如图 6-8 所示。

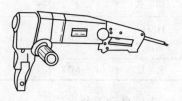

用途：用于各种金属构件，在气焊或电焊之前开各种形状（如 V 形、双 V 形、K 形、Y 形等）及各

图 6-8　电动焊缝坡口机

种角度（20°、25°、30°、37.5°、45°、50°、55°、60°）的坡口。

规格：电动焊缝坡口机的型号规格见表 6-8。

表 6-8　　　　　　　　　电动焊缝坡口机的型号规格

型　号	切口斜边最大宽度 (mm)	输入功率 (W)	加工速度 (m/min)	加工材料厚度 (mm)	质量 (kg)
J1P1-10	10	2000	≤2.4	4～25	14

9. 电动攻丝机

电动攻丝机如图 6-9 所示。

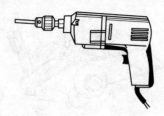

图 6-9　电动攻丝机

用途：用于在钢、铸铁和铜、铝合金等有色金属工件上加工内螺纹。

规格：电动攻丝机的型号规格见表 6-9。

表 6-9　　　　　　　　　　电动攻丝机的型号规格

型　　号	攻丝范围 （mm）	额定电流 （A）	额定转速 （r/min）	输入功率 （W）	质量 （kg）
J1S-8	M4～M8	1.39	310/650	288	1.8
J1SS-8 （固定式）	M4～M8	1.1	270	230	1.6
J1SH-8 （活动式）	M4～M18	1.1	270	230	1.6
J1S-12	M6～M12	—	250/560	567	3.7

10. 电动刀锯

电动刀锯如图 6-10 所示。

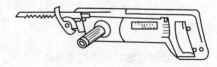

图 6-10　电动刀锯

用途：用于锯割金属板、管、棒等材料及合成材料、木材。

规格：电动刀锯的型号规格见表 6-10。

表 6-10 　　　　　　　　　　　电动刀锯的型号规格

规格 （mm）	电动机额定 输出功率 （W）	空载往复次数 （次/min）	额定转矩 （N·m）	锯割范围（mm）	
				管材外径	钢板厚度
24	430	≥2400	≥2.3	115	12
26	430	≥2400	≥2.3		
28	570	≥2700	≥2.6		
30	570	≥2700	≥2.6		

注　额定输出功率指刀具拆除往复机构后的额定输出功率。

11. 充电式手电钻

充电式手电钻如图 6-11 所示。

图 6-11　充电式手电钻

用途：当现场无电源，或离电源较远安装导线不便时采用该型电钻。一般随电钻供应充电器。

规格：充电式手电钻的基本规格见表 6-11。

表 6-11 　　　　　　　　　　　充电式手电钻的基本规格

最大钻孔系列 （mm）	额定电压 （V）	定额功率 （W）	额定转速 （r/min）	质量 （kg）	充电时间 （h）
（1）充电式电钻					
10	7.2	—	600	1.3	1
10	9.6	—	600	1.3	1
（2）充电式角电钻					
10	7.2	—	750	1.2	1

12. 万能电钻

万能电钻如图 6-12 所示。

用途：转动旋钮即可由钻孔功能变换至刚性离合器攻螺纹功能或旋入螺钉的功能。变换钻头可以选择砂盘进行磨削，选择旋转锉具可进行锉削。

规格：万能电钻的基本规格见表 6-12。

表 6-12　　　　　　　　万能电钻的基本规格

最大钻孔系列 (mm)	额定电压 (V)	额定功率 (W)	额定转速 (r/min)	质量 (kg)	紧固螺钉和攻螺纹直径 (mm)
10	20	335	0~2600	1.6	6

13. 轻便带锯

轻便带锯如图 6-13 所示。

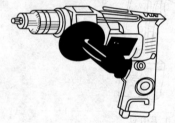 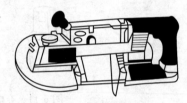

图 6-12　万能电钻　　　　　　图 6-13　轻便带锯

用途：用于切割各种钢管，铝、铜等各种型材，以及塑料管材、型材。由于锯条与工件的接触面较小而且散热面较大，所以对切割低熔点的塑料制品和木材更为方便。本类产品还有带固定架者，可以组装成台式带锯以扩大其应用范围。

规格：轻便带锯的基本规格见表 6-13。

表 6-13　　　　　　　　轻便带锯的基本规格

最大切割能力		输入功率 (W)	无负载速度 (m/min)	锯条尺寸 (长×宽×厚 mm×mm×mm)	质量 (kg)
圆(mm)	方(mm×mm)				
100	100×125	440	30~76	1140×12.7×0.5	4.5

14. 曲线锯

曲线锯如图 6-14 所示。

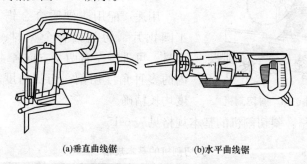

(a)垂直曲线锯　　　　　(b)水平曲线锯

图 6-14　曲线锯

用途：在木板、三合板、钢板、铝板、合成树脂板上进行直线或曲线切割。除能大大节省手工锯切时的体力劳动外，还可以较精确地进行复杂的曲线切割。曲线锯有垂直和水平两种。有些类型的产品还配有轨道切割动作装置，可以更方便地切割既定圆弧曲线。

规格：曲线锯的基本规格见表 6-14。

表 6-14　　　　　　　曲线锯的基本规格

切割厚度（mm）		最小切割半径（mm）	输入功率（W）	无负荷转数（r/min）	行程长度（mm）	质量（kg）
木材	钢板					
（1）垂直曲线锯						
60	6	25	400	3200	26	2.1
—		25	570	700～3200	26	2.4
（2）水平曲线锯						
100	12	—	720	800～2500	26	3.6
100	12	—	720	800～2500	30	3.2

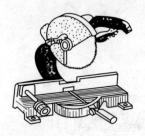

图 6-15　斜切割机

15. 斜切割机

斜切割机如图 6-15 所示。

用途：配用镶硬质合金锯片或木工圆锯片，切割铝合金型材、塑料、木材。可进行左右两个方向各 45°范围内的多种角度切割，切割角度及垂直度均较精确。

规格：斜切割机的基本规格见表 6-15。

表 6-15　　　　　　斜切割机的基本规格

（1）斜切割机进口产品规格

规格（锯片直径）（mm）	最大锯深（高×宽）（mm×mm）		转速（r/min）	输入功率（W）	外形尺寸（mm）			质量（kg）
	90°	45°			长	宽	高	
210	55×130	55×95	5000	800	390	270	385	5.6
255	70×122	70×90	4100	1380	496	470	475	18.5
355	122×152	122×115	3200	1380	530	596	435	34
380	122×185	122×137	3200	1380	678	590	720	23

（2）企业斜切割机规格

型号规格	锯片外径（mm）	最大切割能力（mm）	额定转矩（N·m）	空载转速（r/min）	额定输出功率（W）	质量（kg）	生产厂
J1X-200-TH	φ200	深度：60 宽度：120	1.28	3800	389	7.1	苏州太湖
J1X-200TH-Ⅱ	φ200	深度：60 宽度：120	1.28	3800	389	7.1	苏州太湖
J1X-200TH-Ⅲ	φ200	深度：60 宽度：120	1.28	3800	389	7.1	苏州太湖
J1X-SD02-250	φ250	70×120	—	4900	—	14.4	上海日立
J1X-SF1-255	φ255	—	3.0	4600	750	11.0	上海锋利
J1X-AD01-255	φ255	—	2.05	4800	670	12.0	扬州金力

型号规格	锯片外径 （mm）	最大切割能力 （mm）	额定转矩 （N·m）	空载转速 （r/min）	额定输出功率 （W）	质量 （kg）	生产厂
J1X-ZF-255	φ255	—	—	4100	—	22.0	浙江恒丰
J1X-ZL-255	φ255	深度：80	≥3.2	4100	≥750	11.0	浙江摩兴
J1X-ZL2-255	φ255	深度：80	≥3.2	4600	≥850	11.0	浙江摩兴
J1X-HU03-255	φ255	—	3.2	4300	750	12.5	浙江伦达
J1X-KA3-255	φ255	—	4.0	4500	1150	15.0	永康奥特

16. 自动切割机

自动切割机如图 6-16 所示。

图 6-16　自动切割机

用途：靠电动机自重自动进给切割金属管材、角钢、圆钢用。

规格：自动切割机的基本规格见表 6-16。

表 6-16　　　　　　自动切割机的基本规格

型　号	片砂轮线速度 （m/s）	可转切削角度	最大钳口开口 （mm）	切割圆钢直径 （mm）	电动机 转速 （r/min）	电动机 额定功率 （kW）	质量 （kg）
J3G93-400	60	0°～45°	125	65	2880	2.2	46
J1G93-400					2900		48

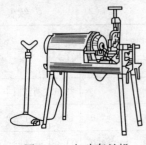

图 6-17　电动套丝机

17. 电动套丝机

电动套丝机如图 6-17 所示。

用途：用于在钢、铸铁、铜、铝合金等管材上铰制圆锥或圆柱管螺纹、切断钢管、管子内口倒角等作业，为多功能电动工具，适用于水暖、建筑等行业流动性大的管道现场施工中。

规格：电动套丝机的型号规格见表 6-17。

表 6-17　　　　　　　　电动套丝机的型号规格

型　号	规　格 （mm）	套制圆锥管螺纹范围 （尺寸代号）	电动机额定功率 （W）	主轴额定转速 （r/min）
Z1T-50	50	$\frac{1}{2} \sim 2$	≥600	≥16
Z1T-80	80	$\frac{1}{2} \sim 3$	≥750	≥10
ZIT-100	100	$\frac{1}{2} \sim 4$	≥750	≥8
Z1T-150	150	$2\frac{1}{2} \sim 4$	≥750	≥5

18. 高效倒角切割机（手提式）

高效倒角切割机（手提式）如图 6-18 所示。

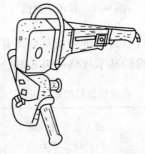

图 6-18　高效倒角切割机（手提式）

用途：用于对钢板、不锈钢及铝质材料作直线或曲线倒角（倒圆）加工。

规格：高效倒角切割机（手提式）（进口产品）的型号规格见表 6-18。

表 6-18　　　　高效倒角切割机（手提式）的型号规格

型　号	SB-15H	SB-10H
最大倒角深度（mm）	15	10
加工板厚度（mm）	最大 32，最小 4	最大 25，最小 4
倒角角度	45°（37.5°，30°）	45°（37.5°，30°）
切割速度（m/min）	1.25	2.5
行程次数（次/min）	300	500
最小加工半径（mm）	R40	R40
最小加工管内径（mm）	ϕ80	ϕ80
电压（V）	220	220
功率（W）	2200	2200
质量（kg）	21.5	14.5

19. 半自动内涨式坡口机

半自动内涨式坡口机如图 6-19 所示。

图 6-19　半自动内涨式坡口机

用途：适用于 90～273mm 的各种厚度的管道合金钢管。

规格：半自动内涨式坡口机的型号规格见表 6-19。

表 6-19　　　　半自动内涨式坡口机的型号规格

电动机功率（kW）	切削管外径（mm）	被涨管内径（mm）	刀架转速（r/min）	纵向切削长度（mm）	径向进给量（mm/周）
0.79	80～273	80～270	50	50	0.17

图 6-20　电池式电钻旋具

二、装配作业电动工具

1. 电池式电钻旋具

电池式电钻旋具如图 6-20 所示。

用途：配用麻花钻头或一字形、十字形螺钉旋具头，进行钻孔和装拆机器螺钉、木螺钉等作业，安全可靠。对于野外、高空、管道、无电源及有特殊安全要求的场合尤为适用。

规格：电池式电钻旋具的基本规格见表 6-20。

表 6-20　　　　　　电池式电钻旋具的基本规格

型号规格	最大钻孔直径(mm)	螺钉直径	额定直流电压(V)	转速(r/min)	质量(kg)	生产厂
J0Z-SD33-10	ϕ10	M6	9.6 12	0～500	1.5	
J0Z-SD34-10	ϕ10	M6	9.6 12	0～500	1.5	
J0Z-SD61-10	ϕ10	M6	12 14.4	0～340/0～1200	1.9	上海日立
J0Z-SD62-10	ϕ10	M6	12 14.4	0～370/0～1300	1.85	
J0Z-SD63-13	ϕ13	M6	18	0～360/0～1300	2.2	

2. 电动旋具

电动旋具如图 6-21 所示。

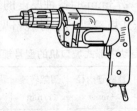

图 6-21　电动旋具

用途：用于拧紧或拆卸一字槽或十字槽的机螺钉、木螺钉和自攻螺钉。

规格：电动旋具的型号规格见表 6-21。

表 6-21 　　　　　　　　**电动旋具的型号规格**

规格 （mm）	适用范围（mm）			输出功率 （W）	拧紧力矩 （N·m）
	机螺钉	木螺钉	自攻螺钉		
M6	M4～M6	≥4	ST3.9～ST4.8	≥85	2.45～8.5

3. 电动自攻螺钉旋具

用途：用于拧紧或拆卸机器上的自攻螺钉。

规格：电动自攻螺钉旋具的型号规格见表 6-22。

表 6-22 　　　　　　　　**电动自攻螺钉旋具的型号规格**

型号	规格（mm）	适用自攻螺钉范围	输出功率（W）	负载转速（r/min）
P1U-5	5	ST3～ST5	≥140	≥1600
P1U-6	6	ST4～ST6	≥200	≥1500

4. 电动拉铆枪

电动拉铆枪如图 6-22 所示。

用途：用于各种结构件的铆接，尤其适用于对封闭结构、盲孔的铆接。

规格：电动拉铆枪的型号规格见表 6-23。

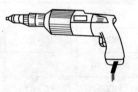

图 6-22　电动拉铆枪

表 6-23 　　　　　　　　**电动拉铆枪的型号规格**

型　号	最大拉铆钉 （mm）	额定电压 （V）	额定电流 （A）	输入功率 （W）	最大拉力 （kN）
P1M-5	φ5	220	1.4	280～350	7.5～8.0

5. 电动胀管机

电动胀管机如图 6-23 所示。

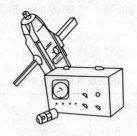

图 6-23　电动胀管机

用途：用于锅炉、热交换器等压力容器坚固管子和管板。

规格：电动胀管机的型号规格见表 6-24。

表 6-24　　　　　　　　电动胀管机的型号规格

型　号	钢管内径适用范围（mm）	额定电压（V）	主轴额定转矩（N·m）	主轴额定转速（r/min）	质　量（kg）
P3Z2-13	8～13	380	5.6	500	13
P3Z2-19	13～19	380	9	310	13
P3Z2-25	19～25	380	17	240	13
P3Z-38	25～38	380	39	180	9.2
P3Z2-51	38～51	380	45	90	13
P3Z-51	38～51	380	140	72	14.5
P3Z-76	51～76	380	200	42	14.5

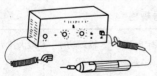

图 6-24　微型永磁直流旋具

6. 微型永磁直流旋具

微型永磁直流旋具如图 6-24 所示。

用途：用于拧紧或拆卸 2mm 及以下的机螺钉和自攻螺钉，适用手表、无线电、仪器仪表、电器、电子、照相机、电视机等行业。

规格：微型永磁直流旋具的型号规格见表 6-25。

表 6-25　　　　　　　　　　微型永磁直流旋具的型号规格

型　号	规格 (mm)	最大拧紧螺钉规格 (mm)	额定转矩 (N·m)	额定转速 (r/min)	调速范围 (r/min)	质　量 (kg)
POL-1	1	M1	≥0.011	≥800	300～800	2
POL-2	2	M2	≥0.022	≥320	150～320	2

7. 电动冲击扳手

电动冲击扳手如图 6-25 所示。

图 6-25　电动冲击扳手

用途：配用六角套筒头，用于装拆六角头螺栓及螺母。

规格：按其离合器结构分为安全离合器式（A）和冲击式（B），其型号规格见表 6-26。

表 6-26　　　　　　　　电动冲击扳手的型号规格

型　　号	规格 (mm)	适用范围 (mm)	额定电压 (V)	方头公称尺寸 (mm)	边心距 (mm)	力矩范围 (N·m)
PlB-8	8	M6～M8	220	10×10	≤26	4～15
P1B-12	12	M10～M12	220	12.5×12.5	≤36	15～60
P1B-16	16	M14～M16	220	12.5×12.5	≤45	50～150
P1B-20	20	M18～M20	220	20×20	≤50	120～220
P1B-24	24	M22～M24	220	20×20	≤50	220～400
PlB-30	30	M27～M30	220	25×25	≤56	380～800
P1B-42	42	M36～M42	220	25×25	≤66	750～2000
P3B-42	42	M27～M42	380	25.4×25.4	≤66	750～2000

注　电动扳手的规格是指拆装六角头螺栓、螺母的最大螺纹直径。

8. 定扭矩电扳手

定扭矩电扳手如图 6-26 所示。

图 6-26　定扭矩电扳手

用途：配用六角套筒头，用于装拆六角头螺栓或螺母。在拧紧作业时，能自动控制扭矩。适用于钢结构桥梁、厂房建造、大型设备安装、动力机械和车辆装配及其他对螺纹紧固件的拧紧扭矩或轴向力有严格要求的场合。

规格：定扭矩电扳手的型号规格见表 6-27。

表 6-27　　　　　　　　　定扭矩电扳手的型号规格

型号	额定扭矩	扭矩可调范围	扭矩控制精度	主轴方头尺寸	边心距	工作头空载转速	质量（kg）	
	N·m		（%）	mm		（r/min）	主机	控制仪
（1）定扭矩电扳手规格								
PID-60	600	250～600	±5	25	47	10	6.5	3
PID-150	1500	400～1500	±5	25	58	8	10	3

（2）企业定扭矩电扳手规格

型号规格	适用螺纹规格	扭矩范围（N·m）	额定扭矩（N·m）	工作头转速（r/min）	边心距（mm）	方头尺寸（mm×mm）	质量（kg）	生产厂
PID-ZX-160	M20～M30	400～1600	—	8	60	25×25	10.0	肖山电动
PID-LD-600	M16～M22	250～600	600	10	50	20×20	7.5	
PID-LP2-1500	M20～M27	400～1500	1500	8	58	25×25	10.0	山东电动
PID-LP-2000	M24～M33	500～2000	2000	6	63	32×32（25×25）	13.0	
PID-LP-3500	M40～M50	1500～3500	3500	3	66	38×38	19.0	

9. 冲击扳手

冲击扳手如图 6-27 所示。

图 6-27　冲击扳手

用途：用于螺栓、螺母的拆装。

规格：冲击扳手的型号规格见表 6-28。

表 6-28　　　　　　　　　冲击扳手的型号规格

规格	额定电压 （V）	输入功率 （W）	力矩范围 （N·m）	质量 （kg）	适用范围
	36	190	0.9	1.90	M8~M10
	26	190	—	1.90	M8~M10
	220	230	20	1.90	M8~M10
国产 产品	220	140~174	60	1.70~1.86	M10~M12
	220	320~480	150	3.80~4.50	M14~M16
	220	450	220	5.50	M18~M20
	220	620~740	400	6.50	M22~M24
	220	850	800	6.60	M24~M30
进口 产品	220	360	200	2.00	M10~M16
	220	440	300	2.80	M12~M20
	220	850	600	5.0	M14~M24

10. 低压电动旋具

低压电动旋具如图 6-28 所示。

图 6-28 低压电动旋具

用途：用于装拆一字槽、十字槽螺钉和螺母。用于电视机、收录机及其他电器的装配线。

规格：低压电动旋具的型号规格见表 6-29。

表 6-29　　　　　低压电动旋具的型号规格

型　号	工作电压 （V）	转速 （r/min）	力矩调节范围 （N·m）	适用螺钉、 螺母范围 （mm）	质量 （kg）
(1) 低压电动旋具的规格					
POL-800-2.5	12～24	350～950	0.098～0.588	M1.2～M2.5	0.25
POL-801C-14	12～24	300～900	0.588～1.666	M2.5～M4	0.5
POL-802-6	16～30	300～800	1.666～3.92	M4～M6	0.7

(2) 企业低压电动旋具的规格

型号规格	最大拧紧 螺钉直径	拧紧力矩 （N·m）	额定转速 （r/min）	生产厂
P1L-TJ-2	M1～M2	0.4	500	天津南华工具
P1L-TJ2-14	M3～M4	1.5	300	（集团）有限 公司电动工具
P1L-TJ-6	M5～M6	4.0	700	分公司

11. 电控式电动旋具

电控式电动旋具如图 6-29 所示。

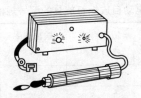

图 6-29　电控式电动旋具

用途：用于仪器仪表、家电行业的装配线上装拆对紧固转矩要求严格的螺钉。

规格：电控式电动旋具（PDL-4 型）的型号规格见表 6-30。

表 6-30　　　　电控式电动旋具（PDL-4 型）的型号规格

（1）旋具基本参数

适用电源	额定电压 （V）	额定转矩 （N·m）	额定转速 （r/min）	负载持续率 （%）
直流	24	0.8	≤200	15

（2）电控仪基本参数

适用电源	额定电压 （V）	输入电压调节 范围（V）	控制电流范围 （A）	延时时间 （s）	适用螺钉
单相交流	220	10～24	0.25～2.5	0.5～3	M4

12. 电动自攻螺钉旋具

电动自攻螺钉旋具如图 6-30 所示。

图 6-30　电动自攻螺钉旋具

用途：用于装拆十字槽自攻螺钉。

规格：电动自攻螺钉旋具的型号规格见表 6-31。

表 6-31　　　　　　　　电动自攻螺钉旋具的型号规格

型号	规格尺寸 （mm）	适用自攻 螺钉范围	输出功率 （W）	负载转速 （r/min）	质量 （kg）
P1U-5	5	ST3～ST5	≥140	≥1600	1.8
P1U-6	6	ST4～ST6	≥200	≥1500	

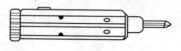

图 6-31　简便型电动旋具

13. 简便型电动旋具

简便型电动旋具如图 6-31 所示。

用途：适用于五金电器、仪器仪表、钟表和玩具等行业及家庭进行螺钉装拆的场合。其具备手动和电动两种功能。

规格：简便型电动旋具的型号规格见表 6-32。

表 6-32　　　　　　　简便型电动旋具的型号规格

额定直流电压（V）	适用螺钉	供电方式	外形尺寸（mm×mm）	质量（kg）
3～6	M2～M6	电池式或充电式	$\phi42×220$	0.45

14. 轻型电动胀管机

轻型电动胀管机如图 6-32 所示。

图 6-32　轻型电动胀管机

用途：用于将金属管口扩大与管板孔紧密胀接，使之不漏水、漏气，并能承受一定压力。广泛用于电力、石化、制冷等行业的凝汽管、冷凝器、换热器、加热器等金属管的安装、修理。

规格：轻型电动胀管机的型号规格见表 6-33。

表 6-33　　　　　　　　　轻型电动胀管机的型号规格

型　号	被胀管材	胀管直径	胀管深度	可胀管壁厚度	扩张率（％）	输入功率（W）	额定转速（r/min）	机头质量（kg）
				mm				
DZ-A440W	黄铜	6～25	50	0.5～1	4～6	440	680	2.3
	铜、铝	6～14	60	0.5～1.5	4～6			
DZ-A600W	黄铜	12～28	60	0.5～1.5	4～8	600	550	2.8
	铜、铝	12～25	50	0.8～2	4～6			
DZ-B1000W	铜、铝	20～45	50	2～2.3	4～8	1000	300	6.8
	不锈钢	14～25	60	0.5～2.5	1～4			

15. 钢管电动胀管机

钢管电动胀管机如图 6-33 所示。

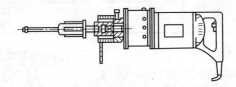

图 6-33　钢管电动胀管机

用途：用于厚壁、大口径不锈钢、碳钢、合金钢类钢管与管板孔的胀接，广泛用于锅炉制造、钢管热交换器、冷凝器及造船等行业。

规格：钢管电动胀管机的型号规格见表 6-34。

表 6-34　　　　　　　　　钢管电动胀管机的型号规格

型　号	胀管直径	胀管壁厚	胀管率（％）	电机功率（W）	输出扭矩（N·m）	空载转速（r/min）	机头质量（kg）
	mm						
DZ-B32	14～32	1～3	1～4	1000	300	300	6.2
DZ-C76	32～76	1～4	2～8	680	1200	16	6.3
DZ-C108	76～108	4～8	2～8	880	2000	6	13
DZ-C159	110～159	4～12	2～8	880	13500	3	19

注　除 DZ-B32 型又称小钢管电动胀管机外，其余型号又称大钢管电动胀管机。

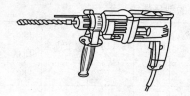

図 6-34　电动锤钻

三、建筑类电动工具

1. 电动锤钻

电动锤钻如图 6-34 所示。

用途：电动锤钻具有两种运动功能：①当冲击带旋转时，配用电锤钻头，可在混凝土、岩石、砖墙等脆性材料上进行钻孔、开槽、凿毛等作业；②当有旋转而无冲击时，配用麻花钻头或机用木工钻头，可对金属等韧性材料及塑料、木材等进行钻孔作业。

规格：电动锤钻的型号规格见表 6-35。

表 6-35　　　　　　　　电动锤钻的型号规格

型　号	钻孔范围（mm）		工作转速（r/min）	每分钟冲击次数	额定输入功率（W）	质量（kg）
	混凝土	钢板				
Z1A-14	8～14	3～8	770	3500	380	3.2

2. 冲击电钻

冲击电钻如图 6-35 所示。

用途：冲击电钻具有两种运动形式。当调节至第一旋转状态时，配用麻花钻头，与电钻一样，适用于在金属、木材、塑料等材料上钻孔；当调节至旋转带冲

图 6-35　冲击电钻

击状态时，配用硬质合金冲击钻头，适用于在砖石、轻质混凝土、陶瓷等脆性材料上钻孔。

规格：冲击电钻的型号规格见表 6-36。

表 6-36　　　　　　　　冲击电钻的型号规格

规格（mm）	额定输出功率（W）	额定转矩（N·m）	每分钟额定冲击次数
10	≥220	≥1.2	≥46400
13	≥280	≥1.7	≥43200
16	≥350	≥2.1	≥41600
20	≥430	≥2.8	≥38400

3. 电锤

电锤如图 6-36 所示。

用途：用于在混凝土、岩石、砖墙等脆性材料上进行钻孔、开槽、凿毛等作业。

图 6-36　电锤

规格：电锤的型号规格见表 6-37。

表 6-37　　　　　　　　　　**电锤的型号规格**

型　号	Z1C-16	Z1C-18	Z1C-20	Z1C-22	Z1C-26	Z1C-32	Z1C-38	Z1C-50
电锤规格 （mm）	16	18	20	22	26	32	38	50
钻削率 （cm³/min）	≥15	≥18	≥21	≥24	≥30	≥40	≥50	≥70
脱扣力矩 （N·m）	≥35	≥35	≥35	≥45	≥45	≥50	≥50	≥50
质量（kg）	3	3.1	—	4.2	4.4	6.4	7.4	—

注　电锤规格指在 300 号混凝土（抗压强度 30～35MPa）上作业时的最大钻孔直径。

4. 电动石材切割机

电动石材切割机如图 6-37 所示。

图 6-37　电动石材切割机

用途：配用金刚石切割片，用于切割花岗石、大理石、云石、瓷砖等脆性材料。

规格：电动石材切割机的型号规格见表 6-38。

表 6-38　　　　　　　　　电动石材切割机的型号规格

规　格	切割片尺寸（外径×内径mm×mm）	额定输出功率（W）	额定转矩（N·m）	最大切割深度（mm）	质　量（kg）
110C	110×20	≥200	≥0.3	≥20	2.6
110	110×20	≥450	≥0.5	≥30	2.7
125	125×20	≥450	≥0.7	≥40	3.2
150	150×20	≥550	≥1.0	≥50	3.3
180	185×25	≥550	≥1.6	≥60	6.8
200	200×25	≥650	≥2.0	≥70	9.0

5. 电钻锤

电钻锤如图 6-38 所示。

图 6-38　电钻锤

用途：用于在混凝土、砖石建筑结构上打孔。也可用木钻头对木材、塑材进行钻孔。

规格：电钻锤（SB 系列进口产品）的型号规格见表 6-39。

表 6-39　　　　　　　　　电钻锤的型号规格

型　号	SBE-500R	SB2-500	SBE-400R	SB2-400N
输入功率（W）	500		400	
输出功率（W）	250		200	

型　号	SBE-500R	SB2-500	SBE-400R	SB2-400N
空载转速（r/min）	2800	2300	2600	2300
锤击次数（次/min）	42000	2900 43500	39000	2900 43500
钻动能力 （mm） 混凝土	16		13	
石块	18		16	
铜、铁	10			
木料	25		20	
夹头伸张度（mm）	1.5～13		1.5～10	
质量（kg）	1.3			
电源	AC 220V，50/60Hz			

6. 套式电锤钻

用途：适用于在砖、砌块、轻质墙等材料上钻孔。

规格：柄部型式有 A 型柄（锥柄）、B 型柄（锥柄）、C 型柄（四槽方柄）、D 型柄（双槽圆柄）、E 型柄（双槽圆柄）、F 型柄（四槽圆柄）、G 型柄（六方柄）、H 型柄（六方柄）、I 型柄（六方柄）、J 型柄（直花键柄）、K 型柄（螺旋花键柄）、L 型柄（圆弧花键柄）。

电钻锤和套式电锤钻的型号规格见表 6-40。

表 6-40　　　　　电钻锤和套式电锤钻的型号规格

（1）电钻锤

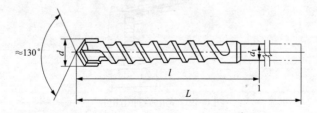

注　1. 电锤钻直径 d 为在转角处去掉油漆或保护层后的硬质合金刀片的尺寸。

　　2. l 为悬伸于电锤钻机夹头外的长度。

直径 d（mm）	悬伸长度 l（mm）			
	短系列	长系列	加长系列	超长系列
5，6，7，8，10，12，14，16，18，20，22，24，26，28，32，35，38，40，42，45，50	60，110，150，200	110，150，250，300	150，300，400	250，400，550

（2）套式电锤钻

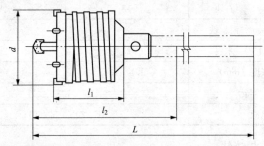

注 1. 套式电锤钻直径 d 为在转角处去掉油漆或保护层后的硬质合金刀片的尺寸。

2. l_2 为悬伸电锤钻机夹头外的长度。

直径 d（mm）	套式刀长度 l_1（mm）	悬伸长度 l_2（mm）			
		短系列	长系列	加长系列	超长系列
25，30，35，40，45，50，55，65，70，80，85，90，100，105，125，130，150	70，80，100，120，150	200	300	400	550

7. 充电式冲击电钻

充电式冲击电钻如图 6-39 所示。

图 6-39　充电式冲击电钻

用途：可以在无电源的现场进行钻孔或冲击钻孔。标准附件有电池、充电器、钻卡扳手等。有些型号还具有攻螺纹的功能。

规格：充电式冲击电钻的型号规格见表6-41。

表 6-41 充电式冲击电钻的型号规格

钻孔直径（mm）		额定电压	充电时间	额定转速	质量
钢	混凝土	（V）（直流）	（h）	（r/min）	（kg）
10	10	9.6	1	400/900	1.4
10	10	12	1	500/1100	1.5
10	10	12	1	750/1700	1.9

注 均为进口产品。

8. 电动捣碎锤

电动捣碎锤如图6-40所示。

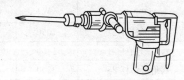

图 6-40 电动捣碎锤

用途：用于捣碎砖块、石块、混凝土块等。

规格：电动捣碎锤的型号规格见表6-42。

表 6-42 电动捣碎锤的型号规格

输入功率（W）	870	1050	1140	1240
冲击频率（Hz）	50.0	50.0	24.7/35.0	23.3
质量（kg）	5.6	5.5～5.9	8.0～9.5	15.0

9. 电镐

用途：冲击、破碎混凝土、砖墙、石材等脆性非金属材料。

规格：电镐的型号规格见表6-43。

表 6-43 电镐的型号规格

国内电镐规格

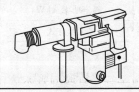

型　号	额定电压 （V）	额定频率 （Hz）	输入功率 （W）	冲击次数 （r/min）	质量 （kg）
Z1G-SD01-6	110/220	50/60	900	2900	6.8

国外电镐规格（PBIOC 型电镐）

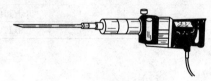

国别型号	夹持能力或工具长度 （mm）	输入功率 （W）	冲击次数 （r/min）	自重 （kg）
瑞典 PBIOC	六角形钻杆 21	1050	2000	10
瑞典 PB14C	六角形钻杆 21	1400	1600	13
瑞典 PB32B	六角形钻杆 28	2200	1400	32.5
日本 HM1301	643	1240	1200	16.3
日本 HM1302	675	1300	1450	13
日本 ED-205VR	330	550	4200	2.4
日本 ED2IOV	376	550	300	4.3

10. 电动捣固镐

用途：适用于铁道轴枕捣固。

规格：电动捣固镐的型号规格见表 6-44。

表 6-44　　　　　　　电动捣固镐的型号规格

项　目	基本参数
激振力（N）	≥2940
激振频率（Hz）	47.3
电源	AC 380V 50Hz
额定功率（kW）	≥0.4
工作方式	连续（S1 工作制）
绝缘等级	B
整机质量（kg）	≤24

11. 混凝土振动器

混凝土振动器如图 6-41 所示。

用途：用于建筑基建的施工、振捣、密实各种干硬和塑性混凝土。

规格：混凝土振动器的型号规格见表 6-45。

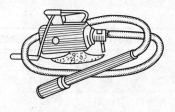

图 6-41　混凝土振动器

表 6-45　　　　　混凝土振动器的型号规格

（1）电动软轴行星插入式混凝土振动器

项　目	型　号						
	ZN25	ZN30	ZN35	ZN42	ZN50	ZN60	ZN70
	基本参数						
振动棒直径(mm)	25	30	35	42	50	60	70
空载振动频率(Hz)	≥230	≥215	≥200	≥183			
空载最大振幅(mm)	≥0.5	≥0.6	≥0.8	≥0.9	≥1	≥1.1	≥1.2
电动机功率(kW)	0.37		1.1			1.5	
			0.75				
混凝土坍落度为 3~4cm 时的生产率 (m³/h)	≥2.5	≥3.5	≥5	≥7.5	≥10	15	≥20
振动棒质量(kg)	≤1.5	≤2.5	≤3.0	≤4.2	≤5.0	≤6.5	≤8.0
软轴直径(mm)	8		10		13		
软管外径(mm)	24		30		36		
接口尺寸 (mm)	电动机与软管连接头	40			48		
	防逆套(转子轴)内孔 与软轴插头	8			12		
	机头端面与防逆套端 面距离	4					

注　1. 振动棒质量不包括软轴、软管接头的质量。

　　2. 振幅为全振幅的一半。

（2）电动机内装插入式混凝土振动器

项　目		型　号							
		ZDN42	ZDNS0	ZDN60	ZDN70	ZDN85	ZDN100	ZDN125	ZDN150
振动棒直径(mm)		42	50	60	70	85	100	125	150
振动频率名义值(Hz)		200					150		125
空载最大振幅 （mm）		≥0.9	≥1	≥1.1	≥1.2			≥1.6	
混凝土坍落度为 3～4cm时的生产率 （m³/h）		≥7.0	≥10	≥15	≥20	≥35	≥50	≥70	≥120
振动棒质量(kg)		≤5	≤7	≤8	≤10	≤17	≤22	≤35	≤90
电动机	额定电压(V)	42							
	额定输出功率 （kW）	0.37	0.55	0.75	1.1		1.5	2.2	4
电缆线	断面积(mm²)	2.5		4		6		10	
	长度(m)	30			50			机械操作自定	

注　1. 电动机电压也可采用其他电压等级,但其安全要求也应符合相应安全标准
要求。

2. 手持部分为软管式的振动棒质量,为软管接头以下振动棒质量(不包括软管
接头和电缆线),手把式振动棒质量包括棒头部分、手把、减振器及半米长电
缆线质量总和。

3. 振幅为全振幅的一半。

（3）企业电动混凝土振动器规格

型　号		ZX25	ZX35	ZX50	ZX70	ZX650	ZX35-1	ZX50	HZ-11
振动棒	直径(mm)	26	36	51	68	50	35	50	—
	长度(mm)	370	422	451	460	489	384	463	—
	振幅(mm)	0.5	0.8	1.15	1.35	0.9～1	—	—	—
	频率(次/min)	15000	14000	12000	12000	14000	13000	12000	—

型 号		ZX25	ZX35	ZX50	ZX70	ZX650	ZX35-1	ZX50	HZ-11
软管	直径(mm)	24	30	36	36	34	—	—	—
	长度(mm)	3900	3985	3961	3953	3950	—	—	—
软轴直径(mm)		8	10	13	13	13	—	—	—
额定电压(V)		—	—	—	—	—	220	380	380
功率(kW)		0.8	0.8	1.1	1.5	1.1	0.58	1.1	1.15
转速(r/min)		2850	2850	2850	2850	2850	—	—	—
质量(kg)		20	21	29	37	27.5	6	30	36

12. 水磨石机

水磨石机如图 6-42 所示。

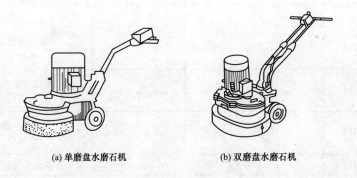

(a) 单磨盘水磨石机　　　　　　(b) 双磨盘水磨石机

图 6-42　水磨石机

用途：用于磨平、磨光面积较大的混凝土或砖砌地面、台阶等建筑物。根据磨盘的多少分为单磨盘和双磨盘两种。在盘中加入一定量人造金刚石，使磨盘更加坚固耐用，称为金刚石水磨石机。

规格：水磨石机的型号规格见表 6-46。

表 6-46　　　　　　**水磨石机的型号规格**

（1）单磨盘水磨石机规格

型　号	磨盘直径 (mm)	磨盘转速 (r/min)	砂轮规格 (mm× mm)	电动机功率(kW)	生产率 (m²/h)	净重 (kg)	生产厂
SHM-1	—	279	—	3	3.5～4.5	160	甘肃建筑机械厂
SF-D	—	282	75×75	2.2	3.5～4.5	150	哈尔滨北方建筑机械厂
SMS-1	—	360	75×75	2.2	4	—	上海庙行农机厂
MS200	200	375	50×65	0.37	4	40	上海松江泖港机械厂
MS340A	340	373	75×75	2.2	6	110	
MS1-200	200	350	45×65	0.37	4	40	上海颛桥马铁厂
MS3-340	340	375	75×75	2.2	6	110	
MD-350	350	320	75×75	1.5	4.5～5	150	江阴第二建筑机械厂
MD340	340	340	75×75	1.5	4.5～5	—	江苏丹阳振动器一厂
HM-4	—	280	75×75	2.5	4.5	155	连云港建筑机械厂
HM-4	—	294	75×75	2.2	4.5	160	浙江兰溪建筑机械厂
HM-4	—	294	75×75	2.2	3.5×4.5	160	郑州上街建筑设备厂
HM-4	—	284	75×75	—	3.5～4.5	155	湖北振动器厂

（2）双磨盘水磨石机规格

型　号	磨盘直径 (mm)	磨盘转速 (r/min)	砂轮规格 (mm× mm)	电动机功率 (kW)	生产率 (m²/h)	净重 (kg)	生产厂
SF-S	—	345	75×75	4	10	210	哈尔滨北方建筑机械厂
SMS-2	—	360	75×75	2.2	—	194	上海庙行农机修造厂

型　号	磨盘直径 (mm)	磨盘转速 (r/min)	砂轮规格 (mm× mm)	电动机功率 (kW)	生产率 (m²/h)	净重 (kg)	生产厂
2MD-340	340×2	286	75×75	3	12～16	—	江苏丹阳振动器 一厂
HM-15	360×2	340	75×75	3	10～15	210	连云港建筑 机械厂
SM2-1	360×2	340	—	4	14～15	210	浙江兰溪建筑 机械厂
HM2-2	360×2	340	—	4	14～15	210	郑州上街建筑 设备厂
2MD-300	300×2	392	75×75	3	7～10	180	湖南冷水江建筑 电动工具厂
HS-2	—	340	75×75	4	14～15	210	成都建筑 机械厂
SM2-B	360×2	336	75×75	4	14～15	280	成都建工 机械厂
2MS-B	—	280	—	3	7～9	270	四川达县建筑 机械厂
MS2-2	350×2	310	—	3	6～8	210	郑州荥阳浮沱 工程机械厂

(3)金刚石水磨石机规格

型　号	磨盘直径 (mm)	磨盘转速 (r/min)	磨削效率 (m²/h)	电动机功率 (kW)	净重 (kg)	生产厂
SM240	240	2800	粗磨 12～14 细磨 30	2.2	66	保定建筑机械厂
SM240	240	2000	粗磨 10～14 细磨 25～35	3	95	内蒙古建筑机械厂
JMD350	350	1800	粗磨 28 细磨 65	4	150	辽宁东沟电动工具厂

型 号	磨盘直径 (mm)	磨盘转速 (r/min)	磨削效率 (m²/h)	电动机功率 (kW)	净重 (kg)	生产厂
DMS240A	240	1755	粗磨 8～12 细磨 25～35	2.2	80	浙江兰溪建筑机械厂
JSM240	240	1800	粗磨 8～12	2.2	92	安徽岳西建筑 机械厂
SM340	340	1450	6～7.5	3	160	
HMJ10-1	240	1450	10～15	3	100	郑州中原机械厂
JM-20	245	2000	粗磨 6～12 细磨 22～32	3	90	湖北振动器厂
DMS300	300	1420	15～20	3	100	湖南冷水江建筑 电动工具厂

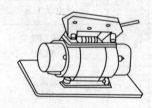

图 6-43　手持式振动抹光器

13. 手持式振动抹光器

手持式振动抹光器如图 6-43 所示。

用途：是专供振实、抹光混凝土表层的便携式电动工具，广泛用于建筑行业，最适合对刚浇注的混凝土表面（层）进行振实、提浆或抹光等作业。

规格：手持式振动抹光器的型号规格见表 6-47。

表 6-47　　　　手持式振动抹光器的型号规格

型号	功率 (W)	振动频率 (r/min)	激振力调 节范围 (N)	振幅 (mm)	净重 (kg)	生产厂
ZW2	120	2800	120～170	2～3	7	上海华东建筑机械修造厂
JW07-2	90	3000	150～740	0.3～1.3	5.5	浙江鄞县软管软轴厂
JW07B-2	90	2800	约 76.9	0.3～1.3	5.5	浙江桐庐建筑机械仪表厂

14. 电动湿式磨光机

电动湿式磨光机如图 6-44 所示。

用途：用于对水磨石板、混凝土、石料等表面进行注水磨削作业。换上不同的砂轮或抛光轮，也可用于金属表面去锈、打磨、抛光，进行圆周磨、角向磨等。

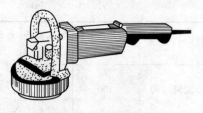

图 6-44　电动湿式磨光机

规格：电动湿式磨光机的型号规格见表 6-48。

表 6-48　　　　　　　电动湿式磨光机的型号规格

（1）电动湿式磨光机规格

型　　号	砂轮最大直径（mm）	额定输出功率（W）	额定转矩（N·m）	最高空载转速（r/min）		质量（kg）
				陶瓷结合剂	树脂结合剂	
Z1M-80A	80	≥200	≥0.4	≤7150	≤8350	3.1
Z1M-80B	80	≥250	≥1.1	≤7150	≤8350	3.1
Z1M-100A	100	≥340	≥1	≥5700	≥6600	3.9
Z1M-100B	100	≥500	≥2.4	≥5700	≥6600	3.9
Z1M-125A	125	≥450	≥1.5	≥4500	≥5300	5.2
Z1M-125B	125	≥500	≥2.5	≥4500	≥5300	5.2
Z1M-150A	150	≥850	≥5.2	≥3800	≥4400	—
Z1M-150B	150	≥1000	≥6.1	≥3800	≥4400	—

（2）企业湿式磨光机规格

型　　号	砂轮最大直径（mm）	输入功率（W）	砂轮空载转速（r/min）	净重（kg）	生产厂
Z1MJ2-80	80	370	3000	3.5	上海飞跃工具厂
Z1MJ-75	75	370	3000	3	浙江金华三动
Z1MJ-100	100	580	2600	4	工具公司
Z1MJ-80	80	370	3000	2.5	浙江金华电动
Z1MJ-100	100	580	2600	4	工具厂
Z1MJ-100	100	680	4000	4.7	浙江金华电动 工具总厂

型 号	砂轮最大直径 (mm)	输入功率 (W)	砂轮空载转速 (r/min)	净重 (kg)	生产厂
Z1MJ-100	100	570	3900	4.5	浙江金华轻工 机械厂
Z1MJ-100	100	600	2500	4	浙江永康通用 电动工具厂
Z1M-100	100	—	4000		江西南方电动 工具厂
Z1MJ-100A	100	570	2500	4	湖南冷水江 电动工具厂
Z1M-80	80	370	3000	3.1	中国电动工具 联合公司

图 6-45　地面抹光机

15. 地面抹光机

地面抹光机如图 6-45 所示。

用途：用于以电动机或内燃机为动力的对混凝土及水泥砂浆地面进行抹光作业的抹光机。

规格：按配套动力分为电动式抹光机和内燃式抹光机两种型式。地面抹光机的型号规格见表 6-49。

表 6-49　　　　　　地面抹光机的型号规格

名　称	主参数系列
抹头叶片直径或抹盘直径（mm）	300，400，500，600，700，800，900，1000

16. 夯实机

用途：广泛使用在建筑、水利及筑路工程中，用来夯实素土。

规格：夯实机的型号规格见表 6-50。

表 6-50　　　　　　　　　夯实机的型号规格

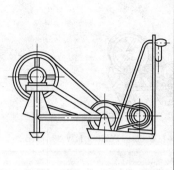

型　号	HW60	WS125	HW20
夯击能量（N·m）	—	—	200
夯头抬高（mm）	—	—	100～170
前进速度（m/min）	8	6	6～8
夯击次数（次/min）			140～142
夯击力（N）	600	250	—
功率（kW）	2.2	1.1	1.1
转速（r/min）	—	—	1400
夯板尺寸（mm×mm）			500×120
质量（kg）	200	150	143

17. 蛙式打夯机

用途：蛙式打夯机是一种高效能的建筑打夯机械，主要用在基坑、沟槽、房心、道路及大面积填方工程中，进行灰土或素土的夯实作业。它既能大大减轻打夯工人的劳动强度，又能提高工作效率，因此小型建筑工地应用相当广泛。

规格：普通和企业蛙式打夯机的型号规格见表 6-51 和表 6-52。

表 6-51　　　　　　　　普通蛙式打夯机的型号规格

基本参数	型号	
	HW20	HW60
夯击能量（N·m）	200	600
夯头抬高（mm）	100～170	200～260
前进速度（m/min）	6～8	8～13
夯击次数（次/min）	140～142	140～150
电动机型号	JO$_2$-21-4	JO$_2$-32-4
功率（kW）	1.1	3
转数（r/min）	1420	1430
夯板尺寸（mm×mm）	500×120	650×120
质量（kg）	130	280

表 6-52 企业蛙式打夯机的型号规格

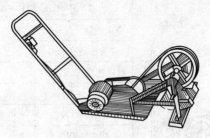

型 号		HW-280	HW-170	HW-40	HW-60	HW-32	HW-20	HB-20
夯击能量（N·m）		620	320	200	620	320	200	200
夯板面积（m²）		0.078	0.078	—	0.078	0.06	—	—
夯击次数（次/min）		140～150	140～150	140～150	140～150	145	140～142	140～145
生产率（m³/台班）		200	100	50～70	200	—	—	—
电动机功率（kW）		3	1.5	1	3	1.5	1.1	2.2
外形尺寸	长（mm）	1220	1220	1180	—	—	1000	1090
	宽（mm）	650	650	450	—	—	500	500
	高（mm）	750	750	905	—	—	850	850
前进速度（m/min）		—	—	—	8～13	8	6～8	—
质量（kg）		280	170	140	280	120	130	190

18. 墙壁开槽机

墙壁开槽机如图 6-46 所示。

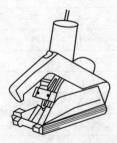

图 6-46　墙壁开槽机

用途：配用硬质合金专用铣刀，对砖墙、泥夹墙、石膏和木材等材料表面进行铣切沟槽作业。所带集尘袋用来收集铣切碎屑。

规格：墙壁开槽机（进口产品）的型号规格见表 6-53。

表 6-53 墙壁开槽机的型号规格

型号	输入功率 （W）	空载转速 （r/min）	可调槽深 （mm）	铣槽宽度 （mm）	质量 （kg）
CNF20CA	900	9300	0～20	3～23	2

注 单相串励电机驱动，电源电压为 220V，频率为 50Hz，软电缆长度为 2.5m。

四、砂磨类电动工具

1. 手持式直向砂轮机

手持式直向砂轮机如图 6-47 所示。

用途：配用平形砂轮，以其圆周面对大型不易搬动的钢铁件、铸件进行磨削加工，清理飞边、毛刺和金属焊缝、割口。换上抛轮，可用于抛光、除锈等。

图 6-47 手持式直向砂轮机

规格：手持式直向砂轮机的型号规格见表 6-54。

表 6-54 手持式直向砂轮机的型号规格

型 号	砂轮外径× 厚度×孔径 （mm×mm×mm）	额定输出功率 （W）	额定转矩 （N·m）	最高空载转速 （r/min）	许用砂轮安全 线速度 （m/s）
交直流两用、单相串励及三相中频手持式砂轮机					
S1S-80A	ϕ80×20×20（13）	≥200	≥0.36	≤11900	≥50
S1S-80B		≥280	≥0.40		
S1S-100A	ϕ100×20×20	≥300	≥0.50	≤9500	
S1S-100B		≥350	≥0.60		
S1S-125A	ϕ125×20×20	≥380	≥0.80	≤7600	
S1S-125B		≥500	≥1.10		
S1S-150A	ϕ150×20×32	≥520	≥1.35	≤6300	
S1S-150B		≥750	≥2.00		
S1S-175A	ϕ175×20×32	≥800	≥2.40	≤5400	
S1S-175B		≥1000	≥3.15		

2. 软轴砂轮机

软轴砂轮机如图 6-48 所示。

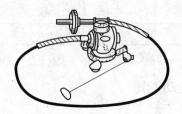

图 6-48　软轴砂轮机

用途：用于对大型笨重及不易搬动的机件或铸件进行磨削，去除毛刺，清理飞边。

规格：软轴砂轮机的型号规格见表 6-55。

表 6-55　　　　　软轴砂轮机的型号规格

型号	砂轮外径×厚度×孔径（mm×mm×mm）	功率（W）	转速（r/min）	软轴（mm）		质量（kg）
				直径	长度	
M3415	150×20×32	1000	2820	13	2500	45
M3420	200×25×32	1500	2850	16	3000	50

3. 平板砂光机

平板砂光机如图 6-49 所示。

图 6-49　平板砂光机

用途：用于金属构件和木制品及建筑装潢等表平面的砂磨、抛光、除锈，也可用于清除涂料。

规格：平板砂光机的型号规格见表 6-56。

表 6-56 平板砂光机的型号规格

规格（mm）	最小额定功率（W）	空载摆动次数（次/min）
90	100	
100	100	
125	120	
140	140	
150	160	≥10000
180	180	
200	200	
250	250	
300	300	
350	350	

4. 盘式砂光机

盘式砂光机如图 6-50 所示。

图 6-50 盘式砂光机

用途：用于金属构件和木制品表面的砂磨、抛光或除锈，也可用于清除工件表面涂料、涂层。

规格：盘式砂光机的型号规格见表 6-57。

表 6-57 盘式砂光机的型号规格

型 号	砂盘直径（mm）	额定电压（V）	输入功率（W）	转速（r/min）	质量（kg）
SIA-180	180	220	570	4000	2.3

5. 模具电磨

模具电磨如图 6-51 所示。

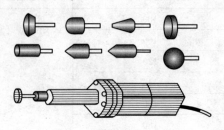

图 6-51　模具电磨

用途：配用安全线速度不低于 35m/s 的各种型式的磨头或各种成型铣刀，对金属表面进行磨削或铣切。特别适用于金属模、压铸模及塑料模中复杂零件和型腔的磨削，是以磨代粗刮的工具。

规格：模具电磨的型号规格见表 6-58。

表 6-58　　　　　　　　模具电磨的型号规格

型　号	磨头尺寸 (mm×mm)	额定输出功率 (W)	额定转矩 (N·m)	最高空载转速 (r/min)	质量 (kg)
S1J-10	$\phi 10 \times 16$	≥40	≥0.022	≤47000	0.6
S1J-25	$\phi 25 \times 32$	≥110	≥0.08	≤26700	1.3
S1J-30	$\phi 30 \times 32$	≥150	≥0.12	≤22200	1.9

6. 电动角向磨光机

用途：用于锻件、铸件、焊件等金属机件的砂磨、修磨或切割；焊接前开坡口以及清理工件飞边、毛刺、除锈或进行其他砂光作业；配用金刚石切割片，可切割非金属材料，如砖、石等。

规格：电动角向磨光机的型号规格见表 6-59。企业及国外角向磨光机的型号规格见表 6-60。

表 6-59   电动角向磨光机的型号规格

型　号	砂轮外径×孔径 （mm×mm）	类型	额定输出功率 （W）	最高空载转速 （r/min）	质量 （kg）
S1M-100A S1M-100B	100×16	A B	≥200 ≥250	15000	1.6
S1M-115A S1M-115B	115×16 或 115×22	A B	≥250 ≥320	13200	1.9
SlM-125A S1M-125B	125×22	A B	≥320 ≥400	12200	3
S1M-150A	150×22	A	≥500	10000	4
S1M-180C S1M-180A S1M-180B	180×22	C A B	≥710 ≥1000 ≥1250	8480	5.7
S1M-230A S1M-230B	230×22	A B	≥1000 ≥1250	6600	6

表 6-60   企业及国外角向磨光机的型号规格

（1）企业角向磨光机规格

型号规格	砂轮外径 （mm）	额定转矩 （N·m）	空载 转速 （r/min）	额定输 出功率 （W）	质量 （kg）	生产厂
S1M-CD-100A	φ100	0.3	11000	200	1.9	成都电动
S1M-SF4-100B	φ100	0.4	11000	260	1.75	上海锋利
S1M-MH-115A	φ115	0.38	11000	250	2.2	福建日立
S1M-AD10-115B	φ115	0.53	11000	380	1.8	扬州金力
S1M-QD-125A	φ125	0.5	10000	350	3.5	青海电动
S1M-ZN01-125B	φ125	0.63	9500	400	3.77	宁波环球
S1M-SB03-150A	φ150	—	9000	—	4.5	上海日立
S1M-ZL-180A	φ180	≥2.0	7700	≥1000	6.5	浙江摩兴
S1M-KZ2-180B	φ180	2.5	8000	1100	5.26	永康正大
S1M-CD-180B	φ180	2.5	6500	1250	5.9	成都电动

型号规格	砂轮外径 （mm）	额定转矩 （N·m）	空载 转速 （r/min）	额定输 出功率 （W）	质量 （kg）	生产厂
S1M-AD01-180C	φ180	1.5	8000	820	3.8	扬州金力
S1M-SD03-230A	φ230	—	6000	—	5.5	上海日立
S1M-KA2-230B	φ230	4.5	6000	1700	6.7	永康奥特
S1M-KR-230C	φ230	2.7	6500	1200	4.9	永康兴达

（2）国外角向磨光机规格

型号规格	砂轮外径 （mm）	空载转速 （r/min）	输出功率 （W）	质量 （kg）
瑞典 WSA19100	230	6600	1900	4.4
瑞典 AG715-115X	115	10000	710	1.6
瑞典 HBSE75S	75×533	200～380	900	3.8
美国 DW801-A9	100	11000	680	1.7
美国 DW823-A9	125	10000	1000	1.9
美国 DW852-A9	230	6300	2200	5.5
日本 G10 SB1	100×16	12000	530	1.8
日本 G18 SE2	180×22	8500	2200	5.0

7. 电磨头

电磨头如图 6-52 所示。

图 6-52　电磨头

用途：用于对金属模、压铸模及塑料模中的复杂零件和型腔进行磨削，是以磨代粗刮的工具。也可配用各种磨头或各种成型铣刀，对金属件进行磨削或铣削。配用各种磨头时的安全线速不低于 35m/s。

规格：电磨头的型号规格见表 6-61。

表 6-61 电磨头的型号规格

型 号	S1J-10	S1J-25	S1J-30
最大磨头直径×长度（mm×mm）	10×16	25×32	30×32
额定输出功率（W）	≥40	≥110	≥150
额定转矩(N·m)	≥0.022	≥0.08	≥0.12
最大空载转速(r/min)	47000	26700	22200
电源电压/频率	220V/50Hz		
质量（kg）	0.6	1.3	1.9

8. 台式砂轮机

台式砂轮机如图 6-53 所示。

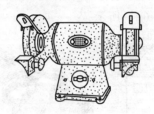

图 6-53 台式砂轮机

用途：固定在工作台上，用于修磨刀具、刃具，也可对小型机件和铸件的表面进行去刺、磨光、除锈等。

规格：台式砂轮机的型号规格见表 6-62。

表 6-62 台式砂轮机的型号规格

型号	砂轮外径×厚度×孔径 (mm×mm×mm)	输入功率 (W)	额定电压 (V)	转速 (r/min)	质量 (kg)
MD3215	150×20×32	250	220	2800	18
MD3220	200×25×32	500	220	2800	35
M3215	150×20×32	250	380	2800	18
M3220	200×25×32	500	380	2850	35
M3225	250×25×32	750	380	2850	40

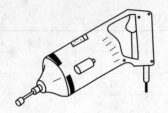

9. 气门座电磨

气门座电磨如图 6-54 所示。

用途：专用于修磨汽车、拖拉机等内燃机的钢、铁气门座。

规格：气门座电磨的型号规格见表 6-63。

图 6-54　气门座电磨

表 6-63　　　　　　　气门座电磨的型号规格

型号	砂轮直径（mm）	额定电压（V）	空载转速（r/min）	质量（kg）
J1Q-62	≤62	220	≤14500	4

10. 砂带磨光机

砂带磨光机如图 6-55 所示。

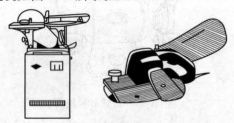

图 6-55　砂带磨光机

用途：用于砂磨地板、木板，清除涂料，金属表面除锈，磨斧头等。

规格：砂带磨光机的型号规格见表 6-64。

表 6-64　　　　　　　砂带磨光机的型号规格

型　式	2M5415（台式）	手持式（进口产品）	手持式（进口产品）
砂带的宽度×长度（mm×mm）	150×1200	110×620	76×533
砂带速度（m/min）	640	350/300（双速）	450/360（双速）
输入功率（W）	750	950	
质量（kg）	60	7.3	4.4
电源电压/频率	380V/50Hz	220V/50Hz	

　五金工具手册

11. 多功能抛砂磨机

多功能抛砂磨机如图 6-56 所示。

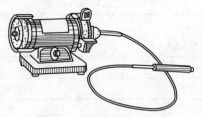

图 6-56　多功能抛砂磨机

用途：其主体为微型台式砂轮机，在外伸轴端配有软轴，软轴端有夹头可夹持各种异型砂轮、磨头、抛光轮或铣刀。用于对金属件进行修磨、清理，对各种小型零件进行抛光、除锈及对木制品进行雕刻等。

规格：多功能抛砂磨机的型号规格见表 6-65。

表 6-65　　　　　　　　　多功能抛砂磨机的型号规格

型　号	M〔E〕R3208	安全线速（m/s）	60
电源电压/频率	220V/50Hz	空载转速（r/min）	12000
质量（kg）	3.4	输出功率（W）	120
砂（抛）轮直径×孔径×厚度（mm×mm×mm）	75×10×20		

12. 电动抛光机

电动抛光机如图 6-57 所示。

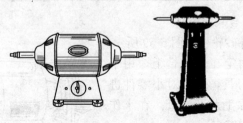

图 6-57　电动抛光机

用途：用布、毡等抛光轮对各种材料制件的表面进行抛光。

规格：电动抛光机的型号规格见表 6-66。

表 6-66　　　　　　　电动抛光机的型号规格

抛光轮外径（mm）	200	300	400
电动机额定功率（kW）	0.75	1.5	3
电动机同步转速（r/min）	3000		1500
电源电压/频率	380V/50Hz		

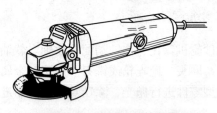

图 6-58　DC 角向磨光机

13. DC 角向磨光机

DC 角向磨光机如图 6-58 所示。

用途：用于清除铸件毛刺、飞边；抛光各种牌号的钢、青铜、铝及其铸制品表面；研磨焊接部分或焊接切割部分砖块、大理石、人造树脂等；用金刚石砂轮切割混凝土、石件及瓦片等。

规格：DC 角向磨光机的型号规格见表 6-67。

表 6-67　　　　　　　DC 角向磨光机的型号规格

型　号	电压及频率	砂轮尺寸（mm）			空载转速（r/min）	输入功率（W）	质量（kg）
		外径	孔径	厚度			
DG-100H	110V/220V，60Hz/50Hz	100	15，16	6	12000	620	2.0

14. 轻型台式砂轮机

轻型台式砂轮机如图 6-59 所示。

用途：固定在工作台上，用于修磨刀具、刃具，也可对小零件进行磨削、去除毛刺及清理。在小作坊和家庭使用较多。

规格：轻型台式砂轮机的型号规格见表 6-68。

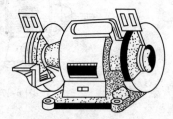

图 6-59　轻型台式砂轮机

<table>
<caption>表 6-68　　　　　　　　　　轻型台式砂轮机的型号规格</caption>
</table>

表 6-68　　　　　　　　**轻型台式砂轮机的型号规格**

（1）轻型台式砂轮机规格

最大砂轮直径（mm）	100	125	150	175	200	250
砂轮厚度（mm）	16	16	16	20	20	25
额定输出功率（W）	90	120	150	180	250	400
电动机同步转速（r/min）	3000					
最大砂轮直径（mm）	100，125，150，175，200，250			150，175，200，250		
使用电动机种类	单相感应电动机			三相感应电动机		
额定电压（V）	220			380		
额定频率（Hz）	50			50		

（2）企业轻型台式砂轮机规格

型号规格	砂轮外径（mm）	额定交流电压（V）	输出功率（W）	空载转速（r/min）	质量（kg）	生产厂
S1S-ZK-125/150	φ150	110/230/240	120	2950		浙江金益
S1ST-ZT-125	φ125	220	250	3000	4.5	浙江恒丰
S1ST-150	φ150	220	350	3000	15.0	沈阳电动
S1ST-ZT-150	φ150	220	370	2850	6.5	浙江恒丰
S1ST-200	φ200	220	530	3000	20.0	沈阳电动
S1ST-ZT-200	φ200	220	300/350	2900/3550	6.5	浙江恒丰

15. 落地砂轮机

落地砂轮机如图 6-60 所示。

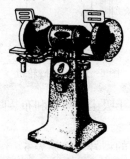

图 6-60　落地砂轮机

用途：固定在地面上，用于修磨刀具、刃具，也可对小零件进行磨削、去除毛刺及清理。

规格：落地砂轮机的型号规格见表6-69。

表6-69　　　　　　　　落地砂轮机的型号规格

型号	砂轮外径×厚度×孔径 (mm×mm×mm)	输入功率 (W)	电压 (V)	转速 (r/min)	工作定额 (%)	质量 (kg)
M3020	200×25×32	500	380	2850		75
M3025	250×25×32	750	380	2850		80
M3030	300×40×75	1500	380	1420		125
M3030A	300×40×75	1500	380	2900	60	125
M3035	350×40×75	1750	380	1440		135
M3040	400×40×127	2200	380	1430		140

16. 除尘砂轮机

除尘砂轮机如图6-61所示。

图6-61　除尘砂轮机

用途：带有专门用于吸尘的风机和布袋除尘，其用途与台式砂轮机相同。

规格：除尘砂轮机的型号规格见表6-70。

表 6-70 除尘砂轮机的型号规格

新型号	旧型号	砂轮外径 (mm)	功率 (W)	电压 (V)	转速 (r/min)	工作定额 (%)	质量 (kg)
M3320	MC3020	200	500		2850		80
M3325	MC3025	250	750		2850		85
M3330	MC3030	300	1500	380	1420	56 (60)	230
M3335	MC3035	350	1750		1440		240
M3340	MC3040	400	2200		1430		255

注 除尘砂轮机的粉尘浓度均小于 $10mg/m^3$，符合国家劳动人事和环境保护部门的安全规定。

17. 磨光机

磨光机如图 6-62 所示。

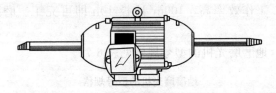

图 6-62 磨光机

用途：两轴端的锥形螺纹上，可旋入磨轮、抛光轮，用于磨光。

规格：磨光机的型号规格见表 6-71。

表 6-71 磨光机的型号规格

型 号	功率 (W)	电压 (V)	电流 (A)	工作定额 (%)	转速 (r/min)	质量 (kg)
JP2-31-2	3000	380/220	6.2/10.7	60	2900	48
JP2-32-2	4000	380/220	8.2/14.2	60	2900	55
JP2-41-2	5500	380/220	10.2/17.6	60	2900	75

18. 地磨磨光机

地磨磨光机如图 6-63 所示。

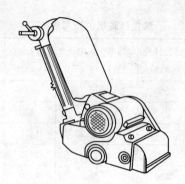

图 6-63　地磨磨光机

用途：在滚筒上可装置不同粒度的砂带，以实现对磨削对象的粗磨、细磨。用于地板的磨平、抛光，旧地板去漆、翻新，钢板除锈、除漆、除脏，环氧树脂自流坪、塑胶跑道打磨，水泥地面打毛、磨平。工作效率高，100m² 地板 10h 即可完工。磨削质量可保证。

规格：地磨磨光机的型号规格见表 6-72。

表 6-72　　地磨磨光机的型号规格

型　号	适配电源		功率 (kW)	滚筒宽度 (mm)	备注
	电压 (V)	频率 (Hz)			
SD300A	220	50	2.2		
SD300B	380	50	3	300	均带有吸尘袋
SD300C	110	50	2.2		

19. 带式电动砂轮机

带式电动砂轮机如图 6-64 所示。

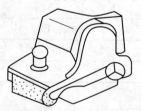

图 6-64　带式电动砂轮机

用途：用来砂光各种材料表面的工具，只需依材料的不同更换相应的砂带即可。

规格：带式电动砂轮机的型号规格见表6-73。

表6-73　　　　　　　带式电动砂轮机的型号规格

型号规格	砂带尺寸（宽×长，mm×mm）	额定电压（V）	输入功率（W）	砂带速度（m/min）	质量（kg）	生产厂
S1T-ZT23-76	76（宽）	220	740	380	3.5	浙江恒丰
S1T-SF1-100×610	100×60	220	940	350	7.2	上海锋利
S1T-ZT23-110	100（宽）	220	860/950	300/350	7.3	浙江恒丰
型号规格	砂带尺寸（宽×长，mm×mm）	额定电压（V）	输入功率（W）	砂带速度（m/s）	质量（kg）	生产厂
S1T-ZT23-76	76×533	220	950	7.5	4.4	进口带式砂光机
S1T-SF1-100×610	110×620	220	950	5.8	7.3	
S1T-ZT23-110	75×457	220	600	3.3	2.5	

20. 砂纸机

砂纸机如图6-65所示。

用途：装配上条形砂纸，主要用于木制品和金属构件表面的砂磨和抛光，也可用于清除涂料膏泥及其他打磨作业。

图6-65　砂纸机

规格：砂纸机的型号规格见表6-74。

表6-74　　　　　　　　砂纸机的型号规格

规格（mm×mm）	砂纸尺寸（mm×mm）	输入功率（W）	转速（r/min）	软电缆长度（m）	质量（kg）
110×110	114×140	180	12000	2.5	1.1
112×100	114×140	160	14000	2.0	0.95
93×185	93×228	160	10000	2.0	1.35
114×234	114×280	520	10000	2.5	2.8
93×185	93×228	520	5500	2.5	2.7

21. 超声抛光机

用途：用于模具及零件抛光。

规格：超声抛光机的型号规格见表6-75。

表 6-75 超声抛光机的型号规格

超声电功率（W）	10，20，30，50，100，150，200，250，300，400，500
工作频率（kHz）	20～40

五、林木类电动工具

1. 电圆锯

电圆锯如图6-66所示。

图 6-66 电圆锯

用途：用于锯割木材、纤维板、塑料以及其他类似材料。

规格：电圆锯的型号规格见表6-76。

表 6-76 电圆锯的型号规格

型　号	规　格 （mm×mm）	额定输出功率 （W）	额定转矩 （N・m）	最大锯割深度 （mm）	最大调 节角度
M1Y-160	160×30	≥550	≥1.70	≥55	≥45°
M1Y-180	185×30	≥600	≥1.90	≥60	≥45°
M1Y-200	200×30	≥700	≥2.30	≥65	≥45°
M1Y-250	235×30	≥850	≥3.00	≥84	≥45°
M1Y-315	270×30	≥1000	≥4.20	≥98	≥45°

注　规格指可使用的最大锯片外径×孔径。

2. 电刨

电刨如图 6-67 所示。

用途：适合刨削各种木材平面、倒棱和裁口。广泛用于各种装修及移动性强的工作场所。

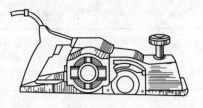

图 6-67 电刨

规格：电刨的型号规格见表 6-77。

表 6-77 电刨的型号规格

型 号	刨削宽度 (mm)	刨削深度 (mm)	额定输出功率 (W)	额定转矩 (N·m)	质量 (kg)
M1B-60/1	60	1	≥180	≥0.16	2.2
M1B-80/1	80	1	≥250	≥0.22	2.5
M1B-80/2	80	2	≥320	≥0.30	4.2
M1B-80/3	80	3	≥370	≥0.35	5
M1B-90/2	90	2	≥370	≥0.35	5.3
M1B-90/3	90	3	≥420	≥0.42	5.3
M1B-100/2	100	2	≥420	≥0.42	4.2

3. 电动曲线锯

电动曲线锯如图 6-68 所示。

图 6-68 电动曲线锯

用途：用于直线或曲线锯割木材、金属、塑料、皮革等各种形状的板材。装上锋利的刀片，还可以裁切橡皮、皮革、纤维织物、泡沫塑料、纸板等。

规格：电动曲线锯的型号规格见表 6-78。

表 6-78 　　　　　　　　　　　**电动曲线锯的型号规格**

| 型　号 | 锯割厚度（mm） | | 电动机额定输出功率 | 工作轴每分钟 | 往复行程 |
	硬木	钢板[①]	（W）	额定往复次数	（mm）
M1Q-40	40	3	≥140	≥1600	18
M1Q-55	55	6	≥200	≥1500	18
M1Q-65	65	8	≥270	≥1400	18
M1Q-80	75	10	≥420	≥1200	18

①抗拉强度 300MPa。

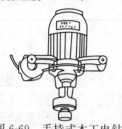

图 6-69　手持式木工电钻

4. 手持式木工电钻

手持式木工电钻如图 6-69 所示。

用途：用于在木质工件及大型木构件上钻削大直径孔、深孔。

规格：手持式木工电钻的型号规格见表 6-79。

表 6-79 　　　　　　　　　　　**手持式木工电钻的型号规格**

型　号	钻孔直径（mm）	钻孔深度（mm）	钻轴转速（r/min）	额定电压（V）	输出功率（W）	质量（kg）
M2Z-26	≤26	800	480	380	600	10.5

| 类型代号 | 手把类型 | 型号 | 电动机基本参数 | | | | | | | 锯切机构参数 | | | 电锯质量（不含导板、锯链）（kg） |
			额定功率（kW）	转速（r/min）	电压（V）	频率（Hz）	功率因数	效率（%）	最大转矩与额定转矩之比	导板有效长度（mm）	锯链节距（mm）	链速（m/s）	
A	高矮把	DJ-40	4.0	2000	220	400	＞0.8	＞70	＞2.6	400~700	10.26	10~15	＜9.75
		DJ-37	3.7										
B		DJ-30	3.0	2000	220	400 或 200	＞0.8	＞70	＞2.6	300~500	10.26 9.52	10~15	＜9.25
		DJ-32	2.2										
		DJ-18	1.8										
		DJ-15	1.5								(15)	(5.5)	
C	矮把	DJ-11	1.1	3000	380 或 220	50	＞0.8	＞70	1.8~2.2	300~400	9.52 8.25 6.35	15~22	＜10.25
		DJ-10	(1.0)										

注　括号中参数为暂保留参数。

5. 电动木工修边机

电动木工修边机如图 6-70 所示。

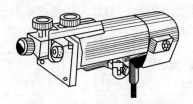

图 6-70　电动木工修边机

用途：配用各种成形铣刀，用于修整各种木质工件的边棱，进行整平、斜面加工或图形切割、开槽等。

规格：电动木工修边机的型号规格见表 6-80。

表 6-80　　　　　　　　电动木工修边机的型号规格

型号规格	刀头直径 （mm）	额定转矩 （N·m）	输入功率 （W）	空载转速 （r/min）	质量 （kg）
M1P-SF1-6		0.135	440	30000	1.7
M1P-HU-6		0.14	400	30000	2.2
M1P-SF2-6		—	350	30000	1.5
M1P-AD03-6	$\phi6$	0.16	500	30000	1.7
M1P-KZ-6A		0.13	340	28000	1.35
M1P-DS3-6		—	440	30000	1.4
M1P-KA3-6		0.15	500	30000	1.4

6. 电动木工开槽机

电动木工开槽机如图 6-71 所示。

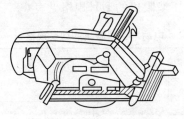

图 6-71　电动木工开槽机

用途：用于木工作业中开槽和刨边。装上成形刀具，也可进行成形刨削。

规格：电动木工开槽机的型号规格见表 6-81。

表 6-81　　　　　　　电动木工开槽机的型号规格

最大刀宽 （mm）	可刨槽深 （mm）	额定电压 （V）	输入功率 （W）	空载转速 （r/min）
25	20	220	810	11000
3～36	23～64	220	1140	5500

7. 电动木工凿眼机

电动木工凿眼机如图 6-72 所示。

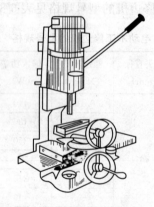

图 6-72　电动木工凿眼机

用途：配用方眼钻头，用于在木质工件上凿方眼，去掉方眼钻头的方壳后也可钻圆孔。

规格：电动木工凿眼机的型号规格见表 6-82。

表 6-82　　　　　　　电动木工凿眼机的型号规格

型号	凿眼宽度 （mm）	凿孔深度 （mm）	夹持工件尺寸 （mm×mm）	电动机功率 （W）	质量 （kg）
ZMK-16	8～16	≤100	≤100×100	550	74

8. 电动雕刻机

电动雕刻机如图 6-73 所示。

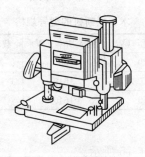

图 6-73　电动雕刻机

用途：配用各种成型铣刀，用于在木料上铣出各种不同形状的沟槽，雕刻各种花纹图案。

规格：电动雕刻机的型号规格见表 6-83。

表 6-83　　　　　　　　电动雕刻机的型号规格

铣刀直径 （mm）	输入功率 （W）	主轴转速 （r/min）	套爪夹头 （mm）	整机高度 （mm）	电缆长度 （m）	质量 （kg）
8	800	10000～25000	8	255	2.5	2.8
12	1600	22000	12	280	2.5	5.2
12	1850	8000～20000	12	300	2.5	5.3

9. 木工斜断机

木工斜断机如图 6-74 所示。

图 6-74　木工斜断机

用途：有旋转工作台，用于木材的直口或斜口的锯割。

规格：木工斜断机的型号规格见表 6-84。

表 6-84　　　　　　　　　木工斜断机的型号规格

锯片直径（mm）	额定电压（V）	输入功率（W）	空载转速（r/min）	质量（kg）
ϕ255	220	1380	4100	22
ϕ255	220	1640	4500	20
ϕ380	220	1640	3400	25

10. 木工多用机

木工多用机如图 6-75 所示。

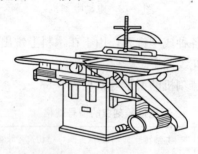

图 6-75　木工多用机

用途：用于对木材及木制品进行锯、刨及其他加工。

规格：木工多用机的型号规格见表 6-85。

表 6-85　　　　　　　　　木工多用机的型号规格

型　号	刀轴转速（r/min）	刨削宽度	锯割厚度	锯片直径	工作台升降范围		电动机功率（W）	质量（kg）
				mm	刨削	锯割		
MQ421	3000	160	≤50	200	5	65	1100	60
MQ420	3000	200	≤90	300	5	95	1500	125
MQ422A	3160	250	≤100	300	5	100	2200	300
MQ433A/1	3960	320	—	350	5～120	140	3000	350
MQ472	3960	200	—	350	5～100	90	2200	270
MJB180	5500	180	≤60	200	—	—	1100	80
MDJB180-2	5500	180	≤60	200	—	—	1100	80

11. 万能木工圆锯机

万能木工圆锯机如图 6-76 所示。

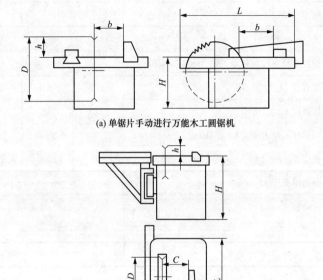

(a) 单锯片手动进行万能木工圆锯机

(b) 单锯片手动进行带移动工作台木工圆锯机

图 6-76　万能木工圆锯机

用途：用于锯割木材、纤维板、塑料及其他类似材料。

规格：万能木工圆锯机的型号规格见表 6-86。

表 6-86　　　　　　　　万能木工圆锯机的型号规格

(1) 单锯片手动进行万能木工圆锯机

最大锯片直径 D_{max}（mm）	315	400	500
最大锯切高度 h_{max}（mm）	≥63	≥80	≥100
导向板与锯片的最大距离 b_{max}（mm）	≥250	≥315	≥400
工作台长度 L（mm）	800	1000	1250
工作台面离地高度（按最小高度计算）H（mm）	780～850		

装锯片处轴径（mm）	30	
电动机功率（kW）	3	4
锯切速度（mm/s）	≥45	

（2）单锯片手动进行带移动工作台木工圆锯机

最大锯片直径 D_{max}（mm）	315	400	500
最大锯切高度 h_{max}（mm）	≥63	≥80	≥100
导向板与锯片的最大距离 C_{max}（mm）	≥250	≥315	≥400
工作台长度 L（mm）	800	1000	1250
工作台面离地高度 H（mm）	780～850		
装锯片处轴径（mm）	30		
电动机功率（kW）	3		4
锯切速度（mm/s）	≥45		

12. 电木铣

电木铣如图 6-77 所示。

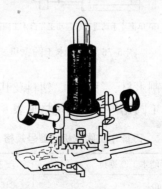

图 6-77　电木铣

用途：加装附件可作平整、倒圆、倒角、修边、开燕尾榫和其他特定作业。

规格：电木铣的型号规格见表 6-87。

表 6-87 电木铣的型号规格

型号规格	刀头直径（mm）	额定转矩（N·m）	输入功率（W）	空载转速（r/min）	质量（kg）
M1R-KA-8	φ8	0.28	850	26000	3.8
MR-KA2-8	φ8	0.32	910	26000	3.8
M1R-8TH	φ8	1.06	700	16000～8000	3.75
M1R-SF1-12	φ12	0.75	1650	23000	6.0
M1R-SF2-12	φ12	0.75	1850	9000～23000	6.0
MR-ZN01-12	φ12	0.70	1600	23000	6.0
M1R-HU-12	φ12	0.55	1050	22000	6.2
M1R-KP01-12	φ12	—	1850	22000	6.0
MR-DS2-12	φ12	—	1600	23000	5.7
M1R-KA4-12	φ12	0.85	1600	23000	4.0
M1R-KA5-12	φ12	0.6	1200	23000	4.0

13. 电链锯

电链锯如图 6-78 所示。

图 6-78　电链锯

用途：用于一般环境条件下，对树枝、木材及类似材料进行切割作业的单人操作的手持式电链锯。

规格：电链锯的型号规格见表 6-88 和表 6-89。

表 6-88 电链锯的规格

规格（mm）	额定输出功率（W）	额定转矩（N·m）	链条线速度（m/s）	净重（不含导板链条）（kg）
305（12″）	≥420	≥1.5	6～10	≤3.5
355（14″）	≥650	≥1.8	8～14	≤4.5
405（16″）	≥850	≥2.5	10～15	≤5

型号	导板长度（mm）	额定转矩（N·m）	链锯速度（m/min）	额定输出功率（W）	质量（kg）	生产厂
M1L-J2-400TH		4.53	480	1010	5.1	苏州太湖
M1L-KP01-405	405	3.34	400	820	6.0	浙江博大
M1L-KA-405	405	4.50	200	900	4.0	永康奥特

14. 单轴木工铣床

单轴木工铣床如图 6-79 所示。

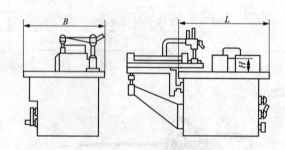

(a) 带辅助工作台单轴木工铣床

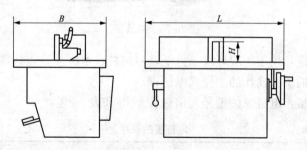

(b) 不带辅助工作台单轴木工铣床

图 6-79   单轴木工铣床

用途：用于在木质工件上进行铣削。

规格：单轴木工铣床的主要参数见表 6-90。

表 6-90 　　　　　　　单轴木工铣床的主要参数

工作台长度 L（mm）	600	800	1000	1250
工作台宽度 B（mm）	500	630	800	1000
最大铣削高度 H（mm）	60	80	100	120

15. 立式单轴木工钻床

立式单轴木工钻床如图 6-80 所示。

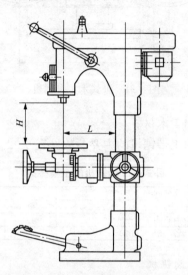

图 6-80　立式单轴木工钻床

用途：用于在木质工件上进行钻削。

规格：立式单轴木工钻床的主要参数见表 6-91。

表 6-91　　　　　　　立式单轴木工钻床的主要参数

参数名称	基本参数		
最大钻孔直径（mm）	12	25	40
最大钻孔深度（mm）	100		
最大榫槽长度（mm）	150		200
最大榫槽深度（mm）	100		
主轴端面至工作台面的最大距离 L（mm）	400		
主轴中心线到机床立柱表面的最大距离 H（mm）	320		400
主轴转速（r/min）	≥2800		

16. 卧式木工带锯机

卧式木工带锯机如图 6-81 所示。

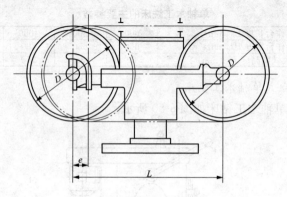

图 6-81　卧式木工带锯机

用途：用于加工木材。

规格：卧式木工带锯机的主要参数见表 6-92。

表 6-92　　　　　　卧式木工带锯机的主要参数

参数名称	基本参数		
锯轮直径 D（mm）	900	1060	1250
主、从动轮中心距 L（mm）	≥1300	≥1500	≥1800
从动轮可调距离 e（mm）	≥100	≥120	≥150

17. 纵剖木工圆锯机

纵剖木工圆锯机如图 6-82 所示。

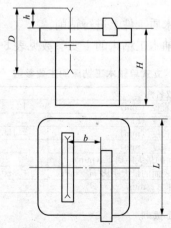

图 6-82　纵剖木工圆锯机

纵剖木工圆锯机的主要参数见表 6-93。

表 6-93 纵剖木工圆锯机的主要参数

最大锯片直径 D_{max}（mm）	315	400	500	630	800	1000 (900)
最大锯切高度 h_{max}（mm）	$\geqslant$63	$\geqslant$80	$\geqslant$100	$\geqslant$140	$\geqslant$190	$\geqslant$280
导向板与锯片的最大距离 b_{max}（mm）	$\geqslant$250	$\geqslant$280	$\geqslant$315	$\geqslant$355	$\geqslant$400	$\geqslant$450
工作台长度 L①（mm）	630	800	1000	1000	1250	1600
工作台面离地高度② H（mm）	780～850					
装锯片处轴径（mm）	30			40		
电动机功率（kW）	3		4	5.5	7.5	11
锯切速度（mm/s）	$\geqslant$45					

注 1. 括号内尺寸在新设计中不允许采用。
　2. 工作台高度可调时，按最小高度计算。

18. 横截木工圆锯机

横截木工圆锯机如图 6-83 所示。

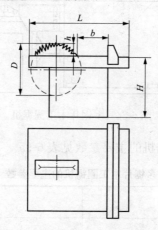

图 6-83 横截木工圆锯机

横截木工圆锯机的主要参数见表 6-94。

表 6-94   横截木工圆锯机的主要参数

最大锯片直径 D_{max}（mm）	315	400	500	630	800	1000
最大锯切高度 h_{max}（mm）	≥63	≥80	≥100	≥140	≥190	≥280
导向板与锯片的最大距离 b_{max}（mm）	≥250	≥280	≥315	≥400	≥500	≥630
工作台长度 L（mm）	750	900	1060	—	—	—
工作台面离地高度 H（mm）	780～850					
装锯片处轴径（mm）	30			40		
电动机功率（kW）		3	4	5.5	7.5	11
锯切速度（mm/s）	≥45					

19. 多锯片木工圆锯机

多锯片木工圆锯机如图 6-84 所示。

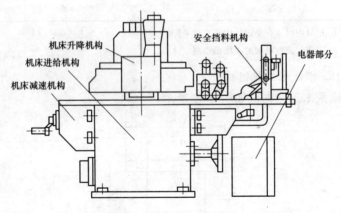

图 6-84   多锯片木工圆锯机

多锯片木工圆锯机的主要参数见表 6-95。

表 6-95   多锯片木工圆锯机的主要参数

参数名称	参数值
圆锯片直径（mm）	250，315，400

20. 单锯片手动进给木工圆锯机

单锯片手动进给木工圆锯机如图 6-85 所示。

图 6-85　单锯片手动进给木工圆锯机

单锯片手动进给木工圆锯机的性能要求如下：

（1）主轴转速偏差不得超过标牌指示值的±5%。

（2）主传动系统空运转功率（不包括电动机空载功率）不超过主电动机额定功率的25%。

21. 带移动工作台木工锯板机

带移动工作台木工锯板机如图6-86所示。

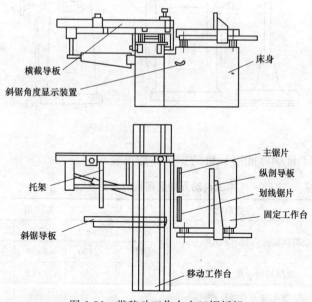

图 6-86　带移动工作台木工锯板机

带移动工作台木工锯板机的主要参数见表 6-96。

表 6-96　　　　　带移动工作台木工锯板机的主要参数

参数名称	参数值	
最大加工长度（mm）	2000，2500，3150	
主锯片最大直径（mm）	315（355）	400
最大加工厚度（mm）	60	80

22. 木工自动万能磨锯机

木工自动万能磨锯机如图 6-87 所示。

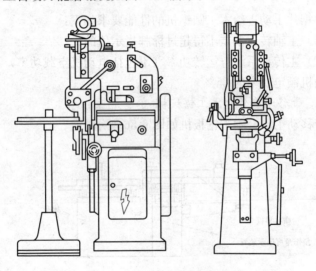

图 6-87　木工自动万能磨锯机

木工自动万能磨锯机的主要参数见表 6-97。

表 6-97　　　　　木工自动万能磨锯机的主要参数

参数名称		数　值		
磨削圆锯片直径（mm）	最大	800	1250	2000
	最小	≤160	≤400	≤630
磨削带锯条最大宽度（mm）		≥63	≥160	≥250
磨头最大升降行程（mm）		≥35	≥55	≥90

参数名称		数　值		
进给爪最大行程（mm）		≥35	≥55	≥90
机头倾斜角度（°）	右向	≥30	≥30	≥30
	左向	≥15	≥15	≥15

六、其他电动工具

1. 数控雕铣机

数控雕铣机如图 6-88 所示。

图 6-88　数控雕铣机

用途：用于雕刻和铣削加工。

规格：数控雕铣机的附件和工具见表 6-98。

表 6-98　　　　　　　　数控雕铣机的附件和工具

名称	用途	数量
专用扳手	安装、调整和拆分机床	1 套
夹头	安装刀具	至少 1 只
垫脚调节块	安装机床	1 套
水箱水泵	冷却主轴	1 套
水箱水泵	冷却刀具	1 套
手轮	调试加工	1 套
工具箱	放置工具	1 只

2. 移动式电动管道清理机

移动式电动管道清理机如图 6-89 所示。

图 6-89　移动式电动管道清理机

用途：配用各种切削刀，用于清理管道污垢，疏通管道淤塞。

规格：移动式电动管道清理机的型号规格见表 6-99。

表 6-99　　　　移动式电动管道清理机的型号规格

型　号	清理管道直径 (mm)	清理管道长度 (m)	额定电压 (V)	电机功率 (W)	清理最高转速 (r/min)
Z-50	12.7~50	12	220	185	400
Z-500	50~250	16	220	750	400
GQ-75	20~100	30	220	180	400
GQ-100	20~100	30	220	180	380
GQ-200	38~200	50	200	180	700

3. 电喷枪

电喷枪如图 6-90 所示。

图 6-90　电喷枪

用途：主要用于喷漆及喷射药水、防霉剂、除虫剂、杀菌剂等低、中黏度液体。

规格：电喷枪的型号规格见表 6-100。

表 6-100　　　　　　　　　　电喷枪的型号规格

型　号	Q1P-50	Q1P-100	Q1P-150	Q1P-260	Q1P-320
额定流量（mL/min）	50	100	150	260	320
额定最大输入功率（W）	25	40	60	80	100
额定电压及频率	220V 及 50Hz				
密封泵压（MPa）	＞10				

4. 电钉枪

电钉枪如图 6-91 所示。

图 6-91　电钉枪

用途：用于将码钉（门形钉）或直钉钉于包装纸箱或板上。

规格：电钉枪的型号规格见表 6-101。

表 6-101　　　　　　　　　　电钉枪的型号规格

码钉长（mm）	直钉长（mm）	额定电压（V）	效率（枚/min）	质量（kg）
6～14	16	220	20	1.1

5. 电动针束除锈机

电动针束除锈机如图 6-92 所示。

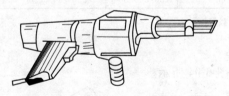

图 6-92　电动针束除锈机

用途：用于凹凸不平表面的除锈、清渣及混凝土制品的修凿、清斑等。

规格：电动针束除锈机的型号规格见表 6-102。

表 6-102			电动针束除锈机的型号规格		
型号	钢条束（针束）直径（mm）	电压（V）	电流（A）	输入功率（W）	冲击次数（次/min）
QIQ-31	32	220	0.8	140	4000

6. 热风枪

热风枪如图 6-93 所示。

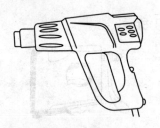

图 6-93　热风枪

用途：用于塑料变形、玻璃变形、胶管熔接、去除墙纸和墙漆等作业。

规格：热风枪的型号规格见表 6-103。

表 6-103			热风枪的型号规格			
型号	温度（℃）	空气流量（L/min）	输入功率（kW）	降温设置（℃）	质量（kg）	备注
GHG500-2	300/500	240/450	1.6	—	0.75	两种设置
GHG600-3	50/400/600	250/350/500	1.8	50	0.8	三种设置
GHG630DCE	50～630	150/300/500	2.0	50	0.9	温度可调

注　均有温度过载保护。

7. 吹风机

吹风机如图 6-94 所示。

图 6-94　吹风机

用途：进行鼓风或抽气作业。广泛用于铸造、仪表、金属切削、汽车及棉纺等行业设备的清洁或散热。

规格：吹风机的型号规格见表 6-104。

表 6-104　　　　　　　　　吹风机的型号规格

定额输入功率 （W）	风压 （MPa）	风量 （L/min）	转速 （r/min）	长度 （mm）	质量 （kg）
310	≥0.04	2300	12500	390	2.2
600	≥0.08	2000	16000	430	1.75

8. 旋转割草机

旋转割草机如图 6-95 所示。

图 6-95　旋转割草机

旋转割草机的主要性能指标及基本参数见表 6-105 和表 6-106。

表 6-105　　　　　　　旋转割草机的主要性能指标

项　　目	性能指标
每米割幅空载消耗总功率（kW/m）	≤3.5
每米割幅消耗总功率（kW/m）	≤8.0
割茬高度（mm）	≤70
重割率（%）	≤1.5
超茬损失率（%）	≤0.5
漏割损失率（%）	≤0.25
首次无故障作业量（hm²/m）	≥70

型式	割幅（mm）	滚筒（刀盘）数（个）	滚筒（刀盘）转速（r/min）	每个滚筒（刀盘）上的刀片数（片）	作业速度（km/h）
滚筒式旋转割草机	0.84	1	1400～1900	2～4	≤12
	1.65	2	1600～2100		
	2.46	3			
盘式旋转割草机	1.70	4	2500～3000	2～3	≤16
	2.07	5			
	2.46	6			

9. 往复式割草机

往复式割草机如图 6-96 所示。

图 6-96　往复式割草机

往复式割草机的主要性能指标和主要参数见表 6-107 和表 6-108。

表 6-107　　　　往复式割草机的主要性能指标

项　目	指　标
割茬高度（mm）	≤70
漏割率（%）	≤0.5

项　目	指　标
超茬损失率（％）	≤0.35
重割率（％）	≤0.8
每米割幅空载消耗功率（kW/m）	≤0.9
每米割幅消耗总功率（kW/m）	≤1.5
首次无故障作业量（hm²/m）	≥70
轴承温升	空运转30min后，各部位轴承温升不大于25℃

表 6-108　　　　　往复式割草机的主要参数

项　目		主要参数值						
割幅（m）		1.1	1.4	2.1	2.8	4.0	5.4	6.0
悬挂式	工作速度（km/h）	3～7	6～7	7～10	7～10	—	—	7～9
	生产率（ha/h）	0.3～0.7	0.8～1	1.5～2	2～2.8			4.2～5.4
半悬式	工作速度（km/h）	—	—	6～7				
	生产率（ha/h）	—	—	1.2～1.4				
牵引式	工作速度（km/h）	—	—	5.5	7～10	8～9	8～9	
	生产率（ha/h）	—	—	1	2～2.8	3.2～3.6	4.3～4.8	

10. 电动草坪割草机

电动草坪割草机如图 6-97 所示。

电动草坪割草机的技术要求如下：

（1）当草坪草高度小于 100mm 时，机器应能正常作业。

（2）刀尖线速度应小于 96.5m/s。

（3）旋刀式电动草坪割草机台壳下沿应延伸到刀尖圆平面之下至少 3mm。刀片紧固螺钉的螺钉头可伸出台壳下沿，但螺钉应安装在刀尖圆直径的 50％ 范围以内。

（4）对于割草宽度在 600mm 以内的电动草坪割草机，当操作

图 6-97 电动草坪割草机

者脱开操作机构时，刀片应在 3s 内停止；对于割草宽度大于 600mm 的电动草坪割草机，刀片应在 5s 内停止。

第七章 气动工具和液压工具

一、气枪类工具

1. 气动射钉枪

气动射钉枪如图 7-1 所示。

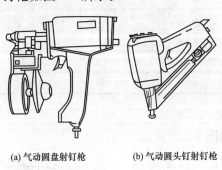

(a) 气动圆盘射钉枪　　　　(b) 气动圆头钉射钉枪

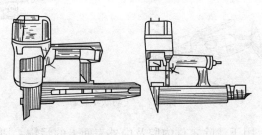

(c) 气动码钉射钉枪　　　　(d) 气动T型钉射钉枪

图 7-1　气动射钉枪

用途：气动圆盘、圆头钉射钉枪均适用于将射钉钉于混凝土、砌砖体、岩石和钢铁上以及紧固建造构件、水电线路和某些金属结构件等；气动码钉、T 型钉射钉枪可把口形钉射在建筑构件、包装箱上，或将 T 型钉射钉在被紧固物上。

规格：气动射钉枪的规格见表 7-1。

表 7-1 　　　　　　　　　气动射钉枪的规格

种　类	空气压力 （MPa）	射钉频率 （枚/s）	盛钉容量 （枚）	质量 （kg）
气动圆盘射钉枪	0.4～0.7	4	385	2.5
	0.45～0.75	4	300	3.7
	0.4～0.7	4	285/300	3.2
	0.4～0.7	3	300/250	3.5
气动圆头钉射钉枪	0.45～0.7	3	64/70	5.5
	0.4～0.7	3	64/70	3.6
气动码钉射钉枪	0.4～0.7	6	110	1.2
	0.45～0.85	5	165	2.8
气动 T 型钉射钉枪	0.4～0.7	4	120/104	3.2

2. 气动吹尘枪

气动吹尘枪如图 7-2 所示。

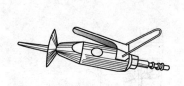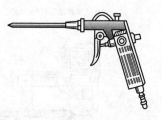

图 7-2　气动吹尘枪

用途：用于清除零件内腔及内外表面上的污物、切屑。还可清理工作台及机床导轨等。尤其对边角、缝隙等半封闭部位的清理更为适用。

规格：气动吹尘枪的型号规格见表 7-2。

表 7-2 　　　　　　　　　气动吹尘枪的型号规格

型　号	工作气压（MPa）	耗气量（L/s）	气管内径（mm）	质量（kg）
CC	0.2～0.49	3.7	—	0.19
TCQ2	0.63	8	10	0.15

3. 气动充气枪

气动充气枪如图 7-3 所示。

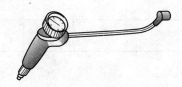

图 7-3　气动充气枪

用途：对汽车、拖拉机轮胎、橡皮艇、救生圈等充入压缩空气用。手柄上有测定充气压力的压力表。

规格：气动充气枪的型号规格见表 7-3。

表 7-3　　　　　　　　　　**气动充气枪的型号规格**

型　号	工作气压（MPa）	质量（kg）	外形尺寸（mm×mm）
CQ	0.4～0.8	0.15	28×168

4. 多彩喷枪

多彩喷枪如图 7-4 所示。

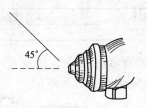

45°

图 7-4　多彩喷枪

用途：用于喷涂内墙涂料、釉料、油漆、粘合剂及密封剂等液体。换上扇形喷嘴可作向上 45°扇形喷涂天花板、顶棚等。

规格：多彩喷枪的型号规格见表 7-4。

型 号	贮气罐容量 （L）	出漆嘴孔径 （mm）	喷涂表面的直径或宽度 （mm）	工作气压 （MPa）	有效喷涂距离 （mm）
CD-2	1	2.5	长轴 300（椭圆形），300（扇形）	0.4～0.5	300～400

5. 气动洗涤枪

气动洗涤枪如图 7-5 所示。

图 7-5 气动洗涤枪

用途：用于喷射一定压力的水及洗涤剂，以冲刷清洗物体表面上的各种积尘污垢，适用于飞行器、汽车、拖拉机、工程机械、机械零件等的清洗及建筑物表面上积尘的冲洗。

规格：气动洗涤枪的型号规格见表 7-5。

表 7-5   气动洗涤枪的型号规格

型号	工作气压（MPa）	质量（kg）
XD	0.3～0.5	0.56

6. 气动喷砂枪

气动喷砂枪如图 7-6 所示。

图 7-6 气动喷砂枪

气动喷砂枪的型号规格见表 7-6。

表 7-6 气动喷砂枪的型号规格

型号	工作气压（N/mm²）	石英砂粒度（目）	喷砂效率（kg/h）	质量（kg）
FC1-6.5	0.6	≤4	40～60	1.0

7. 气动拉铆枪

气动拉铆枪如图 7-7 所示。

图 7-7 气动拉铆枪

气动拉铆枪的型号规格见表 7-7。

表 7-7 气动拉铆枪的型号规格

型号	拉力（N）	工作气压（N/mm²）	枪头孔径（mm）	适用抽芯铆钉直径（mm）	外形尺寸（mm×mm×mm）	质量（kg）
QLM-1	7200	0.63	2 2.5 3 3.5	2.4～5	290×92×260	2.25

二、气动铲、锤气动工具

1. 气镐

气镐如图 7-8 所示。

用途：用于软岩石开凿、煤炭开采、混凝土破碎、冻土与冰层破碎、机械设备中销钉的装卸等。

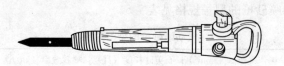

图 7-8　气镐

规格：气镐的型号规格见表 7-8。

表 7-8　　　　　　　　　　气镐的型号规格

规格	质量（kg）	冲击能量（J）	工作气压（MPa）	耗气量（L/s）	冲击频率（Hz）	噪声（声功率级）［db（A）］	气管内径（mm）	镐钎尾柄规格（mm×mm）
8	8	≥30		≤20	≥18	≤116		25×75
10	10	≥43	0.63	≤26	≥16	≤118	16	
20	20	≥55		≤28	≥16	≤120		30×87

2. 气锹

气锹如图 7-9 所示。

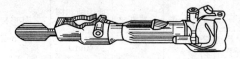

图 7-9　气锹

用途：用于筑路、开挖冻土层等施工作业。

规格：气锹的基本参见表 7-9。

表 7-9　　　　　　　　　　气锹的基本参数

工作气压（MPa）	耗气量（L/min）	冲击频率（Hz）	冲击能量（J）	气管内径（mm）	钎尾规格（mm×mm）	质量（kg）
0.63	1500	35	22	13	22.4×8.25	11.2

3. 气刮铲

气刮铲如图 7-10 所示。

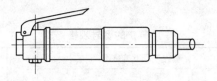

图 7-10　气刮铲

用途：适用于建筑、机械施工中的电焊去渣、去毛边、开坡口等，也可在钢结构件、铸件上进行少量铲削。

规格：气刮铲的基本参数见表 7-10。

表 7-10　　　　　　　　　气刮铲的基本参数

工作气压 （MPa）	冲击频率 （次/min）	耗气量 （m³/min）	气管内径 （mm）	质量 （kg）
0.5	＞5200	＜0.2	10	＜2

4. 气铲

气铲如图 7-11 所示。

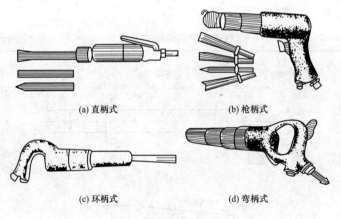

(a) 直柄式　　　　　　　　(b) 枪柄式

(c) 环柄式　　　　　　　　(d) 弯柄式

图 7-11　气铲

用途：用于铸件、铆焊件表面的清理修整，开坡口，也可用于小直径铆钉的铆接以及岩石制品的外形修整等。

规格：气铲的型号规格见表 7-11。气铲用铲头的形式及尺寸见表 7-12。

表 7-11 气铲的型号规格

| 规格 | 质量[①] (kg) | 验收气压 0.63MPa | | | | 缸径 | 气管内径 (mm) | 镐钎尾柄 (mm×mm) |
		冲击能量 (J)	耗气量 (L/s)	冲击频率 (Hz)	噪声 [dB（A）]			
2	2.4	2	≤7	≥60	≤103	25	10	φ12×45
		0.7		≥45		18		
5	5.4	8	≤19	≥35	≤116	28	13	φ17×60
6	6.4	14	≤15	≥20		28		
		10	≤21	≥32	≤120	30		
7	7.4	17	≤16	≥13	≤116	28		

① 机重应在指标值的±10%之内。

表 7-12 气铲用铲头的形式及尺寸 （mm）

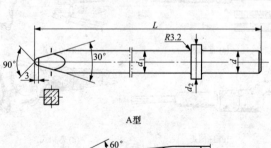

A型

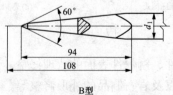

B型

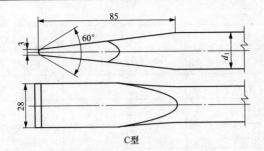

C型

基本尺寸 d	d_1	$d_2 \pm 1$	L
12	13	21	200～350
17	20	30	200～350
20	24	34	200～350

5. 破碎镐

用途：适用于市政建设中打碎旧路面，工矿企业设备安装中破碎原混凝土基础；适用于土木工程及地下建筑、人防施工等工作中摧毁坚固冻结的地层；也适用于采石、采矿等其他领域。

规格：破碎镐的型号规格见表 7-13。

表 7-13　　　　破碎镐的型号规格

(1) 破碎镐规格之一

型　号	G8	G10	G20	B1	B2	B3
冲击频率(Hz)	18	16	16	19	15.5	16
冲击能量(J)	≥30	≥43	≥60	≥60	≥80	≥100
耗气量(L/s)	≤20	≤26	≤23	—	—	—
额定压力(MPa)	—	—	—	0.5	0.5	0.5
自由空气比耗[m³/(dm·kW)]	—	—	—	1.5	1.5	1.3
缸径(mm)		38	38	—	—	—
气管内径(mm)	16	16	16			
机长(mm)	镐钎尾柄：25×75		858	638	716	770
清洁度(mg)	≤400	≤530				
噪声[dB(A)]	≤116	≤118	—	—	—	—
机重(kg)	8	10	20	13.1	14.4	15

（2）破碎镐规格之二

型　　号	C35	C90
冲击次数（次/min）	1250	1250
活塞直径（m）	45	67
耗气量（L/s）	22	41
气管内径（mm）	19	19
机重（kg）	20	42
钎具轴尾长度（mm）	450	500
机长（mm）	626	688
活塞工作行程（mm）	160	148

（3）破碎镐规格之三

型　　号	MO-2B	MO-3B	MO-4B	OP-2	OP-3	OP-4
冲击频频率（Hz）	22.5	19.2	17	22	19	17
冲击能量（J）	≥39	≥44	≥55	≥43	≥48	≥56
破碎镐净质量（kg）	8.5	9	9.6	8	9	9.5
自由空气比耗[m^3/(dm·kW)]	1.5	1.5	1.5	26	26	26
额定压力（MPa）	0.5	0.5	0.5	0.5	0.5	0.5
最小压力（MPa）	0.3	0.3	0.3	0.2	0.2	0.3
钎具轴尾直径（mm）	24	24	24	24	24	24
钎具轴尾长度（mm）	70	70	70	70	70	70
机长（mm）	546	577	638	568	600	645

6. 气动捣固机

气动捣固机如图 7-12 所示。

图 7-12　气动捣固机

用途：用于捣固铸件砂型、混凝土、砖坯及修补炉衬等。

规格：气动捣固机的基本参数见表 7-14。气动捣固机用捣头的基本尺寸见表 7-15。

表 7-14　　　　　　　　　气动捣固机的基本参数

规格	质量 （kg）	工作气压 （MPa）	耗气量 （L/s）	冲击频率 （Hz）	缸径 （mm）	活塞工作行程 （mm）	气管内径 （mm）
2	≤3	0.63	≥7	≥18	18	55	10
			≥9.5	≥16	20	80	
4	≤5		≥10	≥15	22	90	13
6	≤7		≥13	≥14	25	100	
9	≤10		≥15	≥10	32	120	
18	≤19		≥19	≥8	38	140	

表 7-15　　　　　　　气动捣固机用捣头的基本尺寸　　　　　　　（mm）

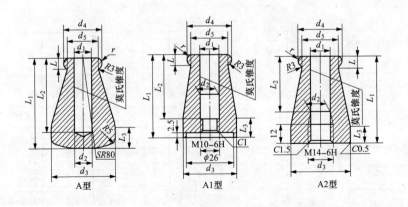

A 型　　　　　　　　A1 型　　　　　　　　A2 型

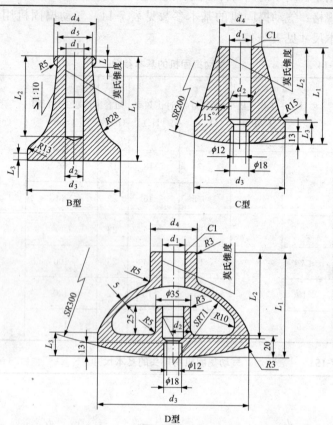

B型

C型

D型

基本尺寸 d_2	莫氏锥度	d_1	d_3	d_4	d_5	r	L	L_1	L_2	L_3	备注
11	1 号 1：20.047	12.065	30	26	22	3	6	45	55	10	A1 型
12		13.900	36	28	24	3	6	35	35	10	A2 型
14	2 号 1：20.020	15.900	40	30	28	4	8	70	50	15	A 型
16		17.780	60	38	32	5	10	85	70	20	A 型
			80					90		5	B 型
21	3 号 1：19.920	23.825	95	45	—	—	—	100	75	22	C 型
			140					92			D 型

7. 冲击式气动除锈器

冲击式气动除锈器如图 7-13 所示。

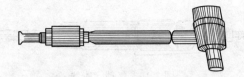

图 7-13　冲击式气动除锈器

用途：用于船舶、锅炉、金属结构等除锈，尤其适用于深坑处除锈。

规格：冲击式气动除锈器的型号及参数见表 7-16。

表 7-16　　　　　　冲击式气动除锈器的型号及参数

型号	全长 （mm）	气管内径 （mm）	耗气量 （L/min）	冲击频率 （Hz）	活塞直径 （mm）	工作气压 （MPa）	质量 （kg）
ZHXC2	350	13	330	45	30	0.63	2.4
ZHXC2-W	450	13	330	45	30	0.63	2.5

8. 气动针束除锈器

气动针束除锈器如图 7-14 所示。

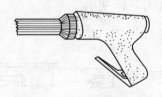

图 7-14　气动针束除锈器

用途：用于对结构件的凹凸表面除锈及清除焊件上的焊渣，修凿或清理岩石、混凝土及铸件清砂等。

规格：气动针束除锈器的型号及基本参数见表 7-17。

表 7-17　　　　　　气动针束除锈器的型号及基本参数

除锈针 （mm×mm）	气管内径 （mm）	耗气量 （L/s）	冲击频率 （Hz）	工作气压 （MPa）	质量 （kg）
φ2×29	10	≤5	≥60	0.63	2

9. 气动除渣器

气动除渣器如图 7-15 所示。

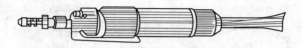

图 7-15　气动除渣器

用途：用于船舶、机车、桥梁、锅炉、化工容器、金属结构件等具有大量焊缝的场合，除去结构件表面上的焊渣及飞溅渣物。

规格：气动除渣器的型号及基本参数见表 7-18。

表 7-18　　　　　　气动除渣器的型号及基本参数

型号	气管内径 （mm）	冲击次数 （次/min）	工作气压 （MPa）	质量 （kg）
CZ-25	8	4200	0.5～0.6	1.5

10. 手持式凿岩机

手持式凿岩机如图 7-16 所示。

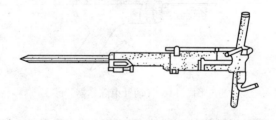

图 7-16　手持式凿岩机

用途：适用于在岩石、砖墙、混凝土等构件上凿孔，作安装管道、架设动力线路和安装地脚螺栓等用，是提高工效、减轻劳动强度的必备工具。

规格：手持式凿岩机的型号及基本参数见表 7-19。

表 7-19 手持式凿岩机的型号及基本参数

产品系列	空转转速 (r/min)	冲击能量 (J)	冲击频率 (Hz)	凿岩耗气量 (L/s)	噪声（声功率级）[dB(A)]	岩孔耗气量 (L/m)	凿孔深度 (m)	气管内径 (mm)	水管内径 (mm)	钎尾规格 (mm×mm)
轻		2.5~15	45~60	≤20	≤114		1	8 或 13	—	生产厂自定
中	≥200	15~35	25~45	≤40	≤120	≤18.8×10³	3	16 或 20 (19)	8 或 13	H22×108 或 H19×108
重		30~50	22~40	≤55	≤124		5	20 (19)	13	H22×108 或 H25×108

验收气压 0.4MPa

11. 气动石面修凿机

气动石面修凿机如图 7-17 所示。

图 7-17 气动石面修凿机

用途：适用于石材表面修凿、溅斑，如雕塑石像及加工各种石器等。

规格：气动石面修凿机的型号及基本参数见表 7-20。

表 7-20 气动石面修凿机的型号及基本参数

型 号	XZ10	XZ15	XZ20	XZ20A
冲击频率（Hz）	125	120	115	115
缸体直径（mm）	15	19	25	25
气管内径（mm）	10	10	10	10
质量（kg）	0.85	1.2	1.7	2.0

12. 气动破碎机

气动破碎机如图 7-18 所示。

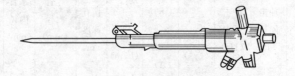

图 7-18　气动破碎机

用途：用于筑路及安装工程中破碎混凝土和其他坚硬物体。

规格：气动破碎机的型号及基本参数见表 7-21。

表 7-21　　　　　　　　气动破碎机的型号及基本参数

型号	工作气压 （MPa）	冲击 能量 （J）	冲击频率 （Hz）	耗气量 （L/min）	气管内径 （mm）	全长 （mm）	质量 （kg）
B87C	0.63	100	18	3300	19	686	39
B67C	0.63	40	25	2100	19	615	30
B37C	0.63	26	29	960	16	550	17

13. 气动锤

气动锤如图 7-19 所示。

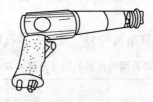

图 7-19　气动锤

用途：以压缩空气为动力，配以錾刀对金属进行錾切。

规格：气动锤的型号及基本参数见表 7-22。

表 7-22 气动锤的型号及基本参数

錾刀柄径 （mm）	往复频率 （次/min）	活塞行程 （mm）	使用气压 （MPa）	耗气量 （m³/min）	质量 （kg）
20	2200	92	0.63	0.15	1.8
20	3000	66	0.63	0.15	1.5
20	4500	42	0.63	0.15	1.2

14. 气动夯管锤

用途：是以压缩空气为动力，推动内部活塞往复运动，产生较大的冲击力作用在已连接钢管后端（或撞击环），通过钢管将力传递到钢管前端切削环上切削土体，并克服管体与土层之间的摩擦力，使钢管进入土层，完成铺设钢管的非开挖设备。

规格：气动夯管锤的型号及基本参数见表 7-23。

表 7-23 气动夯管锤的型号及基本参数

主参数代号	冲击能量 （J）	冲击频率 （Hz）	工作压力 （MPa）	耗气量 （m³/min）
140	≥600	≥4	0.4~0.8	≤3.5
155	≥750	≥4	0.4~0.8	≤3.5
190	≥900	≥3.5	0.4~0.8	≤6
260	≥1800	≥3.3	0.4~0.8	≤8
300	≥3000	≥3.0	0.4~0.8	≤12
350	≥4800	≥2.5	0.6~1.2	≤18
420	≥8600	≥2.3	0.6~1.2	≤25
510	≥15500	≥2.3	0.6~1.2	≤35
610	≥30000	≥2.0	0.6~1.2	≤45
710	≥50000	≥2.0	0.6~1.2	≤80

三、金属剪切类气动工具

1. 手持式气动切割机

手持式气动切割机如图 7-20 所示。

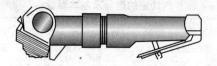

图 7-20　手持式气动切割机

用途：用于切割钢、铝合金、木材、塑料、瓷砖、玻璃纤维等材料。

规格：手持式气动切割机的型号规格见表 7-24。

表 7-24　　　　　　　　手持式气动切割机的型号规格

锯片（mm）	转速（r/min）	切割材料	质量（kg）
φ50	620	厚 1.2mm 以下中碳钢、铝合金、铜	1.0
	3500	塑钢、塑料、木材	1.0
	7000	钢、玻璃纤维、陶瓷	1.0

2. 气动往复式切割机

气动往复式切割机如图 7-21 所示。

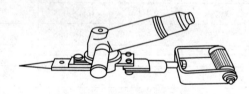

图 7-21　气动往复式切割机

用途：适用于切割厚度在 50mm 以下的各类橡胶及类似材料。

规格：气动往复式切割机的规格见表 7-25。

表 7-25　　　　　　　　气动往复式切割机的规格

气管内径（mm）	切割频率（Hz）	主轴功率（kW）	单位功耗气量[L/(s·kW)]	质量（kg）
13	76	0.6	36	3.2

3. 气动剪线钳

气动剪线钳如图 7-22 所示。

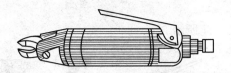

图 7-22　气动剪线钳

用途：用于剪切铜、铝丝制成的导线及其他金属丝。

规格：气动剪线钳的型号规格见表 7-26。

表 7-26　　　　　　　**气动剪线钳的型号规格**

型号	剪切铜丝直径 （mm）	工作气压 （MPa）	外形尺寸（直径×长度， mm×mm）	质量 （kg）
XQ2	2	0.49	32×150	0.22
XQ3	1.2	0.63	29×120	0.17

4. 气剪刀

气剪刀如图 7-23 所示。

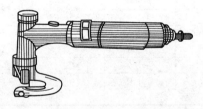

图 7-23　气剪刀

用途：用于机械、电器等各行业剪切金属薄板，可以剪裁直线或曲线零件。

规格：气剪刀的规格见表 7-27。

表 7-27　　　　　　　**气剪刀的规格**

型　号	工作气压 （MPa）	剪切厚度 （mm）	剪切频率 （Hz）	气管内径 （mm）	质量 （kg）
JD2	0.63	≤2.0	30	10	1.6
JD3	0.63	≤2.5	30	10	1.5

注　剪切厚度指标是指剪切退火低碳钢板。

5. 气钻

气钻如图 7-24 所示。

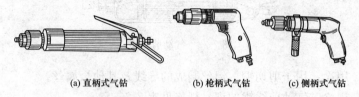

(a) 直柄式气钻   (b) 枪柄式气钻   (c) 侧柄式气钻

图 7-24　气钻

用途：用于对金属、木材、塑料等材质的工件钻孔。

规格：气钻的规格见表 7-28。

表 7-28　　　　　　　　气钻的规格

产品系列 （mm）	功率 （kW）	空转转速 （r/min）	耗气量 （L/s）	气管内径 （mm）	机重 （kg）
6	≥0.2	≥900	≤44	10	≤0.9
8		≥700			≤1.3
10	≥0.29	≥600	≤36	12.5	≤1.7
13		≥400			≤2.6
16	≥0.66	≥360	≤35	16	≤6
22	≥1.07	≥260	≤33		≤9
32	≥1.24	≥180	≤27		≤13
50	≥2.87	≥110	≤26	20	≤23
80		≥70			≤35

注　1. 验收气压为 0.63MPa。
　　2. 噪声空运转下测量。
　　3. 机重不包括钻卡；角式气钻质量可增加 25%。

6. 多用途气钻

多用途气钻如图 7-25 所示。

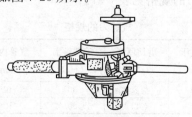

图 7-25　多用途气钻

用途：广泛应用于飞机、船舶等大型机械装配及桥梁建筑等各种金属材料上钻孔、扩孔、铰孔和攻螺纹。

规格：多用途气钻的规格见表7-29。

表7-29　　　　　　　　多用途气钻的规格

钻孔直径 （mm）	攻螺纹直径 （mm）	气管内径 （mm）	功率 （kW）	负荷转速 （r/min）	负荷耗气量 （L/s）	主轴莫氏锥度	机重 （kg）
22	M24	16	0.956	300	28.3	2	9
32		16	1.140	225	33.3	3	13

7. 弯角气钻

弯角气钻如图7-26所示。

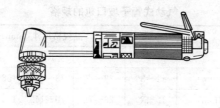

图7-26　弯角气钻

用途：适宜在钻孔部位狭窄的金属构件上进行钻削操作。特别适用于机械装配、建筑工地、飞机和船舶制造等方面。

规格：弯角气钻的规格见表7-30。

表7-30　　　　　　　　弯角气钻的规格

钻孔直径 （mm）	气管内径 （mm）	工作气压 （MPa）	空转转速 （r/min）	弯头高 （mm）	负荷耗气量 （L/s）	功率 （kW）	机重 （kg）
8	9.5	0.49	2500	72	6.67	0.20	1.4
10			850			0.18	1.7
10			500			0.18	1.7
32	16.0		380	—	33.30	1.14	13.5

8. 气动式管子坡口机

气动式管子坡口机如图7-27所示。

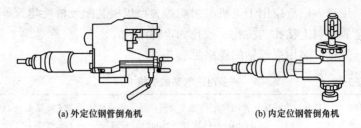

(a) 外定位钢管倒角机　　　　　(b) 内定位钢管倒角机

图 7-27　气动式管子坡口机

用途：管子坡口机又称钢管倒角机。用于对金属管端部进行修整、加工坡口以便进行焊接。

规格：气动式管子坡口机的规格见表 7-31。

表 7-31　　　　　气动式管子坡口机的规格

基本参数	产品规格尺寸（mm）				
	30	80	150	350	630
坡口管子外径（mm）	11～30	29～80	73～158	158～350	300～630
胀紧管子内径（mm）	10～29	28～78	70～145	145～300	280～600
气动马达功率（W）	350	440	580	740	740
驱动力盘空转转速（r/min）	220	150	34	12	8
最大耗气量（L/min）	550	650	960	1000	1000
轴向进刀量大行程（mm）	10	35	50	55	40
A 声级噪声（dB）	≤94	≤103	≤92	≤100	≤100
清洁度（mg）	≤600	≤800	≤1510	≤1510	≤1510
寿命指标（h）	800	800	800	600	600
质量（kg）	2.7	7	12.5	42	55

9. 气动坡口机

气动坡口机如图 7-28 所示。

用途：采用叶片式气动马达为动力源，经数级行星机构减速后刀盘可获得低速大扭矩的转动，刀盘上有走刀机构，角度可调，可用以对管子端开任意角度坡口，以及对法兰车平面、沟槽、台阶等，该机采用在管内内胀定位，故对任意位置的管子均可操作。

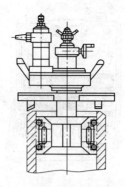

图 7-28　气动坡口机

规格：气动坡口机的规格见表 7-32。

表 7-32　　　　　　　　　气动坡口机的规格

型号	耗气量 (L/min)	电动机（额定）		刀盘转速	管子外径坡口范围 (mm)	切削管子壁厚 (mm)	质量 (kg)
		功率 (kW)	转速				
			(r/min)				
630- Ⅰ	900～1200	0.88	7500	10	351～630	≤15	40
630- Ⅱ	900～1200	0.88	7500	10	351～630	≤75	48
350- Ⅰ	900～1100	0.66	8500	14	159～351	≤15	30
350- Ⅱ	900～1100	0.66	8500	14	159～351	≤75	35
150	900	0.44	16000	34	65～159	≤15	12
80	900	0.44	16000	34	28～80	≤15	5.5

注　1. 坡口机的完整型号由"GPK"和"型号"两部分组成。例 GPK30-Ⅰ型。

　　2. 气源的工作压力为 0.6MPa。

　　3. GPK630-Ⅱ和 GPK350-Ⅱ型的"加工法兰最大行程"为 145mm。

10. 气铣

气铣如图 7-29 所示。

用途：配以各种形状的砂轮磨头、旋转锉进行磨削或铣削。适用于各种大型机件表面光整加工，也可用于各种模具的整形及抛光。

规格：气铣的规格见表 7-33。

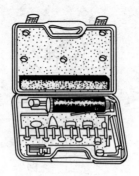

图 7-29 气铣

表 7-33　　　　　　　　　气铣的规格

型号	工作头直径（mm）		空载转速	耗气量	气管内径	长度	质量
	砂轮	旋转锉	(r/min)	(L/s)	(mm)	(mm)	(kg)
S8	8	8	80000～100000	2.5	6	140	0.28
S12	12	8	40000～42000	7.17	6	185	0.6
S25	25	8	20000～24000	6.7	6.35	140	0.6
S25A	25	10	20000～24000	8.3	6.35	212	0.65
S40	25	12	16000～17500	7.5	8	227	0.7
S50	50	22	16000～18000	8.3	8	237	1.2

注　工作气压为 0.49MPa。

四、装配作业类气动工具

1. 气动铆钉机

气动铆钉机如图 7-30 所示。

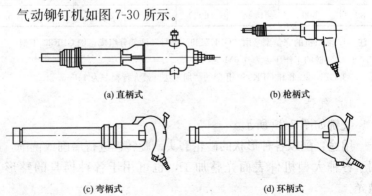

(a) 直柄式　　　　　　　　　　　(b) 枪柄式

(c) 弯柄式　　　　　　　　　　　(d) 环柄式

图 7-30　气动铆钉机

用途：用于建筑、航空、车辆、造船和电信器材等行业的金属结构件上铆接钢铆钉（如 20 钢）或硬铝铆钉（如 LY10 硬铝）。

规格：气动铆钉机的规格见表 7-34。

表 7-34　　　　　　气动铆钉机的规格

铆钉直径（mm）		冲击能量（J）	冲击频率（Hz）	耗气量（L/s）	缸径（mm）	气管内径（mm）	机重（kg）
冷铆硬铝 LY10	热铆钢 20						
4	—	≥2.9	≥35	≤6.0	14	10	1.2
5	—	≥4.3	≥24	≤7.0			1.5
		≥4.3	≥28	≤7.0	18		1.8
6	—	≥9.0	≥13	≤9.0		13	2.3
		≥9.0	≥20	≤10	22		2.5
8	12	≥16	≥15	≤12			4.5
—	16	≥22	≥20	≤18			7.5
—	19	≥26	≥18	≤18	27		8.5
—	22	≥32	≥15	≤19		16	9.5
—	28	≥40	≥14	≤19			10.5
—	36	≥60	≥10	≤22	30		13.0

2. 气动冷压接钳

气动冷压接钳如图 7-31 所示。

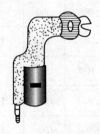

图 7-31　气动冷压接钳

用途：用于冷压连接导线与接线端子。

规格：气动冷压接钳的型号规格见表 7-35。

表 7-35　　　　　　　　气动冷压接钳的型号规格

型　号	缸体直径 (mm)	气管内径 (mm)	质量 (kg)	钳口尺寸 (mm)	工作气压 (MPa)
XCD2	≤60	10	2.2	0.5～10	0.63

3. 气动攻丝机

气动攻丝机如图 7-32 所示。

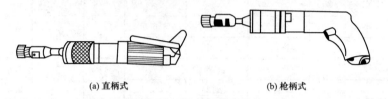

(a) 直柄式　　　　　　　　　(b) 枪柄式

图 7-32　气动攻丝机

用途：用于在工件上攻内螺纹孔。适用于汽车、车辆、船舶、飞机等大型机械制造及维修业。

规格：气动攻丝机的规格见表 7-36。

表 7-36　　　　　　　　气动攻丝机的规格

型号	攻丝直径 (mm)		空载转速 (r/min)		功率 (W)	质量 (kg)	结构 型式
	铝	钢	正转	反转			
2G8-2	≤M8	—	300	300	—	1.5	枪柄
GS6Z10	≤M6	≤M5	1000	1000	170	1.1	直柄
GS6Q10	≤M6	≤M5	1000	1000	170	1.2	枪柄
GS8Z09	≤M8	≤M6	900	1800	190	1.55	直柄
GS8Q09	≤M8	≤M6	900	1800	190	1.7	枪柄
GS10Z06	≤M10	≤M8	550	1100	190	1.55	直柄
GS10Q06	≤M10	≤M8	550	1100	190	1.7	枪柄

4. 气动旋具

气动旋具如图 7-33 所示。

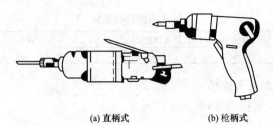

(a) 直柄式　　　　　　(b) 枪柄式

图 7-33　气动旋具

用途：用于在各种机械制造与修理工作中旋紧和拆卸螺钉，尤其适用于连续装配生产线。

规格：气动旋具的规格见表 7-37。

表 7-37　气动旋具的规格

产品系列	拧紧螺纹规格 (mm)	扭矩范围 (N·m)	最大空转耗气 (L/s)	空转转速 (r/min)	气管内径 (mm)	最大机重（kg）	
						直柄式	枪柄式
2	M1.6~M2	0.128~0.264	≤4.00			0.50	0.55
3	M2~M3	0.264~0.935	≤5.00	≥1000		0.70	0.77
4	M3~M4	0.935~2.300	≤7.00		6.3	0.80	0.88
5	M4~M5	2.300~4.200	≤8.50	≥800		1.00	1.10
6	M5~M6	4.200~7.220	≤10.50	≥600			

5. 气动压铆机

气动压铆机如图 7-34 所示。

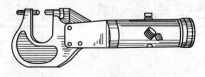

图 7-34　气动压铆机

用途：用于将宽度较小的工件压铆接或大型工件的边缘部位。

规格：气动压铆机的规格见表 7-38。

表 7-38 气动压铆机的规格

型　号	铆钉直径（mm）	最大压铆力（kN）	工作气压（MPa）	机重（kg）
MY5	5	40	0.49	3.3

6. 冲击式气扳机

冲击式气扳机如图 7-35 所示。

图 7-35　冲击式气扳机

用途：用于拆装六角头螺栓或螺母。广泛应用于汽车、拖拉机、机车车辆等机器制造业的组装线。

规格：冲击式气扳机的型号规格见表 7-39。

表 7-39 冲击式气扳机的型号规格

产品系列	拧紧螺纹范围（mm）	最小拧紧力矩（N·m）	最大拧紧时间（s）	A声级噪声（dB）	最大负荷耗气量（L/s）	最小空载转速（r/min）
6	5～6	20			10	8000、3000
10	8～10	70		≤113	16	6500、2500
14	12～14	150	2			6000、1500
16	14～16	196			18	5000、1400
20	18～20	496			30	500、1000
24	22～24	735	3	≤118		4800
30	24～30	882			40	4800、800
36	32～36	1350	5		25	—
42	38～42	1960			50	2800
56	45～56	6370	10		60	—
76	58～76	14700	20	≤123	75	—
100	78～100	34300	30		90	—

7. 高速气扳机

高速气扳机如图 7-36 所示。

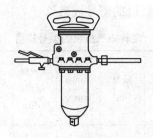

图 7-36　高速气扳机

用途：适用于拆装大型六角头螺栓（母），具有转矩大、反转矩小、体积小等优点。

规格：高速气扳机的型号规格见表 7-40。

表 7-40　　　　　　　高速气扳机的型号规格

型号	适用螺栓直径（mm）	全长（mm）	边心距（mm）	气管内径（mm）	质量（kg）	转矩（N·m）	工作气压（MPa）	空载转速（r/min）	空载耗气量（L/s）
BG110	≤M100	688	105	25	60	36400	0.49～0.63	4500	116

8. 定转矩气扳机

定转矩气扳机如图 7-37 所示。

图 7-37　定转矩气扳机

用途：适用于对拧紧力矩有较高精度要求的六角头螺栓（母）的装配作业。

规格：定转矩气扳机的型号规格见表7-41。

表 7-41　　　　　　定转矩气扳机的型号规格

型号	适用螺纹（mm）	转矩（N·m）	质量（kg）	外形尺寸（mm×mm×mm）	A声级噪声（dB）	工作气压（MPa）	空载转速（r/min）	空载耗气量（L/min）
ZB10K	≤M10	70～150	2.6	197×220×55	≤92	0.63	7000	900

9. 定扭矩气扳机

定扭矩气扳机如图7-38所示。

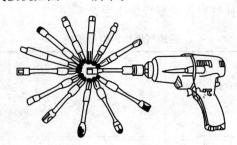

图 7-38　定扭矩气扳机

用途：适用于汽车、拖拉机、内燃机、飞机等制造、装配和修理工作中的螺母和螺栓的旋紧和拆卸。可根据螺栓的大小和所需要的扭矩值，选择适宜的扭力棒，以实现不同的定扭矩要求。尤其适用于连续生产的机械装配线，能提高装配质量和效率以及减轻劳动强度。

规格：定扭矩气扳机的型号规格见表7-42。

表 7-42　　　　　　定扭矩气扳机的型号规格

工作气压（MPa）	空转转速（r/min）	空转耗气量（L/s）	扭矩范围（N·m）	方头尺寸（mm）	气管内径（mm）	机重（kg）
0.49	1450	5.83	26.5～122.5	12.700	9.5	3.1
0.49	1250	7.50	68.6～205.9	15.875	9.5	4.8

10. 气动扳手

气动扳手如图 7-39 所示。

图 7-39　气动扳手

用途：适用于轻工、汽车、拖拉机、机车车辆、造船、航空等
工业部门以及桥梁、建筑等工程中螺栓连接的旋紧和拆卸作业。尤
其适用于连续装配生产线操作。

规格：气动扳手的型号规格见表 7-43。

表 7-43　　　　　　　　气动扳手的型号规格

型号	适用范围 （mm）	空载转速 （r/min）	扭矩 （N·m）	扳轴方头尺寸 （mm×mm）	边心距 （mm）	质量 （kg）	结构 型式
BQ6	M6～8	3000	40	10×10	21	0.96	枪柄
B10A	M8～12	2600	70	13×13	28	2	枪柄
B16A	M12～M16	2000	200	13×13	32	3	枪柄
B20A	M18～M20	1200	800	19×19	42	7.8	环侧柄
B24	M20～M24	2000	800	—	43	7	枪柄
B30	～M30	900	1000	25×25	50	13	环侧柄
B42A	～M42	1000	1800	25×25	54	16	环侧柄
B76	M56～M76	650	—	38×38	—	35	环侧柄
ZB5-2	M5	320	21.6	—	—	—	定扭矩
ZB8-2	M8	2200	—	—	—	—	定扭矩
EQN14	—	1450	27～125	12.7	35	3.1	定扭矩
EQN18	—	1250	70～210	15.875	38	4.8	定扭矩

11. 气动棘轮扳手

气动棘轮扳手如图 7-40 所示。

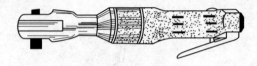

图 7-40　气动棘轮扳手

用途：用于装拆六角头螺栓或螺母，特别适用于在不易作业的狭窄场所使用。

规格：气动棘轮扳手的型号规格见表 7-44。

表 7-44　　　　　　　　气动棘轮扳手的型号规格

装拆螺栓规格 （mm）	工作气压 （MPa）	空载转速 （r/min）	空气消耗量 （L/s）	外形尺寸 （mm×mm）	质量 （kg）
≤M10	0.63	120	6.5	$\phi 45 \times 310$	1.7

注　需配用 12.5mm 六角套筒。

五、砂磨气动工具

1. 气动砂光机

气动砂光机如图 7-41 所示。

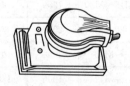

(a) MG型　　　　　　　　　　(b) 其他型号

图 7-41　气动砂光机

用途：在底板上粘贴不同粒度的砂纸或抛光布，可对金属、木材等表面进行砂光、抛光、除锈等。

规格：气动砂光机的型号规格见表 7-45。

表 7-45　　　　　　　　　　气动砂光机的型号规格

型号	底板面积 (mm×mm)	功率 (kW)	空载转速 (r/min)	耗气量 (L/min)	工作气压 (MPa)	外形尺寸 (mm×mm×mm)	质量 (kg)
N3	102×204	0.15	≤7500	≤500	0.5	280×102×130	3
F66			≤5500			275×120×130	2.5
322	75×150	1.0	≤4000	≤400	0.4	225×75×120	1.6
MG	φ146	0.18	≤8500		0.49	250×70×125	1.8

2. 气动端面砂轮机

气动端面砂轮机如图 7-42 所示。

图7-42　气动端面砂轮机

用途：配用纤维增强铗形砂轮，可用于修磨焊缝、焊接坡口及其他金属表面，切割金属薄板及小型钢材。配用钢丝轮，可用以除锈、清除旧漆层等。配用砂布轮，可砂磨金属表面。配用布轮，可抛光金属表面。

规格：气动端面砂轮机的型号规格见表 7-46。

表 7-46　　　　　　　　气动端面砂轮机的型号规格

型　号	SZD100		
砂轮直径（mm）	≤100	气管内径（mm）	10
空载转速（r/min）	12000	工作气压（MPa）	0.63
耗气量（L/min）	540	质量（kg）	2

3. 直柄式气动砂轮机

直柄式气动砂轮机如图 7-43 所示。

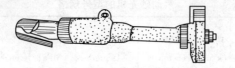

图 7-43　直柄式气动砂轮机

用途：配用砂轮，用于修磨铸件的浇冒口、大型机件、模具及焊缝；如配用布轮，可进行抛光；配用钢丝轮，可清除金属表面铁锈及旧漆层。

规格：直柄式气动砂轮机的规格见表 7-47。

表 7-47　　　　　　　直柄式气动砂轮机的规格

产品系列 （mm）	工作气压 （MPa）	空载转速 （r/min）	主轴功率 （kW）	耗气量 （L/s）	气管内径 （mm）	机重 （kg）
40	0.63	≤17500	—	—	6	1.0
50	0.63	≤17500	—	—	10	1.2
60	0.63	≤16000	≥0.36	≤13.1	13	2.1
80	0.63	≤12000	≥0.44	≤16.3		3.0
100	0.63	≤9500	≥0.73	≤27.0	16	4.2
150	0.63	≤6600	≥1.14	≤37.5		6

4. 端面气动砂轮机

端面气动砂轮机如图 7-44 所示。

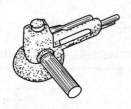

图 7-44　端面气动砂轮机

用途：配用纤维增强钹形砂轮，用于修磨焊接坡口、焊缝及其他金属表面，切割金属薄板及小型钢。如配用钢丝轮，可进行除锈及清除旧漆层；配用布轮，可进行金属表面抛光；配用砂布轮，可进行金属表面砂光。

规格：立式端面气动砂轮机的规格见表 7-48。

表 7-48　　　　　　　立式端面气动砂轮机的规格

型号	配装砂轮直径(mm)		空载转速(r/min)	功率(kW)	空载耗气量[L/(s·kW)]	空转噪声[dB(A)]	气管内径(mm)	质量(kg)
	钹形	碗形						
100	100	—	≤13000	≥0.5	≤50	≤102	13	≤2
125	125	100	≤11000	≥0.6	≤48			≤2.5
150	150		≤10000	≥0.7		≤106		≤3.5
180	180	150	≤7500	≥1.0	≤46	≤113	16	≤4.5
200	203		≤7000	≥1.5	≤44			≤4.5

5. 风动磨石子机

风动磨石子机如图 7-45 所示。

图 7-45　风动磨石子机

用途：适用于建筑部门对水磨石、大理石等建筑材料进行磨光加工。

规格：风动磨石子机的规格见表 7-49。

表 7-49　　　　　　　风动磨石子机的规格

型号	工作气压(MPa)	空载气量(m³/min)	空载转速(r/min)	输出功率(W)	适用碗形砂轮(mm×mm×mm)	气管内径(mm)	机重(kg)
FM-150	0.5～0.6	≤1	1600	294	150×50×32	10	3.5

6. 风动磨腻子机

风动磨腻子机如图 7-46 所示。

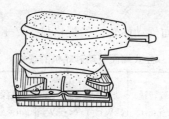

图 7-46　风动磨腻子机

用途：适用于木器、电器、车辆、仪表、机床等行业产品外表腻子、涂料的磨光作业。特别适宜于水磨作业。用绒布代替砂布则可进行抛光、打蜡等。

规格：风动磨腻子机的规格见表 7-50。

表 7-50　　　　　　　　风动磨腻子机的规格

型号	使用气压（MPa）	空载耗气量（m³/min）	磨削压力（N）	气管内径（mm）	体积（长×宽×高，mm×mm×mm）	机重（kg）
NO7	0.5	0.24	20～50	8	166×110×97	0.7

7. 角式气动砂轮机

角式气动砂轮机如图 7-47 所示。

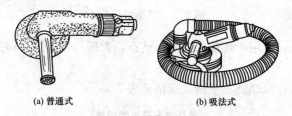

(a) 普通式　　　　　　　　　(b) 吸法式

图 7-47　角式气动砂轮机

用途：配用纤维增强钹形砂轮，用于金属表面的修整和磨光作业，如焊缝修磨、喷漆腻子、底层磨平等。以钢（铜）丝轮代替砂轮后可进行抛光作业。

规格：角式气动砂轮机的型号规格见表 7-51。

表 7-51　　　　　　　　　角式气动砂轮机的型号规格

产品规格		100	125	150	180	125 吸尘式
最大砂轮直径 （mm）	高速树脂砂轮 （＞75m/s）	100	125	150	180	125
	普通陶瓷砂轮 （＜75m/s）	—	70	80	90	—
空载转速(r/min)		≤14000	≤12000	≤10000	≤8400	≤12000
空载耗气量(L/min)		≤30	≤34	≤35	≤36	≤36
工作气压(MPa)		0.63	0.63	0.63	0.63	0.63
主轴功率(kW)		≥0.45	≥0.50	≥0.60	≥0.70	≥0.50
单位功耗气量[L/(s·kW)]		≤27	≤36	≤35	≤34	—
清洁度(mg)		≤300	≤350	≤350	≤400	—
质量(kg)		2	2	2	2.5	2.7

注　1. 主轴线与输出轴线间的夹角有 90°、110°、120°三种。
　　2. 气管内径均为 12.5mm；质量不包括砂轮质量。
　　3. 规格为 125 有吸尘式产品，可大幅度降低作业区的空气污染，特别适合于封闭
　　　 空间作业。其真空度为 7500Pa，排尘管内径为 32mm。

8. 气门研磨机

气门研磨机如图 7-48 所示。

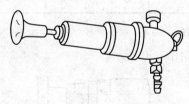

图 7-48　气门研磨机

用途：用于研磨柴油机、汽油机等内燃机的气门。

规格：气门研磨机的型号规格见表 7-52。

表 7-52　　　　　　　　　气门研磨机的型号规格

型号	工作能力 （mm）	冲击次数 （次/min）	工作气压 （MPa）	柱塞行程 （mm）	外形尺寸 （mm×mm×mm）	质量 （kg）
H9-006	60	1500	0.3～0.5	6～9	250×145×56	1.3

9. 气动水冷抛光机

气动水冷抛光机如图 7-49 所示。

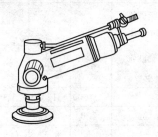

图 7-49　气动水冷抛光机

用途：具有边磨削、边进水冷却的功能，适用于水磨大理石、花岗石、机床等表面光整加工。

规格：气动水冷抛光机的型号规格见表 7-53。

表 7-53　　　　　　　　气动水冷抛光机的型号规格

型　号	最大磨片直径 (mm)	气管内径 (mm)	水管内径 (mm)	空载转速 (r/min)	耗气量 (L/s)	质量 (kg)
100J100S	100	13	8	11000	32	2

10. 气动抛光机

气动抛光机如图 7-50 所示。

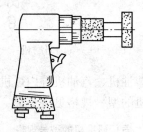

图 7-50　气动抛光机

用途：用于装饰工程各种金属结构、构件的抛光。

规格：气动抛光机的型号规格见表 7-54。

表 7-54 气动抛光机的型号规格

型号	工作气压 (MPa)	转速 (r/min)	耗气量 (m³/min)	气管内径 (mm)	质量 (kg)
GT125	0.60～0.65	≥1700	0.45	10	1.15

11. 气动模具磨

气动模具磨如图 7-51 所示。

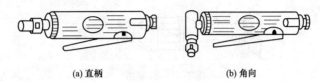

(a) 直柄　　　　　　　(b) 角向

图 7-51　气动模具磨

用途：以压缩空气为动力，配以多种形状的磨头或抛光轮，用于对各类模具的型腔进行修磨和抛光。

规格：分直柄和角向两种。气动模具磨的型号规格见表 7-55。

表 7-55 气动模具磨的型号规格

规格	空转转速（r/min）		空气消耗量 (m³/min)	工作气压 (MPa)	长度（mm）		质量（kg）	
	普通	加长			普通	加长	普通	加长
直柄	25000	3600	0.2～0.23	0.63	140	223	0.34	1
角向	20000	2800	0.11～0.2	0.63	146	235	0.45	1

12. 气砂轮机

气砂轮机如图 7-52 所示。

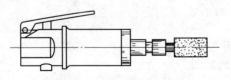

图 7-52　气砂轮机

用途：适用于各种工件的修磨去毛刺、倒圆等。

规格：气砂轮机的型号规格见表 7-56。

表 7-56 气砂轮机的型号规格

工作气压 （MPa）	砂轮直径 （mm）	气管内径 （mm）	转速 （r/min）	耗气量 （m³/min）	质量 （kg）
0.60~0.65	40	6	2000	0.5	0.6

13. 砂轮机

砂轮机如图 7-53 所示。

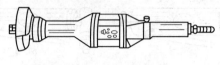

图 7-53 砂轮机

用途：以压缩空气为动力，适合在船舶、锅炉、化工机械及各种机械制造和维修工作中用来清除毛刺和氧化皮、修磨焊缝、砂光和抛光等作业。

规格：砂轮机的型号规格见表 7-57。

表 7-57 砂轮机的型号规格

砂轮直径 （mm）	空载转速 （r/min）	主轴功率 （kW）	单位功率耗气量 [L/(s·kW)]	工作气压 （MPa）	气管内径 （mm）	机重 （kg）
40	19000	—	—		6.35	0.6
60	12700	0.36	36.00		13.00	2.0
100	8000	0.66	30.22	0.49	16.00	3.8
150	6400	1.03	27.88		16.00	5.4

注 机重不包括砂轮质量。

14. 气动磨光机

气动磨光机如图 7-54 所示。

用途：根据需要，在打磨底板上粘贴不同粒度的砂纸或抛光布，对金属、木材等表面进行砂光、除锈、抛光等作业。在机床、汽车、拖拉机、造船、飞机、家具等制造业中应用广泛。

规格：气动磨光机的型号规格见表 7-58。

(a) 平板摆动式（其余型号）　　　　　　(b) 圆盘式（MG 型）

图 7-54　气动磨光机

表 7-58　　　　　　　　气动磨光机的型号规格

型号	底板面积 （mm）	工作气压 （MPa）	耗气量 （L/min）	空载转速 （r/min）	功率 （W）	质量 （kg）
N3	102×204	0.5	≤500	7500	150	3
F66	102×204	05	≤500	5500	150	2.5
322	75×150	0.4	≤400	4000	100	1.6
MG	φ146	0.49	≤400	8500	180	1.8

六、其他类气动工具

1. 气刻笔

气刻笔如图 7-55 所示。

图 7-55　气刻笔

用途：用于在玻璃、陶瓷、金属、塑料等材料的表面刻字或刻线。

规格：气刻笔的型号规格见表 7-59。

表 7-59　　　　　　　　气刻笔的型号规格

型号	外形尺寸 （mm×mm）	质量 （kg）	刻写深度 （mm）	A 声级噪声 （dB）	工作气压 （MPa）	空载频率 （Hz）	耗气量 （L/min）
ZB10K	φ12×145	0.07	0.1～0.3	≤80	0.49	216	20

2. 气动泵

气动泵如图 7-56 所示。

图7-56　气动泵

用途：用于排除污水、积水、污油等，特别适于易燃、易爆的工作环境。

规格：气动泵的型号规格见表 7-60。

表 7-60　　　　　　　　　气动泵的型号规格

型号	扬程（m）	流量（L/min）	空载转速（r/min）	负载耗气量（L/s）	气管内径（mm）	排水螺纹（mm×mm）	高度（mm）	工作气压（MPa）	质量（kg）
TB335A	≥20	≥335	≤6000	≤50	13	M85×4	500	0.49	17
TB335B				≤45			390		13

3. 气动高压注油器

气动高压注油器如图 7-57 所示。

用途：以高压空气为动力，给汽车、拖拉机、石油钻井机、各

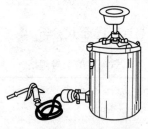

图 7-57　气动高压注油机

种机床及动力机械等加注润滑脂（如锂基脂、钠基脂、钙基脂、一般凡士林等）。

规格：气动高压注油器的型号规格见表 7-61。

表 7-61　　　　　　　　气动高压注油器的型号规格

型号	外形尺寸 (mm×mm ×mm)	质量 (kg)	行程 (mm)	往复次数 (min)	气缸直径 (mm)	输油量 (L/min)	输出压力 (MPa)	工作气压 (MPa)	压力比 (不计损失)
GZ-2	250×150× 880	10.5	35	0～190	70	0～0.9	30	0.63	50∶1

4. 低压微小型活塞式空气压缩机

低压微小型活塞式空气压缩机如图 7-58 所示。

用途：用于提供各种压力等级的空气，以供建筑工地、桥梁道路施工、室内外装修所需的压缩空气。空气压缩机为气动工具、喷涂、喷浆、喷漆及装修用风动工具提供动力。装饰工程需用的压缩空气量较小，一般选用 0.3～0.9m³/min 的低压微小型活塞式空气压缩机。

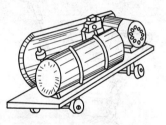

图 7-58　低压微小型活塞式空气压缩机

规格：低压微小型活塞式空气压缩机的规格见表 7-62。

表 7-62　　　　　　　　低压微小型活塞式空气压缩机的规格

型号	级数/列数	排气量 (m³/min)	排气压力 (kPa)	活塞行程 (mm)	转速 (r/min)	轴功率 (kW)
2V-0.6/7	1/2	0.6	700	55	1450	4.8
2V-0.05/7	1/2	0.06	700	30	1350	0.6
2V-0.5/7	1/2	0.50	700	55	1210	4.3
2ZF-1	1/2	0.09	700	50	800	0.85
Z-0.1/10	1/1	0.10	1000	55	1000	1.0
3W-0.4/10	2/3	0.4	1000	55	1250	3.6
3W-0.6/7	1/3	0.6	700	60	860	4.5
3W-0.8/10	2/3	0.8	1000	55	1450	7.5

| 型号 | 发动机 | | 外形（长×宽×高，mm×mm×mm） | 质量（kg） | 生产厂 |
	转速（r/min）	功率（kW）			
2V-0.6/7	2920	5.5	1550×500×950	57	烟台空压机厂广州空压机厂
2V-0.05/7	1380	0.8	800×380×560	73	福建建阳压缩机厂
2V-0.5/7	2820	5.5	1220×480×900	50	青岛空压机厂
2ZF-1	1400	1.1	865×315×725	86	沈阳空压机厂
Z-0.1/10	2800	1.5	1080×500×650	35	烟台空压机厂
3W-0.4/10	2890	4	350×500×450	25	武汉压缩机厂
3W-0.6/7	1450	5.5	1230×640×1720	355	鞍山空压机厂
3W-0.8/10	2970	7.5	1050×600×780	285	武汉、青岛空压机厂

图 7-59　高压无气喷涂机

5. 高压无气喷涂机

高压无气喷涂机如图 7-59 所示。

用途：以压缩空气为动力，高压泵把贮漆容器中的漆料吸入并增压到 14.4～21.6MPa，再由喷枪喷嘴喷出，漆料被雾化喷向工件表面。可喷涂黏度不大于 100s（涂-4 黏度计）的各种底漆、磁漆、油性漆等。适用于对家具、车辆、机器、桥梁、大型建筑物、化工设备、汽车、船舶、飞机等进行油漆施工。

规格：高压无气喷涂机的型号规格见表 7-63。

表 7-63　　　　　高压无气喷涂机的型号规格

型　号	GP2A	空气缸径（mm）	180
高压泵气缸与柱塞缸的压力转换比	36：1	喷枪配 2 只喷嘴规格（mL/s）	10～40
泵行程（mm）	≤80	往复速度（次/min）	25～30
喷枪移动速度（m/s）	0.3～1.2	喷嘴与工件距离（mm）	350～400
质量（kg）	55	空气工作压力（MPa）	0.4～0.6

6. 气动封箱机

气动封箱机如图 7-60 所示。

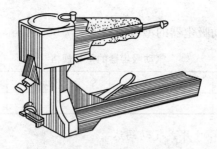

图 7-60 气动封箱机

用途：用于各种纸箱和钙塑箱封口。广泛用于陶瓷、水果、罐头、食品、仪器、仪表、五金家电、文教用品、洗涤剂、针织品等产品的包装。

规格：气动封箱机的型号规格见表 7-64。

表 7-64　　　　　　　　气动封箱机的型号规格

型号	工作气压（MPa）	封箱钉选用	
		单瓦楞纸箱	双瓦楞纸箱
AB-35	0.4～0.63	16 型钉	19 型钉

7. 气动吸尘器

气动吸尘器如图 7-61 所示。

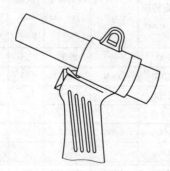

图 7-61 气动吸尘器

用途：用于吸除灰尘、铁屑等脏物，也可用于吸取铅球、铜嵌件之类细小零件。在狭小地方尤显方便，是流水线上的辅助工具之一。

规格：气动吸尘器的型号规格见表 7-65。

表 7-65　　　　　　　　气动吸尘器的型号规格

耗气量（L/s）	真空度（Pa）	全长（mm）	质量（kg）
10	＞7500	145	0.35

8. 活塞式和叶片式气动马达

活塞式和叶片式气动马达如图 7-62 所示。

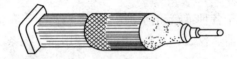

图 7-62　活塞式和叶片式气动马达

用途：将气压的压力能转换成回转机械能的气动机。可单独使用，也可改装为其他气动工具用。

规格：按结构形式分为活塞式气动马达和叶片式气动马达。活塞式和叶片式气动马达的基本参数见表 7-66。

表 7-66　　　　　　活塞式和叶片式气动马达的基本参数

（1）活塞式气动马达的基本参数

产品型号	额定功率（kW，min）	额定转速（r/min）	空转转速（r/min，min）	额定转矩〔(N·m)，min〕	机重（kg，max）	耗气量〔(L/s)，max〕	验收气压（MPa）	备注
TMH1	1.00	4000	7000	2.39	13	20	0.50	滑杆式
TMI-12	2.20	1050	2000	20.00	28	40	0.50	—
TMH3	2.94	2800	5000	10.00	16	60	0.63	滑杆式
TMH3.2	3.20	1000	2000	30.50	22	80	0.50	—
TMH4	4.00	2000	4000	19.10	25	80	0.63	滑杆式
TMH4A	4.00	1000	2000	38.00	50	80	0.63	带操作阀
TMH4C	4.00	2000	4000	19.10	26	80	0.63	滑杆式

产品型号	额定功率 (kW, min)	额定转速 (r/min)	空转转速 (r/min, min)	额定转矩 [(N·m), min]	机重 (kg, max)	耗气量 [(L/s), max]	验收气压 (MPa)	备注
TMH4D	4.00	1000	2000	38.00	40	80	0.63	—
TMH5.5	5.50	2000	4000	26.30	35	110	0.63	滑杆式
TMH6	5.90	900	1900	62.60	85	117	0.50	—
TMH6.5	6.50	1700	3500	36.50	40	133	0.63	滑杆式
TMH8	8.00	650	1300	117.50	90	156	0.50	—
TMH8.8	8.80	900	1900	93.30	85	172	0.50	—
TMH11	11.30	650	1200	166.00	136	220	0.63	—
TMH15	14.70	600	1200	234.00	184	300	0.63	—
TMH18	18.40	600	1200	286.50	214	358	0.63	—

（2）叶片式气动马达的基本参数

产品型号	额定功率 (kW, min)	额定转速 (r/min)	空转转速 (r/min, min)	额定转矩 [(N·m), min]	机重 (kg, max)	耗气量 [(L/s), max]	验收气压 (MPa)	备注
TMY0.1	0.10	9000	20000	0.11	0.6	4		—
TMY0.5	0.50	8000	17000	0.60	1	12		—
TMY0.59	0.59	4500	9000	1.27	2	15		—
TMY0.7	0.66	4500	9000	1.40	4	17		—
TMY0.7B	0.80	4500	9000	1.73	4	18		单向
TMY1	0.94	4000	8000	2.43	4	22		—
TMY1.5	1.47	4000	8000	3.57	6	34		—
TMY2	2.00	3500	7000	5.46	7	45		—
TMY2E	2.00	2800	5000	6.82	5	45		非对称
TMY2.2	2.20	1800	4000	12.00	5	55		—
TMY3	2.94	3200	7200	8.90	12	68	0.5	—
TMY3.7	3.70	2800	6000	12.60	12	84		—
TMY4	4.40	3200	6000	13.10	18	100		—
TMY5	5.00	2800	5500	17.56	11	102		单向
TMY6	5.88	2800	5500	20.00	19.5	122		—
TMY7	6.60	2800	5500	22.50	19.5	140		非对称
TMY7S	6.60	3200	6000	19.70	20	140		—
TMY8	8.00	3500	7000	21.80	22	200		—
TMY9	10.30	2500	5000	39.30	50	180		—
TMY13	13.00	3500	7000	35.50	34	390		—
TMY15	14.70	2500	5000	56.12	55	350		非对称
TMY15A	14.70	2500	5000	56.12	55	350		非对称

七、液压工具

1. 液压钳

液压钳如图 7-63 所示。

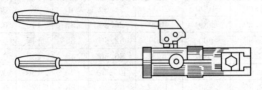

图 7-63　液压钳

用途：专供压接多股铝、铜芯电缆导线的接头或封端（利用液压作动力）。

规格：适用导线断面面积范围为铝线 $16\sim240mm^2$、铜线 $16\sim150mm^2$；活塞最大行程为 17m；最大作用力为 100kN；压模规格为 16、25、35、50、70、95、120、150、185、240mm^2。

图 7-64　液压压接钳

2. 液压压接钳

液压压接钳如图 7-64 所示。

用途：专供压接多股铜、铝芯电缆导线的接头或封端。

规格：液压压接钳的型号及参数见表 7-67。

表 7-67　　　　液压压接钳的型号及参数

(1) 液压压接钳之一

型号	压接范围（mm^2）		压力（kN）	行程（mm）	模具配置（mm^2）	压接形式
	铜端子	铝端子				
CO-1000	300～800	400～1000	550	24	400、500、630、800、1000	六角
CO-630B	120～150	150～630	300	24	150、185、240、300、400、500、630	六角

(1) 液压压接钳之一

型号	压接范围（mm²）		压力（kN）	行程（mm）	模具配置（mm²）	压接形式
	铜端子	铝端子				
CO-630A	120～150	150～630	350	26	150、185、240、300、400、500、630	六角
EP-410H	10～240	16～300	120	30	50、70、95、120、150、185、240、300	六角
EP-510H	10～300	16～400	130	38	50、70、95、120、150、185、240、300、400	六角
CYO-400B	10～300	50～400	120	30	50、70、95、120、150、185、240、300、400	六角
CPO-150B	8～150	14～150	100	17	公模：8～38、60～150；母模：14～22、38～60、70～80、100～150	点式
KYQ-300C	16～300	16～300	100	17	16、25、35、50、70、95、120、150、185、240、300	六角
CO-400B	10～300	50～400	170	30	50、70、95、120、150、185、240、300、400	六角
CO-500B	10～300	35～240	170	30	50、70、95、120、150、185、240	六角

(2) 液压压接钳之二

型号	行程（mm）	压力（kN）	压接范围（mm²）	形式
HP-70C	12	60	4～70	
HP-120C	16	80	10～120	
CY0-240		120	16～240	
HP-240C	22	120	16～300	整体
KYQ-300B		120	16～300	
KYQ-300C		120	16～300	
CY0-300C	25	130	35～300	

型　号	行程（mm）	压力（kN）	压接范围（mm²）	形式
FYQ-300	22	170	16～300	分体
FYQ-400		200	16～400	
KYQ-400	25	130	50～400	整体
CPO-400	22	130	50～400	
CYO-400B	30	200	50～400	分体
CYO-400H	25	200	50～400	
CO-400B	22	200	50～400	
CO-500B		250	50～500	
CO-30B	25	300	150～630	
CO-630A		350	150～630	
CO-1000	28	550	150～630	
CO-100S	24	1000	$\phi 76^① \sim \phi 36^②$	
CO-200S	35	2000	$\phi 90^① \sim \phi 36^②$	
KDG-150	20	120	16～150	整体

① 铜铝端子套管。

② 钢套管。

3. 液压钢筋钳

液压钢筋钳如图 7-65 所示。

图 7-65　液压钢筋钳

用途：可用人力剪断直径 22mm 以下的普通圆钢。可在无电源、野外、高空等特殊工作环境以及无普通剪切工具时使用。

规格：液压钢筋钳的型号规格见表 7-68。

表 7-68　　　　　　　　液压钢筋钳的型号规格

型号	YQ-12	YQ-16	YQ-20	YQ-22	YQ-26
吨位（t）	10	12	14	16	20
剖切范围（mm）	2～12	2～16	2～20	2～22	2～26

4. 液压扭矩扳手

液压扭矩扳手如图 7-66 所示。

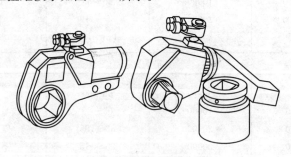

图 7-66　液压扭矩扳手

用途：适用于一些大型设备的安装、检修作业，其对扭紧力矩有严格要求，操作无冲击性。中空式扳手适用于操作空间狭小的场合。有多种类型和型号，在使用时须与超高压电动液压泵站配合。

规格：液压扭矩扳手的型号规格见表 7-69。

表 7-69　　　　　　　　液压扭矩扳手的型号规格

型　号	最大扭矩（N·m）	适用螺母对边宽度（mm）	扳手质量（kg）
驱动轴式			
YQ34	3400	36～60	6
YQ68	6800	55～75	10
YQ135	13500	70～95	16
YQ270	27000	90～115	27
YQ450	45000	115～145	35
棘轮型			
YJ34	3400	30～75	7
YJ68	6800	41～95	10
YJ135	13500	46～115	16
YJ270	27000	60～145	22
YJ460	46000	80～180	32

型　号	最大扭矩 （N·m）	适用螺母对边宽度 （mm）	扳手质量 （kg）
中空式			
YK60	6000	41～65	8
YK100	10000	60～85	15
YK200	20000	85～110	22
YK350	35000	105～130	32
扁平型			
YB6	6000	55～60	
YB10	10000	65～80	
YB20	20000	80～105	
YB30	30000	95～115	
YB50	50000	110～130	
YB70	70000	130～210	

注　1. 各种扳手均配备工作压力为 63MPa 的超高压电动液压泵站一台，功率为
0.75W，采用三相异步电机驱动，电压为 380V，频率为 50Hz，机重 25kg。

2. 每种型号扳手，通常配 3 只套筒头出厂。

5. 液压转矩扳手

液压转矩扳手如图 7-67 所示。

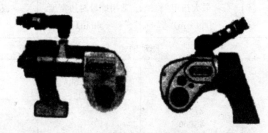

图 7-67　液压转矩扳手

用途：适用于一些大型设备的安装、检修作业。

规格：液压转矩扳手的型号规格见表 7-70。

表 7-70			液压转矩扳手的型号规格	
形式	型号	最大转矩 （N·m）	适用螺母对边宽度 （mm）	扳手质量 （kg）
驱动轴式	YQ34	3400	36～60	6
	YQ68	6800	55～75	10
	YQ135	13500	70～95	16
	YQ270	27000	90～115	27
	YQ450	45000	115～145	35
棘轮型	YJ34	3400	30～75	7
	YJ68	6800	41～95	10
	YJ135	13500	46～115	16
	YJ270	27000	60～145	22
	YJ460	46000	80～180	32
中空式	YK60	6000	41～65	8
	YK100	10000	60～85	15
	YK200	20000	85～110	22
	YK350	35000	105～130	32
扁平型	YB6	6000	55～60	—
	YB10	10000	65～80	—
	YB20	20000	80～105	—
	YB30	30000	95～115	—
	YB50	50000	110～130	—
	YB70	70000	130～210	—

6. LGB、WJB 及 NJB 型液压转矩扳手

LGB、WJB 及 NJB 型液压转矩扳手如图 7-68 所示。

用途：液压转矩扳手适用于一些大型设备的安装、检修作业，其对扭紧力矩有严格要求，操作无冲击性。中空式扳手适用于操作空间狭小的场合。有多种类型和型号，在使用时须与超高压电动液压泵站配合。

规格：LGB、WJB 及 NJB 型液压转矩扳手的型号规格见表 7-71。

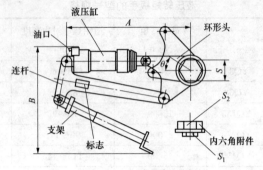

(a) LGB型液压转矩扳手

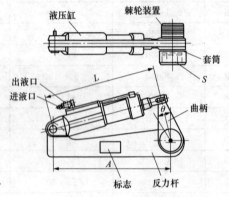

(b) WJB型液压转矩扳手

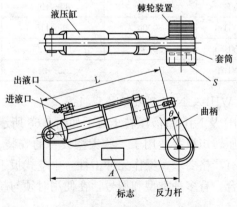

(c) NJB型液压转矩扳手

图 7-68　LGB、WJB 及 NJB 型液压转矩扳手

表7-71　　　　LGB、WJB及NJB型液压转矩扳手的型号规格

型号	公称转矩 M_A (N·m)	扳手开口 S (mm)	适用螺纹 d (mm)	液压缸工作压力 p (MPa)	液压缸一个行程环形头转动角度 θ	A (mm)	B (mm)	R (mm)	液口连接螺纹尺寸 (mm×mm)	配套液压泵	质量 (kg)
(1) LGB型液压转矩扳手											
LGB50	5000	24~75	M16~M48	63	36°	312.9	309	20.5~56	M10×1	手动泵 电动泵	10
LGB100	10000	27~95	M18~M64	63	36°	352	330	23~68.5	M10×1	手动泵 电动泵	15
LGB150	30000	65~130	M42~M90	63	36°	418.8	355	44.5~92.5	M10×1	手动泵 电动泵	26
LGB500	50000	55~155	M36~M110	31.5	36°	595	410	44~106	M10×1	电动泵	40
(2) WJB型液压转矩扳手											
WJB25	2500	30~65	M20~M42	32	36°	295	250	35	M14×1.5	电动泵	7.5
WJB50	5000	36~75	M24~M48	32	36°	330	281	40	M14×1.5	电动泵	10.5
WJB100	10000	46~90	M30~M60	40	43°	410	335	50	M14×1.5	电动泵	14.5
WJB200	20000	55~100	M36~M68	50	36°	430	360	58	M14×1.5	电动泵	21

型号	公称转矩 M_A (N·m)	扳手开口 S (mm)	适用螺纹 d (mm)	液压缸工作压力 p (MPa)	液压缸一个行程环形头转动角度 θ	A (mm)	B (mm)	R (mm)	液口连接螺纹尺寸 (mm×mm)	配套液压泵	质量 (kg)
WJB3400	40000	75~115	M48~M80	10	30°	455	380	74	M14×1.5	电动泵	40
WJB600	60000	85~145	M56~M100	50	24°	500	400	82	M14×1.5	电动泵	45
WJB800.	80000	95~170	M64~M120	50	21°	545	425	90	M14×1.5	电动泵	59

(3) NJB 型液压转矩扳手

型号	公称转矩 M_A (N·m)	扳手开口 S (mm)	适用螺纹 d (mm)	液压缸工作压力 p (MPa)	液压缸一个行程环形头转动角度 θ	A (mm)	B (mm)	R (mm)	液口连接螺纹尺寸 (mm×mm)	配套液压泵	质量 (kg)
NJB25	2500	30~65	M20~M42	32	36°	295	250	65	M14×1.5	电动泵	10.5
NJB50	5000	36~75	M24~M48	32	36°	330	285	72	M14×1.5	电动泵	13.5
NJB100	10000	46~90	M30~M60	40	43°	410	335	80	M14×1.3	电动泵	20
NJB200	20000	55~100	M36~M68	50	36°	430	360	90	M14×1.5	电动泵	27

7. 液压钢丝绳切断器

液压钢丝绳切断器如图 7-69
所示。

用途：切断钢丝缆绳、起吊钢
丝网兜、捆扎和牵引钢丝绳索等。

规格：液压钢丝绳切断器的型
号规格见表 7-72。

图 7-69　液压钢丝绳切断器

表 7-72　　　　　　液压钢丝绳切断器的型号规格

型　号	可切钢丝绳直径（mm）	动刀片行程（mm）	油泵直径（mm）	手柄力（N）	贮油量（kg）	剪切力（kN）	外形尺寸（长×宽×高，mm×mm×mm）	质量（kg）
YQ10-32	10～32	45	50	200	0.3	98	400×200×104	15

8. 液压螺栓拉伸紧固器

液压螺栓拉伸紧固器如图 7-70 所示。

用途：用于各种螺栓的装拆作业。利用
配备的手动或电动液压泵产生的伸张力，加
载于螺栓上，使其产生弹性变形伸长，直径
微量变小，螺母易于松动，从而快速完成拆
装作业。

规格：液压螺栓拉伸紧固器的型号规格
见表 7-73。

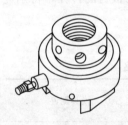

图 7-70　液压螺栓
拉伸紧固器

表 7-73　　　　　　液压螺栓拉伸紧固器的型号规格

型号	A	B	C	D	E	F
拉伸力（kN）	230	440	810	1270	1830	2650
行程（mm）	10	15	15	15	15	15
适用螺栓（mm）	M20～M27	M30～M36	M39～M45	M48～M60	M64～M72	M76～M100
质量（kg）	1.45	3.5	6	9	13.5	20

9. 分体式液压冲孔器

分体式液压冲孔器如图 7-71 所示。

图 7-71　分体式液压冲孔器

用途：用于角铁、扁铁、铜、铝排等金属板材的打孔，特别适用于电力、建筑等行业在野外工地作业。

规格：分体式液压冲孔器的型号规格见表 7-74。

表 7-74　　　　　　　分体式液压冲孔器的型号规格

型号	板厚 (mm)	吨位 (kN)	喉深 (mm)	质量 (kg)	模具配置
CH-60	10	310	95	13.5	3/8in，1/2in，5/8in，3/4in（ϕ10.5），（ϕ13.8），（ϕ17），（ϕ20.5）
CH-70	12	350	110	28	3/8in，1/2in，5/8in，3/4in（ϕ10.5），（ϕ13.8），（ϕ17），（ϕ20.5）

注　1in＝2.54cm。

10. 液压开孔器

液压开孔器如图 7-72 所示。

用途：可在 4mm 以下的金属板上开孔，供冶金、石油、化工、电子、电器、船舶、机械等行业安装维修电线管道、指示灯、仪表开关等开孔，更适用于已成形的仪表面板底板、开关箱分线电器盒的壁面开孔。

图 7-72 液压开孔器

规格：液压开孔器的型号规格见表 7-75。

表 7-75　　　　　　　　　　　液压开孔器的型号规格

最大液压剪切力（kN）	105	
油泵额定工作压力（MPa）	60	
最大手动压力（kN）	0.4	
活塞行程（mm）	20	
液压用油	20 号机械油	
开孔范围（mm）	厚度 4 以下	厚度 3 以下
	尺寸 15～60	尺寸 63～114
质量（kg）	整机 12.5	
外形尺寸（mm×mm×mm）	420×245×120	

11. 液压螺母劈开器

液压螺母劈开器如图 7-73 所示。

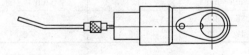

图 7-73　液压螺母劈开器

用途：在大型设备检修作业中，如遇到大型螺栓副因腐蚀或损伤不易拆开时，使用此工具，可将螺母劈开，更换新螺母即可，比用气割割去整个螺栓副的传统方法经济、快捷、安全。

规格：液压螺母劈开器的型号规格见表 7-76。

型　号	LPK-25	LPK-30	LPK-45	LPK-60
适用螺母对边宽度（mm）	16～36	24～46	46～70	70～90
质量（kg）	2	3.5	5	8

注　本产品使用时，需配备工作压力为70MPa的手动液压泵。

12. 分离式液压拉模器

分离式液压拉模器如图 7-74 所示。

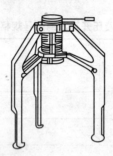

图 7-74　分离式液压拉模器

用途：拉模器是拆卸紧固在轴上的带轮、齿轮、法兰盘、轴承等的工具。分离式液压拉模器由手动（或电动）及液压拉模器组成。

规格：分离式液压拉模器的型号规格见表 7-77。

表 7-77　　　　　　　分离式液压拉模器的型号规格

型号	外形尺寸 （mm×mm）	三爪最大拉力 （kN）	拆卸直径范围 （mm）	质量 （kg）
LQF-05	385×330	49	50～250	6.5
LQF-10	470×420	98	50～300	10.5

13. 快速液压接头

快速液压接头如图 7-75 所示。

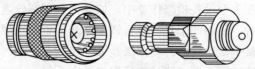

图 7-75　快速液压接头

用途：用作各种超高压的分离式液压管路、设备之间的连接件。其特点是连接迅速、安全可靠。

规格：快速液压接头的型号规格见表7-78。

表7-78　　　　　　　　快速液压接头的型号规格

型号	工作压力 (MPa)	外径 (mm)	全长 (mm)	接头外螺纹 (mm×mm)	外套内螺纹 (mm×mm)	质量 (kg)
LKJ1	70	27	85	M16×1.5	M10×1.5	0.4

14. 分体液压拉马

分体液压拉马如图7-76所示。

用途：液压拉马（拔轮器）是一种替代传统拉马的理想化新工具。适用于铁道车辆检修、机械安装、矿山维护，可拆卸各种机械设备中的带轮、齿轮、轴承等工件。使用灵活，质量轻，结构紧凑，携带方便，体积小，操作方便，使用省力，不受场地限制。

图7-76　分体液压拉马

规格：分体液压拉马的型号规格见表7-79。

表7-79　　　　　　　　分体液压拉马的型号规格　　　　　　　　（mm）

CH分体液压拉马						
型号规格	CH-5	CH-10	CH-20	CH-30	CH-50	CH-100
安全负重（t）	5	10	20	30	50	100
轴心有效伸距	50	50	50	60	100	160
纵向最长拉距	140	160	200	250	400	250～600
横向最长外径	200	250	350	450	500	630

注　1. CK整体液压拉马牌号为CK-××，性能参数同上。

　　2. 适用于工厂、修理场所。在结构上有分体式液压拉马和整体式液压拉马之分，在动力上有液压和电动之分。

ZH分体液压拉马				
拉顶力（t）	工作行程	最低高度	拉爪有效直径	手柄操作力（N）
ZH1.5	70	130	20～180	320
ZH3	100	170	20～240	320
ZH5	110	170	25～300	320

拉顶力（t）	工作行程	最低高度	拉爪有效直径	手柄操作力（N）
ZH8	140	240	35～350	320
ZH10	140	240	40～380	320
ZH16	160	250	50～400	320
ZH20	170	260	50～450	320
ZH32	180	270	100～500	320
ZH50	190	280	150～500	320
ZH100	200	290	150～600	320

15. 液压弯管机

液压弯管机如图 7-77 所示。

(a) 三脚架式　　　　　　　(b) 小车式

图 7-77　液压弯管机

用途：用于把管子弯成一定弧度。多用于水、蒸汽、煤气、油等管路的安装和修理工作。当卸下弯管油缸时，可作分离式液压起顶机用。

规格：液压弯管机的型号规格见表 7-80。

表 7-80　　　　　　　　液压弯管机的型号规格

型号	弯曲角度（°）	管子公称通径×壁厚（mm×mm）						外形尺寸（mm）			质量（kg）
		1.5×2.75	20×2.75	25×3.25	32×3.25	40×3.5	50×3.5	长	宽	高	
		弯曲半径（mm）									
LWG₁-10B 型 三脚架式	90	130	160	200	250	290	360	642	760	860	81
LWG₂-10B 型 小车式	120	65	80	100	125	145	—	642	760	255	76

注　工作压力 63MPa；最大载荷 10t；最大行程 200mm。

16. 液压快速拔管机

液压快速拔管机如图 7-78 所示。

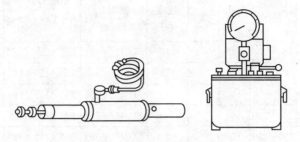

图 7-78　液压快速拔管机

用途：适用于电厂、制冷等行业的冷凝器、冷油器、加热器、换热器等更换铜（或铝、钛、不锈钢）管作业中，用以将铜管从容器的胀接管板中拔出，并且不伤管板，也不会在板孔内形成纵向沟槽，拔管速度为 1～2s/根。

规格：液压快速拔管机的型号规格见表 7-81。

表 7-81　　　　　　　液压快速拔管机的型号规格

型号	被拔管材	被拔管径 （mm）	管壁厚度 （mm）	额定拉力 （N）	拔管机质量 （kg）
YKB-5	铜、铝、钛、不锈钢	18～28	0.5～2.5	55000	2.2
YKB-14	铜、铝、钛	15～28	0.5～2.5	50000	2.2

注　1. 液压泵采用三相异步电动机驱动，额定功率为 0.75kW，电压为 380V，频率为 50Hz。

　　2. 该机使用时，另需配相应的拔头（拔管规格以管子外径×壁厚表示，如 15×1、28×2 等）。

17. 电动式液压钢筋切断机

电动式液压钢筋切断机如图 7-79 所示。

用途：用于切断钢筋。

规格：电动式液压钢筋切断机的型号规格见表 7-82。

图 7-79　电动式液压钢筋切断机

表 7-82 　　　　　　　　电动式液压钢筋切断机的型号规格

型号	电压 (V)	工作 压力 (kN)	功率 (W)	剪切 速度 (s)	剪切材料 及能力 (mm)	外形尺寸 (mm×mm×mm)	质量 (kg)
DC-13LV	210~230	130	—	1.5	SD345(ϕ13)	380×220×105	6
DC-16W	220	130	—	2.5	SD345(ϕ16)	460×150×115	8
DC-20WH	220	150	—	3	SD345(ϕ20)	410×110×210	11.5
DC-20W	220~230	150	—	3	SD345(ϕ20)	500×150×135	10.5
DC-20HL	220~230	150	—	3	SD345(ϕ20)	395×112×220	11.5
DC-25X	220	300	—	5	SD345(ϕ25)	515×150×250	22.5
DC-25W	220	300	—	5	SD345(ϕ25)	525×145×250	22
DC-32WH	220	—	—	12	SD345(ϕ32)	591×180×272	35.8
HPD-13B	220	65	430	I=4.5A	SD345(ϕ13)	347×230×89	5.9
HPD-16	220	115	850	I=8.8A	RL540(ϕ16)	485×170×80	7.0
HPD-19	220	147	850	I=8.8A	RL540(ϕ19)	500×170×90	7.9
DBC-16H	220	—	—	2.5(切) 5.5(弯)	SD345(ϕ16) 弯曲角度 0°~180°	645×165×230	17
DBC-25X	220	—	—	3 切 6 (弯)	SD345(ϕ25) 弯曲半径 20~48	700×680×440	129

18. 角钢切断机

角钢切断机如图 7-80 所示。

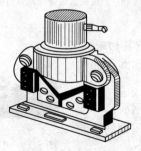

图 7-80 　角钢切断机

用途：用于切断角钢及其制品。调换刀片还可用于切断直径25mm以下的圆钢等。

规格：角钢切断机的型号规格见表 7-83。

表 7-83　　　　　　角钢切断机的型号规格

型号	可切断最大角钢规格 （mm×mm×mm）	工作压力 （MPa）	最大剪切力 （kN）	外形尺寸 （mm×mm×mm）	质量 （kg）
JQ80A	80×80×10	63	294	270×185×332	30

19. 分离式液压铡管机

分离式液压铡管机如图 7-81 所示。

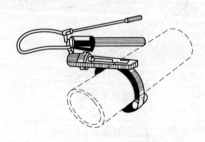

图 7-81　分离式液压铡管机

用途：用于铡断供水、煤气管道工程中的灰铸铁管。

规格：分离式液压铡管机的型号规格见表 7-84。

表 7-84　　　　　　分离式液压铡管机的型号规格

刀框规格（铡管公称直径）、主要尺寸及质量					
规格尺寸（mm）	100	150	200	250	300
主要尺寸 （mm） 长	226	292	357	420	500
宽	192	264	324	380	460
厚	60	80	80	73	90
质量（kg）	8	13.5	17	26.5	36
外形尺寸（长×宽×高， mm×mm×mm）	工作液压缸 140×97×177； 手动液压泵 174×190×145				
净重（kg）	工作液压缸 7.5； 手动液压泵 12.5				
载荷（t）	≤10				
行程（mm）	≤60				
工作压力（MPa）	63				

20. 手动液压泵

用途：手动液压泵（1）型用于为各种分离式液压工具提供动能。手动液压泵（2）型是多种油压工具的主机，分单段式与双段式，适用于千斤顶、穿孔器、电缆剪、螺母剖切器、铜排弯曲、切断等工具。

规格：手动液压泵的型号规格见表 7-85。

表 7-85　　　　　　　　　　手动液压泵的型号规格

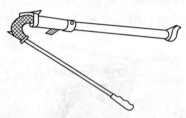

手动液压泵（1）

型号	工作压力（MPa）		每次排油量（L）	质量（kg）	外形尺寸（mm×mm×mm）
	高压	低压			
SYB-1	70	1	12.5	9	622×175×170
SYB-2				12	622×200×170

手动液压泵（2）

型号	输出压力（MPa）		油量（mL/min）		储油量（mL）	质量（kg）	备注
	低压	高压	低压	高压			
CP-180					350	5.5	手动式
CP-700	2.4	68.6	13	2.3	900	10	手动式
CFP-800-1					400	14	脚踏式

21. 超高压电动液压泵

超高压电动液压泵如图 7-82 所示。

用途：用作分离式液压千斤顶、起顶机、弯管机、弯排机、角钢切断机、铡管机等的液压动力源。

规格：超高压电动液压泵的型号规格见表 7-86。

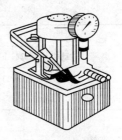

图 7-82　超高压
电动液压泵

表 7-86　　　　　　　　　超高压电动液压泵的型号规格

型号	工作压力 （MPa）	流量 （L/min）	电动机 （kW）	储油量 （L）	外形尺寸 （mm×mm×mm）	质量 （kg）
CZB6302	63	0.4	0.55	7.5	290×200×420	16

22. 超高压电动液压泵站

超高压电动液压泵站如图 7-83 所示。

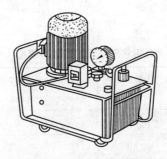

图7-83　超高压电动液压泵站

用途：用作各类液压机械（如分离式液压千斤顶、液压钳等）的动力源。

规格：超高压电动液压泵站的型号规格见表 7-87。

表 7-87　　　　　　超高压电动液压泵站的型号规格

型　号	BZ70-1	BZ70-2.5	BZ70-4	BZT0-6
工作压力（MPa）	68.6			
流量（L/min）	1	2.5	4	6

型 号	BZ70-1	BZ70-2.5	BZ70-4	BZT0-6
电动机功率（L/kW）	1.5	4	5.5	7.5
高压软管（m）	3×2 根			
储油量（L）	20	50		

外形尺寸（mm）	长度	490	800	800	800
	宽度	325	500	500	500
	高度	532	760	163	858
质量（kg）		≈88	≈150	≈160	≈180

图 7-84　卧式液压千斤顶

23. 卧式液压千斤顶

卧式液压千斤顶如图 7-84 所示。

用途：主要用于厂矿、交通运输等部门作为车辆修理及其他起重、支撑等工作。

规格：卧式液压千斤顶的型号规格见表 7-88。

表 7-88　　　　　卧式液压千斤顶的型号规格

型号	承载 （t）	最低高度 （mm）	最高高度 （mm）	毛/净重 （kg）	包装尺寸 （cm×cm×cm）
QK2-320	2	135	350	8.5/7.5	45×21×15
QK3-500-1	3	135	500	30.5/28.5	71×41×21
QK3.5-500-1	3.5	135	500	36/34	71×41×21
QK4-500	4	135	500	40/38	73×41×21
QK5-560	5	140	560	65/60	81×39×25
QK5-580（重型）	5	160	580	107/95	154×42×27
QK8-580	8	180	580	117/105	154×42×27
QK-10-580	10	180	580	158/140	166×52×32
QK20-580	20	200	580	170/150	166×52×32

24. 分离式液压千斤顶

分离式液压千斤顶如图 7-85 所示。

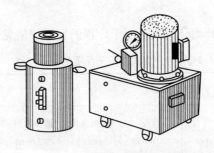

图 7-85　分离式液压千斤顶

用途：与各种 BZ70 型超高压电动液压泵站配合，为大型机械运输、机车车辆顶升以及工矿、船舶、市政工程等常用工具。

规格：分离式液压千斤顶的型号规格见表 7-89。

表 7-89　　　　　　　分离式液压千斤顶的型号规格

型号	起重量（t）	起重高度	最低高度	液压缸外径	液压缸内径	活塞杆外径	质量（kg）
		mm					
QF50-12		125	270				25
QF50-16	50	160	305	140	100	70	28
QF50-20		200	345				32
QF100-12		125	300				48
QF100-16	100	160	335	180	140	100	54
QF100-20		200	375				60
QV200-12		125	310				92
QV200-16	200	160	245	250	200	150	103
QF200-20		200	385				114
QF320-20	320	200	410	320	250	180	211
QF500-20	500	200	465	400	320	250	390
QF630-20	630	200	517	480	360	280	630

25. FQY 型分离式液压千斤顶

用途：广泛应用于交通、铁路、桥梁、造船、建筑、厂矿等各行各业。

规格：FQY 型分离式液压千斤顶的型号规格见表 7-90。

表 7-90　　　　　FQY 型分离式液压千斤顶的型号规格

FQY 型分离式液压千斤顶规格参数

型号	升力 （t）	行程 （mm）	最低高度 （mm）	液压缸外径 （mm）	压力 （MPa）	质量 （kg）
FQY5-100	5	100	195	66	40	2
FQY10-125/200	10	125/200	213/330	90	63	5
FQY200-100/150	20	100/150	260/210	90	63	7
FQY20-200	20	200	360	90	63	9
FQY30-63/150	30	63/150	260	105	63	12.5
FQY50-25/100	50	125/160	263/298	132	63	25
FQY50-200	50	200	338	132	63	31
FQY100-125/100	100	125/160	291/326	172	63	49
FQV100-200	100	200	366	172	63	55
FQY200-200	200	200	396	244	63	118
FQY320-200	320	200	427	315	63	213
FQY500-200	500	200	475	395	63	394
FQY630	630	200	536	450	60.7	580
FQY800	800	200	577	550	62.4	1068
FQY1000	1000	200	620	600	61.6	1200

26. 薄型千斤顶

用途：用于公路、铁路建设中及机械校调、设备拆卸等场合。

规格：薄型千斤顶的型号规格见表7-91。

表 7-91 薄型千斤顶的型号规格

(1) RSM 系列薄型千斤顶

型号	吨位 （t）	行程 （mm）	本体高度 （mm）	伸展高度 （mm）	外径 （mm×mm）
RSM-50	5	6	32	38	58×41
RSM-100	10	12	42	54	82×55
RSM-200	20	11	51	62	101×76
RSM-300	30	13	58	71	117×95
RSM-500	50	16	66	82	140×114
RSM-750	75	16	79	95	165×139
RSM-1000	100	16	85	101	178×153
RSM-1500	150	16	116	116	215×190

(2) RCS 系列薄型千斤顶

型号	同步顶型号	吨位 （t）	行程 （mm）	缸面积 （cm²）	油容量 （cm³）	本体 高度 （mm）	伸展 高度 （mm）	外径 （mm）	质量 （kg）
RCS-101	TRCS-101	10	38	14.4	55	88	126	70	4.1
RCS-201	TRCS-201	20	44	28.6	126	99	143	92	5.0
RCS-302	TRCS-302	30	62	41.9	260	118	179	102	6.8
RCS-502	TRCS-502	50	60	62.1	373	122	182	124	10.9
RCS-1002	TRCS-1002	100	57	126.9	723	141	198	165	22.7

27. 超薄型液压千斤顶

超薄型液压千斤顶如图 7-86 所示。

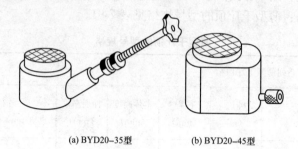

(a) BYD20–35型   (b) BYD20–45型

图 7-86　超薄型液压千斤顶

用途：适用于发电厂、石油化工、机械等行业的一些大型设备的安装、检修作业，用以设备校平找正或微调位移，其特点是产品体积小，操作空间有不小于 35mm 的缝隙，即可进行操作。

规格：超薄型液压千斤顶的型号规格见表 7-92。

表 7-92　　　　　超薄型液压千斤顶的型号规格

型号	BYD 20-35	BYD 20-45	BYD 20-65	BYD 20-70	BYD 20-90
最小工作间隙（mm）	36	46	66	70	90
活塞伸出长度（mm）	10	12	12	14	16
最大起重量（t）	20	20	20	50	100

注　除 BYD20-35 型自身备有液压装置外，其余型号使用时均需配备工作压力为70MPa 的手动液压泵。

28. DYG 型电动液压千斤顶

用途：输出力大、质量轻、可远距离操作、配以超高压液压泵站，可实现顶、推、拉、挤等多种形式的作业，广泛应用于交通、铁路、桥梁、造船等行业。

规格：DYG 型电动液压千斤顶的型号规格见表 7-93。

表 7-93　　　　　　　　DYG 型电动液压千斤顶的型号规格

型号	同步顶型号	吨位(t)	行程(mm)	最低高度(mm)	伸展高度(mm)	液压缸外径(mm)	活塞杆直径(mm)	液压缸直径(mm)	压力(MPa)	质量(kg)
DYG50-125	TDYG50-125		125	250	375					32
DYG50-160	TDYG50-160	50	160	285	445	127	70	100		35
DYG50-200	TDYG50-200		200	325	525					43
DYG100-125	TDYG100-125		125	275	400					56
DYG100-160	TDYG100-160	100	160	310	470	180	100	140		63
DYG100-200	TDYG100-200		200	350	550					78
DYG150-160	TDYG150-160		160	320	480					68
DYG150-200	TDYG150-200	150	200	360	560	219	125	180		78
DYG200-125	TDYG200-125		125	310	435				63	112
DYG200-160	TDYG200-160	200	160	345	505	240	150	200		118
DYG200-200	TDYG200-200		200	385	585					136
DYG320-200	TDYG320-200	320	200	410	610	330	180	250		235
DYG400-200	TDYG400-200	400	200	460	660	380	200	290		265
DYG500-200	TDYG500-200	500	200	460	660	430	200	320		430
DYG630-200	TDYG630-200	630	200	515	715	00	250	360		690
DYG800-200	TDYG800-200	800	200	598	798	560	300	400		940
DYG1000-200	TDYG1000-200	1000	200	630	830	600	320	450		1200

29. 螺旋千斤顶

螺旋千斤顶如图 7-87 所示。

用途：为汽车、桥梁、船舶、机械等行业在修造安装中常用的

(a) 普通型

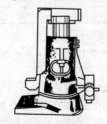

(b) 钩式

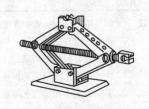

(c) 剪式

图 7-87　螺旋千斤顶

一种起重或顶压工具。钩式螺旋千斤顶可利用钩脚起重位置较低的重物。剪式螺旋千斤顶主要用于小吨位汽车的起顶，如轿车等。

规格：螺旋千斤顶的型号及技术参数见表 7-94。

表 7-94　　　　　　　　螺旋千斤顶的型号及技术参数

型号	额定起重量 （t）	最低高度 （mm）	起升高度 （mm）	手柄作用力 （N）	手柄长度 （mm）	自重 （kg）
QLJ0.5	0.5			120	150	2.5
QIJ1	1	110	180			3
QIJ1.6	1.6			200	200	4.8
QL2	2	170	130	80	300	5
QL3.2	3.2	200	110	100	500	6
QLD3.2	3.2	160	50			5
QL5	5	250	130			7.5
QLD5	5	180	65	160	600	7
QLg5	5	270	130			11
QL8	8	260	140	200	800	10
QL10	10	280	150			11
QLD10	10	200	75	250	800	10
QLg10	10	310	130			15
QL16	16	320	180			17
QLD16	16	225	90	400	1000	15
QLG16	16	445	200			19
QLg16	16	370	180			20
QL20	20	325	180	500	1000	18
QLG20	20	445	300			20
QL32	32	395	200	650	1400	27
QLD32	32	320	180			24
QL50	50	452	250	510	1000	56
QLD50	50	330	150			52
QL100	100	455	200	600	1500	86

注　1. 型号中字母 QL 表示普通型螺旋千斤顶，G 表示高型，D 表示低型，Z 表示自落式（带有快速下降机构）（表中未列出），g 表示钩式，J 表示剪式。带括号的型号暂时保留产品。

　　2. 钩式螺旋千斤顶的钩部承载能力为起重量的 1/2。

　　3. 剪式螺旋千斤顶在起重量下的有效起升高度是指自起升高度中央位置到最高位置，起重量是指承载面位于起升高度的 1/2 以上位置时的承载能力。

30. 预应力用液压穿心式千斤顶

用途：适用于预应力工程中所使用的液压千斤顶。

规格：预应力用液压穿心式千斤顶的分类及分类代号见表 7-95。

表 7-95   预应力用液压穿心式千斤顶的分类及分类代号

分类	分类代号	示意图
前卡式	YDCQ	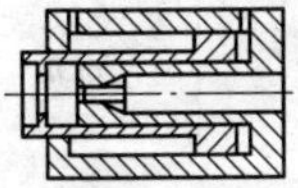
后卡式	YDC	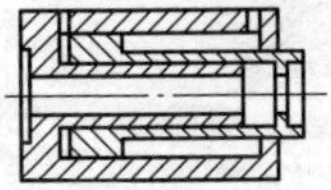
穿心拉杆式	YDCL	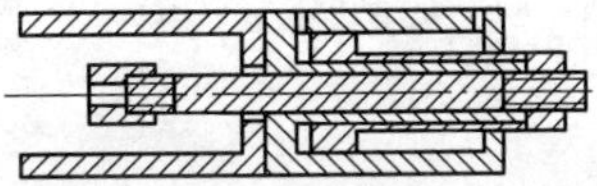

31. 预应力用液压实心式千斤顶

用途：适用于预应力工程中所使用的液压千斤顶。

规格：预应力用液压实心式千斤顶的分类及分类代号见表 7-96。

表 7-96   预应力用液压实心式千斤顶的分类及分类代号

分类	分类代号	示意图
顶推式	YDT	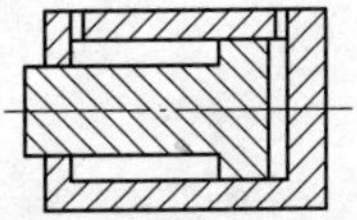

分类	分类代号	示意图
机械自锁式	YDS	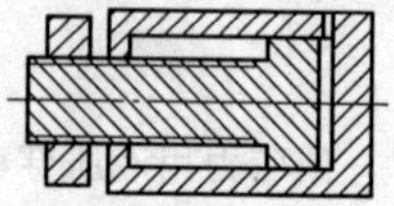
实心拉杆式	YDL	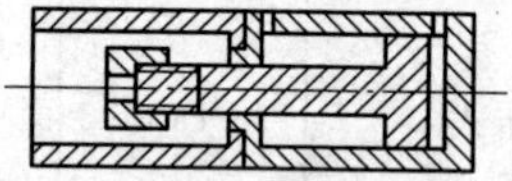

第八章　土木工具和管工工具

一、泥瓦工工具

1. 钢锹

钢锹如图 8-1 所示。

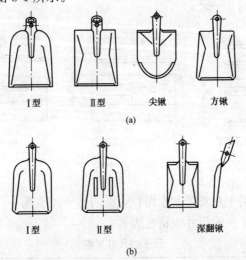

(a)

(b)

图 8-1　钢锹

用途：农用锹适用于田间铲土、兴修水利、开河挖沟等。尖锹主要用于挖土、搅拌灰土等。方锹多用于铲水泥、黄沙、石子等。煤锹用于铲煤块、砂土、垃圾等。深翻锹用于深翻、掘泥、开沟等。

规格：钢锹的尺寸规格见表 8-1。

表 8-1　　　　　　　　　　　钢锹的尺寸规格

品种	全长（mm）			身长（mm）			锹裤外径（mm）	厚度（mm）
	1号	2号	3号	1号	2号	3号		
农用锹	345（不分号）			290（不分号）			37	1.7
尖锹	460	425	380	320	295	265	37	1.6

| 品种 | 全长（mm） | | | 身长（mm） | | | 锹裤外径 | 厚度 |
	1号	2号	3号	1号	2号	3号	（mm）	（mm）
方锹	420	380	340	295	280	235	37	1.6
煤锹	550	510	490	400	380	360	42	1.6
深翻锹	450	400	350	300	265	225	37	1.7

2. 压子

压子如图 8-2 所示。

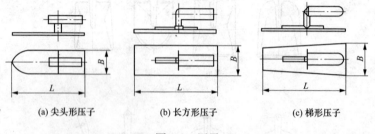

(a) 尖头形压子　　　(b) 长方形压子　　　(c) 梯形压子

图 8-2　压子

用途：用于对灰砂、水泥作业面的整平和压光。

规格：压子的尺寸规格见表 8-2。

表 8-2　　　　　　　　　　压子的尺寸规格

压板长 L（mm）	压板宽 B（mm）	压板厚（mm）
190，195，200，205，210	50，55，60	≤2.0

3. 平抹子

平抹子如图 8-3 所示。

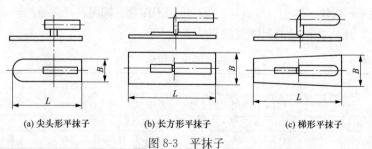

(a) 尖头形平抹子　　　(b) 长方形平抹子　　　(c) 梯形平抹子

图 8-3　平抹子

用途：用于在砌墙或做水泥平面时刮平、抹平灰或水泥。

规格：平抹子的尺寸规格见表8-3。

表8-3 平抹子的尺寸规格

平抹板长 L（mm）	平抹板宽 B（mm）			平抹板厚 δ（mm）	
	尖头形	长方形	梯形	尖头形	长方形、梯形
220，225	80，85，90	85，90，95	90，95		
230，235，240	80，85，90，95	90，95，100	95，100		
250	90，95，100	95，100，105	100，105	$\leqslant 2.5$	$\leqslant 2.0$
260，265	95，100，105	100，105，110	105，110		
280	100，105，110	105，110，115	110，115		
300	105，110，115	110，115，120	118，120		

4. 角抹子

角抹子如图8-4所示。

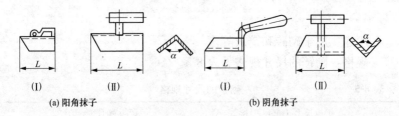

(I)　　　　(II)　　　　(I)　　　　(II)

(a) 阳角抹子　　　　　　　(b) 阴角抹子

图8-4　角抹子

用途：用于在垂直内角、外角及圆角处抹灰砂或水泥。

规格：角抹子的尺寸规格见表8-4。

表8-4 角抹子的尺寸规格

角抹板长 L（mm）				角抹板角度 α	
阳角抹子		阴角抹子		阳角抹子	阴角抹子
60,70,80	I	80	I		
90,100,110,115	I，II，III	90,100,105,110,120	I，II，III	93°	87°
120,130,140	II，III	130,140,150			
150,160,170,180		160,170,180	II，III		

注　角抹子板厚不大于2.0mm。

5. 砌铲

砌铲如图 8-5 所示。

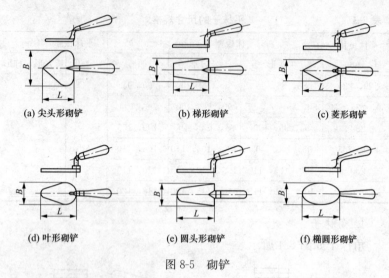

(a) 尖头形砌铲　　(b) 梯形砌铲　　(c) 菱形砌铲

(d) 叶形砌铲　　(e) 圆头形砌铲　　(f) 椭圆形砌铲

图 8-5　砌铲

用途：用于砌砖和铲灰等。

规格：砌铲的尺寸规格见表 8-5。

表 8-5　　　　　　　　　　　砌铲的尺寸规格

铲板长 L (mm)			铲板宽 B (mm)		
尖头形	梯形、叶形、圆头形、椭圆形	菱形	尖头形	梯形、叶形、圆头形、椭圆形	菱形
140	125、130	180	170	60、65	125
145	140	200	175	70	140
150	150、155	230	180	75	160
155	165	250	185	80、85	175
160	170、180		190	90	
165	190		195	95	
170	200、205		200	100、105	
175	215		205	105、110	
180	225、230		210	115	
	240			120	
	250、255			125、130	

6. 砌刀

砌刀如图 8-6 所示。

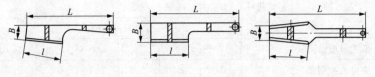

图 8-6　砌刀

用途：用于斩断或修削砖瓦、填敷泥灰等。

规格：砌刀的尺寸规格见表 8-6。

表 8-6　　　　　　　　　　砌刀的尺寸规格

刀体刃长 l（mm）	135	140	145	150	155	160	165	170	175	180
刀体前宽 B（mm）	50			55				60		
刀长 L（mm）	335	340	345	350	355	360	365	370	375	380
刀厚 δ（mm）	≤8.0									

7. 钢镐

钢镐如图 8-7 所示。

(a) 双尖型　　　　　　　　　　(b) 尖扁型

图 8-7　钢镐

用途：用于掘土、开山、垦荒、造林、修建公路、铁道、挖井、开矿和兴修水利等。双尖型多用于开凿岩山、混凝土等硬性土质；尖扁型多用于挖掘黏、韧性土质。

规格：钢镐的尺寸规格见表 8-7。

表 8-7　　　　　　　　　　钢镐的尺寸规格

品　　种	形式代号	质量（不连柄）（kg）					
		1.5	2	2.5	3	3.5	4
		总长（mm）					
双尖 A 型钢镐	SJA	450	500	520	560	580	600

品　种	形式代号	质量（不连柄）（kg）					
		1.5	2	2.5	3	3.5	4
		总长（mm）					
双尖 B 型钢镐	SJB	—	—	—	500	520	540
尖扁 A 型钢镐	JBA	450	500	520	560	600	620
尖扁 B 型钢镐	JBB	420	—	520	550	570	—

8. 钢钎

钢钎如图 8-8 所示。

图 8-8　钢钎

用途：用于开山、筑路、打井勘探中凿钻岩石。

规格：钢钎的尺寸规格见表 8-8。

表 8-8　　　　　　　　　　钢钎的尺寸规格

六角形对边距离（mm）	长度（mm）
25，30，32	1200，1400，1600，1800

9. 撬棍

撬棍如图 8-9 所示。

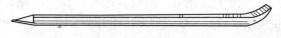

图 8-9　撬棍

用途：用于开山、筑路、搬运笨重物体等时撬挪重物。

规格：撬棍的尺寸规格见表 8-9。

表 8-9　　　　　　　　　　撬棍的尺寸规格

直径（mm）	长度（mm）
20，25，32，38	500，1000，1200，1500

10. 打砖刀和打砖斧

打砖刀和打砖斧如图 8-10 所示。

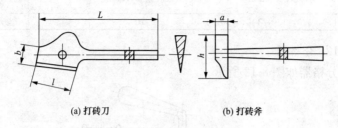

(a) 打砖刀   (b) 打砖斧

图 8-10　打砖刀和打砖斧

用途：用于斩断或修削砖瓦。

规格：打砖刀和打砖斧的尺寸规格见表 8-10。

表 8-10　　　　　　　　打砖刀和打砖斧的尺寸规格

打砖刀	刀体刀长 l（mm）		刀体头宽 b（mm）		刀长 L（mm）
	110		75		300
	斧头边长 a（mm）	斧体高 h（mm）	斧体刃宽 L（mm）	斧体边长 b（mm）	
打砖斧	20	110	50	25	
	22		55		
	25	120	50	30	
	27		55		

11. 缝溜子

缝溜子如图 8-11 所示。

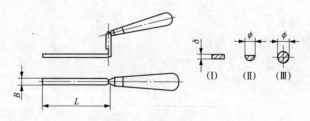

(Ⅰ)   (Ⅱ)   (Ⅲ)

图 8-11　缝溜子

用途：用于溜光外砖墙灰缝。

规格：缝溜子的尺寸规格见表 8-11。

表 8-11　　　　　　　　　　缝溜子的尺寸规格

溜板长 L（mm）	溜板宽 B（mm）	抿板厚（mm）	
		δ	φ
100，110，120，130，140，150，160	10	≤3.0	≥12

12. 分格器

分格器如图 8-12 所示。

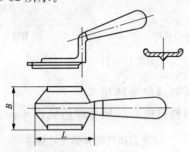

图 8-12　分格器

用途：用于地面、墙面抹灰时分格。

规格：分格器的尺寸规格见表 8-12。

表 8-12　　　　　　　　　　分格器的尺寸规格

抿板长 L（mm）	抿板宽 B（mm）	抿板厚（mm）
80	45	
100	60	≤2.0
110	65	

13. 缝扎子

缝扎子如图 8-13 所示。

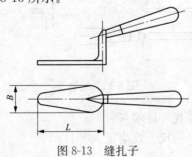

图 8-13　缝扎子

用途：用于墙体勾缝。

规格：缝扎子的尺寸规格见表 8-13。

表 8-13 缝扎子的尺寸规格

扎板长 L（mm）	50	80	90	100	110	120	130	140	150
扎板宽 B（mm）	20	25	30	35	40	45	50	55	60
扎板厚 δ（mm）	$\leqslant 2.0$，$\leqslant 1.0$								

14. 线锤

线锤如图 8-14 所示。

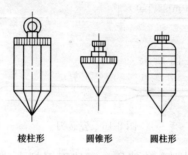

棱柱形　　　　圆锥形　　　　圆柱形

图 8-14　线锤

用途：在建筑测量工作时，作垂直基准线用，也用于机械安装中。

规格：线锤的尺寸规格见表 8-14。

表 8-14 线锤的尺寸规格

材料	质量（kg）
铜质	0.0125，0.025，0.05，0.1，0.15，0.2，0.25，0.3，0.4，0.5，0.6，0.75，1，1.5
钢质	0.1，0.15，0.2，0.25，0.3，0.4，0.5，0.75，1，1.25，2，2.5

15. 铁水平尺

铁水平尺如图 8-15 所示。

用途：用在土木建筑中检查建筑物或在机械安装中检查普通设备的水平位置误差。

图 8-15　铁水平尺

规格：铁水平尺的尺寸规格见表 8-15。

表 8-15　　　　　　　　　铁水平尺的尺寸规格

长度（mm）	150	200，250，300，350，400，450，500，550，600
主水准刻度值（mm/m）	0.5	2

16. 瓷砖刀

瓷砖刀如图 8-16 所示。

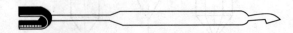

图 8-16　瓷砖刀

用途：专为划割瓷砖使用，瓷砖刀刀杆由 45 号中碳钢制成，刀头由 YG6 硬质合金刀片制成，刀头坚硬锋利。工作时选用刀头在瓷砖上划一条线，然后用另一头将瓷砖掰开。

规格：天津剪刀厂产品瓷砖刀长 200mm。

17. 瓷砖切割机及刀具

瓷砖切割机及刀具如图 8-17 所示。

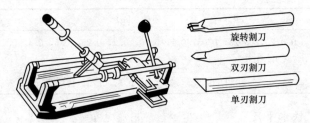

旋转割刀

双刃割刀

单刃割刀

图 8-17　瓷砖切割机及刀具

用途：用于手工切割瓷砖、地板砖、玻璃等。

规格：瓷砖切割机及刀具的尺寸规格见表 8-16（以上海闸北建筑机械工具厂产品为例）。

表 8-16　　　　　　　瓷砖切割机及刀具的尺寸规格

最大切割长度（mm）	最大切割厚度（mm）	质量（kg）
36	12	6.5
切割刀具及用途	ϕ5mm 旋转割刀：切割瓷砖、玻璃； 硬质合金单刃割刀：切割瓷砖、铺地细砖； 硬质合金双刃割刀：备用	

18. 墙地砖切割机

墙地砖切割机如图 8-18 所示。

图 8-18　墙地砖切割机

用途：用于精密切割各种墙砖、地砖、陶瓷板、玻璃装饰砖及平板玻璃等。

规格：墙地砖切割机的尺寸规格见表 8-17。

表 8-17　　　　　　　墙地砖切割机的尺寸规格

切割厚度（mm）	切割宽度（mm）	质量（kg）
5~12	300~400	6.5

19. QA-300 型墙地砖切割机

QA-300 型墙地砖切割机如图 8-19 所示。

用途：用于切割墙地砖。

规格：QA-300 型墙地砖切割机的尺寸规格见表 8-18（以上海亚宁机电技术有限公司产品为例）。

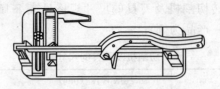

图 8-19　QA-300 型墙地砖切割机

表 8-18　　　　　QA-300 型墙地砖切割机的尺寸规格

切割厚度（mm）	切割深度（mm）	刀片寿命（m）
300	5～10	累计 1000～2000

20. 手持式混凝土切割机

手持式混凝土切割机如图 8-20 所示。

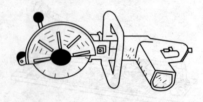

图 8-20　手持式混凝土切割机

用途：用于对混凝土及其构件的切割，也可切割大理石、耐火砖、陶瓷等硬脆性材料。

规格：手持式混凝土切割机的尺寸规格见表 8-19。

表 8-19　　　　　手持式混凝土切割机的尺寸规格

型号	刀片转速（r/min）	最大切割深度（mm）	外形尺寸 （mm×mm×mm）	净重（kg）
Z1HQ-250	2100	70	878×292×300	13

21. 混凝土钻孔机

混凝土钻孔机如图 8-21 所示。

用途：用于对混凝土墙壁及楼板、砖墙、瓷砖、岩石、玻璃等硬脆性非金属材料的钻孔。

规格：混凝土钻孔机的尺寸规格见表 8-20。

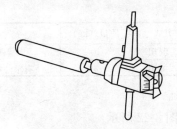

图 8-21　混凝土钻孔机

表 8-20　　　　　　　混凝土钻孔机的尺寸规格

型　号	钻孔直径 （mm）	最大钻孔深度 （mm）	转速 （r/min）	净重 （kg）	生产厂
HZ-100	37.5～118	370	850	103	天津建筑仪器厂
HZ-100	30～100	500	875	105	沈阳建筑施工机械厂
◎Z1ZS-100	＜100	300	710～2200	85	沈阳电动工具厂
Z1JZ-80	10～80	350	600～1500	50	沈阳第二微电机厂
HZ₁-100	＜107	250	900	12	济南钢铁总厂
HZ₁-200	＜280	500	450/900	28	
Z1Z-36	＜36	400	1500	—	青海电动工具厂
Z1Z-56	＜56	400	1200	—	
Z1Z-110	＜110	400	900	—	

注　"◎"表示双重绝缘。

22. 混凝土开槽机

用途：用于在混凝土墙面、砖墙、水泥制品、轻质材料上进行开槽埋设暗管、暗线，也可用单片刀切割人造大理石、地板砖等建筑材料。

规格：混凝土开槽机的尺寸规格见表 8-21。

表 8-21　　　　　　　混凝土开槽机的尺寸规格

型号规格	开槽深度（mm）	开槽宽度（mm）	输入功率（W）	额定转速（r/min）
SKH-5	20～50 可调	30～50 可调	2000	3800
SKH-25A	0～25 可调	25	2000	3100

型号规格	工作方式	质量（kg）	生产厂
SKH-5	干切、湿切	10	天津南华工具（集团）
SKH-25A	干切、湿切	8	有限公司电动工具分公司

23. 砖墙铣沟机

砖墙铣沟机如图 8-22 所示。

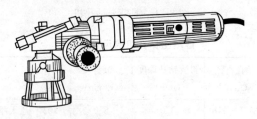

图 8-22　砖墙铣沟机

用途：配用硬质合金专用铣刀，对砖墙、泥类墙、石膏和木材等材料表面进行铣切沟槽作业。

规格：砖墙铣沟机的尺寸规格见表 8-22。

表 8-22　　　　　　　　　　砖墙铣沟机的尺寸规格

型号	输入功率（W）	负载转速（r/min）	铣沟能力（mm×mm）	质量（kg）
Z1R-16	400	800	≤20×16	3.1

24. 宝富梯具

宝富梯具如图 8-23 所示。

用途：用于登高。

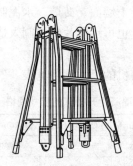

图 8-23　宝富梯具

规格：宝富梯具的尺寸规格见表8-23。

表 8-23　　　　　　　　宝富梯的尺寸规格

折　梯

型号	伸长（m）	折长（m）	净重（kg）	特　　点
L2105 （二关节折梯）	3.2	1.6	10.5	
L2125 （二关节折梯）	3.8	1.9	12.5	为多功能折合式铝梯，具有64种形式； 高强度铝合金管材，专利自动上锁关节，平稳强固的防滑梯脚，适用多种使用坡度
L2145 （二关节折梯）	4.5	2.2	14.5	
L6145 （六关节折梯）	3.8	0.95	12.5	
L6165 （六关节折梯）	5.0	1.25	16.5	
L6205 （六关节折梯）	6.3	1.58	20.5	

伸缩梯（铝合金）

型　号	伸长（m）	缩长（m）	
AP-50	5.04	3.15	
AP-60	6.03	3.18	踩杆为强化铝合金挤压成形，表面具有防滑条纹；由上下两节梯组合，借滑轮组及拉绳使上节梯升梯，自由调整所需高度，锁扣装置固定
AP-70	7.02	4.14	
AP-80	8.04	4.83	
AP-90	9.03	5.16	
AP-100	10.02	5.82	

25. GTC 高处作业平台

GTC 高处作业平台如图 8-24 所示。

用途：用于登高。

规格：GTC 高处作业平台的尺寸规格见表 8-24。

图 8-24　GTC 高处作业平台

表 8-24　　　　　　GTC 高处作业平台的尺寸规格

型号	工作平台最大升起高度（m）	额定载重（kg）	工作平台尺寸（m×m）	外形尺寸（m×m×m）	整机重（kg）
GTC2 GTC2A	2	150	0.62×0.62	1.25×0.7×1.85	190
GTC3 GTC3A	3	150	0.62×0.62	1.25×0.7×1.85	200
GTC4 GTC4A	4	150	0.62×0.62	1.25×0.7×1.64	210
GTC5 GTC5A	5	100	0.62×0.62	1.25×0.7×1.64	220
GTC6 GTC6A	6	100	0.62×0.62	1.25×0.7×1.64	230
GTC7 GTC7A	7	100	0.62×0.62	1.25×0.7×1.80	242
GTC8 GTC8A	8	100	0.62×0.62	1.25×0.7×1.80	254

注　A 型表示手动、电动两用型（加装手动泵）。

二、木工工具

（一）木工用具

1. 木工绕锯条

木工绕锯条如图 8-25 所示。

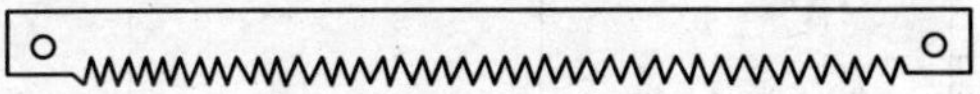

图 8-25　木工绕锯条

用途：锯条狭窄，锯割灵活，适用于对竹、木工件沿圆弧或曲线的锯割。

规格：木工绕锯条的规格见表 8-25。

表 8-25　　　　　　　　　木工绕锯条的规格

长度（mm）	宽度（mm）	厚度（mm）	齿距（mm）
400.00，450.00，500.00，550.00	10.00	0.50	2.5，3.0
600.00，650.00，700.00，750.00，800.00		0.60，0.70	3.0，4.0

2. 木工锯条

木工锯条如图 8-26 所示。

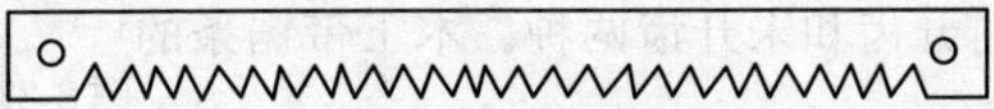

图 8-26　木工锯条

用途：装在木制工字形锯架上，手动锯割木材。

规格：木工锯条的规格见表 8-26。

表 8-26　　　　　　　　　木工锯条的规格

长度（mm）	宽度（mm）	厚度（mm）	齿距（mm）
400.00	22.00，25.00	0.50	2.00，2.50，3.00
450.00			
500.00	25.00，32.00	0.50	3.00，4.00
550.00			

长度（mm）	宽度（mm）	厚度（mm）	齿距（mm）
600.00	32.00，38.00	0.60	3.00，4.00
650.00			4.00，5.00
700.00		0.70	
750.00	38.00，44.00	0.70	5.00，6.00
800.00			
850.00			
900.00			
950.00			6.00，7.00，8.00
1000.00	44.00，50.00	0.80 0.90	
1050.00			
1100.00			8.00，9.00
1150.00			

3. 木工带锯条

木工带锯条如图 8-27 所示。

用途：木工带锯条装在带锯机上，用于锯切大型木材。

图 8-27　木工带锯条

规格：有开齿和未开齿两种。木工带锯条的规格见表 8-27。

表 8-27　　　　　　木工带锯条的规格

宽度（mm）	厚度（mm）	最小长度（mm）
6.3	0.40，0.50	
10，12.5，16	0.40，0.50，0.60	
20，25，32	0.40，0.50，0.60，0.70	
40	0.60，0.70，0.80	7500
50，63	0.60，0.70，0.80，0.90	
75	0.70，0.80，090	
90	0.80，0.90，0.95	

宽度（mm）	厚度（mm）	最小长度（mm）
100	0.80，0.90，0.95，1.00	8500
125	0.90，0.95，1.00，1.10	
150	0.95，1.00，1.10，1.25，1.30	
180	1.25，1.30，1.40	12500
200	1.30，1.40	

4. 木工圆锯片

木工圆锯片如图 8-28 所示。

折背齿　　　　　　直背齿　　　　　等腰三角齿

图 8-28　木工圆锯片

用途：装在圆锯机上，用于锯割木材、人造板、塑料等。

规格：木工圆锯片的规格见表 8-28。

表 8-28　　　　　　　　　木工圆锯片的规格

外径（mm）	孔径（mm）	厚度（mm）	齿数（个）
160	20，(30)	0.8，1.0，1.2，1.6	80，100
(180)，200，(225)，250，(280)	30，60	0.8，1.0，1.2，1.6，2.0	
315，(355)		1.0，1.2，1.6，2.0，2.5	
400	30，85	1.0，1.2，1.6，2.0，2.5	
(450)		1.2，1.6，2.0，2.5，3.2	
500，(560)		1.2，1.6，2.0，2.5，3.2	
630		1.6，2.0，2.5，3.2，4.0	
(710)，800	40，(50)	1.6，2.0，2.5，3.2，4.0	72，100
(900)，1000		2.0，2.5，3.2，4.0，5.0	
1250	60	3.2，3.6，4.0，5.0	
1600		3.2，4.5，5.0，6.0	
2000		3.6，5.0，7.0	

注　1. 括号内的尺寸尽量不选用。

　　2. 齿形分直背齿(N)、折背齿(K)、等腰三角齿(A)三种。

5. 木工硬质合金圆锯片

木工硬质合金圆锯片如图 8-29 所示。

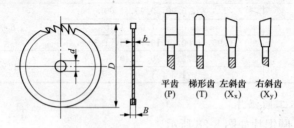

平齿 梯形齿 左斜齿 右斜齿
(P) (T) (X_x) (X_y)

图 8-29 木工硬质合金圆锯片

用途：装在圆锯机上，用于锯割木材、人造板、塑料及有色金属等。

规格：木工硬质合金圆锯片的规格见表 8-29。

表 8-29 木工硬质合金圆锯片的规格

外径 D(mm)	锯齿厚度 B(mm)	锯盘厚度 b(mm)	孔径 d(mm)	近似齿距(mm)					
				10	13	16	20	30	40
				齿数					
100	2.5	1.6	20	32	24	20	16	10	8
125				40	32	24	20	12	10
(140)				40	36	28	24	16	12
160				48	40	32	24	16	12
(180)	2.5, 3.2	1.6, 2.2	30, 60	56	40	36	28	20	16
200				64	48	40	32	20	16
(225)				72	56	48	36	24	16
250	2.5, 3.2, 3.6	1.6, 2.2, 2.6	30, 60, (85)	80	64	48	40	28	20
(280)				96	64	56	40	28	20
315				96	72	64	48	32	24
(355)	3.2, 3.6, 4.0, 4.5	2.2, 2.5, 2.8, 3.2	30, 60, (85)	112	96	72	56	36	28
400				128	96	80	64	40	32
(450)	3.6, 4.0, 4.5, 5.0	2.6, 2.8, 3.2, 3.6	30, 85	—	112	96	72	48	36
500				—	128	96	80	48	40
(560)	4.5, 5.0, 4.5, 5.0	3.2, 3.6, 3.2, 3.6	30, 85, 40	—	—	112	96	56	48
630				—	—	128	96	64	48

注 1. 括号内的尺寸尽量避免采用。

2. 锯齿形状组合举例：梯形齿和平齿(TP)、左右斜齿(X_xX_y)、左右斜齿和平齿(X_xPX_y)。

6. 细木工带锯条

细木工带锯条如图 8-30 所示。

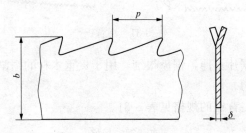

图 8-30　细木工带锯条

用途：装在带锯机上，用于锯切木材。

规格：细木工带锯条的规格见表 8-30。

表 8-30　　　　　　　　　细木工带锯条的规格

宽度 b (mm)	厚度 δ (mm)	齿距 P (mm)	厚度 δ (mm)	齿距 P (mm)	厚度 δ (mm)	齿距 P (mm)
6.3	(0.4)	(3.2)	0.5	4	(0.6)	(5)
10	(0.4)	(4)	0.5	6.3	(0.6)	(6.3)
12.5			(0.5)	(6.3)	0.6	6.3
16			(0.5)	(6.3)	0.6	6.3
20			0.5	6.3	0.7	8
25			0.5	6.3	0.7	8
(30)					0.7	10
32					0.7	10
(35)					0.7	10
40					0.8	10
(45)					0.8	10
50					0.9	12.5
63					0.9	12.5

7. 夹背锯

夹背锯如图 8-31 所示。

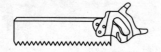

图 8-31　夹背锯

用途：锯片很薄，锯齿很细，用于贵重木材的锯割或在精细工件上锯割凹槽。

规格：夹背锯的规格见表 8-31。

表 8-31　　　　　　　　　　　夹背锯的规格

长度(mm)	锯身宽度(mm)		厚度(mm)
	A 型	B 型	
250		70	
300	100		0.8
350		80	

8. 手板锯

手板锯如图 8-32 所示。

A型(封闭式)　　　　　　　B型(敞开式)

图 8-32　手板锯

用途：用于锯割狭小的孔槽。

规格：手板锯的规格见表 8-32。

表 8-32　　　　　　　　　　　手板锯的规格

锯身长度(mm)		300.0，350.0	400.0	450.0	500.0	550.0	600.0
锯身宽度 (mm)	大端	90.0，100.0	100.0	110.0	110.0	125.0	125.0
	小端	25.0		30.0	30.0	35.0	35.0
锯身厚度(mm)		0.80，0.85，0.90		0.85，0.90，0.95，1.00			
齿距(mm)		3.0，4.0		4.0，5.0		5.0	

9. 鸡尾锯

鸡尾锯如图 8-33 所示。

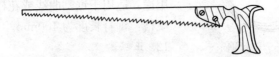

图 8-33　鸡尾锯

用途：用于锯割狭小的孔槽。

规格：鸡尾锯的规格见表 8-33。

表 8-33　　　　　　　　　　鸡尾锯的规格

锯身长度	锯身宽度(mm)		锯身厚度	齿距
(mm)	大　端	小　端	(mm)	(mm)
250.0	25.0			
300.0	30.0	6.0，9.0	0.85	4.0
350.0	40.0			
400.0				

10. 横锯

横锯如图 8-34 所示。

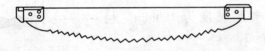

图 8-34　横锯

用途：装在木架上，由双人推拉锯割木材大料。

规格：横锯的规格见表 8-34。

表 8-34　　　　　　　　　　横锯的规格

长度(mm)	端面宽度(mm)	最大宽度(mm)	厚度(mm)	齿距(mm)
1000		110	1.00	
1200		120	1.20	14，16
1400	70	130		
1600		140	1.40	18，20
1800		150	1.40，1.60	

注　锯条按齿形不同分为 DW 型、DE 型、DH 型三种。

图 8-35 钢丝锯

11. 钢丝锯

钢丝锯如图 8-35 所示。

用途：适用于锯割曲线或花样。

规格：锯身长度为 400mm。

12. 正锯器

正锯器如图 8-36 所示。

图 8-36 正锯器

用途：用以使锯齿朝两面倾斜成为锯路，校正锯齿。

规格：适用厚度为 1～5mm；尺寸为 105mm×33mm（长×宽）。

13. 线锯

线锯如图 8-37 所示。

用途：主要用于制版、航模、手工工艺等行业对板材进行各种形状的锯切。

规格：锯弓长度为 120mm，高度为 283mm。

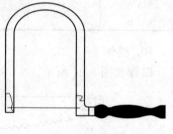

图 8-37 线锯

14. 双面刀锯

双面刀锯如图 8-38 所示。

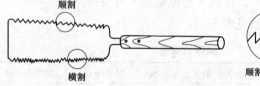

图 8-38 双面刀锯

用途：用于锯切大面积的薄板。

规格：双面刀锯的规格见表 8-35。

长度（mm）	宽度（mm）	厚度（mm）	长度（mm）	宽度（mm）	厚度（mm）
225	100	0.85	400	140	1.1
250	110	0.85	450	150	1.25
300	120	0.9	500	160	1.4
350	130	1.05			

15. 多用锯

多用锯如图 8-39 所示。

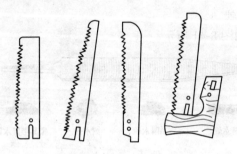

图 8-39　多用锯

用途：兼有刀锯、夹背锯、手锯和鸡尾锯的用途。

规格：多用锯的规格见表 8-36。

表 8-36   多用锯的规格

兼有的锯型	刀锯	夹背锯	手锯	鸡尾锯
长度（mm）	300	250	300	
前端宽（mm）	12	50	30	6
后端宽（mm）	30		55	40
厚度（mm）	6	2.5	4	

16. 鱼头锯

鱼头锯如图 8-40 所示。

用途：用于在工作空间较小的场合下锯切较宽、较厚的木材。

规格：鱼头锯的规格见表 8-37。

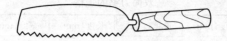

图 8-40　鱼头锯

表 8-37　　　　　　　　　　**鱼头锯的规格**

规格(长度，mm)	250，300	350	400	450，500	550，600
宽度(mm)	60	65	68	70	72
厚度(mm)	1.2	1.3	1.4	1.5	1.6

17. 木工锉

木工锉如图 8-41 所示。

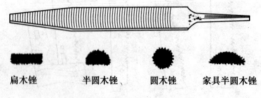

扁木锉　　　半圆木锉、　　圆木锉　　家具半圆木锉

图 8-41　木工锉

用途：锉削或修整木制品的圆孔、槽眼及不规则的表面等。

规格：木工锉规格见表 8-38。

表 8-38　　　　　　　　　　**木工锉的规格**

名　称	代　号	长度(mm)	柄长(mm)	宽度(mm)	厚度(mm)
扁木锉	M-01-200	200	55	20	65
	M-01-250	250	65	25	7.5
	M-01-300	300	75	30	8.5
半圆木锉	M-02-150	150	45	16	6
	M-02-200	200	55	21	7.5
	M-02-250	250	65	25	8.5
	M-02-300	300	75	30	10
圆木锉	M-03-150	150	45	$d=7.5$	
	M-03-200	200	55	$d=9.5$	$d_1 \leqslant 80\%d$
	M-03-250	250	65	$d=11.5$	
	M-03-300	300	75	$d=13.5$	

名　称	代　号	长度(mm)	柄长(mm)	宽度(mm)	厚度(mm)
家具半圆木锉	M-04-150	150	45	18	4
	M-04-200	200	55	25	6
	M-04-250	250	65	29	7
	M-04-300	300	75	34	8

(二)木工用刨

1. 刨台

刨台如图 8-42 所示。

用途：装上刨铁、盖铁和楔木后，可将木材的表面刨削平整光滑。

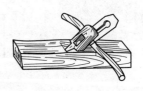

图 8-42　刨台

规格：有荒刨、中刨、细刨三种。另外还有才口刨、线刨、偏口刨、拉刨、槽刨、花边刨、外圆刨和内圆刨等类型的刨台；宽度为 38、44、51mm；长度为长型 4560mm、中型 300mm、短型 200mm、大型 600mm。

图 8-43　刨刀

2. 刨刀

刨刀如图 8-43 所示。

用途：装于刨台中，配上盖铁，用手工刨削木材。

规格：刨刀的规格见表 8-39。

表 8-39　　　　　　　　　**刨刀的规格**

宽度 (mm)	长度 (mm)	槽宽 (mm)	槽眼直径 (mm)	前头厚度 (mm)	镶钢长度 (mm)
25	±0.42	9	16		
32 38 44	±0.50	11	19	3	56
51 57 64	±0.60				

长度一栏中间合并为 175。

3. 盖铁

盖铁如图 8-44 所示。

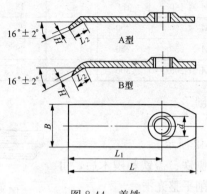

图 8-44　盖铁

用途：装在木工手用刨台中，保护刨铁刃口部分，并使刨铁在工作时不易活动及易于排出刨花（木屑）。

规格：刨用盖铁有 A 型和 B 型两种。盖铁的规格见表 8-40。

表 8-40　　　　　　　　　　　盖铁的规格

宽度 B（规格）(mm)		螺孔 d (mm)	长度 L (mm)	前头厚 H (mm)	弯头长 L_2 (mm)	螺孔距 L_1 (mm)
25	−0.84	M8				
32						
38	−1.00		96	≤1.2	8	68
44		M10				
51						
57	−1.20					
64						

4. 木工手用电刨刀

木工手用电刨刀如图 8-45 所示。

用途：装在木工电刨上，刨削木材用。

规格：长×宽×厚为 80mm×29mm×3mm、82mm×29mm×3mm。

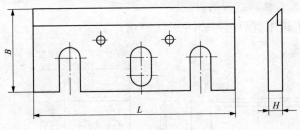

图 8-45   木工手用电刨刀

5. 槽刨刀

槽刨刀如图 8-46 所示。

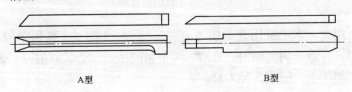

A型   B型

图 8-46   槽刨刀

用途：刨槽用的刨刀，用来刨削榫线及小沟槽。

规格：槽刨刀规格见表 8-41。

表 8-41   槽刨刀的规格

型号	宽度（mm）	长度（mm）		镶钢长度（mm）
		A 型	B 型	
3.2	3.2			
5	5			
6.5	6.5			
8	8			
9.5	9.5	124	150	60
13	13			
16	16			
19	19			

6. 木工机用直刃刨刀

木工机用直刃刨刀如图 8-47 所示。

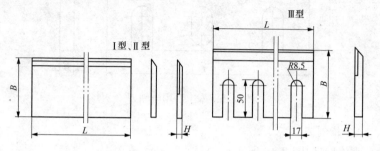

图 8-47　木工机用直刃刨刀

用途：木工机用直刃刨刀有三种类型：Ⅰ型——整体薄刨刀；Ⅱ型——双金属薄刨刀；Ⅲ型——带紧固槽的双金属原刨刀。装在木工刨床上，刨削各种木材。

规格：木工机用直刃刨刀的规格见表 8-42、表 8-43。

表 8-42　Ⅰ、Ⅱ型刨刀的规格

长 L（mm）	110	135	170	210	260	(310)	325	410	510	(610)	810	1010	1260
宽 B（mm）	30（35，40）							35，40					
厚 H（mm）	3，4												

注　括号内的尺寸尽量避免采用。

表 8-43　Ⅲ型刨刀的规格

长 L（mm）	40	60	80	110	135	170	210	260	325
宽 B（mm）	90，100								
厚 H（mm）	8，10								

7. 线刨

用途：线刨的用途见表 8-44。

规格：线刨的规格见表 8-44。

表 8-44   线刨的用途及规格

名称	图示	用途	规格
单线刨		用于刨较宽的槽沟和平面刨不到的地方	长度：400mm
边刨		用于刨削台阶企口等	长度：400mm
槽刨		用于刨削榫线及小沟槽	长度：360～400mm。槽刨刀有 A、B 两种：A 型长度：124mm；B 型长度：150mm。槽刨刀宽度：3.2，5，6.5，8，9.5，13，16，16mm
凸圆刨	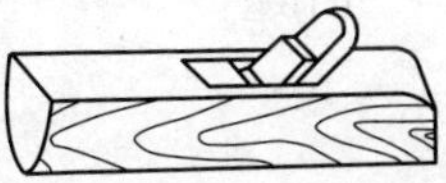	用于刨削圆凹形面构件	长度：300～400mm
凹圆刨		用于刨削圆柱形面的构件	长度：300～400mm
斜刃刨	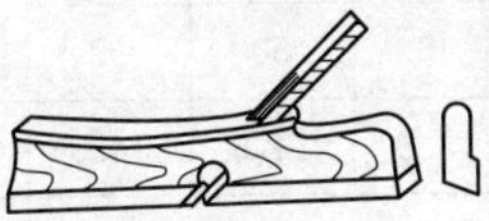	用于刨削角度槽及角形件	长度：300～400mm
歪嘴刨		用于刨削较大企口	长度：300～400mm

8. 绕刨

绕刨如图 8-48 所示。

图 8-48　绕刨

用途：专门用来刨削曲面木工件，也可用于修光竹制品。

规格：适用刨刀宽度为 40、42、44、45、50、52、54mm。刨台用铸铁制成。

9. 绕刨刀

绕刨刀如图 8-49 所示。

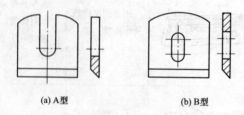

(a) A型　　　　　　　　(b) B型

图 8-49　绕刨刀

用途：绕刨专用。

规格：绕刨刀的规格见表 8-45。

表 8-45　　　　　　　　　　绕刨刀的规格

宽度（mm）	40	42	44	45	50	52	54
长度（mm）	40	42	43	45	50	52	54
镶钢长度（mm）	11	15.5	16	15.5	14.5	14.5	18
厚度（mm）	2						
镶钢厚度（mm）	0.7						
槽眼直径（mm）	7						
前刃角度（°）	38						

10. 木工手用异形刨刀

用途：木工手用异形刨刀包括拉刨刀、斜刃刨刀、板刨刀、槽刨刀、圆线刨刀、套刨刀、线刨刀、铁柄刨刀等多种。拉刨刀、斜刃刨刀、板刨刀用于拉、刨各种木材的斜、平面；槽刨刀用于刨削木材的槽沟；圆线刨刀、套刨刀用于刨削木材的弧形面；铁柄刨刀用于刨削木材的曲面、圆形、棱角及修光竹制品。

规格：木工手用异形刨刀的规格见表8-46。

表8-46　　　　　　　　　木工手用异形刨刀的规格

名称	宽度 B (mm)	长度 L (mm)	厚度 H (mm)	镶钢长度 (mm)	用　途
木工手用拉刨刀	38	80	—	50	用于拉、刨木材的平面和斜面
	44	100	—	60	
	51	105	—	65	
	57	110	—	70	
	62	115	—	70	
	64	120	—	70	
	68	125	—	70	
	70	130	—	70	
斜刃刨刀	38	96		50	用于拉、刨木材的平面和斜面
	44	108		55	
	51	115		60	
	57	120	$\theta=20°$	60	
	62	125		65	
	64	125		65	
	68	130		65	
	70	130		65	
板刨刀	13	—	—	—	用于拉、刨木材的平面和斜面
	16	—	—	—	
	19	—	—	—	
	22	—	—	—	
	25	—	—	—	
	32	—	—	—	

名称	宽度 B (mm)	长度 L (mm)	厚度 H (mm)	镶钢长度 (mm)	用　途
槽刨刀	3.2 5 6.5 8 9.5 13 16 19	124	150	60	用于刨削木材的沟槽

名称	宽度 B (mm)	镶钢长度 (mm)	镶钢厚度 (mm)	用途
圆线刨刀	5 6 8 10 13 16 19	55	0.8	用于刨削木材的弧形面

名称	宽度 B (mm)	长度 L (mm)	镶钢长度 (mm)	刃口弧 R (mm)	用途
套刨刀	8 9 10 12 13 15 16 19 23 26 29 30	29 33 37 41 45 49 53 57 61 65 68 72	20 22 24 26 28 30 32 34 36 39 41 43	6.5 9.5 12.5 19 25 32 38 50 76 100 127 152	用于刨削木材的弧形面

名称	宽度 B (mm)	镶钢长度 (mm)	镶钢厚度 (mm)	用途
$B\pm0.3$ $B\pm0.3$ 线刨刀	6.5 9.5 13 16 19 25 32 38	60	0.8	用于刨削木材的弧形面
$B\pm0.5$ $L\pm0.5$ $H\pm0.2$ 铁柄刨刀	40 40 42 42 44 43 45 45 50 50 52 52 54 58	2	7	用于刨削木材的曲面、棱角和修光竹制品

（三）木工用钻

1. 弓摇钻

弓摇钻如图 8-50 所示。

用途：供夹持短柄木工钻，对木材、塑料等钻孔用。

规格：按夹爪数目分二爪和四爪两种；按换向机构形式分持式（Z）、推式（T）和按式（A）三种。弓摇钻的规格见表 8-47。

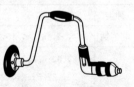

图 8-50　弓摇钻

表 8-47　　　　　　　　　　弓摇钻的规格

型号	最大夹持木工钻直径 (mm)	全长 (mm)	回转半径 (mm)	弓架距 (mm)
GZ25	22	320～360	125	150

型号	最大夹持木工钻直径 （mm）	全长 （mm）	回转半径 （mm）	弓架距 （mm）
GZ30	28.5	340～380	150	150
GZ35	38	360～400	175	160

2. 木工钻

木工钻如图 8-51 所示。

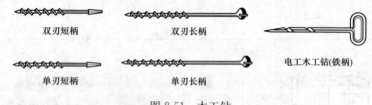

双刃短柄　　　　　双刃长柄　　　　　　电工木工钻(铁柄)

单刃短柄　　　　　单刃长柄

图 8-51　木工钻

用途：木工钻是对木材钻孔用的刀具，分长柄式与短柄式两种；按头部的形式分为双刃木工钻与单刃木工钻两种。长柄木工钻要安装木棒当执手，用于手工操作；短柄木工钻柄尾是 1：6 的方锥体，可以安装在弓摇钻或其他机械上进行操作。

规格：木工钻的规格见表 8-48。

表 8-48　　　　　　　　　**木工钻的规格**

种类	直径（mm）
电工钻	4，5，6，8，10，12，(14)
木工钻	5，6，6.5，8，9.5，10，11，12，13，14，(14.5)，16，19，20，22，22.5，24，25，(25.5)，28，(28.5)，30，32，38

注　带括号的规格尽可能不采用。

3. 木工方凿钻

木工方凿钻如图 8-52 所示。

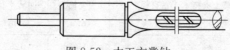

图 8-52　木工方凿钻

用途：在木工机床上加工木制品榫槽。

规格：木工方凿钻由钻头和空心凿刀组合而成。钻头工作部分采用蜗旋式（Ⅰ型）或螺旋式（Ⅱ型）。木工方凿钻的规格见表8-49。

表 8-49　　　　　　　　木工方凿钻的规格

空 心 凿 刀			钻 头	
凿刃宽度（mm）	柄直径（mm）	全长（mm）	钻头直径（mm）	全长（mm）
(6.3)	12	120	(6.3)	160
8			8	
(9.5)			(9.5)	
10			10	
11	19	135	11	180
12			12	
(12.5)			(12.5)	
14		145	14	200
16			16	
20	28.5	205	20	255
22			22	
25			25	

4. 手推钻

手推钻如图8-53所示。

图 8-53　手推钻

用途：对软质木料进行钻孔。

规格：手推钻的规格见表8-50。

表 8-50　　　　　　　　手推钻的规格

规格(全长)(mm)	钻孔直径(mm)	钻杆伸缩长度(mm)	钻头工作部分长度(mm)
228	2.5，3.5，4.5	≥50	30

5. 活动木工钻

活动木工钻如图8-54所示。

图 8-54 活动木工钻

用途：用于安装门锁、抽屉锁的钻孔用。也称扩大钻。

规格：活动木工钻的规格见表 8-51。

表 8-51　　　　　　　　活动木工钻的规格

型式	规格（全长）(mm)	配备刀片长度（mm）	钻孔直径（mm）
手动式	225	21，40	22～36
机动式	130	21，40	22～60

6. 木工销孔钻

木工销孔钻如图 8-55 所示。

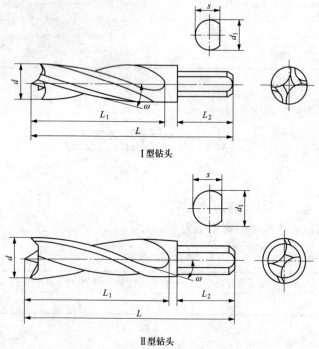

I 型钻头

II 型钻头

图 8-55　木工销孔钻

用途：用于木材钻销孔。

规格：木工销孔钻钻头的尺寸见表 8-52。

表 8-52　　　　　　　　木工销孔钻钻头的尺寸

d (mm)			d_1 (mm)							
尺　寸		偏差	尺寸	偏差	ω	L (mm)	L_1 (mm)	L_2 (mm)	s (mm)	旋向
第1系列	第2系列									
5	4.8	0 −0.048	10	0 −0.015	15°～20°	70 85	45 60	22	9	右或左
6	5.8									
7	6.8									
8	7.8	0 −0.058								
9	8.8									
10	9.8									
12	11.8	0 −0.070								
14	13.8									
16	15.8									

7. 木工硬质合金销孔钻

用途：用于木材钻销孔。

规格：木工硬质合金销孔钻的尺寸规格见表 8-53。

表 8-53　　　　　　　　木工硬质合金销孔钻的尺寸规格

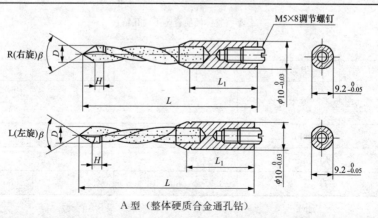

A 型（整体硬质合金通孔钻）

D (mm)	基本尺寸	3	4	5	6	7	8
	基本偏差	\multicolumn{6}{c}{0 -0.02}
\multicolumn{2}{c}{L（mm）}	\multicolumn{6}{c}{57 70}
\multicolumn{2}{c}{L_1（mm）}	\multicolumn{6}{c}{20 27}
\multicolumn{2}{c}{H（mm）}	\multicolumn{6}{c}{2}
\multicolumn{2}{c}{β}	\multicolumn{6}{c}{$60°\pm1°$}
\multicolumn{2}{c}{旋向}	\multicolumn{6}{c}{L（左旋）或 R（右旋）}

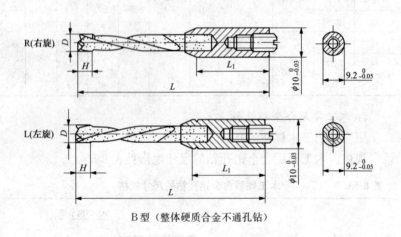

B 型（整体硬质合金不通孔钻）

D (mm)	基本尺寸	3	4	5	6	7	8
	基本偏差	\multicolumn{6}{c}{0 -0.02}
\multicolumn{2}{c}{L（mm）}	\multicolumn{6}{c}{57 70}
\multicolumn{2}{c}{L_1（mm）}	\multicolumn{6}{c}{20 27}
\multicolumn{2}{c}{H（mm）}	3.5	4.5	4.5	5	5.5	6
\multicolumn{2}{c}{旋向}	\multicolumn{6}{c}{L（左旋）或 R（右旋）}

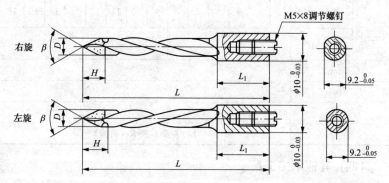

C型（单粒硬质合金通孔钻）

D (mm)	基本尺寸	4	5	6	7	8	9	10	11	12	13	14	15	16
	基本偏差	$+0.048$ 0				$+0.058$ 0				$+0.07$ 0				
L (mm)						57 —— 70								
L_1 (mm)						20 —— 27								
H (mm)		6	7	8.5	11	11	13.5	13.5	14.5	15	16	18	19	20
β						$60°\pm1°$								
旋向						L（左旋）或 R（右旋）								

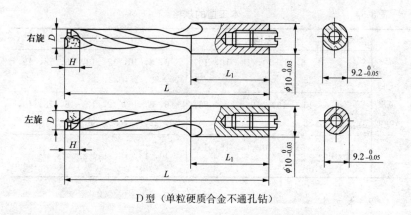

D型（单粒硬质合金不通孔钻）

D (mm)	基本尺寸	3	4	5	6	7	8	9	10	11	12	13	14	15	16
	基本偏差	+0.05 0						+0.08 0							
L (mm)								57		70					
L_1 (mm)								20		27					
H (mm)		4.5		5.5		6.5			7.5				8.5		
旋向		L（左旋）或 R（右旋）													

（四）其他木工工具

1. 木工凿

木工凿如图 8-56 所示。

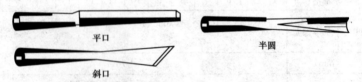

平口

半圆

斜口

图 8-56　木工凿

用途：木工在木料上凿制榫头、槽沟及打眼等用。

规格：木工凿的规格见表 8-54。

表 8-54　　　　　　　　　　木工凿的规格

	类型	无柄	有柄
刃口 宽度 （mm）	斜	4，6，8，10，13，16，19，22，25	6，8，10，12，13，16，18，19，20，22，25，32，38
	平	13，16，19，22，25，32，38	6，8，10，12，13，16，18，19，20，22，25，32，38
	半圆	4，6，8，10，13，16，19，22，25	10，13，16，19，22，25

2. 木工夹

木工夹如图 8-57 所示。

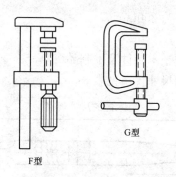

G 型

F 型

图 5-57　木工夹

用途：是用于夹持两板料及待粘接的构架的特殊工具。按其外形分为 F 型和 G 型两种。F 型夹专用夹持胶合板；G 型夹是多功能夹，可用来夹持各种工件。

规格：木工夹的规格见表 8-55。

表 8-55　　　　　　　　　　　木工夹的规格

类型	型号	夹持范围 （mm）	负荷界限 （kg）	类型	型号	夹持范围 （mm）	负荷界限 （kg）
F 型	FS150	150	180	G 型	GQ8175	75	300
	FS200	200	160		GQ81100	100	350
	FS250	250	140		GQ81125	125	350
	FS300	300	100		GQ81150	150	450
G 型	GQ8150	50	300		GQ81200	200	500 1000

3. 木工台虎钳

木工台虎钳如图 8-58 所示。

用途：装在工作台上，用以夹稳木制工件，进行锯、刨、锉等操作。钳口除可通过丝杆旋动移动外，还具有快速移动机构。

规格：钳口长度为 150mm。

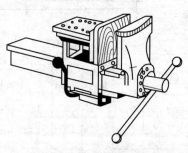

图 8-58　木工台虎钳

夹持工件最大尺寸为250mm。

4. 木锉

用途：用于锉销木制件及木制品。

规格：木锉的尺寸规格见表8-56。

表 8-56　　　　　　　　木锉的尺寸规格

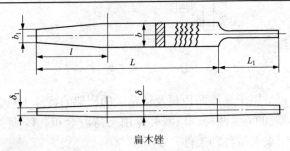

扁木锉

代号	L（mm）		L_1（mm）	b（mm）		δ（mm）		b_1（mm）	δ_1（mm）	l（mm）
	基本尺寸	偏差		基本尺寸	偏差	基本尺寸	偏差			
M-01-200	200		55	20		6.5				
M-01-250	250	±6	65	25	±2	7.5	±2	≤80%b	≤80%δ	≤80%l
M-01-300	300		75	30		8.5				

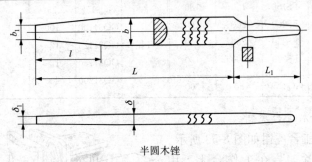

半圆木锉

代号	L（mm）		L_1（mm）	b（mm）		δ（mm）		b_1（mm）	δ_1（mm）	l（mm）
	基本尺寸	偏差		基本尺寸	偏差	基本尺寸	偏差			
M-02-150	150	±4	45	16		6				
M-02-200	200		55	20	±2	7.5	±2	≤80%b	≤80%δ	≤80%l
M-02-250	250	±6	65	25		8.5				
M-02-300	300		75	30		10				

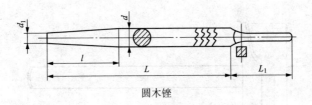

圆木锉

代号	L（mm）		L_1（mm）	d（mm）		d_1（mm）	l（mm）
	基本尺寸	偏差		基本尺寸	偏差		
M-02-150	150	±4	45	7.5			
M-02-200	200		55	9.5	±2	≤80%d	（25%~50%）L
M-02-250	250	±6	65	11.5			
M-02-300	300		75	13.5			

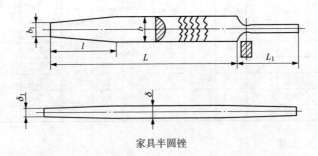

家具半圆锉

代号	L（mm）		L_1（mm）	b（mm）		δ（mm）		b_1（mm）	δ_1（mm）	l（mm）
	基本尺寸	偏差		基本尺寸	偏差	基本尺寸	偏差			
M-02-150	150		45	18		4				
M-02-200	200	±6	55	25	±2	6	±2	≤80%b	≤80%δ	（25%~50%）L
M-02-250	250		65	29		7				
M-02-300	300		75	34		8				

5. 木工锤

木工锤如图 8-59 所示。

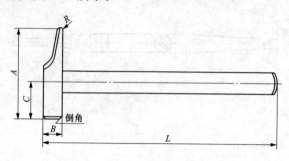

图 8-59　木工锤

用途：用来敲击钉子及木榫等。

规格：木工锤的规格见表 8-57。

表 8-57　　　　　　　　　　木工锤的规格

规格质量 （kg）	L（mm）		A（mm）		B（mm）		C（mm）		R （mm）	锤孔 编号
	基本 尺寸	偏差	基本 尺寸	偏差	基本 尺寸	偏差	基本 尺寸	偏差		
0.20	280	±2.00	90		20		36		≤6.0	B-04
0.25	285		97		22		40		≤6.5	
0.33	295		104	±1.00	25	±0.65	45	±0.80	≤8.0	B-05
0.42	308	±2.50	111		28		48		≤8.0	
0.50	320		118		30		50		≤9.0	B-06

6. 木工斧

木工斧如图 8-60 所示。

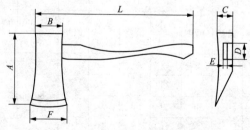

图 8-60　木工斧

用途：用来劈削木材。

规格：木工斧的规格见表8-58。

表 8-58　　　　　　　**木工斧的规格**

规格质量 （kg）	A （mm）	B （mm）	C （mm）	D(mm)		E(mm)		F （mm）
				基本尺寸	偏差	基本尺寸	偏差	
1.0	≥120	≥34	≥26	32		14		≥78
1.25	≥135	≥36	≥28	32	0 −2.0	14	0 −1.0	≥78
1.5	≥160	≥48	≥35	32		14		≥78

三、管工工具

1. 管子夹钳

管子夹钳如图8-61所示。

用途：管子夹钳用来夹持和
旋动各种管子、管路附件或其他圆形零件。

规格：长度有270、320、430mm。

图 8-61　管子夹钳

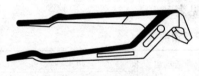

图 8-62　水管钳

2. 水管钳

水管钳如图8-62所示。

用途：用来安装和修理管
子的工具。

规格：长度为250mm。

3. 管子钳

管子钳如图8-63所示。

(a) Ⅰ型轻型管子钳

(b) Ⅱ型铸柄管子钳

图 8-63　管子钳

用途：管子钳是用来夹持及旋转钢管、水管、煤气管等各类圆形
工件用的手工具。按其承载能力分为重级（用Z表示）、普通级（用P

表示)、轻级(用 Q 表示)三个等级;按其结构形式不同分为铸柄、锻柄、铝合金柄等多种形式。类型有 Ⅰ 型、Ⅱ 型、Ⅲ 型、Ⅳ 型和 Ⅴ 型。

规格:指夹持管子最大外径时管子钳全长,见表8-59。

表 8-59　　　　　　　管子钳的规格

规格(mm)		150	200	250	300	350	450	600	900	1200
夹持管子外径(mm)		≤20	≤25	≤30	≤40	≤50	≤60	≤75	≤85	≤110
试验扭矩 (N·m)	轻级(Q)	98	196	324	490	—	—	—	—	—
	普通级(P)	105	203	340	540	650	920	1300	2260	3200
	重级(Z)	165	330	550	830	990	1440	1980	3300	4400

图 8-64　自紧式管子钳

4. 自紧式管子钳

自紧式管子钳如图 8-64 所示。

用途:钳柄顶端有渐开线钳口。钳口工作面均为锯齿形,以利于夹紧管子;工作时可以自动夹紧不同直径的管子,夹管时三点受力,不做任何调节。

规格:自紧式管子钳的规格见表8-60。

表 8-60　　　　　　　自紧式管子钳的规格

公称尺寸 (mm)	可夹持管子外径 (mm)	钳柄长度 (mm)	活动钳口宽度 (mm)	扭矩试验	
				试棒直径 (mm)	承受扭矩 (N·m)
300	20～34	233	14	28	450
400	34～48	305	16	40	750
500	48～66	400	18	48	1050

5. 铝合金管子钳

铝合金管子钳如图 8-65 所示。

用途:用于紧固或拆卸各种管子、管路附件或圆柱形零件,管路安装和修理工作常用工具。钳体柄用铝合金铸造,质量比普通管子钳轻,不易生锈,使用轻便。

规格:指夹持管子最大外径时管子钳全长,见表8-61。

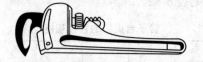

图 8-65 铝合金管子钳

表 8-61 铝合金管子钳的规格

规格(mm)	150	200	250	300	350	450	600	900	1200
夹持管子外径(mm)	20	25	30	40	50	60	75	85	110
试验扭矩(N·m)	98	196	324	490	588	833	1176	1960	2646

6. C 型管子台虎钳

C 型管子台虎钳如图 8-66 所示。

用途:其结构比普通管子台虎钳简单,体积小,使用方便;钳口接触面大,不易磨损,管子夹紧较牢。

规格:适用管子公称直径为 10～65mm。

7. 管子台虎钳

管子台虎钳如图 8-67 所示。

用途:安装在工作台上,用于夹紧管子进行铰制螺纹或切断及连接管子等,为管工必备工具。

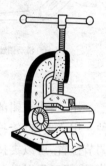

图 8-66 C 型管子台虎钳

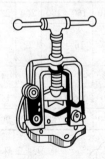

图 8-67 管子台虎钳

规格:按工作范围(夹紧管子外径)分为 1～6 号等 6 种。管子台虎钳的直径规格见表 8-62。

表 8-62 管子台虎钳的直径规格

型号(号数)	1	2	3	4	5	6
夹持管子直径(mm)	10～60	10～90	15～115	15～165	30～220	30～300
加于试验棒力矩(N·m)	90	120	130	140	170	200

8. 水泵钳

水泵钳如图 8-68 所示。

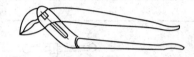

(a) 滑动销轴式(A型)　　(b) 榫槽叠置式(B型)　　(c) 钳腮套入式(C型)

图 8-68　水泵钳

用途：水泵钳的类型有滑动销轴式、榫槽叠置式和钳腮套入式三种。用于夹持、旋拧圆柱形管件，钳口有齿纹，开口宽度有 3～10 挡调节位置，可以夹持尺寸较大的零件，主要用于水管、煤气管道的安装、维修工程以及各类机械维修工作。

规格：水泵钳的规格见表 8-63。

表 8-63 水泵钳的规格

规格(mm)	100	120	140	160	180	200	225	250	300	350	400	500
最大开口宽度 (mm)	12	12	12	16	22	22	25	28	35	45	80	125
位置调节挡数	3	3	3	3	4	4	4	4	4	6	8	10
加载距(mm)	71	78	90	100	115	125	145	160	190	221	250	315
可承载荷(N)	400	500	560	630	735	800	900	1000	1250	1400	1600	2000

图 8-69　三环钳

9. 三环钳

三环钳如图 8-69 所示。

用途：专用于拧紧或旋卸管子、

圆柱形工件。

规格:三环钳的规格见表 8-64。

表 8-64 三环钳的规格

全长 (mm)	旋拧管子外径 (mm)	力矩 (N·m)	全长 (mm)	旋拧管子外径 (mm)	力矩 (N·m)
537	42	7.5	655	108	22.5
547	50		680	127	
590	50	9.0	684	127	29.5
605	60		700	146	
615	73	12.5	707	146	39.5
630	89		725	168	
655	89	17.5			
672	108				

10. 手动弯管机

手动弯管机如图 8-70 所示。

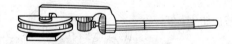

图 8-70 手动弯管机

用途:供手动冷弯金属管用。

规格:手动弯管机的规格见表 8-65(以 SWG 型为例)。

表 8-65 手动弯管机的规格(SWG 型)

钢管规格 (mm)	外径	8	10	12	14	16	19	22
	壁厚	2.25				2.75		
冷弯角度		180°						
弯曲半径(mm)		≥40	≥50	≥60	≥70	≥80	≥90	≥110

11. 轻、小型管螺纹铰板

轻、小型管螺纹铰板如图 8-71 所示。

用途:轻、小型管螺纹铰板和板牙是手工铰制水管、煤气管等管

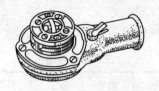

图 8-71　轻、小型管螺纹铰板

子外螺纹用的手工具,用于维修或安装工程中。

规格:轻、小型管螺纹铰板的规格见表 8-66。

表 8-66　　　　　轻、小型管螺纹铰板的规格

型号		铰制管子外螺纹范围 (mm)	板牙规格(英寸)	特点
轻型	Q74-1	6.35~25.4	1/4,3/8,1/2,3/4,1	单板杆
	Q71-1A	12.7~25.4	1/2,3/4,1	
	SH-76	12.7~38.1	1/2,3/4,1.25,1.5	
小型管螺纹铰板及板牙		12.7~19.05	1/2,3/4,1,1.25	盒式

12. 管子割刀

管子割刀如图 8-72 所示。

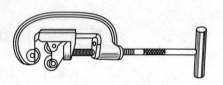

图 8-72　管子割刀

用途:是切割各种金属管、软金属管及硬塑管的刀具,刀体用可锻铸铁和锌铝合金制造,结构坚固。割刀轮刀片用合金钢制造,锋利耐磨,切口整齐。

规格:管子割刀分为通用型(代号为 GT)和轻型(代号为 GQ)两种。其规格长度见表 8-67。

表 8-67　　　　　管子割刀的规格长度

规格(mm)	全长(mm)	割管范围(mm)	最大割管壁厚 (mm)	质量(kg)
1	130	5~25	1.5~2(钢管)	0.3
	310		5	0.75,1

规格（mm）	全长（mm）	割管范围（mm）	最大割管壁厚（mm）	质量（kg）
2	380～420	12～50	5	2.5
3	520～570	25～75		5
4	630 1000	50～100	6	4 8.5,10

割刀轮刀体与刀片					
规格（mm）	刀片直径（mm）	刀体直径（mm）	孔径（mm）	刀体厚（mm）	刀片厚（mm）
1	18	10	5	6	2
2	32～35	16,17	9	18	3
3	40～43	20	10	28	3.5,4
4	45	24	10	30	4

13. 快速管子扳手

快速管子扳手如图 8-73 所示。

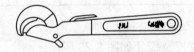

图 8-73　快速管子扳手

用途：用于紧固或拆卸小型金属和其他圆柱形零件，也可作扳手使用，是管路安装和修理工作常用工具。

规格：快速管子扳手的规格见表 8-68。

表 8-68　　　　快速管子扳手的规格

规格（长度，mm）	200	250	300
夹持管子外径（mm）	12～25	14～30	16～40
适用螺栓规格（mm）	M6～M14	M8～M18	M10～M24
试验扭矩（N·m）	196	323	490

14. 链条管子扳手

链条管子扳手如图 8-74 所示。

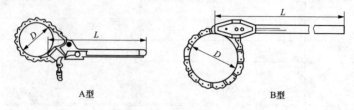

A型　　　　　　　　　　　　　B型

图 8-74　链条管子扳手

用途：用于紧固或拆卸较大金属管或圆柱形零件，是管路安装和修理工作常用工具。

规格：链条管子扳手的长度规格见表 8-69。

表 8-69　　　　　　　　链条管子扳手的长度规格

型　　号	A 型	B 型			
公称尺寸 L(mm)	300	900	1000	1200	1300
夹持管子外径 D(mm)	50	100	150	200	250
试验扭矩(N·m)	300	830	1230	1480	1670

15. 电线管螺纹铰板及板牙

电线管螺纹铰板及板牙如图 8-75 所示。

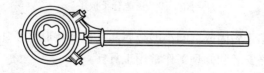

图 8-75　电线管螺纹铰板及板牙

用途：用于手工铰制电线套管上的外螺纹。

规格：电线管螺纹铰板及板牙的规格见表 8-70。

表 8-70　　　　　　　电线管螺纹铰板及板牙的规格

型号	铰制钢管外径(mm)	圆板牙外径尺寸(mm)
SHD-25	12.77,15.88,19.05,25.40	41.2
SHD-50	31.75,38.10,50.80	76.2

16. 管螺丝铰板

管螺丝铰板如图 8-76 所示。

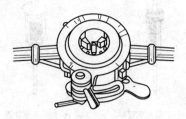

图 8-76　管螺丝铰板

用途：用手工铰制低压流体输送用钢管上 55°圆柱和圆锥管螺纹。

规格：管螺丝铰板的型号规格见表 8-71。

表 8-71　　　　　　　　管螺纹铰板的型号规格

型号	铰螺纹范围(mm)		板牙规格(mm)		特点
	管子外径	管子内径	规格	管子内径	
GJB-60	21.3～26.8	12.70～19.05	21.3～26.8	12.70～19.05	无间歇机构
COB-60W	33.5～42.3 48.0～60.0	25.40～31.75 38.10～50.80	33.5～42.3 48.0～60.0	25.40～31.75 38.10～50.80	有间歇机构,使用具有万能性
GJB-114W	66.5～88.5 101.0～114.0	57.15～76.20 88.90～101.60	66.5～88.5 101.0～114.0	57.15～76.213 88.90～101.60	
GJB-2W (114)	0.5～2(英寸) 2.25～4(英寸)		0.25～0.75(英寸) 1～1.25(英寸) 1.5～2(英寸)		有间歇机构,使用具有万能性
GJB-4W (117)	2.25～4(英寸)		2.25～4(英寸) 3.5～4(英寸)		

17. 胀管器

胀管器如图 8-77 所示。

用途：制造、维修锅炉时，用来扩大钢管端部的内外径，使钢管端部与锅炉管板接触部位紧密胀合，不会漏水、漏气。翻边式胀管器在胀管的同时还可以对钢管端部进行翻边。

(a) 直通式胀管器　　　(b) 翻边式胀管器

图 8-77　胀管器

规格:胀管器的长度规格见表 8-72。

表 8-72　　　　　　　胀管器的长度规格　　　　　　（mm）

公称规格	全长	适用管子范围		胀管长度
		内径		
		最小	最大	
01 型直通胀管器				
10	114	9	10	20
13	195	11.5	13	20
14	122	12.5	14	20
16	150	14	16	20
18	133	16.2	18	20
02 型直通胀管器				
19	128	17	19	20
22	145	19.5	22	20
25	161	22.5	25	25
28	177	25	28	20
32	194	28	32	20
35	210	30.5	35	25
38	226	33.5	38	25
40	240	35	40	25
44	257	39	44	25
48	265	43	48	27
51	274	45	51	28
57	292	51	57	30
64	309	57	64	32

公称规格	全长	适用管子范围		胀管长度
		内径		
		最小	最大	
02 型直通胀管器				
70	326	63	70	32
76	345	68.5	76	36
82	379	74.5	82.5	38
88	413	80	88.5	40
102	477	91	102	44
03 型特长直通胀管器				
25	170	20	23	38
28	180	22	25	50
32	194	27	31	48
38	201	33	36	52
04 型翻边胀管器				
38	240	33.5	38	40
51	290	42.5	48	54
57	380	48.5	55	50
64	360	54	61	55
70	380	61	69	50
76	340	65	72	61

18. 手摇台钻

手摇台钻如图 8-78 所示。

用途：用于在金属工件或其他材料上手摇钻孔，适用场合包括无电源或缺乏电动设备的机械工场、修配场所及工地等。

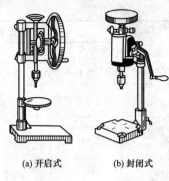

(a) 开启式   (b) 封闭式

图 8-78   手摇台钻

规格:分开启式和封闭式两种,手摇台钻的规格见表 8-73。

表 8-73 手摇台钻的规格

形式	钻孔直径(mm)	钻孔深度(mm)	转速比
开启式	1～12	80	1∶1,1∶2.5
封闭式	1.5～13	50	1∶2.6,1∶7

19. 手摇钻

手摇钻如图 8-79 所示。

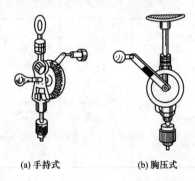

(a) 手持式   (b) 胸压式

图 8-79   手摇钻

用途:手摇钻按使用方式分为手持式(用 S 表示)和胸压式(用 X 表示),并根据其结构分为 A 型和 B 型。手摇钻装夹圆柱柄钻头后,在金属或其他材料上手摇钻孔。

五金工具手册

规格:手遥钻的规格见表8-74。

表 8-74   **手摇钻的规格**

型式		规格 (mm)	L_{max} (mm)	L_{1max} (mm)	L_{2max} (mm)	d_{max} (mm)	夹持直径 (mm,max)
手持式	A 型	6	200	140	45	28	6
		9	250	170	55	34	9
	B 型	6	150	85	45	28	6
胸压式	A 型	9	250	170	55	34	9
		12	270	180	65	38	12
	B 型	9	250	170	55	34	9

20. 手板钻

手板钻如图8-80所示。

用途:在各种大型钢铁工程上,当无法使用钻床或电钻时,就用手板钻来进行钻孔或攻制内螺纹或铰制圆(锥)孔。

图 8-80   手扳钻

规格:手板钻的规格见表8-75。

表 8-75   **手板钻的规格**

手柄长度(mm)	250	300	350	400	450	500	550	600
最大钻孔直径(mm)		25				40		

21. 快速内切管机

快速内切管机如图8-81所示。

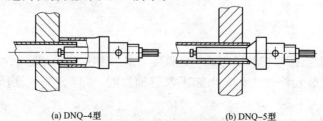

(a) DNQ-4型   (b) DNQ-5型

图 8-81   快速内切管机

用途:在电力、石化、制冷等行业的冷凝器、换热器、加热器等中的管子,如无法外部切断时,可利用本机轻快地从管孔中由内向外切断管子。DNQ-4 型为板外快速内切管机,可将板外管子多余部分切除,以便进行下一步胀管作业,是电动胀管机的配套工具。DNQ-5型为隔板快速内切管机,可将隔板内管子切断,以便进行下一步拔管作业,是电动拔管机的配套工具。

规格:快速内切管机的规格见表 8-76。

表 8-76　　　　　　　　　　　快速内切管机的规格

型号	可切管材	可切管径 (mm)	可切壁厚 (mm)	可切长度 (mm)	质量 (kg)
DNQ-4	铜、铝、钛、 不锈钢	14~28	0.3~2	70	0.5~1.2
DNQ-5				10~70	

22. 液压弯管机

液压弯管机如图 8-82 所示。

(a) 三脚架式　　　　　　　　　　(b) 小车式

图 8-82　液压弯管机

用途:用于把管子弯成一定弧度。多用于水、蒸汽、煤气、油等管路的安装和修理工作。当卸下弯管油缸时,可作分离式液压起顶机用。

规格:液压弯管机的型号规格见表 8-77。

表 8-77 液压弯管机的型号规格

型号	弯曲角度(°)	管子公称通径×壁厚(mm×mm)						外形尺寸(mm)			质量(kg)
		1.5×2.75	20×2.75	25×3.25	32×3.25	40×3.5	50×3.5	长	宽	高	
		弯曲半径(mm)									
LWG₁-10B 型 三脚架式	90	130	160	200	250	290	360	642	760	860	81
LWG₂-10B 型 小车式	120	65	80	100	125	145	—	642	760	255	76

注 工作压力 63MPa;最大载荷 10t;最大行程 200mm。

23. 轻型电动拔管机

轻型电动拔管机如图 8-83 所示。

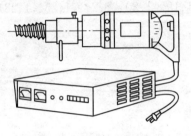

图 8-83 轻型电动拔管机

用途:用于电力、石化、制冷等行业中冷凝器、换热器等设备的管道维修更换作业,它在不伤板孔的情况下,可将坏管子从胀接的管板中拉出。如管子两端均为胀接状态,需切断再拔(可用另一工具——内切管机从管孔中将管子切断)。

规格:轻型电动拔管机的型号规格见表 8-78(以 QBG-F 型为例)。

表 8-78 轻型电动拔管机的型号规格

拔管直径(mm)	额定功率(W)	额定电流(A)	空载转速(r/min)	最大拉力(kN)	机头质量(kg)
15～28	600	3.2	20	41.2	5.2

24. 手动螺旋式拔管机

手动螺旋式拔管机如图 8-84 所示。

用途:供电厂、制冷等行业的冷凝器、换热器等小修或临时抢修作业中,用以将旧金属管头或管子从板孔中取出。它的原理采用有

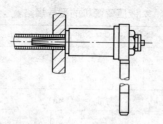

图 8-84　手动螺旋式拔管机

旋丝锥式拔头,加特殊的棘轮扳手进行操作。

规格:适用金属管外径(mm)×壁厚(mm):15×1、16×1、18×1、19×1、20×1、24×1、25×1、28×1。

第九章　焊接工具与器材

一、焊割器具及用具

1. 焊工锤

焊工锤如图 9-1 所示。

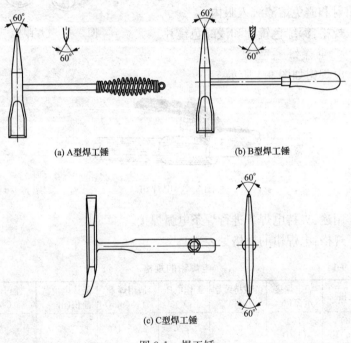

(a) A 型焊工锤

(b) B 型焊工锤

(c) C 型焊工锤

图 9-1　焊工锤

用途：用于电焊加工中除锈、除焊渣。

规格：焊工锤的型号分为 A 型、B 型和 C 型三种。

2. 纯铜烙铁

纯铜烙铁如图 9-2 所示。

用途：用锡铅钎料进行烙铁钎焊的工具。

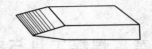

图 9-2 纯铜烙铁

规格:质量(kg)为 0.125、0.25、0.30、0.50、0.75。

3. 气焊眼镜

气焊眼镜如图 9-3 所示。

用途:保护气焊工人的眼睛,不致受强
光照射和避免熔渣溅入眼内。

规格:深绿色镜片和浅绿色镜片。

图 9-3 气焊眼镜

4. 电焊钳

电焊钳如图 9-4 所示。

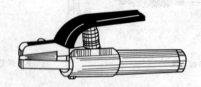

图 9-4 电焊钳

用途:夹持电焊条进行焊条电弧焊接。

规格:电焊钳的规格见表 9-1。

表 9-1 电焊钳的规格

规格	额定焊接电流(A)	负载持续率(%)	工作电压(V)	适用焊条直径(mm)	能接电缆截面积(mm²)	温升(℃)
160 (150)	160 (150)	60	≈26	2.0～4.0	≥25	≤35
250	250	60	≈30	2.5～5.0	≥35	≤40
315 (300)	315 (300)	60	≈32	3.2～5.0	≥35	≤40
400	400	60	≈36	3.2～6.0	≥50	≤45
500	500	60	≈40	4.0～(8.0)	≥70	≤45

注 括号中的数值为非推荐数值。

5. 焊接面罩

焊接面罩如图 9-5 所示。

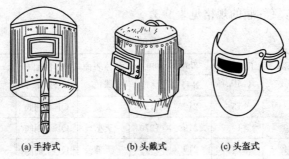

(a) 手持式　　　　　(b) 头戴式　　　　　(c) 头盔式

图 9-5　焊接面罩

用途:用于保护电焊工人的头部及眼睛,不受电弧紫外线及飞溅熔渣的灼伤。

规格:焊接面罩的规格见表 9-2。

表 9-2　　　　　　　　　　**焊接面罩的规格**

品种	外形尺寸(mm)			观察窗尺寸 (mm×mm)	(除去附件后) 质量(g)
	长度	宽度	深度		
手持式、头戴式 安全帽与面罩组合式	310 230	210	120	90×40	≤500

6. 氧气瓶

氧气瓶如图 9-6 所示。

用途:氧气瓶是一种贮存和运输氧气用的高压容器,以供气焊、

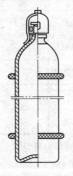

图 9-6　氧气瓶

气割及其他方面使用。氧气瓶为钢质的圆柱形无缝气瓶,端部装有瓶阀,是开闭氧气的阀门。

规格:氧气瓶的规格见表9-3。

表9-3　　　　　　　　　　　　氧气瓶的规格

规格	容积 (L)	工作压力 (MPa)	外形尺(mm)		瓶体表面 漆色	采用瓶阀 规格	质量 (kg)
			外径	高度			
33	33	15	219	1150	天蓝	QF-2 铜阀	45
40	40	15	219	1370	天蓝	QF-2 铜阀	55
44	44	15	219	1490	天蓝	QF-2 铜阀	57

7. 乙炔瓶

乙炔瓶如图9-7所示。

用途:贮存溶解乙炔,供气焊、气割工作使用。特点是方便、安全、卫生,有逐步取代乙炔发生器的趋势。使用前,须先向瓶内充装多孔性物质和丙酮,再向瓶内充装乙炔,使之溶解于丙酮中。

规格:乙炔瓶的规格见表9-4。

图9-7　乙炔瓶

表9-4　　　　　　　　　　　　乙炔瓶的规格

公称容移(L)	2	24	32	35	41
公称内径(mm)	102	250	228	250	250
总长度(mm)	380	705	1020	947	1030
最小设计壁厚(mm)	1.3	3.9	3.1	3.9	3.9
公称质量(kg)	7.1	36.2	48.5	51.7	58.2
贮气量(kg)	0.35	4	5.7	6.3	7

注　1. 气瓶在基准温度15℃时限定压力值为1.52MPa。

　　2. 公称质量包括瓶阀、瓶帽和丙酮。

　　3. 气瓶外表涂色为白色,标注红色"乙炔"和"不可近火"字样。

8. 溶解乙炔瓶

溶解乙炔瓶如图 9-8 所示。

用途:乙炔瓶是一种利用乙炔能溶解于丙酮的特性,用来贮存和运输溶解乙炔的容器,以供气焊、气割及其他方面之用,使用方便,安全可靠。

规格:溶解乙炔瓶的规格见表 9-5。

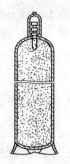

图 9-8 溶解乙炔瓶

表 9-5 溶解乙炔瓶的规格

公称直径 D_N (mm)	公称容积 V_N (L)	肩部轴向间隙 X (mm)	丙酮充装量允许偏差 Δm_S (kg)
160	10	1.2	+0.1 0
180	16	1.6	
210	25	2.0	+0.2 0
250	40	2.5	+0.4 0
300	60		+0.5 0

9. 焊接绝热气瓶

焊接绝热气瓶如图 9-9 所示。

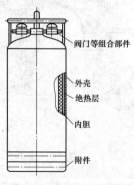

阀门等组合部件

外壳

绝热层

内胆

附件

图 9-9 焊接绝热气瓶

用途:适用于在正常环境温度(-40~60℃)下,贮存介质为液氧、液氮、液氩、二氧化碳和氧化亚氮低温液体,设计温度不低于-196℃,公称容积为 10~450L,工作压力为 0.2~3.5MPa,可重复充装。

规格:焊接绝热气瓶的规格见表 9-6。

表 9-6　　　　　　焊接绝热气瓶的规格

(1) 焊接气瓶容积 V 和内胆公称直径 D

公称容积 V(L)	10~25	25~50	50~150	150~200	200~450
内胆公称直径 D(mm)	220~300	300~350	350~400	400~460	460~800

(2) 气瓶的静态蒸发率、真空夹层漏率和漏放气速率

公称容积 V(L)	10	25	50	100	150	175	200	300	450
静态蒸发率 η(%/d)	≤5.45	≤4.2	≤3.0	≤2.8	≤2.5	≤2.1	≤2.0	≤1.9	≤1.8
真空夹层漏率(Pa·m³/s)	$\leqslant 2\times10^{-8}$				$\leqslant 6\times10^{-8}$				
漏放气速率(Pa·m³/s)	$\leqslant 2\times10^{-7}$				$\leqslant 6\times10^{-7}$				

注 1. 公称容积为推荐参考值。
　　2. 静态蒸发率指液氮的静态蒸发率。

10. 乙炔发生器

乙炔发生器如图 9-10 所示。

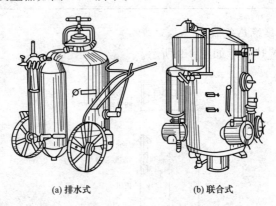

(a) 排水式　　　　　　(b) 联合式

图 9-10　乙炔发生器

用途：将电石（碳化钙）和水装入发生器内，使之产生乙炔气

体，供气焊、气割用。

规格：乙炔发生器的规格见表 9-7。

表 9-7 乙炔发生器的规格

型 号		Q3-0.5	Q3-1	Q3-3	Q4-5	Q4-10
结构形式		（移动）排水式		（固定）排水式	（固定）联合式	
外形尺寸（mm）	长	515	1210	1050	1450	1700
	宽	505	675	770	1375	1800
	高	930	1150	1730	2180	2690
正常生产率（m³/h）		0.5	1	3	5	10
乙炔工作压力（MPa）		0.045－0.1			0.1～0.12	0.045～0.1
净重（kg）		45	115	260	750	980

11. 氧气、乙炔减压器

氧气、乙炔减压器如图 9-11 所示。

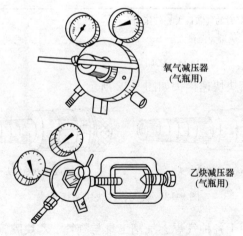

氧气减压器
（气瓶用）

乙炔减压器
（气瓶用）

图 9-11　氧气、乙炔减压器

用途：氧气减压器接在氧气瓶出口处，将氧气瓶内的高压氧气调节到所需的低压氧气。乙炔减压器接在乙炔发生器出口处，将乙炔压力调到所需的低压。

规格：氧气、乙炔减压器的规格见表9-8。

表 9-8　　　　　　　　氧气、乙炔减压器的规格

介　质	类型	额定（最大）进口压力 p_1（MPa）	额定（最大）出口压力 p_2（MPa）	额定流量（m^3/h）
30MPa 以下氧气和其他压缩气体	0	0~30①	0.2	1.5
	1		0.4	5
	2		0.6	15
	3		1.0	30
	4		1.25	40
	5		2	50
溶解乙炔	1	2.5	0.08	1
	2		<0.15	5②

① 压力指 15℃时的气瓶最大充气压力。

② 一般建议：应避免流量大于 $1m^3/h$。

12. 氧气、乙炔快速接头

氧气、乙炔快速接头如图 9-12 所示。

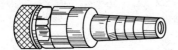 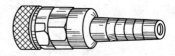

(a) 氧气快速接头　　　　　　　　　(b) 乙炔快速接头

图 9-12　氧气、乙炔快速接头

用途：用于各种气焊、气割工具与氧气、乙炔胶管之间的一种快速连接件。其装拆迅速，使用方便，密封性好，节约气源。由阳接头（与工具尾端连接）和进气接头（与气体胶管连接）两部分组成。

规格：氧气、乙炔快速接头的规格见表 9-9。

表 9-9 　　　　　　　　　　　　氧气、乙炔快速接头的规格

品种	型号	进气接头连接处外径（mm）	连接状况总长度（mm）	气体工作压力（MPa）	总质量（g）	适用气体
氧气快速接头	JYJ-75 Ⅰ JYJ-75 Ⅱ	10.5	80 86	≤1	66 73.5	氧气或空气等其他中性气体
乙炔快速接头	JRJ-75 Ⅰ JRJ-75 Ⅱ	10.5	80 86	≤0.15	66 73.5	乙炔或丙烷、煤气等可燃气体

13. 焊接滤光片

焊接滤光片如图 9-13 所示。

图 9-13　焊接滤光片

用途：装在焊接面罩上以保护眼睛。

规格：焊接滤光片的规格见表 9-10。

表 9-10 　　　　　　　　　　　　焊接滤光片的规格

规格尺寸（mm）	单镜片：长方形（包括单片眼罩），长≥108，宽≥50，厚度≤3.8；双镜片：圆镜片直径≥φ50，不规则镜片水平基准长度≥45、垂直高度≥40、厚度≤3.2					
颜色	按滤光片的颜色为混合色，其透射比最大值的波长应为 500～620mm；左右眼滤光片的色差应满足 GB 14866—2006《个人用眼护具技术要求》的要求					
滤光片遮光号	1.2、1.4、1.7、2	3、4	5、6	7、8	9、10、11	12、13	14
适用电弧范围	防侧光与杂散光	辅助工	≤30A	30～75A	75～200A	200～400A	≥400A

14. 节气阀

节气阀如图 9-14 所示。

用途及使用方法：供焊（割）炬等工具使用的，能同时快速关闭或开启氧气和乙炔的一种省时、省力、节气装置。将焊炬挂在节气阀的挂钩上，阀即自动关闭，火焰熄灭；需再使用时，取下焊炬，阀即自动开启，将焊炬移近点火焰点火，即能进行操作，只需事先调整好气体流量，使用中无须再作调整。适用于焊接、切割现场和流水线作业。

规格：节气阀的规格见表 9-11。

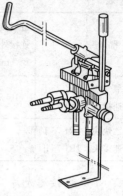

图 9-14　节气阀

表 9-11　　　　　　　　　**节气阀的规格**

型　　号	QJ-Ⅱ
外形尺寸（mm×mm×mm）	420×110×70
工作压力（MPa）	氧气≤0.7，乙炔≤0.1
气体流量（m³/h）	氧气≤30，乙炔≤7
质量（kg）	2.3

15. 手动坡口机

手动坡口机如图 9-15 所示。

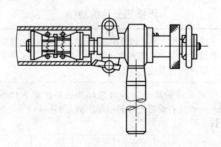

图 9-15　手动坡口机

用途：适用于电力、石化及锅炉制造等行业中，用以手工加工待焊接的钢管（或不锈钢管、铜管）的任何角度和形状的坡口。

规格：手动坡口机的规格见表 9-12。

表 9-12 　　　　　　　**手动坡口机的规格**

型号	转速 （r/min）	质量 （kg）	型号	转速 （r/min）	质量 （kg）
PK-φ125			PK-φ76		3.6
PK-φ32			PK-φ83	20	3.7
PK-φ38		1.5	PK-φ89		4.0
PK-φ42	22		PK-φ102		5.5
PK-φ48			PK-φ108	18	5.85
PK-φ51		2.2	PK-φ133		10.58
PK-φ57			PK-φ159		11.5
PK-φ60	20	2.4			

注 型号中的数字表示该型号适用管子外径（mm）。

16. 电动焊缝坡口机

电动焊缝坡口机如图 9-16 所示。

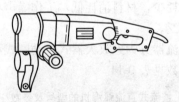

图 9-16 电动焊缝坡口机

用途：用于各种金属构件，在气焊或电焊之前开各种形状（如 V 形、双 V 形、K 形、Y 形等）及各种角度（20°、25°、30°、37.5°、45°、50°、55°、60°）的坡口。

规格：电动焊缝坡口机的规格见表 9-13。

表 9-13 　　　　　　**电动焊缝坡口机的规格**

型号	切口斜边最大 宽度（mm）	输入功率 （W）	加工速度 （m/min）	加工材料 厚度（mm）	质量 （kg）
J1P1-10	10	2000	≤2.4	4～25	14

二、电焊设备和喷焊喷涂枪

1. 整流式直流弧焊机

整流式直流弧焊机如图 9-17 所示。

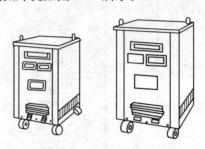

图 9-17　整流式直流弧焊机

特点和分类：该类弧焊机采用弧焊整流器为电源，即将交流电经过变压、整流后获得直流电，供给直流弧焊。它与旋转式直流电焊机相比，电能消耗少，材料消耗低，工作噪声小，技术经济指标高，其应用相当广泛。

规格：弧焊整流器分为磁放大器式、动圈式和晶闸管式等多种形式，其型号及参数见表 9-14。

表 9-14　整流式直流弧焊机的型号及参数

形式	型号	额定焊接电流 (A)	电流调节范围 (A)	额定工作电压 (V)	输入电压 (V)	额定输入容量 (kV·A)	质量 (kg)	用途
磁放大器式	ZX-160	160	20～200	21～28	380	12	170	焊条电弧焊、钨极氩弧焊电源
	ZX-250	250	30～300	21～32	380	19	200	焊条电弧焊、钨极氩弧焊、等离子焊、碳弧气刨电源
	ZX-400	400	40～480	21.6～40	380	34.9	33	

形式	型号	额定焊接电流 (A)	电流调节范围 (A)	额定工作电压 (V)	输入电压 (V)	额定输入容量 (kV·A)	质量 (kg)	用途
动圈式	ZX3-160	160	40~192	26	380	11	138	焊条电弧焊电源，也可作钨极氩弧焊、等离子焊电源
	ZX3-250	250	62~300	30	380	17.3	182	焊条电弧焊电源，适于中厚钢板焊接
	ZX3-400	400	100~480	36	380	27.8	238	焊条电弧焊电源，适用于厚板焊接
晶闸管式	ZX5-250	250	50~250	30	380	15	160	焊条电弧焊电源
	ZX5-400	400	40~400	36	380	24	200	焊条电弧焊电源
	ZX5-630	630	80~630	44	380	46	280	焊条电弧焊电源

2. 交流弧焊机

交流弧焊机如图 9-18 所示。

特点及分类：交流弧焊机采用的电源为弧焊变压器，将电网的交流电变成为适宜于弧焊电压的交流电，它与直流电焊机相比，具有结构简单、价格低廉、效率高、保养与维护方便等特点，使用较为广泛。

规格：交流弧焊机分为同体式、动铁芯式、动圈式、多站式、抽头式等多

图 9-18 交流弧焊机

种形式。其型号与参数见表9-15。

表 9-15　　　　交流弧焊机的型号及参数

形式	型号	额定焊接电流（A）	电流调节范围（A）	输入电压（V）	额定工作电压（V）	额定输入容量（kV·A）	质量（kg）	用　途
动铁芯式	BX1-135	135	25～150	380	30	8.7	98	焊条电弧焊及电弧切割电源，适于厚 1～8mm 低碳钢焊接
	BX1-160	160	40～192	380	27.8	13.5	93	用途与 BX1-135 相同
	BX1-300	300	50～360	380	22	21	160	焊条电弧焊电源。适于中等厚度低碳钢焊接
		300	63～300	220/380	32	25	110	
	BX1-500	500	100～500	220/380	36	39.5	144	焊条电弧焊及电弧切割电源，适于厚 3mm 以上的低碳钢焊接
		500	100～500	380	44	42	310	
动圈式	BX3-120	120	20～160	380	25	9	100	焊条电弧焊及电弧切割电源，适于薄钢板焊接
	BX3-300	300	40～400	380	30	20.5	190	用途与 BX3-120 相同，适于中等厚度钢结构焊接
	BX3-500	500	60～670	380	30	38.6	220	用途与 BX3-300 相同。适于较厚钢结构的焊接
抽头式	BX6-120	120	45～160	220/380	22～26	6.24	22	手提式焊条电弧焊电源
	BX6-200	200	65～200	380	22～28	15	49	手提式焊条电弧焊电源
	BX6-250	250	50～250	220/380	22～30	15	80	焊条电弧焊电源

3. 金属粉末喷焊炬

金属粉末喷焊炬如图 9-19 所示。

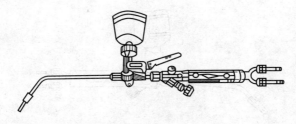

图 9-19　金属粉末喷焊炬

用途：用氧乙炔焰和特殊的送粉机构，将喷焊或喷涂合金粉末喷射在工件表面，以完成喷涂工艺。

规格：金属粉末喷焊炬规格见表 9-16。

表 9-16　　　　　　　　　　金属粉末喷焊炬规格

型号	喷焊嘴		用气压力（MPa）		送粉量（kg/h）	总长度（mm）
	号	孔径（mm）	氧	乙炔		
SPH-1/h	1	0.9	0.20	≥0.05	0.4~1.0	430
	2	1.1	0.25			
	3	1.3	0.30			
SPH-2/h	1	1.6	0.3	>0.5	1.0~2.0	470
	2	1.9	0.35			
	3	2.2	0.40			
SPH-4/h	1	2.6	0.4	>0.5	2.0~4.0	630
	2	2.8	0.45			
	3	3.0	0.5			
SPH-C	1	1.5×5	0.5	>0.5	4.5~6	730
	2	1.5×7	0.6			
	3	1.5×9	0.7			
SPH-D	1	1×10	0.5	>0.5	8~12	730
	2	1.2×10	0.6			780

注　合金粉末粒度不大于 150 目。

4. QH 系列金属粉末喷焊炬

QH 系列金属粉末喷焊炬如图 9-20 所示。

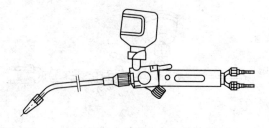

图 9-20　QH 系列金属粉末喷焊炬

用途：用氧乙炔焰和特殊的送粉机构，将喷焊或喷涂合金粉末喷射在工件表面，以完成喷涂工艺。

规格：QH 系列金属粉末喷焊炬的规格见表 9-17。

表 9-17　　　　　　QH 系列金属粉末喷焊炬的规格

型号	嘴号	嘴孔径 (mm)	使用气体压力（MPa）		送粉量 (kg/h)	总长度 (mm)	总质量 (kg)
			氧气	乙炔			
QH-1/h	1	0.9	0.20		0.4～0.6		
	2	1.1	0.25		0.6～0.8	430	0.55
	3	1.3	0.30		0.8～1.0		
QH-2/h	1	1.6	0.30		1.0～1.4		
	2	1.9	0.35	0.05～0.10	1.4～1.7	470	0.59
	3	2.2	0.40		1.7～2.0		
QH-4/h	1	2.6	0.40		2.0～3.0		
	2	2.8	0.45		3.0～3.5	580	0.75
	3	3.0	0.50		3.5～4.0		

5. 金属粉末喷焊喷涂两用炬

金属粉末喷焊喷涂两用炬如图 9-21 所示。

用途：利用氧乙炔焰和特殊的送粉机构，将一种喷焊或喷涂用合金粉末喷射在工件表面上。

规格：金属粉末喷焊喷涂两用炬的规格见表 9-18。

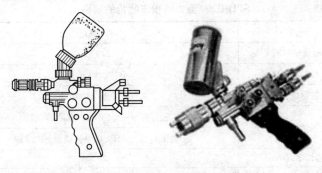

图 9-21 金属粉末喷焊喷涂两用炬

表 9-18　　　　　　　金属粉末喷焊喷涂两用炬的规格

型号	喷嘴号	喷嘴形式	预热孔孔径(mm)/孔数(个)	喷粉孔径(mm)	气体压力（MPa）		送粉量(kg/h)
					氧	乙炔	
QT-7/h	1	环形	—	2.8	0.45	≥0.04	5～7
	2	梅花形	0.7/12	3.0	0.50		
	3	梅花形	0.8/12	3.2	0.55		
QT-3/h	1	梅花形	0.6/12	3.0	0.7	≥0.04	3
	2		0.7/12	3.2	0.8		
SPH-E	1	环形		3.5	0.5	≥0.05	≤7
	2	梅花形	1.0/8		0.6		

6. SPH-E200 型火焰粉末喷枪

SPH-E200 型火焰粉末喷枪如图 9-22 所示。

用途：利用氧乙炔焰和特殊的送粉机构，将一种喷焊或喷涂用合金粉末喷涂在工件表面上。

规格：SPH-E200 型火焰粉末喷枪的规格见表 9-19。

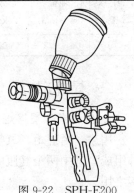

图 9-22　SPH-E200 型火焰粉末喷枪

表 9-19　　　　　　　　SPH-E200 型火焰粉末喷枪的规格

项目	参数
喷枪质量（kg）	2.3
形式	手持、固定
带粉气体	氧气，流量 1300L/h
气体压力	氧气压力 0.5～0.6MPa；流量 1200L/h
	乙炔压力 0.05MPa 以上；流量 950L/h
焰芯长度（mm）	7
火焰气体混合方式	射吸式
送粉方式	射吸式
粉口最大抽吸力（kPa）	14
最大出粉量（kg/h）	7（镍基合金粉）
粉末附着率	氧化铝粉末：38％～42％（涂层重量/总用粉量×100％）

7. 吸式喷砂枪

吸式喷砂枪如图 9-23 所示。

用途：用以喷射石英砂，作工件喷涂或焊接前的表面净化或毛化预处理。

规格：吸式喷砂枪的规格见表 9-20。

图 9-23　吸式喷砂枪

表 9-20　　　　吸式喷砂枪的规格

使用空气压力（MPa）	空气消耗量（m³/min）	喷砂效率（kg/h）	使用石英砂规格	净重（kg）
0.6	1～1.5	40～60	4 号砂以下	1

三、焊割工具

1. 便携式微型焊炬

用途：由焊炬、氧气瓶、丁烷气瓶、压力表和回火防止器等部件组成，其中两个气瓶固定于手提架中，便于携带外出进行现场焊接之用。

规格：便携式微型焊炬的规格见表 9-21。

便携式微型焊炬如图 9-24 所示。

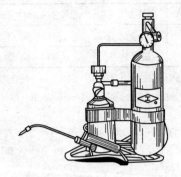

图 9-24　便携式微型焊炬

表 9-21　　　　　　　　　　便携式微型焊炬的规格

型号	焊嘴号	氧气工作压力（MPa）	丁烷气工作压力（MPa）	焰芯长（mm）	焊接厚度（mm）
H03-BB-1.2	1 2 3	0.05～ 0.25	0.02～ 0.25	≥5 ≥7 ≥10	0.2～0.5 0.5～0.8 0.8～1.2
H03-BC-3	1 2 3	0.1～ 0.3	0.02～ 0.35	≥6 ≥8 ≥11	0.5～3

注　上海产品 HPJ-Ⅱ型焊炬为分体式，相当于行业标准中的 H03-BC-3。其一次充气后连续工作时间为 4h，总质量为 3.9kg。

2. 碳弧气刨炬

碳弧气刨炬如图 9-25 所示。

用途：供夹持碳弧气刨碳棒，配合交直流电焊机和空气压缩机，用于对各种金属工件进行碳弧气刨加工。

规格：碳弧气刨炬的规格见表 9-22。

表 9-22　　　　　　　　　　碳弧气刨炬的规格

型号	适用电流（A）	夹持力（N）	外形尺寸（mm×mm×mm）	质量（kg）
JG86-01	≤600	30	275×40×105	0.7
TH-10	≤500	30	—	—

型号	适用电流（A）	夹持力（N）	外形尺寸（mm×mm×mm）	质量（kg）
JG-2	≤700	30	235×32×90	0.6
78-1	≤600	机械紧固	278×45×80	0.5

注 1. 压缩空气工作压力为 0.5～0.6MPa。

2. 适用碳棒规格：圆形（直径）为 4～10mm，矩形（厚×宽）为 4mm×12mm～5mm×20mm。

3. 78-1 型配备夹持直径 6mm 圆形碳棒夹头一只，另备有夹持不同规格碳棒的夹头供选购：圆形（直径）为 4、5、6、7、8、10mm；矩形（厚×宽）为 4mm×12mm、5mm×12mm。

4. JG-2 型分带电缆和不带电缆两种，其他型号均不带电缆。

5. TH-10 型外形与 JG86-01 型相似。

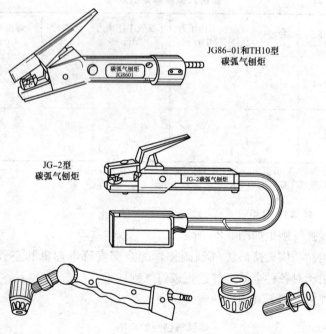

图 9-25　碳弧气刨炬

3. 射吸式焊炬

射吸式焊炬如图 9-26 所示。

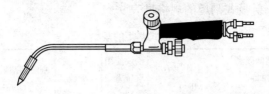

图 9-26　射吸式焊炬

　　用途：利用氧气和低压（或中压）乙炔作热源，进行焊接或预热被焊金属。

　　规格：射吸式焊炬的规格见表 9-23。

表 9-23　　　　　　　　　　射吸式焊炬的规格

型号	焊接低碳钢厚度（mm）	氧气工作压力（MPa）	乙炔使用压力（MPa）	可换焊嘴数（个）	焊嘴孔径（mm）	焊炬总长度（mm）
H01-2	0.5～2	0.1, 0.125, 0.15, 0.2, 0.25	0.001～0.1	5	0.5, 0.6, 0.7, 0.8, 0.9	300
H01-6	2～6	0.2, 0.25, 0.3, 0.35, 0.4			0.9, 1.0, 1.1, 1.2, 1.3	400
H01-12	6～12	0.4, 0.45, 0.5, 0.6, 0.7			1.4, 1.6, 1.8, 2.0, 2.2	500
H01-20	12～20	0.6, 0.65, 0.7, 0.75, 0.8			2.4, 2.6, 2.8, 3.0, 3.2	600

4. 射吸式割炬

　　射吸式割炬如图 9-27 所示。

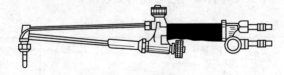

图 9-27　射吸式割炬

　　用途：利用氧气及低压（或中压）乙炔作热源，以高压氧气作切割气流，对低碳钢进行切割。

规格：射吸式割炬的规格见表 9-24。

表 9-24　　　　　　　　射吸式割炬的规格

型号	切割低碳钢厚度（mm）	氧气工作压力（MPa）	乙炔使用压力（MPa）	可换割嘴数（个）	割嘴切割氧孔径（mm）	焊炬总长度（mm）
G01-30	3～30	0.2，0.25，0.3	0.001～0.1	3	0.7，0.9，1.1	500
G01-100	10～100	0.3，0.4，0.5			1.0，1.3，1.6	550
G01-300	100～300	0.5，0.65，0.8，1.0		4	1.8，2.2，2.6，3.0	650

5. 射吸式焊割两用炬

射吸式焊割两用炬如图 9-28 所示。

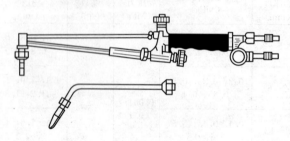

图 9-28　射吸式焊割两用炬

用途：利用氧气及低压（或中压）乙炔作热源，进行焊接、预热或切割低碳钢，适用于使用次数不多，但要经常交替焊接和气割的场合。

规格：射吸式焊割两用炬的规格见表 9-25。

表 9-25　　　　　　　　射吸式焊割两用炬的规格

型号	应用方式	适用低碳钢厚度（mm）	气体压力（MPa）		焊割嘴数（个）	焊割嘴孔径范围（mm）	焊割炬长度（mm）
			氧气	乙炔			
HG01-3/50A	焊接	0.5～0.3	0.2～0.4	0.001～0.1	5	0.6～1.0	400
	切割	3～50	0.2～0.6	0.001～0.1	2	0.6～1.0	
HG01-6/60	焊接	1～6	0.2～0.4	0.001～0.1	5	0.9～1.3	500
	切割	3～60	0.2～0.4	0.001～0.1	4	0.7～1.3	

型号	应用方式	适用低碳钢厚度（mm）	气体压力（MPa）		焊割嘴数（个）	焊割嘴孔径范围（mm）	焊割炬长度（mm）
			氧气	乙炔			
HG01-12/200	焊接	6～12	0.4～0.7	0.001～0.1	5	1.4～2.2	550
	切割	10～200	0.3～0.7	0.001～0.1	4	1.0～2.3	

6. 干式回火保险器

干式回火保险器如图 9-29 所示。

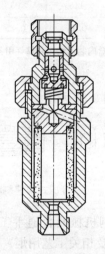

图 9-29　干式回火保险器

用途：安装在焊（割）炬、喷焊（涂）炬等工具尾端或乙炔气瓶、输气管道上，用以防止乙炔气（或丙烷气等燃气）或氧气回火引起的燃烧爆炸事故。

规格：干式回火保险器的规格见表 9-26。

表 9-26　　　　　　　干式回火保险器的规格

型号		HF-W1 尾端式	HF-P1 钢瓶式	HF-P2 钢瓶式	HF-G1 管道式
工作压力（MPa）	乙炔	0.01～0.15	0.01～0.15	0.01～0.15	0.01～0.15
	氧气	0.1～1	—	—	—

型号		HF-W1 尾端式	HF-P1 钢瓶式	HF-P2 钢瓶式	HF-G1 管道式
气流流量 （m³/h）	乙炔	0.3～4.5	0.4～6	0.4～6	0.95～4.7
	氧气	3.5～15	—	—	—
外形尺寸 （mm）	直径	22	31.2	25.2	42
	长度	116	93	73	98
质量（kg）		0.11	0.25	0.15	0.43

注 尾端式干式回火保险器每盒内装乙炔用和氧气用各一只。

7. 等压式快速割嘴

等压式快速割嘴如图 9-30 所示。

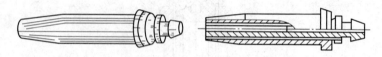

图 9-30　等压式快速割嘴

用途：用于火焰切割机械及普通手工割炬，可与 JB/T 7947《气焊设备　焊接、切割及相关工艺用炬》规定的割炬配套使用。

规格：等压式快速割嘴的型号及规格见表 9-27、表 9-28。

表 9-27　　　　　　　　**等压式快速割嘴的型号**

型号	品种代号	加工方法	切割氧压力（MPa）	燃气
GK1-1～7	1			乙炔
GK2-1～7	2		0.7	
GK3-1～7	3			液化石油气
GK4-1～7	4	电铸法		
GK1-1A～7A	1			乙炔
GK2-1A～7A	2		0.5	
GK3-1A～7A	3			液化石油气
GK4-1A～7A	4			

型号	品种代号	加工方法	切割氧压力（MPa）	燃气
GKJ1-1-6 GKJ1-7A	1			乙炔
GKJ2-1～7	2		0.7	
GKJ3-1～7	3	机械加工法		液化石油气
GKJ4-1～7	4			
GKJ1-1A～7A	1			乙炔
GKJ2-1A～7A	2		0.5	
GKJ3-1A～7A	3			液化石油气
GKJ4-1A～7A	4			

表 9-28　　　　　　等压式快速割嘴的规格

割嘴规格号	割嘴喉部直径（mm）	切割厚度（mm）	切割速度（mm/min）	气体压力（MPa）			切口宽（mm）
				氧气	乙炔	液化油气	
1	0.6	5～10	750～600				≤1
2	0.8	10～20	600～450		0.025	0.03	≤1.5
3	1.0	20～40	450～380				≤2
4	1.25	40～60	380～320	0.7	0.03	0.035	≤2.3
5	1.5	60～100	320～250				≤3.4
6	1.75	100～150	250～160		0.035	0.04	≤4
7	2.0	150～180	160～130				≤4.5
1A	0.6	5～10	560～450		0.025	0.03	≤1
2A	0.8	10～20	450～340				≤1.5
3A	1.0	20～40	340～250	0.5			≤2
4A	1.25	40～60	250～210		0.03	0.035	≤2.3
5A	1.5	60～100	210～180				≤3.4

8. 等压式焊割两用炬

等压式焊割两用炬如图 9-31 所示。

用途：利用氧气和中压乙炔作热源，进行焊接、预热或切割低

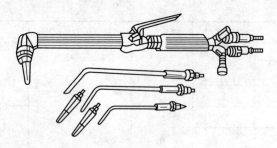

图 9-31　等压式焊割两用矩

碳钢,适用于焊接、切割任务不多的场合。

规格:等压式焊割两用炬的规格见表 9-29。

表 9-29　　　　　　　　　等压式焊割两用炬的规格

型号	应用方式	焊割嘴号	焊割嘴孔径（mm）	适用低碳钢厚度（mm）	气体压力（MPa）		焊割炬总长度（mm）
					氧气	乙炔	
HG02-12/100	焊接	1	0.6	0.5～12	0.2	0.02	550
		2	1.4		0.3	0.04	
		3	2.2		0.4	0.06	
	切割	1	0.7	3～100	0.2	0.04	
		2	1.1		0.3	0.05	
		3	1.6		0.5	0.06	
HG02-20/200	焊接	1	0.6	0.5～20	0.2	0.02	600
		2	1.4		0.3	0.04	
		3	2.2		0.4	0.06	
		4	3.0		0.6	0.08	
	切割	1	0.7	3～200	0.2	0.04	
		2	1.1		0.3	0.05	
		3	1.6		0.5	0.06	
		4	1.8		0.5	0.06	
		5	2.2		0.65	0.07	

9. 等压式割嘴

用途：用于氧气及中压乙炔的自动或半自动切割机。

规格：等压式割嘴的规格见表 9-30。

表 9-30　　　　　　　　　　等压式割嘴的规格

割嘴号	切割钢板厚度（mm）	气体压力（MPa）		气体耗量		切割速度（mm/min）
		氧气	乙炔	氧气（m³/h）	乙炔（L/h）	
1	5~15	≥0.3	>0.03	2.5~3	350~400	450~550
2	15~30	≥0.35	>0.03	3.5~4.5	450~500	350~450
3	30~50	≥0.45	>0.03	5.5~6.5	450~500	250~350
4	50~100	≥0.6	>0.05	9~11	500~600	230~250
5	100~150	≥0.7	>0.05	10~13	500~600	200~230
6	150~200	≥0.8	>0.05	13~16	600~700	170~200
7	200~250	≥0.9	>0.05	16~23	800~900	150~170
8	250~300	≥1.0	>0.05	25~30	900~1000	90~150
9	300~350	≥1.1	>0.05	—	1000~1300	70~90
10	350~400	≥1.3	>0.05	—	1300~1600	50~70
11	400~450	≥1.5	>0.05			50~65

10. 等压式割炬

等压式割炬如图 9-32 所示。

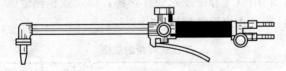

图 9-32　等压式割炬

用途：利用氧气和中压乙炔作热源，以高压氧气作切割气流切割低碳钢。

规格：等压式割炬的规格见表 9-31。

表 9-31　　　　　　　　　　　　　等压式割炬的规格

型号	割嘴号	割嘴直径 (mm)	切割厚度 (低碳钢，mm)	气体压力（MPa）		割炬总长度 (mm)
				氧气	乙炔	
G02-100	1	0.7	3～100	0.20	0.04	550
	2	0.9		0.25	0.04	
	3	1.1		0.30	0.05	
	4	1.3		0.40	0.05	
	5	1.6		0.50	0.06	
G02-300	1	0.7	3～300	0.20	0.04	650
	2	0.9		0.25	0.04	
	3	1.1		0.30	0.05	
	4	1.3		0.40	0.05	
	5	1.6		0.50	0.06	
	6	1.8		0.50	0.06	
	7	2.2		0.65	0.07	
	8	2.6		0.80	0.08	
	9	3.0		1.00	0.09	

11. 等压式焊炬

等压式焊炬如图 9-33 所示。

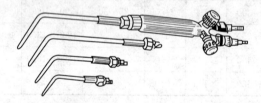

图 9-33　等压式焊炬

用途：利用氧气和中压乙炔作热源，焊接或预热金属。

规格：等压式焊炬的规格见表 9-32。

表 9-32　　　　　　　　　　　　　等压式焊炬的规格

型号	焊嘴号	焊嘴孔径 (mm)	焊接厚度 (低碳钢，mm)	气体压力（MPa）		焊炬总长度 (mm)
				氧气	乙炔	
H02-12	1	0.6	0.5～1.2	0.20	0.02	500
	2	1.0		0.25	0.03	
	3	1.4		0.30	0.04	
	4	1.8		0.35	0.05	
	5	2.2		0.40	0.06	

型号	焊嘴号	焊嘴孔径 （mm）	焊接厚度 （低碳钢，mm）	气体压力（MPa）		焊炬总长度 （mm）
				氧气	乙炔	
	1	0.6		0.20	0.02	
	2	1.0		0.25	0.03	
	3	1.4		0.30	0.04	
H02-20	4	1.8	0.5～20	0.35	0.05	600
	5	2.2		0.40	0.06	
	6	2.6		0.50	0.07	
	7	3.0		0.60	0.08	

12. 便携式微型焊炬

便携式微型焊炬如图 9-34 所示。

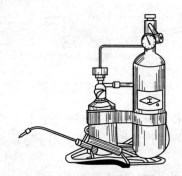

图 9-34　便携式微型焊炬

用途：由焊炬、氧气瓶、丁烷气瓶、压力表和回火防止器等部件组成，其中两个气瓶固定于手提架中，便于携带外出进行现场焊接之用。

规格：便携式微型焊炬的规格见表 9-33。

表 9-33　　　　　便携式微型焊炬的规格

型号	焊嘴号	氧气工作压力 （MPa）	丁烷气工作压力 （MPa）	焰芯长度 （mm）	焊接厚度 （mm）
	1			≥5	0.2～0.5
H03-BB-1.2	2	0.05～0.25	0.02～0.25	≥7	0.5～0.8
	3			≥10	0.8～1.2

型号	焊嘴号	氧气工作压力（MPa）	丁烷气工作压力（MPa）	焰芯长度（mm）	焊接厚度（mm）
H03-BC-3	1	0.1～0.3	0.02～0.35	≥6	0.5～3
	2			≥8	
	3			≥11	

注 上海产品 HPJ-Ⅱ型焊炬为分体式，相当于行业标准中的 H03-BC-3。其一次充气后连续工作时间为 4h，总质量为 3.9kg。

13. 双头冰箱焊炬

双头冰箱焊炬如图 9-35 所示。

图 9-35　双头冰箱焊炬

用途：以氧气和低压乙炔（或用中压乙炔）作热源，采用双头焊嘴以便同时加热焊接管件类工件，多用于冰箱等电气设备的制造和维修。

规格：双头冰箱焊炬的规格见表 9-34。

表 9-34　　　　　　双头冰箱焊炬的规格

焊炬型号	焊嘴		工作压力（MPa）		质量（kg）
	数目	孔径（mm）	氧气	乙炔	
BH-6A	2	1	0.45	0.001～0.1	0.38
BH-6B		0.9	0.40		0.38
BH-6C		1	0.45		0.36
BH-6D		0.8	0.30		0.36
BH-6F		0.9	0.40		0.38

注 焊炬总长度为 380mm。

四、焊条

1. 铸铁焊条

铸铁焊条型号及用途见表 9-35。铸铁焊条的直径和长度见表

9-36。

表 9-35 　　　　　　　　　　**铸铁焊条型号及用途**

型号	药皮类型	焊接电流	主 要 用 途
EZFe-2	氧化型	交、直流	用于一般铸铁件缺陷的修补及长期使用的旧钢锭模。焊后不宜进行切削加工
EZFe-2	钛钙铁粉	交、直流	一般灰口铸铁件的焊补
EZC	石墨型	交、直流	工件预热至 400℃ 以上的一般灰铸铁件的焊补
EZCQ	石墨型	交、直流	焊补球墨铸铁件
EZNi-1	石墨型	交、直流	焊补重要的薄铸件和加工面
EZNiFe-1	石墨型	交、直流	用于重要灰铸铁及球墨铸铁的焊补。对含磷较
EZNiFeCu	石墨型	交、直流	高的铸铁件焊接，也有良好的效果
EZNiCu-1	石墨型	交、直流	适用于灰铸铁件的焊补。焊前可不进行预热，焊后可进行切削加工

注　1. EZ-铸铁用焊条。
　　2. 焊条主要尺寸：①冷拔焊芯直径为 2.5、3.2、4、5、6mm；长度为 200～500mm。②铸造焊芯直径为 4、5、6、8、10mm；长度为 350～500mm。

表 9-36 　　　　　　　　**铸铁焊条的直径和长度** 　　　　　　　（mm）

焊芯类别	焊条直径		焊条长度	
	基本尺寸	极限偏差	基本尺寸	极限偏差
铸造焊芯	4.0	±0.3	350～400	±4.0
	5.0、6.0、8.0、1.0		350～500	
冷拔焊芯	2.5	±0.5	200～300	±2.0
	3.2、4.0、5.0		300～450	
	6.0		400～500	

注　允许以直径 3mm 的焊条代替直径 3.2mm 的焊条，以直径 5.8mm 的焊条代替直径 6.0mm 的焊条。

2. 堆焊焊条

堆焊焊条型号及用途见表 9-37。堆焊焊条的尺寸表 9-38。

表 9-37 　　　　　　　　　　**堆焊焊条型号及用途**

型　号	药皮类型	焊接电流	堆硬层硬度 HRC	用　途
EDPMn2-15	低氢钠型	直流反接	≥22	低硬度常温堆焊及修复低碳、中碳和低合金钢零件的磨损表面。堆焊后可进行加工

型　号	药皮类型	焊接电流	堆硬层硬度 HRC	用　途
EDPCrMo-A1-03	钛钙型	交、直流	≥22	用于受磨损的低碳钢、中碳钢或低合金钢机件表面，特别适用于矿山机械与农业机械的堆焊与修补之用
EDPMn3-15	低氢钠型	直流反接	≥28	用于堆焊受磨损的中、低碳钢或低合金钢的表面
EDPCuMo-A2-03	钛钙型	交、直流	≥30	用于受磨损的低、中碳钢或低合金钢机件表面，特别适宜于矿山机械与农业机械磨损件的堆焊与修补之用
EDPMn6-15	低氢钠型	直流反接	≥50	用于堆焊常温高硬度磨损机件表面
EDPCrMo-A3-03	钛钙型	交、直流	≥40	用于常温堆焊磨损的零件
EDPCrMo-A4-03	钛钙型	交、直流	50	用于单层或多层堆焊各种磨损的机件表面
EDPMn-A-16 EDPMn-B-16	低氢钾型	交、直流反接	(HB) ≥170	用于堆焊高锰钢表面的矿山机械或锰钢道岔
EDPCrMn-B-16	低氢钾型	交、直流反接	≥20	用于耐气蚀和高锰钢
EDD-D-15	低氢钠型	直流反接	≥55	用于中碳钢刀具毛坯上堆焊刀口，达到整体高速度，也可作刀具和工具的修复
EDRCrMoWV-A1-03	钛钙型	交、直流	≥55	用于堆焊各种冷冲模及切削刀具，也可修复要求耐磨性能的机件
EDRCrW-15	低氢钠型	直流反接	≥48	用于铸、锻钢上堆焊热锻模
EDRCrMnM₆-15	低氢钠型	直流反接	≥40	
EDCr-A1-03	钛钙型	交、直流	≥40	为通用性表面堆焊焊条，多用于堆焊碳钢或合金钢的轴、阀门等
EDGr-A1-15	低氢钠型	直流反接	≥40	
EDCr-A2-15	低氢钠型	直流反接	≥37	多用于高压截止阀密封面

型　号	药皮类型	焊接电流	堆硬层硬度 HRC	用　途
EBCr-B-03	钛钙型	交、直流	≥45	多用于碳钢或合金钢的轴、阀门等
EDGr-B-15	低氢钠型	直流反接	≥45	
EDCrNi-C-15	低氢钠型	直流反接	≥37	多用于高压阀门密封面
EDZCr-C-15	低氢钠型	直流反接	≥48	用于堆焊要求耐强烈磨损、耐腐蚀或耐气蚀的场合
EDCoCr-A-03	钛钙型	交、直流	≥40	用于堆焊在650℃时仍保持良好的耐磨性和一定的耐腐蚀性的场合
EDCoCr-B-03	钛钙型	交、直流	≥44	

注　1. ED-堆焊焊条。
　　2. 焊条主要尺寸：焊芯直径为3.2、4、5、6、7、8mm；焊芯长度为300、350、400、450mm。

表 9-38　　　　　　　堆焊焊条的尺寸　　　　　　　（mm）

类别	冷拔焊芯		铸造焊芯		复合焊芯		碳化钨管状	
	直径	长度	直径	长度	直径	长度	直径	长度
基本尺寸	2.0	230～300	3.2	230～350	3.2	230～350	2.5	230～350
	2.5		4.0		4.0		3.2	
	3.2	300～50	5.0		5.0		4.0	
	4.0						5.0	
	5.0	350～450	6.0	300～350	6.0	300～350	6.0	300～350
	6.0		8.0		8.0		8.0	
	8.0							
极限偏差	±0.08	±3.0	±0.5	±10	±0.5	±10	±10	±10

注　根据供需双方协议，也可生产其他尺寸的堆焊焊条。

3. 碳钢焊条

碳钢焊条的型号按熔敷金属力学性能、药皮类型、焊接位置、电流类型、熔敷金属化学成分和焊后状态等进行划分。焊条型号由五部分组成：①第一部分用字母 E 表示焊条；②第二部分为字母 E 后面的紧邻两位数字，表示熔敷金属的最小抗拉强度代号，见表 9-39；③第三部分为字母 E 后面的第三和第四两位数字，表示药皮类型、焊接位置和电流类型，见表 9-40；④第四部分为熔敷金属的化学成分分类代号，可为"无标记"或"-"后的字母、数字或字母和数字的组合，见表 9-41；⑤第五部分为熔敷金属的化学成分代号之后的焊后状态代号，其中"无标记"表示焊态，"P"表示热处理状态，"AP"表示焊态和焊后热处理两种状态均可。除以上强制分类代号外，根据供需双方协商，可在型号后依次附加可选代号：①字母 U，表示在规定试验温度下，冲击吸收能量可以达到47J 以上；②扩散氢代号 HX，其中 X 代表 15、10 或 5，分别表示每 100g 熔敷金属中扩散氢含量的最大值（mL）。

碳钢焊条的尺寸公差和型号性能见表 9-42 和表 9-43。

表 9-39 　　　　碳钢焊条熔敷金属的抗拉强度代号　　　　（MPa）

抗拉强度代号	43	50	55	57
最小抗拉强度	430	490	550	570

表 9-40 　　　　　　碳钢焊条药皮类型代号

代号	药皮类型	焊接位置①	电源类型
03	钛型	全位置②	交流和直流正、反接
10	纤维素	全位置	直流反接
11	纤维素	全位置	交流和直流反接
12	金红石	全位置②	交流和直流正接
13	金红石	全位置②	交流和直流正、反接
14	金红石＋铁粉	全位置②	交流和直流正、反接
15	碱性	全位置②	直流反接
16	碱性	全位置②	交流和直接反接
18	碱性＋铁粉	全位置②	交流和直接反接
19	太铁矿	全位置②	交流和直流正、反接
20	氧化铁	全位置②	交流和直接正接
24	金红石＋铁粉	PA、PB	交流和直流正、反接
27	氧化铁＋铁粉	PA、BP	交流和直接正、反接
28	碱性＋铁粉	PA、PB、PC	交流和直接反接
40	不做规定	由制造商确定	由制造商确定
45	碱性	全位置	直流反接
48	碱性	全位置	交流和直流反接

① 焊接位置见 GB/T 16672—1996《焊缝-工作位置-倾角和转角的定义》，其中 PA表示平焊、PB 表示平角焊、PC 表示横焊、PG 表示向下立焊。

② 此处"全位置"并不一定包含向下立焊，由制造商确定。

表 9-41　　　　　　碳钢焊条熔敷金属化学成分分类代号

分类代号	主要化学成分的名义含量（质量分数）（%）				
	Mn	Ni	Cr	MO	Cu
无标记、-1、-P1、-P2	1.0	—	—	—	—
-1M3	—	—	—	0.5	—
-3M2	1.5	—	—	0.4	—
-3M3	1.5	—	—	0.5	—
-N1	—	0.5	—	—	—
-N2	—	1.0	—	—	—
-N3	—	11.5	—	—	—
-3N3	1.5	1.5	—	—	—
-N5	—	2.5	—	—	—
-N7	—	3.5	—	—	—
-N13	—	6.5	—	—	—
-N2M3	—	1.0	—	0.5	—
-NC	—	0.5	—	—	0.4
-CC	—	—	0.5	—	0.4
-NCC	—	0.2	0.6	—	0.5
-. NCC1	—	0.6	0.6	—	0.5
-. NCC2	—	0.3	0.2	—	0.5
-G	其他成分				

表 9-42　　　　　　　　碳钢焊条的尺寸及公差

焊芯直径（mm）	1.6, 2.0, 2.5	3.2, 4.0, 5.0, 6.0	8.0
直径公差（mm）	±0.06	±0.10	0.10
焊条长度（mm）	200～350	275～450[①]	275～450[①]
长度公差（mm）	±5	±5	±5

注　根据供需双方协商，允许制造成其他尺寸的焊接材料。

①　对于特殊情况，如重力焊焊条，焊条长度最大可至 1000mm。

表 9-43　　　　　　碳钢焊条型号及性能

型号	药皮类型	焊接位置	机械性能		焊接电源
			抗拉强度 σ_b（MPa）	延伸率 δ（%）	
E4300	特殊型	平、立、仰、横焊	430	20	交、直流
E4301	钛铁矿型				
E4303	钛钙型				
E4310	高纤维素钠型				直流反接
E4311	高纤维素钾型				交、直流反接
E4312	高钛钠型			16	交、直流正接
E4313	高钛钾型				交、直流
E4315	低氢钠型			20	直流反接
E4316	低氢钾型				交、直流反接
E4320	氧化铁型	平焊、平角焊			交、直流反接
E4322		平角焊		不要求	交、直流正接
E4323	铁粉钛钙型	平焊、平角焊		20	交、直流反接
E4324	铁粉钛型			16	
E4327	铁粉氧化铁型	平焊 平角焊	430	20	交、直流 交、直流正接
E4328		平、平角焊			交、直流反接
E5001	钛铁矿型	平、立、仰、横焊	490	20	交、直流
E5003	钛钙型				直流反接
E5010	高纤维素钠型				交、直流反接
E5011	高纤维素钾型			16	交、直流
E5014	铁粉钛型				直流反接
E5015	低氢钠型			20	交、直流反接
E5016	低氢钾型				
E5018	铁粉低氢钾型			16	直流反接
E5018M	铁粉低氢型				
E5023	铁粉钛钙型	平、平角焊			交或直流反接
E5024	铁粉钛型				
E5027	铁粉氧化铁型				交或直流正接
E5028	铁粉低氢型	平、仰、横、立、向下焊		20	交或直流反接
E5048					

4. 加强钢焊条

加强钢钢焊条熔敷金属抗拉强度代号见表 9-44。加强钢焊条的型号见表 9-45。

表 9-44　　　　　　　加强钢钢焊条熔敷金属抗拉强度代号　　　　　　（MPa）

抗拉强度代号	50	52	55	62
最小抗拉强度	490	520	550	620

表 9-45　　　　　　　　　　　加强钢焊条的型号

型号	药皮类型	焊接位置	抗拉强度 R_m（MPa）	断后伸长率 A（%）	电流类型
E5003-X	钛钙型	平、立、仰、横焊	≥490	≥20	交流或直流正、反接
E5010-X	高纤维素钠型				直流反接
E5011-X	高纤维素钾型				交流或直流反接
E5015-X	低氢钠型			≥22	直流反接
E5016-X	低氢钾型				交流或直流反接
E5018-X	铁粉低氢型				
E5020X	高氧化铁型	平角焊		≥20	交流或直流正接
		平焊			交流或直流正、反接
E5027-X	铁粉氧化铁型	平角焊			交流或直流正接
		平焊			交流或直流正、反接
E5500-X	特殊型	平、立、仰、横焊	≥550	≥14	交流或直流
E5503-X	钛钙型				
E5510-X	高纤维素钠型			≥17	直流反接
E5511-X	高纤维素钾型				交流或直流反接
E5513-X	高钛钾型			≥14	交流或直流
E5515-X	低氢钠型			≥17	直流反接
E5516-X	低氢钾型			≥17	交流或直流反接
E5518-X	铁粉低氢型				
E5516-C3	低氢钾型			≥22	
E5518-C3	铁粉低氢型				
F6000-X	特殊型	平、立、仰、横焊	≥590	≥14	交流或直流正、反接
E6010-X	高纤维素钠型			≥15	直流反接
E6011-X	高纤维素钾型				交流或直流反接
E6013-X	高钛钾型			≥14	交流或直流反接
E6015-X	低氢钠型			≥15	直流反接
E6016-X	低氢钾型			≥15	交流或直流反接
E6018-X	铁粉低氢型	平、立、仰、横焊	≥590	≥15	交流或直流反接
E6018-M				≥22	
E7010-X	高纤维素钠型		≥690	≥15	直流反接
E7011-X	高纤维素钾型				交流或直流反接
E7013-X	高钛钾型			≥13	交流或直流正、反接

型号	药皮类型	焊接位置	抗拉强度 R_m （MPa）	断后伸长率 A （%）	电流类型
E7015-X	低氢钠型	平、立、仰、横焊	≥690	≥15	直流反接
E7016-X	低氢钾型				交流或直流反接
E7018-X	铁粉低氢型				
E7018-M				≥18	
E7515-X	低氢钠型		≥740	≥13	直流反接
E7516-X	低氢钾型				交流或直流反接
E7518-X	铁粉低氢型				
E7518-M				≥18	
E8015-X	低氢钠型		≥780	≥13	直流反接
E8016-X	低氢钾型				交流或直流反接
E8018-X	铁粉低氢型				
E8515-X	低氢钠型		≥830	≥12	直流反接
E8516-X	低氢钾型				交流或直流反接
E8518-X	铁粉低氢型				
E8518-M				≥15	
E9015-X	低氢钠型		≥880	≥12	直流反接
E9016-X	低氢钾型				交流或直流反接
E9018-X	铁粉低氢型				
E10015-X	低氢钠型		≥980		直流反接
E10016-X	低氢钾型				交流或直流反接
E10018-X	铁粉低氢型				

注 后缀字母 X 代表熔敷金属化学成分分类代号。例：A 表示碳钼钢焊条；B 表示铬钼钢焊条；C 表示镍钢焊条；NM 表示镍钼钢焊条；D 表示锰钼钢焊条等。

5. 不锈钢电焊条

不锈钢电焊条的型号见表 9-46。

表 9-46　　　　　　　　不锈钢电焊条的型号

型号	药皮类型	焊接位置	机械性能		焊接电流
			抗拉强度 σ_b（MPa）	延伸率 δ（%）	
FA10-16	钛钙型	平、立、仰、横焊	450	15	交或直流正、反接
E410-15	低氢型				直流反接
E430-16	钛钙型				交或直流正、反接
E430-15	低氢型				直流反接

型号	药皮类型	焊接位置	机械性能		焊接电流
			抗拉强度 σ_b（MPa）	延伸率 δ（％）	
E308L-16			510	30	交或直流正、反接
E308-16	钛钙型		550		
E308-15	低氢型				直流反接
E347-16	钛钙型		520		交或直流正、反接
E347-15	低氢型				直流反接
E318V-16	钛钙型		540		交或直流正、反接
E318V-15	低氢型	平、立、仰、横焊		25	直流反接
E309-16	钛钙型				交或直流正、反接
E309-15	低氢型				直流反接
E309Mo-16	钛钙型		550		交或直流正、反接
E310-16	钛钙型				
E310-15	低氢型				直流反接
E310Mo-16	钛钙型			25	交或直流正、反接
E16-25MoN-16	钛钙型		610	30	交或直流正、反接
E16-25MoN-15	低氢型				直流交接

注 1. 型号中，E 表示焊条。如有特殊要求的化学成分，则将该成分的元素符号标注在数字后面；另用字母 L 和 H，分别表示较低、较高碳含量；R 表示碳、磷、硅含量均较低。

   2. 焊条尺寸：直径为 2、2.5、3.2、4、5、6、7、8mm；长度为 200、250、300、350、400、450mm。

6. 铜及铜合金焊条

焊芯直径为 3.2、4、5mm；焊条长度为 350mm。

铜及铜合金焊条牌号及用途见表 9-47。

表 9-47 铜及铜合金焊条牌号及用途

牌号	型号	药皮类型	焊接电源	焊芯材质	主要用途
T107	TCu	低氢型	直流	纯铜	焊接铜零件，也可用于堆焊耐海水腐蚀碳钢零件
T207	TCuSi-B	低氢型	直流	硅青铜	焊接铜、硅青铜和黄铜零件，或堆焊化工机械、管道内衬
T227	TCuSn-B	低氢型	直流	锡磷青铜	用于铜、黄铜、青铜、铸铁及钢零件；广泛用于堆焊锡磷青铜轴衬、船舶堆进器叶片等

牌号	型号	药皮类型	焊接电源	焊芯材质	主要用途
T237	TCuAl-C	低氢型	直流	铝锰青铜	用于铝青铜及其其他铜合金焊接，也适用于铜合金与铜的焊接
T307	TCuNi-B	低氢型	直流	铜镍合金	焊接导电铜排、铜热交换器等，或堆焊耐海水腐蚀铜零件以及焊接有耐腐蚀要求的镍基合金

7. 铝及铝合金焊条

焊芯直径为 3.2、4、5mm；焊条长度为 345～355mm。

铝及铝合金焊条牌号及用途见表 9-48。

表 9-48　　　　铝及铝合金焊条牌号及用途

牌号	型号	药皮类型	焊接电源	焊芯材质	主要用途
L109	TAl	盐基型	直流	纯铝	焊接纯铝板、纯铝容器
L209	TAlSi	盐基型	直流	铝硅合金	焊接铝板、铝硅铸件，一般铝合金、锻铝、硬铝（铝镁合金除外）
L309	TAlMn	盐基型	直流	铝锰合金	焊接铝锰合金、纯铝、其他铝合金

8. 镍及镍合金焊条

(1) 镍及镍合金焊条尺寸及夹持端长度见表 9-49。

表 9-49　　　　镍及镍合金焊条尺寸及夹持端长度

焊条直长（mm）	2.0	2.5	3.2	4.0	5.0
焊条长度（mm）	230～300			250～350	
夹持端长度（mm）	10～20			15～25	

(2) 镍及镍合金焊条熔敷金属力学性能见表 9-50。

表 9-50　　　　镍及镍合金焊条熔敷金属力学性能

焊条型号	化学成分代号	屈服强度[①]R_{eL}（MPa）	抗拉强度 R_m（MPa）	伸长率 A（%）
		≥		
镍				
ENi2061	NiTi3	200	410	18
ENi2061A	NiNbTi			

焊条型号	化学成分代号	屈服强度[①]R_{eL}（MPa）	抗拉强度 R_m（MPa）	伸长率 A（%）
			$\geqslant$	
镍铜				
ENi4060	NiCu30Mn3Ti	200	480	27
ENi4061	NiCu27Mn3NbTi			
镍铬				
ENi6082	NiCr20Mn3Nb	360	600	22
ENi6231	NiCr22W14Mo	350	620	18
镍铬铁				
ENi6025	NiCr25Fe10AlY	400	690	12
ENi6062	NiCr15Fe8Nb	360	550	27
ENi6093	NiCr15Fe8NbMo			
ENi6094	NiCr14Fe4NbMo	360	650	18
ENi6095	NiCr15Fe8NbMoW			
ENi6133	NiCr16Fe12NbMo			
ENi6152	NiCr30Fe9Nb	360	550	27
ENi6182	NiCr15Fe6Mn			
ENi6333	NiCr25Fe16CoNbW	360	550	18
ENi6701	NiCr36Fe7Nb	450	650	8
ENi6702	NiCr28Fe6W			
ENi6704	NiCr25Fe10Al3YC	400	690	12
ENi8025	NiCr29Fe30Mo	240	550	22
ENi8165	NiCr25Fe30Mo			
镍钼				
ENi1001	NiMo28Fe5	400	690	22
ENi1004	NiMo25Cr5Fe5			
ENi008	NiMo19WCr	360	650	22
ENi1009	NiMo20WCu			
ENn062	NiMo24Cr8Fe6	360	550	18
ENn066	NiMo28	400	690	22
ENi1067	NiMo30Cr	350	690	22
ENi1069	NiMo28Fe4Cr	360	550	20
镍铬钼				
ENi6002	NiCr22Fe18Mo	380	650	18
ENi6012	NiCr22Mo9	410	650	22
ENi6022	NiCr21Mo13W3	350	690	22
ENi6024	NiCr26Mo14			

焊条型号	化学成分代号	屈服强度[①]R_{eL} (MPa)	抗拉强度 R_m (MPa)	伸长率 A (%)
			≥	
ENi6030	NiCr29Mo5Fe15W2	350	585	22
ENi6059	NiCr23Mo16	350	690	22
ENi6200	NiCr23Mo16Cu2			
ENi6275	NiCr16Mo16Fe5W3	400	690	22
ENi6276	NiCr15Mo15Fe6W4			
ENi6205	NiCr25Mo16	350	690	22
ENi6452	NiCr19Mo15			
ENi6455	NiCr16Mo15Ti	300	690	22
ENi6620	NiCr14Mo7Fe	350	620	32
ENi6625	NiCr22Mo9Nb	420	760	27
ENi6627	NiCr21MoFeNb	400	650	32
ENi6650	NiCr20Fe14Mo11WN	420	660	30
ENi6686	NiCr21Mo16W4	350	690	27
ENi6985	NiCr22Mo7Fe19	350	620	22
镍铬钴钼				
ENi6117	NiCr22Co12Mo	400	620	22

① 屈服发生不明显时，应采用 0.2% 的屈服强度 （$R_p0.2$）。

9. 有色金属焊条

有色金属焊条型号见表 9-51。

表 9-51　　　　　　　　　有色金属焊条型号

型号	抗拉强度 (MPa)	延伸率 δ (%)	用　　途
ECu	170	20	用于脱氧铜、无氧铜及韧性（电解）铜的焊接。也可用于这些材料的修补和堆焊以及碳钢和铸铁上堆焊。用脱氧铜可得到机械和冶金上无缺陷焊缝
ECuSi-A	250	22	用于焊接铜-硅合金 ECuSi 焊条，偶尔用于铜、异种金属和某些铁基金属的焊接，硅青铜焊接金属很少用作堆焊承截面，但常用于经受腐蚀的区域堆焊
ECuSi-B	270	20	

型号	抗拉强度 （MPa）	延伸率δ （%）	用　　途
ECuSn-A ECuSn-B	250 270	15 12	ECuSn 焊条用于连接类似成分的磷青铜。它们也用于连接黄铜。如果焊缝金属对于特定的应用具有满意的导电性和耐腐蚀性，也可用于焊接铜 ECuSn-B 焊条，具有较高的锡含量，因而焊缝金属比 ECuSn-A 焊缝金属具有更高的硬度及拉伸和屈服强度
ECuNiA ECuNi-B	270 350	20 20	ECuNi 类焊条用于锻造的或铸造的 70/30、80/20 和 90/10 铜镍合金的焊接，也用于焊接铜-镍包覆钢的包覆，通常不需预热
ECuAl-A$_2$ ECuAl-B ECuAl-C ECuAlNi ECuMnAlNi	410 450 390 490 520	20 10 15 13 15	用于连接类似成分的铝青铜、高强度铜-锌合金、硅青铜、锰青铜、某些镍基合金、多数黑色金属与合金及异种金属。ECuAl-B 焊条用于修补铝青铜和其他铜合金铸件；ECuAl-B 焊接金属也用于高强度耐磨和耐腐蚀承受面的堆焊；ECuAlNi 焊条用于铸造和锻造的镍-铝青铜材料的连接或修补。这些焊接金属也可用于在盐和微水中需高耐腐蚀、耐浸蚀或气蚀的应用中；ECuMnAlNi 焊条用于铸造或锻造的锰-镍铝青铜材料的连接或修补。具有耐蚀性
TAl TAlSi TAlMn	64 118 118	— — —	TAl 用于纯铝及要求不高的铝合金工件焊接。TAlSi 用于铝、铝硅合金板材、铸件、一般铝合金及硬铝的焊接。不宜焊镁合金。TAlMn 除用于焊接铝锰合金外，也可用于焊接纯铝及其他铝合金

注　1. 铜基焊条直径为 2.5、3.2、4、5、6mm；长度为 300、350mm。
　　2. 铝基焊条直径为 3.2、4、5、6mm；长度为 345、350、355mm。

五、焊丝

1. 金属焊丝

金属焊丝的型号见表 9-52。

表 9-52　　　　　　　　　　　金属焊丝的型号

类别	牌　号	主要用途
低碳钢焊丝	H08，H08A	适用于碳素钢和普通低碳钢的自动焊接
	H08Mn，H08MnA	适用于要求较高的工件的气焊
	H15Mn	适用于高强度工件的气焊
	H15	适用于中等强度工件的气焊
不锈钢焊丝	H0Cr18Ni9	用于奥氏体不锈钢件的焊接
	H1Cr18Ni9Nb	用于焊补铬 18 镍 11 铌等结构和工件
	HCr18Ni11Mo	用于焊补铬 18 镍 12 钼 2 钛和铬 18 镍 12 钼 3 钛

注　低碳钢焊丝直径：0.4、0.6、0.8、1、1.2、1.6、2、2.5、3、3.2、4.5、6、6.5、7、8、9mm；不锈钢焊丝直径：1.5～2.0mm。

2. 铸铁焊丝

铸铁焊丝根据熔敷金属或本身的化学成分及用途划分型号。

对于填充焊丝，字母 R 表示填充焊丝，字母 Z 表示用于铸铁焊接，"RZ"后面用焊丝的主要化学元素或熔敷金类型代号表示，再细分时用数字表示。

对于气体保护焊焊丝，字母 ER 表示气体保护焊焊丝，字母 Z 表示用于铸铁焊接，在字母 ERZ 后面用焊丝主要化学元素符号或熔敷金属类型代号表示。

对于药芯焊丝，字母 ET 表示药芯焊丝，ET 后面的数字 3 表示药芯焊丝为自保护类型，3 后面的 Z 表示用于铸铁焊接，ET3Z 后用焊丝熔敷金属的主要化学元素符号或金属类型代号表示。

（1）铸铁焊接用焊丝的类别与型号见表 9-53。

表 9-53　　　　　　　　　铸铁焊接用焊丝的类别与型号

类　　别	型　　号	名　　称
铁基填充焊丝	RZC	灰口铸铁填充焊丝
	RZCH	合金铸铁填充焊丝
	RZCQ	球墨铸铁填充焊丝
镍基气体保护焊焊丝	ERZNi	纯镍铸铁气保护焊丝
	ERZNiFeMn	镍铁锰铸铁气保护焊丝
镍基药芯焊丝	E13ZNiFe	镍铁铸铁自保护药芯焊丝

（2）铸铁焊接用填充焊丝的直径及偏差见表9-54。

表9-54　　　　　铸铁焊接用填充焊丝的直径及偏差

焊丝类别	焊丝横截面尺寸（mm）		焊丝长度（mm）	
	基本尺寸	极限偏差	基本尺寸	极限偏差
铁基填充焊丝	3.2	±0.8	400～500	±5
	4.0，5.0，6.0，8.0，10.0		450～500	
	12.0		550～650	

（3）铸铁焊接用气体保护焊丝和药芯焊丝的直径及偏差见表9-55。

表9-55　　铸铁焊接用气体保护焊丝和药芯焊丝的直径及偏差

基本尺寸（mm）	极限偏差（mm）
1.0，1.2，1.4，1.6	±0.05
2.0，2.4，2.8，3.0	±0.08
3.2，4.0	±0.10

注　焊丝截面有圆形与方形两种。

3. 碳钢药芯焊丝

碳钢药芯焊丝根据熔敷金属的力学性能、焊接位置及焊丝类别特点（包括保护类型、电流类型、渣系特点等）划分型号。

碳钢药芯焊丝型号的表示方法为 E×××T-×ML，字母 E 表示焊丝，字母 T 表示药芯焊丝，型号中的×符号按排列顺序分别说明如下：E 后面的前两个符号××表示熔敷金属的力学性能；E 后面的第三个符号×表示推荐的焊接位置，数字 0 表示平焊和横焊位置，数字 1 表示全位置；短划后面的符号×表示焊丝的类别特点；字母 M 表示保护气体为（75%～80%）Ar＋CO_2，无字母 M 时表示保护气体为 CO_2 或为自保护类型；字母 L 表示熔敷金属的冲击性能在－40℃时，其 V 形缺口冲击功不小于 27J，当无字母时表示焊丝熔敷金属的冲击性能符合一般要求。

（1）碳钢药芯焊丝熔敷金属的力学性能见表9-56。

表 9-56　　　　　　　碳钢药芯焊丝熔敷金属的力学性能

型号	抗拉强度 R_m (MPa)	屈服强裹 R_p 或 $R_{p0.2}$ (MPa)	伸长率 A (%)	V 形缺口冲击功	
				试验温度 (℃)	冲击功 (J)
E50×T-1, E50×T-1M①	480	400	22	−20	27
E50×T-2, E50×T-2M②	480		22		
E50×T-3②	480				
E50×T-4	480	400			
E50×T-5, E50×T-5M①	480	400	22	−30	27
E50×T-6①	480	400	22	−30	27
E50×T-7	480	400	22		
E50×T-8②	480	400	22	−30	27
E50×T-9, E50×T-9①	480	400	22	−30	27
E50×T-10②	480	—			
E50×T-11	480	400	20		
E50×T-12, E50×T-12①	480～620	400		−30	27
E50×T-13②	415				
E50×T-13②	480				
E50×T-14②	480		22		
E43×T-G	415	330	22		
E50×T-G	480	400	22		
E43×T-GS②	415	—			
E50×T-GS②	480	—			

① 表中所列单值均为最小值。

② 这些型号主要用于单焊道而不用于多焊道。因为只规定了抗拉强度，所以只要求做横向拉伸和纵向辊筒弯曲（缠绕式导向弯曲）试验。

（2）碳钢药芯焊丝焊接位置、保护类型、极性和适用性要求见表 9-57。

表 9-57　　碳钢药芯焊丝焊接位置、保护类型、极性和适用性要求

型号	焊接位置①	外加保护气②	极性③	适用性④
E500T-1	H, F	CO_2	DCEP	M
E500T-1M	H, F	75%～80%Ar+CO_2	DCEP	M
E501T-1	H, E, VU, OH	CO_2	DCEP	M
E501T-1M	H, F, VU, OH	(75%～80%)Ar+CO_2	DCEP	M
E500T-2	H, F	CO_2	DCEP	S
E500T-2M	H, F	(75%～80%)Ar+CO_2	DCEP	S

型号	焊接位置①	外加保护气②	极性③	适用性④
E501T-2	H，E，VU，OH	CO_2	DCEP	S
E501T-2M	H，E，VU，OH	(75%～80%)Ar+CO_2	DCEP	S
E500T-3	H，F	无	DCEP	S
E500T-4	H，F	无	DCEP	M
E500T-5	H，F	CO_2	DCEP	M
E500T-5M	H，F	(75%～80%)Ar+CO_2	DCEP	M
E501T-5	H，E，VU，OH	CO_2	DCEP 或 DCEN⑤	M
E501T-5M	H，E，VU，OH	(75%～80%)Ar+CO_2	DCEP 或 DCEN⑤	M
E500T-6	H，F	无	DCEP	M
E500T-7	H，F	无	DCEP	M
E501T-7	H，F，VU，OH	无	DCEP	M
E500T-8	H，F	无	DCEP	M
E501T-8	H，F，VU，OH	无	DCEP	M
E500T-9	H，F	CO_2	DCEP	M
E500T-9M	H，F	(75%～80%)Ar+CO_2	DCEP	M
E501T-9	H，E，VU，OH	CO_2	DCEP	M
E501T-9M	H，E，VU，OH	(75%～80%)Ar+CO_2	DCEP	M
E500T-10	H，F	无	DCEP	S
E500T-11	H，F	无	DCEP	M
E501T-11	H，F，VU，OH	无	DCEP	M
E500T-12	H，F	CO_2	DCEP	M
E500T-12M	H，F	(75%～80%)Ar+CO_2	DCEP	M
E501T-12	H，E，VU，OH	CO_2	DCEP	M
E501T-12M	H，E，VU，OH	(75%～80%)Ar+CO_2	DCEP	M
E431T-13	H，E，VD，OH	无	DCEP	S
E501T-13	H，E，VD，OH	无	DCEP	S
E501T-14	H，E，VD，OH	无	DCEP	S
EXX0T-G	H，F	—	—	M
EXX1T-G	H，F，VD 或 VU，OH	—	—	M
EXX0T-GS	H，F	—	—	S
EXX1T-GS	H，F，VD 或 VU，OH	—	—	S

① H 为横焊，F 为平焊，OH 为仰焊，VD 为立向下焊，VU 为立向上焊。
② 对于使用外加保护气的焊丝(EXXXT-1，EXXXT-1M，EXXXT-2，EXXXT-2M，EXXXT-5，EXXXT-5M，EXXXT-9，EXXXT-9M 和 EXXXT-12，EXXXT-12M)，其金属的性能随保护气类型不同而变化。用户在未向焊丝制造商咨询前不应使用其他保护气。
③ DCEP 为直流电源，焊丝接正极；DCEN 为直流电源，焊丝接负极。
④ M 为单道和多道焊，S 为单道焊。
⑤ ES01T-5 和 ES01T-5M 型焊丝可在 DCEN 极性下使用改善不适当位置的焊接性，推荐的极性请咨询制造商。

（3）碳钢药芯焊丝缠绕的质量要求见表 9-58。

表 9-58　　　　碳钢药芯焊丝缠绕的质量要求

供货形式	包装尺寸①（mm）	焊丝净重②（kg）
带内撑焊丝卷	200（内径）	5 或 10
	300（内径）	10、15、20 或 25
焊丝盘	100（外径）	1
	200（外径）	5
	300（外径）	15 或 20
	350（外径）	25
	435（外径）	50 或 60
	560（外径）	110
焊丝筒	400	由供需双方协商
	500	
	600	

①　可由供需双方协商采用表中规定以外的尺寸和质量。

②　净重的误差应是规定质量的±4%。

4. 埋弧焊用碳钢焊丝

埋弧焊用碳钢焊丝的型号根据焊丝焊剂组合的熔敷金属力学性能、热处理状态进行划分。焊丝焊剂组合的型号 F×××-H××A 编制方法如下：字母 F 表示焊剂；第一个×符号表示焊丝焊剂组合的熔敷金属抗拉强度的最小值；第二个×符号表示试件的热处理状态，用字母 A 表示焊态，用字母 P 表示焊后热处理状态；第三个×符号表示熔敷金属冲击吸收功不小于 27J 时的最低试验温度；短划后的四位符号表示焊丝的牌号。如果需要标注扩散氢含量，可选用附加代号 H×表示。

（1）埋弧焊用碳钢焊丝直径及其极限偏差见表 9-59。

表 9-59　　　　埋弧焊用碳钢焊丝直径及其极限偏差　　　　（mm）

直径	1.6，2.0，2.5	3.2，4.0，5.0，6.0
极限偏差	0 −0.10	0 −0.12

注　根据供需双方协议，可生产其他尺寸的焊丝。

（2）埋弧焊用碳钢焊丝参考焊接规范见表 9-60。

表 9-60　　　　埋弧焊用碳钢焊丝参考焊接规范

焊丝规格（mm）	焊接电流（A）	电弧电压（V）	电流种类	焊接速度（m/h）	道间温度（℃）	焊丝伸出长度（mm）
1.6	350			18		13～19
2.0	400			20		
2.5	450			21		19～32
3.2	500	20	30±2	23	±1.5	135～165	22～35
4.0	550		直流或交流	25		
5.0	600			26		215～38
6.0	650			27		

（3）埋弧焊用碳钢焊丝包装尺寸及净质量要求见表 9-61。

表 9-61　　　　埋弧焊用碳钢焊丝包装尺寸及净质量要求

焊丝尺寸（mm）	焊丝净质量（kg）	轴内径（mm）	盘最大宽度（mm）	盘最大外径（mm）
1.6～6.0	10，25，30	带焊丝盘 305±3	65，120	445，430
2.5～6.0	45，70，90	供需双方协议确	125	800
1.6～6.0	不带焊丝盘装按供需双方协议			
1.6～6.0	桶装按供需双方协议			

5. 埋弧焊用低合金钢焊丝

（1）埋弧焊用低合金钢焊丝直径及其极限偏差见表 9-62。

表 9-62　　　　埋弧焊用低合金钢焊丝直径及其极限偏差　　　　（mm）

公称直径	极限偏差	
	普通精度	较高精度
1.6，2.0，2.5，3.0	－0.10	－0.06
3.2，4.0，5.0，6.0，6.4	－0.12	－0.08

注　根据供需双方协议，可生产使用其他尺寸的焊丝。

（2）埋弧焊用低合金钢焊丝焊接及热处理规范见表 9-63。

表 9-63　　埋弧焊用低合金钢焊丝焊接及热处理规范

焊丝规格（mm）	焊接电流（A）	电弧电压（V）	电流种类	焊接速度（m/h）	焊丝伸出长度（mm）	道间温度（℃）	焊后热处理温度（℃）
1.6	250～350	26～29	直流或交流	18	13～19	150±15	620±15
2.0	300～400			18	13～19		
2.5	350～450			22	19～32		
3.0	400～500	27～30		23	25～38		
3.2	425～525			23			
4.0	475～575			25			
5.0	550～650			25			
6.0	625～725	28～31		29	32～44		
6.4	700～800	28.32		31	38～50		

（焊接速度列另有 ±1.5）

注　1. 当熔敷金属含 Cr1.00％～1.50％、Mo0.40％～0.65％时，预热及道间温度为 150℃±15℃，焊后热处理温度为 690℃±15℃。
　　2. 当熔敷金属含 Cr1.75％～2.25％、Mo0.40％～0.65％或 Cr2.00％～2.50％、Mo0.90％～1.20％时，预热及道间温度为 205℃±15℃，焊后热处理温度为 690℃±15℃。
　　3. 当熔敷金属含 Cx0.60％以下、Ni0.40％～0.80％、Mo0.25％以下、Ti＋V＋Zr0.03％以下、Cr0.65％以下、Ni2.00％～2.80％、Mo0.30％～0.80％、Cr0.65％以下、Ni1.5％～2.25％、Mo0.60％以下时，预热及道间温度为 150℃±15℃，焊后热处理温度为 690℃±15℃。
　　4. 仲裁试验时，应采用直流反接施焊。
　　5. 试件装炉时的炉温不得高于 315℃，然后以不大于 220℃/h 的升温速度加热到规定温度，保温 1h。保温后以不大于 195℃/h 的冷却速度炉冷至 315℃以下任一温度出炉，然后空冷至室温。
　　6. 根据供需双方协议，也可采用其他热处理规范。

（3）埋弧焊用低合金钢焊丝包装尺寸及净质量要求见表 9-64。

表 9-64　　埋弧焊用低合金钢焊丝包装尺寸及净质量要求

焊丝尺寸（mm）	焊丝净质量（kg）	轴内径（mm）	盘最大宽度（mm）	盘最大外径（mm）
1.6～6.4	10，12，15，20，25，30	带焊丝盘 300±15	供需双方协议	
2.5～6.4	45，70，90，100	带焊丝盘 610±10	125	800
1.6～6.4	不带焊丝盘装按供需双方协议			
1.6～6.4	桶装按供需双方协议			

注　焊丝包装质量偏差应不大于±2％。

6. 埋弧焊用不锈钢焊丝

（1）埋弧焊用不锈钢焊丝直径及其极限偏差见表 9-65。

表 9-65　　　　　埋弧焊用不锈钢焊丝直径及其极限偏差

直径（mm）	1.6, 2.0, 2.5	3.2, 4.0, 5.0, 6.0
极限偏差（mm）	0 −0.10	0 −0.12

注　根据供需双方协议，可生产其他尺寸的焊丝。

（2）埋弧焊用不锈钢焊丝参考焊接规范见表 9-66。

表 9-66　　　　　埋弧焊用不锈钢焊丝参考焊接规范

焊丝直径 （mm）	焊接电流 （A）		焊接电压 （V）	电流种类	焊接速度 （m/h）		焊丝伸出长度 （mm）
3.2	500	±20	30±2	交流或 直流	23	±1.5	22～35
4.0	550				25		25～38

（3）埋弧焊用不锈钢焊丝包装尺寸及净质量要求见表 9-67。

表 9-67　　　　　埋弧焊用不锈钢焊丝包装尺寸及净质量要求

焊丝尺寸 （mm）	焊丝净质量 （kg）	轴内径 （mm）	盘最大宽度 （mm）	盘最大外径 （mm）
1.6～6.0	10, 25, 30	带焊丝盘 305±3	65, 120	445, 430
2.5～6.0	45, 70, 90	供需双方协议确定	125	800
1.6～6.0	不带焊丝盘装按供需双方协议			
1.6～6.0	桶装按供需双方协议			

7. 不锈钢药芯焊丝

焊丝根据熔敷金属化学成分、焊接位置、保护气体及焊接电流类型划分型号。在焊丝型号表示方法中，字母 E 表示焊丝；字母 R 表示填充焊丝，后面的三四位数字表示焊丝熔敷金属化学成分分类代号，如有特殊要求的化学成分，将其元素符号附加在数字后面，或者用字母 L 表示碳含量较低、H 表示碳含量较高、K 表示焊丝应用于低温环境；最后用字母 T 表示药芯焊丝，之后用一位数字表示焊接位置，0 表示焊丝适用于平焊或横焊位置焊接，1 表示焊丝适用于全位置焊接；"-"后面的数字表示保护气体及焊接电流类型。

（1）不锈钢药芯焊丝保护气体、电流类型及焊接方法见表9-68。

表9-68　　　不锈钢药芯焊丝保护气体、电流类型及焊接方法

型号	保护气体	电流类型	焊接方法
E×××T×-1	CO_2	直流反接	FCAW
E×××T×-3	无（自保护）		
E×××T×-4	（75%～80%）Ar＋CO_2		
E×××T1-5	100%Ar	直流正接	GTAW
E×××T×-G	不规定	不规定	FCAW
E×××T1-G			GTAW

注　FCAW为药芯焊丝电弧焊，GTAW为钨极惰性气体保护焊。

（2）不锈钢药芯焊丝熔敷金属的拉伸性能见表9-69。

表9-69　　　　　　不锈钢药芯焊丝熔敷金属的拉伸性能

型　　号	抗拉强度 R_m（MPa）	伸长率 A（%）	热处理
E307T×-×	590	30	
E308T×-×	550	35	
E308LT×-×	520		
E308HT×-×	550		
E308M$_O$T×-×			
E308LM$_O$T×-×	520		
E309T×-×	550	25	
E309LNbT×-×	520		
E309LT×-×			
E309M$_O$T×-×	550		
E309LM$_O$T×-×	520		
E309LNiM$_O$T×-×			
E310T×-×	550		

型　　号	抗拉强度 R_m(MPa)	伸长率 A(%)	热处理
E312T×-×	660	22	
E316T×-×	520	30	
E316L×-×	485		
E317LT×-×	520	20	
E347T×-×		25	
E409T×-×	450	15	
E410T×-×	520	20	①
E410NiM$_o$T×-×	760	15	②
E410NiTiT×-×			
E430T×-×	450		③
E502T×-×	415	20	④
E505T×-×			
E308HM$_o$T0-3	550	30	—
E316LKT0-3	485		
E2209TO-×	690	20	
E2553TO-×	760	15	
E×××T×-G	—	不规定	
R308LT1-5	520	35	
R309LT1-5			—
R316LT1-5	485	30	
R347T1-5	520		

① 加热到 730～760℃保温 1h 后，以不超过 55℃/h 的速度随炉冷至 315℃，出炉空冷至室温。

② 加热到 595～620℃保温 1h 后，出炉空冷至室温。

③ 加热到 760～790℃保温 4h 后，以不超过 55℃/h 的速度随炉冷至 590℃，出炉空冷至室温。

④ 加热到 840～870℃保温 2h 后，以不超过 55℃/h 的速度随炉冷至 590℃，出炉空冷至室温。

(3) 不锈钢药芯焊丝包装尺寸及净质量见表 9-70。

表 9-70   不锈钢药芯焊丝包装尺寸及净质量

供货形式	包装尺寸(mm)	绕丝净质量(kg)
卷装焊丝	200	5 或 10
	300	10、15、20 或 25
	570	25、40 或 50
盘装焊丝	100	1
	200	10
	300	15
	350	25
	435	50 或 60
	560	110
	760	300

注 绕丝净质量的误差应是±4％。

8. 低合金钢药芯焊丝

低合金钢药芯焊丝按药芯类型分为非金属粉型药芯焊丝和金属粉型药芯焊丝。非金属粉型药芯焊丝按化学成分分为钼钢、铬钼钢、镍钢、锰钼钢和其他低合金钢五类。金属粉型药芯焊丝按化学成分分为铬钼钢、镍钢、锰钼钢和其他低合金钢四类。

非金属粉型药芯焊丝型号按熔敷金属的抗拉强度和化学成分、焊接位置、药芯类型和保护气体进行划分。金属粉型药芯焊丝型号按熔敷金属的抗拉强度和化学成分进行划分。

非金属粉型药芯焊丝型号的表示方法为 E×××T×-××(-JH×)。其中，字母 E 表示焊丝，字母 T 表示非金属粉型药芯焊丝，其他符号按排列顺序分别说明如下：E 后面的前两个符号××表示熔敷金属的最低抗拉强度；E 后面的第三个×符号表示推荐的焊接位置；T 后面的×符号表示药芯类型及电流种类；短划后面的第一个×符号表示熔敷金属化学成分代号；短划后面的第二个×符号表示保护气体类型，用字母 C 表示 CO_2 气体，用字母 M 表示 Ar＋（20％～25％）CO_2 混合气体，该位置没有符号出现时表示不采用保护气体或为自保护类型；更低温度的冲击性能（可选附加代号）以型号中出现的第二个短划及字母 J 表示；熔敷金属扩散氢含量（可选附加代号）以出现的第二个短划及字母 J 后面的 H× 表示，×符号表示扩散氢含量最大值。

金属粉型药芯焊丝型号的表示方法为 E××C-× (-H×)。其中，字母 E 表示焊丝，字母 C 表示金属粉型药芯焊丝，其他符号按排列顺序分别说明如下：E 后面的前两个符号×× 表示熔敷金属的最低抗拉强度；短划后面的×符号表示熔敷金属化学成分代号；熔敷金属扩散氢含量（可选附加代号）以出现的第二个短划及符号 H× 表示，X 符号表示扩散氢含量最大值。

（1）低合金钢药芯焊丝药芯类型、保护气体及电流种类见表 9-71。

表 9-71   低合金钢药芯焊丝药芯类型、保护气体及电流种类

焊丝	药芯类型	药芯特点	型号	焊接位置	保护气体[①]	电流种类
非金属粉型	1	金红石型，熔滴呈喷射过渡	E××0T1-×C	平、横	CO_2	直接反流
			E××0T1-×M		Ar+（20%～25%）CO_2	
			E××1T1-×C	平、横、仰、立向上	CO_2	
			E××1T1-×M		Ar+（20%～25%）CO_2	
	4	强脱硫、自保护型，熔滴呈粗滴过渡	E××0T4-×	平、横	—	
	5	氧化钙—氟化物型，熔滴呈粗滴过渡	E××0T5×C	平、横	CO_2	直接反流或正接[②]
			E××0T5×M		Ar+（20%～25%）CO_2	
			E××1T5-×C	平、横、仰、立向上	CO_2	
			E××1T5-×M		Ar+（20%～25%）CO_2	
非金属粉型	6	自保护型，熔滴呈喷射过渡	E××0T5-×	平、横	—	直接反流
	7	强脱硫、自保护型，熔滴呈喷射过渡	E××0T7-×	平、横	—	直接反流
			E××1T7-×	平、横、仰、立向上		

焊丝	药芯类型	药芯特点	型号	焊接位置	保护气体①	电流种类
非金属粉型	8	自保护型，熔滴呈喷射过渡	E××0T8-×	平、横	—	直接反流
			E××1T8-×	平、横、仰、立向上		
	11	自保护型，熔滴呈喷射过渡	E××0T11-×	平、横	—	
			E××1T11-×	平、横、仰、立向上		
	X③	③	E××0T×-G	平、横		③
			E××1T×-G	平、横、仰、立向上或向下		
			E××0T×-GC	平、横	CO_2	
			E××1T×-GC	平、横、仰、立向上或向下		
			E××0T×-GM	平、横	Ar+(20%~25%)CO_2	
			E××1T×-GM	平、横、仰、立向上或向下		
	G	不规定	E××0TG-×	平、横	不规定	不规定
			E××1TG-×	平、横、仰、立向上或向下		
			E××0TG-G	平、横		
			E××1TG-G	平、横、仰、立向上或向下		

焊丝	药芯类型	药芯特点	型号	焊接位置	保护气体①	电流种类
金属粉型		主要为纯金属和合金。熔渣极少，熔滴呈喷射过渡	E××C-B2，-B2L E××C-B3，-B3L E××C-B6，-B8 E××C-Ni1，-Ni2，-Ni3 E××C-D2	不规定	Ar+(1%～5%)O₂	不规定
			E××C-B9 E××C-K3，-K4 E××C-W2		Ar+(5%～25%)O₂	
	不规定		E××C-G		不规定	

① 为保证焊缝金属性能，应采用表中规定的保护气体。如供需双方协商也可采用其他保护气体。

② 某些 E××1-×C，-×M 焊丝，为改善立焊和仰焊的焊接性，焊丝制造厂也可能推荐采用直接正接。

③ 可以是上述任一种药芯类型，其药芯特点及电流种类应符合该类药芯焊丝相对应的规定。

(2) 低合金钢药芯焊丝包装尺寸及净质量见表 9-72。

表 9-72 **低合金钢药芯焊丝包装尺寸及净质量**

包装形式		尺寸(mm)	净质量(kg)
卷装(无支架)		由供需双方商定	
卷装(有支架)	内径	170	5、6、7
		300	10、15、20、25、30
盘装	外径	100	0.5、1.0
		200	4、5、7
		270、300	10、15、20
		350	20、25
		560	100
		610	150
		760	250、350、450

包装形式	尺寸(mm)		净质量(kg)
桶装	外径	400	由供需双方商定
		500	
		600	150、300

有支架焊丝卷的包装尺寸

焊丝净质量(kg)	芯轴内径(mm)	绕至最大宽度(mm)
5、6、7	170±3	75
10、15	300±3	65 或 120
20、25、30	300±3	120

注 根据供需双方协议，可包装其他净质量的焊丝。

（3）低合金钢药芯焊丝直径及其极限偏差见表 9-73。

表 9-73 低合金钢药芯焊丝直径及其极限偏差

直径(mm)	0.8, 0.9, 1.0, 1.2, 1.4	1.6, 1.8, 2.0, 2.4, 2.8	3.0, 3.2, 4.0
极限偏差(mm)	+0.02 −0.05	+0.02 −0.06	+0.02 −0.07

注 根据供需双方协议，可包装其他净质量的焊丝。

（4）低合金钢药芯焊丝熔敷金属扩散氢含量见表 9-74。

表 9-74 低合金钢药芯焊丝熔敷金属扩散氢含量

扩散氢可选附加代号	扩散氢含量
H5	≤5.0
H10	≤10.0
H15	≤15.0

（5）低合金钢药芯焊丝熔敷金属力学性能见表 9-75。

表 9-75　　　　　低合金钢药芯焊丝熔敷金属力学性能

型号[①]	试样状态	抗拉强度 R_m (MPa)	规定非比例延伸强度 $R_{D0.2}$ (MPa)	断后伸长率 A (%)	冲击性能[②] 吸收功 A_{KV} (J)	冲击性能[②] 试验温度 (℃)
金属粉型						
E49C-B2L	焊后热处理	≥515	≥440	≥19	—	—
E55C-B2		≥550	≥470	≥19	—	—
E55C-B3L		≥550	≥470	≥19	—	—
E62C-B3		≥620	≥540	≥17	—	—
E55C-B6		≥550	≥470	≥17	—	—
E55C-B8		≥550	≥470	≥17	—	—
E62C-B9		≥620	≥410	≥16	—	—
E49C-Ni2		≥490	≥400	≥24		−60
E55C-N11	焊态	≥550	≥470	≥24		−45
E55C-Ni2	焊后热处理	≥550	≥470	≥24		−60
E55C-Ni3		≥550	≥470	≥24		−75
E62C-D2	焊态	≥620	≥540	≥17	≥27	30
E62C-K3		≥620	≥540	≥18	≥27	
E69C-K3		≥690	≥610	≥16	≥27	
E76C-K3		≥760	≥680	≥15	≥27	−50
E76C-K4		≥760	≥680	≥15	≥27	−50
E83C-K4		≥830	750	≥15	≥27	−50
E55C-W2		≥550	≥470	≥22	≥27	−30
非金属粉型						
E49×T5-A1C，A1M	焊后热处理	490～620	≥400	≥20	≥27	−30
E55×T1-A1C，A1M		550～690	≥470	≥19	—	—
E55×T1-B1C，-B1M，-B1LC，-B1LM		550～690	≥470	≥19	—	—
E55×T1-B2C，-B2M，-B2LC，-B2LM，-B2HC，-B2HM		550～690	≥470	≥19	—	—
E55×T5-B2C，-B2M，-B2LC，-B2LM		550～690	≥470	≥19	—	—

型号①	试样状态	抗拉强度 R_m (MPa)	规定非比例延伸强度 $R_{p0.2}$ (MPa)	断后伸长率 A (%)	冲击性能②	
					吸收功 A_{KV} (J)	试验温度 (℃)
E62×T1-B3C，-B3M，-B3LC，-B3LM-B3HC，-B3HM E62×T5-B3C，-B3M	焊后热处理	620~760	≥540	≥17	—	
B69×T1-B3C，-B3M		690~830	≥610	≥16	—	
E55×T1-B6C，-B6M，-B6LC-B6LM E55×T5-B6C，-B6M，-B6LC，-B6LM		550~690	≥470	≥19	—	
E55×T1-B8C-B8M，-B8LC，-B8LM E55×T5-BSC，-BSM，-B8LC，-B8LM		550~690	≥470	≥19	—	
E62×T1-B9C，-B9M		620~830	≥540	≥16	—	—
E43×T1-Ni1C，- Ni1M	焊态	430~550	≥340	≥22	≥27	−30
E49×T6-Ni1		490~620	≥400	≥200	≥27	−30
E49×T8-Ni1		490~620	≥400	≥200	≥27	−30
E55×T1-Ni1C，-Ni1M	焊态	550~690	≥470	≥19		−30
E55×T5-Ni1C，-Ni1M	焊后热处理					−50
FA9×T8-Ni2		490~620	≥400	≥20		−30
E55×T8-Ni2	焊态					
E55×T1-Ni2C，-Ni2M		550~690	≥470	≥19		−40
E55×T5-Ni2C，-Ni2M	焊后热处理				≥27	−60
E62×T1-Ni2C，-Ni2M	焊态	620~760	≥540	≥17		−40
E55×T5-Ni3C，-Ni3M	焊后热处理	550~690	≥470	≥19		−70
E62×T5-Ni3M		620~760	≥540	≥17		−70
E55×T11-Ni3	焊态	550~690	≥470	19		−20
E62×T1-D1C，-D1M	焊态	620~760	≥540	≥17		−40
E62×T5-D2C，-D2N	焊后热处理					−50
E69×T5-D2C-D2M		690~830	≥610	16		−40
E62×T1-D3C，-D3M	焊态	620~760	≥540	≥17		−30
K55×T5-K1C，-K1M		550~690	≥470	≥19		−40

型号①	试样状态	抗拉强度 R_m（MPa）	规定非比例延伸强度 $R_{p0.2}$（MPa）	断后伸长率 A（%）	冲击性能② 吸收功 A_{KV}（J）	冲击性能② 试验温度（℃）
E49×T4-K2	焊态	490~620	≥400	≥20		−20
E49×T7-K2						−30
E49×T8-K2						−30
E49×T11-K2						−20
E55×T8-K2 E55×T1-K2C，-K2M E55×T5-K2C，-K2M		550~690	≥470	≥19	≥27	−30
E62×T1-K2C，-K2M		620~760	≥540	≥17		−20
E62×T5-K2C，-K2M						−50
E69×T1-K3C，-K3M		690~830	≥610	≥16		−20
E69×T5-K3C，-K3M						−50
E76×T1-K3C，-K3M		760~900	≥680	≥15		−20
E76×T5-K3C，-K3M						−50
E76×T1-K4C，-K4M						−20
E76×T5-K4C，-K4M						−50
E83×T5-K4C，-K4M		830~970	≥745	≥14		−
E83×T1-K5C，-K5M						
E49×T5-K6C，-K6M		490~620	≥400	≥20	≥27	−60
E43×T8-K6		430~550	≥340	≥22		−30
E49×T8-K6		490~620	≥400	≥20		−30
E69×T1-K7C，-K7M		690~830	≥610	≥16	≥27	−50
E62×T8-K8		620~760	≥540	≥17		−30
E69×T1-K9C，-K9M		690~830③	560~670	≥18	≥47	−50
E55×T1-W2C，-W2M		550~690	≥70	≥19	≥27	−30

注 1. 对于 E×××T×-G、-GC、-GM、E×××TG-× 和 E×××TG-G 型焊丝，熔敷金属冲击性能由供需双方商定。

2. 对于 E××G-G 型焊丝，除熔敷金属抗拉强度外，其他力学性能由供需双方商定。

① 在实际型号中"×"用相应的符号替代。

② 非金属粉型焊丝型号中带有附加代号"J"时，对于规定的冲击吸收功，试验温度应降低 10℃。

③ 对于 E69×T1-K9C、-K9M 所示的抗拉强度范围不是要求值，而是近似值。

9. 气体保护电弧焊用碳钢、低合金钢焊丝

焊丝按化学成分分为碳钢、碳钼钢、铬钼钢、镍钢、锰钼钢和

其他低合金钢六类。焊丝型号按化学成分和采用熔化极气体保护电弧焊时熔敷金属的力学性能进行划分。

焊丝型号由三部分组成：第一部分用字母 ER 表示气体保护电弧焊用碳钢、低合金钢焊丝；第二部分用两位数字表示焊丝熔敷金属的最低抗拉强度；第三部分为短划后的字母或数字，表示焊丝化学成分代号。根据供需双方协商，可在型号后附加扩散氢代号 H×，其中×代表 15、10 或 5。

(1) 气体保护电弧焊用碳钢、低合金钢焊丝直径及其允许偏差见表 9-76。

表 9-76　　　气体保护电弧焊用碳钢、低合金钢焊丝直径及其允许偏差

包装形式	焊丝直径(mm)	允许偏差(mm)
直条	1.2、1.6、2.0、2.4、2.5	+0.01 −0.04
	3.0、3.2、4.0、4.8	+0.01 −0.07
焊丝卷	0.8、0.9、1.0、1.2、1.4、1.6、 2.0、2.4、2.5	+0.01 −0.04
	2.8、3.0、3.2	+0.01 −0.07
焊丝桶	0.9、1.0、1.2、1.4、1.6、2.0、2.4、2.5	+0.01 −0.04
	2.8、3.0、3.2	+0.0 −0.07
焊丝盘	0.5、0.6	+0.01 −0.03
	0.8、0.9、1.0、1.2、1.4、1.6、 2.0、2.4、2.5	+0.01 −0.04
	2.8、3.0、3.2	+0.01 −0.07

注　根据供需双方协议，可生产其他尺寸及偏差的焊丝。

(2) 气体保护电弧焊用碳钢、低合金钢焊丝包装尺寸及净质量要求见表 9-77。

表 9-77　　　气体保护电弧焊用碳钢、低合金钢焊丝包装

尺寸及净质量要求

包装形式		尺寸(mm)	净质量(kg)
直条		—	1.2、5、10、20
无支架焊丝卷		供需双方协商确定	
有支架焊丝卷	内净	170	6
		300	10、15、20、25、30
焊丝盘	外径	10	0.5、0.7、1.0
		200	4.5、5.0、5.5、7
		270、300	10、15、20
		350	20、25
		560	100
		610	150
		760	250、350、450
焊丝桶	外径	400	供需双方协商确定
		500	
		600	150、300
有支架焊丝的标准尺寸和净质量			
焊丝净质量(kg)	芯轴内径(mm)		绕至最大宽度(mm)
6	170±3		75
10、15	300±3		65 或 120
20、25、30	300±3		120

注　根据供需双方协议,可包装其他净质量的焊丝。

（3）气体保护电弧焊用碳钢、低合金钢焊丝焊接规范见表 9-78。

表 9-78　　　气体保护电弧焊用碳钢、低合金钢焊丝焊接规范

焊丝类别	焊丝直径(mm)	保护气体	电弧电压	焊接电流①	极性	电极端与工件距离(mm)	焊接速度(mm/s)	送丝速度(mm/s)
碳钢	1.2	见表 9-77	27~32	260~290	直接反流	19±3	5.5±10	190±10
	1.6		25~30	330~360		19±3	5.5±10	100±5
其他	1.2		27~32	300~360		22±3	5.5±10	190±10
	1.6		25~30	340~420		22±3	5.5±10	100±5

注　如果不采用直径 1.2mm 或 1.6mm 的焊丝进行试验,焊接规范应根据需要适当改变。

①　对于 ER55-D2 型号焊丝,直径 1.2mm 焊丝的焊接电流为 260~320A,直径 1.6mm 焊丝的焊接电流为 330~410A。

10. 铜及铜合金焊丝

焊丝按化学成分分为铜、黄铜、青铜、白铜四类。焊丝型号按化学成分进行划分。焊丝型号由三部分组成：第一部分为字母SCu，表示铜及铜合金焊丝；第二部分为四位数字，表示焊丝型号；第三部分为可选部分，表示化学成分代号。

(1) 铜及铜合金焊丝的直径及其允许偏差见表9-79。

表 9-79　　　　　铜及铜合金焊丝的直径及其允许偏差　　　　(mm)

包装形式	焊丝直径	允许偏差
直条①	1.6、1.8、2.0、2.4、2.5、2.8、 3.0、3.2、4.0、4.8、5.0、6.0、6.4	±0.1
焊丝卷②		
直径 100mm 和 200mm 焊丝盘	0.8、0.9、1.0、1.2、1.4、1.6	±0.01 −0.04
直径 270mm 和 300mm 焊丝盘	0.5、0.8、0.9、1.0、1.2、1.4、 1.6、2.0、2.4、2.5、2.8、3.0、3.2	

注　根据供需双方协议，可生产其他尺寸、偏差的焊丝。
①　当用于手工填充丝时，其直径允许偏差为±0.1mm。
②　直条铜及铜合金焊丝长度为500～1000mm，允许偏差为±5mm。

(2) 铜及铜合金焊丝包装尺寸及净质量要求见表9-80。

表 9-80　　　　　铜及铜合金焊丝包装尺寸及净质量要求

包装形式	尺寸（mm）	净质量（kg）
直条		2.5、5、10、25、50
焊丝卷	①	10、15、20、25、50
焊丝盘	100	1.0
	200	4.5、5.0
	270、300	10、12.5、15

注　根据供需双方协议，可包装其他净质量的焊丝。
①　焊丝卷尺寸由供需双方协商确定。

11. 铝及铝合金焊丝

焊丝按化学成分分为铝、铝铜、铝锰、铝硅、铝镁五类。焊丝型号按化学成分进行划分。焊丝型号由三部分组成：第一部分为字母 SA1，表示铝及铝合金焊丝；第二部分为四位数字，表示焊丝型号；第三部分为可选部分，表示化学成分代号。

（1）圆形铝及铝合金焊丝的直径及其允许偏差见表9-81。

表 9-81　　　圆形铝及铝合金焊丝的直径及其允许偏差　　　（mm）

包装形式	焊丝直径	允许偏差
直条①	1.6、1.8、2.0、2.4、2.5、2.8、3.0、3.2、4.0、4.8、5.0、6.0、6.4	±0.1
焊丝卷②		
直径100mm和200mm焊丝盘	0.8、0.9、1.0、1.2、1.4、1.6	+0.01 −0.04
直径270mm和300mm焊丝盘	0.8、0.9、1.0、1.2、1.4、1.6、2.0、2.4、2.5、2.8、3.0、3.2	

注　根据供需双方协议，可生产其他尺寸、偏差的焊丝。

①　铸造直条填充丝不规定直径偏差。当用于手工填充丝时，其直径允许偏差为±0.1mm。

②　直条铝及铝合金焊丝长度为500～1000mm，允许偏差为±5mm。

（2）扁平铝及铝合金焊丝的尺寸见表9-82。

表 9-82　　　　　　扁平铝及铝合金焊丝的尺寸　　　　　　（mm）

当量直径	厚度	宽度	当量直径	厚度	宽度
1.6	1.2	1.8	4.0	2.9	4.4
2.0	1.5	2.1	4.8	3.6	5.3
2.4	1.8	2.7	5.0	3.8	5.2
2.5	1.9	2.6	6.4	4.8	7.1
3.2	2.4	3.6			

注　扁平铝及铝合金焊丝长度为500～1000mm，允许偏差为±5mm。

（3）铝及铝合金焊丝包装尺寸及净质量要求见表9-83。

表 9-83　　　　铝及铝合金焊丝包装尺寸及净质量要求

包装形式	尺寸（mm）	净质量（kg）
直条	—	2.5、5、10、25
焊丝卷	①	10、15、20、25
焊丝盘	100	0.3、0.5
	200	2.0、2.5
	270、300	5～12

注　根据供需双方协议，可包装其他净质量的焊丝。

①　焊丝卷尺由供需双方协商确定。

12. 镁合金焊丝

(1) 镁合金焊丝分类、牌号和规格见表9-84。

表 9-84　　　　　　镁合金焊丝分类、牌号和规格

牌号	分类	规格		
		直径 （mm）	长度 （mm）	质量 （kg）
A731S AZ61S	直条形	3.0、4.0、5.0、6.0	1000	—
	卷状	1.0～1.5，＞1.5～4.0，＞4.0～6.0	—	5、10、15
	盘装	0.5～1.5，＞1.5～4.0，＞4.0～8.0	—	5、10、15 20、25、30

注　经供需双方协商，可提供其他牌号及规格的镁合金焊丝，并在合同中注明。允许供应横截面为圆形或方形的直条状焊丝。

(2) 镁合金焊丝的直径及其允许偏差见表9-85。

表 9-85　　　　　　镁合金焊丝的直径及其允许偏差　　　　　　（mm）

直径	允许偏差	
	A 级	B 级
0.50～1.50	±0.05	±0.15
＞1.50～4.00	±0.10	±0.20
＞4.00～8.00	±0.15	±0.25

注　1. 直条状镁合金焊丝长度偏差应为＋5mm。

2. 镁合金焊丝的质量及允许偏差为：5kg 允许偏差为±0.05mm；10、15kg 允许偏差为±0.10mm；20、25、30kg 允许偏差为±0.15mm。

3. 直条状镁合金焊丝每捆（箱）5、10kg。

13. 镍及镍合金焊丝

焊丝按化学成分分为镍、镍铜、镍铬、镍铬铁、镍钼、镍铬钼、镍铬钴、镍铬钨八类。焊丝型号按化学成分进行划分。焊丝型号由三部分组成：第一部分为字母 SNi，表示镍及镍合金焊丝；第二部分为四位数字，表示焊丝型号；第三部分为可选部分，表示化学成分代号。

(1) 镍及镍合金焊丝的直径及其允许偏差见表9-86。

表 9-86   镍及镍合金焊丝的直径及其允许偏差   （mm）

包装形式	焊丝直径	允许偏差
直条①	1.6、1.8、2.0、2.4、2.5、2.8、3.0、3.2、4.0、4.8、5.0、6.0、6.4	±0.1
焊丝卷②		
直径 100mm 和 200mm 焊丝盘	0.8、0.9、1.0、1.2、1.4、1.6	+0.01 −0.04
直径 270mm 和 300mm 焊丝盘	0.5、0.8、0.9、1.0、1.2、1.4、1.6、2.0、2.4、2.5、2.8、3.0、3.2	

注   根据供需双方协议，可生产其他尺寸、偏差和包装形式的焊丝。

①   当用于手工填充丝时，其直径允许偏差为±0.1mm。

②   直条铜及铜合金焊丝长度为 500～1000mm，允许偏差为±5mm。

（2）镍及镍合金焊丝包装尺寸及净质量要求见表 9-87。

表 9-87   镍及镍合金焊丝包装尺寸及净质量要求

包装形式	尺寸（mm）	净质量（kg）
直条	—	2.5、5、10、25
焊丝卷	①	10、15、20、25
焊丝盘规格	100	0.3、0.5、1.0
	200	2.0、2.5
	270、300	5～12

注   根据供需双方协议，可包装其他净质量的焊丝。

①   焊丝卷尺寸由供需双方协商确定。

六、钎料和焊剂

1. 铜基钎料

铜基钎料主要用于钎焊铜和铜合金，也钎焊钢件及硬质合金刀具，钎焊时必须配用钎焊熔剂（铜磷钎料钎焊紫铜除外）。铜基钎料的分类及钎料的规格见表 9-88 及表 9-89，部分铜基钎料的主要用途见表 9-90。

表 9-88　　　　　　　　　　　　铜及铜锌料的分类

分类	钎料型号	分类	钎料型号
高铜钎料	BCu87	铜磷钎料	BCu92PAg
	BCu99		BCu91PAg
	BCu100-A		BCu89PAg
	BCu100-B		BCu88PAg
	BCu100(P)		BCu87PAg
	BCu99Ag		BCu80AgP
	BCu97Ni(B)		BCu76AgP
铜锌钎料	BCu48ZnNi(Si)		BCu75AgP
	BCu54Zn		BCu80SnPAg
	BCu57ZnMnCo		BCu87PSn(Si)
	BCu58ZnMn		BCu86SnP
	BCu58ZnFeSn(Ni)(Mn)(Si)		BCu86SnPNi
	BCu59Zn(Sn)(Si)(Mn)		BCu92PSb
	BCu60Zn(Sn)	其他钎料	BCu94Sn(P)
	BCu60ZnSn(Si)		BCu88Sn(P)
	BCu60Zn(Si)		BCu98Sn(Si)(Mn)
	BCu60Zn(Si)(Mn)		BCu97SiMn
	BCu94Sn(P)		BCu96SiMn
铜磷钎料	BCu95P		BCu92AlNi(Mn)
	BCu94P		BCu92Al
	BCu93P-A		BCu89AlFe
	BCu93P-B		BCu74MnAlFeNi
	BCu92P		BCu84MnNi

表 9-89　　　　　　　　　　　铜及铜锌料的规格　　　　　　　　（mm）

类型	厚度	宽度
带状钎料	0.05～2.0	1～200
	直径	长度
棒状钎料	1，1.5，2，2.5，3，4，5	450，500，750，1000
丝状钎料	无首选直径	
其他钎料	由供需双方协商	

表 9-90　　　　　　　　　部分铜基钎料的主要用途

牌　　号	主要用途
BCu	主要用于还原性气氛、惰性气氛和真空条件下，钎焊碳钢、低合金钢、不锈钢和镍、钨、钼及其合金制件

牌　　号	主要用途
BCu54Zn （H62、Hl103、Hl102、Hl101）	H62用于受力大的铜、镍、钢制件钎焊； Hl103延性差，用于不受冲击和弯曲的铜及其合金制件； Hl102性脆，用于不受冲击和弯曲的、含铜量大于69％的铜合金制件钎焊； Hl101性脆，用于黄铜制件钎焊
BCu58ZnMn（Hl105）	由于Mn提高了钎料的强度、延伸性和对硬质合金的润湿能力，所以，广泛地用于硬质合金刀具、横具和矿山工具钎焊
BCu48ZnNi-R	用于有一定耐高温要求的低碳钢、铸铁、镍合金制件钎焊，也可用于硬质合金工具的钎焊
BCu92PSb（Hl203）	用于电机与仪表工业中不受冲击载荷的铜和黄铜件的钎焊
BCu80PAg	银提高了钎料的延伸性和导电性，用于电冰箱、空调器电机等行业中要求较高的部件钎焊
BCu80PSnAg	用于要求钎焊温度较低的铜及其合金的钎焊，若要进一步提高接头导电性，可改用HlAgCu70-5或HlCuP6-3
HlCuGe10.5	HlCuGe10.5和HlCuGe12、HlCuGe8主要用于铜、可代合金、钼的真空制件的钎焊
HlCuNi30-2-0.2	600℃以下接受不锈钢强度，主要用于不锈钢件钎焊。若要降低焊接温度时，可改用HlCuZ钎料。若用火焰钎，需要改善工艺性时，可改用HlCuZa钎料
HlCu4	用气体保护焊不锈钢，钎焊马氏体不锈钢时，可将淬火处理与钎焊工序合并进行。接头工作温度高达538℃

2. 铝基钎料

铝基钎料主要用于火焰钎焊、炉中钎焊、盐炉钎焊和真空钎焊中。以硅合金为基础，根据不同的工艺要求，加入铜、锌、镁、锗等元素，组成不同牌号的铝基钎料。可满足不同的钎焊方法、不同铝合金工件钎焊的需要。铝基钎料的分类见表9-91，其规格见表9-92，铝基钎料的特性和用途见表9-93。

表 9-91 铝基钎料的分类

分类	钎料型号	分类	钎料型号
铝硅	BA195Si	铝硅铜	BA186SiCu
	BA192Si	铝硅镁	BA189SiMg
	BA190Si		BA189SiMg（Bi）
	BA188Si		BA189Si（Mg）
铝硅锌	BA187SiZn		BA188Si（Mg）
	BA185SiZn		BA187SiMg

表 9-92 铝基钎料的规格 （mm）

类型	厚度	宽度	长度
条状钎料	4	5	350
	5	20	
带状钎料	0.1，0.15，0.2	—	≥500
丝状钎料	直径：1.0，1.5，2.0，2.5，3.0，1.0	450	
粉状钎料	粒度：0.08～0.315		

表 9-93 铝基钎料的特性和用途

钎料牌号	熔化温度范围（℃）	特点和用途
HLAlSi7.5	577～613	流动性差，对铝的溶浊小，制成片状用于炉中钎焊和浸沾钎焊
HLAlSi10	577～591	制成片状用于炉中钎焊和浸沾钎焊，钎焊温度比 HLAl-Si7.5 低
HLAlSi12	577～582	是一种通用钎料，适用于各种钎焊方法，具有极好的流动性和抗腐蚀性
HLAlSiCu10	521～583	适用于各种钎方法。钎料的结晶温度间隔较大，易于控制钎料流动
Al12SiSrLa	572～597	铈、镧的变质作用使钎焊接头延性优于用 HLAlSi 钎料钎焊的接头延性
HL403	516～560	适用于火焰钎焊。熔化温度较低，容易操作，钎焊接头的抗腐蚀性低于铝硅钎料
HL401	525～535	适用于火焰钎焊。熔化温度低，容易操作，钎料脆，接头抗腐蚀性比用铝硅钎料钎焊的低
F62	480～500	用于钎焊固相线温度低的铝合金，如 LH11，钎焊接头的抗腐蚀性低于铝硅钎料

钎料牌号	熔化温度范围（℃）	特点和用途
A160GeSi	440～460	铝基钎料中熔点最低的一种，适用于火焰钎焊，性脆、价贵
HLAlSiMg7.5-1.5	559～607	真空钎焊用片状钎料，根据不同钎焊温度要求选用
HLAlSiMg10-1.5	559～579	
HLAlSiMg12-1.5	559～569	真空钎焊用片状、丝状钎料，钎焊温度比HLAlSiMg7.5-1.5 和 HLAlSiMg10-1.5 钎料低

3. 银基钎料

银基钎料主要用于气体火焰钎焊、炉中钎焊或浸沾钎焊、电阻钎焊、感应钎焊和电弧钎焊等，可钎焊大部分黑色和有色金属（熔点低的铝、镁除外），一般必须配用银钎焊溶剂。银基钎料的分类见表 9-94，其规格见表 9-95，银基钎料的主要特性和用途见表 9-96。

表 9-94 **银基钎料的分类**

分类	钎料型号	分类	钎料型号
银铜	BAg72Cu		BAg30CuZnSn
银锰	BAg85Mn		BAg34CuZnSn
银铜锂	BAg72CuLi		BAg38CuZnSn
	BAg5CuZn（Si）	银铜锌锡	BAg40CuZnSn
	BAg12CuZn（Si）		BAg45CuZnSn
	BAg20CuZn（Si）		BAg55CuZnSn
	BAg25CuZn		BAg56CuZnSn
	BAg30CuZn		BAg60CuZnSn
	BAg35CuZn		BAg34CuZnIn
银铜锌	BAg44CuZn	银铜锌铟	BAg30CuZnIn
	BAg45CuZn		BAg40CuZnIn
	BAg50CuZn		BAg56CuInNi
	BAg60CuZn		BAg40CuZnNi
	BAg63CuZn	银铜锌镍	BAg49ZnCuNi
	BAg65CuZn		BAg54CuZnNi
	BAg70CuZn		BAg20CuZnCd
银铜锡	BAg60CuZn	银铜锌镉	BAg21CuZnCdSi
银铜镍	BAg56CuZn		BAg25CuZnCd
银铜锌锡	BAg25CuZnSn		BAg30CuZnCd

分类	钎料型号	分类	钎料型号
	BAg35CuZnCd	银铜锌镉	BAg50ZnCdCuNi
	BAg40CuZnCd	银铜锡镍	BAg25ZnCuSnNi
银铜锌镉	BAg45CdZnCu	银铜锌镍锰	BAg25ZnCuMnNi
	BAg50CdZnCu	银铜锌镍锰	BAg27ZnCuMnNi
	BAg40CuZnCdNi		BAg49ZnCuMnNi

表 9-95 　　　　　　　　银基钎料的规格　　　　　　　　（mm）

类型	厚度	宽度
带状钎料	0.05～2.0	1～200
类型	直径	长度
棒状钎料	1，1.5，2，2.5，3，5	450，500，750，1000
丝状钎料	无首选直径	
其他钎料	由供需双方协商	

表 9-96 　　　　　　各种银基钎料的主要特性和用途

牌　　　号	主要特点用途
GAg72Cu	不含易挥发元素，对铜、镍润湿性好，导电性好。用于铜、镍真空和还原性气氛中钎焊
BAg72CuLi	锂有自钎剂作用，可提高对钢、不锈钢的润湿能力。适用保护气氛中沉淀硬化不锈钢和 1Cr18Ni9Ti 的薄件钎焊。接头工作温度达 428℃。若沉淀硬化热处理与钎焊同时进行时，改用 BAg92CuLi 效果更佳
BAg10CuZn	含 Ag 少，便宜。钎焊温度高，接头延伸性差。用于要求不高的铜、铜合金及钢件钎焊
BAg25CuZn	含 Ag 较少，有较好的润湿和填隙能力。用于工作表面平滑、强度较高的工件，在电子、食品工业中应用较多
BAg45CuZn	性能和作用与 BAg25CuZn 相似，但熔化温度稍低。接头性能较优越，要求较高时选
BAg50CuZn	与 BAg45CuZn 相似，但结晶区间扩大了。适用钎焊间隙不均匀或要求圆角较大的零件

牌　　号	主要特点用途
BAg60CuZn	不含挥发性元素。用于电子器件保护气氛和真空钎焊，与 BAg50Cu 配合可进行分步焊，BAg50Cu 用于前步，BAg60CuSn 用于后步
BAg40CuZnCd	熔化温度是银基钎料中最低的，钎焊工艺性能很好。常用于铜、铜合金、不锈钢的钎焊，尤其适宜要求焊接温度低的材料，如铍青铜、铬青铜、调质钢的钎焊。焊接要注意通风
BAg50CuZnCd	与 BAg40CuZnCd 和 BAg45CuZnCd 相比，钎料加工性能较好，熔化温度稍高，用途相似
BAg35CuZnCd	结晶温度区间较宽，适用于间隙均匀性较差的焊缝钎焊，但加热速度应快，以免钎料在熔化和填隙时产生偏析
BAg50CuZnCdNi	Ni 提高抗蚀性，防止了不锈钢焊接接头的界面腐蚀。Ni 还提高了对硬质合金的润湿能力，适用于硬质合金钎焊
BAg40CuZnSnNi	取代 BAg35CuZnCd，可以用于火焰、高频钎焊。可以焊接接头间隙不均匀的焊缝
BAg56CuZnSn	用锡取代镉，减小毒性，可代替 BAg50CuZnCd，钎料，钎焊铜、铜合金、钢和不锈钢等。但工艺性稍差
BAg85Mn（HL320）	银基合金中高温性能最好的一种，可以用于工作温度 427℃ 以下的零件。但对不锈钢接头有焊缝腐蚀倾向
BAg70CuTi2.5（TY-3） BAg70CuTi4.5（TY-8）	这类银、铜、钛合金对 75 氧化铝陶瓷、95 氧化铝陶瓷、镁、橄榄石瓷、滑石瓷、氧化铝、氮化硅、碳化硅、无氧铜、可伐合金、钼、铌等均有良好的润湿性。因此可以不用金属化处理，直接进行陶瓷钎焊及陶瓷与金属的钎焊

4. 锡基钎料

锡铅合金是应用最早的一种软钎料。含锡量在 61.9% 时，形成锡铅低熔点共晶，熔点 183℃。随着含铅量的增加，强度提高，在共晶成分附近强度更高。锡在低温下发生锡疫现象，因此锡基钎料不宜在低温工作的接头钎焊。铅有一定的毒性，不宜钎焊食品用具。在锡铅合金的基础上，加入微量元素，可以提高液态钎料的抗氧化能力，适用于波峰焊和浸沾焊。加入、锌、锑、铜的锡基钎料，有较高的抗蚀性、抗蠕变性、焊件能承受较高的工作温度。这种钎料可制成丝、棒、带状供货，也可制成活性松香芯焊丝。松香芯焊丝常用的牌号有 HH50G、HH60G 等。

锡基钎料的牌号和用途见表 9-97。

表 9-97　　　　　　　　　　锡基钎料的牌号和用途

牌号	熔点(℃)		用　途
	固相线	液相线	
HLSn90Pb，料 604	183	220	钣金件钎焊，机械零件、食品盒钎焊
HLSn60Pb，料 600	183	193	印刷电路板波峰焊、浸沾焊、电器钎焊
HLSn50Pb，料 613	183	210	电器、散热器、钣金件钎焊
HLSn40Pb2，料 603	183	235	电子产品、散热器、钣金件钎焊
HLSn30Pb2，料 602	183	256	电线防腐套、散热器、食品盒钎焊
HLSn18Pb60-2，料 601	244	277	灯泡基底、散热器、钣金件、耐热电器元件钎焊
HLSn5.5Pb9-6	295	305	灯泡、钣金件、汽车车壳外表面涂饰
HLSn25Pb73-2	—	265	电线防腐套、钣金件钎焊
HLSn55Pb45	183	200	电子、机电产品钎焊

5. 铅基钎料

铅基钎料耐热性比锡基钎料好，可以钎焊铜和黄铜接头。HLAgPh97 抗拉强度达 30MPa，工作温度在 200℃时仍然有 11.3MPa，可钎焊在较高温度环境中的器件。在铅银合金中加入锡，可以提高钎料的润湿能力，加 Sb 可以代替 Ag 的作用。铅基钎料的牌号和熔化温度见表 9-98。

表 9-98　　　　　　　　　铅基钎料的牌号和熔化温度

钎料牌号	熔化温度(℃)	
	液相线	固相线
HLAgPb97	300	305

钎料牌号	熔化温度(℃)	
	液相线	固相线
HLAgPb92-5.5	295	305
HLAgPb83.5-15-1.5	265	270
HLAgPb65-30-5	225	235
Pb90AgIn	290	294

6. 镉基钎料

镉基钎料是软钎料中耐热性最好的一种，具有良好的抗腐蚀能力。这种钎料含银量不宜过高，超过 5％时熔化温度将迅速提高，结晶区间变宽。镉基钎料用于钎焊铜及铜合金时，加热时间要尽量缩短，以免在钎缝界面生成铜镉脆化物相，使接头强度大为降低。镉基钎料的牌号、特性和用途见表 9-99。

表 9-99　　　　　　　镉基钎料的牌号、特性和用途

钎料牌号	熔化温度 (℃)	抗拉强度 (MPa)	用　　途
HLAgCd96-1	234～240	110	用于较高温度的铜及铜合金零件，如散热器等
Cd84ZnAgNi	360～380	147	用于在 300℃以上工作的铜合金零件
Cd82ZnAg Cd79ZnAg HL508	270～280 270～285 320～360	— 200	用途同上，但加锌可减少液态氧化

7. 碳素钢埋弧焊用焊剂

（1）型号表示方法。焊剂的型号根据埋弧焊焊缝金属的力学性能划分。焊剂型号的表示方法如下：

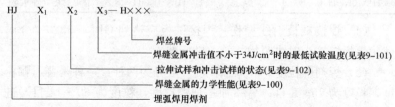

满足如下技术要求的焊剂才能在焊剂包装或焊剂使用说明书上

标记出"符合 GB/T 5293—1999《埋弧焊用碳钢焊丝和焊剂》HJX$_1$X$_2$X$_3$-H×××"。

（2）焊缝金属拉伸力学性能。各种型号焊剂的焊缝金属拉伸力学性能应符合表 9-100 的规定。

表 9-100   焊缝金属拉伸力学性能要求——第一位数字含意

焊剂型号	抗拉强度（MPa）	屈服强度（MPa）	伸长率（%）
HJ3X$_2$X$_3$-H×××	412～550	≥304	≥22.0
HJ4X$_2$X$_3$-H×××		≥330	
HJ5X$_2$X$_3$-H×××	480～5647	≥400	

（3）焊缝金属的冲击值。各种型号焊剂的焊缝金属冲击值应符合表 9-101 的规定。

表 9-101   焊缝金属冲击值要求——第三位数字的含意

焊剂型号	试验温度（℃）	冲击值（J/cm^2）
HJX$_1$X$_2$0-H×××		无要求
HJX$_1$X$_2$1-H×××	0	≥34
HJX$_1$X$_2$2-H×××	−20	
HJX$_1$X$_2$3-H×××	−30	
HJX$_1$X$_2$4-H×××	−40	
HJX$_1$X$_2$5-H×××	−50	
HJX$_1$X$_2$6-H×××	−60	

表 9-102   试样状态——第二位数字的含意

焊剂型号	试样状态	焊剂型号	试样状态
HJX$_1$0K$_2$-H×××	焊态	HJX$_1$1K$_3$-H×××	焊后热处理状态

（4）焊接试板射线探伤。焊接试板应达到 GB/T 3323《金属熔化焊焊接接头射线照相》的Ⅰ极标准。

（5）焊剂颗粒度。焊剂颗粒度一般分为两种：一种是普通颗粒度，粒度为 40～8 目；另一种是细颗粒度，粒度为 60～14 目。进行颗粒度检验时，对于普通颗粒度的焊剂，颗粒度小于 40 目的不得大于 5%；颗粒度大于 8 目的不得大于 20%。对于细颗粒度的焊剂：颗粒度小于 60 目的不得大于 5%；颗粒度大于 14 目的不得大于 2%。若需方要求提供其他颗粒度焊剂时，由供需双方协商确定颗粒度要求。

（6）焊剂含水量。出厂焊剂中水的质量分数不得大于 0.10%。

（7）焊剂机械夹杂物。焊剂中机械夹杂物（碳粒、铁屑、原材料颗粒、铁合金凝珠及其他杂物）的质量分数不得大于 0.30%。

（8）焊剂的焊接工艺性能按规定的工艺参数进行焊接时，焊道与焊道之间及焊道与母材之间均熔合良好，平滑过渡没有明显咬边；渣壳脱离容易；焊道表面成形良好。

（9）焊剂的硫、磷含量。焊剂的硫质量分数不得大于 0.060%；磷含量不得大于 0.080%。若需方要求提供硫、磷含量更低的焊剂时，由供需双方协商确定硫、磷含量要求。

8. 低合金钢埋弧焊用焊丝和焊剂

（1）型号。完整的焊丝-焊剂型号示例如下：

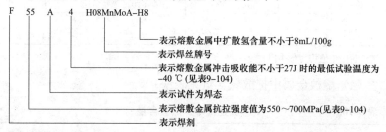

（2）焊丝尺寸见表 9-103。

表 9-103　　　　　　　　　焊丝尺寸　　　　　　　　（mm）

直径	1.6，2.0，2.5，3.0，3.2，4.0，5.0，6.0，6.4

注　根据供需双方协议，也可生产使用其他尺寸的焊丝。

（3）熔敷金属力学性能见表 9-104、表 9-105。

表 9-104　　　　　　熔敷金属冲击吸收能量

焊剂型号	冲击吸收能量（J）	试验温度（℃）
F×××0-H×××	≥27	0
F×××2-H×××		−20

焊剂型号	冲击吸收能量（J）	试验温度（℃）
F×××3-H×××		−30
F×××4-H×××		−40
F×××5-H×××		−50
F×××6-H×××	≥27	−60
F×××7-H×××		−70
F×××10-H×××		−100
F×××Z-H×××	不要求	

表 9-105　　　　　　　　熔敷金属拉伸强度

焊剂型号	抗拉强度 σ_b （MPa）	屈服强度 $\sigma_{0.2}$ 或 σ_a （MPa）	伸长率 δ_s （%）
F48××-H×××	480～660	400	22
F55××-H×××	550～700	470	20
F62××-H×××	620～760	540	17
1769××-H×××	690～830	610	16
F76××-H×××	760～900	680	15
F83××-H×××	830～970	740	14

注　表中单值均为最小值。

（4）熔敷金属中扩散氢含量见表 9-106。

表 9-106　　　　　　　　熔敷金属中扩散氢含量

焊剂型号	扩散氢含量 （mL/100g）	焊剂型号	扩散氢含量 （mL/100g）
F××××-H×××-H16	16.0	F××××-H×××-H4	4.0
F××××-H×××-H8	8.0	F××××-H×××-H12	2.0

注　1. 表中单值均为最大值。

2. 此分类代号为可选择的附加性代号。

3. 如标注熔敷金属扩散氢含量代号时，应注明采用的测定方法。

第十章　刃具和磨具

一、车刀

1. 高速钢车刀条

高速钢车刀条如图 10-1 所示。

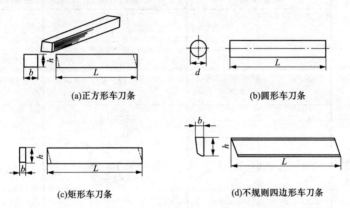

(a)正方形车刀条　　　　　　　　　(b)圆形车刀条

(c)矩形车刀条　　　　　　　　　(d)不规则四边形车刀条

图 10-1　高速钢车刀条

用途：磨成适当形状及角后，装在各类机床上，进行车削外圆、内圆、端面或切断、成形等加工，也可磨成刨刀进行刨削加工。

规格：高速钢车刀条的规格见表 10-1。

表 10-1　　　　　　　　　　高速钢车刀条的规格

	直径（mm）	总长（mm）
圆形截面	4，5，6，	63
	4，5，6，8，10	80
	4，5，6，8，10，12，16	100
	6，8，10，12，16，20	160
	10，12，16，20	200

	直径(mm)	总长(mm)
方形 截面	4，5，6，8，10，12	63
	4，5，6，8，10，12	80
	6，8，10，12，(14)，16	100
	6，8，10，12，(14)，16，(18)，20，(22)，25	160
	6，8，10，12，(14)，16，(18)，20，(22)，25	200

	宽度(mm)	高度(mm)	总长(mm)
矩形 截面	3	12，16	100
	4	6，8，16，20	
	5	8	
	6	10，12	
	8	12，6	
	10	16	
	3	12，16	160
	4	16，20	
	5	20，25	
	6	10，12，25	
	8	12，16	
	10	16，20	
	12	20，25	
	16	25	
	4	16，20	200
	5	20，25	
	6	10，12，25	
	8	12，16	
	10	16，20	
	12	20，25	
	16	25	

	宽度×高度(mm×mm)	总长(mm)
不规则 四边形 截面	3×12，5×12	85
	3×12，5×12	120
	3×16，4×16，6×16，4×18，3×12，4×20	140
	3×16	200
	3×20，4×20，4×25，5×25	250

注　带括号的规格尽量不用。

2. 硬质合金车刀

用途：装夹于机床上用于切削金属。

规格：硬质合金车刀的形式和符号见表 10-2，硬质合金车刀的代号及主要尺寸见表 10-3。

表 10-2 硬质合金车刀的形式和符号

符号	名称	车刀形式
01	70°外圆车刀	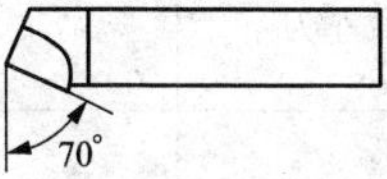
02	45°端面车刀	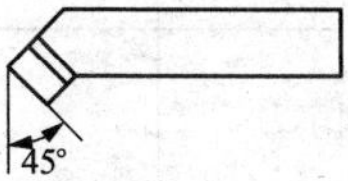
03	95°外圆车刀	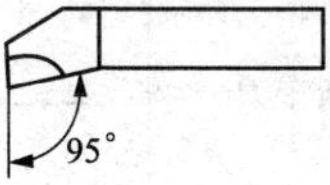
04	切槽车刀	
05	90°端面车刀	
06	90°外圆车刀	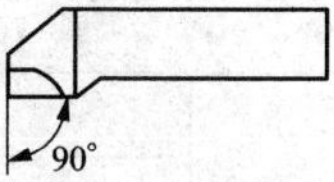
07	A型切断车刀	
08	75°内孔车刀	
09	95°内孔车刀	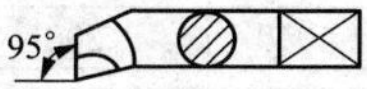

符号	名称	车刀形式
10	90°内孔车刀	
11	45°内孔车刀	
12	内螺纹车刀	
13	内切槽车刀	
14	75°外圆车刀	
15	B型切断车刀	
16	外螺纹车刀	
17	V带轮车刀	

表 10-3　　　　硬质合金车刀的代号及主要尺寸　　　　（mm）

70°外表面车刀

车刀代号		主要尺寸			
		刀杆长度	刀杆高度	刀杆宽度	刀刃高度
01R1010	01L1010	90	10	10	10
01R1212	01L1212	100	12	12	12
01R1616	01L1616	110	16	16	16
01R2020	01L2020	125	20	20	20
01R2525	01L2525	140	25	25	25
01R3232	01L3232	170	32	32	32
01R4040	01L4040	200	40	40	40
01R5050	01L5050	240	50	50	50

45°端面车刀

车刀代号		主要尺寸			
		刀杆长度	刀杆高度	刀杆宽度	刀刃高度
02R1010	02L1010	90	10	10	10
02R1212	02L1212	100	12	12	12
02R1616	02L1616	110	16	16	16
02R2020	02L2020	125	20	20	20
02R2525	02L2525	140	25	25	25
02R3232	02L3232	170	32	32	32
02R4040	02L4040	200	40	40	40
02R5050	02L5050	240	50	50	50

95°外圆车刀

车刀代号		主要尺寸			
		刀杆长度	刀杆高度	刀杆宽度	刀刃高度
03R1610	03L1610	110	16	10	16
03R2012	03L2012	125	20	12	20
03R2516	03L2516	140	25	16	25
03R3220	03L3220	170	32	20	32
03R4025	03L4025	200	40	25	40
03R5032	03L5032	240	50	32	50

切槽车刀

车刀代号		主要尺寸			
		刀杆长度	刀杆高度	刀杆宽度	刀刃高度
04R2012	04L2012	125	20	12	20
04R2516	04L2516	140	25	16	25
04R3220	04L3220	170	32	20	32
04R4025	04L4025	200	40	25	40
04R5032	04L5032	240	50	32	50

90°端面车刀

车刀代号		主要尺寸			
		刀杆长度	刀杆高度	刀杆宽度	刀刃高度
05R2020	05L2020	125	20	20	20
05R2525	05L2525	140	25	25	25
05R3232	05L3232	170	32	32	32
05R4040	05L4040	200	40	40	40
05R5050	05L5050	240	50	50	50

90°外圆车刀

车刀代号		主要尺寸			
		刀杆长度	刀杆高度	刀杆宽度	刀刃高度
06R1010	06L1010	90	10	10	10
06R1212	06L1212	100	12	12	12
06R1616	06L1616	110	16	16	16
06R2020	06L2020	125	20	20	20
06R2525	06L2525	140	25	25	25
06R3232	06L3232	170	32	32	32
06R4040	06L4040	200	40	40	40
06R5050	06L5050	240	50	50	50

A 型切断刀

车刀代号		主要尺寸			
		刀杆长度	刀杆高度	刀杆宽度	刀刃高度
07R1208	07L1208	100	12	8	12
07R1610	07L1610	110	16	10	16
07R2012	0712012	125	20	12	20
07R2516	07L2516	140	25	16	25
07R3220	07L3220	170	32	20	32
07R4025	07L4025	200	40	25	40
07R5032	07L5032	240	50	32	50

B 型切断刀

车刀代号		主要尺寸			
		刀杆长度	刀杆高度	刀杆宽度	刀刃高度
15R1208	15L1208	100	12	8	12
15R16t0	15L1610	110	16	10	16
15R2012	15L2012	125	20	12	20
15R2516	15L2516	140	25	16	25
15R3220	15L3220	170	32	20	32
15R4025	15L4025	200	40	25	40

75°外圆车刀

车刀代号		主要尺寸			
		刀杆长度	刀杆高度	刀杆宽度	刀刃高度
14R1010	14L1010	90	10	10	10
14R1212	14L1212	100	12	12	12
14R1616	14L1616	110	16	16	16
14R2020	1412020	125	20	20	20
14R2525	1412525	140	25	25	25
14R3232	14L3232	170	32	32	32
14R4040	14L4040	200	40	40	40
14R5050	14L5050	240	50	50	50

外螺纹车刀

车刀代号	主要尺寸			
	刀杆长度	刀杆高度	刀杆宽度	刀刃高度
16R1208	100	12	8	12
16R1610	110	16	10	16
16R2012	125	20	12	20
16R2516	140	25	16	25
16R3220	170	32	20	32

V 带轮车刀

车刀代号	主要尺寸			
	刀杆长度	刀杆高度	刀杆宽度	刀刃高度
17R1212	100	12	12	12
17R1610	110	16	10	16
17R2012	125	20	12	20
17R2516	140	25	16	25
17R3220	170	32	20	32

75°内孔车刀

车刀代号	主要尺寸			
	车刀总长度	刀杆高度	刀杆宽度	刀杆伸出长度
08R0808	125	8	8	40
08R1010	150	10	10	50
08R1212	180	12	12	63
08R1616	210	16	16	80
08R2020	250	20	20	100
08R2525	300	25	25	125
08R3232	355	32	32	160

95°内孔车刀

车刀代号	主要尺寸			
	车刀总长度	刀杆高度	刀杆宽度	刀杆伸出长度
09R0808	125	8	8	40
09R1010	150	10	10	50
09R1212	180	12	12	63
09R1616	210	16	16	80
09R2020	250	20	20	100
09R2525	300	25	25	125
09R3232	355	32	32	160

90°内孔车刀

车刀代号	主要尺寸			
	车刀总长度	刀杆高度	刀杆宽度	刀杆伸出长度
10R0808	125	8	8	40
10R1010	150	10	10	50
10R1212	180	12	12	63
10R1616	210	16	16	80
10R2020	250	20	20	100
10R2525	300	25	25	125
10R3232	355	32	32	160

45°内孔车刀

车刀代号	主要尺寸			
	车刀总长度	刀杆高度	刀杆宽度	刀杆伸出长度
11R0808	125	8	8	40
11R1010	150	10	10	50
11R1212	180	12	12	63
11R1616	210	16	16	80
11R2020	250	20	20	100
11R2525	300	25	25	125
11R3232	355	32	32	160

内螺纹车刀

车刀代号		主要尺寸			
		车刀总长度	刀杆高度	刀杆宽度	刀杆伸出长度
12R0808	13R0808	125	8	8	40
12R1010	13R1010	150	10	10	50
12R1212	13R1212	180	12	12	63
12R1616	13R1616	210	16	16	80
12R2020	13R2020	250	20	20	100
12R2525	13R2525	300	25	25	125
12R3232	13R3232	355	32	32	160

3. 硬质合金焊接车刀

硬质合金焊接车刀如图 10-2 所示。

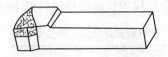

图 10-2　硬质合金焊接车刀

用途：硬质合金刀片焊于刀杆上，装在车床上，对金属材料进行所需工艺的车削。

规格：硬质合金焊接车刀的规格见表 10-4。

表 10-4　　　　　　　　硬质合金焊接车刀的规格

焊接外圆车刀	45°，60°，75°，双头
焊接弯头外圆车刀	45°，60°
焊接内孔车刀	45°，75°，90°，套式
其他焊接车刀	切断，内、外螺纹，带轮切槽，内孔切槽

4. 硬质合金焊接车刀片

用途：可焊接在车刀上，用于车削坚硬金属和非金属材料工件。

规格：硬质合金焊接车刀片的规格见表 10-5。

表 10-5　　　　　　　　硬质合金焊接车刀片的规格

刀片类型	A 型	B 型	C 型	D 型	E 型
形状					
型号	A5，A6，A8，A10，A12，A16，A20，A25，A32，A40，A50	B5，B6，B8，B10，B12，B16，B20，B25，B32，1340，B50	C5，C6，C8，C10，C12，C16，C20，C25，C32，C40，C50	D3，D4，D5，D6，D8，D10，D12	E4，E5，E6，E8，E10，E12，E16，E20，E25，E32

5. 硬质合金焊接刀片

用途：焊在刀杆上，可在高速下切削坚硬金属和非金属材料。

适用于各种车削工艺。有的刀片还可焊在刨刀刀杆上或镶嵌在镗刀和铣刀上。

规格：硬质合金焊接刀片的型号规格表 10-6。

表 10-6 硬质合金焊接刀片的型号规格

类型	形状	用　　途	型　　号
A1		用于外圆车刀、镗刀及切槽刀上	A106～A170
A2		用于镗刀及端面车刀上	右：A208～A225 左：A212Z～A225Z
A3		用于端面车刀及外圆车刀上	右：A310～A340 左：A312Z～A340Z
A4		用于外圆车刀、镗刀及端面车刀上	右：A406～A450A 左：A410Z～A450AZ
A5		用于自动机床的车刀上	右：A515，A518 左：A515Z，A518Z
A6		用于镗刀、外圆车刀及面铣刀上	右：A612，A615，A618 左：A612Z，A615Z，A618Z
B1		用于成型车刀、加工燕尾槽的刨刀和铣刀上	右：B108～B130 左：B112Z～B130Z
B2		用于凹圆弧成型车刀及轮缘车刀上	B208～B228
B3		用于凸圆弧成型车刀上	右：B312～B322 左：B312Z～B322Z
B4		用于凹圆弧成型车刀轮缘车刀上	B428，B433，B446

类型	形状	用　　途	型　　号
C1		用于螺纹车刀上	C110，C116，C120，C122，C125
C2		用于精车刀及梯形螺纹车刀上	C215，C218，C223，C228，C236
C3		用于切断刀和切槽刀上	C303，C304，C305，C306，C308，C310，C312，C316
C4		用于加工三角皮带轮 V 形槽的车刀上	C420，C425，C430，C435，C442，C450
C5		用于轧辊拉丝刀上	C539，C545
D1		用于面铣刀上	右：D110～D130 左：D110Z～D130Z
D2		用于三面刃铣刀、T 形槽铣刀及浮动镗刀上	D206～D246
E1		用于麻花钻及直槽钻上	E105，E106，E107，E108，E109，E110
E2		用于麻花钻及直槽钻	E210～E233
E3		用于立铣刀及键槽铣刀上	E312～E345
E4		用于扩孔钻上	E415，F418，E420，F425，E430
E5		用于铰刀上	E515，E518，E522，E525，E530，E540
F1		用于车床和外圆磨床的顶尖上	F108～F140

类型	形状	用　途	型　号
F2	 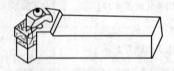	用于深孔钻的导向部分上	F216～F230C
F3		用于可卸镗刀及耐磨零件上	F303，F304，F305，F306，F307，F308

注 按刀片的大致用途，分为 A、B、C、D、E、F 六类，字母和其后第一个数字表示型号，第二、第三两个数字表示刀片某参数（如长度或宽度、直径；以 Z 表示左刀；当几个规格的被表示参数相等时，则自第二个规格起，在末尾加 "A，B，…"来区别，如 F230A、F230B、F230C）。

6. 可转位车刀

可转位车刀如图 10-3 所示。

图 10-3　可转位车刀

用途：用于车削较硬的金属材料及其他材料，其刀片使用硬质合金不重磨刀片，使用时将磨损的刀片调位或更换，刀体仍可继续使用。

规格：可转位车刀的规格见表 10-7。

表 10-7　　　　　　　可转位车刀的规格

车刀类型	高度×头部高度×宽度×全长（mm×mm×mm×mm）					
	16×16×16×100	20×20×20×125	25×25×20×150	32×32×25×170	40×40×32×200	50×50×40×250
装 TN、WN、RN 型刀片的 90°偏头外圆车刀		✓	✓	✓	✓	

车刀类型	高度×头部高度×宽度×全长 (mm×mm×mm×mm)					
	16×16×16×100	20×20×20×125	25×25×20×150	32×32×25×170	40×40×32×200	50×50×40×250
装 TN 型刀片的 90°偏头端面车刀		√	√	√	√	
装 WN 型刀片的 50°直头外圆车刀		√	√	√	√	
装 TN 型刀片的 60°直头外圆车刀		√	√	√	√	
装 SN 型刀片的 75°直头外圆车刀		√	√	√	√	
装 SN 型刀片的 75°偏头端面车刀		√	√	√	√	
装 TN 型刀片的 60°偏头外圆车刀		√	√	√	√	
装 FN 型刀片的 90°偏头外圆车刀		√	√	√	√	√
装 SN 型刀片的 75°偏头外圆车刀		√	√	√	√	√
装 SN 型刀片的 45°偏头外圆车刀		√	√	√	√	√
装 PN 型刀片的 60°偏头外圆车刀		√	√	√	√	√

车刀类型	高度×头部高度×宽度×全长 （mm×mm×mm×mm）					
	16×16× 16×100	20×20× 20×125	25×25× 20×150	32×32× 25×170	40×40× 32×200	50×50× 40×250
装 CN、DN 型刀片的93°偏头仿形车刀			√	√	√	
装 TP 型刀片的90°偏头外圆车刀	√	√	√	√		
装 TP 型刀片的60°偏头外圆车刀	√	√	√	√		
装 SP 型刀片的45°偏头外圆车刀	√		√	√		

注 表中"√"为生产规格。

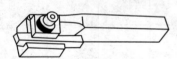

图 10-4 机夹车刀

7. 机夹车刀

机夹车刀如图 10-4 所示。

用途：装上硬质合金可重磨刀片或高速钢刀片，用于车床切削。刀杆在刀片更换后仍可继续使用。

规格：有内孔、切断、内孔切槽和内外螺纹等车削的车刀结构。机夹车刀的型号及基本参数见表 10-8。

表 10-8　　　　机夹车刀的型号及基本参数　　　（mm）

名称与标准号	型号	刀尖高	刀体宽	全长	刀片宽	最大切断直径
机夹切断车刀 A 型切断车刀	QA2022R-03 QA2022L-03	20	22	125	3.2	40
	QA2022R-04 QA2022L-04				4.2	

名称与标准号	型号	刀尖高	刀体宽	全长	刀片宽	最大切断直径
机夹切断车刀 A 型切断车刀	QA2525R-04 QA2525L-04	25	25	150	4.2	60
	QA2525R-05 QA2525L-05				5.3	
	QA3232R-05 QA3232L-05	32	32	170		80
	QA3232R-06 QA3232L-06				6.5	
机夹切断车刀 B 型切断车刀	QB2020R-04 QB2020L-04	20	20	125	4.2	100
	QB2020R-05 QB2020L-05				5.3	
	QB252511-05 QB2525L-05	25	25	150		125
	QB2525R-06 QB2525L-06				6.5	
	QB3232R-06 QB3232L-06	32	32	170		150
机夹切断车刀 B 型切断车刀	QB3232R-08 QB3232L-08	32	32	170	8.5	150
	QB4040R-08 QB4040L-08	40	40	200	8.5	175
	QB4040R-10 QB4040L-10	40	40	200	10.5	175
	QB5050R-10 QB5050L-10	50	50	250	10.5	200
	QB5050R-12 QB5050L-12	50	50	250	12.5	200

名称与标准号	型号	刀尖高	刀体宽	全长	刀片宽	最大切断直径
机夹外螺纹车刀	LW1616R-03 LW1616L-03	16	16	110	3	—
	LW2016R-04 LW2016L-04	20	16	125	4	—
	LW2520R-06 LW2520L-06	25	20	150	6	—
	LW3225R-08 LW3225L-08	32	25	170	8	—
	LW4032R-10 LW4032L-10	40	32	200	10	—
	LW5040R-12 LW5040L-12	50	40	250	12	—
矩形刀杆机夹内螺纹车刀	LN1216R-03 LN1216L-03	12	16	150	3	—
	LN1620R-04 LN1620L-04	16	20	180	4	—
	LN12025R-06 LN2025L-06	20	25	200	6	—
	LN2532R-08 LN2532L-08	25	32	250	8	—
	LN3240R-10 LN3240L-10	32	40	300	10	—
圆形刀杆机夹内螺纹车刀	LN1020R-03 LN1020L-03	10	20[①]	180	3	—
	LN1225R-03 LN1225L-03	12.5	25[①]	200	3	—
	LN1632R-04 LN1632L-04	16	32[①]	250	4	—

名称与标准号	型号	刀尖高	刀体宽	全长	刀片宽	最大切断直径
圆形刀杆机夹内螺纹车刀	LN2040R-08 LN2040L-08	20	40①	300	6	—
	LN2550R-08 LN2550L-08	25	50①	350	8	—
	12N3060R-10 LN3060L-10	30	60①	400	10	—

注 型号后"L"为左车刀,"R"为右车刀。
① 指直径。

二、铣刀

1. 直柄立铣刀

直柄立铣刀如图 10-5 所示。

用途:粗齿立铣刀用于工件的平面、凹槽和台阶的粗铣加工,细齿立铣刀用于精铣加工,中齿用于半精加工。

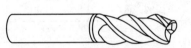

图 10-5　直柄立铣刀

规格:直柄立铣刀的规格见表 10-9。

表 10-9　　　　　　　　　直柄立铣刀的规格

直柄立铣刀							
直径 (mm)	长度(mm)				齿数		
	标准型		长型		粗齿	中齿	细齿
	Ⅰ型	Ⅱ型	Ⅰ型	Ⅱ型			
2	39	51	42	54	3	4	5
2.5, 3	40	52	44	56			
3.5	42	54	47	59			
4	43	55	51	63			
5	47	57	58	68			

直柄立铣刀

直径 (mm)	长度 (mm) 标准型 I 型	标准型 II 型	长型 I 型	长型 II 型	齿数 粗齿	中齿	细齿
6	57	57	68	68	3	4	5
7	60	66	74	80	3	4	5
8	63	69	82	88	3	4	5
9	69	69	88	88	3	4	5
10	72	72	95	95	3	4	5
11	79	79	102	102	3	4	5
12，14	83	83	110	110	3	4	5
16，18	92	92	123	123	3	4	6
20，22	104	104	141	141	3	4	6
25，28	121	121	166	166	3	4	6
32，36	133	133	186	186	3	4	6
40，45	155	155	217	217	4	6	8
50	177	177	252	252	4	6	8
56	177	177	252	252	4	6	8
63	192	202	282	292	6	8	10
71	202	202	292	292	6	8	10

2. 莫氏锥柄立铣刀

莫氏锥柄立铣刀如图 10-6 所示。

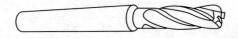

图 10-6　莫氏锥柄立铣刀

用途：粗齿立铣刀用于工件的平面、凹槽和台阶的粗铣加工，细齿立铣刀用于精铣加工，中齿用于半精加工。

规格：莫氏锥柄立铣刀的规格见表 10-10。

表 10-10　　　　　　　莫氏锥柄立铣刀的规格

莫氏锥柄立铣刀

直径 （mm）	长度（mm）				莫氏 锥粗 齿	齿数		
	标准型		长型			粗齿	中齿	细齿
	Ⅰ型	Ⅱ型	Ⅰ型	Ⅱ型				
6	83	—	94	—	1	3	4	—
7	86	—	100	—				
8	89	—	108	—				
9	89	—	108	—				
10, 11	92	—	115	—				5
12	96	—	123	—				
14	111	—	138	—	2			
16, 18	117	—	148	—				
20	123	—	160	—				6
22	140	—	177	—	3			
25, 28	147	—	192	—	3			
32, 36	155	—	208	—	3			
32, 36	178	201	231	254	4	4	6	8
40, 45	188	211	250	273	4			
	221	249	283	311	5			
50	200	223	275	298	4			
50	233	261	308	336	5			
56	200	223	275	298	4	6	8	10
56	233	261	308	336	5			
63	248	276	338	366	5			

3. 圆柱形铣刀

圆柱形铣刀如图 10-7 所示。

用途：适用于一般平面的铣削。粗齿和细齿分别用于粗加工和精加工。

规格：圆柱形铣刀的长度规格见表

图 10-7　圆柱形铣刀

10-11。

表 10-11　　　　　　圆柱形铣刀的长度规格　　　　　　　（mm）

细齿				精齿			
直径	总长	内孔	齿数	直径	总长	内孔	齿数
50	50，63，80	22	8	63	50，63，80，100	27	6
63	50，63，80，100	27	10	80	63，80，100，125	32	8
80	63，80，100，125	32	12	100	80，100，125，160	40	10
100	80，100，125，160	40	14				

4. 7/24 锥柄立铣刀

用途：粗齿立铣刀用于工件的平面、凹槽和台阶的粗铣加工，细齿立铣刀用于精铣加工，中齿用于半精加工。

规格：按长度分为标准型和长型，其规格见表 10-12。

表 10-12　　　　　　7/24 锥柄立铣刀的规格

直径 (mm)	齿数			7/24 锥柄号	直径 (mm)	齿数			7/24 锥柄号
	粗	中	细			粗	中	细	
25 28	3	4	6	30	50 56	4	6	8	40，45，50
32 36				30，40，45	63 71	6	8	10	30，45，50
40 45	4	6	8	40，45，50	80	8	10	12	50

5. 套式立铣刀

套式立铣刀如图 10-8 所示。

图 10-8　套式立铣刀

用途：适用于一般平面的铣削。粗齿和细齿分别用于粗加工和精加工。

规格：套式立铣刀的长度规格见表10-13。

表 10-13　　　　　　套式立铣刀的长度规格

种类	直径(mm)	总长(mm)	内孔(mm)	齿数
细齿	40	32	16	6～8
	50	36	22	6～8
	63	40		8～10
	80	45	27	8～10
粗齿	63	40	27	8～10
	80	45	27	8～10
	100	50	32	10～12

6. 切口铣刀

切口铣刀如图10-9所示。

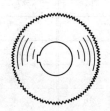

图 10-9　切口铣刀

用途：适用于铣削窄槽。

规格：切口铣刀的规格见表10-14。

表 10-14　　　　　　切口铣刀的规格

直径 (mm)	厚度 (mm)	内孔 (mm)	齿数	
			细齿	粗齿
40	0.25，0.3，0.4，0.5，0.6，0.8，1	13	90	72
60	0.4，0.5，0.6，0.8，1，1.2，1.6，2，2.5	16	72	60
75	0.6，0.8，1，1.2，1.6，2，2.5，3，4，5	22	72	60

图 10-10 锯片
铣刀

7. 锯片铣刀

锯片铣刀如图 10-10 所示。

用途：用于锯切金属材料或加工零件上的窄槽，分为粗齿、中齿、细齿。粗齿锯片铣刀齿数为 16～14，一般加工铝及铝合金等软金属；细齿锯片铣刀齿数为 32～200，加工钢、铸铁等硬金属；中齿锯片铣刀齿数为 20～100。

规格：锯片铣刀的规格见表 10-15～表 10-18。

表 10-15　　　　　**锯片铣刀的厚度尺寸系列**

厚度（mm）	0.2, 0.25, 0.3, 0.4, 0.5, 0.6, 0.8, 1.0, 1.2, 1.6, 2.0, 2.5, 3.0, 4.0, 5.0, 6.0

表 10-16　　　　　**中齿锯片铣刀**　　　　　（mm）

外径	厚度	孔径	外径	厚度	孔径
32	0.3～3.0	8	25	1.0～6.0	22
40	0.3～4.0	10	160	1.2～6.0	32
50	0.3～5.0	13	200	1.6～6.0	32
63	0.3～6.0	16	250	2.0～6.0	32
80	1.6～6.0	22	315	2.5～6.0	40
100	0.8～6.0	22	—	—	—

表 10-17　　　　　**粗齿锯片铣刀**　　　　　（mm）

外径	厚度	孔径	外径	厚度	孔径
50	0.8～5.0	13	160	1.2～6.0	32
63	0.8～6.0	16	200	1.6～6.0	32
80	0.8～6.0	22	250	2.0～6.0	32
100	0.8～6.0	22 (27)	315	2.5～6.0	40
125	1.0～6.0	22 (27)	—	—	—

表 10-18　　　　　　　　细齿锯片铣刀　　　　　　　（mm）

外径	厚度	孔径	外径	厚度	孔径
20	0.2~2.0	5	100	0.6~6.0	22
25	0.2~2.5	8	125	0.8~6.0	22
32	0.2~3.0	8	160	1.2~6.0	32
40	0.2~4.0	10 (13)	200	1.6~6.0	32
50	0.25~5.0	13	250	2.0~6.0	32
63	0.3~6.0	16	315	2.5~6.0	40
80	0.5~6.0	22	—	—	—

8. 键槽铣刀

键槽铣刀如图 10-11 所示。

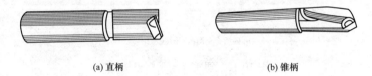

(a) 直柄　　　　　　　　　　　　　　　　(b) 锥柄

图 10-11　键槽铣刀

用途：装夹在铣床上，专用于铣削轴类零件上的平行键槽。

规格：总长和刃长分为标准系列和短系列两大系列。其长度规格见表 10-19。

表 10-19　　　　　　　　键槽铣刀的长度规格

	直径(mm)	2	3	4	5	6	7
直柄	标准系列总长(mm)	39	40	43	47	57	60
	直径(mm)	8	10	12，14	16，18		20
	标准系列总长(mm)	63	72	83	92		104
锥柄	直径(mm)	10	12，14	16，18	20，22	24，25，28	
	标准系列总长(mm)	92	96	111	117	123	140	147
	莫氏圆锥号	1		2		3	
	直径(mm)	32，36		40，45		50，56	63
	标准系列总长	155	178	188	221	200	233	248
	莫氏圆锥号	3	4		5	4	5

注　键槽铣刀按直径的极限偏差分为 e8 公差带和 d8 公差带两种。

9. 硬质合金 T 形槽铣刀

硬质合金 T 形槽铣刀如图 10-12 所示。

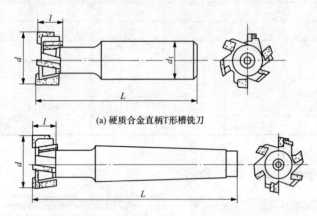

(a) 硬质合金直柄T形槽铣刀

(b) 硬质合金锥柄T形槽铣刀

图 10-12　硬质合金 T 形槽铣刀

用途：用于在高速下铣削 T 形槽，或铣削坚硬的金属工件。

规格：主要尺寸见表 10-20 和表 10-21。

表 10-20　　　　　硬质合金直柄 T 形槽铣刀主要尺寸　　　　　（mm）

T 形槽宽度	刀头直径 d	刀头宽度 l	全长 L	柄部直径 d_1	齿数	硬质合金刀片型号
12	21	9	74	12	4	A106
14	25	11	82	16	6	D208
18	32	14	90	16	6	D212
22	40	18	108	25	6	D214
28	50	22	124	32	6	D218A
36	60	28	189	32	8	D220

表 10-21　　　　　硬质合金锥柄 T 形槽铣刀主要尺寸　　　　　（mm）

T 形槽宽度	刀头直径 d	刀头宽度 l	全长 L	齿数	莫氏圆锥号	硬质合金刀片型号
12	21	9	100	4	2	A106

T 形槽宽度	刀头直径 d	刀头宽度 l	全长 L	齿数	莫氏圆锥号	硬质合金刀片型号
14	25	11	105	6	2	D208
18	32	14	110	6	2	D212
22	40	18	140	6	3	D214
28	50	22	175	6	4	D218A
36	60	28	190	6	4	D220
42	72	35	230	8	5	D228A
48	85	40	240	8	5	D236
54	95	44	250	8	5	D236

10. 普通直柄、削平直柄和螺纹柄 T 形槽铣刀

普通直柄、削平直柄和螺纹柄 T 形槽铣刀外形如图 10-13 所示，其主要尺寸见表 10-22。

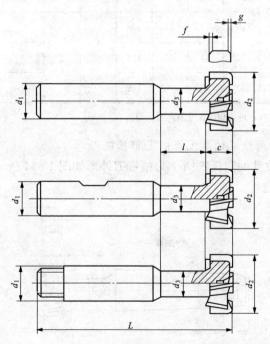

图 10-13　普通直柄、削平直柄和螺纹柄 T 形槽铣刀外形
注：倒角 f 和 g 可用相同尺寸的圆弧代替。

表 10-22   普通直柄、削平直柄和螺纹柄 T 形槽铣刀

主要尺寸 （mm）

d_2	c	d_3	l	d_1	L	f_{max}	g_{max}	T 形槽宽度
11	3.5	4	6.5		53.5			5
12.5	6	5	7	10	57			6
16	8	7	10		62		1	8
18		8	13	12	70	0.6		10
21	9	9	16		74			12
25	11	12	17	16	82		1.6	14
32	14	15	22		90			18
40	18	19	27	25	108	1		22
50	22	25	34		124		2	28
60	28	30	43	32	139			36

注　倒角 f 和 g 可用相同尺寸的圆弧代替。

11. 带螺纹孔的莫氏锥柄 T 形槽铣刀

带螺纹孔的莫氏锥柄 T 形槽铣刀外形如图 10-14 所示，主要尺寸见表 10-23。

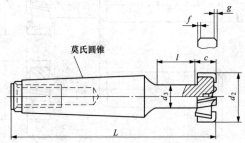

图 10-14　带螺纹孔的莫氏锥柄 T 形槽铣刀外形
注：倒角 f 和 g 可用相同尺寸的圆弧代替。

表 10-23　　　带螺纹孔的莫氏锥柄 T 形槽铣刀主要尺寸　　　（mm）

d_2	c	d_{3max}	l	L	f_{max}	g_{max}	莫氏圆锥号	T 形槽宽度
18	8	8	13	82			1	10
21	9	10	16	98	0.6	1	2	12
25	11	12	17	103				14
32	14	15	22	111		1.6	3	18
40	18	19	27	138	1		4	22
50	22	25	34	173		2.5		28
60	28	30	43	188				36
72	35	36	50	229	1.6	4		42
85	40	42	55	240	2	6	5	48
95	44	44	62	251				54

12. 半圆铣刀

半圆铣刀如图 10-15 所示。

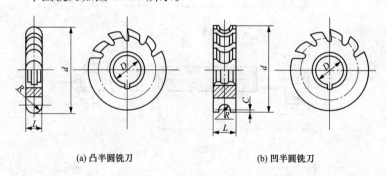

(a) 凸半圆铣刀　　　　　　　(b) 凹半圆铣刀

图 10-15　半圆铣刀

用途：凸半圆铣刀用于切削半圆槽；凹半圆铣刀用于切削凸半圆形工件。

规格：半圆铣刀分为凸半圆铣刀和凹半圆铣刀，其规格见表 10-24。

表 10-24　　　　凸半圆铣刀、凹半圆铣刀的规格

半圆半径 （mm）	外径 （mm）	内孔 （mm）	厚度（mm）	
			凸半圆	凹半圆
1 1.25 1.6 2	50	16	2 2.5 3.2 4	6 6 8 9
2.5 3 4 5	63	22	5 6 8 10	10 12 16 20
6 8	80	27	12 16	24 32
10 12	100	32	20 24	36 40
16 20	125		32 40	50 60

13. 半圆键槽铣刀

半圆键槽铣刀如图 10-16 所示。

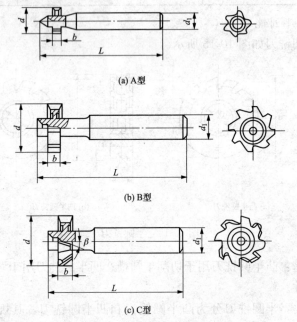

(a) A型

(b) B型

(c) C型

图 10-16　半圆键槽铣刀

用途：用于铣削轴套类工件上的半圆形键槽。

规格：按柄部型式分普通直柄半圆键槽铣刀、削平直柄半圆键槽铣刀、斜削平直柄半圆键槽铣刀和螺纹柄半圆键槽铣刀四种。按所铣削工件键槽的尺寸，分三种型式。半圆键槽铣刀的规格见表10-25。

表 10-25　　　　　　　　**半圆键槽铣刀的规格**　　　　　　　　（mm）

d (h11)	b (e8)	d_1	L (js18)	半圆键的公称尺寸[①] （宽×直径）	铣刀型式	β
4.5	1.0			1.0×4		
7.5	1.5			1.5×7		
	2.0	6	50	2.0×7	A	—
10.5				2.0×10		
	2.5			2.5×10		
13.5	3.0			3.0×13		
		10	55	3.0×16	B	
16.5	4.0			4.0×16		
	5.0			5.0×16		
19.5	4.0	10	55	4.0×19	B	—
	5.0			5.0×19		
22.5				5.0×22		
	6.0		60	6.0×22		
25.5		12		6.0×25	C	120
28.5	8.0			8.0×28		
32.5	10.0		65	10.0×32		

① 按照GB/T 1098—2003《半圆键　键槽的剖面尺寸》。

14. 三面刃铣刀

三面刃铣刀如图10-17所示。

用途：适用在卧式铣床上加工凹槽及某些侧平面。直齿铣刀加工较浅的槽和光洁面；错齿铣刀加工较深的槽。

规格：直齿按齿型分为Ⅰ型、Ⅱ型；按精度分为普通级、精密

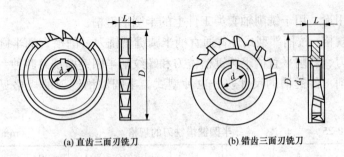

(a) 直齿三面刃铣刀　　　　　　(b) 错齿三面刃铣刀

图 10-17　三面刃铣刀

级。直齿三面刃铣刀与错齿三面刃铣刀的规格见表 10-26、表 10-27。

表 10-26　　　　　　　直齿三面刃铣刀的规格

直径 D (mm)	宽度 L (mm)	内孔 d (mm)	齿数 Z (mm) Ⅰ	Ⅱ	直径 D (mm)	宽度 L (mm)	内孔 d (mm)	齿数 Z (mm) Ⅰ	Ⅱ
50	4	16	14	12	80	16	27	18	16
	5					18			
	6					20			
	7				100	6	32	20	18
	8					7			
	10	22	16	14		8			
63	4					10			
	5					12			
	6					14			
	7					16			
	8					18			
	10					20			
	12					22			
	14					25			
	16				125	8	32	22	20
80	5	27	18	16		10			
	6					12			
	7					14			
	8					16			
	10					18			
	12					20			
	14					22			

直径D (mm)	宽度L (mm)	内孔d (mm)	齿数Z I (mm)	齿数Z II (mm)	直径D (mm)	宽度L (mm)	内孔d (mm)	齿数Z I (mm)	齿数Z II (mm)
125	25	32	22	20	200	12	40	30	28
	28					14			
160	10	40	26	24		16			
	12					18			
	14					20			
	16					22			
	18					25			
	20					28			
	22					32			
	25					36			
	28					40			
	32								

表 10-27　　　　错齿三面刃铣刀的规格

直径D (mm)	宽度L (mm)	内孔d (mm)	齿数Z (mm)	直径D (mm)	宽度L (mm)	内孔d (mm)	齿数Z (mm)
10	6	32	18	63	12	22	12
	8				14		
	10				16		
	12			80	5	27	16
	14				6		
	16				8		
	18				10		
	20	16	16		12		
	22				14		14
	25				16		
50	4	16	12		18		
	5				20		
	6			100	6	32	18
	8				8		
	10				10		
63	4	22	14		12		
	5				14		16
	6				16		
	8				18		
	10				20		

直径 D (mm)	宽度 L (mm)	内孔 d (mm)	齿数 Z (mm)	直径 D (mm)	宽度 L (mm)	内孔 d (mm)	齿数 Z (mm)
100	22	32	16	160	20	40	22
	25				22		
125	8	32	20		25		
	10				28		
	12				32		
	14			200	12		28
	16				14		
	18				16		
	20		18		18		
	22				20		
	25				22	40	
	28				25		
160	10	40	24		28		26
	12				32		
	14				36		
	16				40		
	18						

15. 镶齿三面刃铣刀

镶齿三面刃铣刀如图 10-18 所示。

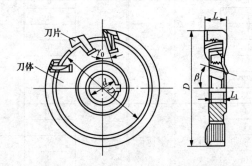

图 10-18　镶齿三面刃铣刀

用途：镶齿铣刀的刀齿是镶嵌在刀体上的，用于铣削工件上一定宽度的沟槽及端面。

规格：镶齿三面刃铣刀的规格见表 10-28。

表 10-28　　　　　　　　　　镶齿三面刃铣刀的规格

外径 D (mm)	宽度 L (mm)	孔径 d (mm)	刀体外径 D_1 (mm)	刀体宽度 L_1 (mm)	齿数
80	12，14，16，18，20	22	71	8.5，11，13，14.5，15	10
100	12，14，16，18	27	91	8.5，11，13，14.5	12
	20，22，25	27	86	15，17，19.5	10
125	12，14，16，18	32	114	9，11，13，14.5	14
	20，22，25	32	111	15，17，19.5	12
160	14，16，20	40	146	11，13，15	18
	25，28	40	144	19.5，22.5	16
200	14，18，22，28	186	186	10	22
				13，15.5	20
				22.5	18
	32	186	184	24	
250	16，20，25，28，32	50	236	11，14	24
				19.5，22.5，24	22
315	20，25，32	50	301	14	26
				19，24	24
	36，40	50	297	27，28.5	

16. 镶齿套式面铣刀

镶齿套式面铣刀如图 10-19 所示。

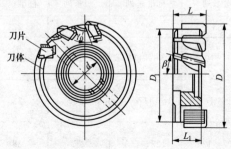

图 10-19　镶齿套式面铣刀

用途：用于铣削工件上的平面。

规格：镶齿套式面铣刀的规格见表10-29。

表 10-29　　　　　　镶齿套式面铣刀的规格

外径 D（mm）	孔径 d（mm）	宽度 L（mm）	齿数
80	27	36	10
100	32	40	10
125	40	40	14
160	50	45	16
200	50	45	20
250	50	45	26

17. 莫氏锥柄键槽铣刀

莫氏锥柄键槽铣刀如图10-20所示。

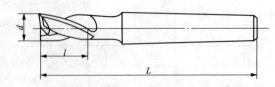

图 10-20　莫氏锥柄键槽铣刀

用途：装夹在铣床上，专用于铣削轴类零件上的键槽。

规格：莫氏锥柄键槽铣刀的规格见表10-30。

表 10-30　　　　　　莫氏锥柄键槽铣刀的规格

直径 d（mm）	全长 L（mm）		刃长 l（mm）		莫氏圆锥号
	短系列	标准系列	短系列	标准系列	
10	83	92	13	22	1
12	86，101	96，111	16	26	1，2
14					
16	104	117	19	32	2
18					
20	107，124	123，140	22	38	2，3
22					

五金工具手册

| 直径 d | 全长 L（mm） | | 刃长 l（mm） | | 莫氏 |
(mm)	短系列	标准系列	短系列	标准系列	圆锥号
24	128	147	26	45	3
25					
28	128	147	26	45	3
32	134，157	155，178	32	53	3，4
36					
40	163，196	188，221	38	63	4，5
45					
50	170，203	200，233	45	75	4，5
56					
63	211	248	53	90	5

18. 燕尾槽铣刀

燕尾槽铣刀如图 10-21 所示。

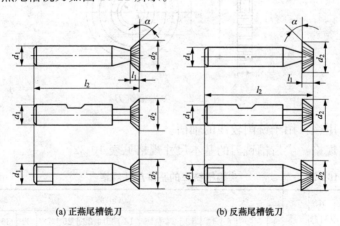

(a) 正燕尾槽铣刀   (b) 反燕尾槽铣刀

图 10-21　燕尾槽铣刀

用途：分别用于铣削工件上的正、反燕尾槽。

规格：燕尾槽铣刀的规格见表 10-31。

表 **10-31** 　　　　　　　燕尾槽铣刀的规格　　　　　　　　（mm）

d_2 (js16)	l_1	l_2	d_1	α（±30′）
16	4	60		
20	5	63	12	
25	6.3	67		45°
31.5	8	71	16	
16	6.3	60		
20	8	63	12	
25	10	67		60°
31.5	12.5	71	16	

19. 尖齿槽铣刀

尖齿槽铣刀如图 10-22 所示。

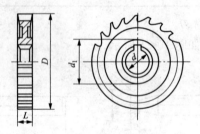

图 10-22　尖齿槽铣刀

用途：用于铣削较浅的轴槽。

规格：尖齿槽铣刀的基本尺寸规格见表 10-32。

表 **10-32** 　　　　　　　尖齿槽铣刀的基本尺寸规格　　　　　　　　（mm）

d (js16)	d (H7)	d_{1min}	\multicolumn{17}{c}{L　（k8）}
			4	5	6	8	10	12	14	16	18	20	22	25	28	32	36	40
50	16	27	★	★	★	★	★											
63	22	34	★	★	★	★	★	★	★									
80	27	41		★	★	★	★	★	★	★	★							
100	32	47			★	★	★	★	★	★	★	★	★	★				

d	d	d_{1min}	L										(k8)				
(js16)	(H7)		4	5	6	8	10	12	14	16	18	20	22	25	28	32	36	40
125	32	47				★	★	★	★	★	★	★	★	★				
160	40	55					★	★	★	★	★	★	★	★	★	★		
200	40	55						★	★	★	★	★	★	★	★	★	★	★

注 ★表示有此规格。

20. 螺钉槽铣刀

螺钉槽铣刀如图 10-23 所示。

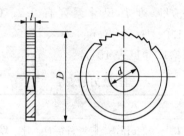

图 10-23　螺钉槽铣刀

用途：用于铣削螺钉头部或其他工件上的窄槽（一字槽）。

规格：螺钉槽铣刀的规格见表 10-33。

表 10-33　　　　　　　　　　　螺钉槽铣刀的规格

外径 D	孔径 d	厚度 l	齿数	
(mm)	(mm)	(mm)	粗	细
40	13	0.25, 0.3, 0.4, 0.5, 0.6, 0.8, 1	72	90
60	16	0.4, 0.5, 0.6, 0.8, 1, 1.2, 1.6, 2, 2.5	60	72
75	22	0.6, 0.8, 1, 1.2, 1.6, 2, 2.5, 3, 4, 5	60	72

21. 锯片铣刀

锯片铣刀如图 10-24 所示。

用途：用于锯切金属材料或加工零件上的窄槽，分为粗齿、中齿、细齿。粗齿锯片铣刀齿数为 16～64，一般加工铝及铝合金等软金属；细齿锯片铣刀齿数为 32～200，一般加工钢、铸铁等硬金

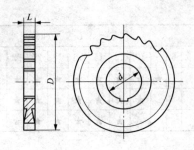

图 10-24　锯片铣刀

属；中齿锯片铣刀齿数为 20～100，介于两者之间。

规格：锯片铣刀厚度 L 尺寸系列有 0.2、0.25、0.3、0.4、0.5、0.6、0.8、1.0、1.2、1.6、2.0、2.5、3.0、4.0、5.0、6.0mm，其他的规格尺寸见表 10-34。

表 10-34　　　　　　　锯片铣刀的规格　　　　　　　（mm）

(1) 粗齿锯片铣刀

外径 D	厚度 L	孔径 d	外径 D	厚度 L	孔径 d
50	0.8～5.0	13	160	1.2～6.0	32
63	0.8～6.0	16	200	1.6～6.0	32
80	0.8～6.0	22	250	2.0～6.0	32
100	0.8～6.0	22 (27)	315	2.5～6.0	40
125	1.0～6.0	22 (27)			

(2) 中齿锯片铣刀

外径 D	厚度 L	孔径 d	外径 D	厚度 L	孔径 d
32	0.3～3.0	8	125	1.0～6.0	22
40	0.3～4.0	10	160	1.2～6.0	32
50	0.3～5.0	13	200	1.6～6.0	32
63	0.3～6.0	16	250	2.0～6.0	32
80	0.6～6.0	22	315	2.5～6.0	40
100	0.8～6.0	22			

（3）细齿锯片铣刀

外径 D	厚度 L	孔径 d	外径 D	厚度 L	孔径 d
20	0.2～2.0	5	100	0.6～6.0	22
25	0.2～2.5	8	125	0.8～6.0	22
32	0.2～3.0	8	160	1.2～6.0	32
40	0.2～4.0	10 (13)	200	1.6～6.0	32
50	0.25～5.0	13	250	2.0～6.0	32
63	0.3～6.0	16	315	2.5～6.0	40
80	0.5～6.0	22			

注 括号内尺寸尽量不采用。

22. 圆角铣刀

圆角铣刀如图 10-25 所示。

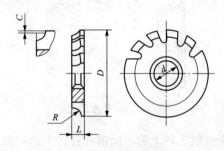

图 10-25　圆角铣刀

用途：用于铣削工件上的圆角、圆倒角。

规格：圆角铣刀的规格见表 10-35。

表 10-35　　　　　　　　　　圆角铣刀的规格　　　　　　　　　　（mm）

R (N11)	d (H7)	D (js16)	L (js16)	C
2.5			5	0.3
3.15 (3)			6	0.3
4	22	63	8	0.4
5			10	0.5

R (N11)	d (H7)	D (js16)	L (js16)	C
6.3（6）	27	80	12	0.6
8			16	0.8
10	32	100	18	1.0
12.5（12）			20	1.2
16		125	24	1.6
20			28	2.0

23. 角度铣刀

角度铣刀如图 10-26 所示。

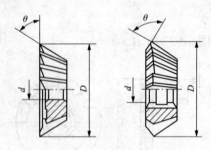

图 10-26　角度铣刀

用途：用于铣削工件上的角度槽和各种刀具的刃沟等。

规格：角度铣刀的规格见表 10-36。

表 10-36　　　　　　　　　　　角度铣刀的规格

名称	D (mm)	d (mm)	刀尖角 θ (°)	齿数
单角铣刀	40	13	45，50，55，60，65，70，75，80，85，90	18
	50	16	45，50，55，60，65，70，75，80，85，90	20
	63	22	18，22，25，30，40，45，50，55，60，65， 70，75，80，85，90	20
	80	22.27		22
	100	32	18，22，25，30，40	24

名称	D (mm)	d (mm)	刀尖角 θ (°)	齿数
不对称双 角铣刀	40	13	55，60，65，70，75，80，85，90，100	18
	50	16	55，60，65，70，75，80，85，90，100	20
	63	22	55，60，65，70，75，80，85，90，100	20
	80	27	50，55，60，65，70，75，80，85，90	22
	100	32	50，55，60，65，70，75，80	24

24. 硬质合金可转位铣刀

硬质合金可转位铣刀的类型及基本尺寸见表 10-37。

表 10-37　　　　硬质合金可转位铣刀的类型及基本尺寸　　　　（mm）

可转位削平型直柄立铣刀

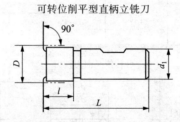

D（is14）		d_1（h6）		L（h16）		参考值	
基本尺寸	偏差	基本尺寸	偏差	基本尺寸	偏差	l	齿数
12	±0.125	12	0 −0.011	70	0 −1.9	20	1
14							
16	±0.125	16		75		25	
18							
20	±0.26	20	0 −0.013	82		30	2
25		25		96		38	
32	±0.31	32	0 −0.016	100	0 −2.2		
40				110		48	3
50							

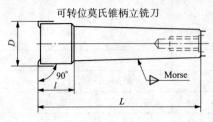

可转位莫氏锥柄立铣刀

D（is14）		L（h16）		莫氏锥柄号	参考值	
基本尺寸	偏差	基本尺寸	偏差		l	齿数
12	±0.215	90	0 −2.2	2	20	1
14						
16		94			25	
18						
20	±0.26	116	0 −2.5	3	30	2
25		124			38	
32	±0.31	157		4	48	3
40						
50						

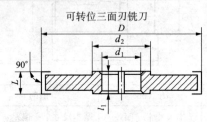

可转位三面刃铣刀

D（is16）		L（H12）		d_1（H7）		d_2	l	齿数（参考）
基本尺寸	偏差	基本尺寸	偏差	基本尺寸	偏差			
80	±0.95	10	+0.15 0	27	+0.021 0	41	10	6
100	±1.10	10		32		47	10	8
		12					12	
125	±1.25	12	+0.18 0	40	+0.025 0	55	12	
		16					16	
160		16		40		55	16	10
		20					20	
200	±1.45	20	+0.21 0	50		69	20	12
		25					25	

可转位锥柄面铣刀

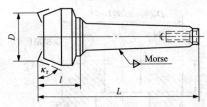

D（is14）		L（h16）		莫氏锥柄号	参考值	
基本尺寸	偏差	基本尺寸	偏差		l	齿数
63	±0.37	157	0	4	48	4
80			−2.5			6

可转位套式面铣刀

A 型面铣刀

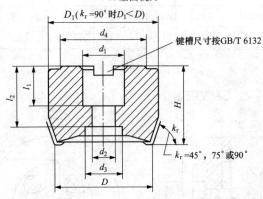

D（is16）		d_1（H7）		d_2	d_3	d_{4min}	H	l_1	l_{2max}	紧固螺钉
基本尺寸	偏差	基本尺寸	偏差							
50	±0.80	22	+0.021	11	18	41	40	20	33	M10
63	±0.95		0							
80		27		13.5	20	49		22	37	M12
100	±1.10	32	+0.025 0	17.5	27	59	50	25	33	M16

B 型面铣刀

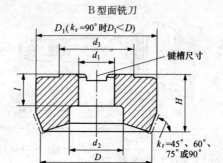

D (is16)		d_1 (H7)		d_2	d_{3min}	H	l	l	紧固
基本尺寸	偏差	基本尺寸	偏差				min	max	螺钉
80	±0.95	27	+0.021 0	38	49	50	22	30	M12
100	±1.10	32	+0.025 0	45	59		25	32	M16
125	±1.25	40		46	71	63	28	35	M20

C 型面铣刀

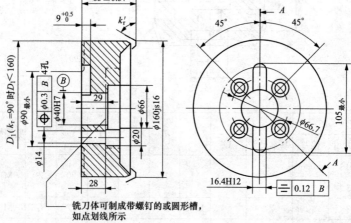

铣刀体可制成带螺钉的或圆形槽，
如点划线所示

注：1. k_r=45°、75°或90°。
  2. 在刀体背上直径 90mm（最小）处的空刀是任选的。

三、齿轮刀具

1. 齿轮铣刀

齿轮铣刀如图 10-27 所示。

图 10-27　齿轮铣刀

用途：适用于仿形铣切模数为 0.3～16mm，基准齿形角为 20°的精度较低的直齿渐开线圆柱齿轮。

规格：齿轮铣刀系列规格见表 10-38、表 10-39。

表 10-38　　模数制（齿形角 20°）的模数 m 系列规格

孔径（mm）	模数（mm）/齿数
16	0.3，(0.35)，0.4/20；0.5，0.6/18；(0.7)，0.8，0.9/16
22	1.0，1.25，1.5/14；(1.75)，2，(2.25)，2.5/12
27	(2.75)，3，(3.25)，(3.5)，(3.75)，4，(4.5)/12
32	5，(5 5)，6，(6.5)，(7)，8/11；(9)，10/10
40	(11)，12，(14)，16/10

注　1. 不带括号的为第一系列模数；带括号的为第二系列模数，尽可能不采用。
　　2. 每种模数的铣刀，均由 8 个或 15 个刀号组成一套。

表 10-39　模数制（齿形角 20°）各铣刀号适宜加工的齿数规格

8件一套铣刀		8件一套铣刀		8件一套铣刀	
铣刀号	齿轮齿数	铣刀号	齿轮齿数	铣刀号	齿轮齿数
1	12～13	4	21～25	7	55～134
2	14～16	5	26～34	8	≥135
3	17～20	6	35～54		

15 件一套铣刀		15 件一套铣刀		15 件一套铣刀	
铣刀号	齿轮齿数	铣刀号	齿轮齿数	铣刀号	齿轮齿数
1	12	$3\frac{1}{2}$	19～20	6	35～41
$1\frac{1}{2}$	13	4	21～22	$6\frac{1}{2}$	42～54
2	14	$4\frac{1}{2}$	23～25	7	55～79
$2\frac{1}{2}$	15～16	5	26～29	$7\frac{1}{2}$	80～134
3	17～18	$5\frac{1}{2}$	30～34	8	≥135

2. 齿轮滚刀

齿轮滚刀如图 10-28 所示。

用途：用于滚制直齿或斜齿渐开线圆柱齿轮。小模数齿轮滚刀、齿轮滚刀、镶片齿轮滚刀分别用于加工模数为 0.1～1mm、1～10 mm、9～40mm，基准齿形角为 20°的渐开线圆柱齿轮。剃前齿轮滚刀做剃前加工，加工基准齿形角为 20°的不变位圆柱齿轮。磨前滚刀用于需磨齿的齿轮在磨齿前滚齿，分有整体式与镶刀片式，其种类有小模数齿轮滚刀、普通齿轮滚刀及磨齿前与剃齿前滚刀等，后两者用于齿轮精加工。

图 10-28 齿轮滚刀

规格：齿轮滚刀的长度规格见表 10-40。

表 10-40　　　　　　　　齿轮滚刀的长度规格

类型和标准	模数系列	直径 （mm）	孔径 （mm）	总长 （mm）
小模数齿轮滚刀	0.10、0.12、0.15、0.2、0.25、0.3、(0.35)、0.4、0.5、0.6、(0.7)、0.8、(0.9)、1	25、32、40	8、13、16	10、15、20、25、30、40

类型和标准	模数系列	直径 (mm)	孔径 (mm)	总长 (mm)
齿轮滚刀	1，1.25，1.5，(1.75)，2，(2.25)，2.5，(2.75)，3，(3.25)，3.5，4(4.5)，5，(5.5)，6，(6.5)，7，8，(9)，10	Ⅰ型： 63～200	Ⅰ型： 27，32，40，50，60	Ⅰ型： 63～200
		Ⅱ型： 50～150	Ⅱ型： 22，27，32，40，50	Ⅱ型： 32～170
镶片齿轮滚刀	(9)，10，(11)，12，(14)，16，(18)，20，(22)，25，(28)，(30)，32，(36)，40	带轴向键槽型		
		185～380	50，60，80	195～405
		带端面键槽型		
		185～420	50，60，80，100	215～475
剃前齿轮滚刀	1，1.25，1.5，(1.75)，2，(2.25)，2.5，(2.75)，3，(3.25)，(3.5)，(3.75)，4，(4.5)，5，(5.5)，6，(6.5)，(7)，8	50～125	22，27，32，40	32～132
磨前齿轮滚刀	1，1.25，1.5，(1.75)，2，(2.25)，2.5，(2.75)，3，(3.25)，(3.5)，(3.75)，4，(4.5)，5，(5.5)，6，(6.5)，(7)，8，(9)，10	50～150	22，27，32，40，56	32～170

注　1. 带括号的模数尽量不采用。

　　2. 齿轮滚刀基本类型有Ⅰ型和Ⅱ型两种。Ⅰ型中有 AAA 级、AA 级两种精度；Ⅱ型有 AA 级、A 级、B 级、C 级四种精度。小模数齿轮滚刀有 AAA 级、AA 级、A 级三种精度。Ⅰ型可加工 6 级精度齿轮，Ⅱ型与镶片齿轮滚刀可加工 7、8、9、10 级精度齿轮。

3. 直齿插齿刀、小模数直齿插齿刀

直齿插齿刀如图 10-29 所示。

 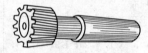

(a) Ⅰ型—盘形　　　(b) Ⅱ型—碗形　　　(c) Ⅲ型—锥柄形

图 10-29　直齿插齿刀

用途：直齿插齿刀有小模数的和普通式两类，分别插制模数 0.1～1mm 及 1～12mm、基准齿形角为 20°的直齿圆柱齿轮，插削渐开线圆柱齿轮。碗形的适合于插削塔形、多联或带凸肩的齿轮。锥柄插齿刀适合于加工内啮合齿轮。插齿刀分为三种形式和三种精度等级：Ⅰ型——盘形直齿插齿刀，精度等级分为 AA、A、B 三种；Ⅱ型——碗形直齿插齿刀，精度等级分为 AA、A、B 三种；Ⅲ型——锥柄直齿插齿刀，精度等级分为 A、B 两种。

规格：直齿插齿刀、小模数直齿插齿刀的规格见表 10-41、表 10-42。

表 10-41　　　　　　　　　直齿插齿刀的规格

形式	精度等级	公称分度圆直径（mm）	模数（mm）	齿数 Z
Ⅰ型盘形	AA、A、B	75，100，125，160，200	1	76，100
			1.25	50，80
			1.5	50，68
			1.75	43，58
			2	38，50
			2.25	34，45
			2.5	30，40
			2.75	28，36
			3.0	22，34
			3.25	24.31
			3.5	22，29
			3.75	20，27

形式	精度等级	公称分度 圆直径 （mm）	模数 （mm）	齿数 Z
Ⅰ型 盘形	AA， A，B	75，100， 125， 160， 200	4.0	19，22，31
			4.5	22，28
			5.0	20，25
			5.5	19，23
			6.0	18，21，27
			6.5	19，25
			7.0	18，23
			8.0	16，20，25
			9.0	18，22
			10	16，20
			11	18
			12	17
Ⅱ型 碗形	AA， A，B	50，75， 100，125	1	50，76，100
			1.25	40，60，80
			1.5	34，50，68
			1.75	29，43，58
			2.0	25，38，50
			2.25	22，34，45
			2.5	20，30，40
			3.75	20，27
			4.0	19，25，31
			4.5	22
			5.0	20
			5.5	19
			6.0	18
			6.5	19
			2.75	18，28，36
			3.0	17，25，34
			3.25	15，24，31
			3.5	14，22，29
			7.0	18
			8.0	16

形式	精度等级	公称分度圆直径（mm）	模数（mm）	齿数 Z
Ⅲ型锥柄形	A，B	25，38	1.0	26，38
			1.25	20，30
			1.5	18，25
			1.75	15，22
			2.0	13，19
			2.25	12，16
			2.5	10，15
			2.75	10，14
			3	12
			3.25	12
			3.5	11
			3.75	10

表 10-42　　　　小模数直齿插齿刀的规格

形式	精度等级	公称分度圆直径（mm）	模数（mm）	齿数 Z
Ⅰ型盘形	AA，A，B	40，63	0.2	200
			0.25	160
			0.3	132，210
			0.35	114，182
			0.4	100，160
			0.5	80，126
			0.6	66，105
			0.7	56，90
			0.8	50～80
			0.9	44，72
			1.0	40，64
Ⅱ型碗形	AA，A，B	63	0.3	210
			0.35	182
			0.4	160
			0.5	126
			0.6	105
			0.7	90
			0.8	80
			0.9	72
			1.0	64

形式	精度等级	公称分度圆直径（mm）	模数（mm）	齿数 Z
Ⅲ型锥柄形	A，B	25	0.1	250
			0.12	208
			0.15	166
			0.2	125
			0.25	100
			0.3	84
			0.35	72
			0.4	64
			0.5	50
			0.6	40
			0.7	36
			0.8	32
			0.9	28
			1.0	25

4. 盘形剃齿刀

盘形剃齿刀如图 10-30 所示。

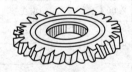

图 10-30　盘形剃齿刀

用途：用于剃削模数为 1～8mm，基准齿形角为 20°的标准圆柱齿轮。

规格：盘形剃齿刀的规格见表 10-43。

表 10-43　　　　盘形剃齿刀的规格

公称分度圆直径（mm）	85	180	240
模数范围（mm）	1～1.5	1.25～6.0	2.0～8.0
螺旋角	10°	5°，15°	5°，15°

四、铰刀

1. 直柄手用铰刀

用途：用于手工铰制工件上已钻削（或扩孔）加工后的孔，以提高孔的加工精度，降低其表面粗糙度。

规格：直柄手用铰刀的基本尺寸见表 10-44、表 10-45。

表 10-44　　　　直柄手用铰刀的基本尺寸（米制系列）　　　　（mm）

d	l_1	l	a	l_4	d	l_1	l	a	l_4
(1.5)	20	41	1.12		11.0	71	142	9.00	12
1.6	21	44	1.25		12.0	76	152	10.00	13
1.8	23	47	140	4	(13.0)				
2.0	25	50	1.60		14.0	81	163	11.20	14
2.2	27	54	1.80		(15.0)				
2.5	29	58	2.00		16.0	87	175	12.50	16
2.8	31	62	2.24	5	(17.0)				
3.0					18.0	93	188	14.00	18
2.5	35	71	2.80		(19.0)				
4.0	38	76	3.15	6	20.0	100	201	16.00	20
4.5	41	81	3.55		(21.0)				
5.0	44	87	4.00		22	107	215	18.00	22
5.5	47	93	4.50	7	(23)				
6.0					(24)				
7.0	54	107	5.60	8	25	115	231	20.00	24
8.0	58	115	6.30	9	26				
9.0	6.2	124	7.10	10	(27)	124	247	22.40	26
10.0	66	133	8.00	11	28				

d	l_1	l	a	l_4	d	l_1	l	a	l_4
(30)	124	247	22.40	26	(48)	174	347	40.00	42
32	133	265	25.00	28	50				
(34)	142	284	28.00	31	(52)				
(35)					(55)	184	367	45.00	46
36					56				
(38)	152	305	31.5	34	(58)				
40					(60)	194	387	50.00	51
(42)					(62)				
(44)	163	326	35.50	38	63				
45					67				
(46)					71	203	406	56.00	56

注　括号内的尺寸尽量不采用。

表 10-45　　　直柄手用铰刀的基本尺寸（英制系列）　　　（in）

d	l_1	l	a	l_4
$\frac{1}{16}$	$\frac{13}{16}$	$1\frac{3}{4}$	0.049	$\frac{5}{32}$
$\frac{3}{32}$	$1\frac{1}{8}$	$2\frac{1}{4}$	0.079	
$\frac{1}{8}$	$1\frac{5}{16}$	$2\frac{5}{8}$	0.098	$\frac{3}{16}$
$\frac{5}{32}$	$1\frac{1}{2}$	3	0.124	$\frac{1}{4}$
$\frac{3}{16}$	$1\frac{3}{4}$	$3\frac{7}{16}$	0.157	$\frac{9}{32}$
$\frac{7}{32}$	$1\frac{7}{8}$	$3\frac{11}{16}$	0.177	
$\frac{1}{4}$	2	$3\frac{15}{16}$	0.197	$\frac{5}{16}$
$\frac{9}{32}$	$2\frac{1}{8}$	$4\frac{3}{16}$	0.220	
$\frac{5}{16}$	$2\frac{1}{4}$	$4\frac{1}{2}$	0.248	$\frac{11}{32}$
$\frac{11}{32}$	$2\frac{7}{16}$	$4\frac{7}{8}$	0.280	$\frac{13}{32}$
$\frac{3}{8}$ ($\frac{13}{32}$)	$2\frac{5}{8}$	$5\frac{1}{4}$	0.315	$\frac{7}{16}$
$\frac{7}{16}$	$2\frac{13}{16}$	$5\frac{5}{8}$	0.354	$\frac{15}{32}$

d	l_1	l	a	l_4
$(^{15}/_{32})$				
$^1/_2$	3	6	0.394	$^1/_2$
$^9/_{16}$	$3^3/_{16}$	$6^7/_{16}$	0.441	$^9/_{16}$
$^5/_8$	$3^7/_{16}$	$6^7/_8$	0.492	$^5/_8$
$^{11}/_{16}$	$3^{11}/_{16}$	$7^7/_{16}$	0.551	$^{23}/_{32}$
$^3/_4$				
$(^{13}/_{16})$	$3^{15}/_{16}$	$7^{15}/_{16}$	0.630	$^{25}/_{32}$
$^7/_8$	$4^3/_{16}$	$8^1/_2$	0.709	$^7/_8$
1	$4^1/_2$	$9^1/_{16}$	0.787	$^{15}/_{16}$
$(1^1/_{16})$				
$1^1/_8$	$4^7/_8$	$9^3/_4$	0.882	$1^1/_{32}$
$1^1/_4$				
$1^5/_{16}$	$5^1/_4$	$10^7/_{16}$	0.984	$1^3/_{32}$
$1^3/_8$				
$1^7/_{16}$	$5^5/_8$	$11^3/_{16}$	1.102	$1^7/_{32}$
$1^1/_2$				
$1^5/_8$	6	12	1.240	$1^{11}/_{32}$
$1^3/_4$	$6^7/_{16}$	$12^{13}/_{16}$	1.398	$1^1/_2$
$(1^7/_8)$				
2	$6^7/_8$	$13^{11}/_{16}$	1.575	$1^{21}/_{32}$
$2^1/_4$	$7^1/_4$	$14^7/_{16}$	1.772	$1^{13}/_{16}$
$2^1/_2$	$7^5/_8$	$15^1/_4$	1.968	2
3	$8^3/_8$	$16^{11}/_{16}$	2.480	$2^7/_{16}$

注 括号内的尺寸尽量不采用；1in＝25.4mm。

2. 可调节手用铰刀

用途：铰刀直径可在相应范围内调节，用于修理、装配工作。

规格：可调节手用铰刀的基本尺寸见表 10-46。

表 10-46 可调节手用铰刀的基本尺寸 （mm）

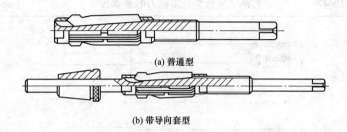

(a) 普通型

(b) 带导向套型

铰刀型式	调节范围	刀片长度	全长	铰刀型式	调节范围	刀片长度	全长
普通型	≥6.5～7.0	35	85	普通型	>33.5～38	95	310
	>7.0～7.75		90		>38～44	105	350
	>7.75～8.5		100		>44～54	120	400
	>8.5～9.25		105		>54～68	120	460
	>9.25～10	38	115		>68～84	135	510
	>10～10.75		125		>84～100	140	570
	>10.75～11.75		130	带导向套型	≥15.25～17	55	245
	>11.75～12.75	44	135		>17～19	60	260
	>12.75～13.75	48	145		>19～21	60	300
	>13.75～15.25	52	150		>21～23	65	340
	>15.25～17	55	165		>23～26	72	370
	>17～19	60	170		>26～29.5	80	400
	>19～21	60	180		>29.5～33.5	85	420
	>21～23	65	195		>33.5～38	95	440
	>23～26	72	215		>38～44	105	490
	>26～29.5	80	240		>44～54	120	540
	>29.5～33.5	85	270		>54～68	120	550

3. 直柄硬质合金机用铰刀

用途：用于铰削工件上的孔。

规格：直柄硬质合金机用铰刀的基本尺寸见表 10-47。

表 10-47　　　　　直柄硬质合金机用铰刀的基本尺寸　　　　　（mm）

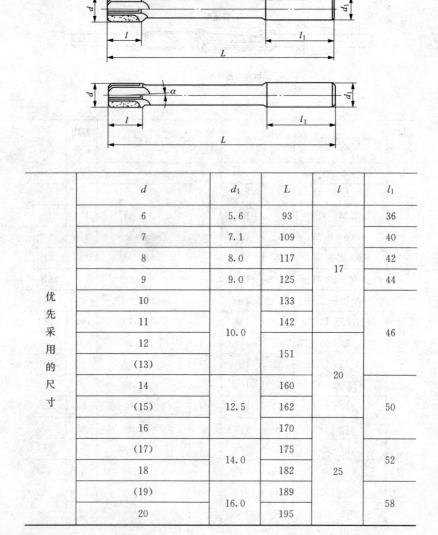

	d	d_1	L	l	l_1
优先采用的尺寸	6	5.6	93		36
	7	7.1	109		40
	8	8.0	117	17	42
	9	9.0	125		44
	10		133		
	11		142		46
	12	10.0	151		
	(13)			20	
	14		160		
	(15)	12.5	162		50
	16		170		
	(17)		175		52
	18	14.0	182	25	
	(19)		189		58
	20	16.0	195		

d	d_1	L	l	l_1
>5.3~6.0	5.6	93		36
>6.0~6.7	6.3	101		38
>6.7~7.5	7.1	109		40
>7.5~8.5	8.0	117	17	42
>8.5~9.5	9.0	125		44
>9.5~10.6		133		
>10.6~11.8	10.0	142		46
>11.8~13.2		151		
>13.2~14.0		160	20	
>14.0~15.0	12.5	162		50
>15.0~16.0	12.5	170		50
>16.0~17.0		175		52
>17.0~18.0	14.0	182	25	
>18.0~19.0		189		58
>19.0~20.0	16.0	195		

以直径分段的尺寸

注 括号内尺寸尽量不采用。

4. 莫氏锥柄硬质合金机用铰刀

用途：用于机动铰削要求加工精度高、表面粗糙度低的孔，并可用较高的切削速度铰孔，在成批或大量生产中使用。

规格：莫氏锥柄硬质合金机用铰刀的基本尺寸见表10-48。

表 10-48　　　　　莫氏锥柄硬质合金机用铰刀的基本尺寸　　　　　（mm）

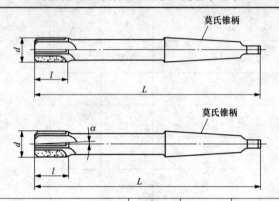

d	L	l	莫氏锥度号
8	156		
9	162	17	
10	168		
11	175		1
12	182	20	
(13)			
14	189		
(15)	204		
16	210		
(17)	214	25	
18	219		
(19)	223		2
20	228		
21	232		
22	237		
23	241	28	
24	268		
25			
(26)	273		3
28	277		
(30)	281		
32	317		
(34)	321	34	
(35)			
36	325		4
(38)	329		
40			

优先采用的尺寸

d	L	l	莫氏锥柄号
>9.5～10.0	168	17	1
>10.0～10.6			
>10.6～11.8	175		
>11.8～13.2	182		
>13.2～14.0	189	20	
>14.0～15.0	204		
>15.0～16.0	210		2
>16.0～17.0	214		
>17.0～18.0	219	25	
>18.0～19.0	223		
>19.0～20.0	228		
>20.0～21.2	232		
>21.2～22.4	237		
>22.4～23.02	241	28	
>23.02～23.6			
>23.6～25.0	268		
>25.0～26.5	273		3
>26.5～28.0	277		
>28.0～30.0	281		
>30.0～31.5	285	34	
>31.5～33.5	317		
>33.5～35.5	321		4
>35.5～37.5	325		
>37.5～40.0	329		

以直径分段的尺寸

5. 手用 1：50 锥度销子铰刀

用途：用于对工件铰制 1：50 锥度销子孔的手用切削刀具。

规格：手用 1：50 锥度销子铰刀的基本尺寸见表 10-49。

表 10-49 　　　　　手用 1：50 锥度销子铰刀的基本尺寸 　　　　　（mm）

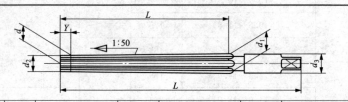

d	Y	d_1		d_2	l		d_3	L	
		短刃型	普通型		短刃型	普通型		短刃型	普通型
0.6	5	0.70	0.90	0.5	10	20	3.15	35	38
0.8		0.94	1.18	0.7	12	24			42
1.0		1.22	1.46	0.9	16	28		40	46
1.2		1.50	1.74	1.1	20	32		45	50
1.5		1.90	2.14	1.4	25	37		50	57
2.0		2.54	2.86	1.9	32	48		60	68
2.5		3.12	3.36	2.4	36			65	
3.0		3.70	4.06	2.9	40	58	4.0		80
4.0		4.90	5.26	3.9	50	68	5.0	75	93
5.0		6.10	6.36	4.9	60	73	6.3	85	100
6.0		7.30	8.00	5.9	70	105	8.0	95	135
8.0		9.80	10.80	7.9	95	145	10.0	125	180
10.0		12.30	13.40	9.9	120	175	12.5	155	215
12.0		14.60	16.00	11.8	140	210	14.0	180	255
16.0	10	19.00	20.40	15.8	160	230	18.0	200	280
20.0		23.40	24.80	19.8	180	250	22.4	225	310
25.0	15	28.50	30.70	24.7	190	300	28.0	245	370
30.0		33.50	36.10	29.7		320	31.5	250	400
40.0		44.00	46.50	39.7	215	340	40.0	285	430
50.0		54.10	56.90	49.7	220	360	50.0	300	460

注 1. 除另有说明外，这种铰刀都制成右切削的。
　　2. 容屑槽可以制成直槽或左螺旋槽，由制造厂自行决定。
　　3. 直径 $d \leqslant 6$mm 的铰刀可制成反顶尖。

6. 直柄机用 1∶50 锥度销子铰刀

用途：用于对工件铰制 1∶50 锥度销子孔的直柄机用切削工具。

规格：直柄机用 1∶50 锥度销子铰刀的基本尺寸见表 10-50。

表 10-50　　　直柄机用 1∶50 锥度销子铰刀的基本尺寸　　　　（mm）

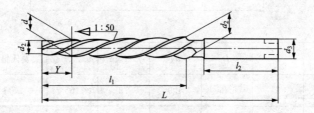

d	Y	d_1	d_2	l_1	d_3	l_2	L
2		2.86	1.9	48	3.15	29	86
2.5		3.36	2.4				
3		4.06	2.9	58	4.0	32	100
4		5.26	3.9	68	5.0	34	112
5	5	6.36	4.9	73	6.3	38	122
6		8.00	5.9	105	8.0	42	160
8		10.80	7.9	145	10.0	46	207
10		13.40	9.9	175	12.5	50	245
12	10	16.00	11.8	210	16.0	58	290

7. 锥柄机用 1∶50 锥度销子铰刀

用途：装在机床上，用于对工件进行铰削 1∶50 锥度销子孔。

规格：锥柄机用 1∶50 锥度销子铰刀的基本尺寸见表 10-51。

表 10-51　　　锥柄机用 1∶50 锥度销子铰刀的基本尺寸　　　（mm）

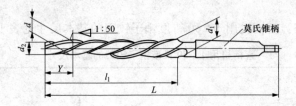

d	Y	d_1	d_2	l_1	L	莫氏锥柄号
5	5	6.36	4.9	73	155	1
6	5	8.00	5.9	105	187	1
8	5	10.80	7.9	145	227	1
10	5	13.40	9.9	175	257	1
12	10	16.00	11.8	210	315	2
16	10	20.40	15.8	230	335	2
20	10	24.80	19.8	250	377	3
25	15	30.70	24.7	300	427	3
30	15	36.10	29.7	320	475	4
40	15	46.50	39.7	340	495	4
50	15	56.90	49.7	360	550	5

8. **套式机用铰刀和芯轴**

用途：装在机床上用于铰削大型孔。

规格：套式机用铰刀的基本尺寸见表 10-52，套式铰刀用芯轴的基本尺寸见表 10-53。

表 10-52　　　　　　　　套式机用铰刀的基本尺寸

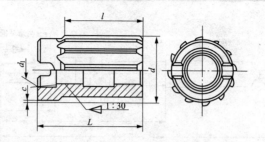

直径范围 d (mm)		d_1	l	L	c_{max}
>	至	(mm)	(mm)	(mm)	(mm)
套式机用铰刀的米制尺寸					
19.9	23.6	10	28	40	1.0
23.6	30.0	13	32	45	
30.0	35.5	16	36	50	1.5
35.5	42.5	19	40	56	
42.5	50.8	22	45	63	
50.8	60.0	27	50	71	2.0
60.0	71.0	32	56	80	
71.0	85.0	40	63	90	2.5
85.0	101.6	50	71	100	
套式机用铰刀的英制尺寸					
0.7835	0.9291	0.3937	$1\frac{3}{32}$	$1\frac{9}{16}$	0.04
0.9291	1.1811	0.5118	$1\frac{1}{4}$	$1\frac{25}{32}$	
1.1811	1.3976	0.6299	$1\frac{13}{32}$	$1\frac{31}{32}$	0.06
1.3976	1.6732	0.7480	$1\frac{9}{16}$	$2\frac{7}{32}$	
1.6732	2.0000	0.8661	$1\frac{25}{32}$	$2\frac{15}{32}$	
2.0000	2.3622	1.0630	$1\frac{31}{32}$	$2\frac{25}{32}$	0.08
2.3622	2.7953	1.2598	$2\frac{7}{32}$	$3\frac{5}{32}$	
2.7953	3.3465	1.5748	$2\frac{15}{32}$	$3\frac{17}{32}$	0.10
3.3465	4.0000	1.9685	$2\frac{25}{32}$	$3\frac{25}{32}$	

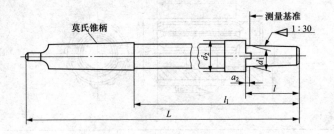

铰刀直径范围 d (mm)		d_1 (mm)	d_{2max} (mm)	l (mm) (h16)	l_1 (mm)	L (mm)	莫氏锥柄号
>	至						
19.9	23.6	10	18	40	140	220	2
23.6	30.0	13	21	45	151	250	3
30.0	35.5	16	27	50	162	261	
35.5	42.5	19	32	56	174	298	4
42.5	50.8	22	39	63	188	312	
50.8	60.0	27	46	71	203	359	
60.0	71.0	32	56	80	220	376	5
71.0	85.0	40	65	90	240	396	
85.0	101.6	50	80	100	260	416	

9. 硬质合金可调节浮动铰刀

用途：装夹在机床上，用于对要求精度较高、表面粗糙度较低的孔进行铰削加工。

规格：硬质合金可调节浮动铰刀的基本尺寸见表 10-54。

表 10-54　　　　硬质合金可调节浮动铰刀的基本尺寸

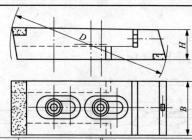

铰刀代号	硬质合金刀片尺寸 (长×宽×厚, mm×mm×mm)	铰刀代号	硬质合金刀片尺寸 (长×宽×厚, mm×mm×mm)
20～22-20×8		90～100-30×16	
22～24-20×8	18×2.5×2.0	100～110-30×16	
24～27-20×8		110～120-30×16	28×8.0×4.0
27～30-20×8		120～135-30×16	
30～33-20×8	18×3.0×2.0	135～150-30×16	
33～36-20×8		(80～90-35×20)	
36～40-25×12		(90～100-35×20)	
40～45-25×12		(100～110-35×20)	
45～50-25×12		(110～120-35×20)	
50～55-25×12		(120～135-35×20)	
55～60-25×12	23×5.0×3.0	(135～150-35×20)	33×10×5.0
(60～65-25×12)		150～170-35×20	
(65～70-25×12)		170～190-35×20	
(70～80-25×12)		(190～210-35×20)	
(50～55-30×16)		(210～230-35×20)	
(55～60-30×16)		(150～170-40×25)	
60～65-30×16		(170～190-40×25)	
65～70-30×16	28×8.0×4.0	190～210-40×25	38×14×5.0
70～80-30×16		210～230-40×25	
80～90-30×16			

注　铰刀代号说明:

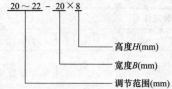

五、钻头

1. 成套麻花钻

成套麻花钻如图 10-31 所示。

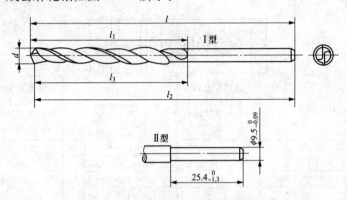

图 10-31　成套麻花钻

成套麻花钻的系列尺寸见表 10-55。

表 10-55　　　　　　成套麻花钻的系列尺寸　　　　　（mm）

(1) 第一系列成套麻花钻的套装组合支数及代号

套装支数	麻花钻直径（mm）	套装代号
13	1.5, 2.0, 2.5, 3.0, 3.2, 3.5, 4.0, 4.5, 4.8, 5.0, 5.5, 6.0, 6.5	A-13
19	1.0, 1.5, 2.0, 2.5, 3.0, 3.5, 4.0, 4.5, 5.0, 5.5, 6.0, 6.5, 7.0, 7.5, 8.0, 8.5, 9.0, 9.5, 10.0	A-19
25	1.0, 1.5, 2.0, 2.5, 3.0, 3.5, 4.0, 4.5, 5.0, 5.5, 6.0, 6.5, 7.0, 7.5, 8.0, 8.5, 9.0, 9.5, 10.0, 10.5, 11.0, 11.5, 12.0, 12.5, 13.0	A-25

(2) 第二系列成套麻花钻的套装组合支数及代号

套装支数	麻花钻直径（mm）	套装代号
13	1/16, 5/64, 3/32, 7/64, 1/8, 9/64, 5/32, 11/64, 3/16, 13/64, 7/32, 15/64, 14	B-13

套装支数	麻花钻直径（mm）	套装代号
21	1/16，5/64，3/32，7/64 ，1/8，9/64，5/32，11/64，3/16，13/64，7/32，15/64，1/4，17/64，9/32，19/64，5/16，21/64，11/32，23/64，3/8	B-21
29	1/16，5/64，3/32，7/64，1/8，9/64，5/32，11/64，3/16，13/64，7/32，15/64，1/4，17/64，9/32，19/64，5/16，21/64，11/32，23/64，3/8，25/64，13/32，27/64，7/16，29/64，15/32，31/64，1/2	B-29
115	全部规格	B-115

（3）第三系列成套麻花钻的套装组合支数及代号

套装支数	麻花钻直径（mm）	套装代号
13	1/16，5/64，3/32，7/64，1/8，9/64，5/32，11/64，3/16，13/64，7/32，15/64，1/4	C-13
21	1/16，5/64，3/32，7/64，1/8，9/64，/32，11/64，3/16，13/64，7/32，15/64，1/4，17/64，9/32，19/64，5/16，21/64，11/32，23/64，3/8	C-21
29	1/16，5/64，3/32，7/64，1/8，9/64，5/32，11/64，3/16，13/64，7/32，15/64，1/4，17/64，9/32，19/64，5/16，21/64，11/32，23/64，3/8，25/64 ，13/32，27/64，7/16，29/64，15/32，31/64，1/2	C-29

2. 定心钻

用途：规定了顶角为90°或120°的高速钢和硬质合金钢定心钻的尺寸。

规格：定心钻的基本尺寸见表10-56。

表 10-56   **定心钻的基本尺寸**   （mm）

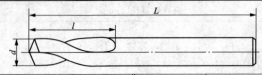

d (h8)	l	L	d (h8)	l	L
4	12	52	12	30	102
6	20	66	16	35	115
8	25	79	20	40	131
10	25	89			

3. 开空钻

用途：夹持在机床或电动工具上，用于钻削直径 3mm 以下的薄钢有色金属板、非金属板等工件上较大直径的孔。

规格：开空钻的基本尺寸见表 10-57。

表 10-57   **开空钻的基本尺寸**   （mm）

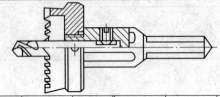

开孔直径 D	钻头直径 d	全长 L	齿数	开孔直径 D	钻头直径 d	全长 L	齿数
13	6	79	13	38	6	84	29
14	6	79	14	40	6	84	30
15	6	79	14	42	6	84	31
16	6	79	15	45	6	84	34
17	6	79	15	48	6	84	35
18	6	79	16	50	6	84	36
19	6	79	17	52	6	84	38
20	6	79	17	55	6	84	39
21	6	79	18	58	6	84	40
22	6	79	18	60	6	84	42
24	6	79	19	65	6	84	46
25	6	84	20	70	6	84	49
26	6	84	20	75	6	84	53
28	6	84	21	80	6	84	56
30	6	84	22	85	6	84	59
32	6	84	24	90	6	84	62
34	6	84	26	95	6	84	64
35	6	84	27	100	6	84	67

4. 弧形中心钻

用途：用于钻工件上的中心孔。

规格：弧形中心钻的基本尺寸见表10-58。

表 10-58　　　　　　　　　弧形中心钻的基本尺寸　　　　　　　　（mm）

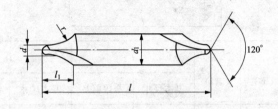

d (k12)	d_1 (h9)	l		l_1	r	
		基本尺寸	极限偏差	基本尺寸	max	min
1.00	3.15	31.5		3.0	3.15	2.5
(1.25)				3.35	4.0	3.15
1.60	4.0	35.5	±2	4.25	5.0	4.0
2.00	5.0	40.0		5.3	6.3	5.0
2.50	6.3	45.0		6.7	8.0	6.3
3.15	8.0	50.0		8.5	10.0	8.0
4.00	10.0	56.0		10.6	12.5	10.0
(5.00)	12.5	63.0		13.2	16.0	12.5
6.30	16.0	71.0	±3	17.0	20.0	16.0
(8.00)	20.0	80.0		21.2	25.0	20.0
10.00	25.0	100.0		26.5	31.5	25.0

注　括号内的尺寸尽量不采用。

5. 带护锥的中心钻

用途：用于钻工件上的60°的中心孔。

规格：带护锥的中心钻的基本尺寸见表10-59。

表 10-59 带护锥的中心钻的基本尺寸 （mm）

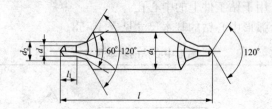

d (k12)	d_1 (h9)	d_2 (k12)	l		l_1	
			基本尺寸	极限偏差	基本尺寸	极限偏差
1.00	4.0	2.12	35.5		1.3	+0.6
(1.25)	5.0	2.65	40.0	±2	1.6	0
1.60	6.3	3.35	45.0		2.0	+0.8
2.00	8.0	4.25	50.0		2.5	0
2.50	10.0	5.30	56.0		3.1	+1.0
3.15	11.2	6.70	60.0		3.9	0
4.00	14.0	8.50	67.0		5.0	
(5.00)	18.0	10.60	75.0	±3	6.3	+1.2
6.30	20.0	13.20	80.0		8.0	0
(8.00)	25.0	17.00	100.0		10.1	+1.4
10.00	31.5	21.20	125.0		12.8	0

注 括号内的尺寸尽量不采用。

6. 不带护锥的中心钻

用途：用于钻工件上的 60° 的中心孔。

规格：不带护锥的中心钻的基本尺寸见表 10-60。

表 10-60　　　　不带护锥的中心钻的基本尺寸　　　　　（mm）

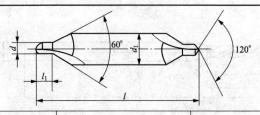

d (k12)	d_1 (h9)	l 基本尺寸	l 极限偏差	l_1 基本尺寸	l_1 极限偏差
(0.50)				0.8	+0.2 0
(0.63)				0.9	+0.3 0
(0.80)	3.15	31.5		1.1	+0.4 0
1.00			±2	1.3	+0.6 0
(1.25)				1.6	
1.60	4.0	35.5		2.0	+0.8 0
2.00	5.0	40.0		2.5	
2.50	6.3	45.0		3.1	+1.0 0
3.15	8.0	50.0		3.9	
4.00	10.0	56.0		5.0	+1.2 0
(5.00)	12.5	63.0		6.3	
6.30	15.0	71.0	±3	8.0	
(8.00)	20.0	80.0		10.1	+1.4 0
10.00	25.0	100.0		12.8	

注　括号内的尺寸尽量不采用。

7. 粗直柄小麻花钻

用途：用于装夹在机床、电钻或手摇的钻夹头中，在金属工件上钻孔。

規格：粗直柄小麻花钻的基本尺寸见表 10-61。

表 10-61　　　　　　　　粗直柄小麻花钻的基本尺寸　　　　（mm）

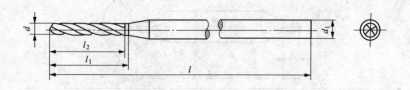

d	l	l_1	l_2	d_1	d	l	l_1	l_2	d_1
0.10					0.23	20			
0.11		1.2	0.7		0.24		2.5	1.8	
0.12					0.25				
0.13					0.2				
0.14		1.5	1.0		0.27				
0.15					0.28		3.2	2.2	
0.16	20			1	0.29				1
0.1					0.30				
0.18		2.2	1.4		0.31				
0.19					0.32				
0.20					0.33				
0.21		2.5	1.8		0.34		3.5	2.8	
0.22					0.35				

8. 直柄短麻花钻和直柄麻花钻

用途：用于装夹在机床上在金属工件上钻孔。

规格：（1）直柄短麻花钻的基本尺寸及其总长和沟槽长度见表 10-62、表 10-63。

表 10-62　　　　　　　　直柄短麻花钻的基本尺寸　　　　　　　　（mm）

d	l	l₁	d	l	l₁	d	l	l₁	d	l	l₁
0.50	20	3	6.20	70	31	12.00	102	51	17.75	123	62
0.80	24	5	6.50			12.20			18.00		
1.00	26	6	6.80	74	34	12.50			18.25	127	64
1.20	30	8	7.00			12.80			18.50		
1.50	32	9	7.20			13.00			18.75		
1.80	36	11	7.50			13.20			19.00		
2.00	38	12	7.80	79	37	13.50	107	54	19.25	131	66
2.20	40	13	8.00			13.80			19.50		
2.50	43	14	8.20			14.00			19.75		
2.80	46	16	8.50	84	40	14.25	111	56	20.00	136	68
3.00			8.80			14.50			20.25		
3.20	49	18	9.00			14.75			20.50		
3.50	52	20	9.20			15.00			20.75		
3.80	55	22	9.50			15.25			21.00	141	70
4.00			9.80	89	43	15.50	115	58	21.25		
4.20			10.00			15.75			21.50		
4.50	58	24	10.20			16.00			21.75		
4.80			10.50			16.25			22.00	146	72
5.00	62	26	10.80	95	47	16.50	119	60	22.25		
5.20			11.00			16.75			25.50		
5.50	66	28	11.20			17.00			22.75		
5.80			11.50			17.25	123	62	23.00		
6.00			11.80			17.50			23.25		

d	l	l_1	d	l	l_1	d	l	l_1	d	l	l_1
23.50	146	72	26.75			30.00	168	84	34.50		
23.75			27.00			30.25			35.00	186	93
24.00			27.25	162	81	30.50			35.50		
24.25			27.50			30.75	174	87	36.00		96
24.50	151	75	27.75			31.00			36.50		
24.75			28.00			31.25			37.00	193	
25.00			28.25			31.50			37.50		
25.25			28.50			31.75			38.00		
25.50			28.75			32.00			38.50		
25.75	156	78	29.00	168	84	32.50	180	90	39.00	200	100
26.00			29.25			33.00			39.50		
72.25			29.50			33.50			40.00		
26.50			29.75			34.00	186	93			

表 10-63　　　直柄短麻花钻的总长和沟槽长度　　　（mm）

直径范围 d	l	l_1	直径范围 d	l	l_1
≥0.50～0.53	20	3.0	>2.12～2.36	40	13
>0.53～0.60	21	3.5	>2.36～2.65	43	14
>0.60～0.67	22	4.0	>2.65～3.00	46	16
>0.67～0.75	23	4.5	>3.00～3.35	49	18
>0.75～0.85	24	5.0	>3.35～3.75	52	20
>0.85～0.95	25	5.5	>3.75～4.25	55	22
>0.95～1.06	26	6.0	>4.25～4.75	58	24
>1.06～1.18	28	7.0	>4.75～5.30	62	26
>1.18～1.32	30	8.0	>5.30～6.00	66	28
>1.32～1.50	32	9.0	>6.00～6.70	70	31
>1.50～1.70	34	10	>6.70～7.50	74	34
>1.70～1.90	36	11	>7.50～8.50	79	37
>1.90～2.12	38	12	>8.50～9.50	84	40

直径范围 d	l	l_1	直径范围 d	l	l_1
>9.50~10.60	89	43	>21.20~22.40	141	70
>10.60~11.80	95	47	>22.40~23.60	146	72
>11.80~13.20	102	51	>23.60~25.00	151	75
>13.20~14.00	107	54	>25.00~26.50	156	78
>14.00~15.00	111	56	>26.50~28.00	162	81
>15.00~16.00	115	58	>28.00~30.00	168	84
>16.00~17.00	119	60	>30.00~31.50	174	87
>17.00~18.00	123	62	>31.50~33.50	180	90
>18.00~19.00	127	64	>33.50~35.50	186	93
>19.00~20.00	131	66	>35.50~37.50	193	96
>20.00~21.20	136	68	>37.50~40.00	200	100

（2）直柄麻花钻的基本尺寸及其总长和沟槽长度见表 10-64、表 10-65。

表 10-64　　　　直柄麻花钻的基本尺寸　　　　（mm）

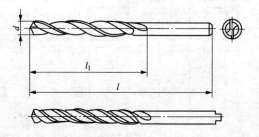

d	l	l_1	d	l	l_1	d	l	l_1	d	l	l_1
0.2		2.5	0.40			0.60	24	7	0.80		
0.22			0.42	20	5	0.62	26	8	0.82	30	10
0.25			0.45			0.65			0.85		
0.28	19	3	0.48			0.68			0.88		
0.30			0.50	22	6	0.70			0.90	32	11
0.32			0.52			0.72	28	9	0.92		
0 35		4	0.55	24	27	0.75			0.95		
0 38			0.58			0.78	30	10	0.98	34	21

d	l	l_1	d	l	l_1	d	l	l_1	d	l	l_1
1.00	34	12	2.50	57	30	5.00	86	52	8.00	117	75
1.05			2.55			5.10			8.10		
1.10	36	14	2.60			5.20			8.20		
1.15			2.65			5.30			8.30		
1.20	38	16	2.70			5.40			8.40		
1.25			2.75			5.50			8.50		
1.30			2.80			5.60			8.60	125	81
1.35	40	18	2.85	61	33	5.70	93	57	8.70		
1.40			2.90			5.80			8.80		
1.45			2.95			5.90			8.90		
1.50			3.00			6.00			9.00		
1.55	43	20	3.10	65	36	6.10	101	63	9.10		
1.60			3.20			6.20			9.20		
1.65			3.30			6.30			9.30		
1.70			3.40	70	39	6.40			9.40		
1.75	46	22	3.50			6.50			9.50		
1.80			3.60			6.60			9.60		
1.85			3.70			6.70	109	69	9.70		
1.90			3.80			6.80			9.80		
1.95	49	24	3.90			6.90			9.90		
2.00			4.00	75	43	7.00			10.00	133	87
2.05			4.10			7.10			10.10		
2.10			4.20			7.20			10.20		
2.15	53	27	4.30			7.30			10.30		
2.20			4.40			7.40			10.40		
2.25			4.50	80	47	7.50	117	75	10.50		
2.30			4.60			7.60			10.60		
2.35			4.70			7.70			10.70		
2.40	57	30	4.80	86	52	7.80			10.80	142	94
2.45			4.90			7.90			10.90		

d	l	l_1	d	l	l_1	d	l	l_1	d	l	l_1
11.00	142	94	12.20	151	101	13.40	160	108	15.25	178	120
11.10			12.30			13.50			15.50		
11.20			12.40			13.60			15.75		
11.30			12.50			13.70			16.00		
11.40			12.60			13.80			16.50	184	125
11.50			12.70			13.90			17.00		
11.60			12.80			14.00			17.50	191	130
11.70			12.90			14.10			18.00		
11.80			13.00			14.25	169	114	18.50	198	135
11.90	151	101	13.10			14.50			19.00		
12.00			13.20			14.75			19.50	205	140
12.10			13.30	160	108	15.00			20.00		

表 10-65　　　　　　直柄麻花钻的总长和沟槽长度　　　　　　（mm）

直径范围 d	l	l_1	直径范围 d	l	l_1
≥0.20～0.24		2.5	>3.00～3.35	65	36
>0.24～0.30	19	3	>3.35～3.75	70	39
>0.30～0.38		4	>3.75～4.25	75	43
>0.38～0.48	20	5	>4.25～4.75	80	47
>0.48～0.53	22	6	>4.75～5.30	86	52
>0.53～0.60	24	7	>5.30～6.00	93	57
>0.60～0.67	26	8	>6.00～6.70	101	63
>0.67～0.75	28	9	>6.70～7.50	109	69
>0.75－0.85	30	10	>7.50～8.50	117	75
>0.85～0.95	32	11	>8.50～9.50	125	81
>0.95～1.06	34	12	>9.50～10.60	133	87
>1.06～1.18	36	14	>10.60～11.80	142	94
>1.18～1.32	38	16	>11.80～13.20	151	101
>1.32～1.50	40	18	>13.20～14.00	160	108
>1.50～1.70	43	20	>14.00～15.00	169	114
>1.70～1.90	46	22	>15.00～16.00	178	120
>1.90～2.12	49	24	>16.00～17.00	184	125
>2.12～2.36	53	27	>17.00～18.00	191	130
>2.36～2.65	57	30	>18.00～19.00	198	135
>2.65～3.00	61	33	>19.00～20.00	205	140

9. 直柄长麻花钻

直柄长麻花钻的基本尺寸及其总长和沟槽长度见表 10-66、表 10-67。

表 10-66　　　　　　直柄长麻花钻的基本尺寸　　　　　（mm）

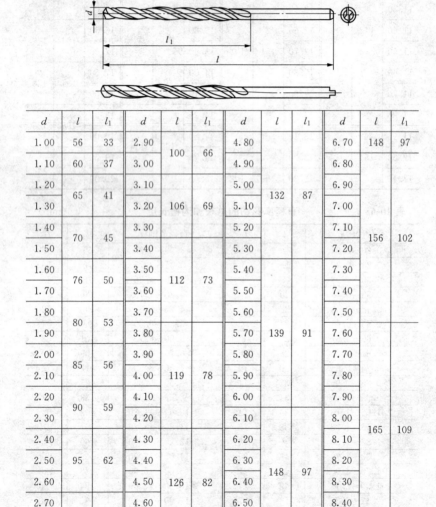

d	l	l_1	d	l	l_1	d	l	l_1	d	l	l_1
1.00	56	33	2.90	100	66	4.80	132	87	6.70	148	97
1.10	60	37	3.00			4.90			6.80		
1.20	65	41	3.10	106	69	5.00			6.90	156	102
1.30			3.20			5.10			7.00		
1.40	70	45	3.30	112	73	5.20	139	91	7.10		
1.50			3.40			5.30			7.20		
1.60	76	50	3.50			5.40			7.30		
1.70			3.60			5.50			7.40		
1.80	80	53	3.70	119	78	5.60			7.50		
1.90			3.80			5.70			7.60		
2.00	85	56	3.90			5.80			7.70		
2.10			4.00			5.90			7.80		
2.20	90	59	4.10	126	82	6.00	148	97	7.90		
2.30			4.20			6.10			8.00	165	109
2.40	95	62	4.30			6.20			8.10		
2.50			4.40			6.30			8.20		
2.60			4.50			6.40			8.30		
2.70	100	66	4.60			6.50			8.40		
2.80			4.70			6.60			8.50		

d	l	l_1	d	l	l_1	d	l	l_1	d	l	l_1
8.60			11.80	195	128	16.50			24.50		
8.70			11.90			16.75	235	154	24.75	282	185
8.80			12.00			17.00			25.00		
8.90			12.10			17.25			25.25		
9.00	175	115	12.20			17.50	241	158	25.50		
9.10			12.30			17.75			25.75	290	190
9.20			12.40			18.00			26.00		
9.30			12.50	205	134	18.25			26.25		
9.40			12.60			18.50	247	162	26.50		
9.50			12.70			18.75			26.75		
9.60			12.80			19.00			27.00		
9.70			12.90			19.25			27.25		
9.80			13.00			19.50	254	166	27.50	298	195
9.90			13.10			19.75			27.75		
10.00			13.20			20.00			28.00		
10.10	184	121	13.30			20.25			28.25		
10.20			13.40			20.50	261	171	28.50		
10.30			13.50			20.75			28.75		
10.40			13.60	214	140	21.00			29.00	307	201
10.50			13.70			21.25			29.25		
10.60			13.80			21.50			29.50		
10.70			13.90			21.75	268	176	29.75		
10.80			14.00			22.00			30.00		
10.90			14.25			22.25			30.25		
11.00			14.50	220	144	22.50			30.50		
11.10	195	128	14.75			22.75			30.75		
11.20			15.00			23.00	275	180	31.00	316	207
11.30			15.25			23.25			31.25		
11.40			15.50	227	149	23.50			31.50		
11.50			15.75			23.75					
11.60			16.00			24.00	282	185			
11.70			16.25	235	154	24.25					

表 10-67　　　　　　　直柄长麻花钻总长和沟槽长度　　　　（mm）

直径范围 d	l	l_1	直径范围 d	l	l_1
≥1.00~1.06	56	33	>8.50~9.50	175	115
>1.06~1.18	60	37	>9.50~10.60	184	121
>1.18~1.32	65	41	>10.60~11.80	195	128
>1.32~1.50	70	45	>11.80~13.20	205	134
>1.50~1.70	76	50	>13.20~14.00	214	140
>1.70~1.90	80	53	>14.00~15.00	220	144
>1.90~2.12	85	56	>15.00~16.00	227	149
>2.12~2.36	90	59	>16.00~17.00	235	154
>2.36~2.65	95	62	>17.00~18.00	241	158
>2.65~3.00	100	66	>18.00~19.00	247	162
>3.00~3.35	106	69	>19.00~20.00	254	166
>3.35~3.75	112	73	>20.00~21.20	261	171
>3.75~4.25	119	78	>21.20~22.40	268	176
>4.25~4.75	126	82	>22.40~23.60	275	180
>4.75~5.30	132	87	>23.60~25.00	282	185
>5.30~6.00	139	91	>25.00~26.50	290	190
>6.00~6.70	148	97	>26.50~28.00	298	195
>6.70~7.50	156	102	>28.00~30.00	307	201
>7.50~8.50	165	109	>30.00~31.50	316	207

10. 直柄超长麻花钻

直柄超长麻花钻的基本尺寸及其总长和沟槽长度见表 10-68、表 10-69。

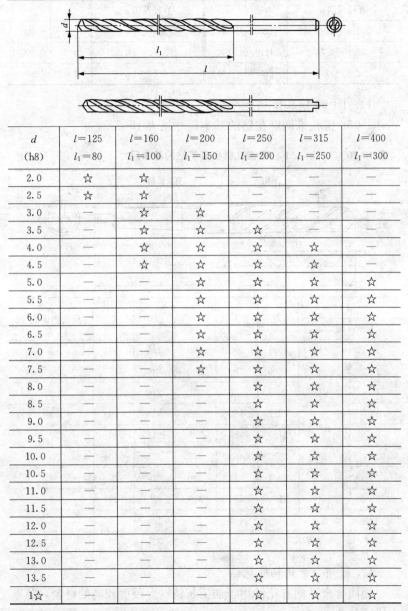

d (h8)	$l=125$ $l_1=80$	$l=160$ $l_1=100$	$l=200$ $l_1=150$	$l=250$ $l_1=200$	$l=315$ $l_1=250$	$l=400$ $l_1=300$
2.0	☆	☆	—	—	—	—
2.5	☆	☆	—	—	—	—
3.0	—	☆	☆	—	—	—
3.5	—	☆	☆	☆	—	—
4.0	—	☆	☆	☆	☆	—
4.5	—	☆	☆	☆	☆	—
5.0	—	—	☆	☆	☆	☆
5.5	—	—	☆	☆	☆	☆
6.0	—	—	☆	☆	☆	☆
6.5	—	—	☆	☆	☆	☆
7.0	—	—	☆	☆	☆	☆
7.5	—	—	☆	☆	☆	☆
8.0	—	—	—	☆	☆	☆
8.5	—	—	—	☆	☆	☆
9.0	—	—	—	☆	☆	☆
9.5	—	—	—	☆	☆	☆
10.0	—	—	—	☆	☆	☆
10.5	—	—	—	☆	☆	☆
11.0	—	—	—	☆	☆	☆
11.5	—	—	—	☆	☆	☆
12.0	—	—	—	☆	☆	☆
12.5	—	—	—	☆	☆	☆
13.0	—	—	—	☆	☆	☆
13.5	—	—	—	☆	☆	☆
1☆	—	—	—	☆	☆	☆

注   "☆"表示有的规格。

表 10-69　　　　　　直柄超长麻花钻的总长和沟槽长度　　　　　（mm）

直径范围 d	l	l_1	直径范围 d	l	l_1
≥2.0~2.65	125	80	>3.35~14.0	250	200
≥2.0~4.75	160	100	>3.75~14.0	315	250
>2.65~7.5	200	150	>4.75~14.0	400	300

11. 1∶50 锥孔锥柄麻花钻

1∶50 锥孔锥柄麻花钻的基本尺寸见表 10-70。

表 10-70　　　　　　　1∶50 锥孔锥柄麻花钻的基本尺寸　　　　　（mm）

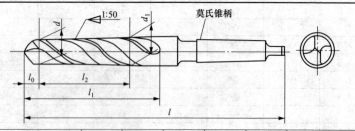

d		d_1	l	l_1	l_2	l_0	莫氏圆锥柄号
基本尺寸	极限偏差						
12		15.1	290	190	155	12	2
12	0	16.9	380	280	245	12	2
16	−0.043	20.2	355	255	210	16	2
16		22.2	455	355	310	16	2
20		24.3	385	265	215	20	3
20	0	26.3	485	365	315	20	3
25	−0.052	29.4	430	280	220	25	4
25		31.4	530	380	320	25	4
30	0	34.5	445	295	225	30	4
30	−0.062	36.5	.545	395	325	30	4

12. 硬质合金锥柄麻花钻

硬质合金锥柄麻花钻用于加工灰铸铁等硬度较高的材料，其基本尺寸见表 10-71。

表 10-71　　　　　硬质合金锥柄麻花钻的基本尺寸　　　　（mm）

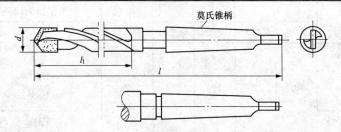

d (h8)	l_1		l		莫氏 圆锥号	硬质合金刀片型号 参考
	短型	标准型	短型	标准型		
10.00						
10.20	60	87	140	168		E211
10.50						
10.80					1	
11.00						
11.20	65	94	145	175		E213
11.50						
11.80						
12.00						
12.20						E214
12.50						
12.80	70	101	170	199	2	
13.00						
13.20						E215
13.50	70	108	170	206	2	
13.80						
14.00	70	108	170	206	2	E216
14.25						
14.50	75	114	175	212	2	E216
14.75						
15.00						E217

d (h8)	l_1		l		莫氏圆锥号	硬质合金刀片型号 参考
	短型	标准型	短型	标准型		
15.25						E217
15.50	80	120	180	218	2	
15.75						
16.00						E218
16.25						E218
16.50	85	125	185	223	2	
16.75						
17.00						E219
17.25						E219
17.50	90	130	190	228	2	
17.75						
18.00						E220
18.25						E220
18.50	95	135	195	256	3	
18.75						
19.00						E221
19.25						E221
19.50	100	140	220	261	3	
19.75						
20.00						E222
20.25						E222
20.50	105	145	225	266	3	
20.75						
21.00						E223
21.25						E223
21.50	110	150	230	271	3	
21.75						

d (h8)	l_1		l		莫氏圆锥号	硬质合金刀片型号
	短型	标准型	短型	标准型		参考
22.00	110	150	230	271	3	E223
22.25						
22.50						E224
22.75						
23.00	110	155	230	276	3	
23.25						E225
23.50						
23.75						
24.00						
24.25	115	160	235	128	3	E226
24.50						
24.75						
25.00						
25.25						E227
25.50						
25.75	115	165	235	286	3	
26.00						
26.25						E228
26.50						
26.75			240	291	3	
27.00						
27.25	120	170				E229
27.50			270	319	4	
27.75						
28.00						
28.25						E230
28.50						
28.75						
29.00	125	175	275	324	4	
29.25						
29.50						E231
29.75						
30.00						

13. 莫氏锥柄麻花钻

莫氏锥柄麻花钻的基本尺寸见表 10-72。

表 10-72　　　　　莫氏锥柄麻花钻的基本尺寸　　　　　（mm）

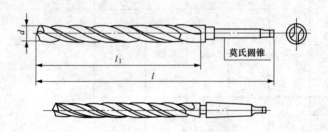

d	l_1	标准柄		粗柄		d	l_1	标准柄		粗柄	
		l	莫氏圆锥号	l	莫氏圆锥号			l	莫氏圆锥号	l	莫氏圆锥号
3.00	33	114				7.00					
3.20	36	117				7.20	69	150			
3.50	39	120				7.50					
3.80						7.80					
4.00	43	124				8.00	75	156			
4.20						8.20					
4.50	47	128				8.50					
4.80						8.80					
5.00	52	133	1	—		9.00	81	162	1	—	
5.20						9.20					
5.50						9.50					
5.80	57	138				9.80					
6.00						10.00	87	168			
6.20	63	144				10.20					
6.50						10.50					
6.80	69	150				10.80	94	175			

d	l_1	标准柄		粗柄		d	l_1	标准柄		粗柄	
		l	莫氏圆锥号	l	莫氏圆锥号			l	莫氏圆锥号	l	莫氏圆锥号
11.00	94	175	1	—	—	17.75	130	228		—	—
11.20						18.00					
11.50						18.25	135	233		256	
11.80						18.50					
12.00	101	182		199		18.75					
12.20						19.00	140	238		261	
12.50						19.25					
12.80			1		2	19.50					
13.00						19.75					
13.20						20.00					
13.50	108	189		206		20.25	145	243	22	266	3
13.80						20.50					
14.00						20.75					
14.25	114	212				21.00					
14.50						21.25	150	248		277	
14.75						21.50					
15.00						21.75					
15.25	120	218				22.00					
15.50						22.25					
15.75			22	—	—	22.50	155	253		276	
16.00						22.75					
16.25	125	223				23.00					
16.50						23.25			276		
16.75						23.50					
17.00						23.75			3	—	—
17.25	130	228				24.00	160	281			
17.50						24.25					

d	l_1	标准柄		粗柄		d	l_1	标准柄		粗柄	
		l	莫氏圆锥号	l	莫氏圆锥号			l	莫氏圆锥号	l	莫氏圆锥号
24.50		281	3	—	—	31.25	180	301	3	329	4
24.75	160					31.50					
25.00						31.75		306		334	
25.25		286		—	—	32.00		324			
25.50						32.50	185				
25.75	165					33.00					
26.00						33.50					
26.25						34.00		339			
26.50						34.50	190				
26.75		291	3	319	4	35.00				—	—
27.00						35.50					
27.25	170					36.00		344			
27.50						36.50	195				
27.75						37.00					
28.00						37.50					
28.25		296		324		38.00		349			
28.50						38.50					
28.75						39.00	200		4		
29.00	175					39.50					
29.25						40.00					
29.50						40.50		354			
29.75						41.00					
30.00						41.50	205			392	5
30.25		301	3	329	4	42.00		359			
30.50	180					42.50					
30.75						43.00	210			397	5
31.00						43.50					

d	l_1	标准柄		粗柄		d	l_1	标准柄		粗柄	
		l	莫氏圆锥号	l	莫氏圆锥号			l	莫氏圆锥号	l	莫氏圆锥号
44.00						64.00					
44.50	210	359		397		65.00	245	432		499	
45.00						66.00					
45.50						67.00					
46.00						68.00					
46.50	215	364		402		69.00	250	427		504	
47.00						70.00					
47.50			4		5	71.00			5		6
48.00						72.00					
48.50						73.00	255	442		509	
49.00	220	369		407		74.00					
49.50						75.00					
50.00						76.00		447		514	
50.50		374		412		77.00					
51.00	225					78.00	260	514			
52.00		412				79.00					
53.00						80.00					
54.00						81.00					
55.00	230	417				82.00					
56.00						83.00	265	519			
57.00			5	—	—	84.00			6	—	—
58.00						85.00					
59.00	235	422				86.00					
60.00						87.00					
61.00						88.00	270	524			
62.00	240	427				89.00					
63.00						90.00					

d	l_1	标准柄		粗柄		d	l_1	标准柄		粗柄	
		l	莫氏圆锥号	l	莫氏圆锥号			l	莫氏圆锥号	l	莫氏圆锥号
91.00						96.00					
92.00						97.00					
93.00	275	529	6	—	—	98.00	280	534	6	—	—
94.00						99.00					
95.00						100.0					

14. 莫氏锥柄长麻花钻

莫氏锥柄长麻花钻的基本尺寸见表 10-73。

表 10-73 　　　　　莫氏锥柄长麻花钻的基本尺寸 　　　　　（mm）

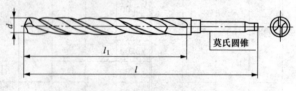

d	l_1	l	莫氏圆锥号	d	l_1	l	莫氏圆锥号
5.00	74	155		7.80			
5.20				8.00	100	181	1
5.50				8.20			
5.80	80	161		8.50			
6.00				8.80			
6.20	86	167	1	9.00	107	188	
6.50				9.20			
6.80				9.50			1
7.00	93	174		9.80			
7.20				10.00	116	197	
7.50				10.20			

d	l_1	l	莫氏圆锥号	d	l_1	l	莫氏圆锥号
10.50	116	197		17.75	165	263	
10.80				18.00			
11.00	125	206	1	18.25	171	269	2
11.20				18.50			
11.50				18.75			
11.80				19.00			
12.00	134	215		19.25	177	275	
12.20				19.50			
12.50				19.75			
12.80				20.00			
13.00			1	20.25	184	282	
13.20				20.50			
13.50	142	223		20.75			
13.80				21.00			2
14.00				21.25			
14.25	147	245		21.50	191	289	
14.50				21.75			
14.75				22.00			
15.00				22.25			
15.25	153	251		22.50	198	296	
15.50			2	22.75			
15.75				23.00			
16.00				23.25	198	319	
16.25	159	257		23.50			
16.50				23.75			3
16.75				24.00	206	327	
17.00				24.25			
17.25	165	263		24.50			
17.50				24.75			

d	l_1	l	莫氏圆锥号	d	l_1	l	莫氏圆锥号
25.00	206	327		32.50			
25.25				33.00	248	397	
25.50				33.50			
25.75				34.00			
26.00	214	335		34.50	257	406	
26.25				35.00			
26.50				35.50			
26.75				36.00			
27.00				36.50			
27.25				37.00	267	416	
27.50	222	343		37.50			
27.75				38.00			
28.00				38.50			
28.25			3	39.00	277	426	4
28.50				39.50			
28.75				40.00			
29.00				40.50			
29.25	230	351		41.00			
29.50				41.50	287	436	
29.75				42.00			
30.00				42.50			
30.25				43.00			
30.50				43.50			
30.75				44.00	298	447	
31.00	239	360		44.50			
31.25				45.00			
31.50				45.50			
31.75	248	369		46.00	310	459	
32.00	248	397	4	46.50			

d	l_1	l	莫氏圆锥号	d	l_1	l	莫氏圆锥号
47.00	310	459		49.00			
47.50			4	49.50	321	470	4
48.00	321	470		50.00			
48.50							

15. 莫氏锥柄加长麻花钻

莫氏锥柄加长麻花钻的基本尺寸见表 10-74。

表 10-74　　　　莫氏锥柄加长麻花钻的基本尺寸　　　　（mm）

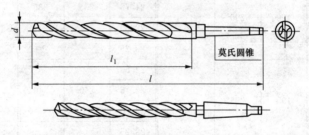

d	l_1	l	莫氏圆锥号	d	l_1	l	莫氏圆锥号
6.00	145	225		9.20	165	245	
6.20	150	230		9.50			
6.50				9.80			
6.80	155	235		10.00	170	250	
7.00				10.20			
7.20				10.50			
7.50			1	10.80			1
7.80				11.00			
8.00	160	240		11.20	175	255	
8.20				11.50			
8.50				11.80			
8.80	165	245		12.00	180	260	
9.00				12.20			

d	l_1	l	莫氏圆锥号	d	l_1	l	莫氏圆锥号
12.50				19.75	220	320	
12.80	180	260		20.00			
13.00				20.25			
13.20			1	20.50	230	330	
13.50				20.75			
13.80	185	265		21.00			
14.00				21.25			
14.25				21.50			2
14.50	190	290		21.75	235	335	
14.75				22.00			
15.00				22.25			
15.25				22.50			
15.50	195	295		22.75	240	340	
15.75				23.00			
16.00				23.25			
16.25				23.50	240	360	
16.50	200	300		23.75			
16.75				24.00			
17.00			2	24.25			
17.25				24.50	245	365	
17.50	205	305		24.75			
17.75				25.00			
18.00				25.25			3
18.25				25.50			
18.50	210	310		25.75			
18.75				26.00	255	375	
19.00				26.25			
19.25	220	320		26.50			
19.50				26.75	265	385	

d	l_1	l	莫氏圆锥号	d	l_1	l	莫氏圆锥号
27.00				28.75			
27.25				29.00			
27.50	265	385		29.25			
27.75			3	29.50	275	395	3
28.00				29.75			
28.25	275	395		30.00			
28.50							

16. 60°、90°、120°直柄锥面锪钻

60°、90°、120°直柄锥面锪钻的基本尺寸见表10-75。

表 10-75　　　60°、90°、120°直柄锥面锪钻的基本尺寸　　　（mm）

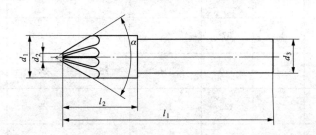

公称尺寸 d_1	小端直径 $d_2$①	总长 l_1		钻体长 l_2		柄部直径 d_3 (h9)
		$\alpha=60°$	$\alpha=90°$或$120°$	$\alpha=60°$	$\alpha=90°$或$120°$	
8	1.6	48	44	16	12	8
10	2	50	46	18	14	8
12.5	2.5	52	48	20	16	8
16	3.2	60	56	24	20	10
20	4	64	60	28	24	10
25	7	69	65	33	29	10

① 表示前端部结构不作规定。

17. 60°、90°、120°莫氏锥柄锥面锪钻

60°、90°、120°莫氏锥柄锥面锪钻的基本尺寸见表10-76。

表 10-76　　60°、90°、120°莫氏锥柄锥面锪钻的基本尺寸　　（mm）

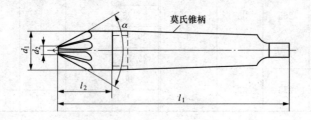

公称尺寸 d_1	小端直径 $d_2$①	总长 l_1		钻体长 l_2		莫氏锥柄号
		$\alpha=60°$	$\alpha=90°$或$120°$	$\alpha=60°$	$\alpha=90°$或$120°$	
16	3.2	97	93	24	20	1
20	4	120	116	28	24	2
25	7	125	121	33	29	2
31.5	9	132	124	40	32	2
40	12.5	160	150	45	35	3
50	16	165	153	50	38	3
63	20	200	185	58	43	4
80	25	215	196	73	54	4

① 表示前端部结构不作规定。

18. 带整体导柱的直柄平底锪钻

带整体导柱的直柄平底锪钻的基本尺寸见表10-77。

表 10-77 　　　带整体导柱的直柄平底锪钻的基本尺寸 　　　（mm）

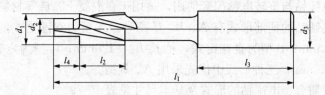

切削直径 d_1 (z9)	导柱直径 d_2 (e8)	柄部直径 d_3 (h9)	总长 l_1	刃长 l_2	柄长 l_3	导柱长 l_4
$2\leqslant d_1\leqslant3.15$	按引导孔直径配套要 求规定（最小直径为： $d_2=1/3\ d_1$）	$=d_1$	45	7	—	$\approx d_2$
$3.15<d_1\leqslant5$			56	10		
$5<d_1\leqslant8$			71	14	31.5	
$8<d_1\leqslant10$			80	18	35.5	
$10<d_1\leqslant12.5$		10				
$12.5<d_1\leqslant20$		12.5	100	22	40	

19. 带可换导柱的莫氏锥柄平底锪钻

带可换导柱的莫氏锥柄平底锪钻的基本尺寸见表 10-78。

表 10-78 　　　带可换导柱的莫氏锥柄平底锪钻的基本尺寸 　　　（mm）

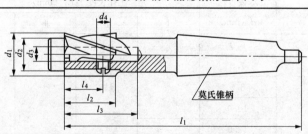

莫氏锥柄

切削直径 d_1 (z9)		导柱直径 d_2 (e8)		d_3 (h8)	d_4	l_1	l_2	l_3	l_4	莫氏圆 锥号
大于	至	大于	至							
12.5	16	5	14	4	M3	132	22	30	16	2
16	20	6.3	18	5	M4	140	25	38	19	2
20	25	8	22.4	6	M5	150	30	46	23	2
25	31.5	10	28	8	M6	180	35	54	27	3
31.5	40	12.5	35.5	10	M8	190	40	64	32	3
40	50	16	45	12	M8	236	50	76	42	4
50	63	20	56	16	M10	250	63	88	53	4

20. 硬质合金电锤钻

电锤钻与旋转电锤配套使用，适用于在混凝土、砖等材料上钻孔。电锤钻的柄部形式有 A、B、C 三种。A 型为双键槽式，柄长 $L_2=60\text{mm}$；B 型为直花键式，柄长 $L_2=120\text{mm}$；C 型为六方型，$L_2=120\text{mm}$；三种形式中优先采用 A、B 型。

硬质合金电锤钻的形式及基本尺寸见表 10-79。

表 10-79　　　　硬质合金电锤钻的形式及基本尺寸

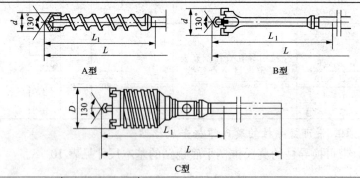

A 型　　　　　　　　　　　B 型

C 型

形式	公称直径 d（mm）	工作长度工 L_1（mm）			
		I	II	III	IV
A	6.0	60	110	—	—
	7.0				
	8.0				
	10.0				
	12.0				
	14.0	110	150		
	16.0				
	18.0				
	20.0				
	22.0	150	250	300	400
	24.0				
	26.0				
	28.0	200		400	550

形式	公称直径 d (mm)	工作长度工 L_1 (mm)			
		I	II	III	IV
A、B	32.0	200	250	400	550
	35.0				
	38.0				
A、B、C	40.0	200	300	400	550
	42.0				
	45.0				
	50.0				
B、C	65.0	200	300	400	550
	80.0				
C	90.0	200	300	400	550
	100.0				
	125.0				

注 I、II、III、IV为长度系列。

21. 旋转和旋转冲击式硬质合金建工钻

适用于在砖、砌块及轻质墙等材料上钻孔。柄部型式有 A 型柄（直柄）、B 型柄（缩柄）、C 型柄（粗柄）和 D 型柄（三角柄）。旋转和旋转冲击式硬质合金建工钻的基本尺寸见表 10-80。

表 10-80　　旋转和旋转冲击式硬质合金建工钻的基本尺寸　　　　(mm)

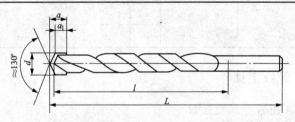

公称直径 d	短系列		长系列		加长系列（穿墙钻）				夹持部分尺寸
	总长 L	工作长度 $\approx l$	总长 L	工作长度 $\approx l$	总长 L	工作长度 $\approx l$	总长 L	工作长度 $\approx l$	
4.0	75	39							10
4.5			150	85	—	—	—	—	
5.0	85	39							10 或 13
5.5									

公称直径 d	短系列		长系列		加长系列（穿墙钻）				夹持部分尺寸
	总长 L	工作长度 ≈l	总长 L	工作长度 ≈l	总长 L	工作长度 ≈l	总长 L	工作长度 ≈l	
6.0									
6.5	100	54	150	85	—	—	—	—	10 或 13
7.0									
8.0									
9.0	120	80	200	135	—	—	—	—	
10.0									
11.0									
12.0	150	90	220	150	400	350	600	550	10、13 或 16
13.0					—	—	—	—	
14.0									
15.0									
16.0					400	350	600	550	
18.0			—	—					
20.0									
22.0	160	100							13 或 16
24.0					—	—	—	—	
25.0					—	—	600	550	

六、螺纹工具

1. 60°圆锥管螺纹丝锥

60°圆锥管螺纹丝锥如图 10-32 所示。

60°圆锥管螺纹丝锥用于攻制管子、管路附件和一般机件上的内管螺纹，其代号及基本尺寸见表 10-81。

图 10-32　60°圆锥管螺纹丝锥

表 10-81　　60°圆锥管螺纹丝锥的代号及基本尺寸

代号 NPT	每25.4mm 内的牙数	螺距 P (mm)	基面到端部 距离 l_1 (mm)	刃部长度 l (mm)	全长 L (mm)
1/16	27	0.941	11	17	54
1/8				19	
1/4	18	1.411	16	27	62
3/8					65
1/2	14	1.814	21	35	79
3/4					83
1	11.5	2.209	26	44	95
1$\frac{1}{4}$			27		102
1$\frac{1}{2}$					108
2			28		108

2. 60°圆锥管螺纹圆板牙

60°圆锥管螺纹圆板牙如图 10-33 所示。

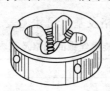

图 10-33　60°圆锥管螺纹圆板牙

用途：用于攻制管子、管路附件或其他机件的外管螺纹。

规格：60°圆锥管螺纹圆板牙的代号及基本尺寸见表 10-82。

表 10-82　　60°圆锥管螺纹圆板牙的代号及基本尺寸

代号 NPT	每25.4mm 内的牙数	螺距 P (mm)	外径 D (mm)	厚度 E (mm)
1/16	27	0.941	30	11
1/8				
1/4	18	1.411	38	16
3/8			45	18
1/2	14	1.814	45	22
3/4			55	
1	11.5	2.209	65	26
1$\frac{1}{4}$			75	28
1$\frac{1}{2}$			90	
2			105	30

3. 螺旋槽丝锥

螺旋槽丝锥如图 10-34 所示。

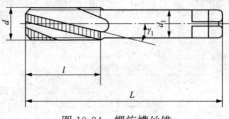

图 10-34　螺旋槽丝锥

用途：螺旋槽丝锥是加工普通螺纹的机用丝锥。丝锥螺纹精度按 H1、H2、H3 三种公差带制造。

规格：螺旋槽丝锥分为粗牙普通螺纹螺旋槽丝锥及细牙普通螺纹螺旋槽丝锥。

60°螺旋槽丝锥的规格及基本尺寸见表 10-83。

表 10-83　　　　　60°螺旋槽丝锥的规格及基本尺寸　　　　　（mm）

(1) 粗牙普通螺纹螺旋槽丝锥

公称直径 d	螺距 P	丝锥全长 L	螺纹长度 l
3	0.5	48	11
3.5	0.6	50	
4	0.7	53	13
4.5	0.75		
5	0.8	58	16
6	1	66	19
7			
8	1.25	72	22
9			
10	1.5	80	24
11		85	25
12	1.75	89	29
14	2	95	30
16		102	32

公称直径 d	螺距 P	丝锥全长 L	螺纹长度 l
18	2.5	112	37
20			
22		118	38
24	3	130	45
27		135	

（2）细牙普通螺纹螺旋槽丝锥

公称直径 d	螺距 P	丝锥全长 L	螺纹长度 l
3	0.35	48	11
3.5		50	13
4	0.5	53	13
4.5			
5		58	16
5.5		62	17
6	0.75	66	19
7			
8	1	72	22
9			
10		80	24
	1.25		
12		89	29
	1.5		
14	1.25	95	30
15			
16	1.5	102	32
17			
18	2	112	37
	1.5		
20	2		

公称直径 d	螺距 P	丝锥全长 L	螺纹长度 l
22	1.5	118	38
	2		
24	1.5	130	45
	2		
25	1.5		
	2		
27	1.5	127	37
	2		
28	1.5		
	2		
30	1.5		
	2		
	3	138	48
32	1.5	137	37
	2		
33	1.5		
	2		
	3	151	51

4. 螺母丝锥

螺母丝锥如图 10-35 所示。

(a) 圆柄   (b) 圆柄带方头

图 10-35 螺母丝锥

用途：用于攻制螺母的普通内螺纹。

规格：有粗牙螺纹与细牙螺纹螺母用丝锥，其基本尺寸见表

10-84。

表 10-84　　　　　　　　　　螺母丝锥的基本尺寸　　　　　　　　（mm）

（1）$d \leqslant 5$mm 的粗牙普通螺纹用螺母丝锥

公称直径 d	螺距 P	丝锥全长 L	螺纹长度 l
2	0.4		12
2.2	0.45	36	14
2.5			14
3	0.5	40	15
3.5	0.6	45	18
4	0.7	50	21
5	0.8	55	24

（2）$d \leqslant 5$mm 的细牙普通螺纹用螺母丝锥

公称直径 d	螺距 P	丝锥全长 L	螺纹长度 l
3	0.35	40	11
3.5		45	
4	0.5	50	15
5		55	

（3）5mm$<d \leqslant 30$mm 圆柄粗牙普通螺纹用螺母丝锥

公称直径 d	螺距 P	丝锥全长 L	螺纹长度 l
6	1	60	30
8	1.25	65	36
10	1.5	70	40
12	1.75	80	47
14	2	90	54
16		95	58
18			
20	2.5	110	62
22			
24	3	130	72
27			
30	3.5	150	84

（4）5mm＜d≤30mm圆柄细牙普通螺纹用螺母丝锥

公称直径 d	螺距 P	丝锥全长 L	螺纹长度 l
6	0.75	55	22
8	1	60	30
	0.75	55	22
10	1.25	65	36
	1	60	30
	0.75	55	22
12	1.5	80	45
	1.25	70	36
	1	65	30
14	1.5	80	45
	1	70	30
16	1.5	85	45
	1	70	30
18	2	100	54
	1.5	90	45
	1	80	30
20	2	100	54
	1.5	90	45
	1	80	30
22	2	100	54
	1.5	90	45
	1	80	30
24	2	110	54
	1.5	100	45
	1	90	30
27	2	110	54
	1.5	100	45
	1	90	30

公称直径 d	螺距 P	丝锥全长 L	螺纹长度 l
30	2	120	54
	1.5	110	45
	1	100	30

（5）$d>5$mm粗牙普通螺纹用螺母丝锥（带方头）

公称直径 d	螺距 P	丝锥全长 L	螺纹长度 l
6	1	60	30
8	1.25	65	36
10	1.5	70	40
12	1.75	80	47
14	2	90	54
16		95	58
18	2.5	110	62
20			
22			
24	3	130	72
27			
30	3.5	150	84
33			
36	4	175	96
39			
42	4.5	195	108
45			
48	5	220	120
52			

（6）$d>5$mm细牙普通螺纹用螺母丝锥（带方头）

公称直径 d	螺距 P	丝锥全长 L	螺纹长度 l
6	0.75	55	22

公称直径 d	螺距 P	丝锥全长 L	螺纹长度 l
8	1	60	30
	0.75	55	22
10	1.25	65	36
	1	60	30
	0.75	55	22
12	1.5	80	45
	1.25	70	36
	1	65	30
14	1.5	80	45
	1	70	30
16	1.5	80	45
	1	70	30
18	2	100	54
	1.5	90	45
	1	80	30
20	2	100	54
	1.5	90	45
	1	80	30
22	2	100	54
	1.5	90	45
	1	80	30
24	2	110	54
	1.5	100	45
	1	90	30
27	2	110	54
	1.5	100	45
	1	90	30

公称直径 d	螺距 P	丝锥全长 L	螺纹长度 l
	2	120	54
30	1.5	110	45
	1	100	30
33	2	120	55
	1.5	110	45
	3	160	80
36	2	135	55
	1.5	125	45
	3	160	80
39	2	135	55
	1.5	125	45
	3	170	80
42	2	145	55
	1.5	135	45
	3	170	80
45	2	145	55
	1.5	135	45
	3	180	80
48	2	155	55
	1.5	145	45
	3	180	80
52	2	155	55
	1.5	145	45

5. 机用和手用丝锥

用途：机用和手用丝锥是加工普通螺纹用的切削刀具。机用丝锥通常是指高速钢磨牙丝锥，分 H1、H2、H3 三种公差带。手用丝锥是指碳素工具钢或合金工具钢滚牙（或切牙）丝锥。生产中两者也可互换使用。用于攻制工件上通孔或盲孔的普通螺纹的内螺纹。

规格：丝锥的形式很多，有粗柄机用和手用丝锥、细柄机用和手用丝锥、粗柄带颈机用和手用丝锥等。其基本尺寸见表10-85。

表 10-85 机用和手用丝锥的基本尺寸 （mm）

（1）细柄机用和手用丝锥

公称直径	螺距 P		丝锥全长 L	螺纹长度 l
d	粗牙	细牙		
3	0.5	0.35	48	11
3.5	(0.6)		50	
4	0.7		53	13
4.5	(0.75)	0.5		
5	0.8		58	16
5.5	—		62	17
6, 7	1	0.75	66	19
	—			
8, 9		1	69	
	1.25	—	72	22
	—	0.75	73	20
10	—	1, 1.25	76	
	1.5	—	80	24
	—	0.75, 1		22
11	1.5	—	85	25
	—	1	80	22
12	—	1.25	89	20
	1.75	1.5		29
	—	1	87	22
14	—	1.25		
	2	1.5	95	30
15	—			

公称直径	螺距 P		丝锥全长 L	螺纹长度 l
d	粗 牙	细 牙		
16	—	1	92	22
	2	1.5	102	32
17	—	1.5	102	32
18	—	1	97	22
18, 20	—	1.5	104	29
18, 20	2.5	2	112	37
20	—	1	102	22
22	—	1	109	24
22	—	1.5	113	33
22	2.5	2	118	38
24	—	1	114	24
24	3	—		45
24~26	—	1.5	130	35
24, 25	—	2		35
27~30	—	1	120	25
27~30	—	1.5, 2	127	37
27	3	—	135	45
30	3.5	3	138	48
32, 33	—	1.5, 2	137	37
33	3.5	3	151	51
35, 36	—	1.5	144	39
36	—	2		39
36	4	3	162	57
38	—	1.5	149	39
39~42	—	1.5, 2		
39	4	—	170	60
40	—	3		
42	4.5	3, 4		

公称直径 d	螺距 P		丝锥全长 L	螺纹长度 l
	粗牙	细牙		
45~50	—	1.5, 2	165	45
45	4.5	3, 4	187	67
48	5	3, 4		
50		3		
52~56	—	1.5, 2	175	45
52	5	3, 4	200	70
55		3, 4		
56	5.5	3, 4		
58~62	—	1.5, 2	193	76
58~62		3, 4	209	
60	5.5	—	221	
64, 65	—	1.5, 2	193	79
64, 65		3, 4	209	
64	6	—	224	
68	—	1.5, 2	203	
	—	3.4	219	
	6		234	

（2）粗柄机用和手用丝锥

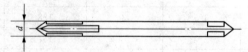

公称直径 d	螺距 P		丝锥全长 L	螺纹长度 l
	粗　牙	细　牙		
1	0.25		38.5	5.5
1.1	0.25			
1.2		0.2		
1.4	0.3		40	7
1.6	0.35			
1.8	0.35		41	8
2	0.4			
2.2	0.45	0.25	44.5	9.5
2.5	0.45	0.35	44.5	

（3）粗柄带颈机用和手用丝锥

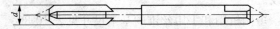

公称直径 d	螺距 P		丝锥全长 L	螺纹长度 l
	粗　牙	细　牙		
3	0.5	0.35	48	11
3.5	(0.6)		50	
4	0.7	0.5	53	13
4.5	(0.75)			
5	0.8		58	16
5.5	—		62	17
6	1	0.75	66	19
7	1	0.75	66	19
8，9	—			
	—	1	69	
	1.25	—	72	22
10	—	0.75	73	20
	—	1，1.25	80	24
	1.5	—	80	

注　1. 丝锥代号：粗牙为 M（直径）；细牙为 M（直径×螺距）。
　　2. 带括号的规格尽量不采用。

6. 短柄机用和手用丝锥

短柄机用和手用丝锥如图 10-36 所示。

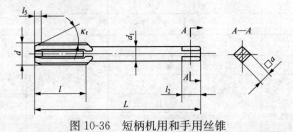

图 10-36　短柄机用和手用丝锥

用途：短柄机用和手用丝锥供加工螺母或其他机件上的普通螺纹的内螺纹用。机用丝锥适用于在机床上攻螺纹，手用丝锥适用于手工攻螺纹。

规格：短柄机用和手用丝锥的基本尺寸见表 10-86。

表 10-86　　　　短柄机用和手用丝锥的基本尺寸　　　　（mm）

(1) 粗短柄机用和手用丝锥

公称直径 d	螺距 P		丝锥全长 L	螺纹长度 l
	粗　牙	细　牙		
1～1.2	0.25		28	5.5
1.4	0.3	0.2		7
1.6，1.8	0.35		32	8
2	0.4	0.25	36	
2.2	0.45			9.5
2.5		0.35		

(2) 粗柄带颈短柄、细短柄机用和手用丝锥

3	0.5	0.35	40	11
3.5	(0.6)	0.35		
4	0.7		45	13
4.5	(0.75)	0.5	45	
5	0.8			16
(5.5)	—		50	17
6	—	0.5，0.75		
(7)	—	0.75		
6，7	1	—	55	19
8	—	0.5	60	
8，(9)	—	0.75	60	
8，(9)	—	1	60	22
8，(9)	1.25	—		22
	—	0.75	65	20
10	—	1，1.25		24
	1.5	—	70	

（3）细短柄机用和手用丝锥

公称直径 d	螺距 P		丝锥全长 L	螺纹长度 l
	粗牙	细牙		
(11)		0.75，1	65	22
(11)	1.5	—	70	25
12	1.75	—	80	29
12，14	—	1		22
12	—	1.25，1.5	70	29
14	—	1.25		30
14，(15)	—	1.5		
14	2	—	90	
16	—	1	80	22
	2	—	90	32
16，(17)	—	1.5	80	
18，(20)	—	1	90	22
18，20	—	1.5，2	90	37
18，20	2.5	—	100	
22，24	—	1	90	24
22	—	1.5，2		38
22	2.5	—	110	
24，25	—	1.5，2	95	45
26	—	1.5	95	35
24，27	3	—	120	45
27	—	1	95	25
27	—	1.5，2		37
(28)，30	—	1		25
(28)，30	—	1.5，2	105	37
30	—	3		48
30	3.5	—	130	

公称直径 d	螺距 P		丝锥全长 L	螺纹长度 l
	粗 牙	细 牙		
(32)，33	—	1.5，2	115	37
33	—	3	115	51
	3.5	—	130	
(35)	—	1.5		39
36	—	1.5，2	125	
36	—	3		57
38	4	—	145	
	—	1.5		39
39～42	—	1.5，2	130	
39～42	—	3		60
39	4	—	145	
42	—	(4)	130	
	4.5	—	160	

7. 粗长柄机用丝锥

粗长柄机用丝锥如图 10-37 所示。

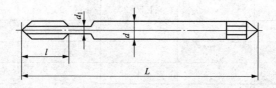

图 10-37　粗长柄机用丝锥

用途：粗长柄机用丝锥装在机床上，对工件上的圆孔攻制普通内螺纹。

规格：粗长柄机用丝锥的基本尺寸见表 10-87。

表 10-87　　　　　　　　　粗长柄机用丝锥的基本尺寸

公称直径 d	螺距 P		丝锥全长 L	螺纹长度 l
	粗　牙	细　牙		
3	0.50	0.35	66	11
3.5	0.60		68	13
4	0.70	0.50	73	13
4.5	0.75			
5	0.80		79	16
5.5	—		84	17
6	1.0	0.75	89	19
7				
8	1.25	1.00	97	22
9				
10	1.50		108	24
	—	1.25		

8. 细长柄机用丝锥

细长柄机用丝锥如图 10-38 所示。

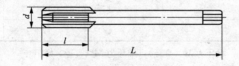

图 10-38　细长柄机用丝锥

用途：细长柄机用丝锥装在机床上，用于攻制普通螺纹的内螺纹。

规格：细长柄机用丝锥的基本尺寸见表 10-88。

表 10-88　　　　　　　　　细长柄机用丝锥的基本尺寸

公称直径 d	螺距 P		丝锥全长 L	螺纹长度 l
	粗　牙	细　牙		
3	0.5	0.35	66	11

公称直径 d	螺距 P		丝锥全长 L	螺纹长度 l
	粗 牙	细 牙		
3.5	(0.6)	0.35	68	
4	0.7		73	13
4.5	(0.75)	0.5		
5	0.8		79	16
5.5	—		84	17
6，(7)	1	0.75	89	19
8，(9)	1.25	1	97	22
10	1.5	1，1.25	108	24
(11)		—	115	25
12	1.75	1.25，1.5	119	29
14	2	1.25，1.5	127	30
(15)				
16	2	1.5	137	32
(17)	—			
18.20	2.5		149	37
22	2.5	1.5，2	158	38
24	3		172	45

注　1. 丝锥代号：粗牙为 M（直径）；细牙为 M（直径×螺距）。

2. 带括号的规格尽量不采用。

9. 丝锥扳手

丝锥扳手如图 10-39 所示。

图 10-39　丝锥扳手

用途：装夹丝锥或手用铰刀，用手工铰制工件上的内螺纹或铰制工件上的圆孔。

规格：丝锥扳手的基本尺寸见表 10-89。

表 10-89　　　　　　　　丝锥扳手的基本尺寸　　　　　　　　（mm）

扳手长度	130	180	230	280	380	480	600
适用丝锥公称直径	2～4	3～6	3～10	6～14	8～18	12～24	16～27

10. 搓丝板

搓丝板如图 10-40 所示。

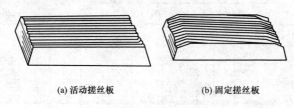

(a) 活动搓丝板　　　　　　　　(b) 固定搓丝板

图 10-40　搓丝板

用途：装在搓丝机上供搓制螺栓、螺钉或机件上普通外螺纹用，由活动搓丝板和固定搓丝板各一块组成一副使用。

规格：搓丝板的外形尺寸及适宜加工的螺纹见表 10-90。

表 10-90　　　　　搓丝板的外形尺寸及适宜加工的螺纹　　　　　（mm）

(1) 普通螺纹用搓丝板外形尺寸

长　　度		宽　度	厚度（推荐）	适用范围
活动搓丝板	固定搓丝板			
50	45	15，20	20	M1～M3
55		22	22	M1.6～M3
60	55	20，25	25	M1.4～M3
65		30	28	M1.6～M3
70	65	20，25，30，40	25	M1.6～M4
80	70	30	28	M1.6～M5
85	78	20，25，30，40，50	25	M2.5～M5
125	110	40，50，60		M3～M8
170	150	50，60，70，80	30	M5～M10
			40	

长　度		宽　度	厚度 （推荐）	适用范围
活动搓丝板	固定搓丝板			
210	190	55，80	40	M5～M14
220	200	50，60，70		M8～M14
310	285	70，80，105	50	M16～M22
400	375	80，100		M20～M24

（2）搓丝板适宜加工的螺纹

粗牙	公称 直径	1，1.1，1.2	1.4	1.6，1.8	2	2.2，2.5	3	3.5	4	4.5
	螺距	0.25	0.3	0.35	0.4	0.45	0.5	0.6	0.7	0.75

粗牙	公称 直径	5	6	8	10	12	14，16	18，20，22	24
	螺距	0.8	1	1.25	1.5	1.75	2	2.5	3

细牙	公称 直径	1，1.1，1.2， 1.4，1.6，1.8	2， 2.2	2.5， 3，3.5	4，5	6	8， 10	12	12，14，16， 18，20，22	24
	螺距	0.2	0.25	0.35	0.5	0.75	1	1.25	1.5	2

注　按加工螺纹精度分1、2、3级三种，分别适用于加工公差等级为4（或5）级、5
（或6）级、6（或7）级外螺纹。

11. 滚丝轮

滚丝轮如图 10-41 所示。

图 10-41　滚丝轮

用途：成对装在滚丝机上，供滚压外螺纹用。

规格：滚丝轮分为带凸台和不带凸台两种，其基本尺寸见表10-91。

表 10-91　　　　　　　　　**滚丝轮的基本尺寸**　　　　　　　　（mm）

（1）细牙普通螺纹滚丝轮

螺纹尺寸			45型滚丝轮		54型滚丝轮		75型滚丝轮	
直径		螺距	中径	宽度（推荐）	中径	宽度（推荐）	中径	宽度（推荐）
第一系列	第二系列							
8.0	8.0	1.0	147.000	30, 40	147.000	30, 40	169.050	45
10.0	10.0		149.600	40, 50	149.600	40.50	168.300	50, 60
12.0	12.0		147.550		147.550		170.250	
	14.0		146.850	50, 70	146.850	50, 70	173.550	
16.0	16.0		138.150		153.500		168.850	
10.0	10.0	1.25	147.008	40, 50	147.008	40, 50	174, 572	45, 50
12.0	12.0		145.444		145.444		179.008	
	14.0		145.068	50, 70	145.068	50, 70	171.444	
12.0	12.0	1.5	143.338	40, 50	143.338	40.50	176.416	
	14.0		143.286	—	143.286	50.70	182.364	
16.0	16.0		150.260	50, 70	150.260		180.312	
	18.0		136.208		136.208		170.260	
20.0	20.0		133.182		152.208	60, 80	171.234	60, 70
	22.0		147.182		147.182		189.234	
24.0	24.0		138.156		138.156	70, 90	184.208	
	27.0		130.130		130.130		182.182	
30.0	30.0		145.130		145.130		174.156	70, 80
	33.0		128.104		128.104		192.156	
36.0	36.0		140.104		140.104	80, 100	175.130	
	39.0		114.078		152.104		190.130	
42.0	42.0		—		123.078		164.104	
	45.0		—		132.078		176.104	

螺纹尺寸			45 型滚丝轮		54 型滚丝轮		75 型滚丝轮	
直径		螺距	中径	宽度	中径	宽度	中径	宽度
第一系列	第二系列			（推荐）		（推荐）		（推荐）
	18.0		150.309		150.309		183.711	
20.0	20.0		149.608		149.608	60，80	187.010	
	22.0		144.907		144.907		186.309	
24.0	24.0		136.206		136.206		181.608	50，60
	27.0		128.505	40，60	128.505	70，90	179.907	
30.0	30.0	2.0	143.505		143.505		172.206	
	33.0		126.804		126.804		192.206	
36.0	36.0		138.804		138.804		173.505	60，70
	39.0		113.103		150.804		188.505	
42.0	42.0				122.103		162.804	70，80
	45.0				131.103	80，100	174.804	
36.0	36.0				136.204		170.255	
	39.0	3.0	—	—	148.204		185.255	90，100
42.0	42.0				120.153		200.255	
45.0	45.0				129.153		172.204	
滚丝轮精度等级			1 级		2 级		3 级	
适宜加工的外螺纹公差带等级			4，5 级		5，6 级		6，7 级	

（2）粗牙普通螺纹滚丝轮

螺纹尺寸			45 型滚丝轮		54 型滚丝轮		75 型滚丝轮	
直径		螺距	中径	宽度	中径	宽度	中径	宽度
第一系列	第二系列			（推荐）		（推荐）		（推荐）
3.0	—	0.5	144.450		144.450			
	3.5	0.6	143.060		143.060			
4.0	—	0.7	141.800	30	141.800	30	—	—
	4.5	0.75	140.455		140.455			
5.0	—	0.8	143.360		143.360			

螺纹尺寸			45型滚丝轮		54型滚丝轮		75型滚丝轮	
直径		螺距	中径	宽度（推荐）	中径	宽度（推荐）	中径	宽度（推荐）
第一系列	第二系列							
6.0	—	1.0	144.450	30，40	144.450	30，40	176.5130	45
8.0	—	1.25	143.760		143.760		165.324	
10.0	—	1.5	144.416	40.50	144.416	40，50	171.494	
12.0	—	1.75	141.219		141.219		173.808	
	14.0	2.0	139.711		152.412	50，70	177.814	60.70
16.0	—	2.0	147.010	40，60	147.010		176.412	
	18.0	2.5	147.384		147.384		180.136	
20.0	—	2.5	147.008		147.008	60，80	183.760	
	22.0	2.5	142.632		142.632		183.384	
24.0	—	3			154.357	70，90	176.408	
	27.0	3			150.306		175.357	
30.0	—	3.5	—	—	138.635		194.089	
	33.0	3.5			153.635		184.362	70，80
36.0	—	4.0			133.608	80，100	167.010	
	39.0	4.0			145.608		182.010	
42.0	—	4.5		—			193.385	

注 滚丝轮内孔直径（mm）：45型为45，54型为54，75型为75。

12. 圆板牙

用途：圆板牙可手用亦可机用，用以加工螺栓或其他机件上的普通外螺纹（即套螺纹），当装在圆板牙架中可进行手工套螺纹，而装在机床上则可进行机用套螺纹。

规格：圆板牙按螺纹分为粗牙普通螺纹圆板牙、细牙普通螺纹圆板牙两种，其基本尺寸见表10-92。

表 10-92 **圆板牙的基本尺寸** （mm）

（1）粗牙普通螺纹用圆板牙

代号（直径×螺距）	外径	厚度
M1×0.25　M1.1×0.25　M1.2×0.25　M1.4×0.3　M1.6×0.35　M1.8×0.35　M2×0.4　M2.2×0.45　M2.5×0.45	16	5
M3×0.5　M3.5×0.6　M4×0.7	20	5
M4.5×0.75　M5×0.8　M6×1	20	7
M7×1　M8×1.25　M9×1.25	25	9
M10×1.5　M11×1.5	30	11
M12×1.75　M14×2	38	14
M16×2	45	14
M18×2.5　M20×2.5	45	18
M22×2.5　M24×3	55	22
M27×3　M30×3.5　M33×3.5　M36×4	65	25
M39×4　M42×4.5	75	30
M45×4.5　M48×5　M52×5	90	36
M56×5.5　M60×5.5	105	36
M64×6　M68×6	120	36

（2）细牙普通螺纹用圆板牙

M1×0.25　M1.1×0.2　M1.2×0.2　M1.4×0.2　M1.6×0.2　M1.8×0.2　M2×0.25　M2×0.25　M2.5×0.35	16	5
M3×0.35　M3.5×0.35　M4×0.5　M4.5×0.5　M5×0.5　M5.5×0.5	20	5
M6×0.75	20	7
M7×0.75　M8×0.75　M8×1　M9×0.75　M9×1	25	9
M10×0.75　M10×1　M10×1.25　M11×0.75　M11×1	30	11
M12×1　M12×1.25　M12×1.5　M14×1　M14×1.25　M14×1.5　M15×1.5	38	10
M16×1　M16×1.5　M17×1.5　M18×1　M18×1.5　M18×2　M20×1　M20×1.5　M20×2	45	14

代号（直径×螺距）	外径	厚度
M22×1　M22×1.5　M22×2　M24×1　M24×1.5　M24×2 M25×1.5　M25×2	55	16
M27×1　M27×1.5　M27×2　M28×1　M28×1.5　M28×2 M30×1　M30×1.5　M30×2　M32×1.5　M32×2　M33×1.5 M33×2　M35×1.5　M36×1.5　M36×2	65	18
M30×3　M33×3　M36×3	65	25
M39×1.5　M39×2	75	20
M39×3		30
M40×1.5　M40×2　M42×1.5　M142×2		20
M40×3　M42×3　M42×4		30
M45×1.5　M45×2　M48×1.5　M48×2　M50×1.5　M50×2 M52×1.5　M52×2	90	22
M45×3　M45×4　M48×3　M48×4　M50×3　M52×3　M52×4	90	36
M55×1.5　M55×2　M56×1.5　M56×2	105	22
M55×3　M55×4　M56×3　M56×4	105	36

13. 圆板牙架

圆板牙架如图 10-42 所示。

图 10-42　圆板牙架

用途：装夹圆扳手，用于手工铰制工件上的外螺纹。

规格：圆板牙架的规格尺寸见表 10-93。

表 10-93　　　　　圆板牙架的规格尺寸　　　　　（mm）

规　格		16	20	25	30	38	45
适用圆板 牙尺寸	外径 D	16	20	25	30	38	45
	厚度 b	5	5，7	9	11	10，14	14，18
相应螺纹直径		1～2.5	3～6	7～9	10～11	12～15	16～20

规　格		55	65	75	90	105	120
适用圆板 牙尺寸	外径 D	55	65	75	90	105	120
	厚度 b	16，22	18，25	20，30	22，36	22，36	36
相应螺纹直径		22～25	27～36	39～42	45～52	55～60	64～68

14. 管螺纹铰板

管螺纹铰板如图 10-43 所示。

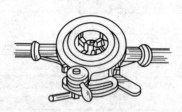

图 10-43　管螺纹铰板

用途：用手工铰制低压流体输送用钢管上 55°圆柱和圆锥管螺纹。

规格：管螺纹铰板的基本尺寸见表 10-94。

表 10-94　　　　　　管螺纹铰板的基本尺寸

型　号	铰管螺纹范围		结构特性
	管螺纹尺寸代号	管子外径（mm）	
GJB-60	1/2～3/4	21.3～26.8	无间歇机构
GJB-60W	1～$1\frac{1}{4}$	33.5～42.3	有间歇机构，其使用具有 万能性
	$1\frac{1}{2}$～2	48.0～60.0	
GJB-114W	$2\frac{1}{4}$～3	66.5～68.5	
	$3\frac{1}{2}$～4	101.0～114.0	

七、普通磨料磨具

1. 普通磨料

（1）种类及用途。磨料可分为天然磨料和人造磨料两大类。由于天然磨料硬度不够高，结晶组织不够均匀，而人造磨料具有品质纯、硬度高、韧性好等一系列优点。所以，天然磨料日益为人造磨料所代替。

人造磨料的种类和表示标记、用途见表10-95。

表 10-95　　　　　　　　人造磨料的种类和表示标记、用途

种类	表示标记	色泽	特性及用途
棕刚玉	A	棕褐色	韧性高，能承受较大的压力，适用于加工抗拉强度较高的金属，如合金钢、碳素钢、高速钢、可锻铸铁、灰铸铁和硬青铜等
白刚玉	WA	白　色	韧性较低，切削性能优于棕刚玉，主要用于各种合金钢材、高速钢材及淬火钢等的细磨和精磨加工，如磨螺纹、磨齿轮等。还特别适宜避免产生烧伤的工序，如刃磨、平磨及内圆磨等
单晶刚玉	SA	浅黄色或白色	具有良好的多角多棱切削刃，并有较高的硬度和韧性，适用于各种工具和大进刀量的磨削。可加工较硬的金属材料，如淬火钢、合金钢、高钒高速钢、工具钢、不锈钢和耐热钢等
微晶刚玉	MA	与 A 相似	韧性较高，特别适用于重负荷的粗磨、低粗糙度的磨削和精密成型磨削，如不锈钢、碳钢、轴承钢和特种环墨铸铁等
铬刚玉	PA	紫红或玫瑰红	韧性比白刚玉高，切削性能较好，适用于淬火钢、合金钢刀具的刃磨，如对螺纹工作、量具、刃具和仪表零件的磨削
锆刚玉	ZA	褐　灰	具有磨削效率高、粗糙度低、不烧伤工件和砂轮表面不易被堵塞等优点，适用于粗磨不锈钢和高钼钢
镨汝刚玉	NA	白　色	硬度高，韧性较好。适于高铬高速钢、高锰铸铁、高磷铸铁及不锈钢的磨削
黑刚玉	BA	黑　色	又名人造金刚石，硬度大，但韧性差，多用于研磨与抛光硬度不高的材料
黑碳化硅	C	黑　色	硬度比刚玉系磨料高，性脆而锋利，适用于加工抗拉强度低的金属与非金属，如灰铸铁、黄铜、铝、岩石、皮革和硬橡胶等

种类	表示标记	色泽	特性及用途
绿碳化硅	GC	绿色	硬度和脆性略高于黑碳化硅，适用于加工硬而脆的材料，如硬质合金、玻璃和玛瑙等
碳化硼	BC	灰黑色	硬度比碳化硅高，适用于硬质合金、宝石、陶瓷等材料做的刀具、模具、精密元件的钻孔、研磨和抛光
碳硅硼	TGP	黑色	硬度仅次于人造金刚石，适用于硬质合金、半导体、人造宝石和特种陶瓷等硬质材料的研磨
工方碳化硅	SC	黄绿色	强度高于黑碳化硅，脆性高于绿碳化硅。适用于磨削韧而黏的材料，尤其适用于微型轴承沟槽的超精加工等
铈碳化硅	CC	暗绿色	硬度比绿碳化硅略高，韧性较大，工件不易烧伤。适用于加工硬质合金、钛合金及超硬高速钢等材料

（2）磨具的组织号与磨粒率。组织是指磨具内磨粒、结合剂、气孔三者的关系，一般都以磨具的单位体积内磨粒所占的体积百分数来表示。组织号与磨粒率见表 10-96。

表 10-96 　　　　　　　　　磨具的组织号与磨粒率

紧密组织		中等组织		疏松组织	
组织号	磨粒率（%）	组织号	磨粒率（%）	组织号	磨粒率（%）
0	62	—	—	9	44
1	60	5	52	10	42
2	58	6	50	11	40
3	56	7	48	12	38
—	—	—	—	13	36
4	54	8	46	14	34

注　金刚石磨具没有组织这个特性，但有近似于组织含义的特性，叫浓度。浓度分为150%、100%、75%、50%、25%共 5 种。100%浓度是指每立方厘米内含有0.878g 金刚石。

（3）磨料粒度及规格。磨料粒度按颗粒大小分为 41 种粒度号，见表 10-97。

表 10-97 磨料粒度及规格

粒度号	基本粒度尺寸范围（μm）	粒度号	基本粒度尺寸范围（μm）	粒度号	基本粒度尺寸范围（μm）
磨 粒					
4	>4750	20	1180～1000	70	250～212
5	4750～4000	22	1000～850	80	212～180
6	4000～3350	24	850～710	90	180～150
7	3350～2800	30	710～600	100	150～125
8	2800～2360	36	600～500	120	125～106
10	2360～2000	40	500～425	150	106～75
12	2000～1700	46	425～355	180	75～63
14	1700～1400	54	355～300	220	63～53
16	1400～1180	60	300～250		
微 粉					
230	56～50	400	18.3～16.3	1200	3.5～2.5
240	46.5～42.5	500	13.8～11.8	1500	2.4～1.6
280	38～35	600	10.3～8.3	2000	1.5～0.9
320	30.7～27.7	800	7.5～5.5		
360	24.3～21.3	1000	5.3～3.7		

（4）磨具的硬度分级。磨具的硬度等级分为七大级十四小级，见表 10-98。

表 10-98 磨具的硬度等级

大　级	小　级
超软	超软（D，E，F）
软	软$_1$（G）、软$_2$（H）、软$_3$（J）
中软	中软$_1$（K）、中软$_2$（L）
中	中$_1$（M）、中$_2$（N）
中硬	中硬$_1$（P）、中硬$_2$（Q）、中硬$_3$（R）
硬	硬$_1$（S）、硬$_2$（T）
超硬	超硬（Y）

注　1. 在硬度小级中的数字 1、2、3 是表示磨具硬度增加的次序。

　　2. 橡胶结合剂的磨具目前不分小级。

　　3. 括号内符号为硬度级的表示标记。

（5）结合剂的种类与用途。结合剂是指把磨粒黏结在一起制成磨具的物质。大致分无机结合剂（陶瓷结合剂）和有机结合剂（树脂和橡胶结合剂）两大类。其种类与用途见表10-99。

表 10-99 结合剂的种类与用途

结合剂种类	表示标记	特性与用途
陶瓷结合剂（黏土结合剂）	V	能耐热、耐水、耐油和耐普通酸碱的侵蚀，强度较大，但性较脆，经不起冲击，其圆周速度不大于 35m/s。适用于粗磨、精磨、成型磨（例如用于轴承套及汽缸的内圆磨削，机床主轴及内燃机曲轴的外圆磨削，千分尺的平面磨削，内燃机活塞的无心磨削，机床导轨磨削，螺栓磨削及各种刃具磨削等）
树脂结合剂	S	强度高并富有弹性，能在高速下进行工作，但坚固性和耐热性比陶瓷结合剂小。不能用碱性（＞1.5%）冷却液，圆周速度可达 35～50m/s。应用范围：内燃机活塞环的磨削，各种钢材的粗磨，冷铸轧辊的外径磨削，高精度的镜面磨削，非金属材料的切断及各种金属的切断等
橡胶结合剂	R	密度大，更富于韧性，磨钝了的砂粒很容易脱落，从而使被磨工件的表面有较高的光洁度，但耐热性差，不能用油作冷却液，圆周速度可达 75m/s。其应用范围：轴承套圈及其他工件的精磨，无心磨床上的导轮、钻头及丝锥板牙的抛光、开槽及切断等
菱苦土结合剂	Mg	工作时发热量小，有良好的自锐性，强度较低，且易水解。适用于磨削热传导性差的材料，以及磨具与工件接触面较大的工件

2. 砂布

砂布如图10-44所示。

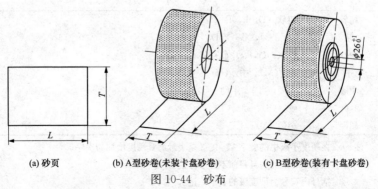

(a) 砂页　　(b) A型砂卷(未装卡盘砂卷)　　(c) B型砂卷(装有卡盘砂卷)

图 10-44　砂布

用途：页状装于机具上或以手工磨削金属工件表面上的毛刺、锈斑及磨光表面。卷状砂布主要用于对金属工件或胶合板的机械磨削加工。粒度号小的用于粗磨，粒度号大的用于细磨。

分类：砂布按形状分，分为砂页（代号 S）和砂卷（代号 R）两种。砂布按黏结剂分，分为动物胶（代号 G/G）、半树脂（代号 R/G）、全树脂（代号 R/R）和耐水（代号 WP）。砂布按基材的分类及代号见表 10-100。

表 10-100　　　　　　砂布按基材的分类及代号

基材	轻型布	中型布	重型布
单位面积质量（g/m²）	≥110	≥170	≥250
代号	L	M	H

规格：砂页的尺寸规格见表 10-101。砂卷的尺寸规格见表 10-102。

表 10-101　　　　　　　　砂页的尺寸规格

T（mm）	极限偏差（mm）	L（mm）	极限偏差（mm）
70		115	
70		230	
93		230	
115	±3	140	±3
115		280	
140		230	
230		230	

表 10-102　　　　　　　　砂卷的尺寸规格

尺寸（mm）	公差（mm）	L（±1%）（mm）	A 型	B 型
12.5			✓	
15	±1	25000 或 50000	✓	✓
25			✓	✓

尺寸 (mm)	公差 (mm)	L（±1%） (mm)	A 型	B 型
35			√	√
40			√	√
50		25000 或 50000	√	√
80			√	√
93			√	√
100	±2		√	
115			√	
150			√	
200			√	
230		50000①	√	—
300			√	
600			√	
690			√	
920	±3		√	
1370			√	

注 "√"表示有尺寸规格。

① 如果这些宽度需要更长的砂卷，在 50000mm 长度栏内可有多种长度。

3. 砂纸

用途：干磨砂纸（木砂纸）用于磨光木、竹器表面，耐水砂纸（水砂纸）用于在水中或油中磨光金属或非金属工件表面，金相砂纸专供金相试样抛光用。

分类：砂纸按形状分，分为砂页（代号 S）和砂卷（代号 R）两种。砂纸按黏结剂分，分为动物胶（代号 G/G）、半树脂（代号 R/G）、全树脂（代号 R/R）和耐水（代号 WP）。砂纸按基材的分类及代号见表 10-103。

表 10-103 　　　　　　　　　　　**砂纸按基材的分类及代号**

定量（g/m²）	≥70	≥100	≥120	≥150	≥220	≥300	≥350
代号	A	B	C	D	E	F	G

规格：砂纸尺寸规格同砂布。

4. 砂轮

砂轮如图 10-45 所示。

图 10-45　砂轮

用途：装于砂轮机或磨床上，磨削金属工件的内外圆、平面和端面，以及磨削刀具或非金属材料等。砂轮形状、分类和用途举例及砂轮的主要尺寸，见表 10-104 和表 10-105。

表 10-104 　　　　　　　　　　　　**砂轮形状、分类和用途举例**

磨具系列	砂轮种类	形状代号	用途举例
平形系列	平形砂轮	1	磨内圆、外圆、平面及刃磨刀具等，应用最广
	双斜边一号砂轮	4	磨削齿轮齿面和单头螺纹
	双斜边二号砂轮	1-N	磨外圆兼靠磨端面
	单斜边砂轮	3	磨各种锯、横锯及圆锯片等
	单面凸砂轮	38	磨内圆、外圆及端面
	单面凹砂轮	5	磨内圆、外圆和磨端面等
	单面凹带锥砂轮	23	磨外圆兼靠磨端面
	双面凹砂轮	7	磨外圆、平面及刃磨刀具，也可作无心磨床的磨轮
	双面凹带锥砂轮	26	磨外圆兼靠磨两端面
	螺栓紧固砂轮	36	粗磨平面和清理毛刺等
	薄片砂轮	41	切割各种钢材及开槽
筒形系列	筒形砂轮	2	以端面磨削工件平面，也适宜于最后磨光
杯形系列	杯形砂轮	6	刃磨刀具（如铣刀、铰刀、扩孔钻、拉刀、切纸刀等）或磨平面和内圆
	碗形砂轮	11	刃磨刀具及磨平面。当工件上有凸出部分而磨轮进给有困难时更为适宜

磨具系列	砂轮种类	形状代号	用途举例
碟形系列	碟形一号砂轮	12a	刃磨铣刀、铰刀、拉刀等，大尺寸的一般用于磨齿轮齿面
	碟形二号砂轮	12b	刃磨锯齿
	铗形砂轮	27	打磨清理焊缝，整修金属工件表面缺陷
专用系列	磨量规砂轮	8	专用于磨外径量规、游标卡尺两个内测量面
	磨针砂轮	7-J	磨针专用

表 10-105 　　　　　　　　　　　砂轮的主要尺寸

砂 轮 名 称	形状代号	主要尺寸范围（mm）		
		外 径	厚 度	孔 径
外 圆 磨 用 砂 轮				
平形砂轮	1	300～900	32～200	75～305
单面凹砂轮	5	300～600	40～150	127～250
双面凹一号砂轮	7	300～900	50～150	127～305
单面凹带锥砂轮	23	300～750	40～75	127～305
双面凹带锥砂轮	26	500～900	63～100	305
单面凸砂轮	38	500～600	16，20，25	305
双斜边二号砂轮	1-N	600～900	25～200	305
端 面 磨 用 砂 轮				
螺栓紧固平形砂轮	36	300～1060	40～90	20～350
简形砂轮	2	90～600	80～100	7.5～60*
工 具 磨 用 砂 轮				
单斜边砂轮	3	75～750	6～50	13～305
双斜边砂轮	4	125～500	8～32	20～305
杯形砂轮	6	40～250	25～100	13～150
碗形砂轮	11	50～300	25～150	13～140
碟形一号砂轮	12a	75～800	8～35	13～400
碟形二号砂轮	12b	225～450	18～29	40～127
平形C型面砂轮	1-C	175～350	8～25	32～127

砂 轮 名 称	形状代号	主要尺寸范围（mm）		
		外 径	厚 度	孔 径
特 种 磨 削 用 砂 轮				
磨曲轴用平形砂轮	1	650～1600	22～150	304.8, 305
磨滚动轴承用平形砂轮	1	10～600	2～80	3～203
磨钢球砂轮	1	720～820	80～110	290～450
磨滚动轴承用弧形砂轮	1-N	250～600	8～45	75, 203
磨针用双面凹 J 型面砂轮	7-J	400, 450	150, 200	100, 150
磨量规用双面凹二号砂轮	8	150～250	10～40	32, 75
无 心 外 圆 磨 用 砂 轮				
无心磨磨轮	1 或 7	300～750	100～600	127～350
无心磨导轮	1	200～500	100～380	75～305
内 圆 磨 用 砂 轮				
平形砂轮	1	3～150	2～120	1～32
单面凹砂轮	5	10～150	10～50	3～32
平 面 磨 用 砂 轮				
平形砂轮	1	150～900	13～300	32～305
单面凹砂轮	同外圆磨用单面凹砂轮			
双面凹一号砂轮	同外圆磨用双面凹一号砂轮			
砂 轮 机 与 修 整 用 砂 轮				
平形砂轮	1	100～600	20～75	20～305
钹形砂轮	27	80～230	3～10	10, 22

注 孔径栏中，带"＊"符号的数值为筒形砂轮的环形端面宽度。

5. 磨头

用途：工件的几何形状不能用一般砂轮加工时，可用相应磨头进行磨削加工。

磨头的用途见表 10-106。

表 10-106   磨头的用途

种类	代号	用途
椭圆锥磨头	5305	修磨内圆特殊表面和磨具壁等
圆头锥磨头	5307	
圆柱磨头	5301	磨内圆特殊表面和模具壁及清理工件毛刺、飞边等
截锥磨头	5304	修磨各种形状的槽沟和光圆角
60°锥磨头	5306	修磨圆锥面及顶光孔
球形磨头	5303	修磨有小圆角的工件
半球形磨头	5302	修磨内圆特殊表面

6. 油石

用途：用于研磨和修整车刀、刨刀、铣刀等切削刃具，以及机械零件的珩磨和超精加工等。

油石的用途见表 10-107。

表 10-107   油石的用途

代号	名称	用途
5410	长方珩磨油石	用于珩磨工作
5411	正方珩磨油石	
9010	长方油石	用于珩磨、抛光、去毛刺和钳工工作
9011	正方油石	用于超精加工、珩磨和钳工工作
9020	三角油石	用于珩磨齿面、修理曲轴和钳工工作
9021	刀形油石	用于钳工工作
9030	圆形油石	用于珩磨齿面、研磨球面和钳工工作
9040	半圆油石	用于钳工工作

7. 砂轮整形刀

砂轮整形刀如图 10-46 所示。

 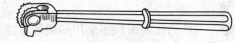

(a) 刀片   (b) 整体

图 10-46 砂轮整形刀

用途：修整砂轮，使之平整和锋利。

规格：砂轮整形刀的刀架与刀片通常分开供应，其规格见表10-108。

表 10-108　　　　　　　**砂轮整形刀的规格**

	直径（mm）	孔径（mm）	厚度（mm）	齿数
砂轮整形刀刀片尺寸（mm）	4	7	1.25	16
	34	7	1.5	16
	40	10	1.5	18

8. 手摇砂轮架

手摇砂轮架如图10-47所示。

图10-47　手摇砂轮架

用途：用于磨削小型工件的表面和刃磨工具等，特别适宜于手工作坊、流动工地及无电源的场合。

规格：手摇砂轮架的规格见表10-109。

表 10-109　　　　　　　**手摇砂轮架的规格**

规格（mm）		100	125	150	200
配用砂轮尺寸（mm）	厚度	10	10	10	10
	外径	100	125	150	200
	内径	20	20	20	20

八、超硬磨料磨具

1. 超硬磨料

（1）超硬磨料的种类及用途见表10-110。

表 10-110　　　　　　　　　超硬磨料的种类及用途

品种	代号	适用范围		用途
		粒度 (μm)		
		窄范围	宽范围	
人造金刚石	RVD	60/70～325/400	60/80～270/400	树脂、陶瓷结合剂磨具或用于研磨等
	MBD	50/60～325/400	60/80～270/400	金属结合剂磨具、电镀制品、钻探工具或研磨等
	SCD	60/70～325/400	60/80～325/400	加工钢和钢与硬质合金组合件等
	SMD	16/18～60/70	16/20～60/80	锯切、钻探及修整工具等
	DMD	16/18～40/45	16/20～40/50	修整工具及其他单粒工具等
	MP-SD 微粉	主系列 0/1～36/54	补充系列 0/0.5～20/30	硬脆金属和非金属（光学玻璃、陶瓷、宝石）的精磨、研磨
立方氮化硼	CBN	20/25～325/400	20/30～270/400	树脂、陶瓷、金属结合剂磨具等
	MP-CBN 微粉	主系列 0/1～36/54	补充系列 0/0 5～20/30	硬韧金属材料的研磨与抛光

（2）超硬磨料的粒度及基本尺寸见表 10-111 和表 10-112。

表 10-111　　　　　　　超硬磨料粒度及基本尺寸　　　　　　　（μm）

粒度号	通过网孔公称尺寸	不通过网孔公称尺寸	粒度号	通过网孔公称尺寸	不通过网孔公称尺寸
	窄 范 围			窄 范 围	
16/18	1180	1000	35/40	500	425
18/20	1000	850	40/45	425	355
20/25	850	710	45/50	355	300
25/30	710	600	50/60	300	250
30/35	600	500	60/70	250	212
			70/80	212	180

粒度号	通过网孔公称尺寸	不通过网孔公称尺寸	粒度号	通过网孔公称尺寸	不通过网孔公称尺寸
窄 范 围			窄 范 围		
80/100	180	150	270/325	53	45
100/120	150	125	325/400	45	38
120/140	125	106	宽 范 围		
140/170	106	90	16/20	1180	850
170/200	90	75	20/30	850	600
200/230	75	63	30/40	600	425
230/270	63	53	40/50	425	300
			60/80	250	180

表 10-112   **超硬磨料微粉粒度及基本尺寸**   （μm）

粒度标记	基本尺寸范围		粒度标记	基本尺寸范围	
	相似圆直径 D	颗粒宽度 $B=D/1.29$		相似圆直径 D	颗粒宽度 $B=D/1.29$
0～0.5	0～0.5	0～0.4	4～8	4～8	3.1～6.2
0～1	0～1	0～0.8	5～10	5～10	3.9～7.8
0.5～1	0.5～1	0.4～0.8	6～12	6～12	4.7～9.3
0.5～1.5	0.5～1.5	0.4～1.2	8～12	8～12	6.2～9.3
0～2	0～2	0～1.6	10～20	10～20	7.8～15.5
1.5～3	1.5～3	1.2～2.3	12～22	12～22	9.3～17.1
2～4	2～4	1.6～3.1	20～30	20～30	15.5～23.3
2.5～5	2.5～5	1.9～3.9	22～36	22～36	17.1～27.9
3～6	3～6	2.3～4.7	36～54	36～54	27.9～41.9

2. 超硬磨具结合剂

超硬磨具结合剂种类及应用范围见表 10-113。

表 10-113   **超硬磨具结合剂种类及应用范围**

结合剂及其代号	性能	应用范围
树脂结合剂 B	磨具自锐性好，故不易堵塞，有弹性，抛光性能好，但结合强度差，不宜结合较粗磨粒，耐磨、耐热性差，故不适于较重负荷磨削，可采用镀敷金属衣磨料，以改善结合性能	金刚石磨具主要用于硬质合金工具及刀具以及非金属材料的半精磨和精磨；立方氮化硼磨具主要用于高钒高速钢刀具的刃磨以及工具钢、不锈钢、耐热钢工件的半精磨与精磨

结合剂及其代号		性　能	应用范围
陶瓷结合剂 V		耐磨性较树脂结合剂高，工作时不易发热和堵塞，热膨胀量小，且磨具易修整	常用于精密螺纹、齿轮的精磨及接触面较大的成形磨，并适于加工超硬材料烧结体的工件
金属结合剂 M	青铜结合剂	结合强度较高，形状保持性好，使用寿命较长，且可承受较大负荷，但磨具自锐性能差，易堵塞发热，故不宜结合细粒度磨料，磨具修整也较困难	金刚石磨具主要用于对玻璃、陶瓷、石料、半导体等非金属硬脆材料的粗、精磨及切割、成形磨以及对各种材料的珩磨；立方氮化硼磨具用于合金钢等材料的珩磨，效果显著
	电镀金属结合剂	结合强度高，表层磨粒密度较高，且均裸露于表面，故切削刃口锐利，加工效率高，但由于镀层较薄，因此使用寿命较短	多用于成形磨削、制造小磨头、套料刀、切割锯片及修整滚轮等；电镀金属立方氮化硼磨具用于加工各种钢类工件的小孔，精度好，效率高，对小径不通孔的加工效果尤显优越

3. 超硬砂轮

常用超硬砂轮的形状、代号及主要尺寸见表 10-114。

表 10-114　　　常用超硬砂轮的形状、代号及主要尺寸

名称	形状	代号	主要尺寸（mm）		
			外径	厚度	孔径
平形砂轮		1A1/T1	40～400	0.3～5	10～75
		1A1/T2	16～750	3～60	4～305
		1A1/T3	125～750	60～150	127～305
平形倒角砂轮		IL1	75～150	3～6	20，32
平形加强砂轮		14A1	75～750	6～20	20～305

名称	形状	代号	主要尺寸（mm）		
			外径	厚度	孔径
平形弧形砂轮		1FF1	50～150	4～20	10，20，32
		1F1	60～150	4～12	10～32
平形燕尾砂轮		1EElV	100～175	7～15	20，32
双内斜边砂轮		1V9	150～250	10	32，75
切割砂轮		1A6Q	300，400	1.6，2.1	32～75
薄片砂轮		1A1R	60～300	0.8～1.4	10～75
双斜边砂轮		1E6Q	40～220	6～12	10～75
		14E6Q	40～220	6～12	10～75
		14EE1	75～400	6～15	20～75
		14E1	50～400	5～20	10～203
		1DD1	75～125	6～18	20，32
单斜边砂轮		481	75～150	6～10	10～32

名称	形状	代号	主要尺寸（mm）		
			外径	厚度	孔径
双面凹砂轮		9Al	125～700	50～150	32～305
		9A3	75～250	14～35	20～127
筒形1号砂轮		2F2/1	8～22.5	长度 55	15.5
筒形2号砂轮		2F2/2	28～63	长度 55	18
筒形3号砂轮		2F2/3	74～307	长度 95	23，32
杯形砂轮		6A2	50～350	10～60	10～127
		6A9	75～250	25～50	20～75
碗形砂轮		11A2	75～125	25，35	20，32
		11V9	30～150	15～50	8～32

名称	形状	代号	主要尺寸（mm）		
			外径	厚度	孔径
碟形砂轮		12A2/20°	75～250	12～26	10，20，32
		12A2/45°	50～125	20～32	10～75
		12V1	50～125	6～15	10，20，32
		12V9	75～150	20，25	20，32
		12V2	50～250	10～25	10～127
磨边砂轮		1DD6Y	101～168	16～48	30，32
		2EEA1V	120	46	22.5

4. 超硬小砂轮与磨头

用途：当一般砂轮对工件的几何形状不能磨削时用，主要用于磨削小平面、内外圆特殊表面、模具壁及清理毛刺、飞边以磨削硬脆材料。

规格：超硬小砂轮与磨头的规格尺寸见表 10-115～表 10-117。

表 10-115 　　　　　　　**超硬小砂轮的规格尺寸**

名称	形状	代号	外径（mm）	厚度（mm）	孔径（mm）
平行小砂轮		1A1	12、14、15、16、18、20、23	12、14、16、20	6、10
		1A8	2.5、3、4、5、6、7、8、10	4、6、8、10	1、1.5、2、3

表 10-116 　　　　　　　**超硬磨头尺寸**

名称	形状	磨头直径（mm）	磨头长度（mm）	总长（mm）
平行磨头		3、4	4	66、70
		5、6	6	
		8、10	8	
		12、14	10	
		16、20	12	

表 10-117 　　　　　　　**电镀金刚石磨头尺寸**

型式	形状	代号	磨头（mm）		柄部（mm）	
			直径	长度	直径	全长
Ⅰ型		MY	0.5、0.6、0.7	2		30
			0.9、1、1.2	3		
			1.5、1.7	4		30、40
			2、2.5、3	4		
Ⅱ型		MY	2、2.5	4、5	4	35、40
			3、3.5			
			4、5、6	5	4	40、45
			7	8	5	50
			8、10	10	6	60

5. 超硬磨石

用途：超硬磨石的类型及用途见表 10-118。

规格：超硬磨石的类型及尺寸见表 10-119。

表 10-118   超硬磨石的类型及用途

类型	结合剂	磨料粒度（μm）	用途
带柄磨石	B	60/70～325/400	主要用于硬质合金或难磨钢材制作的模具的修磨，也可用作硬质合金刃具的修磨，除去刃口的缺口、不平直等缺陷
	M	(0/1)～(36/54)	
珩磨磨石	B	140/170，3～6	主要用于磨除量不大、表面粗糙度较低的精珩磨
	M	70/80～325/400	主要用于硬、脆性材料的粗磨和半精珩磨

表 10-119   超硬磨石的类型及尺寸

类型	名称	形状	代号	主要尺寸（mm×mm×mm×mm 或 mm×mm×mm×mm×mm）
带柄磨石	带柄长方磨石		HA	$L \times L_2 \times T \times W \times X$ $150 \times 40 \times 5 \times 10 \times 2$
	带柄圆弧磨石		HH	$L \times L_2 \times T \times W \times X$ $150 \times 40 \times 5 \times 10 \times 2$
	带柄三角磨石		HE	$L \times L_2 \times T \times W \times X$ $150 \times 40 \times 12 \times 10 \times 2$
不带柄磨石	圆头珩磨磨石		HMA/1	$L \times W \times T \times X$ $(16 \sim 26) \times (2.5 \sim 10) \times$ $(3.5，10) \times 1.2$
	长方珩磨磨石		HMA/2	$L \times W \times T \times X$ $(16 \sim 200) \times (3 \sim 16) \times$ $(3.5 \sim 14) \times (1 \sim 3)$
	弧面珩磨磨石		HMH/1	$L \times W \times T \times X$ $(16 \sim 200) \times (3 \sim 16) \times$ $(3.5 \sim 14) \times (1 \sim 3)$
	弧面斜头珩磨磨石		HMH/2	$L \times W \times T \times X$ $(16 \sim 200) \times (3 \sim 16) \times$ $(3.5 \sim 14) \times (1 \sim 3)$

类型	名　称	形状	代号	主要尺寸 (mm×mm×mm×mm 或 mm×mm×mm×mm×mm)
不带柄磨石	长方带斜珩磨磨石		HMA/S	$L×W×T×T_1×X$ $12×2.5×3.5×2.5×(1.15)$
	平行带槽珩磨磨石		$2×$ HMA	$L×T×W×B×X$ $(40～250)×(6～12)×(5～10)$ $×1.5×(2～3)$

注　主要尺寸：总长（L），磨料层长（L_2），总厚度（T）；磨料层：宽度（W），深度（X），槽宽（B）。

6. 超硬研磨膏

用途：超硬研磨膏的品种及用途见表 10-120。

规格：超硬研磨膏的规格见表 10-121。

表 10-120　　　　　超硬研磨膏的品种及用途

代号	品种	用途
O	油溶性	主要用于重负荷机械研磨、抛光硬质合金、合金钢、高碳钢等高硬材料制作
W	水溶性	主要用于金相和岩相试样的精研等

表 10-121　　　　　　超硬研磨膏的规格

粒度（μm)		颜　色
主系列	补充系列	
—	0～0.5	淡黄
0～1	0.5～1	黄
0～2	0.5～1.5	草绿
2～4	1.5～3	绿
2～4	2.5～5	翠绿
2～4	3～6	蓝
4～8	5～10	玫瑰红
8～12	6～12	艳红
8～12	10～20	朱红

粒度（μm）		颜 色
主系列	补充系列	
12～22	—	赭石
12～22	20～30	紫
22～36	—	灰
36～54	—	黑

第十一章　常用仪表、仪器及称量工具

一、常用仪表类

（一）压力表和水表

1. 一般压力表

一般压力表如图 11-1 所示。

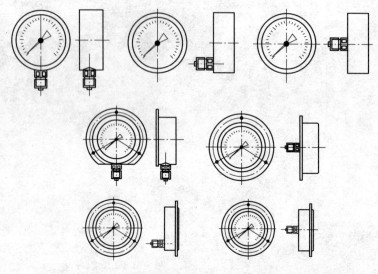

图 11-1　一般压力表

用途：弹簧管压力表用于测量机器、设备或容器内的水、蒸汽、压缩空气及其他中性液体或气体的压力。真空表用于测量机器、设备或容器内的中性气体的真空度（负压）。压力真空表用于测量机器、设备或容器内的中性气体和液体的压力和真空度（负压）。

规格：常用压力表规格见表 11-1 和表 11-2。

表 11-1 螺纹接头及安装方式

名称	螺纹接头及安装方式		
直接安装压力表	径向直接式（Ⅰ）	轴向偏心直接式（Ⅱ）	轴向同心直接式（Ⅲ）
嵌装（盘装）压力表	轴向偏心嵌装式（Ⅳ）		轴向同心嵌装式（Ⅴ）
凸装（墙装）压力表	径向凸装式（Ⅵ）		轴向同心凸装式（Ⅶ）

注　1. 仪表的精确度等级分为：1.0级、1.6级、2.5级、4.0级。

　　2. 仪表外壳公称直径（mm）系列：40、60、100、150、200、250。

表 11-2 仪表类型及其测量范围

类型	测 量 范 围（MPa）
压力表	0～0.1；0～1；0～10；0～100；0～1000 0～0.16；0～1.6；0～16；0～160 0～0.25；0～2.5；0～25；0～250 0～0.4；0～4；0～40；0～400 0～0.6；0～6；0～60；0～600
真空表	−0.1～0
压力真空表	−0.1～0.06；−0.1～0.15；−0.1～0.3；−0.1～0.5；−0.1～0.9；−0.1～1.5；−0.1～2.4

2. 精密压力表

用途：适用于弹簧管（C形管、盘簧管、螺旋管）等机械指针式精密压力表及真空表（以下简称仪表）。

规格：精密压力表的分类和规格见表 11-3 和表 11-4。

表 11-3 精密压力表的分类方法及名称

分类方法	分类名称
按仪表测量类别分	压力表、真空表、压力真空表
按仪表安装方式分	直接安装式、嵌装式

注　1. 仪表的精确度等级分为：0.1级、0.16级、0.25级、0.4级。

　　2. 仪表外壳公称直径（mm）系列：150、200、250、300、400。

表 11-4　　　　　精密压力表的类型及其测量范围

类型	测量范围（MPa）
压力表	0～0.1；0～1；0～10；0～100；0～1000 0～0.16；0～1.6；0～16；0～160 0～0.25；0～2.5；0～25；0～250 0～0.4；0～4；0～40；0～400 0～0.6；0～6；0～60；0～600
真空表	−0.1～0
压力真空表	−0.1～0.06；−0.1～0.15；−0.1～0.3；−0.1～0.5；−0.1～0.9；−0.1～1.5；−0.1～2.4

3. 膜盒压力表

用途：适用于测量对铜和铜合金无腐蚀作用的气体或液体介质的微小压力。

规格：膜盒压力表的规格见表 11-5。

表 11-5　　　　　膜盒压力表的规格

型　号	精度（%）	接头螺纹（mm×mm）	测量范围（MPa）
YE-100 YE-150	2.5	M20×1.5	0.004～0.025

4. 电接点压力表

用途：适用于测量对铜和铜合金无腐蚀作用的气体、液体介质的正负压力，同时可直接用于压力控制和控制发信。

规格：电接点压力表的规格见表 11-6。

表 11-6　　　　　电接点压力表的规格

型　号	公称直径（mm）	精度（%）	接头螺纹（mm×mm）	测量范围（MPa）	环境温度（℃）
YX-100A YZX-100A ZX-100A	φ100				
YX-150A YZX-150A ZX-150A YX-150C YZX-150C ZX-150C YX-150D YZX-150D ZX-150D	φ150	1.6	M20×1.5	0～0.1～100 −0.1～0～2.4	−40～+70

5. 远传压力表

用途：适用于对铜和铜合金无腐蚀作用的液体、蒸汽和气体等介质的正、负压力测量，实现集中检测和远距离控制。

规格：远传压力表的规格见表 11-7。

表 11-7 　　　　　　　　　　　　远传压力表的规格

型号	公称直径 (mm)	精度 (%)	接头螺纹 (mm×mm)	测量范围 (MPa)	环境温度 (℃)
YTZ-150 YZTZ-150 ZTZ-150	φ150	1.6	M20×1.5	0～0.1～100 −0.1～0～2.4	−40～+70

6. 氧气、乙炔、氢气压力表

用途：专门用于对氧气、乙炔、氢气的压力测量。

规格：氧气、乙炔、氢气压力表的规格见表 11-8。

表 11-8 　　　　　　　　　　　氧气、乙炔、氢气压力表的规格

型　号	精度等级	接头螺纹 (mm×mm)	测量范围（MPa）
YO-40 YO-40Z	2.5	M10×1	0～0.25，0～0.4，0～0.6，0～1，0～1.6，0～2.5，0～25
YO-50 YO-60 YO-60Z YO-60ZT	2.5	M12×1.5 M14×1.5	0～0.1，0～0.16，0～0.25，0～0.4，0～0.6，0～1，0～1.6，0～2.5，0～4，0～6，0～10，0～16，0～25
YO-100 YO-100Z YO-100T YO-100ZT	1.5	M20×1.5	0～0.1，0～0.16，0～0.25，0～0.4，0～0.6，0～1，0～1.6，0～2.5，0～4，0～6，0～10，0～16，0～25
YO-150 YO-150Z YO-150T YO-150ZT	1.5	M20×1.5	0～0.1，0～0.16，0～0.25，0～0.4，0～0.6，0～1，0～1.6，0～2.5，0～4，0～6，0～10，0～16，0～25

型　号	精度 等级	接头螺纹 (mm×mm)	测量范围（MPa）
YY-50 YY-60 YY-60Z YY-60ZT	2.5	M12×1.5 M14×1.5	0～0.1，0～0.16，0～0.25，0～0.4，0～0.6， 0～1，0～1.6，0～2.5，0～4
YY-100 YY-100Z YY-100T YY-100ZT	1.5	M14×1.5	0～0.1，0～0.16，0～0.25，0～0.4，0～0.6， 0～1，0～1.6，0～2.5，0～4，0～6，0～10，0～ 16，0～25
YQ-40 YQ-40Z	2.5	M10×1.0	0～0.25，0～0.4，0～0.6，0～1，0～1.6，0～ 2.5，0～4，0～25
YQ-50 YQ-60 YQ-60Z YQ-60ZT	2.5	M12×1.5 M14×1.5	0～0.1，0～0.16，0～0.25，0～0.4，0～0.6， 0～1，0～1.6，0～2.5，0～4，0～6，0～10，0～ 16，0～25
YQ-100 YQ-100Z YQ-100T YQ-100ZT	1.5	M20×1.5	0～0.1，0～0.16，0～0.25，0～0.4，0～0.6， 0～1，0～1.6，0～2.5，0～4，0～6，0～10，0～ 16，0～25
YQ-150 YQ-150Z YQ-150T YQ-150ZT	1.5	M20×1.5	0～0.1，0～0.16，0～0.25，0～0.4，0～0.6， 0～1，0～1.6，0～2.5，0～4，0～6，0～10，0～ 16，0～25

7. 机车用压力表

用途：专门为机车配套的仪表，主要用于测量机车的水压、水位。

规格：机车用压力表的规格见表11-9。

表 11-9　　　　　　　　　机车用压力表的规格

型　号	精度等级	接头螺纹（mm×mm）	测量范围（kPa）
Y-100	1.5	M20×1.5	0～600，0～1000
Y-150	1.5	M20×1.5	0～1600，0～2500

8. 隔膜式耐蚀压力表

用途：用于工业流程中测量各种强腐蚀、高强黏度、易结晶介质及温度较高的介质的压力或真空度（负压）。

规格：隔膜式耐蚀压力表的规格见表 11-10。

表 11-10　　　　　　　　隔膜式耐蚀压力表的规格

型　号	测量范围（MPa）	膜片材料	测量温度
Y-100-ML	0～0.1, 0～0.16, 0～0.25		
Y-100-MF	0～0.4, 0～0.6, 0～1		
Y-150-ML	0～1.6, 0～2.5, 0～4		
Y-150-MF	0～6, 0～2.5, 0～4	316	
Y-100-ML1	0～6, 0～10, 0～16	不锈钢	
Y-100-MF1	0～25, 0～40	316L	200℃
Y-150-ML1		不锈钢	
Y-150-MF1	−0.1～0.06, −0.1～0.15	哈氏合金	
Y-100-ML2	−0.1～0.3, −0.1～0.9	蒙耐尔合金钽	
Y-100-MF2	−0.1～1.5, −0.1～2.4		
Y-150ML2			
Y-150MF2	−0.1～0		

注　压力真空表，真空表的型号为 YZ-、Z-。

9. 计数器

计数器如图 11-2 所示。

用途：装于各种机床、包装、印刷、往复运动机械上，作数量累积计数之用。67 型多用于一般机械上，75-Ⅱ型多用于较大型机

(a) 67型　　　　　　　　　(b) 75-Ⅱ型

图 11-2　计数器

械上。

规格：计数器的规格见表 11-11。

表 11-11 计数器的规格

型　号	计数范围	拉杆摆动角度	每分钟计数次数
拉动式 67 型	1～99999	46°	350
拉动式 75-Ⅱ型	1～99999	46°	350

10. 冷水水表

用途：用于记录流经自来水管道的水的总量。一般小流量水表采用螺纹连接，大流量水表采用法兰连接。

规格：小口径水表规格见表 11-12；大口径水表规格见表 11-13。

表 11-12 小口径水表规格

水表代号	公称口径 （mm）	连接螺纹代号	水表长度 （mm）	常用流量（m³/h）与 指示器范围（m³）≥关系
N0.6	15	G3/4B	110	
N1	15	G3/4B	130	
N1.5	15	G3/4B	165	≤5 适用 9999
N2.5	20	G1B	195	>5～50 适用 99999
N3.5	25	G11/4B	225	>50～500 适用 999999
N6	32	G11/2B	230	>50～4000 适用 9999999
N10	40	G2B	245	

注　1. 连接方式为外螺纹活接，活接头与水表一般配套供些。

2. 水表代号：N 表示水表，N 后面数字表示常用流量（m³/h）。

表 11-13 大口径水表规格

水表代号		公称口径 （mm）	水表长度（mm）	
容积式、单流束式 多流束式	螺翼式		容积式、单流式束、 多流束式	其　他
N15	N15	50	280	200
N20	N25	65	—	—

水 表 代 号		公称口径 （mm）	水 表 长 度 （mm）	
容积式、单流束式、 多流束式	螺翼式		容积式、单流式束、 多流束式	其 他
N30	N40	80	370	225
N50	N60	100	370	250
—	N100	125	—	—
N100	N150	150	500	300
—	N250	200	—	350
—	N400	250	—	400
—	N600	300	—	450
—	1000	400	—	550
—	N1500	500	—	800
—	N2500	600	—	1000
—	N4000	800	—	1200

注 连接方式为法兰连接。须配用相应的螺栓螺母。

（二）测速及测温仪表

1. 转速表

转速表如图 11-3 所示。

手持离心式　　　　固定离心式　　　　手持数字式　　　　电动式
(LZ-30 型)　　　　(LZ-806 型)　　　　(SZG-20A 型)　　　　(SZD-1 型)

固定磁性式　　　　　　　磁电式
(CZ-20A 型)　　　　　　　(SZM-1 型)

图 11-3　转速表

用途：测量各类转动机械的转速，手持式转速表还可测量线速度。手持式转速表是手持着接触机械进行测量，固定式转速表是固定在机械上进行测量，而电动式和磁电式主要用于远距离测量各种发动机的转速。

规格：手持式转速表的型号见表 11-14。固定式转速表的型号见表 11-15。

表 11-14   手持式转速表的型号

型　号	离　心　转　速　表			数字转速表
	LZ-30	LZ-45	LZ-60	SZG-20A
测量转速范围（r/min）	30～12000	45～18000	60～24000	30～25000
测量线速范围（m/min）	3～1200	4.5～1800	6～2100	3～2500
使用环境温度（℃）	−20～45			5～40
相对湿度（％）	≤85			≤85

注　1. 离心转速表的表面直径均为 81mm。

　　2. 数字转速表：电源为 6V（4 节 5 号电池）。5 位数字液晶显示，外形尺寸为
　　　　192mm×63mm×43mm。

表 11-15   固定式转速表的型号

类　型	型　号	测　量　范　围（r/min）	表盘外径（mm）
固定离心转速表	LZ-804	50～300，100～600，150～900，200～1200，300～1800，400～2400，500～3000，750～4500，1000～6000，1500～9000，2000～12000	100
	LZ-806		150
固定磁性转速表	CZ-634	0～600，0～1000，0～1500，0～2000，0～2500，0～3000，0～4000，0～5000，0～8000，0～10000	100
	CZ-636		150
	CZ-10	0～500，0～1000，0～1500，0～2000	83
	CZ-20	0～2000，0～5000，0～8000，0～10000	100
	CZ-20A	0～200，0～400，0～600，0～800，0～1000	105
电动转速表	SZD-1	0～1500，0～3000，0～5000，0～8000，0～10000，0～15000，0～20000	81
	SZD-2	0～1500，0～3000，0～5000，0～8000	174

类 型	型 号	测 量 范 围（r/min）	表盘外径（mm）
磁电转速表	SZM-1	50～5000，100～1000，200～2000，300～3000，400～4000，500～5000	长方形 120×100
	SZM-2	0～1000，0～1500，0～3000	107
	SZM-3		98
	SZM-4	0～1500，0～3000	107

注 CZ-634、636型可测量倒转、顺转或单方向转动的机械。

2. 温度计

温度计如图11-4所示。

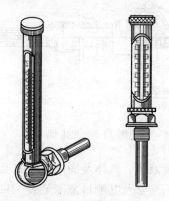

图11-4　温度计

用途：用于测量温度。

规格：温度计的型号及基本尺寸见表11-16。

表 11-16　　　　　　　　温度计的型号及基本尺寸

名称	型号	测量范围（℃）	外形尺寸	尾长（mm）
内标式工业玻璃（有机液体）温度计	WNY-11	−100～+20	直形	60～500
	WNY-12	−80～+50 −50～+50	90°角形	100～450
	WNY-13	0～50～100	135°角形	

名称	型号	测量范围（℃）	外形尺寸	尾长（mm）
内标式水银温度计	WNG-11	−30～+50 0.5～0～500	直形	60～2000
	WNG-12		90°角形	110～1300
	WNG-13		135°角形	
棒式工业用玻璃水银温度计	WNG-01	−30～+100 0～500	直形	全长：250～2000
	WNG-02		90°角形	
	WNG-03		135°角形	

3. 热电偶

热电偶如图 11-5 所示。

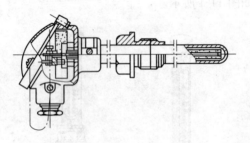

图 11-5　热电偶

用途：用于测量液体、气体及固体表面的温度。

规格：热电偶的型号及其测量范围见表 11-17。

表 11-17　　　　　　热电偶的型号及其测量范围

名称	型号	结构特性	测量范围（℃）
普通镍铬考铜热电偶	WRK-120	无固定装置，防溅式，瓷和不锈钢、碳钢保护管	0～600
铠装镍铬-镍硅热电偶	WRNK-223	防溅式，卡套螺纹、露端、接壳绝缘型	0～800
普通镍铬-镍硅热电偶	WRN-520	防溅式，活动法兰、直角形	0～1000
多点式镍铬-镍硅热电偶	WRN-001	六点式，公用负极	0～1200

名称	型号	结构特性	测量范围（℃）
普通铂铑$_{10}$-铂热电偶	WRP-130	防水式，无固定装置	≤1300
普通铂铑$_{10}$-铂铑$_6$-热电偶	WRP-120	防溅式，无固定装置	0～1600
表面热电偶温度计	WRER-891M	弓形	0～600

4. 光学高温计

光学高温计如图 11-6 所示。

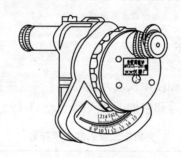

图 11-6 光学高温计

用途：用于测量物体的高温。

规格：光学高温计的型号及其测量范围见表 11-18。

表 11-18　　　　　　光学高温计的型号及其测量范围

型号	测量电路	测量范围（℃）	允许误差（℃）
WGG2-201	测量电压电路	700～1500	±22
		1200～2000	±30
WGG2-323		1200～2000	±30
		1800～3200	±80
WGG2-202	不平衡电桥电路	700～1500	±13
		1200～2000	±20
WGG2-322		700～2000	±20
		1200～3000	±47

型号	测量电路	测量范围（℃）	允许误差（℃）
WGG-21	平衡电桥电路	800～1400	±14
		1200～2000	±20
WGG-22		1200～2000	±20
		1800～3200	±50
WHG-1	恒定电流 （恒定亮度式）	900～1400	±14
		1200～2000	±20

注 ≤800℃的允许误差为表中规定数值的150%。

（三）电工仪表

1. 常用电工仪表的符号

为了正确选择和使用仪表，就必须了解这些符号的含义。现将常见的仪表标记符号和它们的含义列于表 11-19～表 11-23 中。

表 11-19 常用电工仪表的文字符号

仪表名称		文字符号	仪表名称		文字符号
电压表	毫伏表	mV	周期表		s
	伏特表	V	功率表	瓦特表	W
	千伏表	kV		千瓦表	kW
电流表	微安表	μA		乏表	
	毫安表	mA		千乏表	kvar
	安培表	A	电量表	安时表	A·h
	千安表	kA		瓦时表	W·h
检流计		G	电能表	千瓦时表	kW·h
欧姆表		Ω		乏时表	var·h
绝缘电阻表		Mn		千乏时表	kvar·h
频率表		Hz	功率因数表		cosφ
相位表		ϕ	转速表		n

注 安时表一般只用于蓄电池电量的测量。

表 11-20 　　　　　　　　　仪表适用被测量的类别及符号标志

符号	名称和含义	符号	名称和含义
——	直流	≈	具有单元件的三相平衡负载交流
∿ 或 AC	交流	≈	具有两元件的三相不平衡负载交流
⌒≈	交直流两用	≈	具有三元件的三相四线不平衡负载交流

表 11-21 　　　　　　　　　仪表的工作原理类型及其图形符号

符号	名称和含义	符号	名称和含义
	磁电式		热电式
	整流式		电磁式
	磁电式流比计		电磁式流比计
	动磁式		极化电磁式
	静电式		感应式
	电动式		感应式流比计
	电动式流比计		磁感应式
	铁磁电动式		振簧式
	动磁式流比计		热线式
	铁磁电动式流比计		双金属片式

表 11-22　　　　　　　　　　仪表适用条件的标志

符　号	名称和含义	符　号	名称和含义
↑⊥	仪表工作时垂直放置	∠60°	仪表工作时与水平面倾斜60°放置
→⊏	仪表工作时水平放置	↑N S	沿地磁方向
☆(0)	不进行绝缘试验	⚡	危险（绝缘强度不符合标准规定为红色）
☆	仪表绝缘强度试验电压为 500V	B（△）	B组仪表，使用条件：工作环境－20～＋50℃
☆2	仪表绝缘强度试验电压为 2000V	C（▽）	C组仪表，使用条件：工作环境－40～＋60℃
（无标记）	A组仪表，使用条件：工作环境 0～＋40℃	Ⅲ	防御外磁场能力第Ⅲ级

表 11-23　　　　　　　　　仪表准确度等级的符号

符　号	名称和含义	符　号	名称和含义
1.5	以标度尺量限百分数表示的准确度等级，例如 1.5 级	╲1.5	以标度尺长度百分数表示的准确度等级，例如 1.5 级
①.5	以指示值百分数表示的准确度等级，例如 1.5 级		

2. MY(M)系列数字式万用表

MY(M)系列数字式万用表如图 11-7 所示。

用途：用于测量直流和交流电压、直流和交流电流、电阻、电容、二极管、温度、频率及电路的通断。该 MY(M)系列是一种性能稳定、高可靠性手持式 $3\frac{1}{2}$ 位数字多用表。整机电路以大规模集成电路和双积分 A/D 转换为核心，并配有全功能过载保护。

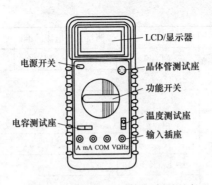

图 11-7　MY(M)系列数字式万用表

规格：MY(M)系列数字式万用表的规格见表 11-24。

表 11-24　　　　　MY(M)系列数字式万用表的规格

功能选择量程数	32	工作温度（℃）	0～40
LCD 显示字高（mm）	25	环境温度（℃）	23±5
最大显示值	1999（即三位半）	相对湿度（％）	＜75
过量程显示	"1"	外形尺寸(mm×mm×mm)	189×91×31.5
		质量（g）	≈270

量程	分辨率	测直流电压的准确度				
		MY60	MY61	MY62	MY63	MY64
200mV	100μV	±(0.5％+1)				
2V	1mV					
20V	10mV	±(0.5％+3)				
200V	100mV					
1000V	1V	±(0.8％+3)				

量程（V）		分辨率	测量交流电压的准确度				
			MY60	MY61	MY62	MY63	MY64
0～400		1V	1V		—		±(1％+3)
400～1000							±(2％+3)

量程	分辨率	测量直流电流的准确度				
		MY60	MY61	MY62	MY63	MY64
20μA	10nA	±(2％+5)		—		

量程	分辨率	测量直流电流的准确度				
		MY60	MY61	MY62	MY63	MY64
200μA	0.1μA	±(1.0%+3)	—			
2mA	1μA	±(1.0%+3)				
20mA	10μA					
200mA	100μA	±(1.5%+5)				
2A	1mA	±(1.5%+8)	—			
10A	10mA	±(2%+10)				

量程	分辨率	测量交流电流的准确度				
		MY60	MY61	MY62	MY63	MY64
200μA	0.1μA	±(1.8%+8)	—	—	—	—
2mA	1μA	±(1.2%+5)		—	—	—
20mA	10μA	±(1.2%+5)				
200mA	100μA	±(2.0%+5)				
2A	1mA	±(2.5%+8)	—			
10A	10mA	±(3%+10)				

量程	分辨率	测量电阻的准确度				
		MY60	MY61	MY62	MY63	MY64
200Ω	0.1Ω	±(1.0+3)	—			
2kΩ	1Ω	±(1.0%+1)				
20kΩ	10Ω					
200kΩ	100Ω					
2MΩ	1kΩ					
20MΩ	10kΩ	±(1.0%+5)				
200MΩ	100kΩ	±5.0%（-10～+20）				

量程	分辨率	测量电容的准确度				
		MY60	MY61	MY62	MY63	MY64
2nF～20μF	1pF～10nF	—	±(4%+3)			

続表

量程	分辨率	测量频率的准确度				
		MY60	MY61	MY62	MY63	MY64
2kHz	1Hz	—			±(2%+10)	—
20kHz	10Hz				±(1.5%+10)	

量程（℃）	分辨率	测量温度的准确度				
		MY60	MY61	MY62	MY63	MY64
−20～1000	−20～0　1℃	—	—	±(5%+5)		±(5%+5)

晶体管 h_{FE} 的测试

量程	显示范围	测试条件
h_{FE}	可测 NPN 型或 PNP 型晶体管参数。显示范围：0～1000 β	基极电流 $10\mu A$，U_{ce} 约 2.8V

3. 指针式万用表

用途：可用来测量直流电的电压、电流，交流电的电压、电流，直流电阻及音频电平、电感、电容等。属磁电系整流结构仪表。使用条件：温度为 0～40℃，相对湿度小于 80%。

规格：指针式万用表的规格见表 11-25。

表 11-25　　　　指针式万用表的规格

型号	测项	测量范围	灵敏度	准确度（%）	外形尺寸（mm×mm×mm）
MF64	直流电压（V）	0～0.5～2～10～50～200～500～1000	2kΩ/V	±2.5	171×122×59
	直流电流	0～50μA～0.25～2.5～12.5～25～125～500mA～2.5A	—		
	交流电压及频率范围	0～10～50～250V，0～500～1000V 45～20kHz，45～65kHz，45～100kHz	4kΩ/V		
	交流电流及频率范围	0～0.5～5～25～50～250mA～1A；45～500Hz		±5.0	
	电阻	0～2kΩ～20kΩ～200kΩ～2MΩ～20MΩ			
	h_{FE}	Si/Ge 三极管 0～400			
	音频电平	0～+56dB			
	U_{BATT}	0～1.5V	—		

型号	测项	测量范围	灵敏度	准确度（%）	外形尺寸（mm×mm×mm）
MF368	直流电压（V）	0～0.5～2.5～10～50～250～500～1500	20 kΩ/V	±2.5	150×100×46
	直流电流	0～50μA～2.5～25～250mA～2.5A			
	交流电压（V）	0～2.5～10～50～250～500～1500	9kΩ/V	±5.0	
	电阻	×1Ω，×10Ω，×100Ω，×1kΩ，×10kΩ			
MF82	直流电流	0.1～0.5～5～25～50～250mA～2.5A	10.75V	±2.5	149×100×41
	直流电压	150mV(不考核)～2～5～20～50～100～500V	10kΩ/V 4kΩ/V	±2.5	
	交流电流	0.5μA(不考核)～10～50～100～500mA	1.5V	±5.0	
	交流电压	750mV(不考核)～10～25～50～100～500V	2kΩ/V	±5.0	
	电阻	×1Ω，×10Ω，×100Ω，×1kΩ，×10kΩ	—	±2.5	
	h_{FE}	Si 0～380，Ge 0～230	—	—	
	音频电平	−10～+22dB	—	—	
	音频功率	0～12W	—	—	
MF92	直流电流	0～0.05～1～10～100～500mA	0.5V	±2.5	150×100×46
	直流电压	0～0.5～2.5～10～50～250～1000V	+20000 Ω/V	±2.5	
	交流电压	0～2.5～10～250～500～1000V	5000Ω/V	±5.0	
	直流电阻	×1Ω，×10Ω，×100Ω，×1kΩ，×10kΩ	—	±2.5	
	音频电平	−10～+22dB	—	—	
	h_{FE}	0～250	—	参考值	
	信号源输出	1kHz，150mV，465kHz(已调波)	—	—	

型号	测项	测量范围	灵敏度	准确度（%）	外形尺寸（mm×mm×mm）
MF105	直流电压	0～0.1V	20kΩ/V	±5	223×149×73
		0～0.5～2.5～10～25～100～250～500V		±2.5	
		0～1000V		±5	
	直流电流	0～50μA～50mA～500mA～5A	≤1255mV	±2.5	
	交流电压	0～2.5～10～20～100～250～500V	4kΩ/V	±5	
	交流电流	0～0.5～5～50～500mA～5A	≤1255mV	±5	
	电阻	×1Ω，×10Ω，×100Ω，×1000Ω	—	—	
	电容	μF×1，μF×10，μF×100，μF×1000	—	—	

4. 交流数字电压表

用途：P290 型安装式交流数字电压表用于测量 0～400V 交流电压，其适用频率范围为 50Hz～1kHz，为四位数字显示。

规格：交流数字电压表的规格见表 11-26。

表 11-26   交流数字电压表的规格

型号	量程	测量范围	分辨率	输入阻抗	过载电压（V）	采样速率（次/s）	平均无故障时间（h）	功耗（W）	外形尺寸（mm×mm×mm）
PZ90/1	200mV	0～199.9mV	100μV	≥10MΩ	2	2～3	>1000	3.5	48×110×112
PZ90/2	2V	0～1.999V	1mV	≥100kΩ	20				
PZ90/3	20V	0～19.99V	10mV		200				
PZ90/4	200V	0～199.9V	100mV	≥1MΩ	400				
PZ90/5	400V	0～400V	1V		—				

5. 安装式电能表

安装式电能表如图 11-8 所示。

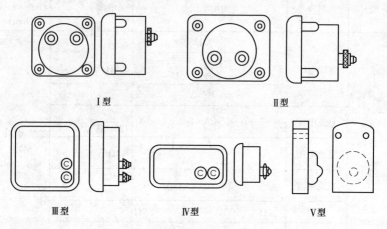

Ⅰ型　　　　　　　　　　Ⅱ型

Ⅲ型　　　　　　　Ⅳ型　　　　　　Ⅴ型

图 11-8　安装式电能表

用途：用于固定安装在控制屏、控制盘、开关板及其他电气设备面板上，测量交流电路中的电压与电流。

规格：安装式电能表的规格见表 11-27。

表 11-27　　　　　　　　安装式电能表的规格

型号与名称	量限	准确度（％）	接入方式
42L9-V 交流电压表	15，30，50，75，100，150，250，300，450，500，600V	±1.5	直接接通
	3，7.5，12，15，150，300，450kV		经电压互感器接通 二次电压 100V
42L9-A 交流电流表	0.5，1，2，3，5，10，15，20，30，50A	±1.5	直接接通
	5，10，15，20，30，50，75，100，150，200，300，400，500，600，750A		经电流互感器接通 二次电流 5A
	1，1.5，2，3，4，5，6，7.5，10kA		
42L20-V 交流电压表	30，50，75，100，150，250，300，500，600V	±1.5	直接接通
	3.6，7.2，12，18，42，72，150，300，450kV		配用电压互感器 二次电压 100V

型号与名称	量限	准确度 （%）	接入方式
42L20-A 交流电流表	0.5，1，2，3，5，10，15，30A	±1.5	直接接通
	5，10，15，30，50，75，100，150， 300，450，500，750A		配用电流 互感器二次 电流5A
	1，2，3，5，7.5，10kA		
44L1-A 交流电流表	0.5，1，2，3，5，10，20A	±1.5	直接接通
	5，10，15，20，30，50，75，100， 150，200，300，400，600，750A		经电流互 感器接通二次 电流5A
	1.5，2，3，4，5，6，7.5，10kA		
44L1-V 交流电压表	3，5，7.5，10，15，20，30，50，75， 100，150，250，300，450，500，600V	±1.5	直接接通
	1，3，6，10，15，35，60，100， 220，380kV		经电压互 感器接通二次 电压100V
44L13-A 交流电流表	0.5，1，2.5，5，10A	±1.5	直接接入
	15，20，30，50，75，100，150，200， 300，450，600，750A		经电流互感器
	1，1.5kA		
44L13-V 交流电压表	10，15，30，50，75，100，150，250， 300，450V	±1.5	直接接入
	450，600，750V		经电压互感器
	1，1.5kV		
16C14-V 直流电压表	1.5，3，5，7.5，10，15，20，30， 50，75，100，150，200，250，300， 450，500，600V	±1.5	直接接通
	750，1000，1500V		外附FJ17型定值 电阻器

型号与名称	量限	准确度（%）	接入方式
16C14-A 直流电流表	50，100，150，200，300，500μA 1，2，3，5，10，15，20，30，40，50，75，100，150，200，300，500mA 1，2，3，5，7.5，10A	±1.5	直接接通
	15，20，30，40，50，75，100，150，200，300，500，750A 1，2，3，5，7.5，10kA		外附 FLZ 型分流器
42C6-V 直流电压表	3，7.5，10，15，20，30，50，75，150，200，250，300，450，500，600V	±1.5	直接接通
	0.75，1，1.5kV		外附定值电阻器
42C6-A 直流电流表	1，2，3，5，7.5，10，15，20，30，50，75，100，150，200，300，500mA 1，2，3，5，7.5，10，15，20，30A	±1.5	直接接通
	75，100，150，200，300，500，750A 1，1.5，2，3，4，5，6，7.5，10kA		外附定值分流器
42C20-V 直流电压表	1.5，3，7.5，10，15，20，30，50，75，100，150，200，250，300，450，500，600V	±1.5	直接接通
	0.75，1，1.5kV		外附定值电阻器
42C20-A 直流电流表	100，200，300，500μA 1，2，3，5，10，20，30，50，75，100，150，200，250，300，500，750mA 1，2，3，5，7.5，10，15，20，30，50A	±1.5	直接接通
	75，100，150，200，300，500，750A 1，1.5，2，3，4，5，6，10kA		外附分流器

6. 电能表

电能表如图 11-9 所示。

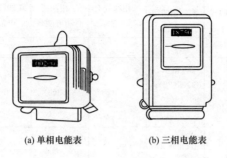

(a) 单相电能表   (b) 三相电能表

图 11-9   电能表

用途：单相电能表用来测量单相交流电路耗用的有功电能。三相电能表用来测量三相四线电路或三相三线电路耗用的有功电能。直流电能表用来测量直流电路耗用的有功电能。其中 D86 系列电能表是全国联合统一设计的，有宽负荷（过载能力为额定电流的四倍左右）、寿命长（使用寿命可达 10～15 年）、灵敏度高（启动电流近乎小了一半时，仍能完全启动计费）等优点。而旧型号的电能表由于能耗、性能等存在问题，已规定淘汰。

规格：电能表的规格见表 11-28。

表 11-28   电能表的规格

名称	直流电能表	单相交流有功电能表				三相三线有功电能表				三相四线有功电能表		
型号	DJ1	DD10	DD28	DD28-1	DD103	DDYa	DT6	DT8	DT105	DS8	DS10	DS1/a
准确度	2.0	2.0				2.0				2.0		
额定电流 (A)	5～40	2.5, 5, 10, 20, 40	1, 2, 5, 10, 20	5, 10, 20	3, 5, 10	5, 10, 25, 40, 80	3×5			5, 10, 25, 3×5		
额定电压 (V)	110/200	220				380/220				3×380	3×100	3×220

型号及名称	DS862 $\frac{2}{4}$ 型三相四线有功电能表	DT862 $\frac{2}{4}$ 型三相四线有功电能表	DS864-2 型三相四线有功电能表	DT864-2 型三相四线有功电能表	DS21 型三相四线有功电能表	DT862-4 型单相有功电能表
等级指数	2	2	1	1	0.5	2
额定电流（A）	3×3(6)，3×5(20)，3×10(40)	3×3(6)，3×5(20)，3×10(40)，3×30(100)	3×3(6)	3×3(6)	3×5	2.5(10)，5(20)，10(40)，30(100)
额定电压（V）	3×100 3×380	3×380/220	3×380/220	3×100	3×100	220

注 电能表不得装用在 10%额定负荷以下的电路中，也不得在超过额定负荷的情况下运行，以免电能表误差超出规定范围。测三相电路电能时，要注意按相序接线，否则表的读数无意义。

7. 钳形电流表

钳形电流表如图 11-10 所示。

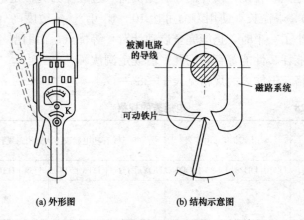

(a) 外形图 (b) 结构示意图

图 11-10 钳形电流表

结构与用途：钳形电流表由电流互感器和整流系电流表组成，外形结构如图 11-10(a) 所示。电流互感器的铁芯在捏紧扳手时即张开，如图 11-10(a) 所示中虚线位置，使被测电流通过的导线不必切断就可进入铁芯的窗口，然后放松扳手，使铁芯闭合。这样，通过电流的导线相当于互感器的一次绕组，而二次绕组中将出现感应电流，与二次相连接的整流系电流表便指示出被测电流的数值。

钳形电流表使用方便，但准确度较低，通常只用在不便于拆线或不能切断电路的情况下。

（1）先估计被测电流大小，将转换开关置于适当量程；或先将开关置于最高挡，根据读数大小逐次向低挡切换，使读数超过刻度的1/2，得到较准确的读数。

（2）测量低压可熔熔断器或低压母线电流时，测量前应将邻近各相用绝缘板隔离，以防钳口张开时可能引起相间短路。

（3）有些型号的钳形电流表附有交流电压量限，测量电流、电压时应分别进行，不能同时测量。

（4）测量5A以下电流时，为获得较为准确的读数，若条件许可，可将导线多绕几圈放进钳口测量，此时实际电流值为钳形电流表的示值除以所绕导线圈数。

（5）测量时应戴绝缘手套，站在绝缘垫上。读数时要注意安全，切勿触及其他带电部分。

（6）钳形电流表应保存在干燥的室内，钳口处应保持清洁，使用前应擦拭干净。

规格：常用钳形电流表主要技术数据见表11-29。

表 11-29 　　　　　　　　　　**常用钳形电流表主要技术数据**

型号	名称	准确度等级	量限
T301	钳形交流电流表	2.5	10/25/50/100/250A,　　10/25/100/300/600A,　10/30/100/300/1000A
T302	钳形交流电流、电压表	2.5	10/50/250/1000A, 300/600V
MG20	锥形交直流电流表	5	100/200/300/400/500/600A
MG21	钳形交直流电流表	5	750/1000/1500A

型号	名称	准确度等级	量限
MG24	袖珍式钳形交流电流、电压表	2.5	5/25/50A，300/600A；5/50/250A，300/600V
MG26	袖珍式钳形交流电流、电压表	2.5	5/50/250、10/50/150A，300/600V
MG28	袖珍式多用钳形表	5	交流：5/25/50/100/250/500A，50/250/500V 直流：0.5/10/100mA，50/250/500V 电阻：1/10/100kΩ
MG31	袖珍式钳形表	5	交流：5/25/50A，450V 电阻：50kΩ 交流：50/125/250A，450V 电阻：50kΩ
MG33	袖珍式钳形表	3	交流：5/50、25/100、50/250A，150/300/600V 电阻：300Ω
MG36	袖珍式多用钳形表	5	交流：50/100/250/500/1000A，50/250/500V 直流：0.5/10/100mA，50/250/500V 电阻：10Ω/100kΩ/1MΩ 晶体管放大系数：0~250
MG41	电压、电流、功率三用钳形表	2.5	交流电流：10/30/100/300/1000A 交流电压：150/300/600V
VAW-VAW		5	交流功率：1/3/10/100kW

二、土建、水利、林农等工程用测量仪器

1. 测高罗盘仪

测高罗盘仪如图 11-11 所示。

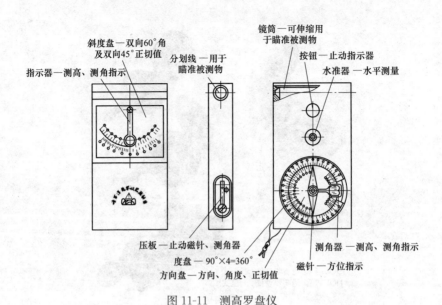

图 11-11　测高罗盘仪

用途：主要用于测定磁方位角和水平角。DQL-9 型测高罗盘仪可用于测量方位、角度、水平、定位等。主要适用于林业、农业、水利、地质、工程安装及测量等方面。

规格：测高罗盘仪的主要技术数据见表 11-30。

表 11-30　　　　　　　测高罗盘仪的主要技术数据

型号	度盘格值	水准器角值	正切尺格值	仪器质量（kg）	仪器外形尺寸（mm×mm×mm）
DQL-9 型测高罗盘仪	1°、2.5°（方向盘）	(20′±5′)/2mm	0.05	0.25	110×60×19

2. 地质罗盘仪

地质罗盘仪如图 11-12 所示。

用途：主要用于测产状（包括测走向、倾向、倾角），地形草测（包括测定方位、坡角及定水平线）及测物体的垂直角。

规格：地质罗盘仪的主要技术数据见表 11-31。

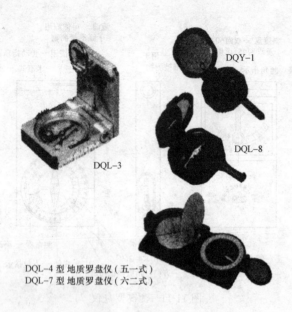

DQY-1

DQL-8

DQL-3

DQL-4 型 地质罗盘仪（五一式）
DQL-7 型 地质罗盘仪（六二式）

图 11-12　地质罗盘仪

表 11-31　　　　　　　　地质罗盘仪的主要技术数据

型号	长水准器角值 ($'$/2mm)	圆水准器角值 ($1'$/2m)	测角器读数误差	度盘格值	外形尺寸 (mm×mm×mm)	质量 (kg)
DQY-1 DQL-8	15±5	30±5	≤0.5°	1°	85×73×35	0.26

型号	里程测量比		测角器读数误差	度盘格值	外形尺寸 (mm×mm×mm)	质量 (kg)
DQL-4、 DQL-7	1∶25000，1∶50000， 1∶75000，1∶100000		≤1.25°	1°	68×63×26	0.15
DQL-5	1∶100000，1∶50000					
DQL-3	1∶100000，1∶500000， 1∶25000		30′±5′	1°	76×66×28	≤0.3
DQL-2A （袖珍型）	测角器读数误差：≤0.5°		30′±5′	1°	77.5×66×20	0.26

型号	放大倍率	鉴别率 (")	最低视距 (m)	度盘 格值	外形尺寸 (mm×mm×mm)	质量 (kg)
DQL-6型 光学测树 罗盘仪	16倍	10	2	1°	130×100×220	1.0

3. 光学水准仪

光学水准仪如图 11-13 所示。

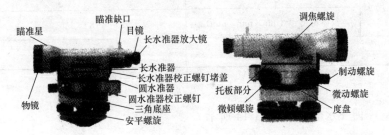

图 11-13 光学水准仪

用途：DS3 系列光学水准仪广泛用于国家控制的三等水准测量及工程、矿山水准测量、水文测量、农用水利测量，也可用于大型机械设备的安装测量。

规格：光学水准仪的主要技术数据见表 11-32。

表 11-32　　　　　光学水准仪的主要技术数据

型号		DS3，DS3-A，DS3-D， DS3-AD，DS3-36
每千米往返测高差中数的标准偏差		＜±3mm/＜±2mm
望远 镜	放大倍数	30×/36×
	物镜有效孔径（mm）	42
	视场角	1°26′
	视距乘常数	100
	视距加常数	0
	最短视距（m）	＜2

	型号	DS3，DS3-A，DS3-D， DS3-AD，DS3-36
水准器	长水准器角值	2″/2mm
	圆水准器角值	8′/2mm
尺寸	望远镜长度（mm）	208
	仪器高度（mm）	145
	仪器箱尺寸（mm×mm×mm）	250×180×140
	仪器质量（kg）	<2

4. 博飞水准仪

博飞水准仪如图 11-14 所示。

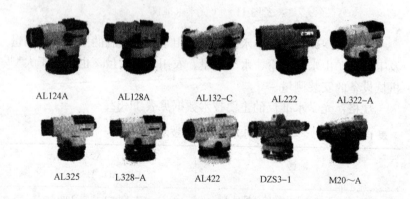

AL124A   AL128A   AL132-C   AL222   AL322-A

AL325   L328-A   AL422   DZS3-1   M20~A

图 11-14 博飞水准仪

用途：AL 系列是在原 DS3 系列基础上改进的新型系列。仪器设有自动补偿、望远镜快慢速调焦机构、摩擦制微动机构和望远镜全密封防水结构。

规格：博飞水准仪的主要技术数据见表 11-33。

表 11-33　　　　　　　　**博飞水准仪的主要技术数据**

型号	每千米往返测高差中数的标准偏差（mm）	望远镜	放大倍数	物镜通光孔径（mm）	视场角（°）	最短视距（m）	补偿器工作范围（′）
AL124A	2.5		24×				
AL128A	2		28×	40			±15
AL132/AL132-C	1.5/1		32×				
AL222	2.5		22×	35			
AL322/AL322-A	2.5/3	正像	22×	35/36	1.5	0.5	
AL325/AL325-A	2/3		25×	40/36			±10
AL328/AL328-A	1.5/3		28×	40/36			
AL332	1.5		32×	40			
AL422	2.5		22×	35			
DZS3-1	3		28×	45	1	2	±5
M20-A	2.5		20×	40	1.5	0.5	±15

5. 徕卡中文数字水准仪

徕卡中文数字水准仪如图 11-15 所示。

图 11-15　徕卡中文数字水准仪

用途：用于地形测图与线路水准测量，面水准、建筑工地水准测量及碎部测量等。可选择测量方法，实现全自动电子测量，能超限自动停测，剔除不合格数据，可选择多种测量模式以便在不利环境下能取得满意的测量结果。

规格：徕卡中文数字水准仪的主要技术数据见表 11-34。

表 11-34　　　　徕卡中文数字水准仪的主要技术数据

型号		DNA03	DNA10
应用领域		快速测量高程、高差和放样，一等、二等水准、精密水准测量	快速测量高程、高差和放样、地籍测量、普通水准测量
1km 往返差（ISO 17123-2）之电子测量精度： 钢钢尺（mm） 标准水准尺（mm）		 0.3 1.0	 0.9 1.5
1km 往返差（ISO 17123-2）之光学测量精度（mm）		2.0	2.0
1km 往返差（ISO 17123-2）之测距精度（电子）		$1cm/20m(5×10^{-4})$	
电子测量测程（m）		1.8～110	
光学测量测程（m）		＞0.6	
电子测量最小读数		0.01mm，0.0001ft，0.0005inch	0.01mm，0.001ft
电子单次测量时间		一般为 3s	
电子测量模式		单次、重复、均值、中值测量、多次测量求中间段平均值	
编码		标注、自由编码、快速编码	
数据内存		600 个测量数据或 1650 组测站数据	
数据存储备份		POMCIA 卡（ATA-FLASH/SRAM）、SRAMM 与 ommi 驱动器 MCR4 兼容	
联机操作		通过 RS232 接口，GS1 命令	
与内存进行数据交换		GS18/GS116/XML/用户定义格式	
望远镜放大倍率		24×	
补偿器	类型	磁性阻尼补偿器	
	补偿范围（′）	±10	
	精度（″）	0.3	0.8

型号		DNA03	DNA10
显示		LCD280×160 像素，中文 8 行。每行 15 个汉字或 30 个字母	
电源	GEB111	连续供电 12h	
	GEB121	连续供电 24h	
	电池适配器 GAD39	碱性电池，6 节 LR6/AA/AM3，1.5V	
质量（kg）		2（包括 GEB111 电池）	
工作环境	工作温度（℃）	−20～+50	
	贮藏温度（℃）	−40～+70	
	防尘防水（IEC60529）	IP53	
	湿度	95%，非凝固	

6. 自动安平水准仪

自动安平水准仪如图 11-16 所示。

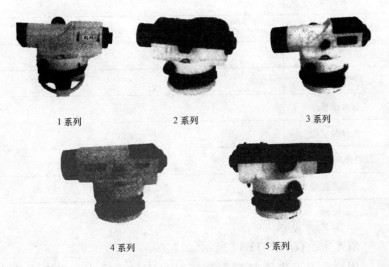

1 系列　　　　　2 系列　　　　　3 系列

4 系列　　　　　5 系列

图 11-16　自动安平水准仪

用途：与一般水准仪相比，没有了管水准器和微倾螺旋，省略了"精平"过程，独具闭合磁场磁阻尼补偿器和具有无制动机构的水平微动系统，具有优良的防震性能和全密封防水结构，适宜全天候使用。为中国制专利产品。

规格：自动安平水准仪（博飞产品）的主要技术数据见表11-35。

表 11-35　　自动安平水准仪（博飞产品）的主要技术数据

型号	DSC220	DSC222	DSC224	DSC226	DSC228	DSC230	DSC232
每千米测量标准偏差（mm）	2.5	2.0	2.0	2.0	1.5	1.5	1.5
成像	正像						
倍率	20×	22×	24×	26×	28×	30×	32×
视场角	1°20′						
最短视距（m）	0.5						
乘常数	100						
加常数	0						
安平范围（′）	±15						
补偿精度（″）	±0.8	±0.6			±0.5		
圆水准精度	8′/2mm						
度盘分度值	1″or lgon						
仪器净质量（kg）	1.55						
三脚架连接	M16 或 .5/8″						

7. 激光垂准仪

激光垂准仪如图11-17所示。

用途：用于建筑等行业利用激光束（牛眼束）做向上垂直测量。

规格：激光垂准仪的主要技术数据见表11-36。

DZJ3

DZJ3-L1

DZJ3-SX

图 11-17　激光垂准仪

表 11-36　　　　　　　　激光垂准仪的主要技术数据

型号	DZJ3	DZJ3-L1
望远镜放大倍率	25×	
望远镜有效口径（mm）	30	
视场角	1°30′	
成像	倒像	
精度	1/4 万	
长水准器角值	20″/2mm	
激光波长	635mm	
电源电压（V）	3	
激光射程（m）	白天 120，黑夜 300	
对点器	光学对点器	激光对点器
	最短视距 0.5mm	对点误差（1.5m 内）小于 1mm

型号	DZJ3-SX		型号	DZJ3-SX
激光源	635nm（红色可见光）		电源	直流 4.8V/6V
垂准范围	向上	100m（室内）	脚架中心螺纹型号	M34×6/3-6h
	向下	50m（室内）		
精度	向上	±10″	工作温度（℃）	−20～+50
	向下	±30″		
光点尺寸	向上	最大 φ6mm	连续工作时间（h）	约 12（碱性电池）
	向下	最大 φ6mm		

8. 光学经纬仪

光学经纬仪如图 11-18 所示。

| DJJ2–2 | TDJ6E | TDJ2E | TDJ2Z | TD–1EA |

图 11-18　光学经纬仪

用途：主要用于比例尺地形图测制、导线测量及低级的控制测量，也适用于城建、公路、桥梁、矿山、农田水利及森林等各部门。备有多种附件来扩大仪器使用范围；可配国际通用基座，通用性好。

规格：光学经纬仪的主要技术数据见表 11-37。

表 11-37　　　　　光学经纬仪的主要技术数据

型号	TDJ2/F-T2	TDJ2	TDJ2E	TD-1E	TDJ6	TDJ6E	TDJ2Z	TD06	TD-1EA
精度（″）	±2			±0.8	±6		±2	±6	±0.8
望远镜放大倍率	20×/30×	28×	30×		28×	30×	30×	—	30×
成像	倒像/正像	倒像	正像				倒像		正像
光学测微器（直读）	1″或1[∞]				—		1″或1[∞]	—	1″或1[∞]
带尺分化值（直读）	—				1′	1′			
换盘机构	换盘								
补偿精度（′）	±2							—	±2
安平精度（″）	±0.3				±1		±0.3	±1	±0.3

型号	TDJ2/F-T2	TDJ2	TDJ2E	TD-1E	TDJ6	TDJ6E	TDJ2Z	TD06	TD-1EA
长水准器角值每2mm	20″				30″		20″	30″	20″
光学对点器放大倍数	3×								
光学对点器视场角	5°								
基座	威特		蔡司					威特	

9. 电子经纬仪

电子经纬仪如图 11-19 所示。

用途：除具有光学经纬仪的所有功用外，并具有垂直角自动补偿、对径读数、同轴制微动机构、竖盘指数自动归零、自动关机功能。

规格：电子经纬仪的主要技术数据见表 11-38。

DJDJ2-PG   DJD2-GC

图 11-19 电子经纬仪

表 11-38　　　　　　　电子经纬仪的主要技术数据

型号	CJD2-GC	DJ132-2PG	DJD2-PG	DJD5-PG	DJD2-GH/5-GH	DJD10	DJD20
放大倍率	30×						
成像	正像						
视场角	1°30′						
精度（″）		2		5	2/5	10	20
最小读数（″）	1/5					5/10	
液晶显示 LCD	LCD 双面						
传感器	有		竖轴补偿	无	竖轴补偿/无	无	

型号	CJD2-GC	DJ132-2PG	DJD2-PG	DJD5-PG	DJD2-GH/5-GH	DJD10	DJD20
EDM 接口	无		RS232C		无		
数据输出口	无		RS232C		无		
电源规格	6V					AA×4	
电源耗时(h)	20						
威特基座	公制					英制	
滑动基座	—			有			

10. 激光经纬仪

激光经纬仪如图 11-20 所示。

图 11-20　激光经纬仪

用途：可进行测角、准直、定位及导向。可作为光学经纬仪、电子经纬仪、垂准仪（配弯管目镜使用）及激光水准仪使用。

规格：激光经纬仪的主要技术数据见表 11-39。

表 11-39　　　　　　激光经纬仪的主要技术数据

型　号	DU2-2	型　号	DU2-2
精度（″）	±2	安平精度（″）	±0.3
望远镜放大倍率	28×	水准器角值每 2mm（″）	20
成像	倒像	激光波长（nm）	635
光学测微器（直读）（″）	1 或 1∞	光学对点器放大倍数	3×
换盘机构	换盘	光学对点器视场角（°）	5
补偿器（′）	±2		

11. 激光电子经纬仪

激光电子经纬仪如图 11-21 所示。

图 11-21　激光电子经纬仪

用途：具有导向、定位、准直和测角功能。可用作电子经纬仪、垂准仪（配弯管目镜使用）、激光水准仪。

规格：激光电子经纬仪的主要技术数据见表 11-40。

表 11-40　　　　　　　激光电子经纬仪的主要技术数据

型号	DJD2-1GJ	EJD2-2GJ	DJD5-GJ
放大倍率	30×		
成像	正像		
视场角	1°20′		
精度（″）	2		5
液晶显示	LCD、双面		
传感器补偿范围	竖轴补偿		无
	±3′		无
数据接口	RS232C		
波长（nm）	635		
有效射程（白天）（1m）	200		
光斑大小	5mm/100m		
威特基座	公制		

12. 博飞全站仪

博飞全站仪如图 11-22 所示。

(a) BTS–3082C　　　(b) BTS–300E　　　(c) BTS–6082CL

图 11-22　博飞全站仪

用途：全站仪是由电子测角、光电测距、微处理器及其软件组合而成的智能型测量仪器。一次观测即可获得水平角、竖直角和倾斜距离三种基本观测数据，且借助机内固化软件可组成多种测量功能（如自动完成平距、高差、镜站点坐标的计算等），并将测量结果显示在液晶屏上。该仪器可实现自动记录、存储、输出测量结果，使测量工作大为简化。广泛用于小地区控制测量、大比例尺数字测图及各种工程测量工作中。全站仪具体测量功能有：角度测量、距离测量、高差测量、三维坐标测量与放样、对边测量、悬高测量、自由设站、偏心测量、面积测量及导线测量等。

规格：博飞全站仪的主要技术数据见表 11-41。

表 11-41　　　　　　博飞全站仪的主要技术数据

型号		BTS-6082C/6082E	BTS-6085C/6085E	BTS-3082C/3082E	BTS-3085C/3085E	BTS-3002C/3002E
望远镜	镜筒长（mm）	150				
	通光孔径（mm）	45				
	放大倍率	30×				
	成像	正像				
	视场角	1°30′				
	最短视距（m）	1.5				

型号		BTS-6082C/ 6082E	BTS-6085C/ 6085E	BTS-3082C/ 3082E	BTS-3085C/ 3085E	BTS-3002C/ 3002E
电子 测角	测量方式	光栅增量				
	取样方式	水平对径				
		垂直单径				
	精度（″）	2	5	2	5	2
	最小读数 （″）	1/5				
	度盘直径 （mm）	71				
	液晶显示	LCD、双面				
补偿 器	传感器	竖轴补偿				
	补偿范围 （′）	±3				
数据通信输出接口		RS232C				
对点 器	放大率	3×				
	视场角（°）	5				
	调焦范围 （m）	0.5～∞				
水准 器	长水准器	30″/2mm				
	圆水准器	8′/2mm				
照明液晶显示器		有				
电源	规格	镍-氢可充电电池				
	时间 （h）	整机	4			
		角度 测量	20			
	电压（V）	7.2				
	容量（4h）	2.2				

型号		BTS-6082C/6082E	BTS-6085C/6085E	BTS-3082C/3082E	BTS-3085C/3085E	BTS-3002C/3002E
仪器	尺寸（mm×mm×mm）	114×375×342				
	质量（kg）	6.0	5.6			
测距	测量	1.5km/单棱镜				
		2.1km/三棱镜				
	测量精度	$\pm(3mm+2\times10^{-6}D)$	$\pm(5mm+3\times10^{-6}D)$			
最小读数	精测模式（mm）	1(0.005ft)		1(0.001ft)		1(0.001ft.)/1(0.005ft)
	跟踪测模式（nm）	1(0.005ft)		1(0.001ft)		1(0.001ft.)/10(0.02ft)
内存点		8000	8000/无	8000		无
威特基座		英制				
激光对点器		可选	—			
滑动基座		可定制				

13. 科力达大屏幕多功能全站仪

科力达大屏幕多功能全站仪如图 11-23 所示。

单棱镜组　　　三棱镜组　　　脚架　　　对中杆棱镜组

图 11-23　科力达大屏幕多功能全站仪

用途：可用于三维坐标测量、放样、对边测量、悬高测量、角度偏心测量、面积计算、后方交会测量及道路设计等。具有双光纤光路、防水结构、双轴补偿消除误差、绝对编码测角、大屏幕八行显示、测速快准等特点。

规格：科力达大屏幕多功能全站仪的主要技术数据见表11-42。

表 11-42   科力达大屏幕多功能全站仪的主要技术数据

型号			KTS-552	KTS-553	KTS-555
距离测量	最大距离（良好天气，km）	单棱镜	1.8	1.6	1.4
		三棱镜	2.6	2.3	2.0
	数字显示(mm)		最大：999999.999 最小：1		
	精度		$2+2\times10^{-6}$		
	测量时间(s)		精测3，跟踪1		
	气象修正		输入参数自动改正		
	棱镜常数修正		输入参数自动改正		
角度测量	测角方式		绝对编码式		
	码盘直径(mm)		79		
	最小读数(″/′)		1/5 可选		
	精度(″)		2	3	5
	探测方式		水平盘：对径竖直盘：对径		
望远镜	成像		正像		
	镜筒长(mm)		154		
	物镜有效孔径(mm)		望远：45 测距：50		
	放大倍率		30×		
	视场角		1°30′		
	分辨率(″)		3		
	最小对焦距离(m)		1		
自动垂直补偿器	系统		双轴液体电子传感补偿		
	工作范围(′)		±3		
	精度(″)		1		

型号		KTS-552	KTS-553	KTS-555
水准器	管水准器	30″/2mm		
	圆水准器	8′/2mm		
	成像	正像		
	放大倍率	3×		
	调焦范围(m)	0.5~∞		
	视场角(°)	5		
显示部分类型		双面、8行中文显示		
机载电池	电源	镍-氢可充电电池		
	电压(V)	直流7.2		
	连续工作时间(h)	8		
尺寸及质量	尺寸(mm×mm×mm)	200×180×350		
	质量(kg)	6.0		

14. 激光扫平仪

激光扫平仪如图11-24所示。

(a) SJ2　　　　　　(b) SJZ1

图11-24　激光扫平仪

用途：可获得平直亮线，无级变速，可在0~360°范围内水平、垂直扫描。用于室内装修工程。

规格：激光扫平仪的主要技术数据见表11-43。

表 11-43 激光扫平仪的主要技术数据

型号	SJ2	SJZ1
精度	1′	±20″
功率(mW)	5	5
测量范围(m)	20	150(探测器)
电源	6节5号电池	4节1号充电电池
探测器灵敏度(mm)	2.5	2.5

15. 森林罗盘仪

森林罗盘仪如图 11-25 所示。

(a) DQL-1 型　　　　(b) DQL-1B 型

图 11-25　森林罗盘仪

用途：主要用于森林、农田、水利等工程及一般工程测量。可准确测定方向、距离、水平、高度差及坡角等。

规格：森林罗盘仪的主要技术数据见表 11-44。

表 11-44 森林罗盘仪的主要技术数据

型号		DQL-1 型	DQL-1B 型
规格	放大倍率	8 倍	12 倍
	鉴别率(″)	15	11
	最短视距(m)	2	2
	度盘格值(°)	1	1
	质量(kg)	0.65	0.7
	外形尺寸(mm×mm×mm)	145×105×180	140×105×190

16. 光学测树罗盘仪

图 11-26　光学测树罗盘仪

光学测树罗盘仪如图 11-26 所示。

用途：适用于森林资源调查中的各种测量工作，如距离、水平、高差、坡角等。同时可测定和标定树干任意部位的高度和直径、每公顷胸高断面积，立木形律、区分求积、造林求积等。也可用于农田、水利、土地规划及一般工程测量。

规格：光学测树罗盘仪的主要技术数据见表 11-45。

表 11-45　　　　光学测树罗盘仪的主要技术数据

型号	DQL-6 型	型号	DQL-6 型
放大倍率	16 倍	度盘格值（°）	1
鉴别率（″）	10	质量（kg）	1
最短视距（m）	2	外形尺寸（mm×mm×mm）	130×100×220

17. 数字式求积仪

数字式求积仪如图 11-27 所示。

用途：可快速测定任意形状、任何比例的不规则图形的面积，广泛应用于农林、地质、勘探、水利、城市规划和土地普查等领域。

图 11-27　数字式求积仪

规格：数字式求积仪的主要技术数据见表 11-46。

表 11-46　　　　数字式求积仪的主要技术数据

型号	QCJ-2A 型		
最大测量范围	宽 300mm 长度不限的图形面积		
相对误差（％）	0.3	显示方式	六位 LCD
质量（kg）	0.75	外形尺寸（mm×mm×mm）	250×160×45

18. 扫描式活体面积测量仪

扫描式活体面积测量仪如图 11-28 所示。

图 11-28　扫描式活体面积测量仪

用途：主要用于农业、气象、林业等部门测量植物活体叶面积，也可对采摘的植物叶和片状食物进行面积测量。

规格：扫描式活体面积测量仪的主要技术数据见表 11-47。

表 11-47　　　　扫描式活体面积测量仪的主要技术数据

型号		SHY-150 型
分辨率（mm²）		1
相对误差（％）		±2
最大一次测量面积（mm×mm）		1000×150
外形尺寸	主机	170×135×60
(mm×mm×mm)	探头	300×65×50
质量（kg）		主机 1；探头 0.8

三、常用称量工具（衡器）

1. 案秤

案秤如图 11-29 所示。

用途：放在台上使用的一种秤。适用于颗粒、粉末及较小的物体（如饼干、糖果、南北货等）的称重。

规格：案秤的型号规格见表 11-48。

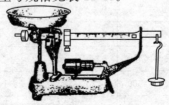

图 11-29　案秤

表 11-48　　　　　　　　　　案秤的型号规格

型号	最大称量 (kg)	秤盘尺寸 (mm)	刻度值（g）		砝的规格及数目 (kg/数目)
			最小	最大	
AGT-3	3	圆盘 250	2	200	0.1/1, 0.2/1, 0.5/1, 1/2
AGT-5	5	边长 240	5	500	0.5/1, 1/2, 2/1
AGT-6	6	圆盘 270	5	500	0.5/1, 1/1, 2/2
AGT-10	10	边长 260	5	500	0.5/1, 1/2, 2/1, 5/1

2. 台秤

台秤如图 11-30 所示。

图 11-30　台秤

用途：置于地上使用的一种秤（小型台秤也可放在台上使用）。适用于较重较大物体（如煤炭、钢材、粮食、棉花包等）的称重。

规格：台秤的型号规格见表 11-49。

表 11-49　　　　　　　　　　台秤的型号规格

型号	最大称量 (kg)	承重板 (长×宽, mm×mm)	刻度值（kg）		砝的规格及数目 (kg/数目)
			最小	最大	
TGT-50	50	400×300	0.02	2	1/1, 2/1, 5/1, 10/2, 20/1
TGT-100	100	400×300	0.05	10	10/2, 20/1, 50/1
TGT-300	300	600×450	0.20	25	25/1, 50/1, 100/2
TGT-500	500	800×600	0.20	25	25/1, 50/1, 100/2, 200/1
TGT-1000	1000	1000×750	0.50	50	50/1, 100/1, 200/4

3. 弹簧度盘秤

弹簧度盘秤如图 11-31 所示。

图 11-31　弹簧度盘秤

用途：放在台上使用的一种秤。适用于颗粒、粉状及较小物体的称重。

规格：弹簧度盘秤型号规格见表 11-50。

表 11-50　　　　　　　　　弹簧度盘秤型号规格

型号	最大称量 （kg）	最小刻度值 （g）	指针旋转圈数	承重盘尺寸 （mm）
ATZ-2	2	5	1	圆盘 250
ATZ-4	4	10	1	圆盘 250
		5	2	方盘 240×240
ATZ-8	8	20	1	圆盘 250
		10	2	方盘 240×240

4. 电子计数秤

电子计数秤如图 11-32 所示。

图 11-32　电子计数秤

用途：与电子计价秤不同之处，除用于称重外，还可用于计数，均用显示器显示；多用于生产标准零件工厂的包装车间。用作零件的称重和计数。

规格：电子计数秤的型号规格见表 11-51。

表 11-51　　　　　　　　　　　　电子计数秤的型号规格

型号	最大称量（kg）	最小显示值（g）	最佳件重（kg）	秤盘尺寸（mm×mm）
JCS-500Y	0.5	0.1	0.1	180×180
JCS-1000Y	1	0.2	0.2	
JCS-2500Y	2.5	0.5	0.5	345×243
JCS-5000Y	5	1	1	
JCS-10000Y	10	2	2	
JCS-25000Y	25	5	5	

第十二章　物流工具及起重器材

一、物流用车类

（一）平板手推车

平板手推车的类型及规格尺寸见表 12-1。

表 12-1　　　　　　　平板手推车的类型及规格尺寸

类　型	规格尺寸
	单把加重车 负载量：500kg 900mm×600mm 1050mm×650mm
	长度：700(500) mm 宽度：425mm 高度：(a)830(670) mm 　　　(b)930(680) mm 净重：7.5kg 载重：150kg 小轮：φ6100mm
	长度：735mm 宽度：475mm 高度：830mm 净重：8kg 载重：150kg 小轮：φ100mm
	单把加长重型车 载量：500kg 1200mm×700mm

类　型	规格尺寸
	长度：810mm 宽度：500mm 高度：890mm 载重：200kg 净重：12.2kg 毛重：14.1kg 尺寸：185mm×815mm×540mm
	长度：740mm 宽度：480mm 高度：860mm 载重：1501kg 净重：12.50kg 毛重：13.70kg 尺寸：120mm×760mm×495mm
	长度：910mm 宽度：610mm 高度：860mm 载重：250kg 净重：18.6kg 毛重：20.1kg 尺寸：140mm×920mm×630mm
	铝制平板小推车 铝制材料质量轻、耐腐蚀、美观大方，适用于高温、潮湿环境的工作理想搬运工具。广泛应用于办公、车间、仓库、码头或实验室等场所。 高强度铝板重型设计。 四角均留有手柄安装孔。 可选手柄型号 H10。 两个配载轮和两个万向脚轮使推车移动自如

类　型	规格尺寸
	平板手推车 1500kg 的手推车具有 2 个固定轮和 4 个方向轮
	500kg 单把加长重型车 1190mm×600mm
	PH300 平板车 载重：300kg 轮：5″ 916mm×616mm
	PH150 平板车 载重：150kg 轮：4″ 738mm×479mm
	500kg 单把加重车 980mm×590mm
	加长双层重型车 负载量：500kg 1190mm×600mm
	长度：810mm 宽度：500mm 高度：890mm 载重：200kg 净重：17.8kg 毛重：19.8kg 尺寸：195mm×815mm×540mm

类　型	规格尺寸
	长度：790mm 宽度：480mm 高度：860mm 载重：120kg 净重：26.10kg 毛重：27.60kg 尺寸：160mm×760mm×495mm
	长度：1160mm 宽度：760mm 高度：860mm 载重：300kg 净重：39.8kg 毛重：42.3kg 尺寸：180mm×1175mm×790mm
	长度：610mm 宽度：410mm 高度：900mm 载重：100kg 净重：11.2kg 毛重：12.7kg 尺寸：160mm×470mm×860mm
	长度：465mm 宽度：515mm 高度：1315mm 净重：16.8kg 载重：300kg 小轮：ϕ250mm
	长度：410mm 宽度：360mm 高度：1100(720)mm 净重：6.5kg 载重：90kg 小轮：ϕ150mm

类　　型	规格尺寸
	长度：610mm 宽度：410mm 高度：900mm 载重：100kg 净重：9.2kg 毛重：10.7kg 尺寸：130mm×470mm×860mm
	HT1830 货仓车 载重：200kg 气胎轮：3.50″～4″
	HT2400 货仓车 载重：270kg 气胎轮：3.50″～4″
	SC1350 服务车 载重：100kg 轮：5″
	SC1250 服务车 载重：100kg 轮：5″
	三层工具车 载重量：250kg 1009mm×626mm×782mm

（二）油桶搬运车

油桶搬运车的类型及规格尺寸见表 12-2。

表 12-2　　　　　　　　　　油桶搬运车的类型及规格尺寸

类　型	规　格
	FTA-1 单桶重型夹具 每次可夹 1 桶，与 1~5t 叉车配合，不需要其他动力。 仅适用于作业量较小、运输距离较短的环境
	HT-10 两轮油桶搬运车
	2DCMJ 每次可夹 2 桶，与 1~5t 叉车配合，不需要其他动力
	2DC′M 每次可夹 2 桶，与 1~5t 叉车配合，不需要其他动力， 特别适用于作业量频繁，安全性要求较高的环境
	L4F 每次可夹 4 桶，与 1~5t 叉车配合，不需要其他动力
	ERGO 油桶液压搬运车适用木制托盘，接料托盘和台秤上面的 桶进行装卸

类　型	规　格
	手动油桶前倾泻料车 规格 JHS-0-350 载重：350kg 机长：1310mm 机器宽：900mm 机高：1980mm 空中翻转度：＞180° 起升高度：1500mm 质量：200kg
	电动可倾式倒料车

（三）叉车与搬运车

1. 05A 型手动液压搬运车

05A 型手动液压搬运车的型号及技术参数见表 12-3。

表 12-3　　05A 型手动液压搬运车的型号及技术参数

型号	05A20		05A25		05A30	
载重（kg）	2000		2500		3000	
货叉最低高度 （mm）	85	75	85	75	85	75
货叉最高高度 （mm）	200	190	200	190	200	190
大轮直径 （mm×mm）	$\phi 200×50$	$\phi 180×50$	$\phi 200×50$	$\phi 180×50$	$\phi 200×50$	$\phi 180×50$
前轮直径 （mm×mm）　单轮	$\phi 82×93$	$\phi 74×93$	$\phi 82×93$	$\phi 74×93$	$\phi 82×93$	$\phi 74×93$
双轮	$\phi 82×90$	$\phi 74×70$	$\phi 82×70$	$\phi 74×70$	$\phi 82×70$	$\phi 74×70$
单货叉尺寸 （mm×mm）	160×50				160×60	
货叉宽度（mm）	450/520/540/685					
货叉长度（mm）	800/900/1000/1067/1100/1550/1220					

2. 05B 型手动液压搬运车

05B 型手动液压搬运车的型号及技术参数见表 12-4。

表 12-4　　　　05B 型手动液压搬运车的型号及技术参数

型号	05B20		05B25		05B30	
载重（kg）	2000		2500		3000	
货叉最低高度（mm）	85	75	85	75	85	75
货叉最高高度（mm）	200	190	200	190	200	190
大轮直径（mm×mm）	$\phi\,200\times50$	$\phi\,180\times50$	$\phi\,200\times50$	$\phi\,180\times50$	$\phi\,200\times50$	$\phi\,180\times50$
前轮直径（mm×mm） 单轮	$\phi\,80\times93$	$\phi\,74\times93$	$\phi\,80\times93$	$\phi\,74\times93$	$\phi\,80\times93$	$\phi\,74\times93$
前轮直径（mm×mm） 双轮	$\phi\,80\times70$	$\phi\,74\times70$	$\phi\,80\times70$	$\phi\,74\times70$	$\phi\,80\times70$	$\phi\,74\times70$
单货叉尺寸（mm×mm）	160×60					
货叉宽度（mm）	450/520/550/685					
货叉长度（mm）	800/900/1000/1067/1100/1150/1220					

3. 05A-TWO 型横向走型搬运车

05A-TWO 型横向走型搬运车的型号及技术参数见表 12-5。

表 12-5　　　　05A-TWO 型横向走型搬运车的型号及技术参数

型号	05A-TWO 型
额定负载（kg）	1500
货叉最低高度（mm）	85
货叉最高高度（mm）	85-170-210
转向轮（大轮）（mm×mm）	单轮 $\phi\,200\times50$　　$\phi\,78\times70$
承重轮（小轮）（mm×mm）	双轮 $\phi\,65\times60$
货叉尺寸（mm×mm）	160×50
货叉总宽度（mm）	540，685
货叉长度（mm）	1100/1150/1220
状态　直行时	85～170mm，2500kg
状态　横向走时	170～210mm，1500kg

4. 05AS系列全不锈钢型搬运车

05AS系列全不锈钢型搬运车的型号及技术参数见表12-6。

表 12-6 05AS系列全不锈钢型搬运车的型号及技术参数

型号	05AS0H	05AS20L
额定负载（kg）	2000	2000
货叉最低高度（mm）	85	75
货叉最高高度（mm）	200	190
转向轮（大轮）(mm×mm)	$\phi 200 \times 50$	$\phi 180 \times 50$
承重轮（小轮）(mm×mm)	单轮 $\phi 82 \times 93$	$\phi 74 \times 93$
	双轮 $\phi 82 \times 70$	$\phi 94 \times 70$
货叉尺寸（mm×mm）	160×60	
货叉总宽度（mm）	450/520/540/685	
货叉长度（mm）	800/900/1000/1067/1100/1150/1220	

5. 05AE/05AL特殊车型搬运车

05AE/05AL特殊车型搬运车的型号及技术参数见表12-7。

表 12-7 05AE/05AL特殊车型搬运车的型号及技术参数

型 号		05AE	05AL
额定负载（kg）		2000/2500/3000	2000/2500/3000
货叉最低高度（mm）		75/85	75/85
货叉最高高度（mm）		190/200	190/200
转向轮（大轮）(mm×mm)		$\phi 200 \times 50$	$\phi 200 \times 50$
承重轮（小轮）(mm×mm)	单轮	$\phi 74 \times 93 / \phi 82 \times 93$	
	双轮	$\phi 74 \times 70 / \phi 82 \times 70$	
货叉尺寸（mm×mm）		160×50	160×50
货叉总宽度（mm）		838/850/1000	540/685
货叉长度（mm）		1100/1150/1220	1500/1800/2000

6. BST 系列手动液压搬运车

BST 系列手动液压搬运车的型号及技术参数见表12-8。

表 12-8　　　　**BST 系列手动液压搬运车的型号及技术参数**

型号	BST2053	BST2068	BST2553	BST2568	BST3054	BST3068
额定载重量（kg）	2000	2000	2500	2500	3000	3000
货叉最低高度（mm）	85（75）					
货叉最高高度（mm）	205（195）					
单个货叉宽度（mm）	150	150	150	150	160	160
整车宽度（mm）	530	685	530	685	540	680
整车长度（mm）	1150	1220	1150	1220	1150	1200
净质量（kg）	75	78	77	80	85	88

7. 低放型搬运车

低放型搬运车的型号及技术参数见表12-9。

表 12-9　　　　**低放型搬运车的型号及技术参数**

型号		AC/05A-LOW-61mm	AC/05A-LOW-51mm	AC/05A-Sopper Low
额定负载（kg）		2000	2000	1000
货叉最低高度（mm）		61	51	35
货叉最高高度（mm）		175	165	90
转向轮（大轮）（mm×mm）		ϕ180×50	ϕ180×50	ϕ160×50
承重轮（小轮）（mm×mm）	单轮	ϕ60×93	ϕ50×93	ϕ34×58
	双轮	ϕ60×70	ϕ50×70	
货叉尺寸（mm×mm）		160×37		160×30
货叉总宽度（mm）		540/685/838		530/685
货叉长度（mm）		1150/1220		1120

8. 纸筒搬运车

纸筒搬运车的型号及技术参数见表12-10。

表 12-10　　　　　　　纸筒搬运车的型号及技术参数

型号	额定负载（kg）	货叉最低高度（mm）	货叉最高高度（mm）	转向轮（大轮）（mm）	承重轮（小轮）（mm）		货叉长度（mm）
					单轮	双轮	
05A20R500	2000	400～600	760	$\phi200\times50$	$\phi82\times93$	$\phi82\times70$	800/900/1000/1067/1100/1150/1220
05A20R700	2000	600～800	850				
05A20R1000	2000	800～1200	1000				
05A20R1500	2000	1200～1600	1150				

9. 3t 重载荷型手动液压托盘搬运车

3t 重载荷型手动液压托盘搬运车的型号及技术参数见表12-11。

表 12-11　　3t 重载荷型手动液压托盘搬运车的型号及技术参数

型号	额定载重量（kg）	货叉高度（mm）		货叉宽度（mm）	货叉长度（mm）	外形尺寸（mm×mm×mm）	净质量（kg）
		最低	最高				
HP505	5000	90	200	210	1150	1546×588×1300	192

10. DF 型手动液压搬运车

DF 型手动液压搬运车的型号及技术参数见表12-12。

表 12-12　　　　　　DF 型手动液压搬运车的型号及技术参数

型号	DF
载重（kg/1bs.）	2000/2500/3000（4500/5500/6600）
货叉宽度（mm/in）	450/520/550/685（17.7″/20.5″/21.7″/27″）
货叉长度（mm/in）	1100/1220/1100/1200（43.3″/45.3′/48″）
自重（kg）	78～95

11. 电子称重型搬运车

电子称重型搬运车的型号及技术参数见表 12-13。

表 12-13 电子称重型搬运车的型号及技术参数

型 号		S05A20H	S05A20L
额定负载（kg）		2000	2000
货叉最低高度（mm）		88	76
货叉最高高度（mm）		200	190
转向轮（大轮）(mm×mm)		$\phi 180 \times 50$	$\phi 180 \times 50$
承重轮（小轮）(mm×mm)	单轮	—	
	双轮	$\phi 74 \times 70/\phi 64 \times 70$	
货叉尺寸(mm×mm)		178×60	178×50
货叉总宽度（mm）		568/703	568/703
货叉长度（mm）		1150/1220	1150/1220
打印机	电源	DC 5V，$\leqslant 1.5A$ 蓄电池	
	端口	串口	
	打印纸	44.5mm（宽）$\times \phi 40mm$（直径）	

12. 巷道式三向堆垛叉车

巷道式三向堆垛叉的型号及技术参数见表 12-14。

表 12-14 巷道式三向堆垛叉的型号及技术参数

型号		CXWD8	CXWD10
动力及驾驶方式		蓄电池，座驾式	
性能	额定承载能力（kg）	800	1000
	额定提升高度（mm）	8000	8000
	载荷中心距（mm）	500	500
	最大行驶速度（满载）(mm/s)	7	7
	提升速度（满载）(mm/s)	160	160
	最小转弯半径（mm）	2180	2180
	货叉架侧移距离（mm）	1200	1000
	货叉旋转角度（°）	180	180
	货叉旋转时间（s）	8	9

型　　号		CXWD8	CXWD10
尺寸和质量	外形尺寸（mm×mm×mm）	3500×1580×3770	
	门架缩回时高度×作业时最大高度（mm×mm）	37909×9090	
	自由提升高度×最小离地面间隙（mm×mm）	2650×35	
	导向轮外侧距离×巷道最小宽度（mm×mm）	1580×1600	
	托盘最大尺寸（mm×mm）	1200×1200	1000×1000
	货叉长度（mm）	1100	900
	货叉下落时最低高度（mm）	70	70
	车体质量（kg）	6300	6400
驱动	驱动电机（kW）	6.3	
	提升电机（kW）	7.5	
	旋转电机（kW）	0.95	
	转向电机（kW）	0.75	
	蓄电池	D694/48V	

13. 前移式蓄电池系列叉车

前移式蓄电池系列叉车的型号及技术参数见表 12-15。

表 12-15　　前移式蓄电池系列叉车的型号及技术参数

型号	CQDZ15	CQDZ20
额定起升质量（kg）	1500	2000
载荷中心距（mm）	500	500
最大起升高度（mm）	3000	3000
自由起升高度（mm）	330	330
最大起升速度（满载）（m/min）	12	12
最大运行速度（满载）（km/h）	7.8	7.7
门架前移距离（mm）	500	550
货叉倾角（前后）	315	315
最小离地间距（mm）	80	80
最小转弯半径（mm）	1680	1750

型号		CQDZ15	CQDZ20
爬坡度（满载）（%）		12	10
行起电机	型号	XQ-3.7	XQ-3.7
	额定功率（kW）	3.7	3.7
油泵电机	型号	XQD-4-6	XQD-4-6
	功率（kW）	5	5
转向电机	型号	XQD-0.55-3	XQD-0.55-3
	功率（kW）	0.55	0.55
蓄电池	电压（V）	48	48
	容量（A·h）	390	390
电器速度控制方法		斩波器/电阻式	斩波器/电阻式
全长（mm）		2250	2300
全宽（mm）		1250	1300
安全架高度（mm）		2160	2160
门架最低位置全高（mm）		2120	2120
质量（自重）(kg)		2650	2850
门架高度及起升质量门架系列（m）		CQDZ15（kg）	CQDZ20（kg）
3		1500	2000
3.6		1200	1600
5		900	1200
5.6		800	1050
6		700	910
6.6		600	780
7.2		500	650

14. FP 系列手动液压提升堆垛叉车

FP 系列手动液压提升堆垛叉车的型号及技术参数见表 12-16。

表 12-16　FP 系列手动液压提升堆垛叉车的型号及技术参数

型号	FP0485	FP0412	FP0415
载荷（kg）	400	400	400
最高高度（mm）	980	1330	1630

型号	FP0485	FP0412	FP0415
起升高度（mm）	650	1000	1300
平台最低高度（mm）	200	200	200
平台最高高度（mm）	850	1200	1500
总宽度（mm）	590	590	590
平台长度（mm）	650	650	650
平台宽度（mm）	550	550	550
后轮直径（mm×mm）	$\phi 150 \times 40$	$\phi 150 \times 40$	$\phi 150 \times 40$
载重轮直径（mm×mm）	$\phi 150 \times 45$	$\phi 150 \times 45$	$\phi 150 \times 45$
质量（kg）	70	76	86

15. FS系列手动液压堆高叉车

FS系列手动液压堆高叉车的型号及技术参数见表12-17。

表 12-17　　FS系列手动液压堆高叉车的型号及技术参数

型号	FS10	FS10/G
额定负载（kg）	1000	1000
货叉最低高度（mm）	80	85
货叉最高高度（mm）	1600	1600
负载中心（mm）	40	600
货叉可调节宽度（mm）	220～800	550
货叉长度（mm）	800	1150
货叉总宽度（mm）	850	740
转弯半径（mm）	1250/1380	1250/1380
小轮直径（mm×mm）	$\phi 74 \times 55$	$\phi 74 \times 70$
大轮直径（mm×mm）	$\phi 180 \times 50$	$\phi 180 \times 50$
自重（kg）	220	196

16. SPN-10型半自动堆高车

SPN-10型半自动堆高车的型号及技术参数见表12-18。

表 12-18　　　　SPN-10 型半自动堆高车的型号及技术参数

型号	SPN10
额定负载（kg）	1000
货叉最低高度（mm）	85
货叉最高高度（mm）	1600/2500/3000
门架最低高度（mm）	1980/1830/2080
货叉尺寸（mm×mm）	150/160×60
货叉长度（mm）	900/1150
货叉总宽度（可调/固定）(mm)	330～640/550
转弯半径（mm）	1240
自重（kg）	396/443/466
小轮直径（mm×mm）	$\phi74×70$
大轮直径（mm×mm）	$\phi180×50$
电池：电压/容量［V/(A·h)］	12/150
液压泵站功率（kW）	1.8

17. VH-FSL50/13 自升式电动堆高车

VH-FSL50/13 自升式电动堆高车的型号及技术参数见表 12-19。

表 12-19　　VH-FSL50/13 自升式电动堆高车的型号及技术参数

型号	VH-FSL
额定负载（kg）	500
最大起升高度（mm）	1300
最大自升高度（mm）	1600
负载中心（mm）	580
货叉长度（mm）	1170
货叉宽度（mm）	585
货叉最大外宽度（mm）	590
货叉最小离地高度（mm）	76
最小门架高度（mm）	1430

型号	VH-FSL
液压电机	DC 12V/1.2kW
蓄电池	12V/60Ah
充电器	AC 220/50Hz/12V/10A·h
外形尺寸（mm）	1600/980/1430
包装尺寸（mm）	1720/1100/1580
整车质量（kg）	270
毛质量（kg）	320

18. VH-WP-100A 电动拖板牵引车

VH-WP-100A 电动拖板牵引车的型号及技术参数见表 12-20。

表 12-20　VH-WP-100A 电动拖板牵引车的型号及技术参数

型号	VH-WP-100A	型号	VH-WP-100A
额定牵引载荷质量（kg）	1000	充电器［V/(A·h)］	手提式 12/15
驱动电机功率（kW）	DC 24/1200	外形尺寸(mm×mm×mm)	1900×750×760
油泵电机功率（V/W）	DC 24/2000	最大运行速度（km/h）	8
电池［V/(A·h)］	4×12/70	整车质量（kg）	480

19. CTJ 系列手动机械快速装卸车

CTJ 系列手动机械快速装卸车的型号及技术参数见表 12-21。

表 12-21　CTJ 系列手动机械快速装卸车的型号及技术参数

型号	CTJ500	CTJ1000	CTJ1500	CTJ1000A
起重量（kg）	500	1000	1500	1000
起升速度（mm/s）	0~140	0~60	0~40	0~60
起升高度（mm/s）	1500	1500	1500	1400
外形尺寸 (mm×mm×mm)	1200×620 ×1990	1260×680 ×2020	1480×800 ×2035	1220×680 ×1890
叉长（mm）	800	800	900	800
前轮（mm）	90	60	90	90

型号	CTJ500	CTJ1000	CTJ1500	CTJ1000A
后轮（mm）	180	180	180	180
钢丝绳（mm）	$\phi 2.8\sim 3.5$	$\phi 2.8\sim 3.5$	$\phi 2.8\sim 3.5$	$\phi 2.8\sim 3.5$
货叉外侧宽度（mm）	190～420	230～530	260～640	230～530
制动器	无	无	无	有
插腿高度（mm）	小于100	小于100	小于115	小于100
插腿外侧高度（mm）	620	680	800	680
载荷中心距（mm）	400	400	450	400

20. WF 型一级门架型电动取货机

WF 型一级门架型电动取货机的型号及技术参数见表 12-22。

表 12-22　WF 型一级门架型电动取货机的型号及技术参数

型号	WF	型号	WF
额定负载（kg）	200（含操作者）	电源功率（W）	DC，700
平台最低高度（mm）	670	电池（V）	12
平台最高高度（mm）	1500	净质量（kg）	151
平台尺寸（mm×mm）	600×550	整车尺寸（mm×mm×mm）	1210×630×1040

21. FT200 二级门架型电动取货机

FT200 二级门架型电动取货机的型号及技术参数见表 12-23。

表 12-23　FT200 二级门架型电动取货机的型号及技术参数

型号	FT200	型号	FT200
额定负载（kg）	200（含操作者）	电源功率（W）	DC，1600
平台最低高度（mm）	480	电池［V/(A·h)］	100/12（免保养）
平台最高高度（mm）	2720	净质量（kg）	303
平台尺寸（mm×mm）	640×600	整车尺寸（mm×mm×mm）	1455×740×1780

22. DLP-25 电动取料机

DLP-25 电动取料机的型号及技术参数见表 12-24。

表 12-24　　　　　　　DLP-25 电动取料机的型号及技术参数

型号	DLP-25	型号	DLP-25
载荷（kg）	200	机高（mm/次）	1800
质量（自重）（kg）	270	机全高（mm）	3450
蓄电池 [V/（A·h）]	12/120	扬程长（mm）	270～2500
上升速度（m/s）	2.5/10	量物面长（mm）	600
机长（mm）	1340	量物面宽（mm）	600
机宽（mm）	740		

（四）升降平台与平台车

1. SJZ 升降平台

SJZ 升降平台的型号及标准规格参数见表 12-25。

表 12-25　　　　　　　SJZ 升降平台的型号及标准规格参数

型号	额定负载（kg）	垂直行程（mm）	最低高度（mm）	最高高度（mm）	台面尺寸（mm×mm）	起升时间（s）	功率（kW）	整机质量（kg）
SJZ0.9-1.3	900	1300	235	1535	2000×1500	20	3.00	730
SJZ2.2-1.0	2200	1000	325	1325	3000×2000	17	5.50	2240
SJZ2.24-1.5	2240	1500	209	1709	2440×1800	34	3.00	1500
SJZ3.0-1.8	3000	1800	500	2300	3050×2500	30	5.50	3100
SJZ3.0-3.5	3000	3500	453	3950	5300×2200	131	5.50	5000
SJZ4.5-1.0	4500	1000	314	1314	1500×1200	25	3.00	1100
SJZ4.5-1.5	4500	1500	410	1910	2590×1530	33	5.50	2350
SJZ5.0-1.1	5000	1100	368	1468	1800×1400	52	3.00	1300
SJZ5.0-2.0	5000	2000	420	2420	4000×3000	54	5.50	4500
SJZ7.1-1.5	7100	1500	410	1910	2590×1530	48	5.50	2410
SJZ9.0-1.22	9000	1220	572	1790	1930×921	51	5.50	2117
SJZ9.0-2.4	9000	2400	664	3064	4000×1800	85	5.50	4600
SJZ10.0-1.6	10000	1600	579	2197	3500×2250	50	5.50	3700
SIZ11.0-1.22	11000	1220	406	1626	2185×1200	51	5.50	2180
SJZ12.0-1.8	12000	1800	633	2433	4000×2500	90	5.50	5200

2. SJT 升降货梯

SJT 升降货梯的型号及标准规格参数见表 12-26。

表 12-26   **SJT 升降货梯的型号及标准规格参数**

型号	额定载荷(kg)	垂直行程(mm)	最低高度(mm)	最高高度(mm)	台面尺寸(mm×mm)	起升时间(s)	功率(kW)	整机质量(kg)
SJT0. 2-4	200	4000	742	4742	1100×870	41	1.50	620
SJT0. 5-4	500	4000	750	4750	2300×920	30	3.00	1400
SJT0. 9-2. 12	900	2120	438	2558	1760×840	41	1.50	1000
SJT1. 0-2. 7	1000	2700	450	3150	2500×1600	27	5.50	1800
SJT1. 0-3. 0	1000	3000	782	3782	1600×1200	29	5.50	1600
SJT1. 0-3. 3	1000	3300	632	3932	1380×1080	48	3.00	920
SJT1. 0-4. 0	1000	4000	755	4755	2200×1800	48	5.50	1900
SJT1. 0-4. 8	1000	4800	782	5582	2000×1500	50	5.50	2000
SJT1. 0-6. 3	1000	6300	836	7136	3000×2385	96	5.50	3280
SJT1. 0-7. 9	1000	7900	984	8884	2200×1800	80	5.50	3100
SJT1. 8-2. 12	1800	2120	440	2560	1760×840	27	3.00	1200
SJT2. 0-2. 7	2000	2700	643	3343	1600×1400	40	3.00	1300
SJT2. 0-3. 7	2000	3700	616	4316	2000×1200	46	5.50	1300
SJT2. 0-4. 2	2000	4200	967	5167	1650×1500	81	3.00	1800
SJT2. 0-4. 5	2000	4500	850	5350	2500×2200	64	5.50	3900
SJT2. 0-6. 3	2000	6300	918	7218	2800×2000	96	5.50	3400
SJT2. 0-11. 5	2000	11500	1966	13466	4000×2200	162	15.00	9000
SJT2. 5-10. 5	2500	10500	1290	11790	5500 ×2500	120	15.00	8800
SJT3. 0-4. 5	3000	4500	850	5350	2400×1600	95	5.50	3000
SJT3. 0-6. 3	3000	6300	1140	7440	4500×1500	59	15.00	5000
SIT3. 0-6. 4	3000	6400	910	7310	7000×4000	56	15.00	8500

3. TF 系列手动液压平台车

TF 系列手动液压平台车的型号及技术参数见表 12-27。

表 12-27　　　TF 系列手动液压平台车的型号及技术参数

型号	TF15	TF30	TF30a	TF50	TF50a	TF75	TF100
额定负载（kg）	150	300	300	500	500	750	1000
平台最低高度（mm）	220	285	340	285	340	420	380
平台最高高度（mm）	720	880	880	880	880	900	990
平台尺寸（mm×mm×mm）	700×450×36	815×500×50	850×500×50	815×500×50	850×500×50	1000×500×55	1016×500×55
轮子尺寸（mm×mm）	$\phi 100 \times 25$	$\phi 125 \times 40$	$\phi 125 \times 40$	$\phi 125 \times 40$	$\phi 125 \times 40$	$\phi 147 \times 50$	$\phi 127 \times 50$
平台升至最高油泵泵压次数（次）	≤28	≤27	≤26	≤27	≤26	≤45	≤82
车体质量（kg）	49	77	78	81	82	120	122
手柄离地高度（mm）	950	990	990	990	990	1000	980

4. HIW 系列电动平台车

HIW 系列电动平台车的型号及技术参数见表 12-28。

表 12-28　　　HIW 系列电动平台车的型号及技术参数

型号	HIW1.0EU	HIW2.0EU
载重（kg）	500	1000
下降高度（mm）(c)	190	190
起升高度（mm）(h)	1040	1040
平台尺寸（mm×mm）	1300×800	1300×800
起升速度（mm/s）	15	26
液压泵站功率（kW）	0.75	0.75
车体质量（kg）	160	20

5. ETF 系列电动平台车

ETF 系列电动平台车的型号及技术参数见表 12-29。

表 12-29　　　　ETF 系列电动平台车的型号及技术参数

型号	ETF1.0EU	ETF2.0EU
额定负载（kg）	300	500
电压［V/(A·h)］	12/21	12/24
全长（mm）	1060	1270
平台尺寸（mm×mm）	815×500	1010×520
脚轮尺寸（mm×mm）	φ100×32	φ150×48
手柄离地高度（mm）	950	970
平台最高高度（mm）	890	1025
平台最低高度（mm）	292	440
负载/空载提升速度（mm/s）	65/94	65/94
负载/空载下降速度（mm/s）	98/74	98/74
平台提升高度（mm）	577	560
提升功率（kW）	0.8	0.8
内置式充电器（A·h）	8.5	8.5
提升速度（mm/s）	10	10
车体质量（kg）	106	157

6. HW 系列电动标准型升降平台

HW 系列电动标准型升降平台的型号及技术参数见表 12-30。

表 12-30　　　HW 系列电动标准型升降平台的型号及技术参数

型号	HW1001	HW1002	HW2001	HW2002	HW4001	HW4002
额定载重量（kg）	1000	1000	2000	2000	4000	4000
最低高度（mm）	205	205	230	230	240	240
最高高度（mm）	1000	1000	1050	1050	1100	1100
平台尺寸（mm×mm）	820×1300	1000×1600	850×1300	1000×1600	1200×1700	1200×2000
基座尺寸（mm×mm）	630×1240	630×1240	785×1220	785×1220	900×1600	900×1600
起升时间（s）	20	20	20	20	40	40
电机功率（kW）	0.75	0.75	1.5	1.5	2.2	2.2
净质量（kg）	160	186	235	268	375	405

7. SJPT 系列四轮移动式液压升降平台

SJPT 系列四轮移动式液压升降平台的型号及技术参数见表 12-31。

表 12-31　SJPT 系列四轮移动式液压升降平台的型号及技术参数

型号	提升高度（m）	提升质量（kg）	最大外形尺寸（长×宽×高，mm×mm×mm）	工作台尺寸（长×宽，mm×mm）	配套动力（kW）	整机质量（kg）
SJPT03-4	4	300	1980×1020×1970	1620×750	2.2	400
SJPT03-6	6	300	1980×1020×2180	1620×750	2.2	650
SJPT05-6	6	500	1980×1020×2190	1620×750	2.2	800
SJPT03-8	8	300	2430×1500×2400	1920×1200	2.2	900
SJPT05-8	8	500	2430×1500×2450	1920×1200	2.2	1200
SJPT08-8	8	800	2430×1500×2500	1920×1200	2.2	1700
SJPT03-10	10	300	2600×1500×2400	2040×1220	2.2	1500
SJPT05-10	10	500	2600×1500×2450	2040×1220	2.2	1600
SJPT08-10	10	800	2600×1500×2500	2040×1220	2.2	1800
SJPT03-12	12	300	2980×1850×2680	2450×1500	2.2	2580
SJPT03-14	14	300	3450×1960×2700	2900×1600	2.2	3000

8. GTC 系列套钢柱式升降平台

GTC 系列套钢柱式升降平台的型号及技术参数见表 12-32。

表 12-32　GTC 系列套钢柱式升降平台的型号及技术参数

产品名称	型号	最高高度（m）	最低高度（m）	台面尺寸（m×m）	额定载重（kg）	起升时间（s）	支撑面积（m×m）	外形尺寸（m×m×m）	电机功率（kW）	整机质量（kg）
液压升降台	GTC-6	6	1.9		200	113	1.76×2.2	0.8×1×1.9	0.75	520
液压升降台	GTC-8	8	2.0		200	118	2.04×2.77	0.9×1.2×2	0.75	650
液压升降台	GTC-10	10	2.2		200	270	2.04×277	0.9×1.2×2.2	0.75	730
液压升降台（双梯）	GTC-12S	12	2.15	07×0.8	200	300	2.5×2.5	1.44×1.2×115	1.1	950
液压升降台（双梯）	GTC-14S	14	2.22		200	400	2.5×2.5	1.44×1.2×2.22	1.1	1070
液压升降台（双梯）	GTC-16S	16	2.25		200	533	3×3	1.74×1.4×2.25	1.1	1350
液压升降台（双梯）	GTC-18S	18	2.47		200	600	3×3	1.74×1.4×2.47	1.1	1430
液压升降台（双梯）	GTC-20S	20	2.7		200	667	3.3×3.3	1.8×1.4×2.7	1.1	1650
液压升降台（双梯）	GTC-22S	22	2.7		200	730	3.3×3.3	1.8×1.4×2.7	1.1	1850

9. HJPT 豪华铝合金升降平台

HJPT 豪华铝合金升降平台的型号及技术参数见表 12-33。

表 12-33　　HJPT 豪华铝合金升降平台的型号及技术参数

型号	工作高度 (m)	功率 (kW)	自重 (kg)	载重 (kg)	最大外形尺寸 (长×宽×高，mm×mm×mm)
HJPT01-6	6	1.5	220	100	1100×830×1970
HJPT01-8	8	1.5	260	100	1200×840×1970
HJPT01-10	10	1.5	300	100	1200×850×2100

10. JCCR 高处作业车

JCCR 高处作业车的型号及技术参数见表 12-34。

表 12-34　　JCCR 高处作业车的型号及技术参数

型号	额定载荷 (t)	最低高度 (mm)	最高高度 (mm)	台面尺寸 (mm×mm)	起升时间 (s)	功率 (kW)	整机质量 (kg)	轮距 (mm)	轴距 (mm)
JCCR0.3-4	300	950	4000	1200×800	36	0.75	530	700	1146
JCCR0.3-6	300	1035	6000	1820×1100	39	1.5	933	926	1110
JCCR0.3-11	300	1174	11025	2200×1200	60	3	1730	1035	1310
JCCR0.4-9	400	1480	9000	2200×1200	39	3	1600	1035	1310
JCCR0.5-11	500	1744	11025	2200×1200	60	3	1730	1035	1310
JCCR0.5-14	500	1793	14000	3000×1600	90	5.5	3104	1436	1800
JCCR0.6-7.2	600	1320	7250	2200×1200	31	3	1750	1035	1310
JCCR1.0-3.0	1000	760	3000	2000×1500	22	3	1580	1695	1500
JCCR1.0-9	1000	1623	9000	2500×1600	51	5.5	2900	1436	1600
JCCR1.0-11	1000	1793	1000	2500×1600	65	5.5	3104	1436	1600
JCCR2.0-2	2000	825	2000	4000×2500	30	3	2444	2000	3000

(五) 登车桥

1. BFQ 变幅式登车桥

BFQ 变幅式登车桥的型号及技术参数见表 12-35。

表 12-35　　　　　BFQ 变幅式登车桥的型号及技术参数

型号	载荷 (kg)	工作行程 (mm)		台面工作高度 (mm)			外形尺寸 (mm×mm×mm)	功率 (kW)	整机 质量 (kg)
		向上	向下	初始	最高	最低			
BFQ6-0.53	6000	282	−250	490	772	240	1606×1750×490	0.85	580
BFQ6-0.6	6000	300	−300	520	820	220	2000×1800 ×520 2000×2000×520 2200×2000×520 2200×2000×520 2500×2000×520	0.85	620 650 710 780
BFQ6-0.53	8000	282	−250	490	772	240	1606×1705×490	0.85	640
BFQ08-0.6	8000	300	−300	520	820	220	2000×1800 ×520 2000×2000×520 2200×2000×520	0.85	700 740 810
BFQ10-0.53	10000	282	−250	490	772	240	2500×2000×520 1606×1750×490 2000×1800×520	0.85	880 750 800
BFQ10-0.6	10000	300	−300	520	820	220	2200×2000×520 2200×2000×520 2500×2000×520	0.85	840 900 950

2. 移动式登车桥

移动式登车桥的型号及技术参数见表 12-36。

表 12-36　　　　　移动式登车桥的型号及技术参数

型号	额定载荷 (t)	变幅范围 (mm)	桥长 (mm)	桥宽 (mm)	轮距 (mm)	额定油压 (MPa)	全幅手摇 次数	整机质量 (t)
DCOY7-0.7	7							2.3
DCOY9-0.7	9	700	11070	2000	1390	4.5	50	2.5
DCQY11-0.7	11							2.9

二、起重机

XN 起重机系列的基本参数见表 12-37。

表 12-37　　　　　　　　　**XN 起重机系列的基本参数**

起重量 (kg)	葫芦型号	链条数	50Hz 时起 升速度 （m/min）	标准		功率 （kW）
				FEM	ISO	
60	XN01 068b2	1	8. 0/2. 0	2m	5	0. 2/0. 05
	XN01 0616b1	1	16. 0/4. 0	1Bm	3	0. 2/0. 05
80	XN01 088b2	1	8. 0/2. 0	2m	5	0. 2/0. 05
	XN01 128b1	1	8. 0/2. 0	1Bm	3	0. 2/0. 05
125	XN01 124b2	2	4. 0/1. 0	2m	5	0. 2/0. 05
	XN02 128b2	1	8. 0/2. 0	2m	5	0. 4/0. 1
	XN05 1216b2	1	16. 0/4. 0	2m	5	0. 8/0. 2
	XN01 254b1	2	4. 0/1. 0	1Bm	3	0. 2/0. 05
	XN02 258b1	1	8 0/20	1Bm	3	0. 4/0. 1
250	XN02 254b2	2	4. 0/1. 0	2m	5	0. 4/0. 1
	XN05 258b2	1	8. 0/2. 0	2m	5	0. 8/0. 2
	XN05 2516b1	1	16. 0/4. 0	1Bm	3	0. 8/0. 2
500	XN02 504b1	2	4. 0/1. 0	1Bm	3	0. 4/0. 1
	XN05 508b1	1	8. 0/2. 0	1Bm	3	0. 8/0. 2
	XN05 504h2	2	4. 0/1. 0	2m	5	0. 8/0. 2
1000	XN10 5016b1	1	16. 0/4. 0	1Bm	3	1. 7/0. 4
	XN05 1004bl	2	4. 0/1. 0	1Bm	3	0. 8/0. 2
	XN10 1008b1	1	8. 0/2. 0	1Bm	3	1. 7/0. 4
1600	XN16 1008b2	1	8. 0/2. 0	2m	5	3. 5/0. 9
	XN16 1608b1	1	8. 0/2. 0	1Bm	3	3. 5/0. 9
2000	XN25 1606b2	1	6. 3/1. 6	2m	5	3. 5/0. 9
	XN10 2004b1	2	4. 0/1. 0	1Bm	3	1. 7/0. 4
	XN16 2004b2	2	4. 0/1. 0	2m	5	3. 5/0. 9
	XN20 2008b1	1	8. 0/2. 0	1Bm	3	3. 5/0. 9
2500	XN20 2504b2	2	4. 0/1. 0	2m	5	3. 5/0. 9
	XN25 2506b1	1	6. 3/1. 6	1Bm	3	3. 5/0. 9
3200	XN16 3204b1	2	4. 0/1. 0	1Bm	3	3. 5/0. 9
	XN25 3203b2	2	3. 2/0. 75	2m	5	3. 5/0. 9

起重量 （kg）	葫芦型号	链条数	50Hz 时起 升速度 （m/min）	标准		功率 （kW）
				FEM	ISO	
4000	XN20 4004b1	2	4.0/1.0	1Bm	3	3.5/0.9
5000	XN25 5003b1	2	3.2/0.75	1Bm	3	3.5/0.9
	XN25 5002b2	3	2.1/0.5	2m	5	3.5/0.9
6300	XN20 6302b1	3	2.7/0.7	1Bm	3	3.5/0.9
7500	XN25 7502b1	3	2.1/0.5	1Bm	3	3.5/0.9

三、葫芦

1. HSZ 型手拉葫芦

HSZ 型手拉葫芦的型号及技术参数见表 12-38。

表 12-38　　　　HSZ 型手拉葫芦的型号及技术参数

型号		HSZ-½	HSZ-1	HSZ-1½	HSZ-2	HSZ-3	HSZ-5	HSZ-10	HSZ-20
起重量（t）		0.5	1	1.5	2	3	5	10	20
标准起重高度 （m）		2.5	2.5	2.5	2.5	3	3	3	3
试验载荷 （t）		0.75	1.5	2.25	3	4.5	7.5	12.5	25
两钩间最小 距离（mm）		270	270	368	444	486	616	700	1000
满载时手链 拉力（N）		225	309	343	314	343	383	392	392
起重链行数		1	1	1	2	2	2	4	8
起重链条圆钢 直径（mm）		6	6	8	6	8	10	10	10
主要尺寸 （mm）	A	120	145	178	142	178	210	358	580
	B	108	122	139	122	139	162	162	189
	C	24	28	34	34	38	48	64	82
	D	120	142	178	142	178	210	210	210

型号	HSZ-½	HSZ-1	HSZ-1½	HSZ-2	HSZ-3	HSZ-5	HSZ-10	HSZ-20
净质量（kg）	9.5	10	16	14	24	36	68	155
装箱毛质量（kg）	12	13	20	17	28	45	83	193
装箱尺寸（长×宽×高，cm×cm×cm）	28×21×17	30×24×18	34×29×20	33×25×19	38×30×20	45×35×24	62×50×28	70×46×75
起重高度每增加1m所增加的质量（kg）	1.7	1.7	2.3	2.5	3.7	5.3	9.7	19.4

2. HSC 型手拉葫芦

HSC 型手拉葫芦的型号及技术参数见表 12-39。

表 12-39   **HSC 型手拉葫芦的型号及技术参数**

型号		HSC½	HSC1	HSC1½	HSC2	HSC3	HSC5
起重量（t）		0.5	1	1.5	2	3	5
起重高度（m）		2.5	2.5	3	3	3	3
试验载荷（t）		0.625	1.25	1.875	2.5	3.75	6.25
满载时的手链拉力（kgf）		21～23	33～36	42～46	33～36	42～46	41～45
起重链行数		1	1	1	2	2	2
起重链条圆钢直径（mm）		5	6	8	6	8	10
主要尺寸（mm）	A	135	165	191	196	234	285
	B	118	147	163	147	163	184
	C	53	63	67	94	110	128
	D	26	32	34	46	52	69
	E	27	35	39	42	46	56
	F	36	42	48	52	60	70
净质量（kg）		6.8	11.5	17.4	22.2	26.2	37.7
装箱毛质量（kg）		7.3	12.3	18.6	23.2	28	40

型号	HSC½	HSC1	HSC1½	HSC2	HSC3	HSC5
装箱尺寸 （长×宽×高， cm×cm×cm）	220× 180×160	330× 187×191	387× 209×205	382× 222×191	471× 258×121	537× 203×230
起重高度每增加 1m 应增加的质量（kg）	1.16	1.77	2.37	2.59	3.86	5.6

3. HSJ680 系列手扳葫芦

HSJ680 系列手扳葫芦的型号及技术参数见表 12-40。

表 12-40　　　　HSJ680 系列手扳葫芦的型号及技术参数

型号	HSJ-075	HSJ-150	HSJ-300	HSJ-600
载重（t）	0.75	1.5	3	6
标准链长（m）	1.53	1.53	1.53	1.53
净质量（kg）	7/8	11/13	16/20	30/37
手柄长（mm）	290	410	410	410
吊链直径（mm）	6	7	7	10
链条数	1	1	2	2
满载拉力（kgf）	20	21	28	35
试验载荷（t）	1	2	4	8
两钩间最小距离（mm）	303	380	400	600

4. HSD616 系列手扳葫芦

HSD616 系列手扳葫芦的型号及技术参数见表 12-41。

表 12-41　　　　HSD616 系列手扳葫芦的型号及技术参数

型号	HSD-075	HSD-150	HSD-300	HSD-600
载重（t）	0.75	1.5	3	6
标准链长（m）	1.53	1.53	1.53	1.53
净质量（kg）	7/8	11/13	20/22	30/37
手柄长（mm）	290	388	388	410
吊链直径（mm）	6	7	10	10

型号	HSD-075	HSD-150	HSD-300	HSD-600
链条数	1	1	1	2
满载拉力（kgf）	20	21	31	35
试验载荷（t）	1	2	4	8
两钩间最小距离（mm）	325	380	485	600

5. HSH611 系列手扳电葫芦

HSH611 系列手扳电葫芦的型号及技术参数见表 12-42。

表 12-42　　　HSH611 系列手扳电葫芦的型号及技术参数

型号	HSH-075	HSH-150	HSH-300	HSH-600
载重（t）	0.75	1.5	3	6
标准链长（m）	1.53	1.53	1.53	1.53
净质量（kg）	7/8	11/13	16/20	30/37
手柄长（mm）	290	410	410	410
吊链直径（mm）	6	7	7	10
链条数	1	1	2	2
满载拉力（kgf）	20	21	28	35
试验载荷（t）	1	2	4	8
两钩间最小距离（mm）	303	380	400	600

四、电动提升机

1. DHY 型低速环链电动提升机

DHY 型低速环链电动提升机的型号及技术参数见表 12-43。

表 12-43　　　DHY 型低速环链电动提升机的型号及技术参数

型号	1t	2t	3t	5t	10t
额定起重量（kg）	1000	2000	3000	5000	10000
起升速度（m/min）	2.25	1.85	1.1	0.9	0.45
起升高度（m）	3～9	3～9	3～6	3～9	6～9

型号		1t	2t	3t	5t	10t
盘式电动机型号		YHPE50-4	YHPE50-4	YHPE500-4	HYPE750-4	YHPE750-4
电动机功率（W）		500	750	500	750	750
电动机转速（r/min）		1380	1380	1380	1380	1380
电源电压（V）		380	380	380	380	380
整机质量 （kg）	3m	36	45	42	57	115
	6m	40	54	50	70	142

2. DHP 型低速双吊钩循环电动提升机

DHP 型低速双吊钩循环电动提升机的型号及技术参数见表 12-44。

表 12-44　　DHP 型低速双吊钩循环电动提升机的型号及技术参数

型号	5t	10t
额定起重量（kg）	5000	10000
起升速度（m/min）	0.18	0.09
起升高度（m）	6～12	6～9
盘式电动机型号	YHPE500-4	YHPE750-4
电动机功率（W）	500	750
电动机转速（r/min）	1380	1380
电源电压（V）	380	380
整机质量（kg）	95～120	95～135

五、套索具

1. 吊装索具

吊装索具的种类及技术参数见表 12-45。

表 12-45　　　　吊装索具的种类及技术参数

种类	技术参数					
	型号	开口尺寸 （mm）	额定起重量 （kg）	实验载荷 （kg）	质量 （kg）	原型号
BHCQ 型简易 横吊型材用夹钳 	DHCQJ0.8 Ⅰ	0～15	800	1600	2.1	L-0.8
	DHCQJ1.6 Ⅰ	0～25	1600	3200	6.7	L-1.6
	DHCKQJ2.5 Ⅰ	25～50	2500	5000	9.6	L-2.5
	DHCKQJ 5 Ⅰ	50～80	5000	10000	17.5	L-5
BHCQJ Ⅱ A 型简易 横吊型材用夹钳 	DHCQJ1.6 Ⅱ A	0～30	1600	3200	4.6	LA
	DHCQJ3.2 Ⅱ A	0～40	3200	6400	6.4	LA
	DHCQJ5 Ⅱ A	40～80	5000	10000	12.5	LA
DHPQ 型横吊 水平用夹钳 	DHPQ1.6	0～30	1600	3200	4	PDB1.6
	DHPQ4	0～50	4000	8000	7.5	PDB4
	DHPKQ6	50～130	6000	12000	20	PDB6
DHDQ 型横吊 叠板用夹钳 	DHDQ3.2	0～180	3200	6400	20	PDK
	DHDQ4.5	0～240	4500	9000	28	PDK
	DHDQ6.3	0～300	6300	12600	42	PDK
	DHDQ7.5	0～420	7500	15000	51	PDK

种类	技术参数					
	型号	开口尺寸 (mm)	额定起重量 (kg)	实验载荷 (kg)	质量 (kg)	原型号
DSKQ I 型竖吊用夹钳	DSQ0.5	0～16	500	1000	2.6	CDH
	DSQ1 I	0～20	1000	2000	5	CDH
	DSQ2 I	0～30	2000	4000	8.1	CDH
	DSQ13.2 I	0～30	3200	64000	11	CDH
	DSQ5 I	0～50	5000	10000	15.9	CDH
	DSKQ5 I	50～100	5000	10000	17.9	CDH
	DSQ8 I	0～50	8000	16000	21.2	CDH
	DSKQ8 I	50～100	8000	16000	23.8	CDH
DSQ 型竖吊钢板板起重用夹钳	DSQ0.8	0～15	800	1600	2	CD-0.8
	DSQ1.6 II	0～20	1600	3200	7.22	CD-1.6
	DSQ3.2	0～25	3200	6400	15.5	CD-3.2
	DSKQ4.5 II	25～50	4500	9000	16.8	CD-4.5

种类	技术参数			
	型号	开口 (mm)	额定载荷 (t)	质量 (kg)
YQC 型、DYQ 型油桶吊夹钳	YQC-0.6	0～30	0.6	6
	YQC-0.2	0～10	0.2	2
PDG 型钳（原钢板水平吊运用或多层钢板水平吊运，作业时每副 4 只）	PDQ-1	0～15	1	10
	PDQ-3	0～90	3	12
	PDQ-5	0～120	5	15
	PDQ-8	0～130	8	20

种类	技术参数			
	型号	开口 （mm）	额定载荷 （t）	质量 （kg）
YDG I 字钢吊运钳（吊装作业中每副 2 只）  	YDG1	3～24	1	7
	YDG2	3～20	2	11
DFQ 型翻转钳（用于钢板水平、 垂直及型钢吊运）  	DFQ1.5	0～20	1.5	8
	DFQ2.5	0～30	2.5	10
	DFQ10	20～50	10	19
LA 型起重钳（用于钢板的翻转与 吊运，2 只为一组）  	LA2	0～50	2	6
	LA3	50～60	3	8.5
	LA4.5	10～80	4.5	12.6
	LA6	10～100	6	17.9

2. 扁平吊装成套壳具

扁平吊装成套壳具的技术参数见表 12-46。

表 12-46　　　　　扁平吊装成套壳具的技术参数

图示	$\beta=0°～45°$（kg）	$\beta=45°～60°$（kg）
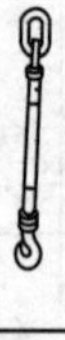	1000 2000 3000 4000 5000	—

图 示	$\beta=0°\sim45°$（kg）	$\beta=45°\sim60°$（kg）
	1400	1000
	2800	2000
	4200	3000
	5600	4000
	7000	5000
	2100	1500
	4200	3000
	6300	4500
	8400	6000
	10500	7500
	2100	1500
	4200	3000
	6300	4500
	8400	6000
	10500	7500

3. 串丝吊装成套索具

串丝吊装成套索具的技术参数见表 12-47。

表 12-47　　　　　　　串丝吊装成套索具的技术参数

图 示	$\beta=0°\sim45°$（kg）	$\beta=45°\sim60°$（kg）
	1000	
	2000	
	3000	—
	4000	
	5000	
	1400	1000
	2800	2000
	4200	3000
	5600	4000
	7000	5000
	2100	1500
	4200	3000
	6300	4500
	8400	6000
	10500	7500

图 示	$\beta=0°\sim45°$ (kg)	$\beta=45°\sim60°$ (kg)
	2100	1500
	4200	3000
	6300	4500
	8400	6000
	10500	7500

4. 索具卸扣

索具卸扣如图 12-1 所示。

索具卸扣用于连接钢丝绳或链条等。其特点是装卸方便，适用

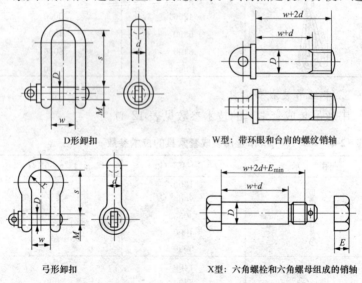

D形卸扣   W型：带环眼和台肩的螺纹销轴

弓形卸扣   X型：六角螺栓和六角螺母组成的销轴

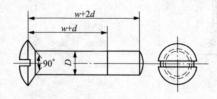

Y型：沉头螺钉式销轴的型式

图 12-1　索具卸扣

于冲击性不大的场合。弓形卸扣开裆较大，适用于连接麻绳、白棕绳等。索具卸扣的规格及基本尺寸见表12-48。

表 12-48　　　　　　　　　　索具卸扣的规格及基本尺寸

（1）D形卸扣规格

起重量（t）			主要尺寸（mm）				
M（4）	S（6）	T（8）	d	D	s	w	M
—	—	0.63	8.0	9.0	18.0	9.0	M18
—	0.63	0.80	9.0	10.0	20.0	10.0	M10
—	0.8	1	10.0	12.0	22.4	12.0	M12
0.63	1	1.25	11.2	12.0	25.0	12.0	M12
0.8	1.25	1.6	12.5	14.0	28.0	14.0	M14
1	1.6	2	14.0	16.0	31.5	16.0	M16
1.25	2	2.5	16.0	18.0	35.5	18.0	M18
1.6	2.5	3.2	18.0	20.0	40.0	20.0	M20
2	3.2	4	20.0	22.0	45.0	22.0	M22
2.5	4	5	22.4	24.0	50.0	24.0	M24
3.2	5	6.3	25.0	30.0	56.0	30.0	M30
4	6.3	8	28.0	33.0	63.0	33.0	M33
5	8	10	31.5	36.0	71.0	36.0	M36
6.3	10	12.5	35.5	39.0	80.0	39.0	M39
8	12.5	16	40.0	45.0	90.0	45.0	M45
10	16	20	45.0	52.0	100.0	52.0	M52
12.5	20	25	50.0	56.0	112.0	56.0	M56
16	25	32	56.0	64.0	125.0	64.0	M64
20	32	40	63.0	72.0	140.0	72.0	M72
25	40	50	71.0	80.0	160.0	80.0	M80
32	50	63	80.0	90.0	180.0	90.0	M90
40	63	—	90.0	100.0	200.0	100.0	M100
50	80	—	100.0	115.0	224.0	115.0	M115
63	100	—	112.0	125.0	250.0	125.0	M125
80	—	—	125.0	140.0	280.0	140.0	M140
100	—	—	140.0	160.0	315.0	160.0	M160

　注　M（4）、S（6）、T（8）为卸扣强度级别，在标记中可用M、S、T或4、6、8
表示。

（2）弓形卸扣规格

起重量（t）			主要尺寸（mm）					
M（4）	S（6）	T（8）	d	D	s	ω	2r	M
—	—	0.63	9.0	10.0	22.4	10.0	16.0	M10
—	—	0.63	9.0	10.0	22.4	10.0	16.0	M10
—	0.63	0.80	10.0	12.0	25.0	12.0	18.0	M12
—	0.8	1	11.2	12.0	28.0	12.0	20.0	M12
0.63	1	1.25	12.5	14.0	31.5	14.0	22.4	M14
0.8	1.25	1.6	14.0	16.0	35.5	16.0	25.0	M16
1	1.6	2	16.0	18.0	40.0	18.0	28.0	M18
1.25	2	2.5	18.0	20.0	45.0	20.0	31.5	M20
1.6	2.5	3.2	20.0	22.0	50.0	22.0	35.5	M22
2	3.2	4	22.4	24.0	56.0	24.0	40.0	M24
2.0	4	5	25.0	30.0	63.0	30.0	45.0	M27
3.2	5	6.3	28.0	33.0	71.0	33.0	50.0	M33
4	6.3	8	31.5	36.0	80.0	36.0	56.0	M36
5	8	10	35.5	39.0	90.0	39.0	63.0	M39
6.3	10	12.5	40.0	45.0	100.0	45.0	71.0	M45
8	12.5	16	45.0	52.0	112.0	52.0	80.0	M52
10	16	20	50.0	56.0	125.0	56.0	90.0	M56
12.5	20	25	56.0	64.0	140.0	64.0	100.0	M64
16	25	32	63.0	72.0	160.0	72.0	112.0	M72
20	32	40	71.0	80.0	180.0	80.0	125.0	M80
25	40	50	80.0	90.0	200.0	90.0	140.0	M90
32	50	63	90.0	100.0	224.0	100.0	160.0	M100
40	63	—	100.0	115.0	250.0	115.0	180.0	M115
50	80	—	112.0	125.0	280.0	125.0	200.0	M125
63	100	—	125.0	140.0	315.0	140.0	224.0	M140
80	—	—	140.0	160.0	355.0	160.0	250.0	M160
100	—	—	160.0	180.0	400.0	180.0	280.0	M180

5. 索具螺旋扣

索具螺旋扣用于拉紧钢丝绳，并起调节松紧作用。其中，KOOD、KOOH 型用于不经常拆卸的场合；KCCD 型用于经常拆卸的场合；KCOD型用于一端常拆卸另一端不经常拆卸的场合。

索具螺旋扣的型式见表 12-49，索具螺旋扣的规格和参数见表 12-50，索具螺旋扣的基本尺寸见表 12-51。

表 12-49 索具螺旋扣的型式

名称	简　图	型式	螺杆型式	螺旋套型式
开式索具螺旋扣		KUUD	UU	模锻
		KUUH		焊接
		KOOD	OO	模锻
		KOOH		焊接
		KOUD	OU	模锻
		KOUH		焊接
		KCCD	CC	模锻
		KCUD	CU	模锻
		KCOD	CO	模锻

名称	简　图	型式	螺杆型式	螺旋套型式
旋转式索具螺旋扣		ZCUD	CU	模锻
		ZUUD	UU	模锻

表 12-50　　　　　索具螺旋扣的规格和参数　　　　　（N）

螺杆直径（mm）	M 级			P 级		
	安全工作负荷		最小破断负荷	安全工作负荷		最小破断负荷
	起重、绑扎	救生		起重、绑扎	救生	
M6	1.2	0.8	4.8	1.8	1.0	6.0
M8	2.5	1.6	9.6	4.0	2.5	15
M10	4.0	2.5	15	6.0	4.0	24
M12	6.0	4.0	24	8.0	5.0	30
M14	9.0	6.0	36	12	8.0	48
M16	12	8.0	48	17	10	60
M18	17	10	60	21	12	72
M20	21	12	72	27	16	96
M22	27	16	96	35	20	120
M24	35	20	120	45	25	150
M27	45	28	168	55	34	204
M30	55	35	210	75	43	258
M36	75	50	300	95	63	378
M39	95	60	360	120	75	450
M42	105	70	420	145	85	510

螺杆直径 （mm）	M级		最小破断 负荷	P级		最小破断 负荷
	安全工作负荷			安全工作负荷		
	起重、绑扎	救生		起重、绑扎	救生	
M48	140	90	540	180	110	660
M56	175	115	690	220	140	840
M60	210	125	750	250	160	960
M64	250	160	960	320	200	1200

注　本表强度计算起重、绑扎按 $[\sigma]=\sigma_s/2$，计算救生按 $[\sigma]=\sigma_b/6$。M级索具螺旋扣的抗拉强度 $\sigma_b \geqslant 410MPa$、屈服强度 $\sigma_s \geqslant 235MPa$，P级索具螺旋扣的抗拉强度 $\sigma_b \geqslant 490MPa$、屈服强度 $\sigma_s \geqslant 325MPa$。

表 12-51　　　　　　　索具螺旋扣的基本尺寸　　　　　　（mm）

螺杆直径 d		最大钢 索直径	B	L	质量（kg）		
KUUD	KUUH		KUUD、KUUH		KUUD	KUUH	—
M6	—	3.8	10	155～230	0.2	—	
M8	—	4.9	12	210～325	0.4	—	
M10	—	6.2	14	230～340	0.5	—	
M12	—	7.7	16	280～420	0.9	—	
M14	—	9.3	18	295～435	1.1	—	
M16	—	11.0	22	335～525	1.8	—	
M18	—	13.0	25	375～540	2.3	—	
M20	—	15.0	27	420～605	3.1	—	
M22	M22	17.0	30	445～630	3.7	4.1	
M24	M24	19.5	32	505～720	5.8	6.2	
M27	M27	21.5	36	545～755	6.9	7.3	
M30	M30	24.5	40	635～880	11.4	12.1	
M36	M36	28.0	44	650～900	14.1	15.1	
—	M39	31.0	49	720～985	—	21.3	
—	M42	34.0	52	760～1025	—	24.4	

螺杆直径 d		最大钢索直径	B	L	质量（kg）		—
KUUD	KUUH	KUUD、KUUH			KUUD	KUUH	—
—	M48	40.0	58	845～1135	—	35.9	—
—	M56	43.0	65	870～1160	—	43.8	—
—	M60	46.0	70	940～1250	—	57.2	—
—	M64	49.0	75	975～1280	—	65.8	—
KOOD	KOOH	KOOD、KOOH			KOOD	KOOH	—
M6	—	3.8	10	170～245	0.2	—	—
M8	—	4.9	12	230～345	0.3	—	—
M10	—	6.2	14	255～365	0.4	—	—
M12	—	7.7	16	310～450	0.7	—	—
KOOD	KOOH	KOOD、KOOH			KOOD	KOOH	—
M14	—	9.3	18	325～465	0.9	—	—
M16	—	11.0	22	390～560	1.6	—	—
M18	—	13.0	25	415～580	1.8	—	—
M20	—	15.0	27	470～655	2.6	—	—
M22	M22	17.0	30	495～680	2.9	3.4	—
M24	M24	19.5	32	575～785	4.8	5.2	—
M27	M27	21.5	36	610～820	5.5	6.0	—
M30	M30	24.5	40	700～950	9.8	10.5	—
M36	M36	28.0	44	730～975	11.6	12.5	—
—	M39	31.0	49	820～1085	—	18.1	—
—	M42	34.0	52	855～1120	—	19.1	—
—	M48	40.0	58	940～1230	—	29.9	—

螺杆直径 d		最大钢索直径	B	L	质量（kg）		
KOOD	KOOH	KOOD、KOOH			KOOD	KOOH	—
—	M56	43.0	65	970～1260	—	35.9	
—	M60	46.0	70	1085～1390	—	46.2	
—	M64	49.0	75	1130～1435	—	57.3	
KOUD	KOUH	KOUD、KOUH			KOUD	KOUH	—
M6	—	3.8	10	160～235	0.3	—	
M8	—	4.9	12	220～335	0.4	—	
M10	—	6.2	14	240～355	0.5	—	
M12	—	7.7	16	295～435	0.8	—	
M14	—	9.3	18	310～450	1.0	—	
M16	—	11.0	22	375～540	1.7	—	
M18	—	13.0	25	395～560	2.0	—	
M20	—	15.0	27	445～630	2.8	—	
M22	M22	17.0	30	470～655	3.3	3.8	
KOUD	KOUH	KOUD、KOUH			KOUD	KOUH	—
M24	M24	19.5	32	540～775	5.3	5.7	
M27	M27	21.5	36	575～790	6.2	6.7	
M30	M30	24.5	40	665～915	10.6	11.3	
M36	M36	28.0	44	690～940	12.8	13.7	
—	M39	31.0	49	770～1035	—	19.3	
—	M42	34.0	52	810～1075	—	21.8	
—	M48	40.0	58	890～1180	—	32.9	
—	M56	43.0	65	920～1210	—	40.9	
—	M60	46.0	70	1010～1320	—	52.1	
—	M64	49.0	75	1055～1360	—	61.5	

螺杆直径 d	最大钢索直径	B	L	质量（kg）		
KCCD、KCUD、KCOD				KCCD	KCUD	KCOD
M6	—	3.8	8	160～235	0.2	0.2	0.2
M8	—	4.9	13	250～360	0.4	0.4	0.5
M10	—	6.2	16	270～385	0.6	0.5	0.7
M12	—	7.7	18	320～460	1.0	1.0	1.2
M14	—	9.3	20	330～470	1.2	1.1	1.3
M16	—	11.0	24	390～560	2.0	1.9	2.2
ZCUD						
M8	—	4.9	10	185～265	0.4	—	—
M10	—	6.2	11	200～285	0.5	—	—
M12	—	7.7	12	240～330	0.9	—	—
M14	—	9.3	16	300～420	1.3	—	—
M16	—	11.0	20	315～440	1.8	—	—
ZUUD						
M8	—	4.9	12	190～270	0.4	—	—
M10	—	6.2	14	210～295	0.5	—	—
M12	—	7.7	16	245～335	0.9	—	—
M14	—	9.3	18	305～425	1.2	—	—
M16	—	11.0	22	325～450	1.6	—	—

六、千斤顶

1. 分离式超薄型拉簧回落式千斤顶

分离式超薄型拉簧回落式千斤顶的型号及技术参数见表

12-52。

表 12-52　　分离式超薄型拉簧回落式千斤顶的型号及技术参数

型号	规格 （t）	最低高度 （mm）	起重高度 （mm）	外形尺寸 （mm×mm×mm）	工作压力 （MPa）	净质量 （kg）
FBY5-9	5	40	9	63×44 ×40	51	0.7
FBY10-11	10	45	11	78×56×45	51.9	1.3
FBY15-13	15	50	13	92×68×50	60.1	2.0
FBY20-17	20	60	17	104×80×60	59.1	3.1
FBY30-17	30	65	17	125×100×65	58.5	4.9
FBY50-19	50	75	19	153×125×75	62.5	8.8
FBY75-21	75	85	21	186×155×85	59.9	15.3
FBY100-25	100	95	25	206×175×95	63.7	20.7
FBY150-30	150	118	30	247×215×118	61.2	36.5
FBY200-30	200	127	30	280×245×127	62.5	50.7

2. QL 型螺旋千斤顶

QL 型螺旋千斤顶的型号及技术参数见表 12-53。

表 12-53　　QL 型螺旋千斤顶的型号及技术参数

型号	起重量（t）	起升高度（mm）	最低高度（mm）
QL3.2	3.2	110	220
QL5	5	130	250
QL8	8	140	260
QL10	10	150	280
QLD10	10	80	192
QL16	16	180	325
QL20	20	180	325
QL25	25	125	262
QL32	32	200	395
QLD32	32	180	320
QL42	42	200	410
QL50	50	250	452
QL100	100	200	412

3. 1.6-200t 系列立式油压千斤顶

1.6-200t 系列立式油压千斤顶的型号及技术参数见表 12-54。

表 12-54   1.6-200t 系列立式油压千斤顶的型号及技术参数

规格（t）	最低高度（mm）	起升高度（mm）	调整高度（mm）	净质量（kg）
2	148	80	50	2.2
4	180	110	50	3.4
6	185	110	60	4.5
8	200	125	60	5.5
10	200	125	60	6.0
12	210	125	60	7.2
16	225	140	60	8.5
20	235	145	60	111.0
32D	255	150	—	14.5
32	285	180	—	23.0
50D	260	155	—	23.0
50	300	180	—	24.0
100	335	180	—	71.0
200	375	200	—	140.0

4. QW 型背包式千斤顶

QW 型背包式千斤顶的型号及技术参数见表 12-55。

表 12-55   QW 型背包式千斤顶的型号及技术参数

最大起重量（t）	QW100	QW200	QW320
起重高度（mm）	200	200	200
外形尺寸 (mm×mm×mm)	610×410×510	710×530×590	730×610×640
最低高度（mm）	360	400	450
公称压力（MPa）	63.7	69.2	69.3
底座直径（mm）	222	314	394
起升进程（mm）	4.5	2.5	1.6
手柄长度（mm）	950	950	950

最大起重量（t）	QW100	QW200	QW320
手柄操作力（kg）	36×2	36×2	36×2
油量（L）	3.5	7	10
净质量（kg）	120	250	435

5. FRC 系列单动式千斤顶

FRC 系列单动式千斤顶的型号及技术参数见表 12-56。

表 12-56　　　　FRC 系列单动式千斤顶的型号及技术参数

型号	行程（mm）	最低高度（mm）
FRC-5	80	150
FRC-10	90	160
FRC-15	100	170
FRC-25	105	180
FRC-30	110	190
FRC-50	115	200
FRC-75	120	220
FRC-100	130	250

6. 二节油压千斤顶

二节油压千斤顶的型号及技术参数见表 12-57。

表 12-57　　　　　　二节油压千斤顶的型号及技术参数

规格（t）	最低高度（mm）	起重高度（mm）	调整高度（mm）
4	150	160	40
6	210	260	80
8	220	270	80
12	230	255	80
16	240	260（订制）	—
20	250	270（订制）	—
50	335	280（订制）	—

7. FZYS 系列双向分离式油压千斤顶

FZYS 系列双向分离式油压千斤顶的型号及技术参数见表 12-58。

表 12-58　FZYS 系列双向分离式油压千斤顶的型号及技术参数

名称	规格 （t）	最低高度 （mm）	起重高度 （mm）	外形尺寸 （mm×mm）	工作压力 （MPa）	净质量 （kg）
FZYS30-100		224	100	φ110×224		9.0
FZYS30-150	30	274	150	φ110×274	58.5	14
FZYS30-200		324	200	φ110×324		17
FZYS50-100		238	100	φ135×238		21
FZYS50-150	50	288	150	φ135×288	62.5	25
FZYS50-200		338	200	φ135×388		29
FZYS100-100		266	100	φ176×266		40
FZYS100-150	100	316	150	φ176×316	63.5	47
FZYS100-200		366	200	φ176×366		54
FZYS200-100		296	100	φ244×296		89
FZYS200-150	320	346	150	φ244×346	62.5	102
FZYS200-200		396	200	φ244×396		115
FZYS320-200	320	430	200	φ315×430	63	215
FZYS500-200	500	475	200	φ395×475	63	395

8. QD 系列齿条式千斤顶

QD 系列齿条式千斤顶的型号及技术参数见表 12-59。

表 12-59　　　QD 系列齿条式千斤顶的型号及技术参数

型号	最大顶举重 （t）	最大钩举重 （t）	起重高度 （mm）	顶高 （mm）	脚钩高 （mm）	杠杆长度 （mm）	净质量 （kg）
QD5	5	2.5	200	387	43	0.8～1.5	15
QD10	10	5	200	320	45	0.8～1.5	20
QD15	15	7.5	280	590	60	0.8～2	37

9. FRCS 系列薄型千斤顶

FRCS 系列薄型千斤顶的型号及技术参数见表 12-60。

表 12-60　　　　**FRCS 系列薄型千斤顶的型号及技术参数**

型号	行程（mm）	本体高度（mm）
FRCS-10	38.1	88
FRCS-20	44.5	98
FRCS-30	62.0	117
FRCS-50	60.5	122
FRCS-100	57.2	141

10. 手摇挎顶

手摇挎顶的型号及技术参数见表 12-61。

表 12-61　　　　　　**手摇挎顶的型号及技术参数**

安全负荷	5t	10t
适合高度（mm）	730～1075	800～1190
净质量（kg）	28	46

11. JRCH 系列单动空心柱塞千斤顶

JRCH 系列单动空心柱塞千斤顶的型号及技术参数见表 12-62。

表 12-62　　**JRCH 系列单动空心柱塞千斤顶的型号及技术参数**

型号	规格（t）	行程（mm）	最低高度（mm）
JRCH6	6	50	120
JRCH25	25	50	210

12. 滚轮卧式千斤顶

滚轮卧式千斤顶如图 12-2 所示。

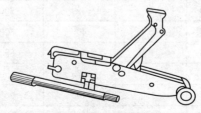

图 12-2　滚轮卧式千斤顶

滚轮卧式千斤顶是可移动式液压起重工具，千斤顶上装有万向轮，移动方便灵活。滚轮卧式千斤顶的型号及技术参数见表12-63。

表 12-63　　　　滚轮卧式千斤顶的型号及技术参数

型号	起重量 (t)	最低高度 (mm)	最高高度 (mm)	质量 (kg)	外形尺寸 (mm×mm×mm)
QLZ2-A	2	145	480	29	643×335×170
QLZ2-B	2	130	510	35	682×432×165
QLZ-C	2	130	490	40	725×350×160
QLQ-2	2	130	390	19	660×250×150
QL1.8	1.8	135	365	11	470×225×140
LYQ2	2	144	385	13.8	535×225×160
LZD3	3	140	540	48	697×350×280
LZ5	5	160	560	105	1418×379×307
LZ10	10	170	570	155	1559×471×371

13. 齿条千斤顶（起重机）

用齿条传动顶举物体，并可用钩脚起重较低位置的重物。常用于铁道、桥梁、建筑、运输及机械安装等场合。

齿条千斤顶的型号及技术参数见表12-64。

表 12-64　　　　齿条千斤顶的型号及技术参数

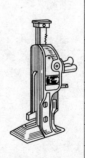

	规格	额定起重量 (t)	起升高度 (mm)	落下高度 (mm)	自重 (kg)
	3	3	350	700	36
	5	5	400	800	44
	8	8	375	850	57
	10	10	375	850	73
	15	15	400	900	84
	20	20	400	900	90

14. 车库用液压千斤顶（1）

汽车、拖拉机等车辆中的各种机械设备制造、安装时作为起重或顶升工具。车库用液压千斤顶的型号及技术参数见表12-65。

表 12-65   车库用液压千斤顶的型号及技术参数

额定起重量 （t）	最低高度 （mm）	起升高度 （mm）
1		200
1.25		250
1.6	140	220，260
2		275，350
2.5		285，350
3.2	160	350，400
4		400
5	160	400
6.3		400
8	170	400
10		400，450
12.5		400
16	210	430
20		430

15. 车库用液压千斤顶（2）

车库用液压千斤顶如图12-3所示。

车库用液压千斤顶除一般起重外，配上附件，可以进行侧顶、横顶、倒顶以及拉、压、扩张和夹紧等。广泛用于机械、车辆、建筑等的维修及安装。齿条千斤顶的型号及技术参数见表12-66。

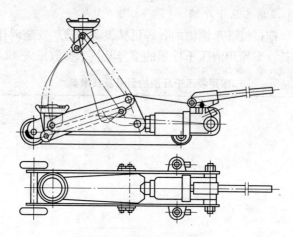

图 12-3　车库用液压千斤顶

表 12-66　　　　　　　齿条千斤顶的型号及技术参数

起顶机型号	额定起重量 （t）	起重扳最大受力 （kN）	活塞最大行程 （mm）	最低高度 H_1（mm）	质量 （kg）
LQD-3	3	—	60	120	5
LQD-5	5	24.5	50，100	290	12
LQD-10	10	49	60，125，150	315	22
LOD-20	20	—	100，160，200	160，220，260	30
LQD-30	30	—	60，125，160	200，265，287	23
LQD-50	50	—	80，160	140，220	35

七、其他物流工具及起重器材

1. AA 型/AB 型合成纤维吊装带

AA 型/AB 型合成纤维吊装带的型号及基本尺寸见表 12-67。

表 12-67　　　AA 型/AB 型合成纤维吊装带的型号及基本尺寸

型号		载荷 （kg）	近似厚度（mm）		近似宽度（mm）		质量 （kg/m）
			AA	AB	AA	AB	
AA005	AB005	500	5	6	40	42	0.35

型号		载荷 (kg)	近似厚度（mm）		近似宽度（mm）		质量 (kg/m)
			AA	AB	AA	AB	
AA01	AB01	1000	5	6	48	50	0.47
AA02	AB02	2000	6	7	58	60	0.60
AA03	AB03	3000	7	8	68	70	0.82
AA04	AB04	4000	9	10	72	74	1.20
AA05	AB05	5000	11	12	78	80	1.47
AA06	AB06	6000	13	14	88	90	1.70
AA08	AB08	8000	16	17	98	100	2.20
AA10	AB10	10000	18	19	108	110	3.00
AA12	AB12	12000	21	23	112	114	3.40
AA15	AB15	15000	24	26	122	124	4.00
AA20	AB20	20000	26	28	145	147	560
AA25	AB25	25000	28	30	150	152	680
AA30	AB30	30000	32	34	165	167	820
AA40	AB40	40000	40	42	180	182	10.9
AA50	AB50	50000	45	48	195	195	13.8
AA60	AB60	60000	65	68	205	207	16.6
AA80	AB80	80000	70	74	225	227	22.0

2. BA/BB 型扁平聚酯吊带

BA/BB 型扁平聚酯吊带的型号及基本尺寸见表 12-68。

表 12-68　　　BA/BB 型扁平聚酯吊带的型号及基本尺寸

型号		载荷（kg）	近似厚度（mm）	近似宽度（mm）
BA005	BB005	500	7.5	25
BA01	BB01	1000	7.5	25
BA02	BB02	2000	7.5	50
BA03	BB03	3000	7.5	75
BA04	BB04	4000	7.5	100

型号		载荷（kg）	近似厚度（mm）	近似宽度（mm）
BA05	BB05	5000	7.5	125
BA06	BB06	6000	7.5	150
BA08	BB08	8000	7.5	200
BA10	BB10	10000	7.5	250
BA12	BB1	1200	7.5	300

3. 80 级校正链与非校正链

80 级校正链与非校正链的规格及尺寸规范见表 12-69 和表 12-70。

表 12-69   **80 级校正链的规格及尺寸规范**

产品号	链条规格（mm）	工作载荷（t）	直径（mm）	节距（mm）	外宽（max）（mm）	内宽（min）（mm）	净质量（100m）
78060	6.0	1.20	6.0	18	20.45	7.5	81
78063	6.3	1.25	6.3	19	21.48	7.9	90
78071	7.1	1.60	7.1	21	23.54	8.9	116
78080	8.0	2.00	8.0	24	26.60	10.0	142
78090	9.0	2.50	9.0	27	30.68	11.3	182
78095	9.5	2.80	9.5	29	31.72	11.9	198
780100	10.0	3.20	10.0	30	33.75	12.5	221
780112	11.2	4.00	11.2	34	37.84	14.0	260
780130	13.0	5.40	13.0	39	43.98	16.3	400
780160	16.0	8.00	16.0	48	53.20	20.0	564

表 12-70   **80 级非校正链的规格及尺寸规范**

链条规格（mm）	工作载荷（t）	直径（mm）	链条外长		外宽（max）（mm）	内宽（min）（mm）
			（max）（mm）	（min）（mm）		
6.0	1.20	6.0	30	28	21	7.5

链条规格 (mm)	工作载荷 (t)	直径 (mm)	链条外长		外宽 (max) (mm)	内宽 (min) (mm)
			(max) (mm)	(min) (mm)		
6.3	1.25	6.3	32	30	22	7.9
7.1	1.60	7.1	36	34	25	8.9
8.0	2.00	8.0	40	38	28	10.0
9.0	2.50	9.0	45	43	32	11.3
10.0	3.20	10.0	50	47	35	12.5
11.2	4.00	11.2	56	53	39	14.0
13.0	5.40	13.0	65	62	46	16.3
16.0	8.00	16.0	80	76	56	20.0

4. 钢丝绳用套环

钢丝绳用套环如图 12-4 所示。

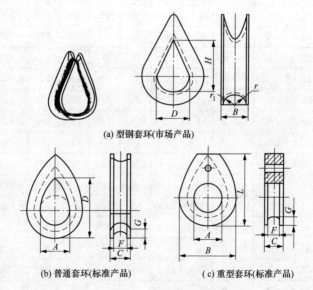

(a) 型钢套环(市场产品)

(b) 普通套环(标准产品)　　　　(c) 重型套环(标准产品)

图 12-4　钢丝绳用套环

用途：钢丝绳的固定连接附件。钢丝绳与钢丝绳或其他附件间连接时，钢丝绳一端嵌在套环的凹槽中，形成环状，以保护钢丝绳弯曲部分受力时不易折断。

规格：钢丝绳用套环的规格及基本尺寸见表 12-71，常用型钢套环（市场产品）的规格见表 12-72。

表 12-71　　　　　钢丝绳用套环的规格及基本尺寸

| 套环规格 d (mm) | 主要尺寸（mm） | | | | | | | | 单件质量 (kg) | |
| | 槽宽 F | 侧面宽度 C | 槽深 $G\geqslant$ | | 孔径 A | 孔高 D | 宽度 B | 高度 L | 普通 | 重型 |
			普通	重型		普通	重型		普通	重型
6	6.7±0.2	10.5	3.3	—	15	27	—	—	0.032	—
8	8.9±0.3	14.0	4.4	6.0	20	36	40	56	0.075	0.08
10	11.2±0.3	17.5	5.5	7.5	25	45	50	70	0.150	0.17
12	13.4±0.4	21.0	6.6	9.0	30	54	60	84	0.250	0.32
14	15.6±0.5	24.5	7.7	10.5	35	63	70	98	0.393	0.50
16	17.8±0.6	28.0	8.8	12.0	40	72	80	112	0.605	0.78
18	20.1±0.6	31.5	9.9	13.5	45	81	90	126	0.867	1.14
20	22.3±0.7	35.0	11.0	15.0	50	90	100	140	1.205	1.41
22	24.5±0.8	38.5	12.1	16.5	55	99	110	154	1.563	1.96
24	26.7±0.9	42.0	13.2	18.0	60	108	120	168	2.045	2.41
26	29.0±0.9	45.5	14.3	19.5	65	117	130	182	2.620	3.46
28	31.2±1.0	49.0	15.4	21.0	70	126	140	196	3.290	4.30
32	35.6±1.2	56.0	17.6	24.0	80	144	160	224	4.854	6.46
36	40.1±1.3	63.0	19.8	27.0	90	162	180	252	6.972	9.77
40	44.5±1.5	70.0	22.10	30.0	100	180	200	280	9.624	12.94
44	49.0±1.6	77.0	24.2	33.0	110	198	220	308	12.808	17.02
48	53.4±1.8	84.0	26.4	36.0	120	216	240	336	16.595	22.75
52	57.9±1.9	91.0	28.6	39.0	130	234	260	364	20.945	28.41
56	62.3±2.1	98.0	30.8	42.0	140	252	280	392	26.310	35.56
60	66.8±2.2	105.0	45.0	45.0	150	270	300	420	31.396	48.35

注　套环规格 d，即钢丝绳公称直径。

表 12-72　　　常用型钢套环（市场产品）的规格

套环号码	适用钢丝绳公称直径 (mm)	套环尺寸（mm）			套环号码	适用钢丝绳公称直径 (mm)	套环尺寸（mm）		
		槽宽 B	孔宽 D	孔高 H			槽宽 B	孔宽 D	孔高 H
0.1	6.5(6)	9	15	26	1.7	21.5(22)	27	55	88
0.2	8	11	20	32	1.9	22.5(24)	29	60	96
0.3	9.5(10)	13	25	40	2.4	28	34	70	112
0.4	11.5(12)	15	30	48	3.0	31	38	75	120
0.8	15.0(16)	20	40	64	3.8	34	48	90	144
1.3	19.0(20)	25	50	80	4.5	37	54	105	168

注　1. 将套环号码乘上 9807，即等于该号码套环的许用负荷值（N）。例：号码为
0.1 的套环，其许用负荷为 981N。

2. 适用钢丝绳公称直径栏中括号内的数字为过去习惯称呼的直径。

5. 普通钢卸扣（市场产品）

普通钢卸扣（市场产品）如图 12-5 所示。

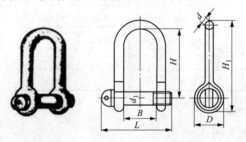

图 12-5　普通钢卸扣（市场产品）

用途：连接钢丝绳或链条等用。

规格：普通钢卸扣（市场产品）的主要尺寸见表 12-73。

表 12-73　　　普通钢卸扣（市场产品）的主要尺寸

卸扣号码	许用负荷（N）	适用钢丝绳最大直径（mm）	主要尺寸（mm）				
			横销螺纹直径 d_1	卸扣本体直径 d	横销全长 L	环孔间距 B	环孔高度 H
0.2	1960	4.7	M8	6	35	12	35

卸扣号码	许用负荷（N）	适用钢丝绳最大直径（mm）	主要尺寸（mm）				
			横销螺纹直径 d_1	卸扣本体直径 d	横销全长 L	环孔间距 B	环孔高度 H
0.3	3240	6.5	M10	8	44	16	45
0.5	4900	8.5	M12	10	55	20	50
0.9	9120	9.5	M16	12	65	24	60
1.4	14200	13	M20	16	86	32	80
2.1	20600	15	M24	20	101	36	90
2.7	26500	17.5	M27	22	111	40	100
3.3	32400	19.5	M30	24	123	45	110
4.1	40200	22	M33	27	137	50	120
4.9	48100	26	M36	30	153	58	130
6.8	66700	28	M42	36	176	64	150
9.0	88300	31	M48	42	197	70	170
10.7	105000	34	M52	45	218	80	190
16.0	157000	43.5	M64	52	262	100	235
21.0	206000	43.5	M76	65	321	99	256

6. 钢丝绳夹

钢丝绳夹如图 12-6 所示。

用途：钢丝绳夹又叫线盘、夹线盘、钢丝卡子及钢丝绳扎头。

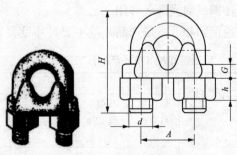

图 12-6　钢丝绳夹

其与钢丝绳用套环配合，作夹紧钢丝绳末端用。钢丝绳夹适用于起重机、矿山运输、船舶和建筑业等重型工况中使用的圆股钢丝绳的绳端固定或连接。

规格：钢丝绳夹的主要尺寸见表 12-74 和表 12-75。

表 12-74　　　　　　　　　标准钢丝绳夹的主要尺寸

公称尺寸（mm）	主要尺寸（mm）				公称尺寸（mm）	主要尺寸（mm）			
	螺栓直径 d	螺栓中心距 A	螺栓全高 H	夹座厚度 G		螺栓直径 d	螺栓中心距 A	螺栓全高 H	夹座厚度 G
6	M6	13.0	31	6	26	M20	47.5	117	20
8	M8	17.0	41	8	28	M22	51.5	127	22
10	M10	21.0	51	10	32	M22	55.5	136	22
12	M12	25.0	62	12	36	M24	61.5	151	24
14	M14	29.0	72	14	40	M27	69.0	168	27
16	M14	31.0	77	14	44	M27	73.0	178	27
18	M16	35.0	87	16	48	M30	80.0	196	30
20	M16	37.0	92	16	52	M30	84.5	205	30
22	M20	43.0	108	20	56	M30	88.5	214	30
24	M20	45.5	113	20	60	M36	98.5	237	30

注　1. 绳夹的公称尺寸，即该绳夹适用的钢丝绳直径。

　　2. 当绳夹用于起重机时，夹座材料推荐采用 Q235 钢或 ZG35Ⅱ碳素钢铸件制造。其他用途绳夹的夹座材料有 KT350-10 或锻铸铁或 QT450-10 球墨铸铁。

表 12-75　　　　　非标准钢丝绳夹（市场产品）的主要尺寸

型号	适用钢丝绳最大直径（mm）	主要尺寸（mm）							
		螺栓直径 d	螺母高度 h	一般可锻铸铁制造			高强度可锻铸铁制造		
				螺栓中心距 A	螺栓全高 H	底板厚度 S	螺栓中心距 A	螺栓全高 H	底板厚度 S
Y6	6	M6	5	14	35	8	13	30	5
Y8	8	M8	6	18	44	10	17	38	6
Y10	10	M10	8	22	55	13	21	48	7.5

型号	适用钢丝绳最大直径（mm）	主要尺寸（mm）								
		螺栓直径 d	螺母高度 h	一般可锻铸铁制造			高强度可锻铸铁制造		
				螺栓中心距 A	螺栓全高 H	底板厚度 S	螺栓中心距 A	螺栓全高 H	底板厚度 S
Y12	12	M12	10	28	69	16	25	58	9
Y15	15	M14	11	33	83	19	30	69	11
Y20	20	M16	13	39	96	22	37	86	13
Y22	22	M18	14	44	108	24	41	94	14
Y25	25	M20	16	49	122	27	46	106	16.5
Y28	28	M22	18	55	137	31	51	119	18
Y32	32	M24	19	60	149	33	57	130	19
Y40	40	M24	19	67	164	35	65	148	19.5
Y45	45	M27	22	78	188	40	73	167	23
Y50	50	M30	24	88	210	44	81	185	25

注 夹座制造材料，一般可锻铸铁的牌号为 KTH330-08，高强度可锻铸铁的牌号为 KTH350-10。

7. 吊滑车

吊滑车如图 12-7 所示。

用途：用于吊放比较轻便的物件。

规格：滑轮直径为 19、25、32、38、50、63、75mm。

8. 起重滑车

图 12-7　吊滑车

起重滑车如图 12-8 所示。

用途：用于吊升笨重物体，是一种使用简单、携带方便、起重能力较大的起重工具。一般均与绞车配套使用，广泛用于水利工程、建筑工程、基建安装、工厂、矿山、交通运输以及林业等方面。

规格：起重滑车的规格及起重滑车额定起重量与滑轮数目、滑轮直径、钢丝绳直径对照见表 12-76 和表 12-77。

图 12-8　起重滑车

表 12-76　　　　　　　　　　**起重滑车的规格**

结构型式			型式代号 （通用滑车）	额定起重量（t）
单轮	开口	滚针 轴承	吊钩型 HQGZK1	0.32, 0.5, 1, 2, 3.2, 5, 8, 10
			链环型 HQLZK1	
		滑动 轴承	吊钩型 HQGK1	0.32, 0.5, 1*, 2*, 3.2*, 5*,
			链环型 HQLK1	8*, 10*, 16*, 20*
	闭口	滚针 轴承	吊钩型 HQGZ1	0.32, 0.5, 1, 2, 3.2, 5, 8, 10
			链环型 HQLZ1	
		滑动 轴承	吊钩型 HQG1	0.32, 0.5, 1*, 2*, 3.2*, 5*,
			链环型 HQL1	8*, 10*, 16*, 20*
			吊环型 HQD1	1, 2, 3.2, 5, 8, 10
双轮	开口	滑动 轴承	吊钩型 HQGK2	1, 2, 3.2, 5, 8, 10
			链环型 HQLK2	
	闭口		吊钩型 HQG2	1, 2, 3.2, 5, 8, 10, 16, 20
			链环型 HQL2	
			吊环型 LQD2	1, 2*, 3.2*, 5*, 8*, 10*, 16*, 20*, 32*
三轮	闭口	滑动 轴承	吊钩型 HQG3	3.2, 5, 8, 10, 16, 20
			链环型 HQL3	
			吊环型 HQD3	3.2*, 5*, 8*, 10*, 16*, 20*, 32*, 50*

结构型式			型式代号 (通用滑车)	额定起重量（t）
四轮	闭环	滑动 轴承	吊环型	HQD4	8＊，10＊，16＊，20＊，32＊，50＊
五轮			HQD5	20＊，32＊，50＊，80
六轮			HQD6	32＊，50＊，80，100
八轮			HQD8	80，100，160，200
十轮			HQD10	200，250，320

注 1. 表列规格全部为通用滑车（HQ）规格。通用滑车的规格代号由型式代号和额定起重量数值两部分组成。例：HQGZK1-2 型，HQD4-20 型。

2. 另一种林业滑车（HY），仅有表中带"＊"符号的规格。但其轴承全部采用滚动轴承，因而结构比较紧凑，质量也较轻。其单轮开口型又分普通式（又称桃式，代号 K）和钩式（代号 Ka）两种；其双轮至六轮的结构均为闭口吊环型。林业滑车的规格代号表示方法与通用滑车相同。例：HYGKA1-3.2 型，HYD4-10 型。

表 12-77 **起重滑车额定起重量与滑轮数目、滑轮直径、钢丝绳直径对照**

滑轮 直径 (mm)	额定起重量（t）																		使用钢 丝绳直 径范围 (mm)
	0.32	0.5	1	2	3.2	5	8	10	16	20	32	50	80	100	160	200	250	320	
	滑轮数目																		
63	1																		6.2
71		1	2																6.2～ 7.7
85			1＊	2＊	3＊														7.7～ 11
112				1＊	2＊	3＊	4＊												11～14
132					1＊	2＊	3＊	4＊											12.5～ 15.5
160						1＊	2＊	3＊	4＊	5＊									15.5～ 18.5
180							2＊	3＊	4＊	6＊									17～20
210							1＊		3＊	5＊									20～23

滑轮直径(mm)	额定起重量（t）																		使用钢丝绳直径范围(mm)
	0.32	0.5	1	2	3.2	5	8	10	16	20	32	50	80	100	160	200	250	320	
	滑轮数目																		
240								1*	2*		4*	6*							23～24.5
280										2*	3*	5*	6						26～28
315									1*			4*	6	8					28～31
355										1*	2*	3*	5	6	8	10			31～35
400																8	10		34～38
455																		10	40～43

注 本表所列除带有"＊"符号的为林业滑车规格外，其余全部为通用滑车的规格。

9. 起重用夹钳

用途：适用于吊索具中起吊钢板、圆钢、钢轨及工字钢。

规格：起重用夹钳的规格及基本尺寸见表12-78。

表 12-78 　　　　　　**起重用夹钳的规格及基本尺寸**

（1）竖吊钢板起重钳

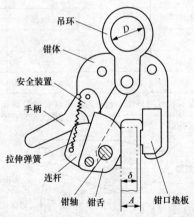

型号	额定起重量(t)	试验载荷(kN)	开口度 A(mm)	D(mm)	δ(mm)
DSQ0.5	0.5	10	0～25	45	≤2

型号	额定起重量(t)	试验载荷(kN)	开口度 A(mm)	D(mm)	δ(mm)
DSQ1	1	20	0～32	50	≤25
DSQ1.6	1.6	32	0～25	50	≤20
DSQ2	2	40	0～38	56	≤30
DSQ3.2	3.2	63	0～45	60	≤40
DSQ5	5	100	0～60	65	≤60

(2) 横吊钢板起重钳

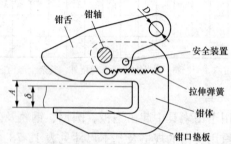

型号	额定起重量(t)	试验载荷(kN)	开口度 A(mm)	D(mm)	δ(mm)
DHQ0.5	0.5	10	0～25	16	≤20
DHQ1	1	20	0～25	16	≤20
DHQ1.6	1.6	32	0～25	20	≤20
DHQ2	2	40	0～30	22	≤25
DHQ3.2	3.2	63	0～30	25	≤25
DHQ5	5	100	0～45	30	≤40

注 表中额定起重量是指成对使用的起重钳,吊点夹角为60°。

(3) 简易横吊钢板起重钳

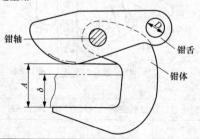

型号	额定起重量(t)	试验载荷(kN)	开口度 A(mm)	D(mm)	δ(mm)
DHQJ1	1	20	0～47	20	≤42
DHQJ2	2	40	0～47	22	≤42
DHQJ3.2	3.2	63	0～56	25	≤50
DHQJ5	5	100	0～68	30	≤60
DHQJ8	8	160	0～84	38	10～75

注 表中额定起重量是指成对使用的起重钳，吊点夹角为60°。

（4）圆钢起重钳

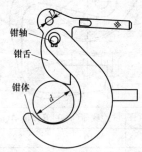

型号	额定起重量(t)	试验载荷(kN)	D(mm)	δ(mm)
DYQ0.16	0.16	3.2	16	$\phi 30～\phi 60$
DYQ0.25	0.25	5	16	$\phi 60～\phi 80$
DYQ0.4	0.4	8	16	$\phi 80～\phi 100$
DYQ0.63	0.63	12.6	18	$\phi 100～\phi 130$

（5）钢轨起重钳

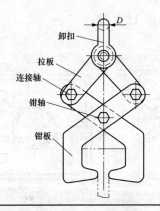

型号	额定起重量(t)	试验载荷(kN)	D(mm)	δ(mm)
DGQ0.1	0.1	2	22.4	9～12
DGQ0.25	0.25	5	22.4	15～22
DGQ0.5	0.5	10	25	30～50

(6) 工字钢起重钳

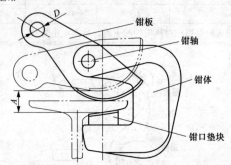

型号	额定起重量(t)	试验载荷(kN)	开口度 A(mm)	D(mm)	δ(mm)
DZQ0.5	0.5	10	22	18	10～16
DZQ1	1	20	27	20	18～22
DZQ1.6	1.6	32	28	22	25～32
DZQ2	2	40	32	24	36～45
DZQ3.2	3.2	63	40	25	50～63

注 表中额定起重量是指成对使用的起重钳，吊点夹角为60°。

10. 钢丝绳用压板

钢丝绳用压板如图 12-9 所示。

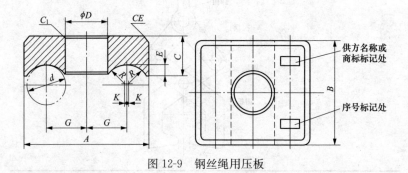

图 12-9 钢丝绳用压板

用途：适用于起重机卷筒上所使用的 GB 8918—2006《重要用途钢丝绳》、GB/T 20118—2017《钢丝绳通用技术条件》中规定的圆股钢丝绳的绳端固定。

规格：钢丝绳用压板的主要尺寸见表 12-79。

表 12-79　　　　　　　钢丝绳用压板的主要尺寸

| 压板序号 | 适用钢丝绳公称直径 d (mm) | 尺　寸（mm） | | | | | | | 单件质量（kg） | |
| | | A | | C | D | G | | 压板螺栓直径 | | |
		标准槽	深槽			标准槽	深槽		标准槽	深槽
1	6～8	25	29	8	9	8.0	10.0	M8	0.03	0.04
2	＞8～11	35	39	12	11	11.5	13.5	M10	0.10	0.12
3	＞11～14	45	51	16	15	14.5	17.5	M14	0.22	0.25
4	＞14～17	55	66	18	18	17.5	21.5	M16	0.32	0.37
5	＞17～20	65	73	20	22	21.0	25.0	M20	0.48	0.55
6	＞20～23	75	85	20	22	24.5	29.5	M20	0.55	0.65
7	＞23～26	85	95	25	26	28.0	33.0	M24	0.91	1.05
8	＞26～29	95	105	25	30	31.5	36.5	M27	0.99	1.12
9	＞29～32	105	117	30	33	34.5	40.5	M30	1.52	1.75
10	＞32～35	115	129	35	33	38.0	45.0	M30	2.23	2.58
11	＞35～38	125	141	35	39	40.5	48.5	M36	2.29	2.69
12	＞38～41	135	153	40	45	44.0	53.0	M42	3.17	3.74
13	＞41～44	145	163	40	45	47.5	56.5	M42	3.82	4.44
14	＞44～47	155	175	50	45	51.5	61.5	M42	5.25	6.12
15	＞47～52	170	189	50	52	56.0	65.0	M48	6.69	7.57
16	＞52～56	180	—	50	52	60.0	—	M48	8.10	—
17	＞56～60	190	—	55	52	64.0	—	M48	9.20	—

11. 钢丝绳用楔形接头

钢丝绳用楔形接头如图 12-10 所示。

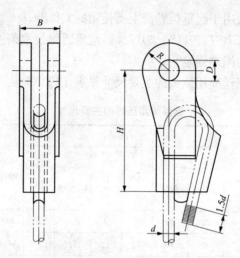

图 12-10　钢丝绳用楔形接头

用途：用于各类起重机上的圆股钢丝绳绳端的固定或连接。

规格：钢丝绳用楔形接头的主要尺寸见表 12-80。

表 12-80　　　　　　　钢丝绳用楔形接头的主要尺寸

楔形接头规格（钢丝绳公称直径 d）（mm）	尺寸（mm）					断裂载荷（kN）	许用载荷（kN）	单组质量（kg）
	适用钢丝绳公称直径	B	D	H	R			
6	6	29	16	105	16	12	4	0.59
8	>6~8	31	18	125	25	21	7	0.80
10	>8~10	38	20	150	25	32	11	1.04
12	>10~12	44	25	180	30	48	16	1.73
14	>12~14	51	30	185	35	66	22	2.34
16	>14~16	60	34	195	42	85	28	3.27
18	>16~18	64	36	195	44	108	36	4.00
20	>18~20	72	38	220	50	135	45	5.45
22	>20~22	76	40	240	52	168	56	6.37
24	>22~24	83	50	260	60	190	63	8.32

楔形接头规格（钢丝绳公称直径 d）（mm）	尺寸（mm）					断裂载荷（kN）	许用载荷（kN）	单组质量（kg）
	适用钢丝绳公称直径	B	D	H	R			
26	>24～26	92	55	280	65	215	75	10.16
28	>26～28	94	55	320	70	270	90	13.97
32	>28～32	110	65	360	77	336	112	17.94
36	>32～36	122	70	390	85	450	150	23.03
40	>36～40	145	75	470	90	540	180	32.35

注 表中许用载荷和断裂载荷是楔套材料采用 GB/T 11352—2009《一般工程用铸造碳钢件》中规定的 ZG 270—500 铸钢件，楔的材料采用 GB/T 9439—2010《灰铸铁件》中规定的 HT200 灰铸铁件确定的。

12. 钢丝绳铝合金压制接头

钢丝绳铝合金压制接头如图 12-11 所示。

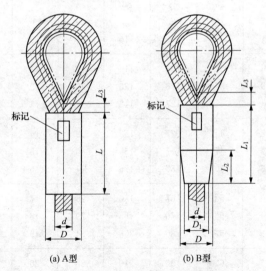

(a) A型　　　(b) B型

图 12-11　钢丝绳铝合金压制接头

用途：用于直径 6～60mm、公称抗拉强度不大于 1770MPa 的圆股钢丝绳的连接。不适用于单股和异型股钢丝绳的连接。

规格：钢丝绳铝合金压制接头的参数见表12-81。

表 12-81 钢丝绳铝合金压制接头的参数

接头号	D (mm)	D_{1min} (mm)	L_{min} (mm)	L_{1min} (mm)	L_{2max} (mm)	L_3 (mm)≈	压制力(参值) (kN)
6	13	—	30	—	—	3	300
7	15	—	34	—	—	4	350
8	17	—	38	42	—	4	400
9	19	15	44	48	20	5	450
10	21	16	49	53	22	5	500
11	23	18	54	75	24	6	600
12	25	19	59	75	27	6	700
13	27	21	64	75	29	7	800
14	29	22	69	75	31	7	1000
16	33	25	78	83	35	8	1200
18	37	28	88	90	40	9	1400
20	41	31	98	110	44	10	1600
22	45	34	108	115	49	11	1800
24	49	37	118	126	53	12	2000
26	54	41	127	142	57	13	2250
28	58	44	137	150	62	14	2550
30	62	47	147	155	66	15	2950
32	66	50	157	176	71	16	3400
34	70	53	167	180	75	17	3800
36	74	56	176	185	79	18	4300
38	78	59	186	205	84	19	4800
40	82	62	196	210	88	20	5300
44	90	68	215	228	96	22	6200
48	98	74	235	248	106	24	7300

接头号	D (mm)	D_{1min} (mm)	L_{min} (mm)	L_{1min} (mm)	L_{2max} (mm)	L_3 (mm)≈	压制力（参值） (kN)
52	106	80	255	270	114	26	8600
56	114	86	275	290	124	28	10000
60	124	93	295	315	132	30	12000
65	135	102	360	—	144	33	15300

第十三章　园林工具

一、剪类园林工具

用途：适用于园林作业用工具。

分类：剪类园林工具的基本型号与说明见表 13-1。

表 13-1　　　　　　剪类园林工具的基本型号与说明

系列	图　示	型号与说明
树枝剪		塑柄树枝剪 HY-K101 型
		塑柄树枝剪 HY-K102 型
		金属柄树枝剪 HY-K103 型
剪树剪		双色柄剪树剪，不锈钢剪片 规格：8in（200mm）
		单色柄剪树剪，不锈钢剪片 规格：8in（200mm）
剪枝剪		SE732 系列剪枝剪 A、B、C 型

系列	图 示	型号与说明
剪枝剪		SE733 系列剪枝剪 A、B 型
		SE419 系列剪枝剪 A、B、C、D 型
		SE611、SE823 系列剪枝剪
稀果剪		OK6086 型稀果剪
		OK6091 型稀果剪
草剪及 花果剪		OK6087 型花剪
		ST-E420 型草剪

系列	图　示	型号与说明
草剪及花果剪		规格：8in 花果剪
	ST-S309　ST-S308　ST-S308A	ST-S309/ST-S308/ST-S308A 型修枝剪
修枝剪	SS739　SS740　SS719	SS739/SS740/SS719 型修枝剪
	SS615　SS616	SS615/SS616 型修枝剪
	ST-S311　ST-S307	ST-S307/ST-S311 型修枝剪

系列	图　示	型号与说明
修枝剪		SS710 型修枝剪

二、刀类园林工具

用途：适用于园林作业用工具。

分类：刀类园林工具的基本型号与说明见表 13-2。

表 13-2　　　　刀类园林工具的基本型号与说明

系列	图　示	型号与说明
修剪刀		412 型修剪刀
园林用刀		左手曲形接木刀 全长：190mm 用于盆栽或果树的嫁接切口。刃部宽而薄，其曲线刀体设计，在于保持整个刃宽上用力均匀
		右手曲形接木刀 全长：190mm 用于盆栽或果树的嫁接切口。刃部宽而薄，其曲线刀体设计，在于保持整个刃宽上用力均匀
		701 型牙接刀
		702 型枝接刀
		703 型桑刀

系列	图　示	型号与说明
胶园用刀		橡胶刀
		橡胶刀
农田用刀		镰刀
		甘蔗刀
		甘蔗刀
		草刀
		刮树挠
		刮树刀

三、锸、铲、耙、叉及锹镐类园林工具

用途：适用于园林作业用工具。

分类：锸、铲、耙、叉及锹镐类园林工具的基本型号与说明见表 13-3。

表 13-3　镘、铲、耙、叉及锹镐类园林工具的基本型号与说明

系列	图　示	型号与说明
铲、耙、叉		ST-G506 型三件套 园艺铲、耙、叉
镘、耙、挠		ST-G508 型三件套 园艺镘、耙、挠
锹、镘、叉		J117 型三件套 园艺锹、镘、叉
叉、镘、挠		J117 型三件套 园艺叉、镘、挠
镘		FD-304 型三件套 移植镘

系列	图　示	型号与说明
馒、挠、铲	 A　　B　　C	J106A、B、C 型三件套 　园艺馒、挠、铲
多用镐	 ST–G112A　ST–G112B　ST–G112C	ST-G112A ST-G112B ST-G112C 多用镐组合三件套
		FD-307 多用镐园艺三件套
五组合套件	 A　B　C　D　E	411 系列五组合
	 A　B　C　D　E	418 系列五组合

系列	图　示	型号与说明
五组合套件		ST-G560 系列五组合套件 铲、镘、弯耙、移苗器和锄五组合套件
四件套系列		FD-305 系列四件套 铲、耙、镘、镐、四件套系列

四、花卉类园林工具

用途：适用于园林作业用工具。

分类：花卉类园林工具的基本型号与说明见表 13-4。

表 13-4　　　　　花卉类园林工具的基本型号与说明

系列	图　示	型号与说明
取土器、移栽器		ST-G902、903 型取土器、移栽器
松土器		松土器
移苗器		移苗器

系列	图　示	型号与说明
长齿紧定耙		JK307 型长齿紧定耙
大宽平耙		ST-R107 型大宽平耙
轻便耙		ST-R120A 型轻便耙
锹		ST802 齿式装配组合锹
		ST803-A 折叠齿式组合锹镐
		ST803-B 折叠齿式锹（带套）
		JT802B 培植用园林组合锹

五、锯类园林工具

用途：适用于园林作业用工具。

分类：锯类园林工具的基本型号与说明见表13-5。

表 13-5 　　　　　锯类园林工具的基本型号与说明

系列	图示	型号与说明
折叠锯		单色柄折叠锯 规格：9in（210mm） 65Mn 锯片，带锁紧扣
		双色柄折叠锯 规格：7in（175mm） 65Mn 锯片，带锁紧扣
平板锯	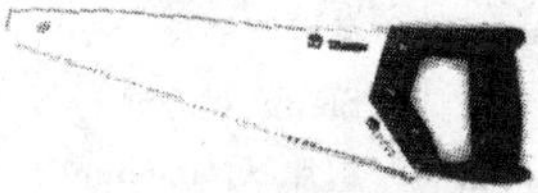	平板锯：65Mn 锯片，其规格如下： 14in：350mm 16in：400mm 18in：450mm 20in：500mm
腰锯		腰锯：65Mn 钢锯片，腰挂式锯鞘，便携式。 规格 190mm
剪定锯		J300P［日］欧和两段式可更换锯片剪定锯 用途：剪定、生活木或枯木切断 板厚（泥片）：0.7mm 锯刃部分长：300mm 冲击式淬火处理
J170W 双刃锯		J170W 双刃锯 锯片厚：0.6mm 锯齿部分长度：170mm 一般木材、合成材纵横切

系列	图　示	型号与说明
J180 双刃锯		J180 双刃锯 锯片厚：0.4mm 锯齿部分长度：180mm 刃部冲击淬火处理
SR240 双刃锯		SR240 双刃锯 锯片厚：0.6mm 锯齿部分长度：240mm 藤缠绕柄长：300mm
SR210 双刃 锯和 SR180 双刃锯	 双面刃和横切齿和纵切齿的齿形放大图	SR210 双刃锯 锯片厚：0.6mm 锯齿部分长度：210mm 藤缠绕柄长：270mm SR180 双刃锯 锯片厚：0.6mm 锯齿部分长度：180mm 藤缠绕柄长：240mm
双齿刃锯	 ZB250-1　ZB250-2	双齿刃锯 锯板厚（锯片）：0.5mm 锯齿部分长度：250mm 柄部缠藤：300mm 刃部冲击淬火处理
双刃锯	 ZB250-4　ZB265-4	ZB250-4：双刃锯 锯片厚：0.5mm 锯齿部分长度：250mm，塑柄 刃部冲击淬火处理 ZB265-4：双刃锯 锯片厚：0.6mm 锯齿部分长度：265mm，全塑柄 刃部冲击淬火处理

系列	图　示	型号与说明
YL 系列 横截锯	 可换锯片两段	YL 系列横截锯，锯片厚度为0.8mm，用于果园、林场、活木或枯枝截断。 各型的锯齿部分长度如下： YL300-1：300mm，木柄 YL270-1：270mm，木柄 YL240-1：240mm，木柄 YL210-1：210mm，木柄 YL300-3：300mm，塑柄 YL270-3：270mm，塑柄 YL240-3：240mm，塑柄 YL210-3：210mm，塑柄
ZD 系列 折叠式锯		ZD 系列折叠式锯，锯片厚为0.8mm。 各型锯齿部分长度如下： ZD210-1：210mm ZD210-2：210mm ZD180：180mm ZD150：150mm
高枝剪/锯		高枝剪/锯（高枝剪）三件套 （剪片可更换为锯条）
416 型 组合锯		416 型组合锯
420 型树 枝截锯	 420 18″　21″　24″　30″　36″	420 型树枝截锯规格： 18in，21in，24in，30in，36in

系列	图 示	型号与说明
其他刃锯		基本参数

型号	锯片厚 (mm)	齿部长度 (mm)	热处理 方式
J450	0.8	450	—
J380	0.6	380	—
J350MB	0.7	350	冲击淬火
J300	0.6	300	冲击淬火
J270	0.5	270	冲击淬火
J270D	0.3	270	冲击淬火

系列	图 示	型号与说明
210S 可换 锯片		210S 可换锯片 折叠式锯 板厚：0.8mm 刃长度：210mm 冲击淬火

六、草坪机

1. 电动剪草机

电动剪草机如图 13-1 所示。

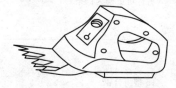

图 13-1　电动剪草机

用途：用于果林场、花园等场所修剪小树枝及花草。

规格：剪切宽度为 100mm。

2. 手动推草机

手动推草机如图 13-2 所示。

用途：用于修剪草坪。

3. 草坪修剪机

草坪修剪机如图 13-3 所示。

用途：修剪草坪。

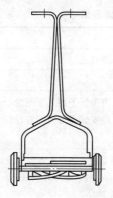

图 13-2　手动推草机　　　　　图 13-3　草坪修剪机

规格：草坪修剪机的型号及基本尺寸见表 13-6。

表 13-6　　　　　　　　草坪修剪机的型号及基本尺寸

型号	切割直径 （mm）	切割厚度 （mm）	切割范围 （m）	输入功率 （W）	质量 （kg）
ART23G	230	1.4	4	220	1.2
ART25GSA	250	1.6	8	350	2.4

4. 电动草坪割草机

电动草坪割草机如图 13-4 所示。

图 13-4　电动草坪割草机

用途：修剪草坪。

要求：电动草坪割草机的技术要求见表 13-7。

表 13-7　　　　　　　　　　**电动草坪割草机的技术要求**

序号	技术要求
1	当草坪草高度小于 100mm 时，机器应能正常作业
2	刀尖线速度应小于 96.5m/s
3	旋刀式电动草坪割草机台壳下沿应延伸到刀尖圆平面之下至少 3mm。刀片紧固螺钉的螺钉头可伸出台壳下沿，但螺钉应安装在刀尖圆直径的 50％ 范围以内
4	对于割草宽度在 600mm 以内的电动草坪割草机，当操作者脱开操动机构时，刀片应在 3s 内停止；对于割草宽度大于 600mm 的电动草坪割草机，刀片应在 5s 内停止

5. QH 系列草坪机

用途：修剪草坪。

规格：QH 系列草坪机的主要技术参数见表 13-8。

表 13-8　　　　　　　　**QH 系列草坪机的主要技术参数**

	项　目	机　型	
		QH19″	QH21″
草坪机	包装尺寸（cm×cm×cm）	83×56×44	86×58×46
	质量（kg）	36	42
	机体尺寸（mm×mm×mm）	1700×600×1050	
	集草方式	大型集草袋	
	刀盘方式	三合一	
	修剪高度（mm）	30～90	
	割草直径（in）	19	21
	轮子形式	滚珠轴承轮子	
	保护形式	安全连刀器	
	使用范围（m²）	3000～5000	
发动机	发动机名称	LC1P64F-1	LC1P68F-1
	缸径×行程（mm×mm）	64×42	68.3×51.8
	排量（cm³）	135	190
	压缩比	8.5：1	9：1

续表

项　目		机　型	
		QH19″	QH21″
发动机	额定功率 ［HP（kW）/（r/min）］	5（3.6）/3200	6（4.4）/3200
	最大扭规［N·m/（r/min）］	10.3/2800	
	燃油容量（L）	1.1	1.5
	机油容量（L）	0.6	
	最低油耗［g/（kW·h）］	≤310	≤395
	空滤器形式	纸质、泡沫滤芯	
	点火方式	电感点火	
	启动方式	手拉反冲式	
	发动机形式	OHV、四冲程、强制风冷、垂直曲轴	

第十四章　消防工具与器材

1. 水枪

水枪如图 14-1 所示。

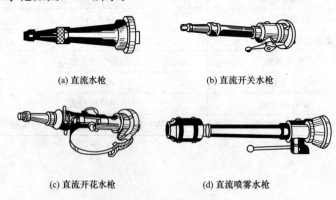

(a) 直流水枪　　　　　　(b) 直流开关水枪

(c) 直流开花水枪　　　　　(d) 直流喷雾水枪

图 14-1　水枪

用途：装在水带出水口处，起射水作用。直流水枪射出水流为实心水柱。开关水枪可控制水流大小。开花水枪可射出实心水柱或伞状开花水帘。喷雾水枪可射出实心水柱或雾状水流。

规格：水枪的类型及型号规格见表 14-1。

表 14-1　　　　　　　　水枪的类型及型号规格

名称	型号	进水口径 (mm)	进口压力 (MPa)	射程 (m)	外形尺寸（mm）		
					长	宽	高
直流水枪	QZ16 QZ19	50 65	0.588	≥31	98 111	96 111	304 337
新型直流水枪	QZ16A QZ19A	50 65	0.6	>35 >38	95 110	95 110	390 120

名称	型号	进水口径（mm）	进口压力（MPa）	射程（m）	外形尺寸（mm）		
					长	宽	高
开花水枪	QZH16	50	0.6	＞30	115	100	325
	QZH19	65		＞35	111	111	438
高压喷雾枪	QWG20	20	3	＞12	—	—	—
直流喷雾水枪	QZW16	65	0.6	喷雾射程＞2×10	168	111	465
	QZW19	65		＞2.5×10	168	111	465
雾化水枪喷头	QW48	连接螺纹 M48×2	0.6	开花射程＞11	93	93	140
直流开关水枪	QZG16	50	0.6	≥31	150	98	440
	QZG19	65			160	111	465
带架水枪	QJ32	65×65	0.883	45	—	—	—
多用水枪	QD50	50	0.2～0.7	≥25	—	—	—
	QD65	65					
自卫多用水枪	QDZ16	65	0.2～0.7	＞28	—	—	—
	QDZ19			＞30			
干粉枪	MFTQ16	—	1.5	≥10	—	—	—

2. 消防斧

消防斧如图 14-2 所示。

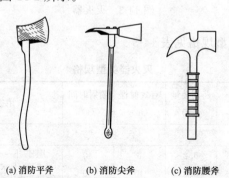

(a) 消防平斧　　　(b) 消防尖斧　　　(c) 消防腰斧

图 14-2　消防斧

用途：扑灭火灾时，拆除障碍物用。

规格：消防斧的型号见表 14-2。

表 14-2　　　　　　　　　　消防斧的型号

品种	型号	外形尺寸（mm×mm×mm）	斧重（kg）
消防平斧 （GA 138—1996）	GFP610	610×164×24	1.1～1.8
	GFP710	710×172×25	1.1～1.8
	GFP810	810×180×26	1.1～1.8
	GF910	910×188×27	2.5～3.5
消防尖斧 （GA 138—1996）	GFJ715	715×300×44	1.8～2.0
	GFJ815	815×330×53	2.5～3.5
消防腰斧	GF285	285×160×25	0.8～1.0
	GF325	325×120×25	0.9～1.1

3. 灭火器

灭火器如图 14-3 所示。

(a) 手提式　　　　(b) 推车式　　　　　(c) 悬挂式　　(d) 灭火棒

图 14-3　灭火器

灭火器类型规格见表 14-3。

表 14-3　　　　　　　　　　灭火器类型规格

名称	型号	药剂装量（kg）	有效射程（m）	喷射时间（s）	用途及特点
手　提　式					
泡沫灭 火器	MP6	6.2	6	40	用于扑灭油类、可燃液体（不溶解于水）以及普通物质的起初火灾。但不宜用于扑灭电气及珍贵物品的火灾
	MP8	8.3	10	50	
	MP10	9.55	10	60	

名称	型号	药剂装量 （kg）	有效射程 （m）	喷射时间 （s）	用途及特点
酸碱灭 火器	MS8 MS10	8.3 9.5	10 10	40 50	适用于扑灭竹、木、纸张、棉、毛、革等可燃物质的起初火灾。但不宜用于扑灭油类、忌水和忌酸物质及电气的火灾
清水灭 火器	MS9	9	10	60	适用于扑灭竹、木、纸张、棉、毛、革等可燃物质的起初火灾。但不宜用于扑灭油脂、带电设备的火灾
二氧化 碳灭火器	MT2 MT3 MT5 MT7	2 3 5 7	1.5 1.5 2 2.2	8 8 10 10	适于扑救电器、精密仪器、机器设备、珍贵文物、图书档案以及其他忌水物质的起初火灾。但不宜用于扑救钠、钾、铝、镁及铝镁合金等的火灾
推 车 式					
四氯化 碳灭火器	ML2 ML3 ML5	2 3 5	7 8 8	30 40 60	适用于扑救电气设备、小范围的汽油、丙酮等的初起火灾。但不宜用于扑救钾、钠和镁、铝粉等失火引起的火灾，以免发生爆炸。也不宜用于扑灭电石、乙炔气等火灾，以免生成光气一类有毒气体
干粉灭 火器	MF1 MF2 MF3 MF4 MF5 MF6 MF8 MF10	1 2 3 4 5 6 8 10	2.5 2.5 2.5 4 4 4 5 5	6 8 8 9 9 10 12 12	适用于扑救油类、可燃气体、电器和遇水燃烧的物质的起初火灾。但不宜用于扑救竹、木、棉等固体物质的火灾

名称	型号	药剂装量 （kg）	有效射程 （m）	喷射时间 （s）	用途及特点
1211灭火器	MY05	0.5	2	6	适用于扑救油类、有机溶液、精密仪器、电气设备、文物档案等起初火灾。但不宜于扑救钠、钾、铝及镁等金属燃烧引起的火灾
	MY1	1	2.5	8	
	MY2	2	3.5	8	
	MY3	3	3	8	
	MY4	4	4.5	10	
	MY5	5	5	10	
	MY6	6	5	10	
泡沫灭火器	MP65	65	15	170	适用于扑救油类、石油产品等的火灾
	MP100	100	16	175	
	MP13G	130	18	180	
干粉灭火器	MFT25	25	8	12	用于扑救化工车间、加油站、配电室等处火灾
	MFT35	35	8	16	
	MFT50	50	9	20	
1211灭火器	MYT10	10	7	25	适用于扑救加油站、油泵房、油槽及贵重设备的火灾
	MYT20	20	7	25	
	MYT25	25	7	25	
	MYT40	40	7	25	
自 动 灭 火 式					
1211自动灭火器	MYZ2	2	4	5.3m³	适用于扑救中、小型油库，隧道，仓库，电力控制系统及文史档案的火灾。有悬挂式、固定式、无管路式、组合式等类型
	MYZ4	4	5	10.7m³	
	MYZ6	6	6	17m³	
	MYZ8	8	8	22m³	
	MYZ10	10	12	28m³	
	ZY40A	40	30	100m³	
	ZYW60	60	30	150m³	
二氧化碳自动灭火器	ZT275	275	10	110s	适用于保护昂贵物品设备、仪器、仪表及图书档案等
组合式1301自动灭火器	ZS系列	0.364kg/m³	30	100～200m³	适用于保护高价值设备及珍贵文物资料等

4. 滤水器

滤水器如图 14-4 所示。

用途：用以阻止水源中的石子、杂草等吸入水管内，保障水泵正常运转。

规格：滤水器的类型及型号规格见表 14-4。

图 14-4 滤水器

表 14-4 滤水器的类型及型号规格

型号	公称口径 （mm）	外形尺寸(mm)		螺纹 （mm）	工作压力 （MPa）
		外径	高		
FLF100	100	230	290	M125×6	≤0.4

注 型号中，FLF 表示滤水器。

5. 消防水带

图 14-5 消防水带

消防水带如图 14-5 所示。

用途：主要供消防灭火时输水用。

规格：公称直径为 $\phi25$、$\phi40$、$\phi50$、$\phi65$、$\phi80$、$\phi90$、$\phi100$mm；流量为 $0.2\sim1$L/s；有效射程为 $6\sim15$m。消防水带的规格见表 14-5。

表 14-5 消防水带的规格

品 种						
消防水带			其他水带			
无衬里消防水带 （GB 4580—1984）		无衬里消防水带 （GB 6246—2001）	衬胶水带 （内胶出水管）		涂塑水带 （涂塑出水管）	
棉消防水带	麻（亚麻、苎麻） 消防水带	衬胶水带	—		7102 型	7551 型
—	—	8、10、13、16 型	8 型		工业用	农业用
公称口径（mm）	25	40	50	65	80	90	100
基本尺寸（mm）	25	38	51	63.5	76	89	102
折副（mm）	42	64	84	103	124	144	164

公称口径 (mm)	工作压力 (MPa)	单位质量 (kg/m)	公称口径 (mm)	工作压力 (MPa)	单位质量 (kg/m)	公称口径 (mm)	工作压力 (MPa)	单位质量 (kg/m)
棉消防水带			衬胶水带			衬胶水带		
40*	0.8	0.22	65*	0.8	0.33	40	1.6	0.28
50	0.8	0.29	25	1.0	—	50	1.6	0.38
65	0.8	0.35	40	1.0	—	65	1.6	0.48
80	0.8	0.43	50	1.0	0.30	80	1.6	0.60
100	0.4	0.56	65	1.0	0.37	7102 型涂塑水带		
麻消防水带			80	1.0	0.48	50	0.8	0.40
40	1.0	0.23	25	1.3	—	65	0.8	0.53
50	1.0	0.30	40	1.3	—	80	0.8	0.65
65	1.0	0.37	50	1.3	0.34	7551 型涂塑水带		
80	1.0	0.45	65	1.3	0.43	50	0.6	0.35
90*	0.6	0.57	80	1.3	0.56	65	0.6	0.42
衬胶水带			90*	1.3	0.66	80	0.6	0.58
50*	0.8	0.26	25	1.6	0.18	100	0.6	—

注 1. 衬胶水带的型号：工作压力 0.8MPa 为 8 型，1.0MPa 为 10 型，1.3MPa 为 13型，1.6MPa 为 16 型。

2. 带 * 符号的规格未列入现行国家标准中。

3. 各种水带长度一般为 20m，也允许以 20m 的整数倍供应。

6. 接口

接口如图 14-6 所示。

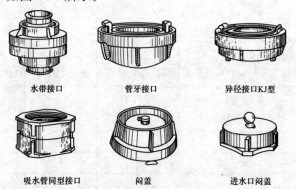

水带接口　　　　　管牙接口　　　　　异径接口 KJ 型

吸水管同型接口　　　　闷盖　　　　　进水口闷盖

（异径接口 K×型）（异型接口 K××型）

图 14-6　接口（一）

 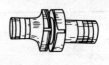

英式雌×内扣式　　　　　英式雄×内扣式　　　　　吸水管接口

（异径接口K×型）（异型接口K××型）

图 14-6　接口（二）

用途：用于水带、水枪、消火栓等之间的连接。

规格：接口的类型及型号规格见表 14-6。

表 14-6　　　　　　　　　　接口的类型及型号规格

名称	型号	公称压力 （MPa）	进水口径 （mm）	出水口径 （mm）
水带接口	KD25		25	18
	KD40		40	34
	KD50	1.6	50	44
	KD65		65	57
	KD80		80	71
管牙接口	KY25		25	18
	KY40		40	34
	KY50	1.6	50	44
	KY65		65	57
	KY80		80	71
异径接口	KJ25/40		40	25
	KJ25/50		50	25
	KJ40/50		50	40
	KJ40/65	1.6	65	40
	KJ50/65		65	50
	KJ50/80		80	50
	KJ65/80		80	65

名称	型号	公称压力 （MPa）	进水口径 （mm）	出水口径 （mm）
异径接口	K×50 K××50	1.6	50	25
	K×65 K××65		65	40
吸水管接口	KG90 KG100	0.6	90 100	—
吸水管同 型接口	KT100	1	100	—
内螺纹固定接口	KN25 KN40 KN50 KN65 KN80	1.6	25 40 50 65 80	65
出水口闷盖	KM25 KM40 KM50 KM65 KM80	1.6	25 40 50 65 80	—

7. 消火栓

消火栓如图 14-7 所示。

（SN 型）室内消火栓　　　（SS 型）地上式　　　（SA 型）地下式

图 14-7　消火栓

用途：消防水源的专用开关设备。装在街道两旁、公共场所、工业企业、仓库等的供水管路上。室内消火栓装在室内管路上，室外消火栓装在室外管路上，地上式可露出地面，地下式则应埋于地下。

规格：消火栓的类型及型号规格见表 14-7。

表 14-7 消火栓的类型及型号规格

名称	型号	公称压力（MPa）	进水口		出水口	
			形式	公称通径（mm）	形式	公称通径（mm）
室内消火栓	SN25	1.6	管螺纹	25	内扣式	KN25
	SN40	1.6		40		KN40
	SN50	1.6		50		KN50
	SN65	1.6		65		KN65
	SNS50	1.6		80		2-KN50
	SNS65	1.6		80		2-KN65
室外地上消火栓	SS100	1.0	承插法兰	100	内扣式	2-KN65、100
	SS150	1.0		100	外螺纹式	2-KN65
室外地下消火栓	SX100-1.0	1.0	承插法兰	100	专用连接器	100
	SX100-1.6	1.6		100		100
	SX65-1.0	1.0	承插法兰	100	内扣式	2-KN65
	SX65-1.6	1.6		100	内扣式	2-KN65
	SX100×65-1.0	1.0	承插法兰	100	内扣式	KN65
	SX100×65-1.6	1.6		100	外螺纹式	100
地上式水泵接合器	SQ100	1.6	法兰	100	内扣式	2-KW65
	SQ150	1.6		150		2-KWS80
墙壁式水泵接合器	SQB100	1.6	法兰	100	内扣式	2-KWS55
	SOB150	1.6		150		2-KWS80
地下式水泵接合器	SQX100	1.6	法兰	100	内扣式	2-KWS65
	SQX150	1.6		150		2-KWS80

8. 水集器、分水器

水集器、分水器如图 14-8 所示。

用途：分水器用以将单股进水水流分成两股或三股水流出水。

(a) 二分水器　　　　(b) 三分水器　　　　(c) 集水器

图 14-8　水集器、分水器

每股水流出口处皆装有阀门。接口形式为内扣式。集水器用以将两股进水水流汇集成一股出水水流。

规格：集水器的型号规格见表 14-8。分水器的型号规格见表 14-9。

表 14-8　　　　　　　　　　集水器的型号规格

型号	进水口		出水口		公称压力（MPa）			公称压力（MPa）
	接口型式	公称通径（mm）	个数（代号）	接口型式	公称通径（mm）	连接尺寸（mm×mm）	
FJ100-2B-1 FJ100-2B-1.6	管牙接口	65	2(2B)	螺纹式接口	100	M125×6	1，1.6
FJ125-3B-1 FJ125-3B-1.6			3(3B)		125	M150×6	
FJ150-4B-1 FJ150-4B-1.6			4(4B)		150	M170×6	
FJ125B-2B1-1 FJ125B-2B1-1.6	管牙接口	80	2(2B1)	螺纹式接口	125	M150×6	1，1.6
FJ150-3B1-1 FJ150-3B1-1.6			3(3B1)		150	M170×6	

表 14-9　　　　　　　　　　分水器的型号规格

型号	进水口公称通径		出水口公称通径		公称压力（MPa）	开启力≤（N）
	mm	接口型式	mm×mm	接口型式		
FF65	65	内扣式管牙接口	50×2	内扣式牙接口	1.6	200
FF80	80		65×2			
FFS65	65		50×2			
FFS80	80		65×1、65×3			

9. 火灾探测器

火灾探测器如图 14-9 所示。

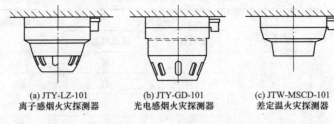

(a) JTY-LZ-101	(b) JTY-GD-101	(c) JTW-MSCD-101
离子感烟火灾探测器	光电感烟火灾探测器	差定温火灾探测器

图 14-9 火灾探测器

用途：火灾发生时引起的烟雾、温度变化达到预定值时，探测器便发出报警信号。适合各类大型建筑物火灾探测与报警。

规格：火灾探测器的类型及规格见表 14-10。

表 14-10 火灾探测器的类型及规格

名　称	型　号	使用环境	灵敏度	工作电压
离子感烟火灾探测器	JTY-LZ-101	温度：—20～+50℃	Ⅰ级：用于禁烟场所	直流 24V
光电感烟火灾探测器	JTY-GD-101	湿度：40℃时达 95%	Ⅱ级：用于卧室等少烟场所	
差定温火灾探测器	JTW-MSCD-101	风速：小于 5m/s	Ⅲ级：用于会议室等场所	
离子感烟火灾探测器	JTY-LZ-D	报警电压（V）		19，24
光电感烟火灾探测器	JTY-GD	报警电压（V）		19
电子感温火灾探测器	JTW-Z（CD）	报警电压（V）		14
红外光感探测器	JTYHS	工作电压（V）		24

10. 封闭式玻璃球吊顶型喷头

封闭式玻璃球吊顶型喷头如图 14-10 所示。

用途：用于高层、地下建筑物，连接湿式自动喷水灭火系统，起探测、启动水流、喷水灭火作用。

规格：封闭式玻璃球吊顶型喷头的

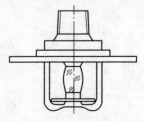

图 14-10 封闭式玻璃球吊顶型喷头

型号见表 14-11。

表 14-11　　　　　封闭式玻璃球吊顶型喷头的型号

型　号	喷口直径 （mm）	喷头指标		使用环境温度 （℃）
		温度级别	玻璃球颜色	
BBd15	10 15 20	57	橙	38
		68	红	49
		79	黄	60
		93	绿	74

第十五章 连接件和紧固件

一、螺栓

用作紧固连接件，要求保证连接强度（有时还要求紧密性）。连接件分为三个精度等级，其代号为 A、B、C 级。A 级精度最高，用于要求配合精确、防止振动等重要零件的连接；B 级精度多用于受载较大且经常装拆、调整或承受变载的连接；C 级精度多用于一般的螺纹连接。小六角头螺栓适用于被连接件表面空间较小的场合。螺杆带孔和头部带孔、带槽的螺栓是为了防止松脱用的。

（一）螺栓连接件的常用材料

螺栓连接件的常用材料是中碳钢、低碳钢，如 Q235、10、35、45 号钢。对于承受变载、冲击和振动的螺栓连接，可用合金钢。对于需要防锈蚀、防磁、导电和耐高温等特殊用途的螺栓连接件，可用特种钢、铜合金和铝合金等材料。常用螺纹连接件材料的机械性能见表 15-1。

表 15-1   常用螺纹连接件材料的机械性能

钢号	Q215	Q235	35	45	40Cr
强度极限 σ_b（MPa）	335～410	375～460	530	600	980
屈服极限 σ_s（MPa）	185～215	205～235	315	355	785

注 螺栓直径 $16 \leqslant d \leqslant 100$（mm）。当 d 小时，应取偏高值。

（二）螺栓连接件的强度级别

1. 碳钢与合金钢——紧定螺钉的强度级别

紧定螺钉的强度级别见表 15-2。

表 15-2 紧定螺钉的强度级别

强度级别（标记）	14H	22H	33H	45H
硬度 HV_{min}	140	220	330	450
推荐材料	碳钢			合金钢

2. 碳钢与合金钢——螺母的强度级别

螺母的强度级别见表 15-3。

表 15-3 螺母的强度级别

强度级别（标记）	4	5	6	8	9	10	12
抗拉强度极限 R_m（MPa）	410 （$d>$M16）	520 （$d\leqslant$M16）	600	800	900	1040	1150
推荐材料	易切削钢 或低碳钢		低碳钢 或中碳钢	中碳钢		合金钢	
相配螺栓的 性能等级	3.6 4.6 4.8	3.6 4.6 4.8 5.6 5.8	6.8	8.8	8.8($d\geqslant$M16 ～M39) 9.8 （$d<$M16）	10.9	12.9

注　硬度 HRC_{max} 为 30。

3. 碳钢与合金钢——细牙螺母的强度级别

细牙螺母的强度级别见表 15-4。

表 15-4 细牙螺母的强度级别

强度级别（标记）	6	8	10	12
抗拉强度极限 R_m（MPa）	600	800	1040	1150
推荐材料	低碳钢或中碳钢	中碳钢	合金钢	合金钢
相配螺栓的性能等级	$\leqslant$6.8 （$d\leqslant$M39）	8.8（$d\leqslant$M39） 9.8（$d\leqslant$M16）	10.9（$d\leqslant$M39）	12.9（$d\leqslant$M16）

4. 碳钢与合金钢螺栓连接件——螺栓的强度级别

螺栓的强度级别见表 15-5。

表 15-5   **螺栓的强度级别**

强度级别	3.6	4.6	4.8	5.6	5.8	6.8	8.8	9.8	10.9	12.9
抗拉强度极限 R_m（MPa）	330	400	420	500	520	600	800	900	1040	1220
屈服极限 R_e（MPa）	190	240	340	300	420	480	640	720	940	1100
硬度 HBS	90	109	113	134	140	181	232	269	312	365
推荐材料	低碳钢	低碳钢或中碳钢					中碳钢		合金钢	

注　螺栓强度级别代号以两组数字及一个圆点表示。例螺栓强度级别 6.8，小数点前
　　的数值"6"为螺栓材料公称抗拉强度（$\sigma_b = 600\text{MPa}$）除以 100 而得；小数点后
　　的数值"8"为螺栓材料的公称屈服强度（$\sigma_s = 480\text{MPa}$）除以 σ_b 后再乘以 10 而
　　得。一般将 6.8 打在螺栓头顶面。

5. 不锈钢螺栓连接件的强度级别

不锈钢螺栓连接件的强度级别见表 15-6。

表 15-6   **不锈钢螺栓连接件的强度级别**

强度级别			50	70	80	50	70	80	45	60
螺纹直径 D（mm，$\leqslant$）			M39	M20	M20	—	—	—	M24	M24
抗拉强度 R_r（MPa，$\geqslant$）			500	700	800	500	700	800	450	600
屈服强度 R_a（MPa，$\geqslant$）			210	450	600	250	410	640	250	410
推荐材料	奥氏体		A1、A2、A4							
	马氏体		—	—	—	C1、C4		C3	—	
	铁素体		—	—	—				F1	
奥氏体 钢螺钉 的断裂 扭矩 T [（N·m），$\geqslant$]	M1.6	0.15	0.2	0.27						
	M2	0.3	0.4	0.56						
	M2.5	0.6	0.9	1.2						
	M3	1.1	1.6	2.1						
	M4	2.7	3.8	4.9						
	M5	5.5	7.8	10						

注　1. 不锈钢螺栓连接件的强度级别表示通常将材料类别写出，例 A2-80，A2 为奥
　　　氏体钢，80 为强度级别（表示材料抗拉强度的 1/10）。

　　2. 铁素体 F1 钢产品螺纹公称直径 $d \leqslant 24\text{mm}$。

6. 有色金属螺栓连接件的强度级别

有色金属螺栓连接件的强度级别见表 15-7。

表 15-7 　　　　　　　　　有色金属螺栓连接件的强度级别

强度级别		螺纹直径 d (mm)	抗拉强度 σ_b (MPa, $\geqslant$)	屈服强度 σ_s (MPa, $\geqslant$)	推荐材料
铜和铜合金	CU1	$\leqslant 39$	240	160	T2
	CU2	$\leqslant 6$	440	340	H63
		$>6\sim39$	370	250	
	CU3	$\leqslant 6$	440	340	H9658-2
		$>6\sim39$	370	250	
	CU4	$\leqslant 12$	470	340	QSn6.5-0.4
		$>12\sim39$	400	200	
	CU5	$\leqslant 39$	590	540	QSi1-3
	CU6	$>6\sim39$	440	180	CuZn40Mn196
	CU7	$>12\sim39>$	640	270	QAl10-4-4
铝和铝合金	AL1	$\leqslant 10$	270	230	LF2
		$>10\sim20$	250	180	
	AL2	$\leqslant 14$	310	205	LF11，LF5
		$>14\sim36$	280	200	
	AL3	$\leqslant 6$	320	250	LF43
		$>6\sim39$	310	260	
	AL4	$\leqslant 10$	420	290	LY8，LD9
		$>10\sim39$	380	260	
	AL5	$\leqslant 39$	460	380	—
	AL6		510	440	LC9

（三）螺栓的规格尺寸

1. 六角头螺栓-C 级与六角头螺栓-全螺纹-C 级

六角头螺栓-C 级如图 15-1 所示，六角头螺栓-C 级与六角头螺栓-全螺纹-C 级规格见表 15-8。

图 15-1　六角头螺栓-C 级

表 15-8   六角头螺栓-C 级与六角头螺栓-全螺纹-C 级规格

螺纹规格 d（mm）	头部尺寸 k（mm）		螺杆长度 L（mm）		L 系列尺寸（mm）
	（公称）	最大	部分螺纹	全螺纹	
M5	3.5	8	25～50	10～50	
M6	4	10	30～60	12～60	
M8	5.3	13	40～80	16～80	
M10	6.4	16	45～100	20～100	
M12	7.5	18	55～120	25～120	6，8，10，12，16，20，25，
M16	10	24	65～160	35～160	30，35，40，45，50,(55)，60，
M20	12.5	30	80～200	40～200	(65)，70，80，90，100，110，
M24	15	36	100～240	50～240	120，130，140，150，160，
M30	18.7	46	120～300	60～300	180，200，220，240，260，
M36	22.5	55	140～300	70～360	280，300，320，340，360，
M42	26	65	180～240	80～420	380，400，420，440，460，
M48	30	75	200～480	100～480	480，500
M56	35	85	240～500	110～500	
M64	40	95	260～500	120～500	

注　尽可能不采用括号内的规格。

2. 六角头螺栓-A 级和 B 级与六角头螺栓-全螺纹-A 级和 B 级

六角头螺栓-A 级和 B 级如图 15-2 所示。

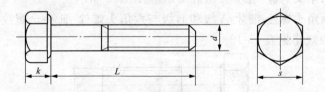

图 15-2　六角头螺栓-A 级和 B 级

六角头螺栓-A 级和 B 级与六角头螺栓-全螺纹-A 级和 B 级规格见表 15-9。

表 15-9　六角头螺栓-A 级和 B 级与六角头螺栓-全螺纹-A 级和 B 级规格

螺纹规格 d（mm）	头部尺寸（mm）		螺杆长度 L（mm）		L 系列尺寸（mm）
	（公称）k	（公称）s	部分螺纹	全螺纹	
M3	2	5.5	20～30	6～30	
M4	2.8	7	25～40	8～40	
M5	3.5	8	25～50	10～50	
M6	4	10	30～60	12～60	
M8	5.3	13	35～80	16～80	
M10	6.4	16	40～100	20～100	20，25，30，35，40，
M12	7.5	18	45～120	25～100	45，50，55，60，(65)，70，
M16	10	24	55～160	35～100	80，90，100，110，120，
M20	12.5	30	65～200	40～100	130，140，150，160，180，
M24	15	36	80～240	40～100	200，220，240，260，280，
M30	18.7	46	90～300	40～100	300，320，340，360，380，
M36	22.5	55	110～360	40～100	400
M42	26	65	130～400	80～500	
M48	30	75	140～400	100～500	
M56	35	85	160～400	110～500	
M64	40	95	200～400	120～500	

注　尽可能不采用括号内的规格。

3. 六角头螺栓-细牙-A 级和 B 级与六角头螺栓-细牙-全螺纹-A 级和 B 级

六角头螺栓-细牙-A 级和 B 级如图 15-3 所示。

六角头螺栓-细牙-A 级和 B 级与六角头螺栓-细牙-全螺纹 A 级和 B 级规格见表 15-10。

图 15-3　六角头螺栓-细牙-A 级和 B 级

表 15-10

六角头螺栓-细牙-A 级和 B 级与六角头螺栓-细牙-全螺纹-A 级和 B 级规格

螺纹规格	螺杆长度 L（mm）		螺纹规格 d×P	螺杆长度 L（mm）	
d×P（mm）	部分螺纹	全螺纹	（mm）	部分螺纹	全螺纹
M8×1	35～80	16～80	M30×2	90～300	40～200
M10×1	40～100	20～100	(M33×2)	100～320	65～340
M12×1	45～120	25～120	M36×3)	110～300	40～200
(M14×1.5)	50～140	30～140	(M39×3)	120～380	80～380
M16×1.5	55～160	35～160	M42×3	130～400	90～400
(M18×1.5)	60～180	40～180	(M45×3)	130～400	90～400
(M20×1.5)	65～200	40～200	M48×3	140～400	100～400
(M20×2)	65～200	40～200	(M52×4)	150～400	100～400
(M22×2)	70～220	45～220	M56×4	160～400	120～400
(M24×2)	80～240	40～200	(M60×4)	160～400	120～400
M27×2	90～260	55～280	M64×4	200～400	130～400
L 系列尺寸（mm）	16、18、20、25、30、35、40、45、50、55、60、75、70、160、180、200、220、240、260、280、300、320、340、380、400				

注 尽可能不采用括号内的规格。

4. 螺杆带孔、头部带孔六角头螺栓

螺杆带孔、头部带孔六角头螺栓如图 15-4 所示。

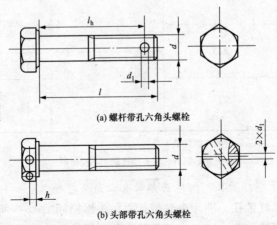

(a) 螺杆带孔六角头螺栓

(b) 头部带孔六角头螺栓

图 15-4　螺杆带孔、头部带孔六角头螺栓

螺杆带孔、头部带孔六角头螺栓规格见表 15-11。

表 15-11   **螺杆带孔、头部带孔六角头螺栓规格**

螺纹规格 d (mm)	d_{1min} (mm)		$l-l_h$ (mm)	$h\approx$ (mm)
	GB 31.3—1988《六角头螺杆带孔螺栓 细牙 A 和 B 级》	GB 32.3—1988《六角头头部带孔螺栓 细牙 A 和 B 级》		
M6	1.6	1.6	3	2
M8	2		4	2.6
M10	2.5	2		3.2
M12	3.2		5	3.7
(M14)				4.4
M16			6	5
(M18)	4			5.7
M20				7
(M22)		3	7	7.5
M24	5			8.5
(M27)			8	9.3
M30	6.3		9	11.2
M36			10	5
M42	8	4	12	13
M48				15

注　1. 尽可能不采用括号内的规格。

　　2. 表面处理：钢—氧化、镀锌钝化；不锈钢—不经处理。

5. 细牙螺杆带孔、细牙头部带孔六角头螺栓

细牙螺杆带孔、细牙头部带孔六角头螺栓如图 15-5 所示。

细牙螺杆带孔、细牙头部带孔六角头螺栓规格见表 15-12。

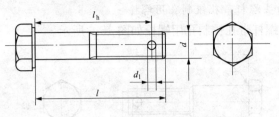

(a) 细牙螺杆带孔六角头螺栓

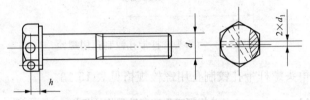

(b) 细牙头部带孔六角头螺栓

图 15-5　细牙螺杆带孔、细牙头部带孔六角头螺栓

表 15-12　细牙螺杆带孔、细牙头部带孔六角头螺栓规格　　　（mm）

螺纹规格 $d \times P$	d_{1min}		$l - l_h$ （mm）	$h \approx$ （mm）
	GB 31.3—1988《六角头螺杆带孔螺栓　细牙　A 和 B 级》	GB 32.3—1988《六角头头部带孔螺栓　细牙　A 和 B 级》		
M8×1	2	2	4	2.6
M10×1	2.5			3.2
M12×1.5	3.2		5	3.7
(M14×1.5)				4.4
M16×1.5	4	3	6	5
(M18×1.5)				5.7
M20×2				6.2
(M22×1.5)	5		7	7
M24×2		3		7.5
(M27×2)			8	8.5
M30×2	6.3		9	9.3
M36×3			10	11.2
M42×3	8	4	12	13
M48×3				15

注　1. 尽可能不采用括号内的规格。

　　2. 表面处理：钢—氧化、镀锌钝化；不锈钢—不经处理。

6. 六角头螺杆带孔铰制孔用螺栓

六角头螺杆带孔铰制孔用螺栓如图 15-6 所示。

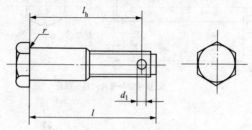

图 15-6　六角头螺杆带孔铰制孔用螺栓

六角头螺杆带孔铰制孔用螺栓规格见表 15-13。

表 15-13　　　　　**六角头螺杆带孔铰制孔用螺栓规格**

螺纹规格 d (mm)	d_1 (mm)		$l-l_h$ (mm)	螺纹规格 d	d_1 (mm)		$l-l_h$ (mm)
	max	min			max	min	
M6	1.85	1.6	4.5	M22			11
M8	2.25	2	5.5	M24	5.3	5	
M10	2.75	2.5	6	M27			13
M12	3.5	3.2	7	M30	6.66	6.3	14
(M14)			8	M36			16
M16			9	M42	8.36	8	19
(M18)	4.3	4	9	M48			20
M20			10				

注　尽可能不采用括号内的规格。

7. 六角头铰制孔用螺栓-A 级和 B 级

六角头铰制孔用螺栓-A 级和 B 级如图 15-7 所示。

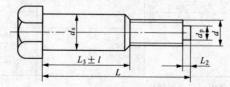

图 15-7　六角头铰制孔用螺栓-A 级和 B 级

六角头铰制孔用螺栓-A 级和 B 级规格见表 15-14。

表 15-14 　　　　**六角头铰制孔用螺栓-A 级和 B 级规格** 　　　　（mm）

螺纹规格 d		M6	M8	M10	M12	M16	M20
d_s	max	7.000	9.000	11.000	13.000	17.000	21.000
(h9)	min	6.964	8.964	10.957	12.957	16.957	20.948
d_p		4	5.5	7	8.5	12	15
螺纹长度 $L-L_3$		12	15	18	22	28	32
L_2		1.5		2		3	4
L 范围		25～65	25～80	30～120	35～180	45～200	55～200

8. 方头螺栓

方头螺栓如图 15-8 所示。

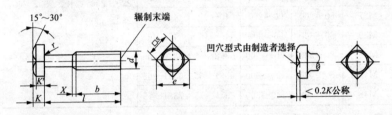

(a) 方头螺栓

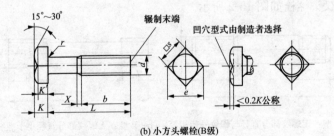

(b) 小方头螺栓(B级)

图 15-8　方头螺栓

用途：用作紧固连接。

规格：方头螺栓规格见表 15-15。

表 15-15   方头螺栓规格

| 螺纹规格 | 螺杆长度 L (mm) | | 宽度 s (mm) | | L 系列尺寸 |
d (mm)	方头	小方头	方头	小方头	(mm)
M5	—	20～50	—	7.64～8	
M6	—	30～60	—	9.64～10	
M8	—	35～80	—	12.57～13	
M10	20～100	40～100	15.57～16	15.57～16	10, 12, (14), 16, (18),
M12	25～120	45～120	17.57～18	17.57～18	20, (22), 25, (28), 30,
(M14)	25～140	55～140	20.16～21	20.16～21	32, 35, (38), 40, 45, 50,
M16	30～160	55～160	23.16～24	23.16～24	55, 60, 65, 70, 75, 80,
(M18)	35～180	60～180	26.16～27	26.16～27	85, 90, 95, 100, 110,
M20	35～200	65～200	29.16～30	29.16～30	120, 130, 140, 150, 160,
(M22)	50～220	70～220	33～34	33～34	170, 180, 190, 200, 210,
M24	55～240	80～240	35～36	35～36	220, 230, 240, 250, 260,
(M27)	60～260	90～260	40～41	40～41	280, 300
M30	60～300	90～300	45～46	45～46	
M36	80～300	110～300	53.8～55	53.8～55	
M42	80～300	130～300	63.1～65	63.1～65	
M48	110～300	140～300	73.1～75	73.1～75	

注 尽可能不采用括号内的规格。

9. 双头螺栓

双头螺栓如图 15-9 所示。

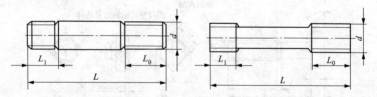

(a) A 型：无螺纹部分直径与螺纹外径相等；(b) B 型：无螺纹部分直径小于螺纹外径
图 15-9 双头螺栓

用途：适用于结构上不能采用螺栓连接的场合，例如被连接件之一太厚不宜制成通孔或需要经常拆装时，往往采用双头螺栓连接。

规格：双头螺栓规格见表 15-16。

表 15-16

双头螺栓规格

螺纹规格 d	螺纹长度 L_1				螺栓长度 L/标准螺栓长度 L_0		
	$1d$	$1.25d$	$1.5d$	$2d$	GB 897~900—1988	GB 901—1988	GB 953—1988
M2			3	4	(12~16)/6, (18~25)/10	(10~60)/10	
M2.5			3.5	5	(14~18)/8, (20~30)/11	(10~80)/11	
M3			4.5	6	(16~20)/6, (22~40)/12	(12~120)/12	
M4			6	8	(16~22)/8, (25~40)/14	(16~300)/14	
M5	5	6	8	10	(16~22)/10, (25~50)/16	(20~300)/16	
M6	6	8	10	12	(12~22)/10, (30~75)/16	(25~300)/16	
M8	8	10	12	16	(20~22)/12, (30~90)/20	(32~300)/20	(100~600)/20
M10	10	12	15	20	(25~28)/14, (38~130)/25	(40~300)/25	(100~800)/25
M12	12	15	18	24	(25~30)/16, (45~180)/30	(50~300)/30	(150~1200)/30
M14*	14	18	21	28	(30~35)/18, (50~180)/35	(60~300)/35	(150~1200)/35
M16	16	20	24	32	(30~38)/20, (60~200)/40	(60~300)/40	(200~1500)/40
M18*	18	22	27	36	(35~40)/22, (60~200)/45	(60~300)/45	(200~1500)/45

螺纹规格 d	螺纹长度 L_1				螺栓长度 L/标准螺栓长度 L_0				
	$1d$	$1.25d$	$1.5d$	$2d$	GB 897~900—1988			GB 901—1988	GB 953—1988
M20	20	25	30	40	(35~40)/25	(45~65)/35	(70~200)/50	(70~300)/50	(260~1500)/50
M22*	22	28	33	44	(40~45)/30	(50~70)/40	(75~200)/55	(80~300)/55	(260~1800)/55
M24	24	30	36	48	(45~50)/30	(55~75)/45	(80~200)/60	(90~300)/60	(300~1800)/60
M27*	27	35	40	54	(50~60)/35	(65~80)/50	(90~200)/65	(100~300)/65	(300~2000)/65
M30	30	38	45	60	(60~65)/40	(70~90)/50	(95~250)/70	(120~400)/70	(350~2500)/70
M36	36	45	54	72	(65~75)/45	(80~110)/60	(120~300)/80	(140~500)/80	(350~2500)/80
M42	42	50	63	84	(70~80)/50	(85~120)/70	(130~300)/90	(140~500)/90	(500~2500)/90
M48	48	60	72	96	(80~90)/60	(95~140)/80	(150~300)/100	(150~500)/100	(500~2500)/100

注 长度系列尺寸(mm): 20、22*、25、28*、30、32*、35、38*、40、45、50、55、60、65、70、75、80、85、90、95*、100、110、120、140、150、160、170、180、190、200、210*、220、230*、240*、250、260*、280、300、320、350、380、400、420、450、480、500、600、650、700、750、800、850、900、950、1000、1100、1200、1300、1400、1500、1600、1700、1800、1900、2000、2100、2200、2400、2500。加"*"号的尺寸尽可能不采用。

10. T 型槽用螺栓

T 型槽用螺栓如图 15-10 所示。

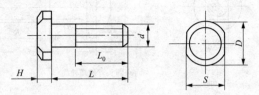

图 15-10　T 型槽用螺栓

用途：用于有 T 型槽的连接件上，如机床、机床附件等。可在只旋转螺母而不卸螺栓时将连接件拧紧或松脱。

规格：T 型槽用螺栓规格见表 15-17。

表 15-17　　　　　　　　　**T 型槽用螺栓规格**

螺纹规格 d (mm)	T 型槽宽 (mm)	头部尺寸（mm）			螺纹长度 L_0 (mm)	螺杆长度 L (mm)	L 系列尺寸（mm）
		S	H	D			
M5	6	9	4	12	16	25～50	
M6	8	12	5	16	20	30～60	
M8	10	14	6	20	25	35～80	
M10	12	18	7	25	30	40～100	25，30，35，40，
M12	14	22	9	30	40	45～120	45，50，（55），60，
M16	18	28	12	38	45	55～160	（65），70，（75），80，
M20	22	34	14	46	50	65～200	90，100，(110)，120，
M24	28	44	16	58	60	80～240	（130），140，（150），
M30	36	57	20	75	70	90～300	160，180，200，250，
M36	42	67	24	85	80	110～300	300
M42	48	76	28	95	90	130～300	
M48	54	86	32	105	100	140～300	

注　尽可能不采用括号内的长度。

11. 方颈螺栓

方颈螺栓如图 15-11 所示。

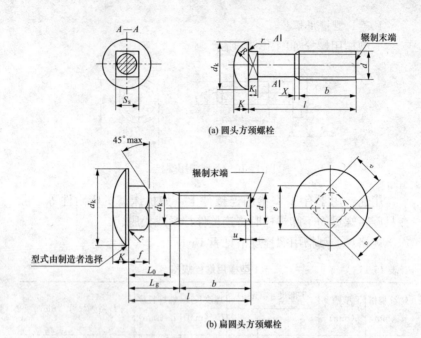

(a) 圆头方颈螺栓

(b) 扁圆头方颈螺栓

图 15-11　方颈螺栓

用途：用于铁木结构件的连接。方颈螺栓分半圆头方颈螺栓和大半圆头方颈螺栓。

规格：方颈螺栓的规格见表 15-18。

表 15-18　　　　　　　　　　　方颈螺栓的规格

螺纹规格 d（mm）	头部直径 d_k（mm）		螺纹长度 b（mm）	螺杆长度 l（mm）		l 系列尺寸（mm）
	半圆头	大半圆头		半圆头	大半圆头	
M6	12	16	16	16～35	20～110	16，20，25，30，35，40，45，50，55，60，65，70，75，80，90，100，110，120，130，140，150，160，180，200
M8	16	20	20	16～70	20～130	
M10	20	24	25	25～120	30～160	
M12	24	30	30	30～160	35～200	
M（14）	28	32	35	40～180	40～200	
M16	32	38	40	45～180	40～200	
M20	40	46	50	60～200	55～200	
M24	—	54	60	—	75～200	

12. 带榫螺栓

带榫螺栓如图 15-12 所示。

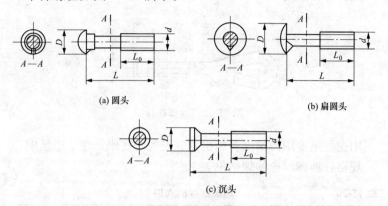

(a) 圆头

(b) 扁圆头

(c) 沉头

图 15-12　带榫螺栓

用途：主要用于连接铁木结构件。

规格：带榫螺栓规格见表 15-19。

表 15-19　　　　　　　带榫螺栓规格

螺纹规格	头部直径 D（mm）			螺纹长度	螺杆长度 L（mm）		
d（mm）	半圆头	大半圆头	沉头	L_0（mm）	半圆头	大半圆头	沉头
M6	11	14	10.5	16	20～50	20～90	25～50
M8	14	18	14	20	20～60	20～100	30～60
M10	17	23	17	25	30～150	40～150	35～120
M12	21	28	21	30	35～150	40～200	40～140
(M14)	24	32	24	35	35～200	40～200	45～160
M16	28	35	28	40	50～200	40～200	45～200
M20	34	44	36	50	60～200	55～200	60～200
(M22)	—	99	40	55	—	—	65～200
M24	42	52	45	60	75～200	80～200	75～200

注　1. 螺杆长度系列尺寸除 16mm 外，其余尺寸均与方颈螺栓相同。

　　　2. 尽可能不用括号内尺寸。

13. 地脚螺栓

地脚螺栓如图 15-13 所示。

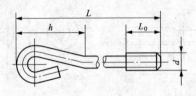

图 15-13　地脚螺栓

用途：主要用作紧固各种机器、设备的底座，埋于地基中。

规格：地脚螺栓的规格见表 15-20。

表 15-20　　　　　　　　　　地脚螺栓的规格

螺纹规格 d（mm）	螺纹长度 L_0（mm）	弯曲部长度 h（mm）	螺栓全长 L（mm）	L 系列尺寸（mm）
M6	24～27	41	80～160	
M8	28～31	46	120～220	
M10	32～36	65	160～300	
M12	36～40	82	160～400	
M16	44～50	93	220～500	80，120，160，220，300， 400，500，630，800，1000， 1250，1500
M20	52～58	127	300～630	
M24	60～68	139	300～800	
M30	72～80	192	400～1000	
M36	84～94	244	500～1000	
M42	96～106	261	600～1250	
M48	108～118	302	600～1500	

注　公差产品等级：C 级；螺纹公差：8g。

14. 胀管螺栓

（1）钢膨胀螺栓如图 15-14 所示。

用途：主要用于结构上不能使用其他螺栓连接的场合。使用时利用此螺栓结构上的特点，通过膨胀来压紧被连接件，达到紧密连接的目的。

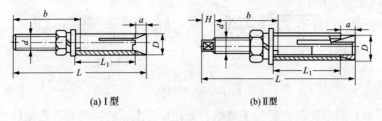

(a) Ⅰ型   (b) Ⅱ型

图 15-14　钢膨胀螺栓

规格：钢膨胀螺栓的规格见表 15-21。

表 15-21　　　　　　　　　钢膨胀螺栓的规格

螺纹规格	胀管尺寸		方头高度 H(mm)	安装尺寸 a(mm)(参考)	钻孔尺寸（mm）		被连接件厚度（mm）
	直径 D(mm)	长度 L_1(mm)			直径	深度	
M6	10	35	—	3	10.5	40	10，20，30
M8	12	45	—	3	12.5	50	15，25，35
M10	14	55	8	3	14.5	60	20，35，50，55
M12	18	65	10	4	19	75	20，40，60，110
M16	22	90	13	4	23	100	30，55，80，130，180

Ⅰ型（mm）		Ⅱ型（mm）	
螺纹长度 b	公称长度 L	螺纹长度 b	公称长度 L
35	65，75，85	50	150，175，200
40	80，90，100		
50	95，110，125	52	150，200，250
52	110，130，150	70	200，250，300
70	150，175		

（2）塑料胀管如图 15-15 所示。

用途：主要用作配合木螺钉使小型被连接件（如金属制品、电

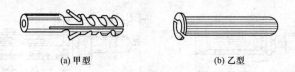

(a) 甲型　　　　　　　　(b) 乙型

图 15-15　塑料胀管

器等）固定安装在混凝土墙壁、天花板等上用的一种特殊连接件。

规格：塑料胀管规格见表 15-22。

表 **15-22**　　　　　　　　塑料胀管规格　　　　　　　　（mm）

类　型		甲　型				乙　型			
直径		6	8	10	12	6	8	10	12
长度		31	48	59	60	36	42	46	64
适用木螺钉	直径	3.5，4	4，4.5	5，5.5	5.5，6	3.5，4	4，4.5	5，5.5	5.5，6
	长度	被连接件厚度＋胀管长度 ＋10				被连接件厚度＋胀管长度＋3			
钻孔尺寸	直径	混凝土：等于或小于胀管直径 0.3 加气混凝土：小于胀管直径 0.5～1 硅酸盐砌块：小于胀管直径 0.3～0.5							
	深度	大于胀管长度 10～12				大于胀管长度 3～5			

15. 活节螺栓

活节螺栓如图 15-16 所示。

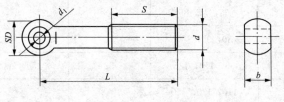

图 15-16　活节螺栓

用途：主要用于需紧固又有铰节的连接件。

规格：活节螺栓规格见表 15-23。

表 15-23 **活节螺栓规格**

螺纹规格 d（mm）	节孔直径 d_1（mm）	球体直径 SD（mm）	节头宽度 b（mm）	螺纹长度 s（mm）	螺杆长度 L（mm）	L 系列尺寸（mm）
M5	4	10	6	16	25～50	
M6	5	12	8	20	30～60	
M8	6	14	10	25	35～80	
M10	8	18	12	30	40～120	20，25，30，35，40，45，50，55，60，65，70，75，80，85，90，95，100，110，120，130，140，150，160，180，200，220，240，260，280，300
M12	10	20	14	40	50～140	
M16	12	28	18	45	60～180	
M20	16	34	22	50	70～200	
M24	20	42	26	60	85～260	
M30	25	52	34	70	100～300	
M36	30	64	40	80	120～300	

16. 焊接单头螺栓

焊接单头螺栓如图 15-17 所示。

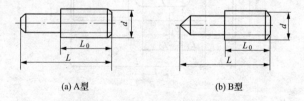

(a) A型   (b) B型

图 15-17 焊接单头螺栓

用途：有螺纹的一头用作拧紧和松脱，没有螺纹的一头焊在被连接的零件上。

规格：焊接单头螺栓规格见表 15-24。

表 15-24　　　　　　　焊接单头螺栓规格

螺纹规格	螺纹长度 L_0（mm）		螺栓长度 L	L 系列尺寸（mm）
d（mm）	标准	加长	（mm）	
M6	16	25	16～200	
M8	20	30	20～200	16，20，25，30，35，40，
M10	25	40	25～250	45，50，55，60，65，70，75，
M12	30	50	30～250	80，（85），90，（95），100，
(M14)	35	60	35～280	(105)，110，(115)，120，130，
M16	40	60	45～280	140，150，160，170，180，
(M18)	45	70	50～300	190，200，210，220，230，
M20	50	80	60～300	240，250，260，280，300

注　括号内的尺寸尽量不采用。

17. 钢网架螺栓球节点用高强度螺栓

钢网架螺栓球节点用高强度螺栓如图 15-18 所示。

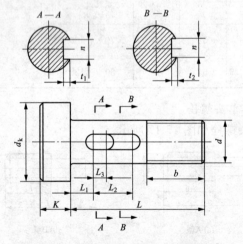

图 15-18　钢网架螺栓球节点用高强度螺栓

用途：适用于钢网架螺栓球节点的连接。其产品等级除规定外一般为 B 级。

规格：钢网架螺栓球节点用高强度螺栓的材料及机械性能见表

15-25，其规格尺寸见表 15-26。

表 15-25　钢网架螺栓球节点用高强度螺栓的材料及机械性能

螺纹规格 d（mm）	性能等级	推荐材料	抗拉强度 σ_b（MPa）	屈服强度 $\sigma_{0.2}$（MPa）	伸长率 δ_5（%）	收缩率 Ψ（%）
M12～M24	10.9S	20MnTiB、40Cr、35CrMo	1040～1240	≥940	≥10	≥42
M27～M36		35VB、40Cr、35CrMo				
M39～M64×4	9.8S	35CrMo、40Cr	900～1100	≥720		

注　性能等级中的"S"表示钢结构用螺栓。

表 15-26　钢网架螺栓球节点用高强度螺栓规格尺寸　　（mm）

螺纹规格 $d×P$	b_{min}	d_{kmax}	$K_{公称}$	$L_{公称}$	$L_{1公称}$	$L_{2参考}$	L_3	n_{min}	t_{1min}	t_{2min}
M12×1.75	15	18	6.4	50	18	10	4	3	2.2	1.7
M14×2	17	21	7.5	54	18	10	4	3	2.2	1.7
M16×2	20	24	10	62	22	13	4	3	2.2	1.7
M20×2.5	25	30	12.5	73	21	16	4	5	2.7	2.2
M22×2.5	27	34	14	75	24	16	4	5	2.7	2.2
M24×3	30	36	15	82	24	18	4	5	2.7	2.2
M27×3	33	41	17	90	28	20	4	6	3.62	2.7
M30×3.5	37	46	18.7	98	28	24	4	6	3.62	2.7
M33×3.5	40	50	21	101	28	21	4	6	3.62	2.7
M36×4	44	55	22.5	125	43	26	4	8	4.62	3.62
M39×4	47	60	25	128	43	26	4	8	4.62	3.62
M42×4.5	50	65	26	136	43	30	4	8	4.62	3.62
M45×4.5	55	70	28	145	48	30	4	8	4.62	3.62
M48×5	58	75	30	148	48	30	4	8	4.62	3.62
M52×5	62	80	32	162	18	38	4	8	4.62	3.62
M56×4	66	90	35	172	53	42	4	8	4.62	3.62
M60×4	70	95	38	196	S3	57	4	8	4.62	3.62
M64×4	74	100	40	205	58	57	4	8	4.62	3.62

18. U 形螺栓

U 形螺栓如图 15-19 所示。

U 形螺栓规格见表 15-27。

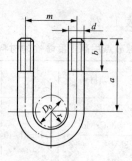

图 15-19　U 形螺栓

表 15-27　　　　　　　　U 形螺栓规格　　　　　　　　（mm）

D_0	r	d	L	a	b	m
14	8	M6	98	33	22	22
18	10		108	35		26
22	12	M10	135	42	28	34
25	14		143	44		38
33	18		160	48		46
38	20	M12	192	55	32	52
42	22		202	57		56
45	24		210	59		60
48	25		220	60		62
51	27		225	62		66
57	31		240	66		74
60	32		250	67		76
76	40		289	75		92
83	43		310	78		98
89	46	M16	325	81	38	104
102	53		365	93		122
108	56		390	96		128
114	59		405	99		134
133	69		450	109		154
140	72		470	112		160
159	82		520	122		180
165	85		538	125		186
219	112		680	152		240

注　1. 表中 L 为毛坯长度，D_0 为管子外径。
　　2. 螺栓的螺纹长度允差为：$+2P$（螺距）。
　　3. 螺纹基本尺寸按 GB/T 196—2003《普通螺纹　基本尺寸》规定的粗牙普通螺纹；其公差按 GB/T 197—2003《普通螺纹　公差》的 6g 级制造。

19. 手工焊接螺栓

手工焊接螺栓如图 15-20 所示。

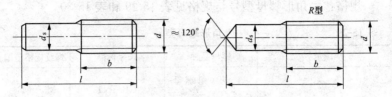

图 15-20 手工焊接螺栓

用途：手工焊用焊接螺栓有螺纹的一头用作拧紧和松脱，没有螺纹的一头焊在被连接之零件上。

规格：焊接单头螺栓规格见表 15-28。

表 15-28　　　　　　　　　　焊接单头螺栓规格　　　　　　　　　（mm）

螺纹规格 d	螺纹长度 b		螺栓长度 l	l 系列尺寸
	标准	加长		
M3	12	15	10～80	
M4	14	20	10～80	
M5	16	22	12～90	10，12，16，20，25，30，35，40，
M6	18	24	16～100	45，50，55，60，65，70，75，80，
M8	22	28	20～200	(85)，90，(95)，100，(105)，110，
M10	26	45	25～240	(115)，120，130，140，150，160，170，
M12	30	49	30～240	180，190，200，210，220，230，240，
(M14)	34	53	35～280	250，260，280，300
M16	38	57	45～280	
(M18)	42	61	50～300	
M20	46	65	60～300	

注　括号内的尺寸尽量不采用。

二、螺母

1. 六角形螺母

用途：与螺栓、螺柱、螺钉配合使用，连接坚固构件。C 级用于表面粗糙、对精度要求不高的连接。A 级用于螺纹直径不大于 16mm；B 级用于螺纹直径大于 16mm，表面光洁，对精度要求较高的连接。开槽螺母用于螺杆末端带孔的螺栓，用开口销插入固定锁紧。

规格：六角形螺母型号与规格见表 15-29 和表 15-30。

表 15-29　　　　　　　　　　　六角形螺母型号

图示	螺母品种	国家标准	螺纹规格范围
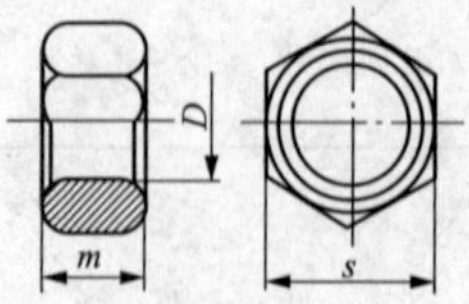 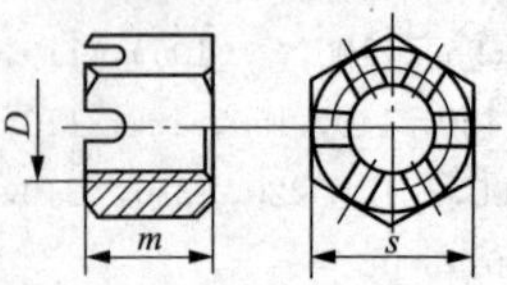	1 型六角螺母-C 级	GB/T 41	M5～M64
	1 型六角螺母-A 和 B 级	GB/T 6170	M1.6～M64
	1 六角螺母-细牙-A 和 B 级	GB/T 6171	M8×1～M64×4
	六角薄螺母-A 和 B 级-倒角	GB/T 6172.1	M1.6～M60
	六角薄螺母-细牙-A 和 B 级	GB/T 6173	M8×1～M64×4
	六角薄螺母-A 和 B 级-无倒角	GB/T 6174	M1.6～M10
	2 型六角螺母-A 和 B 级	GB/T 6175	M5～M36
	2 型六角螺母-细牙-A 和 B 级	GB/T 6176	M8×1～M64×4
	1 型六角开槽螺母-C 级	GB/T 6179	M5～M36
	1 型六角开槽螺母-A 和 B 级	GB/T 6178	M4～M36
	2 型六角开槽螺母-A 和 B 级	GB/T 6180	M4～M36
	六角开槽薄螺母-A 和 B 级	GB/T 6181	M5～M36

六角螺母

六角开槽螺母

表 15-30　　　　　　　　　　　　六角形螺母规格　　　　　　　　（mm）

螺纹规格 d	扳手尺寸 s	螺母最大高度								
		六角螺母			六角开槽螺母				六角薄螺母	
		1型 C级	1型 A和B级	2型 A和B级	1型 C级	薄型 A和B级	1型 A和B级	2型 A和B级	B级 无倒角	A和B级 有倒角
M1.6	3.2	—	1.3	—	—	—	—	—	1	1
M2	4	—	1.6	—	—	—	—	—	1.2	1.2
M2.5	5	—	2	—	—	—	—	—	1.6	1.6
M3	5.5	—	2.4	—	—	—	—	—	1.8	1.8
M4	7	—	3.2	—	—	—	—	5	2.2	2.2
M5	8	5.6	4.7	5.1	7.6	5.1	6.7	7.1	2.7	2.7
M6	10	6.4	5.2	5.7	8.9	5.7	7.7	8.2	3.2	3.2
M8	13	7.94	6.8	7.5	10.94	7.5	9.8	10.5	4	4
M10	16	9.54	8.4	9.3	13.54	9.3	12.4	13.3	5	5
M12	18	12.17	10.8	12	17.17	12	15.8	17	—	6
(M14)	21	13.9	12.8	14.1	18.9	14.1	17.8	19.1	—	7
M16	24	15.9	14.8	16.4	21.9	16.4	20.8	22.4	—	8
(M18)	27	16.9	15.8	—	—	—	—	—	—	9
M20	30	19	18	20.3	25	20.3	24	26.3	—	10
(M22)	34	20.2	19.4	—	—	—	—	—	—	11
M24	36	22.3	21.5	23.9	30.3	23.9	29.5	31.9	—	12
(M27)	41	24.7	23.8	—	—	—	—	—	—	13.5
M30	46	26.4	25.6	28.6	35.4	28.6	34.6	37.6	—	15
(M33)	50	29.5	28.7	—	—	—	—	—	—	16.5
M36	55	31.9	31	34.7	40.9	34.7	40	43.7	—	18
(M39)	60	34.3	33.4	—	—	—	—	—	—	19.5
M42	65	34.9	34	—	—	—	—	—	—	21
(M45)	70	36.9	36	—	—	—	—	—	—	22.5
M48	75	38.9	38	—	—	—	—	—	—	24
(M52)	80	42.9	42	—	—	—	—	—	—	26

螺纹规格 d	扳手尺寸 s	螺母最大高度								
		六角螺母		六角开槽螺母				六角薄螺母		
		1型	1型	2型	1型	薄型	1型	2型	B级	A和B级
		C级	A和B级		C级		A和B级		无倒角	有倒角
M56	85	45.9	45	—	—	—	—	—	—	28
(M60)	90	48.9	48	—	—	—	—	—	—	30
M64	95	52.4	51	—	—	—	—	—	—	32

注 螺纹规格带括号的尽可能不采用。

2. 圆螺母

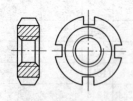

图 15-21 圆螺母

圆螺母如图 15-21 所示。

用途：用来固定传动及转动零件的轴向位移。常与止退垫圈配用，作为滚动轴承的轴向固定。

规格：圆螺母的规格见表 15-31。

表 15-31 圆螺母的规格 （mm）

螺纹规格 D×P	外径		厚度	
	普通	小型	普通	小型
M10×1.00	22	20	8	6
M12×1.25	25	22	8	6
M14×1.50	28	25	8	6
M16×1.50	30	28	8	6
M18×1.50	32	30	8	6
M20×1.50	35	32	8	6
M22×1.50	38	35	8	6
M24×1.50	42	38	8	6
M25×1.50*	42	—	10	8
M27×1.50	45	42	10	8
M33×1.50	52	48	10	8

螺纹规格	外径		厚度	
$D \times P$	普通	小型	普通	小型
M35×1.50*	52	—	10	8
M36×1.50	55	52		
M39×1.50	58	55		
M40×1.50*	58	—		
M42×1.50	62	58		
M45×1.50	68	62		
M48×1.50	72	68		10
M50×1.50*	72	—		
M52×1.50	78	72		
M55×2.0*	78	—	12	
M56×2.0	85	78		18
M60×2.0*	90	80		
M64×2	95	85		
M65×2*	95	—		
M68×2	100	90		
M72×2	105	95	15	
M75×2*	105	—		
M76×2	110	100		
M80×2	115	105		12
M85×2	120	110		
M90×2	125	115		
M95×2	130	120		
M100×2	135	125	18	
M105×2	140	130		
M110×2	150	135		
M115×2	155	140		15
M120×2	160	145	22	
M125×2	165	150		
M130×2	170	160		

螺纹规格	外径		厚度	
$D \times P$	普通	小型	普通	小型
M140×2	180	170	26	18
M150×2	200	180		
M160×3	210	195		
M170×3	220	205		
M180×3	230	220	30	22
M190×3	240	230		
M200×3	250	240		

注 带 * 记号的圆螺母，仅用于滚动轴承锁紧装置。

3. 端面带孔圆螺母和侧面带孔圆螺母

端面带孔圆螺母和侧面带孔圆螺母如图 15-22 所示。

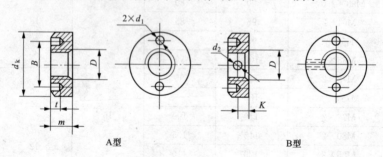

(a) 端面带孔圆螺母

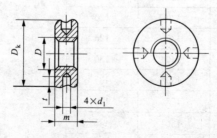

(b) 侧面带孔圆螺母

图 15-22　端面带孔圆螺母和侧面带孔圆螺母

端面带孔圆螺母和侧面带孔圆螺母的规格尺寸见表 15-32。

表 15-32　端面带孔圆螺母和侧面带孔圆螺母的规格尺寸　　　　　(mm)

螺纹规格 D	d_{kmax}	m_{max}	d_1	t		B	K	d_2
				端面	侧面			
M2	5.5	2	1	2	1.2	4	1	M1.2
M2.5	7	2.2	1.2	2.2	1.2	5	1.1	M1.4
M3	8	2.5	1.5	1.5	1.5	5.5	1.3	M1.4
M4	10	3.5	1.5	2	2	7	1.8	M2
M5	12	4.2	2	2.5	2.5	8	2.1	M2
M6	14	5	2.5	3	3	10	2.5	M2.5
M8	18	6.5	3	3.5	3.5	13	3.3	M3
M10	22	8	3.5	4	4	15	4	M3

4. 方螺母

方螺母如图 15-23 所示。

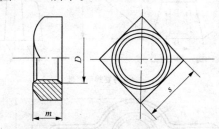

图 15-23　方螺母

用途：与半圆头方颈螺栓配合，用在简单、粗糙的机件上。

规格：方螺母规格见表 15-33。

表 15-33　　　　　　　方螺母规格　　　　　(mm)

螺纹规格 D	厚度 m（≤）	宽度 s（≤）	螺纹规格 D	厚度 m（≤）	宽度 s（≤）
M3	2.4	5.5	(M14)	11	21
M4	3.2	7	M16	13	24
M5	4	8	(M18)	15	27
M6	5	10	M20	16	30
M8	6.5	13	(M22)	18	34
M10	8	16	M24	19	36
M12	10	18			

注　尽可能不采用带括号的规格。

5. 蝶形螺母

蝶形螺母如图 15-24 所示。

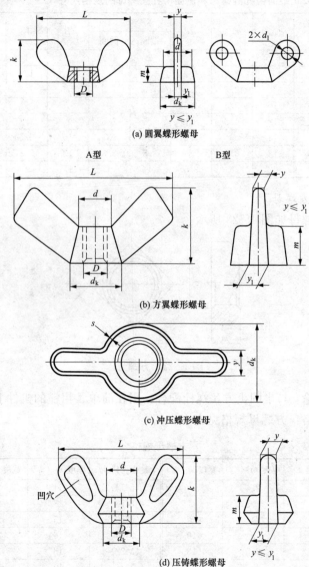

(a) 圆翼蝶形螺母

A型   B型

(b) 方翼蝶形螺母

(c) 冲压蝶形螺母

(d) 压铸蝶形螺母

图 15-24 蝶形螺母

用途：用于经常拆装和受力不大的地方。

规格：蝶形螺母的规格尺寸见表 15-34。

表 15-34　　　　　　　蝶形螺母的规格尺寸

（1）圆翼蝶形螺母的尺寸（mm）

螺纹规格 D	d_k (min)	d (≈)	L		k		m (min)	y (max)	y_1 (max)	d_1 (max)	t (max)
M2	4	3	12		6		2	2.5	3	2	0.3
M5	5	4	16		8		3	2.5	3	2.5	0.3
M31	5	4	16	±1.5	8		3	2.5	3	3	0.4
M4	7	6	20		10		4	3	4	4	0.4
M5	8.5	7	25		12	±1.5	5	3.5	4.5	4	0.5
M6	10.5	9	32		16		6	4	5	5	0.5
M8	14	12	40		20		8	4.5	5.5	6	0.6
M10	18	15	50		25		10	5.5	6.5	7	0.7
M12	22	18	60	±2	30		12	7	8	8	1
(M14)	26	22	70		35		14	8	9	9	1.1
M16	26	22	70		35		14	8	9	10	1.2
M18	30	25	80		40		16	8	10	10	1.4
M20	34	28	90		45	±2	18	9	11	11	1.5
(M22)	38	32	100	±2.5	50		20	10	12	11	1.6
M24	43	36	112		56		22	11	13	12	1.8

（2）方翼蝶形螺母的尺寸（mm）

螺纹规格 D	d_k (min)	d (≈)	L		k		m (min)	y (max)	y_1 (max)	t (max)
M3	6.5	4	17		9		3	3	4	0.4
M4	6.5	4	17	±1.5	9		3	3	4	0.4
M5	8	6	21		11		4	3.5	4.5	0.5
M6	10	7	27		13	±1.5	4.5	4	5	0.5
M8	13	10	31		16		6	4.5	5.5	0.6
M10	16	12	36		18		7.5	5.5	6.5	0.7
M12	20	16	48	±2	23		9	7	8	1
(M14)	20	16	48		23		9	7	8	1.1
M16	27	22	68		35		12	8	9	1.2
(M18)	27	22	68		35	±2	12	8	9	1.4
M20	27	22	68		35		12	8	9	1.5

（3）冲压蝶形螺母的尺寸（mm）

螺纹规格 D	d_k (min)	d (≈)	L	k	h (≈)	y (max)	A 型（高型）		B 型（低型）		t (max)
							m	s	m	s	
M3	10	5	16	6.5	2	4	3.5		1.4		0.4
M4	12	6	19	8.5	2.5	5	4	±0.5	1.6	±0.3 0.8	0.4
M5	13	7	22	9	3	5.5	4.5	1	1.8		0.5
M6	15	9	25	9.5	3.5	6	5		2.4	±0.4 1	0.5
M8	17	10	28	11	5	7	6	±0.8	3.1		0.6
M10	20	12	35	12	6	8	7	1.2	3.8	±0.5 1.2	0.7

（L 列：±1；k 列：±1；M10 行 L：±1.5）

（4）压铸蝶形螺母的尺寸（mm）

螺纹规格 D	d_k (min)	d (≈)	L		k		m (min)	y (max)	y_1 (max)	t (max)
M3	5	4	16		8.5		2.4	2.5	3	0.4
M4	7	6	21		11		3.2	3	4	0.4
M5	8.5	7	21	±1.5	11		4	3.5	4.5	0.5
M6	10.5	9	23		14	±1.5	5	4	5	0.5
M8	13	10	30		16		6.5	4.5	5.5	0.6
M10	16	12	37	±2	19		8	5.5	6.5	0.7

注 尽可能不采用带括号的规格。

6. 六角盖形螺母

六角盖形螺母如图 15-25 所示。

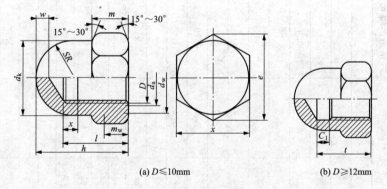

(a) $D \leqslant 10\text{mm}$ (b) $D \geqslant 12\text{mm}$

图 15-25 六角盖形螺母

用途：用于端部螺扣需要罩盖的地方。

规格：六角盖形螺母的主要尺寸规格见表 15-35。

表 15-35　　六角盖形螺母的主要尺寸规格　　(mm)

螺纹规格 D		M4	M5	M6	M8	M10	M12
	第 1 系列	M4	M5	M6	—	—	—
	第 2 系列	—	—	—	M8×1	M10×1	M12×1.5
	第 3 系列	—	—	—	—	M10×1.25	M12×1.25
$P^{①}$		0.7	0.8	1	1.25	1.5	1.75
d_a	max	4.6	5.75	6.75	8.75	10.8	13
	min	4	5	6	8	10	12
d_k	max	6.5	7.5	9.5	12.5	15	17
d_w	min	5.9	6.9	8.9	11.6	14.6	16.6
e	min	7.66	8.79	11.05	14.38	17.77	20.03
$r_{max}^{②}$	第 1 系列	1.4	1.6	2	2.5	3	—
	第 2 系列	—	—	—	2	2	—
	第 3 系列	—	—	—	—	2.5	—
$C_{1max}^{②}$	第 1 系列	—	—	—	—	—	6.4
	第 2 系列	—	—	—	—	—	5.6
	第 3 系列	—	—	—	—	—	4.9
h	max=公称	8	10	12	15	18	22
	min	7.64	9.64	11.57	14.57	17.57	21.48
m	max	3.2	4	5	6.5	8	10
	min	2.9	3.7	4.7	6.14	7.64	9.64

螺纹规格 D	第 1 系列	M4	M5	M6	M8	M10	M12
	第 2 系列					M10×1	M12×1.5
	第 3 系列	(M14×1.5)	M16×1.5	(M18×1.5)	M8×1	M10×1.25	M12×1.25
m_w	min	2.32	2.96	3.76	4.91	6.11	7.71
SR	≈	3.25	3.75	4.75	6.25	7.5	8.5
s	公称	7	8	10	13	16	18
	min	6.78	7.78	9.78	12.73	15.73	17.73
t	max	5.74	7.79	8.29	11.35	13.35	16.35
	min	5.26	7.21	7.71	10.65	12.65	15.65
w	min	2	2	2	2	2	3

螺纹规格 D	第 1 系列		M16		M20		M24
	第 2 系列	(M14×1.5)	M16×1.5	(M18×1.5)	M20×2	(M22)	M24×2
	第 3 系列			(M18×2)	M20×1.5	(M22×1.5)	
$P^{①}$		2	2	2.5	2.5	(M22×2)	—
d_a	max	15.1	17.3	19.5	21.6	2.5	3
d_k	min	14	16	18	20	23.7	25.9
d_w	max	20	23	26	28	22	24
	min	19.6	22.5	24.9	27.7	33	34
e	min	23.35	26.75	29.56	32.95	31.4	33.3
						37.29	39.55

第十五章 连接件和紧固件 909

螺纹规格 D		(M14×1.5)	M16	(M18)	M20	(M22)	M24
螺纹规格 D	第1系列	—	M16	—	M20	—	M24
	第2系列	(M14×1.5)	—	(M18×1.5)	M20×2	(M22)	M24×2
	第3系列	—	M16×1.5	(M18×2)	M20×1.5	(M22×1.5)	—
$x^②_{max}$	第1系列	—	—	—	—	(M22×2)	—
	第2系列	—	—	—	—	—	—
	第3系列	—	—	—	—	—	—
$C^①_{1max}$	第1系列	7.3	7.3	9.3	9.3	9.3	10.7
	第2系列	5.6	5.6	5.6	7.3	5.6	7.3
	第3系列	—	—	7.3	5.6	7.3	—
h	max=公称	25	28	32	34	39	42
	min	24.48	27.48	31	33	38	41
m	max	11	13	15	16	18	19
	min	10.3	12.3	14.3	14.9	16.9	17.7
m_w	≈	8.24	9.84	11.44	11.92	13.52	14.16
SR		10	11.5	13	14	16.5	17
s	公称	21	24	27	30	34	36
	min	20.67	23.67	26.16	29.16	33	35
t	max	18.35	21.42	25.42	26.42	29.42	31.5
	min	17.65	20.58	24.58	25.58	28.58	30.5
w	min	4	4	5	5	5	6

注 尽可能不采用括号内的规格；按螺纹规格第1~3系列，依次优先选用。
① P——粗牙螺纹螺距，按 GB/T 197《普通螺纹 公差》选用。
② 内螺纹的收尾 $x_{1max}=2P$，适用于 $D≤M10$。
③ 内螺纹的退刀槽 C_{1max}，适用于 $D>M10$。

7. 滚花螺母

滚花螺母如图 15-26 所示。

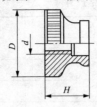

(a) 滚花高螺母   (b) 滚花扁螺母

图 15-26 滚花螺母

用途：适宜用在便于用手拆装的场合。

规格：滚花螺母的规格见表 15-36。

表 15-36   滚花螺母的规格   （mm）

螺纹规格 d	滚花前直径 D	厚度 H		螺纹规格 d	滚花前直径 D	厚度 H	
		高螺母	扁螺母			高螺母	扁螺母
M1.4	6	—	2.0	M4.0	12	8.0	3.0
M1.6	7	4.7	2.5	M5.0	16	10.0	4.0
M2.0	8	5.0	2.5	M6.0	20	12.0	5.0
M2.5	9	5.5	2.5	M8.0	24	16.0	6.0
M3.0	11	7.0	3.0	M10.0	30	20.0	8.0

8. 扣紧螺母

扣紧螺母如图 15-27 所示。

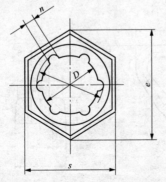

图 15-27 扣紧螺母

扣紧螺母的规格尺寸见表 15-37。

表 15-37　　　　　　　扣紧螺母的规格尺寸　　　　（mm）

螺纹规格 $D \times P$	D		s		m	e
	max	min	max	min		
6×11	5.3	5	10	9.73	3	11.5
8×1.25	7.16	6.8	13	12.73	4	16.2
10×1.5	8.86	8.5	16	15.73	5	19.6
12×1.75	10.73	10.3	18	17.73		21.9
(14×2)	12.43	12	21	20.67	6	25.4
16×2	14.43	14	24	23.67		27.7
(18×2.5)	15.93	15.5	27	26.16	7	31.2
20×2.5	17.93	17.5	30	29.16		34.6
(22×2.5)	20.02	19.5	34	33	7	36.9
24×3	21.52	21	36	35		41.6
(27×3)	24.52	24	41	40	9	47.3
30×3.5	27.02	26.5	46	45		53.1
36×4	32.62	32	55	53.8		63.5
42×4.5	38.12	37.5	65	63.8	12	75
48×5	43.62	43	75	73.1	14	86.5

9. 环形螺母

环形螺母如图 15-28 所示。

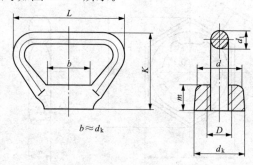

图 15-28　环形螺母

环形螺母的规格尺寸见表 15-38。

表 15-38 环形螺母的规格尺寸 （mm）

螺纹规格	d_k	d	m	K	L
M12	24	20	15	52	66
（M14）					
M16	30	26	18	60	76
（M18）					
M20	36	30	22	72	86
（M22）					
M24	46	38	26	84	98

注　括号内的规格尽量不采用。

10. 粗牙、细牙六角法兰面螺母

粗牙、细牙六角法兰面螺母如图 15-29 所示。

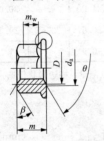
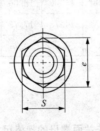
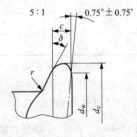

(a) 粗牙六角法兰面螺母

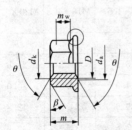
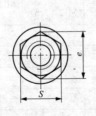
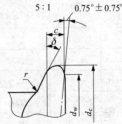

(b) 细牙六角法兰面螺母

图 15-29　粗牙、细牙六角法兰面螺母

粗牙、细牙六角法兰面螺母的规格尺寸见表 15-39 和表 15-40。

表 15-39　　　　　粗牙六角法兰面螺母的规格尺寸　　　　（mm）

螺纹规格 D		M5	M6	M8	M10	M12	(M14)[②]	M16	M20
P		0.8	1	1.25	1.5	1.75	2	2	2.5
$c_{min}^{①}$		1	1.1	1.2	1.5	1.8	2.1	2.4	3
d_a	min	5.00	6.00	8.00	10.0	12	14.0	16.0	20.0
	max	5.75	6.75	8.75	10.8	13	15.1	17.3	21.6
$d_{c,max}$		11.8	14.2	17.9	21.8	26.0	29.9	34.5	42.8
$d_{w,min}$		9.8	12.2	15.8	19.6	23.8	27.6	31.9	39.9
e_{min}		8.79	11.05	14.38	16.64	20.03	23.36	26.75	32.95
m	max	5.0	6.0	8.00	10.00	12.00	14.0	16.0	20.0
	min	4.7	5.7	7.64	9.64	11.57	13.3	15.3	18.7
$m_{w,min}$		2.5	3.1	4.6	5.6	6.8	7.7	8.9	10.7
S	max	8.00	10.00	13.00	15.00	18.00	21.00	24.00	30.00
	min	7.78	9.78	12.73	14.73	17.73	20.67	23.67	29.16
$r_{max}^{③}$		0.3	0.4	0.5	0.6	0.7	0.9	1	1.2

① $\theta=90°\sim120°$，$\beta=15°\sim30°$，$\delta=15°\sim25°$，c 在 $d_{w,min}$ 处测量，棱边形状任选。
② 尽量不采用括号内的规格。
③ r 适用于棱角和六角面。

表 15-40　　　　　细牙六角法兰面螺母的规格尺寸　　　　（mm）

螺纹规格 $D×P$		M8×1	M10×1.26 (M10×1)[②]	M12×1.26 (M12×1.5)[②]	(M14×1.5)[②]	M16×1.5	M20×1.5
$c_{min}^{①}$		1.2	1.5	1.8	2.1	2.4	3
d_a	max	8.75	10.8	13	15.1	17.3	21.6
	min	8.00	10.0	12	14.0	16.0	20.0
$d_{c,max}$		17.9	21.8	26	29.9	34.5	42.8
$d_{w,min}$		15.8	19.6	23.8	27.6	31.9	39.9
e_{min}		14.38	16.64	20.03	23.36	26.75	32.95
m	max	8.00	10.00	12.00	14.0	16.0	20.0
	min	7.64	9.64	11.57	13.3	15.3	18.7

螺纹规格 $D \times P$	M8×1	M10×1.26 (M10×1)[2]	M12×1.26 (M12×1.5)[2]	(M14×1.5)[2]	M16×1.5	M20×1.5
$m_{w,min}$	4.6	5.6	6.8	7.7	8.9	10.7
S max	13.0000	15.00	18.00	21.00	24.00	30.00
S min	12.73	14.73	17.73	20.67	23.67	29.16
$r_{max}^{[3]}$	0.5	0.6	0.7	0.9	1	1.2

① $\theta=90°\sim120°$，$\beta=15°\sim30°$，$\delta=15°\sim25°$，c 在 $d_{w,min}$ 处测量，棱边形状任选。

② 尽量不采用括号内的规格。

③ r 适用于棱角和六角面。

三、钉类

1. 一般用途圆钢钉

一般用途圆钢钉如图 15-30 所示。

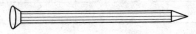

图 15-30　一般用途圆钢钉

用途：钉固木竹器材。

规格：一般用途圆钢钉的规格见表 15-41。

表 15-41　　　　　　　　　一般用途圆钢钉的规格

钉长 (mm)	钉杆直径 (mm)			每千只约重 (kg)		
	重型	标准型	轻型	重型	标准型	轻型
10	1.10	1.00	0.90	0.079	0.062	0.045
13	1.20	1.10	1.00	0.120	0.097	0.080
16	1.40	1.20	1.10	0.207	0.142	0.119
20	1.60	1.40	1.20	0.324	0.242	0.177
25	1.80	1.60	1.40	0.511	0.395	0.302
30	2.00	1.80	1.60	0.758	0.60	0.473
35	2.20	2.00	1.80	1.06	0.86	0.70
40	2.50	2.20	2.00	1.56	1.19	0.99

钉长	钉杆直径（mm）			每千只约重（kg）		
（mm）	重型	标准型	轻型	重型	标准型	轻型
45	2.80	2.50	2.20	2.22	1.73	1.34
50	3.10	2.80	2.50	3.02	2.42	1.92
60	3.40	3.10	2.80	4.35	3.56	2.90
70	3.70	3.40	3.10	5.94	5.00	4.15
80	4.10	3.70	3.40	8.30	6.75	5.71
90	4.50	4.10	3.70	11.3	9.35	7.63
100	5.00	4.50	4.10	15.5	12.50	10.40
110	5.50	5.00	4.50	20.9	17.00	13.70
130	6.00	5.50	5.00	29.1	24.30	20.00
150	6.50	6.00	5.50	39.4	33.30	28.00
175	—	6.50	6.00	—	45.70	38.90
200	—	—	6.50	—	—	52.10

2. 扁头圆钢钉

扁头圆钢钉如图 15-31 所示。

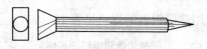

图 15-31　扁头圆钢钉

用途：主要用于木模制造、钉地板及家具等需将钉帽埋入木材的场合。

规格：扁头圆钢钉的规格见表 15-42。

表 15-42　　　　　　　　　扁头圆钢钉的规格

钉长（mm）	35	40	50	60	80	90	100
钉杆直径（mm）	2	2.2	2.5	2.8	3.2	3.4	3.8
每千只约重（kg）	0.95	1.18	1.75	2.9	4.7	6.4	8.5

3. 普通螺钉

普通螺钉如图 15-32 所示。

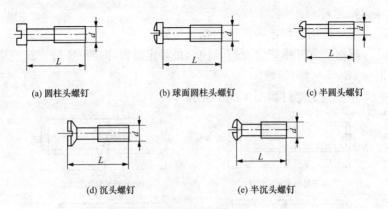

(a) 圆柱头螺钉　　　　(b) 球面圆柱头螺钉　　　　(c) 半圆头螺钉

(d) 沉头螺钉　　　　(e) 半沉头螺钉

图 15-32　普通螺钉

用途：用于受力不大，又不需要经常拆装的场合。其特点是一般不用螺母，而把螺钉直接旋入被连接件的螺纹孔中，使被连接件紧密地连接起来。

规格：螺钉的规格见表 15-43。

表 15-43　　　　　　　　　　　螺钉的规格

螺纹规格 d（mm）	钉杆长度 L（mm）		系列尺寸 L（mm）
	圆柱头、半圆头、球面圆柱头	沉头、半沉头	
M1	1.5～5.0	2.0～5.0	1.5，2.0，2.5，3.0，4.0，5.0，6.0，8.0，10.0，12.0，（14.0），36.0，（18.0），20.0，（22.0），25.0，（28.0），30.0，（32.0），35.0，（38.0），40.0，45.0，50.0，55.0，60.0，70，80
M1.2	1.5～5.0	2.5～6.0	
M1.4	1.5～5.0	2.5～6.0	
M1.6	2.0～6.0	3.0～8.0	
M2	2.0～8.0	3.0～10.0	
M2.5	2.5～16.0	4.0～16.0	
M3	3.0～22.0	4.0～22.0	
M4	4.0～25.0	6.0～25.0	
M5	5.0～28.0	8.0～28.0	
M6	8.0～30.0	10.0～30.0	
M8	10.0～32.0	14.0～32.0	
M10	12.0～38.0	18.0～40.0	
M12	18.0～40.0	18.0～45.0	
（M14）	25.0～40.0	22.0～45.0	
M16	30.0～45.0	25.0～50.0	
（M18）	35.0～50.0	30.0～55.0	
M20	40.0～55.0	35.0～60.0	

注　括号内尺寸尽量不采用。

4. 紧螺钉

用途：用于固定零部件的相对位置。

规格：有开槽紧定螺钉、内六角紧定螺钉和定位螺钉，其规格见表 15-44~表 15-46。

开槽紧定螺钉如图 15-33 所示。

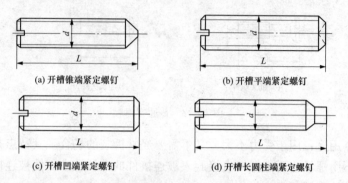

(a) 开槽锥端紧定螺钉　　　　　(b) 开槽平端紧定螺钉

(c) 开槽凹端紧定螺钉　　　　　(d) 开槽长圆柱端紧定螺钉

图 15-33　开槽紧定螺钉

表 15-44　　　　　　　　开槽紧定螺钉规格

螺纹规格 d（mm）	公称长度 L（mm）				长度系列 L（mm）
	锥端	平端	凹端	长圆柱端	
M1.2	2~6	2~6	—	—	2，2.5，3，4，5，6，8，10，12，（14），16，20，25，30，35，40，45，50，(55)，60
M1.6	2~8	2~8	2~8	2.5~8	
M2	3~10	2~10	2.5~10	3~10	
M2.5	3~12	2.5~12	3~12	4~12	
M3	4~16	3~16	3~16	5~15	
M4	5~20	4~20	4~20	6~20	
M5	8~25	5~25	5~25	8~25	
M6	8~30	6~30	6~30	8~30	
M8	10~40	8~40	8~40	10~40	
M10	12~50	10~50	10~50	12~50	
M12	14~60	12~60	12~60		

注　括号内尺寸尽量不采用。

内六角紧定螺钉如图 15-34 所示。

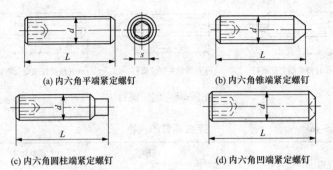

(a) 内六角平端紧定螺钉

(b) 内六角锥端紧定螺钉

(c) 内六角圆柱端紧定螺钉

(d) 内六角凹端紧定螺钉

图 15-34　内六角紧定螺钉

表 15-45　　　　　　　　　　**内六角紧定螺钉规格**

螺纹规格	公称长度 L（mm）				长度系列 L（mm）
d（mm）	平端	锥端	圆柱端	凹端	
M1.6	2～8	2～8	2～8	2～8	
M2	2～10	2～10	2.5～10	2～10	
M2.5	2～12	2.5～12	3～12	2～12	
M3	2～16	2.5～16	4～16	2.5～16	
M4	2.5～20	3～20	5～20	3～20	
M5	3～25	4～25	6～25	4～25	2, 2.5, 3, 4, 5, 6, 8, 10, 12, 16, 20, 25, 30, 35, 40, 45, 50, 55, 60
M6	4～30	5～30	8～30	5～30	
M8	5～40	6～40	8～40	6～40	
M10	6～50	8～50	10～50	8～50	
M12	8～60	10～60	12～60	10～60	
M16	10～60	12～60	16～60	12～60	
M20	12～60	16～60	20～60	16～60	
M24	16～60	20～60	25～60	20～60	

注　括号内尺寸尽量不采用。

定位螺钉如图 15-35 所示。

(a) 开槽锥端定位螺钉

(b) 开槽盘头定位螺钉

(c) 开槽圆柱端定位螺钉

图 15-35　定位螺钉

表 15-46　　　　　　　　　　定位螺钉的规格

螺纹规格 d（mm）	锥端		开槽盘头		圆柱端	
	锥端长度 z（mm）	钉杆全长 L（mm）	定位长度 z（mm）	螺纹长度 L（mm）	定位长度 z（mm）	螺纹长度 L（mm）
M1.6	—	—	1～1.5	1.5～3	1～1.5	1.5～3
M2	—	—	1～2	1.5～4	1～2	1.5～4
M2.5			1.2～2.5	2～5	1.2～2.5	2～5
M3	1.5	4～16	1.5～3	2.5～6	1.5～3	2.5～6
M4	2	4～20	2～4	3～8	2～4	3～8
M5	2.5	5～20	2.5～5	4～10	2.5～5	4～10

5. 盘头多线瓦楞螺钉

用途：主要用于把瓦楞钢皮或石棉瓦楞板固定在木质建筑物如屋顶、隔离壁等上。这种螺钉用手锤敲击头部，即可钉入，但旋出时仍需用螺钉旋具。

规格：盘头多线瓦楞螺钉的规格见表 15-47。

表 15-47　　　　　　　盘头多线瓦楞螺钉的规格

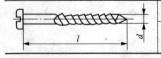

公称直径 d（mm）	6		7	
钉长 l（mm）	65	75	90	100

注　螺钉表面应全部镀锌钝化。

6. 瓦钉

用途：专用于石棉瓦的钉固，使用时钉帽下应加垫圈防漏。

规格：瓦钉的规格见表 15-48。

表 15-48

表 15-48	瓦钉的规格	
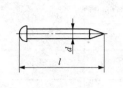	钉长（mm）	80，90，100
	钉杆直径 d（mm）	5
	材　质	Q235

7. 拼合用圆钢钉

拼合用圆钢钉如图 15-36 所示。

用途：供制造木箱、家具、门扇、农具及其他需要拼合木板时作销钉用。规格以钉长和钉杆直径表示。

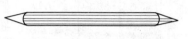

图 15-36　拼合用圆钢钉

规格：拼合用圆钢钉的规格见表 15-49。

表 15-49			拼合用圆钢钉的规格				
钉长（mm）	25	30	35	40	45	50	60
钉杆直径（mm）	1.6	1.8	2	2.2	2.5	2.8	2.8
每千只约重（kg）	0.36	0.55	0.79	1.08	1.52	2	2.4

8. 水泥钉

水泥钉如图 15-37 所示。

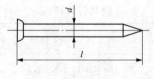

图 15-37　水泥钉

用途：用于在混凝土或砖结构墙上钉固制品的场合。

规格：分为杆钉（代号 T）和钉杆有拉丝（代号 ST）两种，ST 型仅用于钢薄板。规格以钉长和钉杆直径表示。其规格见表 15-50。

表 15-50　　　　　　　　　　　水泥钉的规格

钉号	钉杆尺寸（mm）		1000 个钉约重（kg）	钉号	钉杆尺寸（mm）		1000 个钉约重（kg）
	长度 l	直径 d			长度 l	直径 d	
7	101.6	4.57	13.38	10	50.8	3.40	3.92
7	76.2	4.57	10.11	10	38.1	3.30	3.01
8	76.2	4.19	8.55	10	25.4	3.40	2.11
8	63.5	4.19	7.17	11	38.1	3.05	2.49
9	50.8	3.76	4.73	11	25.4	3.05	1.76
9	38.1	3.76	3.62	12	38.1	2.77	2.10
9	25.4	3.76	2.51	12	25.4	2.77	1.40

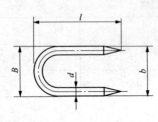

图 15-38　骑马钉

9. 骑马钉

骑马钉如图 15-38 所示。

用途：又叫 U 形钉。主要用于钉固沙发弹簧、金属板网、金属丝网、刺丝或室内外挂线和木材装运加固等。

规格：骑马钉的规格见表 15-51。

表 15-51　　　　　　　　　骑马钉的规格

钉长 l（mm）	10	11	12	13	15	16	20	25	30
钉杆直径 d（mm）	1.6	1.8	1.8	1.8	1.8	1.8	2.0	2.2	2.7
大端宽度 B（mm）	8.5	8.5	8.5	8.5	10	10	10.5/12	11/13	13.5/14.5
小端宽度 b（mm）	7	7	7	7	8	8	8.5	9	10.5
每千只约重（kg）	0.37	—	—	—	0.56	—	0.89	1.36	2.19
材　质	Q195，Q215，Q235								

10. 圆柱头螺钉

用途：用于连接。

规格：圆柱头螺钉的规格见表 15-52。

表 15-52　　　　　　　　　　**圆柱头螺钉的规格**

	螺纹规格 d (mm)	螺杆长度 L（mm）	
		大圆柱头	球面大圆柱头
大圆柱头螺钉 球面大圆柱头螺钉	M2	2～20	3～6
	M2.5	2～20	4～14
	M3	2～20	5～30
	M4	2～20	5～45
	M5	2～20	5～60
	M6	2～20	5～60
	M8	2～20	10～18
	M10	2～20	12～20

11. 十字槽普通螺钉

十字槽普通螺钉如图 15-39 所示。

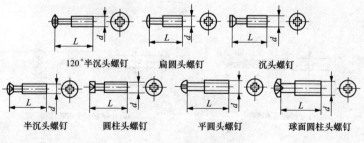

图 15-39　十字槽普通螺钉

用途：与普通螺钉同。

规格：十字槽普通螺钉的规格见表 15-53。

表 15-53 　　　　　　　　　十字槽普通螺钉的规格

螺纹规格 d（mm）	螺钉长度 L（mm）					采用螺钉旋具规格号	系列尺寸 L（mm）
	120°半沉头	沉头半沉头	平圆头	扁圆头	圆柱头、球面圆柱头		
M2	—		4～20		4～20	Ⅰ	4，5，6，8，10，12，（14），16，（18），20，(28),30，（32），35，（38），40，（45），50，55，60，65,70，75，80
M2.5	—		5～35		—		
M3	—	50～40	6～40			Ⅱ	
M4	6～65		8～50		8～60		
M5	8～50				8～80		
M6	8～50	10～50	8～50		8～80	8～80 Ⅲ	
M8	12～65	14～65	12～65	12～50	12～80		
M10	16～80	18～80	16～80	—	16～80	Ⅳ	
M12		18～80	20～80		20～80		

注　括号内的尺寸尽可能不采用。

12. 木螺钉

木螺钉如图 15-40 所示。

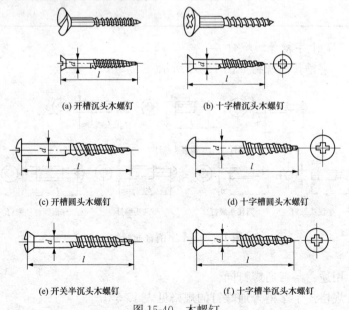

(a) 开槽沉头木螺钉　　　　　　　(b) 十字槽沉头木螺钉

(c) 开槽圆头木螺钉　　　　　　　(d) 十字槽圆头木螺钉

(e) 开关半沉头木螺钉　　　　　　(f) 十字槽半沉头木螺钉

图 15-40　木螺钉

用途：用以在木质器具上紧固金属零件或其他物品，如铰链、插销、箱扣、门锁等。根据适用和需要，选择适当形式，以沉头木螺钉应用最广。

规格：木螺钉的规格见表 15-54。

表 15-54 木螺钉的规格

直径 d(mm)	开槽木螺钉钉长 l(mm)			十字槽木螺钉(mm)	
	沉 头	圆 头	半沉头	十字槽号	钉长 l
1.6	6～12	6～12	6～12	—	—
2	6～16	6～14	6～16	1	6～16
2.5	6～25	6～22	6～25	1	6～25
3	8～30	8～25	8～30	2	8～30
3.5	8～40	8～38	8～40	2	8～40
4	12～70	12～65	12～70	2	12～70
(4.5)	16～85	14～80	16～85	2	16～85
5	18～100	16～90	18～100	2	18～100
(5.5)	25～100	22～90	30～100	3	25～100
6	25～120	22～120	30～120	3	25～120
(7)	40～120	38～120	40～120	3	40～120
8	40～120	38～120	40～120	4	40～120
10	75～120	65～120	70～120	4	70～120

注　1. 钉长系列为 6，8，10，12，14，16，18，20，(22)，25，30，(32)，35，(38)，40，45，50，(55)，60，(65)，70，(75)，80，(85)，90，100，120mm。

　　2. 括号内的直径和长度，尽可能不采用。

13. 圆柱头内六角螺钉

圆柱头内六角螺钉如图 15-41 所示。

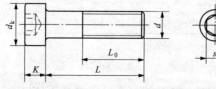

图 15-41 圆柱头内六角螺钉

用途：用于需把螺钉头埋入机件内，而紧固力又要求较大的场合。

　　规格：圆柱头内六角螺钉的规格见表 15-55。

表 15-55　　　　　　　　　圆柱头内六角螺钉的规格

螺纹规格 d (mm)	内六角扳手尺寸 s (mm)	螺钉长度 L (mm)		系列尺寸 (mm)
		L/L_0	全长加工螺纹	
M1.6	1.5	(2.5~16) /15	15	
M2	1.5	(3~20) /16	16	
M2.5	2	(4~5) /17	20	
M3	5.5	(5~30) /18	20	
M4	3	(18~40) /12	8~16	
M5	4	(18~50) /14	10~16	
M6	5	(20~60) /16	10~18	
M8	6	(25~80) /20	12~22	8, 10, 12, 14*, 16, 18*, 20, 22*, 25, 28*, 30, 35, 40, 45, 50, 55, 60, 65, 70, 75, 80, 85, 90, 95, 100, 110, 120, 130, 140, 150, 160, 170, 180, 190, 200, 210, 220, 230, 240, 250, 260, 280, 300
M10	8	(30~100) /25	14~28	
M12	10	(40~130) /30	16~35	
M14*	12	(45~140) /35	20~40	
M16	12	(50~160) /40	22~45	
M18*	14	(55~180) /45	25~50	
M20	14	(60~220) /50	25~55	
M22*	17	(65~250) /55	28~60	
M24	17	(70~250) /60	28~65	
M27*	19	(75~260) /65	40~70	
M30	19	(80~300) /70	45~75	
M36	24	(95~300) /80	60~90	
M42	27	(110~300) /90	70~100	

注　加"*"号的尺寸尽可能不采用。

　　14. 滚花螺钉

　　用途：用于连接，适宜需经常做松紧动作的场合。

规格：滚花螺钉的规格见表 15-56。

表 15-56   **滚花螺钉的规格**

	螺纹规格 d（mm）	螺杆长度 L（mm）	
		滚花平头	滚花小头
	M2	—	4～40
	M2.5	—	4～40
	M3	8～20	4～40
	M4	8～20	4～40
	M5	—	4～40
	M6	—	4～40

滚花平头螺钉

滚花小头螺钉

15. 自攻螺钉

自攻螺钉如图 15-42 所示。

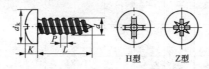

H型　　Z型

(a) 十字槽盘头自攻螺钉

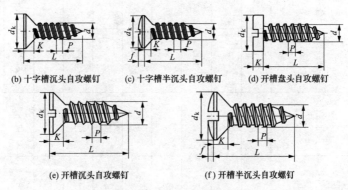

(b) 十字槽沉头自攻螺钉　　(c) 十字槽半沉头自攻螺钉　　(d) 开槽盘头自攻螺钉

(e) 开槽沉头自攻螺钉　　　　　　(f) 开槽半沉头自攻螺钉

图 15-42　自攻螺钉

用途：用于薄金属制件与较厚金属制件之间的连接。

规格：十字槽自攻螺钉的规格见表 15-57；开槽自攻螺钉的规格见表 15-58。

表 15-57

十字槽自攻螺钉的规格

螺纹规格 (mm)	螺纹外径 d (mm, ≤)	头部直径 dk (mm)	头部高度 K (mm)	公称长度 L (mm)	十字槽盘头 (mm)			十字槽沉头 (mm)		十字槽半沉头 (mm)	
					槽号	H型深度	Z型深度	H型深度	Z型深度	H型深度	Z型深度
ST2.2	2.24	3.8	1.1	4.5~16	0	1.2	1.2	1.2	1.2	1.5	1.4
ST2.9	2.90	5.5	1.7	6.5~19	1	1.8	1.75	2.1	2	2.2	2.1
ST3.5	3.53	7.3	2.35	9.5~25	2	1.9	1.9	2.4	2.2	2.75	2.7
ST4.2	4.22	8.4	2.6	9.5~32	2	2.4	2.35	2.6	2.5	3.2	3.1
ST4.8	4.80	9.3	2.8	9.5~38	2	2.9	2.75	3.2	3.05	3.4	3.35
ST5.5	5.46	10.3	3	13~38	3	3.1	3	3.3	3.2	3.45	3.4
ST6.3	6.25	11.3	3.15	13~38	3	3.6	3.5	3.5	3.45	4	3.85
ST8	8.00	15.8	4.65	16~50	4	4.7	4.5	4.6	4.6	5.25	5.2
ST9.5	9.65	18.3	5.25	16~50	4	5.8	5.7	5.7	5.65	6	6.05

长度系列：4.5、6.5、9.5、13、16、19、22、25、32、38、45、50

表15-58

开槽自攻螺钉的规格

螺纹规格 (mm)	螺纹外径 d (mm, ≤)	开槽盘头 (mm)			开槽沉头 (mm)			开槽半沉头 (mm)		
		头部直径 d_k	头部高度 K	公称长度 L	头部直径 d_k	头部高度 K	公称长度 L	头部直径 d_k	头部高度 K	公称长度 L
ST2.2	2.24	4	1.3	4.5~16	3.8	1.1	4.5~16	3.8	1.1	4.5~16
ST2.9	2.90	5.6	1.8	6.5~19	5.5	1.7	6.5~19	5.5	1.7	6.5~19
ST3.5	3.53	7	2.1	6.5~22	7.3	2.35	9.5~25	7.3	2.35	9.5~25
ST4.2	4.22	8	2.4	9.5~32	8.4	2.6	9.5~32	8.4	2.6	9.5~22
ST4.8	4.80	9.5	3	9.5~38	9.3	2.8	9.5~38	9.3	2.8	9.5~32
ST5.5	5.46	11	3.2	13~32	10.3	3	13~38	10.3	3	13~32
ST6.3	6.25	12	3.6	13~38	11.3	3.15	13~38	11.3	3.15	13~38
ST8	8.00	16	4.8	16~50	15.8	4.65	19~50	15.8	4.65	16~50
ST9.5	9.65	20	5.6	16~50	18.3	5.25	22~50	18.3	5.25	19~50

长度系列: 4.5、6.5、9.5、13、16、19、22、25、32、38、45、50

16. 自钻自攻螺钉

自钻自攻螺钉如图 15-43 所示。

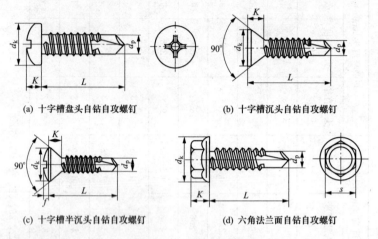

(a) 十字槽盘头自钻自攻螺钉　　　　(b) 十字槽沉头自钻自攻螺钉

(c) 十字槽半沉头自钻自攻螺钉　　　(d) 六角法兰面自钻自攻螺钉

图 15-43　自钻自攻螺钉

用途：用于连接。连接时可将钻头和攻丝两道工序合并一次完成。

规格：自钻自攻螺钉的规格见表 15-59。

表 15-59　　　　　　　　　自钻自攻螺钉的规格

自攻螺钉用螺纹规格	螺纹外径 d_p（mm，$\leqslant$）	公称长度 L（mm）	钻头直径 d_k（mm，$\approx$）	钻削范围（板厚）（mm）
ST2.9	2.90	13～19	2.3	0.7～1.9
ST3.5	3.53	13～25	2.8	0.7～2.25
ST4.2	4.22	13～38	3.6	1.75～3
ST4.8	4.80	16～50	4.1	1.75～4.4
ST5.5	5.46	19～50	4.8	1.75～5.25
ST6.3	6.25	19～50	5.8	2～6
长度系列：13，16，19，22，25，32，38，45，50mm				

17. 瓦楞垫圈及羊毛毡垫圈

瓦楞垫圈及羊毛毡垫圈如图 15-44 所示。

用途：瓦楞垫圈用于衬垫在瓦楞螺钉钉头下面，可增大钉头支承面积，降低钉头作用在瓦楞铁皮或石棉瓦楞板上的压力。羊毛毡

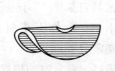

(a) 瓦楞垫圈

(b) 羊毛毡垫圈

图 15-44 瓦楞垫圈及羊毛毡垫圈

垫圈用于衬垫在瓦楞垫圈下面，可起密封作用，防止雨水渗漏。

规格：瓦楞垫圈及羊毛毡垫圈的规格见表 15-60。

表 15-60　　　　　瓦楞垫圈及羊毛毡垫圈的规格

品　名	公称直径（mm）	内径（mm）	外径（mm）	厚度（mm）
瓦楞垫圈	7	7	32	1.5
羊毛毡垫圈	6	6	30	3.2，4.8，6.4

18. 油毡钉

油毡钉如图 15-45 所示。

用途：专用于修建房屋时，钉油毛毡用。使用时，在钉帽下要加油毛毡垫圈，防止钉孔处漏水。

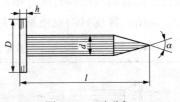

图 15-45　油毡钉

规格：油毡钉的规格见表 15-61。

表 15-61　　　　　　油毡钉的规格

规格（mm）	钉杆尺寸（mm）		1000 个钉约重（kg）	规　格（mm）	钉杆尺寸（mm）		1000 个钉约重（kg）
	长度 l	直径 d			长度 l	直径 d	
15	15	2.5	0.58	25.40	25.40		1.47
20	20	2.8	1.00	28.58	28.58		1.65
25	25	3.2	1.50	31.75	31.75		1.83
30	30	3.4	2.00	38.10	38.10	3.06	2.20
19.05	19.05	3.06	1.10	44.45	44.45		2.57
22.23	22.23		1.28	50.80	50.80		2.93

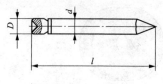

图 15-46　家具钉

19. 家具钉

家具钉如图 15-46 所示。

用途：也称无头钉。专用于钉固木制家具或地板。

规格：家具钉的规格见表 15-62。

表 15-62　　　　　　　　家具钉的规格

钉长 l（mm）	19	25	30	32	38	40	45	50	60	64	70	80	82	90	100	130
钉杆直径 d（mm）	1.2 1.5	1.5 1.6	1.6	1.6 1.8	1.8	1.8	1.8	2.1	2.3	2.4 2.8	2.5	2.8	3.0	3.0	3.4	4.1
钉帽直径 D（mm）	1.3～1.4 d															
材　　质	Q195，Q235															

20. 橡皮钉

用途：由于钉杆直径较大，起拔阻力也较大，主要用于农具、家具、玩具的修理和钉固鞋跟。

规格：橡皮钉的规格见表 15-63。

表 15-63　　　　　　　　橡皮钉的规格

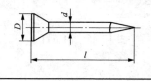

钉长 l（mm）	20	22
钉杆直径 d（mm）	2	2
钉帽直径 D（mm）	3.9	3.9
材　　质	Q215、Q235	

21. 吊环螺钉

用途：装在机器或大型零部件的顶盖或外壳上，便于起吊用。

规格：吊环螺钉的规格见表 15-64。

表 15-64　　　　　　　　吊环螺钉的规格

螺纹规格 d（mm）	吊环内径 D_1（mm）	钉杆长度 L（mm）	起吊质量（t）
M8	20	16	≤0.16
M10	24	20	≤0.25

螺纹规格 d（mm）	吊环内径 D_1（mm）	钉杆长度 L（mm）	起吊质量 （t）
M12	28	22	≤0.4
M16	34	28	≤0.63
M20	40	35	≤1
M24	48	40	≤1.6
M30	56	45	≤2.5
M36	67	55	≤4
M42	80	65	≤6.3
M48	95	70	≤8
M56	112	80	≤10
M64	125	90	≤16
M72×6	140	100	≤20
M80×6	160	115	≤25
M100×6	200	140	≤40

22. 平杆型鞋钉

平杆型鞋钉如图 15-47 所示。

用途：用于钉制沙发、软坐垫等，特点是钉帽大、钉身粗、连接牢固。

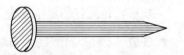

图 15-47　平杆型鞋钉

规格：平杆型鞋钉的规格见表 15-65。

表 15-65　　　　　平杆型鞋钉的规格

全长（mm）	10	13	16	19	25
钉帽直径（mm）	4	4.5	5	5.5	6
钉帽厚度（mm）	0.25	0.30	0.35	0.40	0.40
钉身末端宽度（mm）	≤0.80	≤0.90	≤0.95	≤1.05	≤1.15
钉尖角度［(°)，≈］	30	30	30	35	35
每千只约重（g）	102	185	333	455	556
每 1kg 只数	9800	5400	3000	2200	1800

图 15-48　包装钉

23. 包装钉

包装钉如图 15-48 所示。

用途：用于钉固包装箱。

规格：包装钉的规格见表 15-66。

表 15-66　　　　　　　　包装钉的规格

钉长 l（mm）	25	30	38	45	50	57	64	70	75	82	89	100
钉杆直径 d（mm）	1.6	1.8	2.0	2.0	2.4	2.4	2.8	2.8	3.4	3.4	3.4	—
钉帽直径 D（mm）	1.7d											
材　　质	Q215、Q235											

24. 鱼尾钉

鱼尾钉如图 15-49 所示。

用途：用于制造沙发、软坐垫、鞋、帐篷、纺织、皮革箱具、面粉筛、玩具、小型农具等，特点是钉尖锋利、连接牢固，以薄型应用较广。

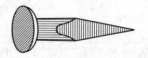

图 15-49　鱼尾钉

规格：鱼尾钉的规格见表 15-67。

表 15-67　　　　　　　　鱼尾钉的规格

种类	薄　型　（A 型）					厚　型　（B 型）					
全长（mm）	6	8	10	13	16	10	13	16	19	22	25
钉帽直径（mm，≥）	2.2	2.5	2.6	2.7	3.1	3.7	4	4.2	4.5	5	5
钉帽厚度（mm，≥）	0.2	0.25	0.30	0.35	0.40	0.45	0.50	0.55	0.60	0.65	0.65
卡颈尺寸（mm，≥）	0.80	1.0	1.15	1.25	1.35	1.50	1.60	1.70	1.80	2.0	2.0
每千只约重（g）	44	69	83	122	180	132	278	357	480	606	800
每 1kg 只数	22700	14400	12000	8200	5550	7600	3600	2800	2100	1650	1250

25. 瓦楞钉

瓦楞钉如图 15-50 所示。

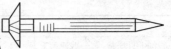

用途：专用于固定屋面上的瓦
楞铁皮。

图 15-50　瓦楞钉

规格：瓦楞钉的规格见表 15-68。

表 15-68　　　　　　　　　　　　瓦楞钉的规格

钉身直径 (mm)	钉帽直径 (mm)	长度（除帽）(mm)			
		38	44.5	50.8	63.5
		每千只约重（kg）			
3.73	20	6.30	6.75	7.35	8.35
3.37	20	5.58	6.01	6.44	7.30
3.02	18	4.53	4.90	5.25	6.17
2.74	18	3.74	4.03	4.32	4.90
2.38	14	2.30	2.38	2.46	—

图 15-51　鞋钉

26. 鞋钉

鞋钉如图 15-51 所示。

用途：用于鞋、体育用品、玩具、农具、木制家具等的制作和维修。

规格：鞋钉的规格见表 15-69。

表 15-69　　　　　　　　　　　　鞋钉的规格

规格（全长）(mm)		10	13	16	19	22	25
钉帽直径 (mm，≥)	普通型 P	3.10	3.40	3.90	4.40	4.70	4.90
	重　型 Z	4.50	5.20	5.90	6.10	6.60	7.00
钉帽厚度 (mm，≥)	普通型 P	0.24	0.30	0.34	0.40	0.44	0.44
	重　型 Z	0.30	0.34	0.38	0.40	0.44	0.44
钉杆末端宽度 (mm，≤)	普通型 P	0.74	0.84	0.94	1.04	1.14	1.24
	重　型 Z	1.04	1.10	1.20	1.30	1.40	1.50
钉尖角度 [(°)，<]	P、Z	28	28	28	30	30	30

规格（全长）(mm)		10	13	16	19	22	25
每千只质量	普通型 P	91	152	244	345	435	526
(g, ≈)	重 型 Z	156	238	345	476	625	769
每 100g 只数	普通型 P	1100	660	410	290	230	190
(≈)	重 型 Z	640	420	290	210	160	130

27. 沉头铆钉

沉头铆钉如图 15-52 所示。

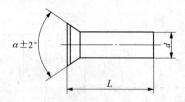

$\alpha=60°$ 粗制沉头铆钉
$\alpha=90°$ 精制沉头铆钉
$\alpha=120°$ 沉头铆钉

(a) 沉头铆钉

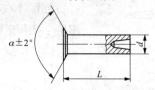

$\alpha=90°$ 沉头半空心铆钉
$\alpha=120°$ 沉头半空心铆钉

(b) 沉头半空心铆钉

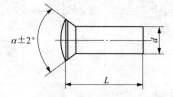

$\alpha=60°$ 粗制半沉头铆钉
$\alpha=90°$ 精制半沉头铆钉
$\alpha=120°$ 半沉头铆钉

(c) 半沉头铆钉

图 15-52 沉头铆钉

用途：适用于表面需要平滑钉头略可外露或不允许外露的场合。

规格：沉头铆钉的规格见表 15-70。

表 15-70　　　　　　　　沉头铆钉的规格　　　　　　　　（mm）

| 公称直径 d | 长　度　L | | | | | |
| | 粗制 | 精　制 | | | | |
	沉头半沉头	沉头半沉头	90°沉头半空心	120°沉头半空心	120°沉头	120°半沉头
1.0	—	2.0～8.0	—	—	—	—
1.2	—	2.5～8.0	—	4～8	1.5～6.0	—
(1.4)	—	3.0～12.0	—	—	2.5～8.0	—
1.6	—	3.0～12.0	—	4～10	2.5～10.0	—
2.0	—	3.5～16.0	2～13	3～20	3.0～10.0	—
2.5	—	5.0～18.0	3～16	4～80	4.0～15.0	—
3.0	—	5.0～22.0	3～30	4～100	5.0～20.0	5～24
(3.5)	—	6.0～24.0	3～36	5～35	6.0～36.0	6～28
4.0	—	6.0～30.0	3～40	5～100	6.0～42.0	6～32
5.0	—	6.0～50.0	3～50	6～100	7.0～50.0	8～40
6.0	—	6.0～50.0	3～30	8～100	8.0～50.0	10～40
8.0	—	12.0～60.0	14～50	10～80	10.0～50.0	—
10.0	—	16.0～75.0	18～50	18～50	—	—
12.0	20～75	18.0～75.0	—	—	—	—
(14.0)	20～100	20.0～100.0	—	—	—	—
16.0	24～100	24.0～100.0	—	—	—	—
(18.0)	28～150	—	—	—	—	—
20.0	30～150	—	—	—	—	—
(22.0)	38～180	—	—	—	—	—
24.0	50～180	—	—	—	—	—

公称直径	长 度 L					
	粗制	精 制				
d	沉头 半沉头	沉头 半沉头	90°沉头 半空心	120°沉头 半空心	120°沉头	120°半沉头
(27.0)	55～180	—	—	—	—	—
30.0	60～200	—	—	—	—	—
36.0	65～200	—	—	—	—	—

注 1. 括号内的尺寸尽量不采用。

    2. L 系列尺寸为 2，2.5，3，3.5，4，5，6，7，8，9，10，11，12，13，14，15，16，17，18，19，20，22，24，26，28，30，32，34*，35+，36*，38，40，42，44*，45+，46*，48，50，52，55，58，60，62*，65，68*，70，75，80，85，90，95，100，110，120，130，140，150，160，170，180，190，200mm。其中带+者只有粗制，带*者只有精制。

28. 圆头铆钉

圆头铆钉如图 15-53 所示。

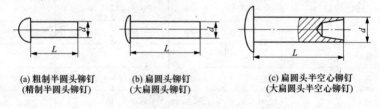

(a) 粗制半圆头铆钉　　　(b) 扁圆头铆钉　　　(c) 扁圆头半空心铆钉
(精制半圆头铆钉)　　　(大扁圆头铆钉)　　(大扁圆头半空心铆钉)

图 15-53　圆头铆钉

用途：用于钢结构的铆接。

规格：圆头铆钉的规格见表 15-71。

表 15-71　　　　　　　　圆头铆钉的规格

公称直径 d（mm）	长度 L（mm）				
	半圆头	扁圆头	大扁圆头	扁圆头半空心	大扁圆头半空心
0.6	1.0～6.0	—	—	—	—
0.8	1.5～8.0	—	—	—	—

公称直径	长度 L（mm）				
d（mm）	半圆头	扁圆头	大扁圆头	扁圆头半空心	大扁圆头半空心
1.0	2.0～8.0	—	—	—	—
(1.2)	2.5～8.0	1.5～6.0	—	4～6	—
1.4	3.0～12.0	2.0～8.0	—	4～8	—
(1.6)	3.0～12.0	2.0～8.0	—	4～8	—
2.0	3.0～16.0	2.0～13.0	3.5～16.0	3～14	2.0～13.0
2.5	5.0～20.0	3.0～16.0	3.5～20.0	3～16	3.0～16.0
3.0	5.0～26.0	3.5～30.0	3.5～24.0	4～30	3.5～30.0
3.5	7.0～26.0	5.0～36.0	6.0～28.0	5～50	5.0～36.0
4.0	7.0～50.0	5.0～40.0	6.0～32.0	3～40	5.0～40.0
5.0	7.0～55.0	6.0～50.0	8.0～40.0	6～50	6.0～50.0
6.0	8.0～60.0	7.0～50.0	10.0～40.0	6～50	7.0～50.0
8.0	16.0～65.0	9.0～50.0	14.0～50.0	10～50	3.0～40.0
10.0	16.0～85.0	10.0～50.0	—	20～50	—
12.0	20.0～90.0	—	—	—	—
(14.0)	22.0～100.0	—	—	—	—
16.0	26.0～110.0	—	—	—	—
(18.0)	32.0～150.0	—	—	—	—
20.0	32.0～150.0	—	—	—	—
(22.0)	38.0～180.0	—	—	—	—
24.0	52.0～180.0	—	—	—	—
(27.0)	55.0～180.0	—	—	—	—
30.0	55.0～180.0	—	—	—	—
36.0	58.0～200.0	—	—	—	—

注 1. 括号内的尺寸尽量不采用。

2. L系列尺寸为 1、1.5、2、2.5、3、3.5、4、5、6、7、8、9、10、11、12、13、14、15、16、17、18、19、20、22、24、26、28、30、32、34*、35+、36*、38、40、42、44*、45+、46*、48、50、52、55、58、60、62*、65、68*、70、75、80、85、90、100、110、120、130、140、150、160、170、180、190、200mm。其中带*者只有精制，带+者只有粗制。

29. 平头铆钉

平头铆钉如图 15-54 所示。

(a) 普通平头铆钉   (b) 扁平头铆钉   (c) 扁平头半空心铆钉

图 15-54 平头铆钉

用途：用于扁薄件的铆接。

规格：平头铆钉的规格见表 15-72。

表 **15-72** 平头铆钉的规格

公称直径 d (mm)	长度 L (mm)			L 系列尺寸
	普通	扁平	扁平头半空心	
(1.2)	—	1.5~6.0	—	1.5，2，2.5，3，3.5，4，5，6，7，8，9，10，11，12，13，14，15，16，17，18，19，20，22，24，26，28，30，32，34，36，40，42，44，46，48，50
1.4	—	2.0~7.0	—	
(1.6)	—	2.0~8.0	—	
2.0	4~8	2.0~13.0	3~20	
2.5	5~10	3.0~15.0	3~30	
3.0	6~14	3.5~30.0	4~30	
3.5	6~18	5.0~36.0	5~40	
4.0	8~22	5.0~40.0	5~40	
5.0	10~26	6.0~50.0	6~50	
6.0	10~30	7.0~50.0	8~50	
8.0	16~30	9.0~50.0	10~80	
10.0	20~30	10.0~50.0	18~50	

注 括号内尺寸尽量不采用。

30. 锥头铆钉

锥头铆钉如图 15-55 所示。

(a) 粗制普通锥头铆钉   (b) 锥头半空心铆钉
(精制普通锥头铆钉)

图 15-55 锥头铆钉

用途：用于钢结构件的铆接。

规格：锥头铆钉的规格见表 15-73。

表 15-73 锥头铆钉的规格

公称直径 d（mm）	长 度 L（mm）		
	普通粗制	普通精制	半空心
2.0	—	3~16	2.0~13.0
2.5	—	4~20	3.0~16.0
3.0	—	6~24	3.5~30.0
(3.5)	—	6~28	4.0~36.0
4.0	—	8~32	5.0~40.0
5.0	—	10~40	6.0~50.0
6.0	—	12~40	7.0~45.0
8.0	—	16~60	8.0~50.0
10.0	—	16~90	—
12.0	20~100	18~110	—
(14.0)	20~100	18~110	—
16.0	24~110	24~110	—
(18.0)	30~150	—	—
20.0	30~150	—	—
(22.0)	38~180	—	—
24.0	50~180	—	—
(27.0)	58~180	—	—
30.0	65~180	—	—
36.0	70~200	—	—

注 1. 括号内尺寸尽量不采用。

　　2. 杆长系列与圆头铆钉相同。

31. 空心铆钉

空心铆钉如图 15-56 所示。

用途：用于连接。

规格：空心铆钉的规格见表 15-74。

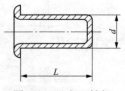

图 15-56 空心铆钉

公称直径 d (mm)	长度 L (mm)	公称直径 d (mm)	长度 L (mm)
1.4	1.5～5	3.5	3～10
1.6	2～5	4.0	3～12
2.0	2～6	5.0	3～15
2.5	2～8	6.0	3～15
3.0	2～10	8.0	4～15

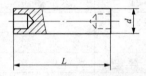

图 15-57   无头铆钉

32. 无头铆钉

无头铆钉如图 15-57 所示。

用途：用于连接。

规格：无头铆钉的规格见表 15-75。

表 15-75   无头铆钉的规格

公称直径 d (mm)	长度 L (mm)	公称直径 d (mm)	长度 L (mm)
1.4	6～12	5.0	12～50
2.0	6～20	6.0	16～60
2.5	6～20	8.0	18～60
3.0	8～30	10.0	20～60
4.0	8～50		

33. 标牌铆钉

标牌铆钉如图 15-58 所示。

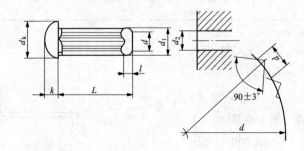

图 15-58   标牌铆钉

用途：用于固定设备标牌。

规格：标牌铆钉的规格见表15-76。

表 15-76   标牌铆钉的规格   （mm）

（公称）d	（最大）d_k	（最大）k	（最小）d_1	最大 d	公称长度 L	l	p
(1.6)	3.2	1.2	1.75	1.56	3～6	1	0.72
2	3.74	1.4	2.15	1.96	3～8	1	0.72
2.5	4.84	1.8	2.65	2.46	3～10	1	0.72
3	5.54	2.0	3.15	2.96	4～12	1	0.72
4	7.39	2.6	4.15	3.96	6～18	1.5	0.84
5	9.09	3.2	5.15	4.96	8～20	1.5	0.92
L 系列尺寸	3，4，5，6，8，10，12，15，18，20						

四、垫圈

1. 平垫圈

平垫圈如图 15-59 所示。

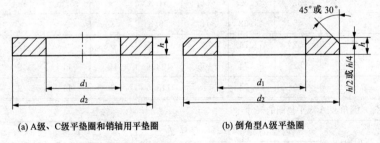

(a) A级、C级平垫圈和销轴用平垫圈   (b) 倒角型A级平垫圈

图 15-59   平垫圈

用途：置于螺母与构件之间，保护构件表面避免在紧固时被螺母擦伤。

规格：常见平垫圈的品种及主要尺寸见表15-77。

表 15-77　　　　常见平垫圈的品种及主要尺寸　　　　（mm）

（1）A 级平垫圈的优选尺寸

公称规格 （螺纹大径 d）	内径 d_1		外径 d_2		厚度 h		
	公称 （min）	max	公称 （max）	min	公称	max	min
1.6	1.7	1.84	4	3.7	0.3	0.35	0.25
2	2.2	2.34	5	4.7	0.3	0.35	0.25
2.5	2.7	2.84	6	5.7	0.5	0.35	0.45
3	3.2	3.38	7	6.64	0.5	0.55	0.45
4	4.3	4.48	9	8.64	0.8	0.9	0.7
5	5.3	5.48	10	9.64	1	1.1	0.9
6	6.4	6.62	12	11.57	1.6	1.8	1.4
8	8.4	8.62	16	15.57	1.6	1.8	1.4
10	10.5	10.77	20	19.48	2	2.2	1.8
12	13	13.27	24	23.48	2.5	2.7	2.3
16	17	17.27	30	29.48	3	3.3	2.7
20	21	21.33	37	36.38	3	3.3	2.7
24	25	25.33	44	43.48	4	4.3	3.7
30	31	31.39	56	55.26	4	4.3	3.7
36	37	37.62	66	64.8	5	5.6	4.4
42	45	45.62	78	76.8	8	9	7
48	52	52.74	92	90.6	8	9	7
56	62	62.74	105	103.6	10	11	9
64	70	70.74	115	113.6	10	11	9

（2）倒角型 A 级平垫圈的尺寸

公称规格 （螺纹大径 d）	内径 d_1		外径 d_2		厚度 h		
	公称 （min）	max	公称 （max）	min	公称	max	min
5	5.3	5.48	10	9.64	1	1.1	0.9
6	6.4	6.62	12	11.57	1.6	1.8	1.4
8	8.4	8.62	16	15.57	1.6	1.8	1.4

公称规格	内径 d_1		外径 d_2		厚度 h		
（螺纹大径 d）	公称（min）	max	公称（max）	min	公称	max	min
10	10.5	10.77	20	19.48	2	2.2	1.8
12	13	13.27	24	23.48	2.5	2.7	2.3
16	17	17.27	30	29.48	3	3.3	2.7
20	21	21.33	37	36.38	3	3.3	2.7
24	25	25.33	44	43.38	4	4.3	3.7
30	31	31.39	56	55.26	4	4.3	3.7
36	37	37.62	66	64.8	5	5.6	4.4
42	45	45.62	78	76.8	8	9	7
48	52	52.74	92	90.6	8	9	7
56	62	62.74	105	103.6	10	11	9
64	70	70.74	115	113.6	10	11	9

（3）销轴用平垫圈的尺寸

公称规格	内径 d_1		外径 d_2		厚度 h		
（螺纹大径 d）	公称（min）	max	公称（max）	min	公称	max	min
3	3	3.14	6	5.70	0.8	0.9	0.7
4	4	4.18	8	7.64	0.8	0.9	0.7
5	5	5.18	10	9.64	1	1.1	0.9
6	6	6.18	12	11.57	1.6	1.8	1.4
8	8	8.22	15	14.57	2	2.2	1.8
10	10	10.22	18	17.57	2.5	2.7	2.3
12	12	12.27	20	19.48	3	3.3	2.7
14	14	14.27	22	21.48	3	3.3	2.7
16	16	16.27	24	23.48	3	3.3	2.7
18	18	18.27	28	27.48	4	4.3	3.7
20	20	20.33	30	29.48	4	4.3	3.7

公称规格 （螺纹大径 d）	内径 d_1		外径 d_2		厚度 h		
	公称 （min）	max	公称 （max）	min	公称	max	min
22	22	22.33	34	33.38	4	4.3	3.7
24	24	24.33	37	36.38	4	4.3	3.7
25	25	25.33	38	37.38	4	4.3	3.7
27	27	27.52	39	38	5	5.6	4.4
28	28	28.52	40	39	5	5.6	4.4
30	30	30.52	44	43	5	5.6	4.4
32	32	32.62	46	45	5	5.6	4.4
33	33	33.62	47	46	5	5.6	4.4
36	36	36.62	50	49	6	6.6	5.4
40	40	40.62	56	54.8	6	6.6	5.4
45	45	45.62	60	58.8	6	6.6	5.4
50	50	50.62	66	64.8	8	9	7
55	55	55.74	72	70.8	8	9	7
60	60	60.74	78	76.8	10	11	9
70	70	70.74	92	90.6	10	11	9
80	80	80.74	98	96.6	12	13.2	10.8
90	90	90.87	110	108.6	12	13.2	10.8
100	100	100.87	120	118.6	12	13.2	10.8

（4）C 级平垫圈的优选尺寸

公称规格 （螺纹大径 d）	内径 d_1		外径 d_2		厚度 h		
	公称 （min）	max	公称 （max）	min	公称	max	min
1.6	1.8	2.05	4	3.25	0.3	0.4	0.2
2	2.4	2.65	5	4.25	0.3	0.4	0.2
2.5	2.9	3.15	6	5.25	0.5	0.6	0.4
3	3.4	3.7	7	6.1	0.5	0.6	0.4

公称规格 （螺纹大径 d）	内径 d_1		外径 d_2		厚度 h		
	公称 （min）	max	公称 （max）	min	公称	max	min
4	4.5	4.8	9	8.1	0.8	1.0	0.6
5	5.5	5.8	10	9.1	1	1.2	0.8
6	6.6	6.96	12	10.9	1.6	1.9	1.3
8	9	9.36	16	14.9	1.6	1.9	1.3
10	11	11.43	20	18.7	2	2.3	1.7
12	13.5	13.93	24	22.7	2.5	2.8	2.2
16	17.5	17.93	30	28.7	3	3.6	2.4
20	22	22.52	37	35.4	3	3.6	2.4
24	26	26.52	44	42.4	4	4.6	3.4
30	33	33.62	56	54.1	4	4.6	3.4
36	39	40	66	64.1	5	6	4
42	45	46	78	76.1	8	9.2	6.8
48	52	53.2	92	89.8	8	9.2	6.8
56	62	63.2	105	102.8	10	11.2	8.8
64	70	71.2	115	112.8	10	11.2	8.8

2. 大垫圈

大垫圈如图 15-60 所示。

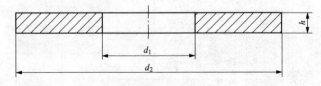

图 15-60　大垫圈

用途：置于螺母与构件之间，保护构件表面避免在紧固时被螺母擦伤。

规格：常用大垫圈的品种及主要尺寸见表 15-78。

表 15-78　　　　　　常见大垫圈的品种及主要尺寸　　　　　　　（mm）

(1) A 级大垫圈的优选尺寸

公称规格	内径 d_1		外径 d_2		厚度 h		
（螺纹大径 d）	公称（min）	max	公称（max）	min	公称	max	min
3	3.2	3.38	9	8.64	0.8	0.9	0.7
4	4.3	4.48	12	11.57	1	1.1	0.9
5	5.3	5.48	15	14.57	1	1.1	0.9
6	6.4	6.62	18	17.57	1.6	1.8	1.4
8	8.4	8.62	24	23.48	2	2.2	1.8
10	10.5	10.77	30	29.48	2.5	2.7	2.3
12	13	13.27	37	36.38	3	3.3	2.7
16	17	17.27	50	49.38	3	3.3	2.7
20	21	21.33	60	59.26	4	4.3	3.7
24	25	25.52	72	70.8	5	5.6	4.4
30	33	33.62	92	90.6	6	6.6	5.4
36	39	39.62	110	108.6	8	9	7

(2) C 级大垫圈的优选尺寸

公称规格	内径 d_1		外径 d_2		厚度 h		
（螺纹大径 d）	公称（min）	max	公称（max）	min	公称	max	min
3	3.4	3.7	9	8.1	0.8	1.0	0.6
4	4.5	4.8	12	10.9	1	1.2	0.8
5	5.5	5.8	15	13.9	1	1.2	0.8
6	6.6	6.96	18	16.9	1.6	1.9	1.3
8	9	9.36	24	22.7	2	2.3	1.7

公称规格 （螺纹大径 d）	内径 d_1		外径 d_2		厚度 h		
	公称 （min）	max	公称 （max）	min	公称	max	min
10	11	11.43	30	28.7	2.5	2.8	2.2
12	13.5	13.93	37	35.4	3	3.6	2.4
16	17.5	17.93	50	48.4	3	3.6	2.4
20	22	22.52	60	58.1	4	4.6	3.4
24	26	26.84	72	70.1	5	6	4
30	33	34	92	89.8	6	7	5
36	39	40	110	107.8	8	9.2	6.8

（3）C 级特大垫圈的优选尺寸

公称规格 （螺纹大径 d）	内径 d_1		外径 d_2		厚度 h		
	公称 （min）	max	公称 （max）	min	公称	max	min
5	5.5	5.8	18	16.9	2	2.3	1.7
6	6.6	6.96	22	20.7	2	2.3	1.7
8	9	9.36	28	26.7	3	3.6	2.4
10	11	11.43	34	32.4	3	3.6	2.4
12	13.5	13.93	44	42.4	4	4.6	3.4
16	17.5	18.2	56	54.1	5	6	4
20	22	22.84	72	70.1	6	7	5
24	26	26.84	85	82.8	6	7	5
30	33	34	105	102.8	6	7	5
36	39	40	125	122.5	8	9.2	6.8

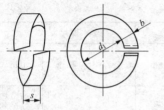

图 15-61　弹簧垫圈

3. 弹簧垫圈

弹簧垫圈如图 15-61 所示。

用途：装在螺母和构件之间，防止螺母松动。

规格：有标准型弹簧垫圈、轻型弹簧垫圈和重型弹簧垫圈，其主要尺寸见表 15-79。

表 15-79　　　　　　弹簧垫圈的主要尺寸　　　　　　（mm）

螺纹直径		2	2.5	3	4	5	6	8	10	12	16	20	24	30	36	42	48
d_1		2.1	2.6	3.1	4.1	5.1	6.1	8.1	10.2	12.2	16.2	20.2	24.5	30.5	36.5	42.5	48.5
标准型	s	0.5	0.65	0.8	1.1	1.3	1.6	2.1	2.6	3.1	4.1	5	6	7.5	9	10.5	12
	b	0.5	0.65	0.8	1.1	1.3	1.6	2.1	2.6	3.1	4.1	5	6	7.5	9	10.5	12
轻型	s	—	—	0.6	0.8	1.1	1.3	1.6	2	2.5	3.2	4	5	6	—	—	—
	b	—	—	1	1.2	1.5	2	2.5	3	3.5	4.5	5.5	7	9	—	—	—
重型	s	—	—	—	—	—	1.8	2.4	3	3.5	4.8	6	7.1	9	10.8	—	—
	b	—	—	—	—	—	2.6	3.2	3.8	4.3	5.3	6.4	7.5	9.3	11.1	—	—

4. 弹性垫圈

弹性垫圈如图 15-62 所示。

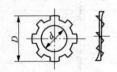

(a) 外齿弹性垫圈

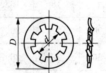

(b) 内齿弹性垫圈

(c) 鞍形弹性垫圈

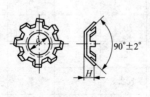

(d) 锥形弹性垫圈

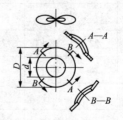

(e) 波形弹性垫圈

图 15-62　弹性垫圈

用途：起防松作用。

规格：弹性垫圈的主要尺寸见表 15-80。

表 15-80　　　　　　　　弹性垫圈的主要尺寸　　　　　　　　（mm）

公称直径	内径 d					外径 D				锥形厚度 H
	外齿	内齿	鞍形	锥形	波形	外齿	内齿	鞍形	波形	
2	2.2	2.2	—			5	4.5	—		—
2.5	2.7	2.7	—	—		6	5.5	—		—
3	3.2	3.2	3.2			7	6	—		1.5
4	4.2	4.2	4.2	4.2		9	8	9		1.7
5	5.2	5.3	5.2	5.3		10	9	10		2.2
6	6.2	6.4	6.2	6.4		12	11.5	12.5		2.7
8	8.2	8.4	8.2	8.4		15	15.5	17		3.6
10	10.2	10.5	10.2	10.5		18	18	21		4.4
12	12.3	—		12.3	13	22		24		5.4
(14)	14.3	—		—	15	24		28		—
16	16.3	—			17	27		30		—
(18)	18.3	—			19	30		34		—
20	20.5	—			21	33		37		—
(22)	—				23	—		39		—
24	—				25	—		44		—
(27)	—				28	—		50		—
30	—				31			56		—

注　括号内的尺寸尽量不采用。

5. 单耳和双耳止动垫圈

单耳和双耳止动垫圈如图 15-63 所示。

用途：防止螺母松动。

规格：单耳和双耳止动垫圈规格见表 15-81。

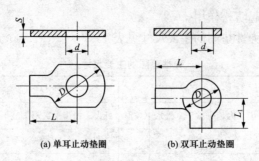

(a) 单耳止动垫圈   (b) 双耳止动垫圈

图 15-63　单耳和双耳止动垫圈

表 15-81　　　　　　　单耳和双耳止动垫圈规格　　　　　　　（mm）

螺纹大径	内径 d	厚度 S	外径 D		长度	
			单耳	双耳	L	L_1
2.5	2.7		8	5	10	4
3.0	3.2	0.4	10	5	12	5
4.0	4.2		14	8	14	7
5.0	5.3		17	9	16	8
6.0	6.4	0.5	19	11	18	9
8.0	8.4		22	14	20	11
10.0	10.5		26	17	22	13
12.0	13.0		32	22	28	16
(14.0)	15.0		32	22	28	16
16.0	17.0		40	27	32	20
(18.0)	19.0	1.0	45	32	36	22
20.0	21.0		45	32	36	22
(22.0)	23.0		50	34	42	25
24.0	25.0		50	34	42	25
(27.0)	28.0		58	41	48	30
30.0	31.0		63	46	52	32
36.0	37.0	1.5	75	55	62	38
42.0	43.0		88	65	70	44
48.0	50.0		100	75	80	50

注　括号内的尺寸尽量不采用。

五金工具手册

6. 圆螺母用止动垫圈

圆螺母用止动垫圈如图 15-64 所示。

用途：配合圆螺母防止螺母松动的一种专用垫圈，主要用于制有外螺纹的轴或紧定套上，做固定轴上零件或紧定套上的轴承用。

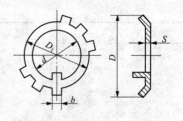

图 15-64　圆螺母用止动垫圈

规格：圆螺母用止动垫圈的规格见表 15-82。

表 15-82　　　　　　　　圆螺母用止动垫圈的规格　　　　　　（mm）

螺纹大径	内径 d	外径 D₁	齿外径 D	齿宽 b	厚度 S
10	10.5	16	25		
12	12.5	19	28	3.8	
14	14.5	20	32		
16	16.5	22	34		
18	18.5	24	35		
20	20.5	27	38		1.0
22	22.5	30	42		
24	24.5	34	45	4.8	
25 *	25.5	34	45		
27	27.5	37	48		
30	30.5	40	52		
33	33.5	43	56		
35 *	35.5	43	56		
36	36.5	46	60		
39	39.5	49	62	5.7	
40 *	40.5	49	62		
42	42.5	53	66		
45	45.5	59	72		
48	48.5	61	76		1.5
50 *	50.5	61	76		
52	52.5	67	82		
55 *	56.0	67	82		
56	57.0	74	90	7.7	
60	61.0	79	94		
64	65.0	84	100		
65 *	66.0	84	100		

螺纹大径	内径 d	外径 D_1	齿外径 D	齿宽 b	厚度 S
68	69.0	88	105		
72	73.0	93	110		
75	76.0	93	110	9.6	1.5
76	77.0	98	115		
80	81.0	103	120		
85	86.0	108	125		
90	91.0	112	130		
95	96.0	117	135	11.6	
100	101.0	122	140		
105	106.0	127	145		
110	111.0	135	156		
115	116.0	140	160		2
120	121.0	145	166	13.5	
125	126.0	150	170		
130	131.0	155	176		
140	141.0	165	186		
150	151.0	180	206		
160	161.0	190	216		
170	171.0	200	226	15.6	2.5
180	181.0	210	236		
190	191.0	220	246		
200	201.0	230	256		

注　1. 垫圈的螺纹大径是指配合使用的螺纹公称直径。

　　2. 带＊记号的直径，仅用于滚动轴承锁紧装置。

7. 开口垫圈

开口垫圈如图 15-65 所示。

开口垫圈的规格及主要尺寸见表 15-83。

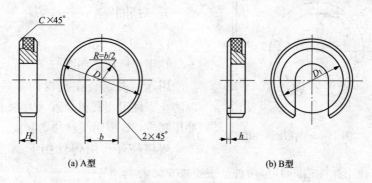

(a) A型   (b) B型

图 15-65　开口垫圈

表 15-83　　　　　　　开口垫圈的规格及主要尺寸　　　　　　　（mm）

规格（螺纹大径）	开口宽度 b	厚度 H	外径 D	规格（螺纹大径）	开口宽度 b	厚度 H	外径 D
5	6	4	16～30	20	22	14	110～120
6	8	5	20～25	24	26	12	16～90
		6	30～35			14	100～110
8	10	6	25～30			16	120～130
		7	35～50	30	32	14	70～100
10	12	7	30～35			16	110～120
		8	40～60			18	130～140
12	16	8	35～50	36	40	16	90～100
		8	60～80			—	—
16	18	10	40～70			16	120
		12	80～100			18	140
20	22	10	50～70			20	160
		12	80～100				

注　垫圈外径 D 的公称尺寸为 16、20、25、30、35、40、50、60、70、80、90、
100、110、120、130、140、160mm。

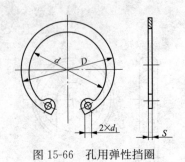

图 15-66 孔用弹性挡圈

五、挡圈

1. 孔用弹性挡圈

孔用弹性挡圈如图 15-66 所示。

用途：固定装在孔内的零件，以防止零件退出孔外。A 型用板材冲压制成，B 型用线材冲切制成。

规格：有孔用弹性挡圈-A 型和孔用弹性挡圈-B 型两种，主要尺寸见表 15-84。

表 15-84　　　　　　孔用弹性挡圈的主要尺寸　　　　　　（mm）

孔径 d_0	外径 D	内径 d	厚度 S	钳孔 d_1
8	8.7	7	0.6	1
9	9.8	8	0.6	1
10	10.8	8.3	0.8	1.5
11	11.8	9.2	0.8	1.5
12	13	10.4	0.8	1.5
13	14.1	11.5	0.8	1.7
14	15.1	11.9	1	1.7
15	16.2	13	1	1.7
16	17.3	14.1	1	1.7
17	18.3	15.1	1	1.7
18	19.5	16.3	1	1.7
19	20.5	16.7	1	2
20	21.5	17.7	1	2
21	22.5	18.7	1	2
22	23.5	19.7	1	2
24	25.7	21.7	1.2	2
25	26.9	22.1	1.2	2
26	27.9	23.7	1.2	2
28	30.1	25.7	1.2	2

孔径 d_0	外径 D	内径 d	厚度 S	钳孔 d_1
30	32.1	27.3	1.2	2
31	33.4	28.6	1.2	2.5
32	34.4	29.6	1.2	2 5
34	36.5	31.1	1.5	2.5
35	37.8	32.4	1.5	2.5
36	38.8	33.4	1.5	2.5
37	39.8	34.4	1.5	2.5
38	40.8	35.4	1.5	2.5
40	43.5	37.3	1.5	2.5
42	45.5	39.3	1.5	3
45	48.5	41.5	1.5	3
(47)[①]	50.5	43.5	1.5	3
48	51.5	44.5	1.5	3
50	54.2	47.5	2	3
52	56.2	49.5	2	3
55	59.2	52.2	2	3
56	60.2	52.4	2	3
58	62.2	54.4	2	3
60	64.2	56.4	2	3
62	66.2	58.4	2	3
63	67.2	59.4	2	3
65	69.2	61.4	2.5	3
68	72.5	63.9	2.5	3
70	74.5	65.9	2.5	3
72	76.5	67.9	2.5	3
75	79.5	70.1	2.5	3
78	82.5	73.1	2.5	3
80	85.5	75.3	2.5	3

孔径 d_0	外径 D	内径 d	厚度 S	钳孔 d_1
82	87.5	77.3	2.5	3
85	90.5	80.3	2.5	3
88	93.5	82.6	2.5	3
90	95.5	84.5	2.5	3
92	97.5	86.0	2.5	3
95	100.5	88.9	2.5	3
98	103.5	92	2.5	3
100	105.5	93.9	2.5	3
102	108	95.9	3	4
105	112	99.6	3	4
108	115	101.8	3	4
110	117	103.8	3	4
112	119	105.1	3	4
115	122	108	3	4
120	127	113	3	4
125	132	117	3	4
130	137	121	3	4
135	142	126	3	4
140	147	131	3	4
82	87.5	77.3	2.5	3
85	90.5	80.3	2.5	3
88	93.5	82.6	2.5	3
90	95.5	84.5	2.5	3
92	97.5	86.0	2.5	3
95	100.5	88.9	2.5	3
98	103.5	92	2.5	3
100	105.5	93.9	2.5	3
102	108	95.9	3	4

孔径 d_0	外径 D	内径 d	厚度 S	钳孔 d_1
105	112	99.6	3	4
108	115	101.8	3	4
110	117	103.8	3	4
112	119	105.1	3	4
115	122	108	3	4
120	127	113	3	4
125	132	117	3	4
130	137	121	3	4
135	142	126	3	4
140	147	131	3	4
145	152	135.7	3	4
150	158	141.2	3	4
155	164	146.6	3	4
160	169	151.6	3	4
165	174.5	156.8	3	4
170	179.5	161	3	4
175	184.5	165.5	3	4
180	189.5	170.2	3	4
185	194.5	175.3	3	4
190	199.5	180	3	4
195	204.5	184.9	3	4
200	209.5	189.7	3	4

注　A 型孔径 d_0 为 8～200mm；B 型孔径 d_0 为 20～200mm。

①　尽量不选用。

2. 轴用弹性挡圈

轴用弹性挡圈如图 15-67 所示。

用途：用于固定安装在轴上的零件的位置，防止零件退出轴外。A 型用板材冲压制造，B 型用线材冲切制造。

规格：有轴用弹性挡圈-A 型和轴用弹性挡圈-B 型两种，主要尺寸见表 15-85。

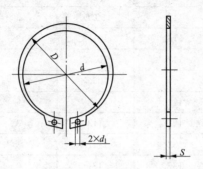

图 15-67　轴用弹性挡圈

表 **15-85**　　　　　　　　轴用弹性挡圈的主要尺寸　　　　　（mm）

轴径 d_0	内径 d	外径 D	厚度 S	钳孔 d_1
3	2.7	3.9	0.4	1
4	3.7	5	0.4	1
5	4.7	6.4	0.6	1
6	5.6	7.6	0.6	1.2
7	6.5	8.48	0.6	1.2
8	7.4	9.38	0.8	1.2
9	8.4	10.56	0.8	1.2
10	9.3	11.5	1	1.5
11	10.2	12.5	1	1.5
12	11	13.6	1	1.5
13	11.9	14.7	1	1.7
14	12.9	15.7	1l	1.7
15	13.8	16.8	1	1.7
16	14.7	18.2	1	1.7
17	15.7	19.4	1	1.7
18	16.5	20.2	1	1.7
19	17.5	21.2	1	2

轴径 d_0	内径 d	外径 D	厚度 S	钳孔 d_1
20	18.5	22.5	1	2
21	19.5	23.5	1	2
22	20.5	24.5	1	2
24	22.2	27.2	1.2	2
25	23.2	28.2	1.2	2
26	24.2	29.2	1.2	2
28	25.9	31.3	1.2	2
29	26.9	32.5	1.2	2
30	27.9	33.5	1.2	2
32	29.6	35.5	1.2	2.5
34	31.5	38	1.5	2.5
35	32.2	39	1.5	2.5
36	33.2	40	1.5	2.5
37	34.2	41	1.5	2.5
38	35.2	42.7	1.5	2.5
40	36.5	44	1.5	2.5
42	38.5	46	1.5	3
45	41.5	49	1.5	3
48	44.5	52	1.5	3
50	45.8	54	2	3
52	47.8	56	2	3
55	50.8	59	2	3
56	51.8	61	2	3
58	53.8	63	2	3
60	55.8	65	2	3
62	57.8	67	2	3
63	58.8	68	2.5	3
65	60.8	70	2.5	3
68	63.5	73	2.5	3

轴径 d_0	内径 d	外径 D	厚度 S	钳孔 d_1
70	66.5	75	2.5	3
72	67.5	77	2.5	3
75	70.5	80	2.5	3
78	73.5	83	2.5	3
80	74.5	85	2.5	3
82	76.5	87	2.5	3
85	79.5	90	2.5	3
88	82.5	93	2.5	3
90	84.5	96	2.5	3
95	89.5	103.3	2.5	3
100	94.5	108.5	2.5	3
105	98	114	3	3
110	103	120	3	4
115	108	126	3	4
120	113	131	3	4
125	118	137	3	4
130	123	142	3	4
135	128	148	3	4
140	133	153	3	4
145	138	158	3	4
150	142	162	3	4
155	146	167	3	4
160	151	172	3	4
165	155.5	177.1	3	4
170	160.5	182	3	4
175	165.5	187.5	3	4
180	170.5	193	3	4
185	175.5	198.3	3	4
190	180.5	203.3	3	4
195	185.5	209	3	4
200	190.5	214	3	4

注　A 型轴径 d_0 为 3～200mm；B 型轴径为 20～200mm。

3. 锁紧挡圈

锁紧挡圈如图 15-68 所示。

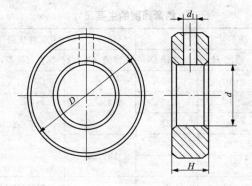

(a) 锥销锁紧挡圈

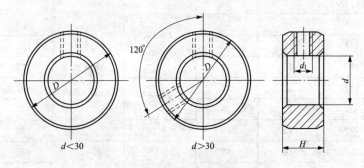

$d<30$　　　$d>30$

(b) 螺钉锁紧挡圈

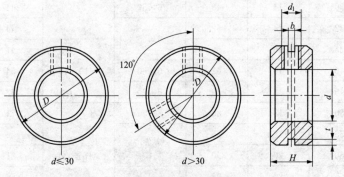

$d\leqslant30$　　　$d>30$

(c) 带锁圈的螺钉锁紧挡圈

图 15-68　锁紧挡圈

用途：用于在轴上固定螺钉和销钉。

规格：锁紧挡圈的主要尺寸见表 15-86。

表 15-86 锁紧挡圈的主要尺寸 （mm）

基本尺寸			互配件规格		
公称直径 d	厚度 H	外径 D	圆锥销（推荐）	螺钉（推荐）	钢丝锁圈
8	10	20			15
(9)	10	22	3×22		17
10	10	22		M5×8	17
12	10	25			20
(13)	10	25	3×25		20
14	12	28	4×28	M6×10	23
(15)	12	30			25
16	12	30	4×32		25
(17)	12	32			27
18	12	32		M6×10	27
(19)	12	35	4×35		30
20	12	35			30
22	12	38	5×40		32
25	14	42	5×45		35
28	14	45		M8×12	38
30	14	48	6×50		41
32	14	52	6×55		44
35	16	56			47
40	16	62	6×60	M10×16	54
45	18	70	6×70		62
50	18	80	8×80		71
55	18	85	8×90		76
60	20	90		M10×20	81
65	20	95	10×100		86
70	20	100			91

基本尺寸			互配件规格		
公称直径 d	厚度 H	外径 D	圆锥销（推荐）	螺钉（推荐）	钢丝锁圈
75	22	110	10×110		100
80	22	115			105
85	22	120	10×120		110
90	22	125		M12×25	115
95	25	130	10×130		120
100	25	135	10×140		124
105	25	140	10×140		129
110	30	150			136
115	30	155	12×150		142
120	30	160		M12×25	147
(125)	30	165	12×160		152
130	30	170	12×180		156
140	30	180			166
150	30	200			186
160	30	210			196
170	30	220	—		206
180	30	230		M12×30	216
190	30	240			226
200	30	250			236

注 1. 括号内的尺寸尽量不采用。除表中带括号的公称直径 d 以外，对锥销锁紧挡圈（公称直径 d 为 15、17mm）、螺钉锁紧挡圈（公称直径 d 为 15、135、145mm）、带锁圈的螺钉锁紧挡圈（公称直径 d 为 135、145mm）也尽量不采用。

　　2. 锥销锁紧挡圈的互配件为圆锥销，螺钉锁紧挡圈的互配件为螺钉，带锁圈的螺钉锁紧挡圈的互配件为螺钉与锁圈。

4. 开口挡圈

开口挡圈如图 15-69 所示。

用途：用于防止轴上零件做轴向位移。

规格：开口挡圈的主要尺寸见表 15-87。

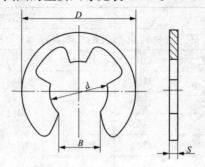

图 15-69 开口挡圈

表 15-87　　　　　　　　开口挡圈的主要尺寸

公称直径 d (mm)	外径 D_{max}	开口宽度 B (mm)	厚度 S (mm)
1.2	3	0.9	0.3
1.5	4	1.2	0.4
2	5	1.7	0.4
2.5	6	2.2	0.4
3	7	2.5	0.6
3.5	8	3	0.6
4	9	3.5	0.8
5	10	4.5	0.8
6	12	5.5	1
8	16	7.5	1
9	18	8	1
12	24	10.5	1.2
15	30	13	1.5

5. 轴肩挡圈

轴肩挡圈如图 15-70 所示。

用途：用于固定轴上的零件，以防止零件产生轴向位移。

规格：轴肩挡圈的基本尺寸见表 15-88。

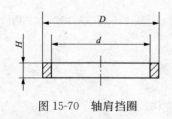

图 15-70 轴肩挡圈

五金工具手册

表 15-88   轴肩挡圈的基本尺寸   （mm）

公称直径 d	外径 D	厚度 H	公称直径 d	外径 D	厚度 H
轻系列径向轴承用			75	88	5
30	36		80	95	
35	42		85	100	6
40	47	4	90	105	
45	52		95	110	
50	58		100	115	
55	65		105	120	8
60	70	5	110	130	
65	75		120	140	
70	80		重系列径向轴承和中系列径向推力轴承用		
75	85		20	30	
80	90	6	25	35	
85	95		30	40	
90	100		35	47	5
95	110	6	40	52	
100	115	8	45	58	
105	120	8	50	65	
110	125	8	55	70	
120	135	8	60	75	
中系列径向轴承和轻系列径向推力轴承用			65	80	6
20	27		70	85	
25	32		75	90	
30	38		80	100	
35	45	4	85	105	
40	50		90	110	8
45	55		95	115	
50	60		100	120	
55	68		105	130	
60	72	5	110	135	10
65	78		120	145	
70	82				

6. 紧固轴端挡圈

紧固轴端挡圈如图 15-71 所示。

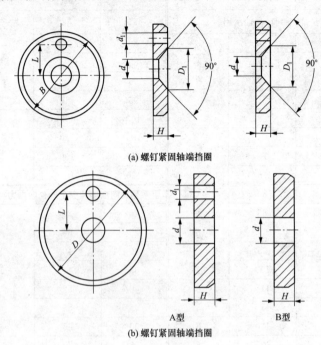

(a) 螺钉紧固轴端挡圈

A型　　B型

(b) 螺钉紧固轴端挡圈

图 15-71　紧固轴端挡圈

用途：用于轴端，以便固定轴上零件。

规格：紧固轴端挡圈的基本尺寸见表 15-89。

表 15-89　　　　紧固轴端挡圈的基本尺寸　　　　（mm）

轴径 ≤	外径 D	内径 d	厚度 H	互配件的规格（推荐）			
				螺钉紧固	螺栓紧固		圆柱销
				螺钉	螺栓	垫圈	
14	20						
16	22						
18	25	5.5	4	M5×12	M5×14	5	A2×10
20	28						
22	30						

轴径 ≤	外径 D	内径 d	厚度 H	互配件的规格（推荐）				圆柱销
				螺钉紧固	螺栓紧固			
				螺钉	螺栓	垫圈		
25	32							
28	35							
30	38	6.6	5	M6×16	M6×18	6		A3×12
32	40							
35	45							
40	50							
45	55							
50	60							
55	65	9	6	M8×20	M8×22	8		A4×14
60	70							
65	75							
70	80							
75	90	13	8	M12×25	M12×30	12		A5×18
85	100							

六、销和键

（一）销

1. 圆柱销

圆柱销如图 15-72 所示。

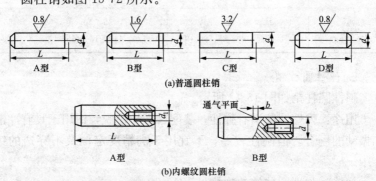

(a)普通圆柱销

(b)内螺纹圆柱销

图 15-72　圆柱销

用途：用来固定零件之间的相对位置，靠过盈固定在孔中。

规格：普通圆柱销的规格见表 15-90。内螺纹圆柱销的规格见表 15-91。

表 15-90   **普通圆柱销的规格**

d（公称） （mm）	0.6	0.8	1	1.2	1.5	2	2.5	3	4
L（mm）	2～6	2～8	4～10	4～12	4～16	6～20	6～24	8～30	8～40
d（公称） （mm）	6	8	10	12	16	20	25	30	40
L（mm）	12～60	14～80	18～95	22～140	26～180	35～200	50～200	60～200	80～200
系列尺寸 L （mm）	2，3，4，5，6，8，10，12，14，16，18，20，22，24，26，28，30，32，35，40，45，50，55，60，65，70，75，80，85，90，95，100，120，140，160，180，200								

表 15-91   **内螺纹圆柱销的规格**

d（公称）（mm）	6	8	10	12	16	20	25	30	40	50
L（mm）	M4	M5	M6	M6	M8	M10	M16	M20	M20	M24
d（公称）（mm）	1					1.5			2	
L（mm）	16～60	18～80	22～100	26～120	30～160	40～200	50～200	60～200	90～200	100～200
系列尺寸 L（mm）	16，18，20，22，24，26，28，30，32，35，40，45，50，55，60，65，70，75，80，85，90，95，100，120，140，160，180，20									

2. 弹性圆柱销

弹性圆柱销如图 15-73 所示。

用途：弹性圆柱销有弹性，装配后不易松脱，适用于具有冲击和振动的场合。但刚性较差，不宜用于高精度定位及不穿透的销孔中。

规格：弹性圆柱销的规格见表 15-92。

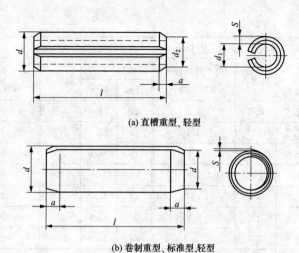

(a) 直槽重型、轻型

(b) 卷制重型、标准型、轻型

图 15-73　弹性圆柱销

表 15-92　　　　　　　　　　**弹性圆柱销的规格**

（1）直槽重型弹性圆柱销的规格（mm）

直径 d		壁厚 S	最小剪切载荷	直径 d		壁厚 S	最小剪切载荷
公称	最大		（双剪）(kN)	公称	最大		（双剪）(kN)
1.5	1.8	0.3	1.58	16	16.8	3	171
2	2.4	0.4	2.82	18	18.9	3.5	222.5
2.5	2.9	0.5	4.38	20	20.9	4	280.6
3	3.5	0.6	6.32	21	21.9	4	298.2
3.5	4.0	0.75	9.06	25	25.9	5	438.5
4	4.6	0.8	11.24	28	28.9	5.5	542.6
4.5	5.1	1	15.36	30	30.9	6	631.4
5	5.6	1	17.54	32	32.9	6	684
6	6.7	1.2	26.04	35	35.9	7	859
8	8.8	1.5	42.76	38	38.9	7.5	1003
10	10.8	2	70.16	40	40.9	7.5	1068
12	12.8	2.5	104.1	45	45.9	8.5	1360
13	13.8	2.5	115.1	50	50.9	9.5	1685

注　长度系列尺寸为 4，5，6，8，10，12，14，16，18，20，22，24，26，28，30，
32，35，40，45，50，55，60，65，70，75，80，85，90，95，100，120，140，
160，180，200mm。公称长度大于 200mm，按 20mm 递增

（2）直槽轻型弹性圆柱销的规格（mm）

直径 d		壁厚 S	最小剪切载荷	直径 d		壁厚 S	最小剪切载荷
公称	最大		（双剪）（kN）	公称	最大		（双剪）（kN）
2	2.4	0.2	1.5	14	14.8	1.5	84
2.5	2.9	0.25	2.4	16	16.8	1.5	98
3	3.5	0.3	3.5	18	18.9	1.7	126
3.5	4.0	0.35	4.6	20	20.9	2	58
4	4.6	0.5	8	21	21.9	2	168
4.5	5.1	0.5	8.8	25	25.9	2	202
5	5.6	0.5	10.4	28	28.9	2.5	280
6	6.7	0.75	18	30	30.9	2.5	302
8	8.8	0.75	24	35	35.9	3.5	490
10	10.8	1	40	40	40.9	4	634
12	12.8	1	48	45	45.9	4	720
13	13.8	1.2	66	50	50.9	5	1000

注 长度系列尺寸为 4，5，6，8，10，12，14，16，18，20，22，24，26，28，
30，32，35，40，45，50，55，60，65，70，75，80，85，90，95，100，
120，140，160，180，200mm。公称长度大于 200mm，按 20mm 递增

（3）卷制重型弹性圆柱销的规格（mm）

直径 d		壁厚 S	长度 l	最小剪切载荷
公称	最大			（双剪）（kN）
1.5	1.71	0.17	4~26	1.9/1.45
2	2.21	0.22	4~40	3.5/2.5
2.5	2.73	0.28	5~45	5.5/3.8
3	3.25	0.33	6~50	7.6/5.7
3.5	3.79	0.39	6~50	10/7.6
4	4.30	0.45	8~60	13.5/10
5	5.35	0.56	10~60	20/15.5
6	6.40	0.67	12~75	30/23

直径 d		壁厚 S	长度 l	最小剪切载荷（双剪）(kN)
公称	最大			
8	8.55	0.9	16～120	53/41
10	10.65	1.1	20～120	84/64
12	12.75	1.3	24～160	120/91
14	14.85	1.6	28～200	165/—
16	16.9	1.8	35～200	210/—
20	21.0	2.2	45～200	340/—

注 长度 l 的公称尺寸有 4，5，6，8，10，12，14，16，18，20，22，24，26，28，30，32，35，40，45，50，55，60，65，70，75，80，85，90，95，100，120，140，160，180，200mm。长度 l 的公称尺寸大于 200mm，按 20mm 递增。对于表中所列最小剪切载荷数值，/前的适用于钢和马氏体不锈钢产品，/后的适用于奥氏体不锈钢产品

（4）卷制标准型弹性圆柱销的规格（mm）

直径 d		壁厚 S	长度 l	最小剪切载荷（双剪）(kN)
公称	最大			
0.8	0.91	0.07	4～16	0.4/0.3
1	1.15	0.08	4～16	0.6/0.45
1.2	1.35	0.1	4～16	0.9/0.65
1.5	1.73	0.13	4～24	1.45/1.05
2	2.25	0.17	4～40	2.5/1.9
2.5	2.78	0.21	5～45	3.9/2.9
3	3.30	0.25	6～50	5.5/4.2
3.5	3.84	0.29	6～50	1.s/5.1
4	4.4	0.33	8～60	9.6/7.6
5	5.50	0.42	10～60	15/11.5
6	6.50	0.5	12～75	22/16.8
8	8.63	0.67	16～120	39/30
10	10.80	0.84	20～120	62/48
12	12.85	1	24～160	89/67

| 直径 d | | 壁厚 S | 长度 l | 最小剪切载荷 |
公称	最大			（双剪）(kN)
14	14.95	1.2	28~200	120/—
16	17.00	1.3	32~200	155/—
20	21.1	1.7	45~200	250/—

注 长度 l 公称尺寸有 4，5，6，8，10，12，14，16，18，20，22，24，26，28，30，32，35，40，45，50，55，60，65，70，75，80，85，90，95，100，120，140，160，180，200mm。长度 l 的公称尺寸大于 200mm，按 20mm 递增。对于表中所列最小剪切载荷数值，/前的适用于钢和马氏体不锈钢产品，/后的适用于奥氏体不锈钢产品

（5）卷制轻型弹性圆柱销的规格（mm）

| 直径 d | | 壁厚 S | 长度 l | 最小剪切载荷 |
公称	最大			（双剪）(kN)
1.5	1.75	0.08	4~24	0.8/0.65
2	2.28	0.11	4~40	1.5/1.1
2.5	2.82	0.14	5~45	2.3/1.8
3	3.35	0.17	6~50	3.3/2.5
3.5	3.87	0.19	6~50	4.5/3.4
4	4.45	0.22	8~60	5.7/4.4
5	5.5	0.28	10~60	9/7
6	6.55	0.33	12~75	13/10
8	8.65	0.45	16~120	23/18

注 长度 l 公称尺寸有 4，5，6，8，10，12，14，16，18，20，22，24，26，28，30，32，35，40，45，50，55，60，65，70，75，80，85，90，95，100，120mm。长度 l 的公称尺寸大于 120mm，按 20mm 递增。对于表中所列最小剪切载荷数值，/前的适用于钢和马氏体不锈钢产品，/后的适用于奥氏体不锈钢产品

3. 圆锥销

圆锥销如图 15-74 所示。

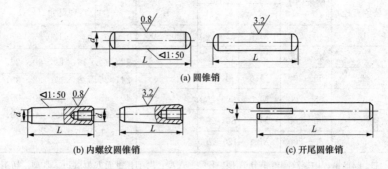

(a) 圆锥销

(b) 内螺纹圆锥销　　　　　　　　　　(c) 开尾圆锥销

图 15-74　圆锥销

用途：用于零件的定位、固定，也可传递动力。

规格：圆锥销的尺寸规格见表 15-93。

表 15-93　　　　　　　　　圆锥销的尺寸规格　　　　　　　　　（mm）

d （公称直径）	圆锥销 L	内螺纹圆锥销		开尾圆锥销 L	L 系列尺寸
		d_1	L		
0.6	4～8	—	—	—	
0.8	5～12	—	—	—	
1	6～16	—	—	—	
1.2	6～20	—	—	—	
1.5	8～24	—	—	—	2，3，4，5，6，8，10， 12，14，16，18，20，22， 24，26，28，30，32，35， 40，45，50，55，60，65， 70，75，80，85，90，95， 100，120，140
2	10～35	—	—	—	
2.5	10～35	—	—	—	
3	12～45	—	—	30～55	
4	14～55	—	—	35～60	
5	18～60	—	—	40～80	
6	22～90	M4	16～60	50～100	
8	22～120	M5	18～85	60～120	
10	26～160	M6	22～100	70～160	
12	32～180	M8	26～120	80～200	

d （公称直径）	圆锥销 L	内螺纹圆锥销		开尾圆锥销 L	L 系列尺寸
		d_1	L		
16	40～200	M10	32～160	100～200	2，3，4，5，6，8，10， 12，14，16，18，20，22， 24，26，28，30，32，35， 40，45，50，55，60，65， 70，75，80，85，90，95， 100，120，140
20	45～200	M12	45～200	—	
25	50～200	M16	50～200	—	
30	55～200	M20	60～200	—	
40	60～200	M20	80～200	—	
50	65～200	M24	120～200	—	

注 圆锥销、内螺纹圆锥销分 A 型、B 型。A 型：磨削，锥面 $Ra0.8\mu m$。B 型：切削或冷墩，锥面 $3.2\mu m$。长度 L 的公称尺寸大于 200mm，按 20mm 递增。

4. 开口销

开口销如图 15-75 所示。

图 15-75　开口销

用途：用于常需装拆的零件上。

规格：开口销的尺寸规格见表 15-94。

表 15-94　　　　　　　　开口销的尺寸规格　　　　　　　　　（mm）

开口销公 称直径	开口销 直径 d	伸出长度 $a\leqslant$	销身长度 L	开口销公 称直径	开口销直 径 d	伸出长度 $a\leqslant$	销身长度 L
0.6	0.5	1.6	4～12	4	3.7	4	18～80
0.8	0.7	1.6	5～16	5	4.6	4	22～100
1	0.9	1.6	6～20	6.3	5.9	4	30～120
1.2	1	2.5	8～25	8	7.5	4	40～160
1.6	1.4	2.5	8～32	10	9.5	6.3	45～200
2	1.8	2.5	10～40	13	12.4	6.3	70～200
2.5	2.3	2.5	12～50	16	15.4	6.3	112～280
3.2	2.9	3.2	14～65	20	19.3	6.3	160～280
L 系列 尺寸	4，5，6，8，10，12，14，16，18，20，22，24，26，28，30，32，36，40，45，50，55，60，65，75，80，85，90，95，100，120，140，160，180，200						

5. 螺纹锥销

螺纹锥销如图 15-76 所示。

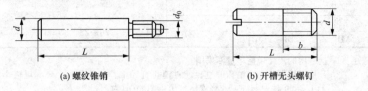

(a) 螺纹锥销　　　　　　　　(b) 开槽无头螺钉

图 15-76　螺纹锥销

螺纹锥销的尺寸规格见表 15-95，开槽无头螺钉的尺寸规格见表 15-96。

表 15-95　　　　　　　　螺纹锥销的尺寸规格　　　　　　　（mm）

直径 d	长度 L	锥销螺纹直径 d_0	直径 d	长度 L	锥销螺纹直径 d_0
5	40～50	M5	20	120～220	M16
6	45～60	M6	25	140～250	M20
8	55～75	M8	30	160～280	M24
10	65～100	M10	40	190～360	M30
12	85～140	M12	50	220～400	M36
16	100～160	M16			
L 系列尺寸	40，45，50，55，60，75，85，100，120，140，160，190，220，250，280，320，360，400				

表 15-96　　　　　　　　开槽无头螺钉的尺寸规格　　　　　　（mm）

直径 d	长度 L	锥销螺纹直径 b	长度 L 公称尺寸
M1	2.5～4	1.2	
M1.2	3～5	1.4	
M1.6	4～6	1.9	
M2	5～8	2.4	
M2.5	5～10	3	2.5，3，4，5，6，8，10，12，
M3	6～12	3.6	(14)，16，20，25，30，35
(M3.5)	8～14	4.2	
M4	8～14	4.8	
M5	10～20	6	

直径 d	长度 L	锥销螺纹直径 b	长度 L 公称尺寸
M6	12~25	7	2.5，3，4，5，6，8，10，12，
M8	14~30	9.6	(14)，16，20，25，30，35
M10	16~35	12	

注　1. 括号内的尺寸规格尽量不采用。

　　2. 公称规格等于开口销孔的直径。对销孔直径推荐的公差为：公称规格小于等于 1.2mm 时为 H13，公称规格大于 1.2mm 时为 H14。

　　3. 根据供需双方协议，允许采用公称规格为 3、6mm 和 12mm 的开口销。

　　4. 用于铁道和在 U 形销中开口销承受交变横向力的场合，推荐使用的开口销规格应比表中规定的加大一档。

　　5. 销身长度 f 的公称尺寸有 4，5，6，8，10，12，14，16，18，20，22，25，28，32，36，40，45，50，56，63，71，80，90，100，112，125，140，160，180，200，224，250，280mm。

6. 销轴

销轴如图 15-77 所示。

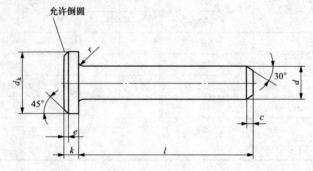

(a) A型(无开口销孔)

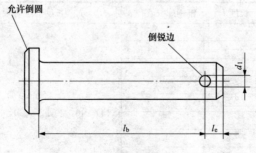

(b) B型(带开口销孔)

图 15-77　销轴

用途：销轴既可静态固定连接，也可与被连接件做相对运动，主要用于两零件的铰接处，构成铰链连接。销轴通常用开口销锁定，工作可靠，拆卸方便。

规格：销轴的规格尺寸见表 15-97。

表 15-97　　　　　　　　　销轴的规格尺寸　　　　　　　　（mm）

直径 d	长度 L	锥销螺纹直径 b	长度 L 公称尺寸
3	0.8	1.6	
4	1	2.2	
5	1.2	2.9	
6	1.6	3.2	
8	2	3.5	
10	3.2	4.5	
12	3.2	5.5	
14	4	6	
16	4	6	
18	5	7	
20	5	8	
22	5	8	6，8，10，12，14，16，18，20，
24	6.3	9	22，24，26，28，30，32，35，40，
27	6.3	9	45，50，55，60，65，70，75，80，
30	8	10	85，90，95，100，120，140，160，
33	8	10	180，200
36	8	10	
40	8	10	
45	10	12	
50	10	12	
55	10	14	
60	10	14	
70	13	16	
80	13	16	
90	13	16	
100	13	16	

注　长 L 的公称尺寸大于 200mm，按 20mm 递增。

(二) 键

1. 普通平键

普通平键如图 15-78 所示。

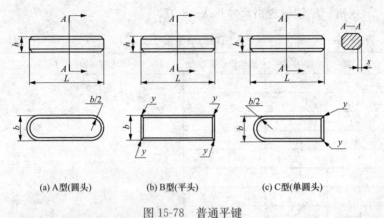

(a) A型(圆头)　　　(b) B型(平头)　　　(c) C型(单圆头)

图 15-78　普通平键

用途：用来连接轴和轴上的旋转零件或摆动零件，起到轴向固定的作用，以便传递扭矩。

规格：普通平键规格见表 15-98。

表 15-98　　　　　　　普通平键规格　　　　　　　（mm）

宽度 b	高度 h	长度 L	适用轴径（参考）	L 公称尺寸
	2	6～20	5～7	
3	3	6～36	>7～10	
4	4	8～45	>10～14	
5	5	10～56	>14～18	6，8，10，12，14，16，18，20，22，25，28，32，36，40，45，50，56，63，70，80，90，100，110，125，140，160，180，200，220，250，280，320，360，400，450，500
6	6	14～70	>18～24	
8	7	18～90	>24～30	
10	8	22～110	>30～36	
12	8	28～140	>36～42	
14	9	36～160	>42～48	
16	10	45～180	>48～55	
18	11	50～200	>55～65	

宽度 b	高度 h	长度 L	适用轴径（参考）	L 公称尺寸
20	12	56～220	＞65～75	
22	14	63～250	＞75～90	
25	14	70～280	＞90～105	
28	16	80～320	＞105～120	
32	18	90～360	＞120～140	
36	20	100～400	＞140～170	6, 8, 10, 12, 14, 16, 18, 20, 22, 25, 28, 32, 36, 40, 45, 50, 56, 63, 70, 80, 90, 100, 110, 125, 140, 160, 180, 200, 220, 250, 280, 320, 360, 400, 450, 500
40	22	100～400	＞170～200	
45	25	110～450	＞200～230	
50	28	125～500	＞230～260	
56	32	140～500	＞260～290	
63	32	160～500	＞290～330	
70	36	180～500	＞330～380	
80	40	200～500	＞380～440	
90	45	220～500	＞440～500	
100	50	250～500	＞500～560	

2. 普通型半圆键

普通型半圆键如图 15-79 所示。

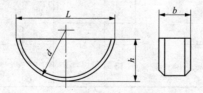

图 15-79　普通型半圆键

用途：适用于载荷较小的连接或作辅助连接装置，如汽车、拖拉机、机床等，也用于圆锥面的连接。

规格：普通型半圆键的规格见表 15-99。

表 15-99　　　　　　　普通型半圆键的规格　　　　　　（mm）

键尺寸 ($b\times h\times d$)	宽度 b		高度 h		直径 d		倒角或圆角	
	基本尺寸	极限偏差	基本尺寸	极限偏差（h12）	基本尺寸	极限偏差（h12）	min	max
1×1.4×4	1		1.4		4	0 −0.120		
1.5×2.6×7	1.5		2.6	0 −0.10	7		0.16	0.25
2×2.6×7	2		2.6		7	0 −0.150		
2×3.7×10	2		3.7		10			
2.5×3.7×10	2.5		3.7	0 −0.12	10			
3×5×13	3		5		13		0.16	0.25
3×6.5×16	3		6.5		16	0 −0.180		
4×6.5×16	4		6.5		16			
4×7.5×19	4	0 −0.025	7.5		19	0 −0.210		
5×6.5×16	5		6.5	0 −0.15	16	0 −0.180	0.25	0.40
5×7.5×19	5		7.5		19			
5×9×22	5		9		22			
6×9×22	6		9		22	0 −0.210		
6×10×25	6		10		25			
8×11×28	8		11		28			
19×13×32	10		13	0 −0.18	32	0 −0.250	0.40	0.60

3. 导向平键

导向平键如图 15-80 所示。

用途：适用于轴上零件需作轴向移动的导向用。

规格：导向平键的规格见表 15-100。

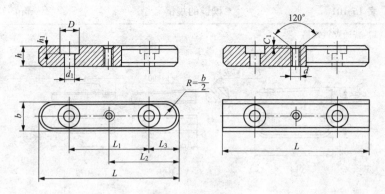

图 15-80　导向平键

表 15-100　　　　　　　　　**导向平键的规格**　　　　　　　　　（mm）

宽度 b	高度 h	长度 L	相配螺钉尺寸
8	7	25～90	M3×8
10	8	25～110	M3×10
12	8	28～140	M4×10
14	9	36～160	M5×10
16	10	45～180	M5×10
18	11	50～200	M6×12
20	12	56～220	M6×12
22	14	63～250	M6×16
25	14	70～280	M8×16
28	16	80～320	M8×16
32	18	90～360	M10×20
36	20	100～400	M12×25
40	22	100～400	M12×25
45	25	110～450	M12×25

4. 楔键

用途：用于不要求对中、不受冲击和非变载荷的低速连接，键上有 1：100 的斜度，能传递转矩及轴向力。

规格：楔键的规格见表 15-101。

表 15-101　　　　　　　　　　**楔键的规格**　　　　　　　　（mm）

（1）普通楔键规格

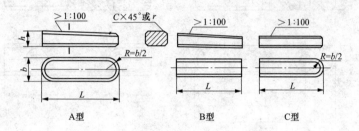

A型　　　　　　　　　　　B型　　　　　　　　C型

宽度 b	高度（大头） h	长度 L	宽度 b	高度（大头） h	长度 L
2	2	6～20	6	6	14～70
3	3	6～36	8	7	18～90
4	4	8～45	10	8	22～110
5	5	10～56	12	8	28～140
14	9	36～160	40	22	100～400
16	10	45～180	45	25	110～450
18	11	50～200	50	28	125～500
20	12	56～220	56	32	140～500
22	14	63～250	63	32	160～500
25	14	70～280	70	36	180～500
28	16	80～320	80	40	200～500
32	18	90～360	90	45	220～500
36	20	100～400	100	50	250～500
长度系列 L	6, 8, 10, 12, 14, 16, 18, 22, 25, 28, 32, 36, 40, 45, 50, 56, 63, 70, 80, 90, 100, 110, 125, 140, 160, 180, 200, 220, 250, 280, 320, 360, 400, 450, 500				

（2）钩头楔键规格

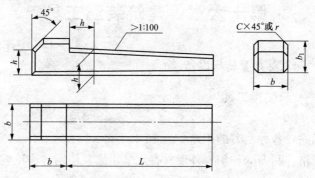

宽度 b	高度（大头）h	长度 L	宽度 b	高度（大头）h	长度 L
4	4	14～45	28	16	80～320
5	5	14～56	32	18	90～360
6	6	14～70	36	20	100～400
8	7	18～90	40	22	100～400
10	8	22～110	45	25	110～400
12	8	28～140	50	28	125～500
14	9	36～160	56	32	140～500
16	10	45～180	63	32	160～500
18	11	50～200	70	36	180～500
20	12	56～220	80	40	200～500
22	14	63～250	90	45	220～500
25	14	70～280	100	50	250～500
长度系列 L	6，8，10，12，14，16，18，22，25，28，32，36，40，45，50，56，63，70，80，90，100，110，125，140，160，180，200，220，250，280，320，360，400，450，500				

第十六章 建筑装潢工具

一、涂装类工具与设备

(一) 涂装类工具

1. 刮刀

用途：各种刮刀的用途见表 16-1。

规格：刮刀的种类、外形、特点、用途及使用方法见表 16-1。

表 16-1   刮刀的种类、外形、特点、用途及使用方法

刮刀种类	外形	特点	使用方法及用途
牛角刮刀	 牛角刮刀的保管法	牛角刮刀又称牛角翘，用水牛角制成。常见的规格有 25、37、50、63mm 等。它富有弹性，不受油漆和溶剂的影响而变形	大拇指和中指、食指分别夹住刮刀的两个面，操作时手腕通过手臂和身体的移动来适应。 常用于木质表面局部缺陷的嵌补和大面积的批刮
脚刀		脚刀又称嵌刀，钢质。该刮具细长，刀口扁斜，刃尖而利	拇指和中指握住嵌刀中部，食指压在嵌刀上面。嵌补时食指用力将嵌刀上的腻子压进缺陷内。 主要用于嵌补钉眼、小孔等局部缺陷
橡皮刮刀		橡皮刮刀采用 4～12mm 厚的耐油橡皮制作，剪成所需大小的长方形，并把橡皮的一端放在砂轮上磨成刀口，再固定在樟木板上	使用时拇指在板前，其余四指在板后。批刮时要用力按住刮刀，使刮刀与物面成 60°～80°角。 用于批刮大面积平面或圆棱形物面及水性腻子

刮刀种类	外形	特 点	使用方法及用途
铲刀	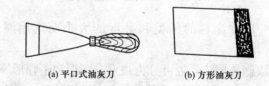	铲刀又称油灰刀，钢质。常见的规格有25、27、50、63、75mm等。质地较硬，弹性较强	使用时食指紧压刀片，其他四指握住刀柄。 用来调配腻子、批刮腻子、铲除钢铁表面的锈垢、铲除物面的旧漆和灰土等
钢皮刮刀		钢皮刮刀又称钢刮板，用薄钢板制作，一端卷成圆形或加木衬柄，另一端磨成整齐的刀口。质地较油灰刀软，但具较好的弹性	使用和批刮的方法与橡皮刮刀相似，但其批刮的密封性好，适合薄层腻子的刮光。 常用于批刮要求精细的物面

2. 油灰刀

油灰刀如图 16-1 所示。

(a) 平口式油灰刀   (b) 方形油灰刀

图 16-1　油灰刀

用途：用于调漆、嵌油灰、铲漆等。

规格：方形油灰刀多为成套供应，刀口宽度为 50、80、100mm；平口式油灰刀的规格尺寸见表 16-2。

表 16-2　　　　　　　　平口式油灰刀的规格尺寸

刀口宽度	第一系列	30，40，50，60，70，80，90，100
（mm）	第二系列	25，38，45，65，75
刀口厚度（mm）	0.4	

注　优先采用第一系列。

3. 漆刷类配套工具

漆刷类配套工具如图 16-2 所示。

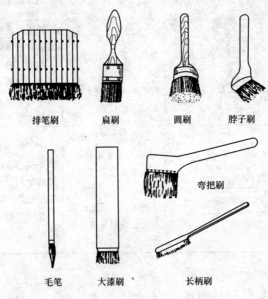

排笔刷　　　扁刷　　　圆刷　　　脖子刷

弯把刷

毛笔　　大漆刷　　　　长柄刷

图 16-2　漆刷类配套工具

用途：一般按涂料的种类和黏度的大小而选用漆刷，详见表 16-3。

规格：漆刷按形状一般可分为扁形、圆形和歪脖形等；按其制作材料又可分为硬毛刷和软毛刷。硬毛刷常用猪鬃、马鬃制成；软毛刷常用狼毫、羊毛、狐狸毛、獾毛和鹿毛等制作。漆刷的规格和用途见表 16-4。

表 16-3　　　　　　按涂料的种类和黏度选用漆刷

涂料种类	涂料黏度	漆刷种类及特性
大漆	最大	头发、牛尾毛等做成的大漆刷，刷毛特别短，弹性最大
调和漆、底漆、清油、酚醛清漆、醇酸清漆、醇酸磁漆等	较大	扁形或歪脖子形猪鬃刷，刷子弹性较大
硝基清漆、聚氨酯清漆、聚酯清漆、乳胶漆等	较小	羊毛排笔、底纹笔，刷毛柔软，弹性较小

続表

涂料种类	涂料黏度	漆刷种类及特性
虫胶漆和水色、酒色等	最小	羊毛排笔、底纹笔，刷毛尖而柔软，弹性最小

表 16-4　　　　　漆刷的规格和用途

品种	漆刷的规格	用　途
扁刷 圆刷 歪脖子刷	0.5in（13mm）、1in（25mm）	涂刷小件物面或形状复杂、不易涂刷的部位
	1.5in（38mm）、2in（50mm） 2.5in（63mm）	涂刷窗、门等一般中面积的物面
长柄刷 弯把刷 大漆刷	3in（75mm）、3.5in（88mm） 4in（100mm）、5in（125mm） 6in（150mm）	用于大面积物面的涂刷
排笔	4～8管排笔	用于涂刷虫胶液、聚酯漆，也用于乳胶漆的小面积涂刷
	8～20管排笔	用于大面积涂装
毛笔	写字用的大楷笔、小楷笔	用于精绘、补色

注　规格尺寸均按刷口宽度计，各地产品尺寸不尽相同，表中规格摘自 QB/T 1103—2010《猪鬃漆刷》的规定。

4. 无空气喷枪

无空气喷枪如图 16-3 所示。

用途：用于高压无空气喷涂的喷枪，故又称高压喷枪。

规格：无空气喷枪由枪身、喷嘴、过滤器和连接部件等组成。喷涂时所用压力很高；对喷枪要求密封性能好；不泄漏高压涂料，开关应灵活方便，不断流、不滴漆，枪身要轻。喷嘴是喷枪的重要部件，直接影响涂料的雾化、喷幅和喷出量。无空气喷枪的喷嘴口径与涂料流动的关系见表 16-5。

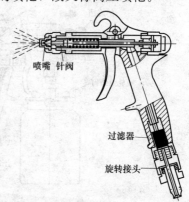

图 16-3　无空气喷枪

表 16-5　　　　　无空气喷枪的喷嘴口径与涂料流动的关系

喷嘴口径（mm）	涂料的流动特性	实　例
0.17～0.25	非常稀的	溶剂、水
0.27～0.33	稀的	硝基漆、密封胶
0.33～0.45	中等稠度	底漆、油性清漆
0.37～0.77	黏的	油性色漆、水乳胶漆
0.68～1.8	非常黏的	沥青环氧涂料、浆状涂料、溶胶漆

5. 吸上式喷枪

吸上式喷枪如图 16-4 所示。

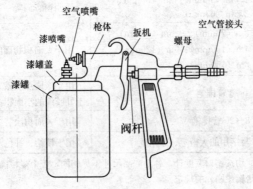

(a) PQ–1型喷枪(小型)

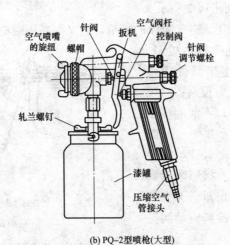

(b) PQ–2型喷枪(大型)

图 16-4　吸上式喷枪

用途：吸上式喷枪也称吸入喷枪，使用最为普遍。国产的有对嘴式 PQ-1 型喷枪和 PQ-2 型扁嘴式（同心式）喷枪之分。其工作原理是将油漆等涂料喷涂在钢制件和木制件的表面。小型喷枪一般以人力充气，也可以用机械充气；大型喷枪须用压缩空气作为喷射的动力。

喷枪正确使用知识之一：涂料黏度与喷涂压力——喷涂压力大，涂料雾化好，所得漆膜细腻平滑。但压力过大时，涂料利用率低，还会产生流挂；反之压力过小，则涂料雾化不好，漆膜表面粗糙。喷涂压力的大小取决于涂料的黏度。涂料的黏度大，喷涂压力要相应加大，否则雾化不良；涂料黏度小，喷涂压力也应随之减小，否则涂料强烈雾化，涂料损失增大。

规格：PQ-1 型的喷气嘴与喷漆嘴互相垂直。喷漆嘴的上平面与喷气嘴的中心线对准，故形象地称其为对嘴式；PQ-2 型的喷嘴结构比较复杂：一种是 A 型——不带侧方空气喷嘴；另一种是 B型——带侧方空气喷嘴，中心部位是涂料喷嘴。吸上式喷枪的型号与规格性能见表 16-6。

表 16-6　　　　　　吸上式喷枪的型号与规格性能

型号	贮漆量	出漆嘴孔径 (mm)	工作时空气压力 (kPa)	喷涂范围（mm）	
				喷涂有效距离	喷涂面积（直径或宽度）
PQ-1	0.6（kg）	1.8	300～380	250	圆形直径 42
PQ-2	1（kg）	1.8	450～500	260	圆形直径 50 扇形宽 130～140
1	0.15（L）	0.8	400～500	75～200	圆形直径 6～75
2A	0.12（L）	0.4	400～500	75～200	圆形直径 3～30
2B	0.15（L）	1.1	500～600	150～250	扇形宽 10～110

型号	贮漆量	出漆嘴孔径 (mm)	工作时空气压力 (kPa)	喷涂范围（mm）	
				喷涂有效距离	喷涂面积（直径或宽度）
3	0.90（L）	2	500～600	50～200	圆形直径 10～80 扇形宽 10～150

注　PQ-1 型喷枪出漆嘴孔径还有其他规格可选用。

6. 压下式喷枪

压下式喷枪如图 16-5 所示。

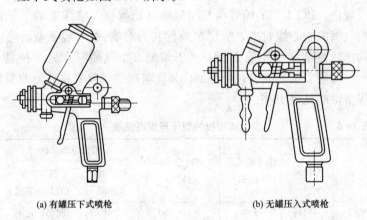

(a) 有罐压下式喷枪　　　　　　　　　(b) 无罐压入式喷枪

图 16-5　压下式喷枪

用途：分为有罐压下式喷枪和无罐压入式喷枪两种，均是常用的喷漆工具。其品种及工作原理见表 16-7。

喷枪正确使用知识之二：喷涂距离——喷涂距离大，涂料的利用率低。同时涂料微粒在空中时间也长。这对快干漆来说，可能漆雾到达工件表面时因黏度过大而影响它的流平，产生橘皮与颗粒。若喷涂距离太近，就容易产生流挂、起皱和喷涂不均匀等毛病。涂装经验表明，用大型喷枪喷涂时，喷涂距离以 200～300mm 为宜，用小型喷枪喷涂时，则以 150～200mm 为宜。

规格：中外喷枪的型式与结构各不相同，但技术要求是一致的。这里集中介绍日本工业标准（JIS）的技术要求，见表16-8。

表 16-7　　　　　　　压下式喷枪的品种及工作原理

品种	工作原理
有罐压下式喷枪	压下式喷枪也称重力式喷枪、自流式喷枪。涂料因重力作用"压下"或"自流"而下，再由压缩空气雾化喷涂。它的贮漆罐在喷枪上部，使用时重心不稳，手感重，宜用于小面积喷涂。其优点是涂料再少也能自流而下地喷完。当涂料用量大时，可将涂料容器吊在高处，用胶管连接喷枪。这时可调节涂料容器的高度，来改变喷出量
无罐压入式喷枪	压入式喷枪也称压送式喷枪。它没有贮漆罐，要另加"压力贮漆罐"配套使用。涂料靠 0.05MPa（0.5kgf/cm²）的压力经输漆管"压入"喷枪。一个压力贮漆装置，可配数支喷枪同时喷涂。适合于大批量产品涂饰

表 16-8　　　　空气喷涂喷枪的技术要求［日本工业标准（JIS）］

供给涂料的方式	被涂物	喷雾图样	涂料喷嘴的口径（mm）	空气用量（L/min）	涂料喷出量（mL/min）	喷涂幅度（mm）	喷涂条件
自流式（重力式）	小型	圆型	(0.5)	40 以下	10 以上	15 以上	喷涂空气压力 0.3MPa（3.0kgf/cm²）；喷涂距离20cm；喷枪移动速度 0.05m/s 以上
			0.6	45	15	15	
			(0.7)	50	20	20	
			0.8	60	30	25	
			1.0	70	50	30	
吸入式	小型	扁平型	0.8	160	45	60	
			1.0	170	50	80	
			1.2	175	80	100	
			1.3	180	90	110	
			1.5	190	100	130	
			1.6	200	120	140	
吸入式	大型	扁平型	1.3	280	120	150	空气压力 0.35MPa（3.5kgf/cm²）；喷涂距离25cm；喷枪移动速度 0.1m/s 以上
			1.5	300	140	160	
			1.6	310	160	170	
			1.8	320	180	180	
			2.0	330	200	200	
			(2.2)	330	210	210	
			2.5	340	230	230	

供给涂料的方式	被涂物	喷雾图样	涂料喷嘴的口径（mm）	空气用量（L/min）	涂料喷出量（mL/min）	喷涂幅度（mm）	喷涂条件
压送式	小型	扁平型	0.7 0.8 1.0	180 200 290	140 150 200	140 150 170	空气压力 0.35MPa（3.5kgf/cm²）；喷涂距离20cm；喷枪移动速度0.1m/s以上
压送式	大型	扁平型	1.0 1.2 1.3 1.5 1.6	350 450 480 500 520	250 350 400 520 600	200 240 260 300 320	空气压力 0.35MPa（3.5kgf/cm²）；喷涂距离25cm；喷枪移动速度0.15m/s以上

注 括号内的口径一般不推荐使用。

7. 喷花笔

喷花笔如图 16-6 所示。

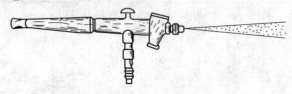

图 16-6 喷花笔（V-7 型）

用途：用于绘画、彩绘、着色、花样图案、雕刻和翻拍的照片上面进行喷涂颜料或银浆等。

规格：喷花笔的型号及规格性能见表 16-9。

表 16-9　　　　　　　　喷花笔的型号及规格性能

型号	罐容量（mL）	出漆嘴孔径（mm）	工作时空气压力（MPa）	喷涂范围（mm）	
				喷涂有效距离	圆形直径
V-3	70	0.3	0.4～0.5	20～150	1～5
V-7	20	0.3	0.4～0.5	20～150	1～5

8. 多彩喷涂枪

多彩喷涂枪如图 16-7 所示。

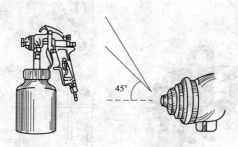

图 16-7　多彩喷涂枪

用途：以压缩空气为动力，用于喷涂内墙涂料、黏合剂、密封剂等液体。换上斜向扇形喷嘴，可进行向上 45°扇形面喷涂，如喷涂天花板、顶棚等。

规格：多彩喷涂枪的型号及规格性能见表 16-10。

表 16-10　　　　　　多彩喷涂枪的型号及规格性能

型号	贮漆罐容量 (L)	出漆嘴孔径 (mm)	空气工作压力 (MPa)	有效喷涂距离 (mm)	喷涂表面	
					形状	直径或宽度 (mm)
DC-2	1	2.5	0.4~0.5	300~400	椭圆形扇形	长轴 300 300

9. 双口喷枪和长杆喷枪

双口喷枪和长杆喷枪如图 16-8 所示。

用途：两种喷枪均为高效喷漆工具，其品种与工作原理见表 16-11。

喷枪正确使用知识之三：走枪速度——走枪要快慢一致，切忌一会儿快一会儿慢。走枪快时，喷涂表面上喷到的涂料少，漆膜薄；反之漆膜就厚。要保证漆膜厚薄均匀，就得保持走枪速度的一致。

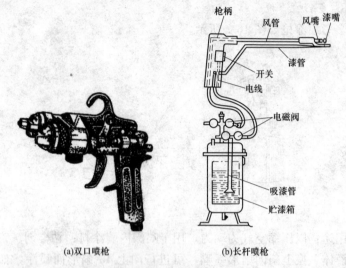

(a)双口喷枪   (b)长杆喷枪

图 16-8 双口喷枪和长杆喷枪

表 16-11 双口喷枪和长杆喷枪的品种与工作原理

品种	工 作 原 理
双口喷枪	双口喷枪，也称双头喷枪，它有两条供漆管路，两个喷口都由一个扳机操纵。一按扳机，双口同时喷射不同漆料并在枪外直接混合雾化后再降落至被涂表面形成漆膜。它的两条供漆管路，一端连着两个喷口，另一端分别与两个贮漆管相接，并配以用量调节器以调节两喷口射流量的比例。用双口喷枪喷涂双组分涂料，可不受双组分混合后适用期的限制而便于施工
长杆喷枪	长杆喷枪，也称长头喷枪，两根并排铝合金管的一端分别与贮漆箱阀门相连，另一端分别与漆嘴、风嘴相连。管长有 1、1.5、2m，喷头能做 180°转动，漆雾行迹可调，配以油水分离器、减压器、空气压缩机就可喷涂，操作时无须登高即可进行高处作业。贮漆罐一次可装入 20～25kg 涂料，对建筑物、桥梁等的涂装较为适合

10. 气动油漆搅拌器

气动油漆搅拌器如图 16-9 所示。

用途：用于搅拌调和油漆、底浆、乳剂和各种涂料等。

规格：气动油漆搅拌器的型号及规格性能见表 16-12。

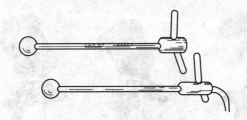

图 16-9　气动油漆搅拌器

表 16-12　　　　　　气动油漆搅拌器的型号及规格性能

型号	搅拌浆轮最大直径（mm）	工作气压（kPa）	空载转速（r/min）	空载耗气量（m³/min）	全长（mm）	自重（kg）
JB100-1	100	490	1800～2400	0.7	770	1.8
JB100-2	100		400～600	0.5	790	2

注　市场上还有一种"手提式涂料搅拌器"，其功能与表述功能相仿。

11. 电动喷漆枪

电动喷漆枪如图 16-10 所示。

用途：用于建筑装饰、机械设备、运输工具以及家具房屋等作表面的喷漆装饰，是适应性很强的喷漆工具。

图 16-10　电动喷漆枪

规格：电动喷漆枪的型号及规格性能见表 16-13。

表 16-13　　　　　　电动喷漆枪的型号及规格性能

型号	额定电压（V）	额定电流（A）	功率（W）	频率（Hz）
MQ-500	220	1.2	100	50

喷射压力（MPa）	喷射幅度（cm）	流量（L/s）	容器（mL）	自重（kg）
0.35～0.40	$\phi10～\phi25$	0.2	800	1.4

12. 进口喷枪

进口喷枪如图 16-11 所示。

用途：可在不同的物件上喷漆，其品种、用途见表 16-14。

规格：进口喷枪的规格见表 16-14。

(a) 专业通用喷枪(省漆型)

(b) 专业面喷枪(省漆型)

(c) 原子灰喷枪(聚酯底漆喷枪)

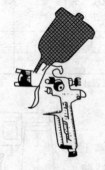
(d) 微型补漆喷枪

(e) 艺术喷枪

图 16-11　进口喷枪

喷枪正确使用知识之四：喷涂遮盖——在喷涂中还必须注意喷涂遮盖（也叫搭接），否则也不可能获得均匀的涂层。

表 16-14　　　　　进口喷枪的品种、用途与规格

品　种	用　途	规　格
专业通用喷枪（省漆型）	用于喷涂所常见种类的面漆、清漆、底色漆、单组分漆、底漆和填充底漆、聚酯底漆、原子灰、酸洗剂和木材用漆，属于通用型喷枪	专业通用喷枪的规格性能有下列特点： （1）空气压力从 1.5bar（0.15MPa）开始，喷漆质量就可达到优异。 （2）高流量低气压技术 HVLP，省漆 30%，喷漆传输利用率在 65% 以上。 （3）空气压力调节旋钮，圆锥面或扇面喷射无级过渡选择。 （4）带弹簧和气动活塞自动压紧密封针，插入式滤漆筛网。 （5）型号：APHVLP；输入气压：2.0bar（0.20MPa）；耗气量：350L/min；喷嘴直径：1.7mm

品 种	用 途	规 格
专业面喷枪（省漆型）	用于喷涂出效果完美的漆面，质量世界一流。采用了世界上最先进低气压高流量技术 HVLP。属于低压高流量喷枪	专业面喷枪的规格性能有下列特点： （1）喷涂效果一流，更精细、柔和、均匀一致的喷漆。 （2）空气压力调节旋钮，喷漆量调整，喷射射流可从圆锥到扇平面无级调节。 （3）气体和漆料自动压紧密封针，带弹簧和空气活塞。 （4）插入式油漆过滤筛网。 （5）通过采用低气压高流量喷嘴，省漆 30%。喷漆距离 13～17cm。不锈钢喷嘴，喷水溶性漆不生锈。 （6）型号：PROHVLP；输入气压：2.0bar（0.20MPa）；耗气量：380L/min；喷嘴直径：1.3mm
原子灰喷枪（聚酯底漆喷枪）	用于喷涂事故汽车修补所用的原子灰、聚酯底漆和填充底漆	原子灰喷枪的规格性能有下列特点： （1）工作速度快，喷涂量大，效率高。 （2）喷涂量可通过调节空气压力来改变，喷嘴能够无级调节，可喷涂成圆锥或扇形漆面。 （3）喷射压力小，耗气量低。喷射距离 18～23cm，喷涂传输率最佳。 （4）带弹簧和气动活塞的自动压紧密封针，特殊射流喷涂可减少覆盖和打磨工作。 （5）型号：AP-P，输入气压：2.0bar（0.2MPa）；耗气量：200L/min；容积：0.6L；喷嘴直径：2.5mm
微型补漆喷枪	用于艺术创作和小面积喷涂，特别适合金属漆和珍珠漆补漆	微型补漆喷枪的规格性能有下列特点： （1）质量轻，仅 280g（含塑料壶）。 （2）进气压力为 2bar（0.2MPa）时，耗气量仅为 110L/min。 （3）空气压力和喷漆量均可调节。漆料利用率高达 65% 以上。 （4）不锈钢喷嘴，无级调节，可喷涂成圆锥或扇形漆面。 （5）自动补偿密封针。 （6）塑壶容积：125mL，局部补漆用漆量少，不浪费。 （7）型号：3HVLP；输入气压：2.0bar（0.2MPa）；耗气量：110L/min；喷嘴直径：0.8mm

品种	用　途	规　格
艺术喷枪	在木工、装修和艺术领域，用于喷涂各种面漆、底漆、单组分或双组分漆、填充底漆、原子灰、聚酯底漆和酸洗剂等	金属罐容量：0.7L；喷嘴直径：1mm；作业时最大气压：不超过 3bar（0.3MPa）

（二）涂装类设备

1. 空气压缩机

移动式小型空气压缩机如图 16-12 所示。

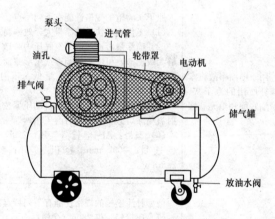

图 16-12　移动式小型
空气压缩机

用途：空气压缩机简称空压机，也称气泵。属低压空气压缩机，它能给需要低压空气的设备、工具提供压缩空气，而这里所介绍的空气压缩机是为一般喷涂施工提供气压源。

规格：从空气压缩机的外形结构来区分，有固定式和移动式。图 16-12 所示就是机身下有轮子的移动式小型空气压缩机。从空气压缩机的性能分为小型、中型、大型三种，见表 16-15。

型　式	小型	中型	大型
供气量（m³/min）	10	10～30	＞30
气压力（MPa）	0.2～0.6（2～6）		
安全阀压力（MPa）	0.6（6）		

注　可根据涂装批量和配置的喷枪数量来决定选用机型。

2. 高压无气喷涂设备

高压无气喷涂设备如图 16-13 所示。

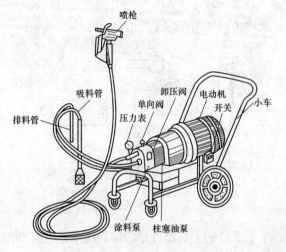

图 16-13　高压无气喷涂设备

用途：利用高压雾化（无气）进行漆料喷涂的设备。其特点是生产率高，漆膜附着力强和致密，可喷涂黏度 30～100s（涂-4 黏度计）的各种底漆、油性漆、磁漆、过氯乙烯漆及水溶性漆等。用于船舶、飞机、机床、车辆、化工设备、桥梁、大型建筑物、家具等的涂料施工。

规格：各种高压无气喷涂设备的结构大体相同。各地生产的型号有 PWD-8、PWD-8L、DGP-1、PWD-1.5、PWD-1.5L、GP2A-1等，高压无气喷涂设备的型号及规格性能见表 16-16。

表 16-16 高压无气喷涂设备的型号及规格性能

型号	PWD-8	DGP-1
最大压力（MPa）	25	18
最大流量（L/min）	8.3	1.8
同时喷涂枪数（把）	2	1
电机功率（kW）	2.2	0.4
电压（V）	380	220
整机自重（kg）	75	30

3. 手推式滚涂工具

手推式滚涂工具如图 16-14 所示。

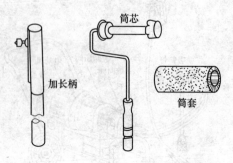

图 16-14 手推式滚涂工具

用途：手工滚涂的主要器件是滚筒和滚涂盘，是利用蘸带涂料的滚筒在被涂物上滚转，而将涂料涂覆在涂饰面上的一种简便易行的方法。

规格：手推式滚涂工具的零部件功能见表 16-17。

表 16-17 手推式滚涂工具的零部件功能

部件	组 成
手柄	手柄以塑料或木料制成。手柄的端部应带有丝扣或紧固孔，用以连接加长手柄
加长柄	由合金铝管或塑料管、木料、竹竿制成，上连紧固螺钉或带有丝扣的紧固件，以便与手柄连接牢固。该部件涂滚大面积和较高处时使用

部件	组　　成
支架	有单、双支架两种，一般用金属制成。支架应具有一定强度和耐锈蚀能力
筒芯	筒芯要有一定强度和弹性，能够支撑筒套以免其中段形成塌陷。筒芯两侧端盖内应装有轴承，以便筒芯可快速平稳滚动而筒套不会脱落
筒套	筒套是滚筒中最重要的组成部分，可以自由地装卸。最常用的宽度为18mm 和 23mm 两种。筒套系由粘着层将绒毛呈螺旋形盘绕黏合在筒套衬上构成，筒套衬一般为塑料纸板或钢板，绒毛可由纯羊毛、合成纤维或两者混用。纯羊毛耐溶剂性强，适用于油性涂料；合成纤维耐水性好，适用于水性涂料。筒套两端呈现斜角形，以防止边缘绒毛的缠结及涂料堆积造成滚涂的痕迹

4. 压送式滚筒装置

压送式滚筒装置如图 16-15 所示。

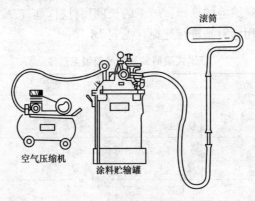

图 16-15　压送式滚筒装置

用途：采用压送式涂料罐对滚筒自动输送涂料，主要用于大面积涂饰面的滚涂。

规格：压送式滚筒装置的结构如图 16-15 所示。其中滚筒是关键部件，直接影响涂饰的效果。

（1）工作原理：滚筒的筒芯表面布满小孔，涂料在一定压力下从涂料罐经软管、手柄送到筒芯，经小孔从筒套流出，省去了滚涂中不断蘸取涂料的烦琐操作。涂料的流量可根据需要通过手柄上的调节开关进行控制。

（2）滚筒的保管：滚筒使用后，用木片刮下多余的涂料，再用水（如溶剂型涂料应用稀释剂）充分洗涤干净，在干燥的布上滚动数次，以除去水分或稀释剂。

使用压送式滚筒后，如长时间停用，则必须将涂料罐中的剩余涂料倒出，并将涂料罐、输送软管、手柄管道等与滚筒同时清洗干净，防止结皮和输送系统的堵塞。可在初步清洗后，用清水（涂装水性涂料时，如为溶剂型涂料则可用稀释剂）在一定压力下压送到筒芯部位，让其自由流出，可将输送管道、调节阀和滚筒清洗得更干净。

清洗后，将滚筒悬挂起来晾干。注意不应压迫筒套上的绒毛，否则会把绒毛压皱变形。晾干后，将滚筒放置在清洁、干燥、通风的房间里，防止筒套生霉。

（3）滚筒绒毛的选择：绒毛的长度和材料，应按被涂物体的表面状况和所用涂料来进行选择，见表 16-18。

表 16-18　　　　压送式滚筒装置的滚筒绒毛选择

涂料类型		光滑面	半糙面	糙面
乳胶漆	无光或低光	羊毛或化纤的中长度绒毛	化纤长绒毛	化纤特长绒毛
	半光	马海毛的短绒毛或化纤绒毛	化纤的中长绒毛	化纤特长绒毛
	有光	化纤的短绒毛	—	—
溶剂型涂料	底漆	羊毛或化纤的中长度绒毛	化纤的长绒毛	—
	中间涂层	短马海毛或中长羊毛绒毛	中长羊毛绒毛	—
	无光面漆	中长羊毛绒或化纤绒毛	长化纤绒毛	特长化纤绒毛
	半光或全光面漆	短马海毛绒毛，化纤绒毛或泡沫塑料	中长羊毛绒毛	长化纤绒毛

续表

涂料类型		光滑面	半糙面	糙面
其他涂料	防水剂或水泥封闭底漆	短化纤绒毛或中长羊毛绒毛	长化纤绒毛	特长化纤绒毛
	油性着色料	中长化纤绒毛或羊毛绒毛	特长化纤绒毛	—
	氯化橡胶涂料、环氧涂料、聚氨酯涂料及地板家具清漆	短马海毛绒毛或中长羊毛绒毛	中长羊毛绒毛	—

5. 喷漆打气筒

喷漆打气筒如图 16-16 所示。

用途：产生和储存压缩空气，供小型喷漆枪、喷花笔等使用。

规格：喷漆打气筒的型号和技术参数见表 16-19。

图 16-16　喷漆打气筒

表 16-19　　喷漆打气筒的型号和技术参数

型号	活塞行程（cm）	工作压力（MPa）	每次充气量（m³）	自重（kg）
QT-1	30	0.35	0.000 47	6

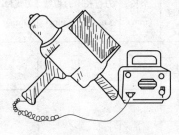

图 16-17　电动弹涂机

6. 电动弹涂机

电动弹涂机如图 16-17 所示。

用途：用于建筑外墙装饰面的彩色弹涂，能弹出各种美观大方、绚丽多彩、立面感强、近似水刷石和干粘石的内外墙装饰面。

规格：电动弹涂机的型号及规格性能见表 16-20。

表 16-20 电动弹涂机的型号及规格性能

型号	电源电压 （V）	弹头转速 （r/min）	弹涂效率 （m²/h）	外形尺寸 （mm×mm×mm）	自重 （kg）
DT-110B	220	60～500 无级调速	>10	330×250×120（斗） 160×130×100 （控制箱）	3.7
DT-120A	220	300～500	10	300×250×120	1.5

注 市场上还有一种"手动弹涂器"，在结构上除增加摇把、滚筒、弹棒等，其工作性能与表述相仿。

二、玻璃、塑料加工工具

1. 金刚石玻璃刀

金刚石玻璃刀如图 16-18 所示。

图 16-18 金刚石玻璃刀

用途：用于裁割 1～8mm 厚的平板玻璃。

规格：金刚石玻璃刀是选自带玻璃拨板的金刚石玻璃刀，其型号及规格性能见表 16-21。

表 16-21 金刚石玻璃刀的型号及规格性能

金刚石 规格代号	金刚石加工前 质量（克拉）	每克拉 粒数≈	裁划平板 玻璃厚度 （mm）	全长 （mm）	刀板长 （mm）	刀板宽 （mm）	刀板厚 （mm）
1	0.0123～0.0100	81～100	1～2	182	25	13	5
2	0.016 4～0.0124	61～80	2～3				
3	0.0240～0.0165	41～60	2～4				
4	0.032～0.025	31～40	3～6	184	27	16	6
5	0.048～0.033	21～30	3～8				
6	0.048～0.033	21～30	4～8				

注 1. 6 号金刚石经过精加工。

2. 克拉是非法定重量单位，1 克拉＝200mg。

3. 市场上还有特殊规格的金刚石玻璃刀，适用于镜片和曲线玻璃加工。

2. 金刚石玻璃管割刀

金刚石玻璃管割刀如图 16-19 所示。

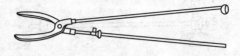

图 16-19 金刚石玻璃管割刀

用途：用于裁划壁厚为 1～3mm 玻璃管。

规格：金刚石玻璃管割刀的规格尺寸见表 16-22。

表 16-22 金刚石玻璃管割刀的规格尺寸

金刚石规格代号	1	2	3	4
钳杆长度（mm）	120	220	320	420
钳杆直径（mm）	6	6	8	8
全 长（mm）	275	378	478	578

3. 金刚石圆镜机

金刚石圆镜机如图 16-20 所示。

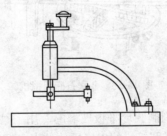

图 16-20 金刚石圆镜机

用途：用于裁割圆形平板玻璃、镜面玻璃。

规格：金刚石圆镜机的规格尺寸见表 16-23。

表 16-23 金刚石圆镜机的规格尺寸

裁割玻璃范围		金刚石	
厚度（mm）	直径（mm）	每粒质量（克拉）	每克拉粒数
1～3	φ35～200	0.033～0.067	15～30

4. 金刚石圆规刀

金刚石圆规刀如图 16-21 所示。

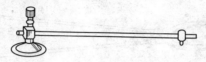

图 16-21　金刚石圆规刀

用途：用于裁割圆形平板玻璃、镜面玻璃。

规格：金刚石圆规刀的主要尺寸及注意事项见表 16-24。

表 16-24　　　　　金刚石圆规刀的主要尺寸及注意事项

裁割玻璃厚度（mm）	裁割直径（mm）	注意事项
2～6	200～1200	旋转时中途不宜停留，以便一次成形

5. 金刚石椭圆镜机

金刚石椭圆镜机如图 16-22 所示。

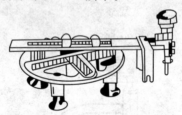

图 16-22　金刚石椭圆镜机

用途：用于裁割椭圆形平板玻璃的专用工具。

规格：金刚石椭圆镜机的规格尺寸见表 16-25。随机配有 TYJ-3 型机头 1 只（直径 5mm，长 50mm）。

表 16-25　　　　　　　金刚石椭圆镜机的规格尺寸

规格	裁割椭圆范围(mm)		椭圆长短轴之比	裁害日玻璃厚度（mm）	裁圆直径（mm）	外形尺寸(长×宽×高,mm×mm×mm)	自重(kg)
	长轴	短轴					
TYJ-A500	240～500	190～450	1.2～1.55	2～5	200～500	300×180×100	2.5
TYJ-A1000	400～1000	350～950	1.2～1.55	2～5	360～1000	550×350×100	4.5

注　1. 裁割小尺寸椭圆形玻璃时，须拆除滚轮支架。

　　2. 裁割圆形平板玻璃时，要调换中心定位块。

6. 中外压胶枪

中外压胶枪如图 16-23 所示。

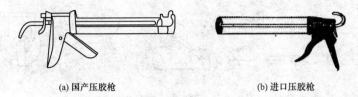

(a) 国产压胶枪　　　　　　　　　　(b) 进口压胶枪

图 16-23　中外压胶枪

用途：压胶枪又称堵缝枪、挤压枪、助推器等，是建筑装饰专用工具。在使用胶黏或玻璃密封胶时，用来助推胶黏剂。它的作用是挤压胶筒，使胶黏剂均匀流出，使用轻便、省力，流胶均匀。

规格：中外压胶枪的规格性能见表 16-26。

表 16-26　　　　　　　　　中外压胶枪的规格性能

规格（mm）		弹簧压力	说　　明
国产	进口	（MPa）	
300，420	310	0.7～0.8	进口产品尚有手动压胶枪、气动压胶枪和充电压胶枪等多种

注　进口压胶枪均由上海伍尔特五金工具有限公司提供。

7. 热风枪

热风枪如图 16-24 所示。

用途：热风枪是用电能产生热风，用于塑料、塑料焊接或改变形状；也可使玻璃变形，胶管溶接，除墙纸及墙漆等。

规格：热风枪的规格性能见表 16-27。

图 16-24　热风枪

表 16-27　　　　　　　　　热风枪的规格性能

额定电压（V）	功率（W）	风温度（℃）	风量（L/min）	自重（kg）
220	750/1500	300/550	270/450	0.65
200	300	250		0.75

8. 手提式真空吸提器

手提式真空吸提器如图 16-25 所示。

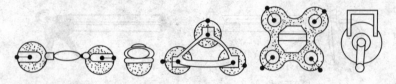

图 16-25　手提式真空吸提器

用途：手提式真空吸提器在使用前，必须要擦净被提物的吸提表面，将吸盘紧按在已被擦净的表面上（防止漏气），压下手柄后即可吸住提起。广泛用于建筑、轻工、机械、装修及运输行业，尤其是搬运铝板、薄钢板、家电、大理石、玻璃等物体，是十分理想的手工工具。

规格：手提式真空吸提器的型号及吸提力见表 16-28。

表 16-28　　　　　手提式真空吸提器的型号及吸提力

型号	ZKX-1	2KX-2	ZKX-3	ZKX-4	ZKX-B
额定吸提力（N）	400	800	1400	1800	800

9. 吸盘

市场上还有一种手抓式吸盘，专供装饰工抓取小块玻璃，如图 16-26 所示。对安装玻璃橱柜、门窗玻璃等十分便捷。

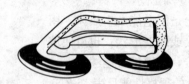

图 16-26　吸盘

参 考 文 献

[1]　卢庆生. 实用五金手册. 北京：中国电力出版社，2013.
[2]　曾正明. 建筑五金速查手册. 北京：机械工业出版社，2008.
[3]　刘新佳. 新五金手册. 南京：江苏科学技术出版社，2010.
[4]　陈宏钧. 金属切削标准工具手册. 北京：机械工业出版社，2007.
[5]　杨家斌. 实用五金手册. 2版. 北京：机械工业出版社，2012.
[6]　王志钧. 实用电线电缆手册. 上海：上海科学技术出版社，2006.
[7]　刘胜新. 五金工具手册. 北京：机械工业出版社，2011.
[8]　祝燮权. 实用五金手册. 7版. 上海：上海科学技术出版社，2006.
[9]　郭玉林. 五金手册. 郑州：河南科学技术出版社，2006.
[10]　张能武，等. 实用建筑五金手册. 长沙：湖南科学技术出版社，2011.
[11]　张能武，等. 新编实用金属材料手册. 济南：山东科学技术出版社，2010.
[12]　张能武，等. 新编实用五金手册. 济南：山东科学技术出版社，2009.
[13]　中国机械工程学会，中国机械设计大典编委会. 中国机械设计大典：第2卷，机械设计基础. 南昌：江西科学技术出版社，2002.
[14]　刘胜新. 实用金属材料手册. 北京：机械工业出版社，2011.
[15]　廖红. 建筑装饰五金手册. 南昌：江西科学技术出版社，2004.
[16]　徐鸿本. 实用五金大全. 3版. 武汉：湖北科学技术出版社，2004.
[17]　王立信. 实用建筑五金手册. 北京：机械工业出版社，2012.
[18]　沈杰. 建筑五金速查手册. 北京：中国建筑工业出版社，2013.